한 번에 이해되는

「모발과학」

구민사

강주아 · 건국대학교 미래지식교육원 K뷰티산업융합학전공 전임교수
박정아 · 숙명여자대학교 문화예술대학원 뷰티디자인전공 주임교수

한 번에 이해되는 모발과학

초판 인쇄 2025년 3월 20일
초판 발행 2025년 3월 30일

지은이 강주아 · 박정아
발행인 조규백

발행처 도서출판 구민사
주소 (07293) 서울특별시 영등포구 문래북로 116, 604호(문래동3가 46, 트리플렉스)
전화 (02)701-7421
팩스 (02)3273-9642
홈페이지 www.kuhminsa.co.kr

신고번호 제 2012-000055호(1980년 2월 4일)
ISBN 979-11-6875-534-5 (93590)

정가 29,000원

prologue

'한 번에 이해되는 모발과학'을 준비하면서 집필 기간을 되돌아보는 시간을 가졌습니다. 처음 '한 번에 이해되는 모발과학' 집필을 계획할 때 교수자가 교육하기 편한 교재가 아니라 학생이 잘 이해하고 받아들일 수 있는 교재로 집필해야겠다고 생각했습니다. 대학에서 미용을 전공하는 학생들이 필수적으로 접하게 되는 모발과학 수업이 교재의 어려운 내용과 생소한 용어들로 인해 따분하고 지루하게 여겨지면 안 되겠다 싶었습니다.

이런 고민을 집필진과 공유하면서 이해하기 쉽고 정리가 잘된 모발과학 교재를 만들자고 의견을 모았고 이를 위해 여러 번의 수정 작업을 거쳤습니다. 비록 이론으로만 진행되는 수업이지만 학생들과 눈을 맞추면서 교감이 되는 수업이 진행되는 데 도움이 되는 교재가 되었으면 합니다.

본서의 구성

끝으로 교재 집필에 도움을 주신 여러 교수님들과 교재 출간을 위해 아낌없는 후원과 지원을 해주신 구민사 조규백 대표님, 그리고 직원 여러분들께 진심어린 감사의 마음을 전합니다.

대표 저자 강주아

CONTENTS

SECTION 01 두피 및 모발 생리학

SECTION 02 모발의 특성

CONTENTS

SECTION 03 모발 손상 및 두피 질환

SECTION 04 모발과 화학제품

CHAPTER 11 퍼머넌트 웨이브

CHAPTER 12 염색과 탈색

CHAPTER 13 샴푸와 린스 및 트리트먼트

SECTION 1

두피 및 모발 생리학

01
두피생리학

1. 두개골의 구조
2. 두피의 정의
3. 두피의 기능
4. 두피의 구조

1 두개골의 구조

1) 두개골

(1) 정의

두개골(skull bone)은 머리의 골격을 이루는 뼈이며 머리를 싸고 있는 뇌두개골 안면을 형성하는 안면골을 말한다.

① **뇌두개골** 6종 8개
② **안면골** 9종 15개

총 15종 23개로 구성

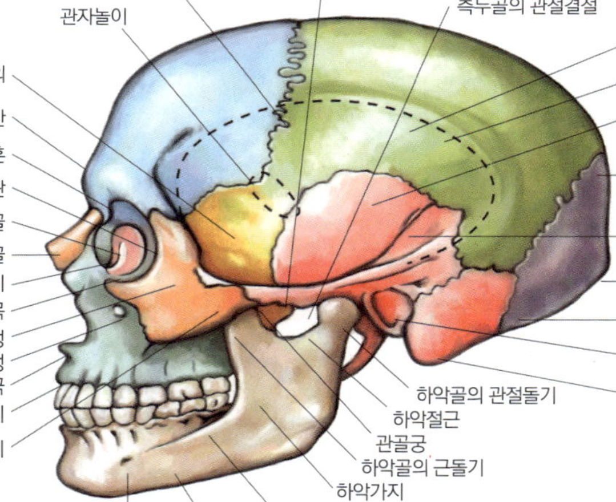

그림 1-1
두개골의 구조

(2) 머리의 근육

① **안면근**

㉠ 두개근(머리덮개근)

㉡ 눈꺼풀 주위 근

㉢ 코 주위 근

㉣ 입술 주위 근

② **저작근**

㉠ 측두근

㉡ 교근

③ **내측익돌근**

④ **외측익돌근**

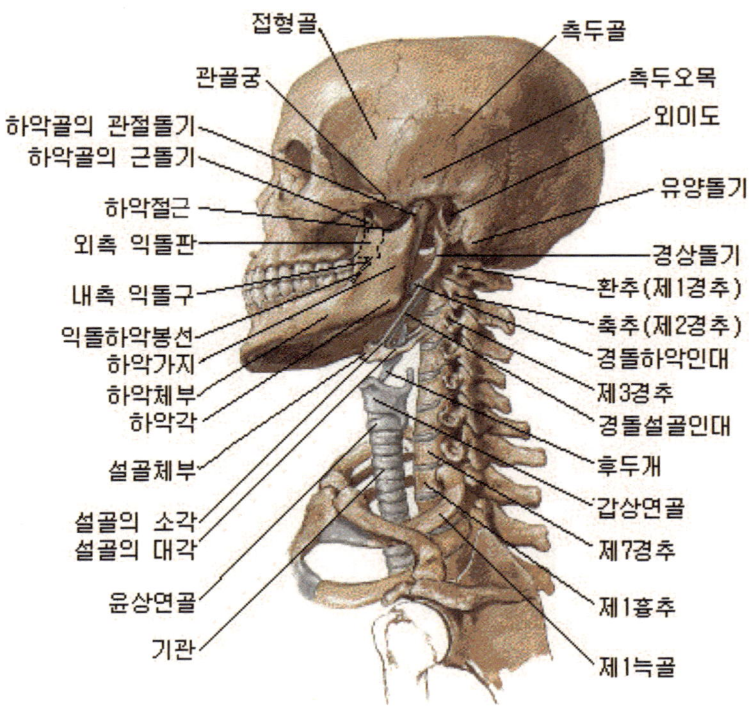

그림 1-2
머리와 목의 골격

2 두피의 정의

두피는 두부(頭部)를 보호하고 있는 피부조직으로 외부의 물리적 자극이나 화학적 변화를 완충시켜 두부 내부를 보호하고 유지하는 부분이다. 건강한 모발을 생성하고 성장시키기 위한 근원이 되는 두피는 인체조직 등 다른 어떤 부분보다도 모낭과 혈관이 풍부하고 신경분포가 조밀하며 섬세한 구조로 이루어져 있다.

3 두피의 기능

1) 보호 기능

두피는 뇌를 중심으로 피부, 근육, 뼈 조직 등을 외부의 충격으로부터 보호하며, 각종 박테리아나 세균의 감염 등에 대해 뇌를 보호하는 기능을 가지고 있다. 두피의 기능 중 첫 번째 기능이라고 할 수 있다.

2) 호흡 기능

인체는 폐를 통한 호흡이 97% 정도 이루어지지만 피부조직을 통한 외부로부터의 산소 공급 또한 전체 호흡량의 1~3% 정도를 차지한다. 피부조직의 하나인 두피 또한 이러한 피부호흡의 기능에 관여하고 있다. 폐를 통한 호흡을 외호흡, 피부조직을 통한 호흡을 내호흡이라고 한다.

3) 흡수 기능

두피조직은 모발 성장에 필요한 영양분을 외부로부터 흡수하는 기능을 가지고 있다. 영양분의 두피 속 흡수는 표피세포를 통하여 흡수되는 것보다는 모공을 통하여 흡수될 경우 흡수율이 더욱 높다.

4) 분비 기능

두피조직은 피지를 분비하는 피지선, 땀을 분비하는 한선이 존재하고 있다. 두피에서 생성된 피지막은 두피의 세균감염에 대한 방어와 살균 능력, 보습 기능, 자외선과 결합하여 비타민 D를 생성하는 기능을 하고 있다.

5) 배설 기능

인체는 신진대사 기능을 하고 남은 잔여물을 신장이나 항문, 폐 등을 통하여 체외로 배출하고 있으며, 그중의 일부인 모발은 중금속 등의 유해물질을 체외로 배설하는 기능을 한다.

6) 체온조절 기능

인체는 36.5℃를 유지하는 항상성을 지닌다. 피부에서 분비되는 땀은 인체의 체온유지에 도움을 주고 있으며, 피부조직의 모세혈관은 피부 발한작용을 통하여 체온을 일정하게 유지하려고 한다.

7) 감각 기능

두피는 냉·온·압·통감 등의 감각을 느낄 수 있다. 이 신경에 의해 두피를 압박하거나 온도에 자극을 주면 두피의 모세혈관이 확장되어 자극에 민감하게 반응한다.

4 두피(피부)의 구조

피부는 세포막이라고 부르는 가장 넓은 조직으로 인체의 내부 기관과 외부 환경과의 사이에서 중요한 완충역할을 한다. 피부는 다양한 생리기능을 가지고 있으며, 피부 표면에서부터 표피·진피·피하지방층의 3개의 층으로 형성되어 있다. 또한 피부의 부속기관인 한선, 피지선, 기모근, 모유두, 모발 및 손·발톱으로 이루어져 있다. 혈관, 분비선, 감각 수용체와 신경을 포함한 많은 조직들이 포함되어 있으며 그 기능도 다르다. 피부 표면의 면적은 사람에 따라 조금씩 다르나 성인의 총면적은 약 1.6~2m^2이며, 무게는 체중의 약 16%로 신체 기관 중에 가장 크다. 신체 부위 중 가장 얇은 곳은 눈꺼풀이며 가장 두꺼운 곳은 손바닥과 발바닥이다.

두개골 막에 의하여 두개골을 둘러싸고 있는 두피는 외피(표피와 진피), 두개피, 두 개 피하조직의 3개 층으로 구성되어 있으며, 매우 조밀한 5~12개의 신경섬유가 있어 머리카락을 통해 감각을 느낀다. 두피는 머리카락과 연결된 피부로 그 아래는 매우 강한 섬유조직인 모상건막(epicranial aponeurosis)으로 구성되어 있다.

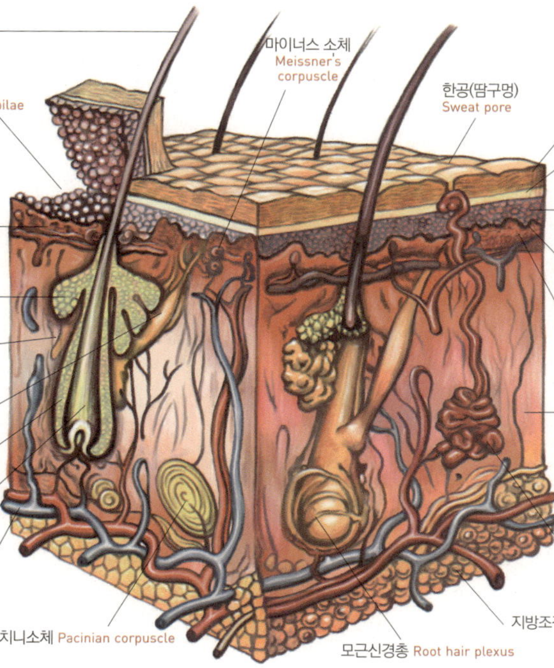

그림 1-3
피부의 구조

1) 표피 Epidermis

표피는 피부의 가장 외측에 존재하며 0.03~1.6mm 정도로 부위에 따라 차이가 있다. 표피 중 가장 두꺼운 부위는 손바닥과 발바닥으로 약 1.6mm이고 가장 얇은 부위는 눈꺼풀로 0.5mm 미만이다. 표피는 각질형성세포가 분화되어 분열되면서 각화현상으로 이루어진다. 표피 구성세포는 각질형성세포(Keratinocyte), 색소형성세포(Melanocyte), 랑게르한스세포(Langerhans cell), 머켈세포(Merkel cell)로 구성되어 있다. 표피 구조는 각질층, 투명층, 과립층, 유극층, 기저층으로 이루어져 있다.

(1) 각질층 stratum corneum

각질층은 약 20층으로 핵이 없는 편평한 세포로 최외층의 방어 역할을 하는 방어막이며, 비늘층의 라멜라(Lamella) 구조로 되어 있다. 죽은 세포, 각화된 피부로 되어 있어 클렌징, 마사지 등의 마찰로 매일 조금씩 떨어져 나간다. 각질층엔 아주 중요한 NMF(Natural Moisturizing Factor)인 천연보습인자가 존재하며 약 10~15% 정도의 수분을 가지고 있다. 피지막을 형성하며 피부조직을 보호한다.

(2) 투명층 stratum lucidum

투명층은 2~4층으로 구성, 얇고 투명한 층으로 인체의 전반에 분포되어 있으며 특히 손바닥과 발바닥에 다량 존재한다. 세포질 안에 빛을 굴절시키는 반유동성 물질인 엘라이딘(Eleidin)이 존재한다. 두피에는 거의 존재하지 않는 층이다.

(3) 과립층 Granular layer

과립층은 2~5층의 케라토하이알린(Keratohyaline) 과립의 과립세포로 구성되어 있으며 타원형의 형태를 띤다. 레인 방어막인 배리어존(barrier zone)이 과립층 아래의 수분 유실을 저지시켜 준다. 각화가 시작되는 층으로 피부 트러블의 원인층이며 미용층이라고도 한다.

(4) 유극층 stratum spinosum

유극층은 5~10층으로 핵이 존재하는 층이며 가시 모양의 돌기를 지닌 유극세포로 구성되어 가시층이라고도 한다. 표피 중 가장 두터운 층으로 많은 부분을 차지한다. 유극세포 사이로 진피에서 기저층을 통해 들어온 림프액이 순환하면서 노폐물과 독소를 운반하고 혈관이 존재하지 않는 표피층의 각 세포에 영양분을 공급한다.

(5) 기저층 stratum basale

기저층은 1~3층으로 구성되어 있고, 방추형의 세포층으로 핵이 있는 층이다. 표피세포 발생의 근원지이며, 세포분열을 하는 층으로 배아층, 재생층이라 한다. 케라틴 형성세포와 색소형성세포가 존재한다. 기저층의 과다 손상은 세포 재생이 어려워져 흉터를 만든다.

① 각화현상 Keratinization

기저층의 핵이 있는 부분에서 각질세포로 바뀌어 핵이 없어지는 현상을 각화현상이라고 한다. 각화주기는 평균 28일 정도이며, 각화주기는 식생활, 스트레스, 건강, 연령, 계절적인 요인, 신진대사 이상, 진균 및 곰팡이균 감염 등의 원인으로 변화된다. 각화주기 변화 요인 중 스트레스는 신체 내 활성산소를 배출함으로써 우리 몸의 세포와 조직에 손상을 주는 유해산소를 만든다.

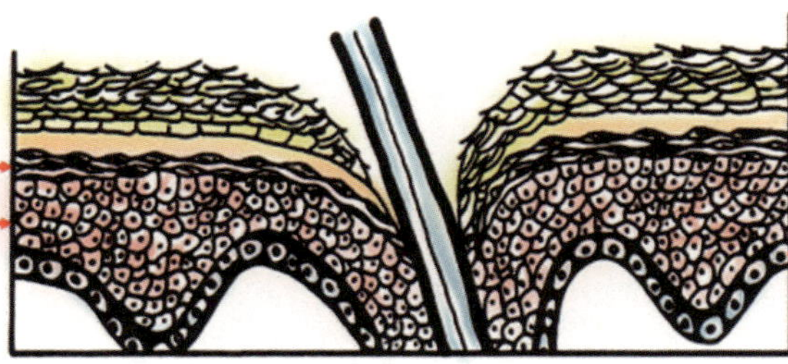

그림 1-4
표피의 구조

2) 진피 Dermis

피부의 85~90%를 차지하며 탄력성과 신축성 등 피부상태를 결정하는 부분이며 유두층, 망상층으로 구성되어 있다. 콜라겐, 엘라스틴, 망상섬유들로 상호 연결되어 있고 혈관, 신경관, 림프관, 한선, 피지선, 입모근이 존재한다.

(1) 유두층 Papillary layer

유두층은 기저층 아래 진피층 상부에 위치에 있으며 피부층 가운데 가장 활발한 활동을 하고 모세혈관으로부터 기저세포에 영양과 산소를 공급해 주는 역할을 한다. 유두 모양의 돌기를 형성하고 혈관, 신경, 감각소체가 존재한다.

(2) 망상층 Reticular layer

망상층은 그물 모양의 치밀한 결합조직으로 구성되어 있어 세망층이라고도 한다. 세포간 물질인 콜라겐과 엘라스틴, 기질물질의 섬유조직으로 이루어져 있으며, 망상층의 붕괴는 콜라겐과 엘라스틴을 손상시켜 주름을 생성하는 피부노화의 원인이다.

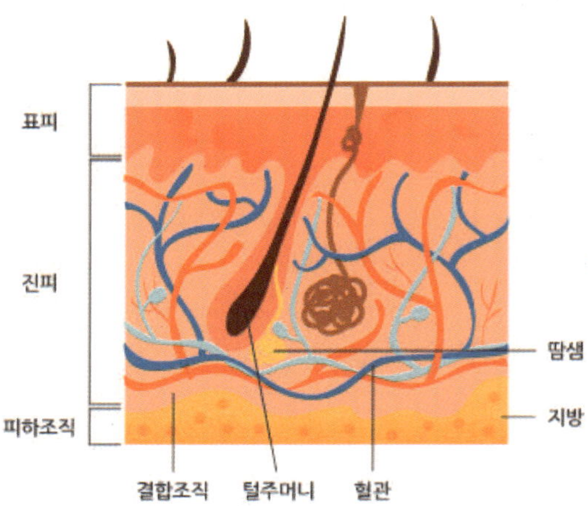

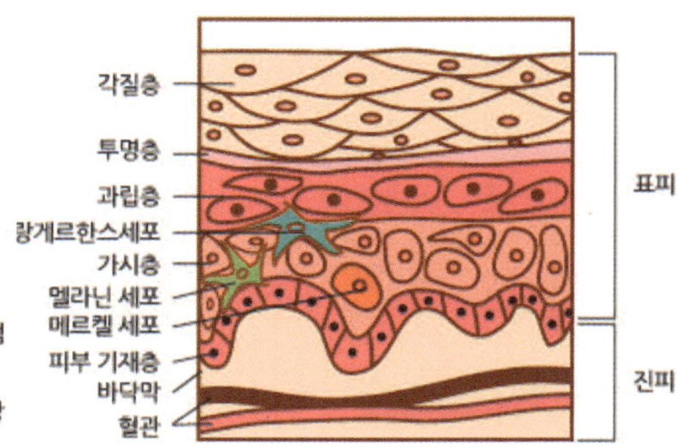

그림 1-5
진피의 구조

① **교원섬유** Collagen fiber

콜라겐은 진피의 90%를 차지하며 3가닥 나선구조로 형성되어 있다. 백섬유라고도 하며, 몸을 지탱, 결합, 경계면을 만드는 데 중요한 역할을 한다.

② **탄력섬유** Elastin fiber

엘라스틴은 비교적 적은 부분을 차지하지만 피부의 탄력을 결정짓는 중요한 요소이며 황섬유라고도 한다. 당겼을 때 약 1.5배가 늘어나며 원래의 상태로 회복하는 탄력성과 신축성의 성질을 가지고 있다.

③ **기질** Ground substance

진피의 0.1~0.2%를 차지하며 주위의 다른 조직을 지지하고 결합섬유 사이를 채우고 있다. 친수성 다당류로 뮤코 다당류라고도 하며 다량의 수분을 보유하는 저수지의 역할을 한다. 노화 시 뮤코 다당류의 함량이 저하되어 건조해진다.

④ **기저막** Basement membrane

표피와 진피의 경계면에 존재하며 표피와 진피를 결합시키는 기능을 가지고 있다. 유동성, 반투과성의 여과기 역할을 하며 액상물질은 투과하나 염증세포나 종양세포들의 왕래를 제어하는 방어막 역할을 한다. 표피의 형성을 조절하며 상처 치유에도 관여한다.

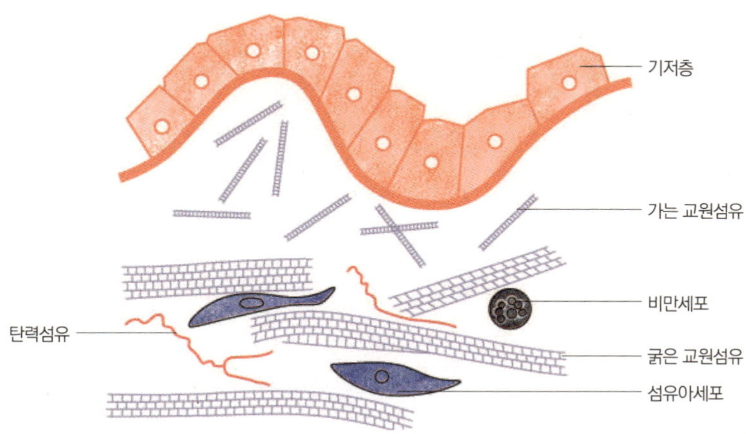

그림 1-6
진피의 구성세포

(3) 피하조직 Subcutaneous tissue

진피와 근육, 뼈 사이에 조직으로 지방을 다량 함유하고 피부의 가장 아래층에 존재한다. 혈관과 신경을 받쳐주며 보호, 영양소 저장, 체온조절 등의 역할을 한다. 피하조직의 두께는 나이, 성별, 영양 상태 및 신체 부위에 따라 다르다. 눈꺼풀, 고환, 경골 등에 없으며, 연령, 유전 등의 요인에 영향을 받는다. 여성호르몬(estrogen hormone)의 영향으로 피하지방량이 증가되면서 신체의 곡선미, 부드러운 체형을 형성하는데 관계가 있다. 피하지방 과잉 시 셀룰라이트(cellulite)를 형성한다.

(4) 부속기관

피부의 부속기관은 털, 피지선, 한선, 손톱, 발톱 등이 있다. 부속기관 중 털은 손바닥, 발바닥, 입술, 유두, 귀두 등을 제외한 전신에 분포하고 있으며, 밀도, 굵기, 성장속도, 형태, 색상 등이 인종에 따라 다르며 개인마다 차이가 있다. 털의 두께는 0.01~0.12mm로 부위에 따라 다르며, 모발은 0.07~1.00mm로 개인차가 있다.

털은 외부 자극의 충격, 마찰, 일광으로부터 몸을 보호하고 인체에 유해한 중금속을 체외로 배출하는 기능이 있으며, 모발은 털의 기능 외에 외모를 아름답게 만드는 장식적 기능이 있다.

HAIR SCIENCE

02 모발생리학 I

1. 모발의 구조
2. 모발의 기능

1 모발의 구조

1) 모발의 정의

부속기관인 털 중 모발은 두피의 각질층이 변화해서 생긴 섬유성 단백질인 케라틴으로 구성된 죽은 세포를 말하며 촉각이나 통각을 전달하고 외부의 화학적, 기계적 자극으로부터 두피를 보호하는 기관이다.

2) 모발의 구조

모발은 두피 바깥 부분인 모간부와 눈에 보이지 않는 두피의 안쪽 부분인 모근부로 나눈다.

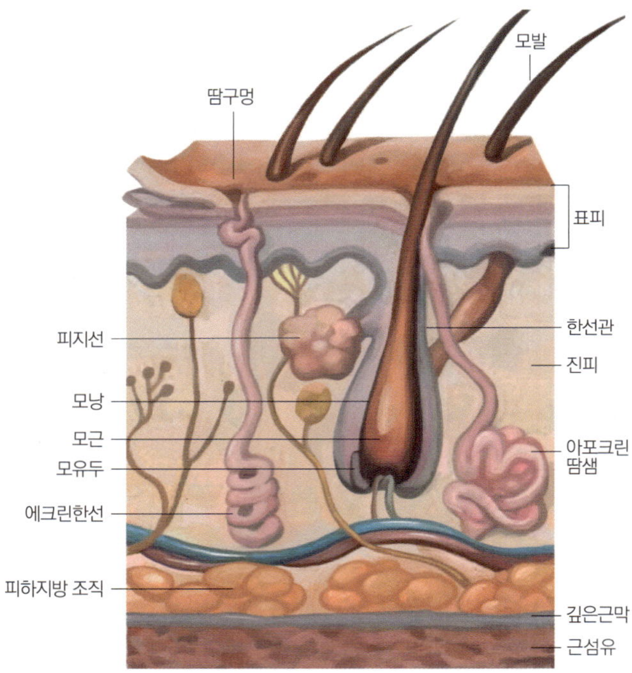

그림 2-1 모발의 구조

(1) 모간부 Shaft of hair

모간부는 모표피, 모피질, 모수질로 구성되어 있다.

① 모표피 Hair Cuticle

모발의 가장 바깥에 존재하며 전체 모발의 10~15%를 차지하고, 반투명의 비늘 모양을 띠고 있다. 외부 자극에 대한 보호작용을 하며, 화학시술 등의 외부환경에 대한 강한 저항력을 가지고 있다. 모표피는 모발 손상의 척도이다. 모표피가 단단하고 광택이 나며 강도가 높을 때 모발은 건강하다. 모표피는 3겹으로 구성되어 있다.

㉠ 에피 큐티클 epi cuticle : 친유성으로 수증기는 통과하지만 물은 통과하지 못한다. 화학약품에 대한 저항력은 강하지만 물리적인 힘에 약하다.

㉡ 엑소 큐티클 exo cuticle : 중간적 성질을 띠며, 불안정한 층으로 펌제의 작용을 받기 쉽다.

㉢ 엔도 큐티클 endo cuticle : 친수성으로 가장 안쪽에 위치해 있으며, 알칼리제 화학약품에 작용을 받기 쉽다. 세포막 복합체(CMC : Cell Membrane Complex)가 존재해 접착제 역할을 하며, 모표피와 밀착시킨다.

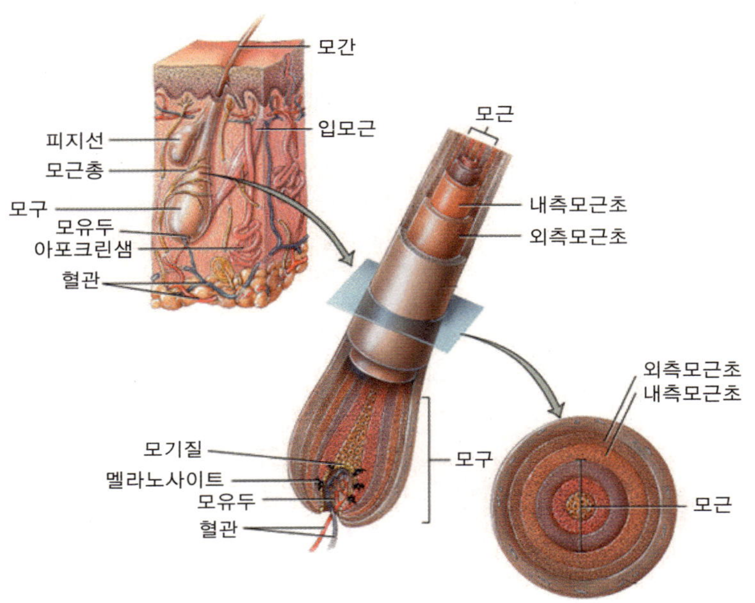

그림 2-2 모간부의 구조

② **모피질** Hair cortex

모피질은 모발의 가장 많은 부분인 80~90%를 차지하며, 탄력과 강도, 색상을 결정하는 부분이다. 피질세포와 세포간 물질로 구성되어 있다. 과립식의 라닌 색소를 함유하고 있으며 친수성의 성질을 가지고 있다. 화학약품의 작용을 쉽게 받으며 펌과 컬러링에 관련이 있다.

㉠ 피질세포 Cortical cell : 케라틴이 주성분이며 마이크로 피브릴과 간충물질이 있다. 멜라닌이 함유되어 있어 모발의 색이 결정된다.

㉡ 간충물질 Matrix

- 케라틴 분자 타입이 비결정형으로 세포간 결합물질로 세포와 세포 사이를 강하게 연결하고 있다.

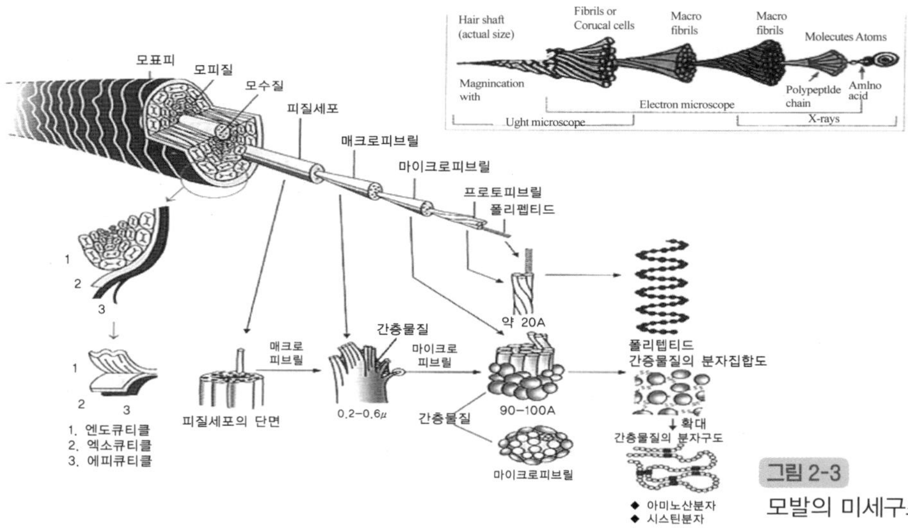

그림 2-3 모발의 미세구조

- 세포간 물질의 기본은 케라틴을 구성하는 아미노산들이 결합된 '폴리펩타이드' 구조와 폴리펩타이드 사슬 3개가 알파 헬릭스(α-helix) 형태로 꼬여서 프로토피브릴(protofibril)이 되고, 프로토피브릴이 5~11개 구조로 배열되면 마이크로피브릴(microfibril)이 되며, 마이크로피브릴이 나선상으로 늘어져 매크로피브릴(macrofibril)이 된다.

③ **모수질** Hair medulla

모수질은 모발 중심에 존재하며 벌집 모양의 다각형 세포로 모발의 굵기에 따라 유무가 달라져 연모 등의 가는 모발에서는 거의 존재하지 않는다. 보온의 역할을 하며 경모의 굵은 모발과 수염, 음모, 코털은 모수질이 비교적 크다.

(2) 모근부 Hair Root

모발 성장의 중요한 부분으로 모발에 필요한 영양을 모세혈관으로부터 공급받아 세포분열 과정을 통하여 모발을 생성한다.

① **피지선** Oil Glands

피지선은 기름샘으로 모근의 상부 1/3 지점에 부착되어 있으며, 손바닥, 발바닥 등을 제외한 전신에 분포(특히 얼굴, 두피, 가슴, 등에 발달)되어 있으며 모낭으로 연결되어 모공을 통해 피지를 배출한다. 피지선에서 만들어지는 반유동성의 유성물질은 트리글리세라이드(Triglyceride), 왁스(Wax), 스쿠알렌(Squalene), 소량의 콜레스테롤(Chloesterol)과 콜레스테릴 에스테르(Cholesteryl ester)가 생성되며, 하루 분비량은 성인을 기준으로 약 1~2g 정도이다. 세균이나 곰팡이균을 방어하는 살균작용, 피부와 모발에 윤기를 부여하는 유화작용과 보습작용, 미생물의 발육을 억제시키고 체내의 피지대사에서 나오는 유독물질을 배출하는 배출작용을 한다. 피지선의 활동은 체온을 조절하고, 조절하는 요인으로 안드로겐(Androgen)과 에스트로겐(Estrogen)이 있다.

② **한선** Sweat Glands

한선은 땀을 분비하며 진피의 망상층과 피하조직 사이에 위치하며, 입술이나 고막 등을 제외한 전신에 분포되어 있다. 특히 손바닥, 발바닥, 겨드랑이, 생식기 주위에 발달되어 있으며, 에크린선(ecrine gland)과 아포크린선(apocrine gland)이 있다.

㉠ 에크린선 : 소한선이라고도 한다. 에크린선은 땀을 분비하는 땀샘으로 땀의 배출을 통해 체온 조절을 하고, 수분과 나트륨, 염소 등으로 구성되어 있다.

㉡ 아포크린선 : 대한선이라고도 한다. 아포크린선은 모낭과 연결되어 있으며 작은 나선형의 구조이다. 피지선을 통하여 땀을 배출하고 겨드랑이, 가슴, 눈꺼풀 주위에 발달되어 있으며 2차 성징 시기에 분비가 더욱 활발해진다. 분비 전에는 무색, 무취하지만 산화되면서 유색의 악취가 나는 것이 특징이며, 액취증 또는 암내라고도 한다.

③ **모구** Hair Bulb

모구는 전구 모양으로 되어 있는 모낭의 아래 둥근 부분을 말하며 모발을 생성, 성장시키는 부분이다. 모구부의 아랫부분은 진피의 결합조직에 맞물려 있으며, 모근을 유지시켜 주고 모질세포와 멜라닌 세포로 구성되어 있다.

④ **입모근** Arrector Pili Muscle

모근 하부 1/3 지점에 위치하며 추위, 공포 등을 느끼면 자율적으로 수축하는 불수의 근육, 털을 세우는 근육이다. 입모근의 잦은 수축은 피지 분비를 촉진한다.

⑤ **모유두** Hair Papilla

모유두는 모구의 가장 아랫부분에 젖꼭지 모양으로 신경과 모세혈관이 풍부하며 모발의 영양과 산소를 저장, 운반하는 등 모발의 성장을 돕는 영양 공급의 장소이다.

⑥ **모낭** Hair Follicle

모낭은 모발을 싸고 있는 부분으로 피부 속에서 모근의 발육을 돕는다. 태생 9주에 발생하여 12주에 생성되며 머리에서 발끝 쪽으로 순차적으로 형성된다. 모낭은 상피성 모낭과 결합직성 모낭으로 구성되어 있다.

㉠ 상피성 모낭 : 내모근초와 외모근초의 두 층으로 나누며, 내모근초(innet root sheath)는 초표피, 헉슬리층(huxleys layer), 헨레층(henles layer)으로 구성되어 있다. 모근과 같이 각화하여 모발이 표피까지 자랄 수 있도록 모발을 보호한다. 외모근초(outer root sheath)는 모발의 재생과 성장을 맡아 표피를 구성하는 상피세포가 분화된 조직으로 모발의 성장과 함께 위로 올라가 상피와 결합 후 각화되어 떨어져 나간다. 모기질세포가 있는 부분부터 피지선관까지 연결되어 있다.

㉡ 결합조직성 모낭 : 상피성 모낭의 바깥쪽에 위치해 혈관과 신경이 분포되어 있으며 간엽세포로 구성된다. 모유두와 연결되어 있다.

⑦ **모모세포** Hair Matrix Cell

모기질 세포가 분화하여 모유두 위에 접해 있어 모유두로부터 영양분을 공급받아 분열, 내모근초를 따라 성장하게 된다. 모발의 기원이 되는 세포이다. 케라티노사이트(keratinocyte)와 멜라노사이트(melanocyte)가 존재하며 모발의 색을 결정한다.

⑧ **모세혈관** Capillary

모세혈관은 모유두로 영양분과 산소를 공급해준다.

⑨ **자율신경** Autonomic Nerve

자율신경계는 모세혈관과 함께 모유두 주위에 존재하며, 뉴런이 모여 신경이 된다. 신경은 뉴런의 다발이고, 신경이 모여 신경계를 이룬다. 자율신경은 교감신경과 부교감신경으로 구성되어 서로 반대의 작용을 한다. 전달하는 신경전달물질이 다르기 때문이다. 교감신경은 노르에피네프린을 분비하고 부교감신경은 아세틸콜린을 분비한다.

2 모발의 기능

1) 보호 기능

모발은 두부 전체를 감싸고 있어 추위와 자외선으로부터 두피를 보호하고 외부의 자극이나 충격을 완화시켜 두개골과 뇌를 보호한다.

2) 감각 기능

모발의 모근 부위에는 지각신경이 분포되어 있어 자극에 반응하는 촉각의 기능이 있다.

3) 배출 기능

인체는 소화흡수를 하고 남은 잔여물과 노폐물을 신장, 항문, 폐, 한선 등을 통해 체외로 배출하고 있으며, 모발은 혈액으로부터 영양분을 공급받아 성장하기 때문에 혈액 내에 존재하는 유해한 성분들을 모발을 통해 배출시킨다.

4) 장식 기능

모발은 인간의 외적 이미지 변화에 큰 비중을 차지하며, 개성과 아름다움을 표현하는 기능을 가지고 있다.

HAIR SCIENCE

03

모발생리학 II

1. 모발의 분류
2. 모발의 성장주기

1 모발의 분류

1) 모발의 굵기에 따른 분류

(1) 취모 Lanugo Hair

태아에 존재하는 섬세하고 부드러운 털로서 모발의 색이 연한 것이 특징이다. 굵기는 0.02mm로 '배냇머리'라고도 한다. 큐티클이 관찰되지 않는 특징을 지니며 임신 8개월 차에 연모화된다.

(2) 연모 Vellus Hair

피부의 대부분을 덮고 있는 섬세한 털로서 0.08mm 이하로 모수질이 존재하지 않으며, 멜라닌 색소가 적은 연갈색의 색상으로 사춘기 이전의 모발에서 볼 수 있으나 탈모 진행형 모발에서도 볼 수 있다.

(3) 경모 Terminal Hair

성모라고도 하며, 0.15~0.20mm 정도로 단단한 단백질이 결합된 길고 굵은 털로 머리카락, 속눈썹, 수염 등을 구성하고 있는 털이다. 경모는 멜라닌 색소(Melanin pigment)가 풍부하고 견고한 단백질 결합으로 30대 이후 점차 연모화가 이루어진다. 모발의 굵기 변화는 남성 25세 이후, 여성 30세 이후로 연령, 환경, 건강 상태, 탈모 진행 정도, 인종, 성별에 따라 다르다.

2) 모발의 형태에 따른 분류

(1) 직모 Straight hair

모모세포 간의 동일한 세포분열이 이루어져 굵기가 굵으며 모발 단면이 원형을 띤다. 일반적으로 황인종이 이에 속하며, 모낭의 구조가 곧은 모양이다.

(2) 파상모 Wave hair

굵기가 가늘고 약간 곱슬머리이며 타원형의 모발 단면을 띠고 직모와 축모의 중간 형태로 백인종이 이에 해당된다.

(3) 축모 Curly hair

곱슬모로 흑인종에게서 많이 보이며 횡단면의 모양은 납작하거나 다양한 모양의 부정형이다. 파상모보다 웨이브가 좀 더 심하고 유전적인 요인이 있으며 모낭이 피부 표면으로부터 굽어진 모양이다.

그림 3-1
모발의 형태

① **모경지수**

㉠ 모발이 곱슬거리는 정도를 나타내는 수치

㉡ 모경지수 = 모발의 최소직경 / 모발의 최대직경 × 100

㉢ 인종별 모경지수

티베트인 80, 에스키모인 77, 동양인 75~80, 백인 62~72, 흑인 50~60

3) 모발의 종류

(1) 정상모발 Normal hair

정상모발은 중성모발이라고도 하며 건강모발로 피지분비량이 적당하여 모발에 윤기가 흐르는 이상적인 모발 타입이다. 이러한 모발의 관리는 이 상태를 계속 유지시켜 주는 것이 중요하다.

(2) 건성모발 Dry hair

건성모발은 선천적인 것과 후천적인 것이 있는데, 선천적인 원인으로는 모발에 수분이 부족하고 모발의 발생과정 중 모발의 천연보습인자인 아미노산의 혼합물이 부족한 상태에서 성장한 것이다. 따라서 모발에 수분을 저장시키는 힘이 없는 한편, 피지의 분비가 부족하여 모발 면에서 수분이 증발하는 것을 막는 피지막 형성이 생기지 않는 경우이다. 건성모는 하나의 이상모인 동시에 손상모에 해당된다.

(3) 지성모발 Oily hair

지성모발은 샴푸를 하고 1시간 후 기름기가 발생되는 것이 눈에 보이는 모발이다. 모낭의 피지선에서 정상보다 더 많은 양의 피지를 분비하는 모발로써 이러한 모발은 오염물이 잘 붙고 칙칙하게 보일 수 있다. 지성모발은 청결한 두피 관리를 하지 않으면 비듬이나 피부염을 일으킬 수 있고, 비듬이 모공에 쌓이게 되면 머리카락이 성장하는 것을 막게 되어 파마나 염색이 잘되지 않는다. 지성모발을 가진 경우는 비타민이 함유된 음식을 섭취하여 신진대사 및 혈액순환에 도움을 줄 수 있도록 한다.
지성모발 샴푸 시 아침과 저녁, 하루 두 번 샴푸를 하는 것이 좋다. 린스를 사용할 때는 모발 끝부분만 바르고 헹구어 낸다. 이때 린스나 샴푸 성분이 남아 있으면 비듬이 생길 수 있으므로 잘 헹구어야 한다. 드라이의 뜨거운 바람은 두피 유분 생성을 촉진시키므로 찬바람으로 건조시킨다.

(4) 손상모발 Damaged hair

손상모발은 퍼머넌트 웨이브, 염색 · 탈색 등 화학적 시술을 자주 하게 되면 발생한다. 이들에 사용되는 화학약품은 모발의 수분을 증발시키고, 케라틴의 구조와 모표피의 비늘을 변형시키는 등의 작용으로 윤기가 없어지며, 모발 끝이 갈라진다. 모발은 펩타이드의 주쇄와 측쇄로 단단하게 결합되어 있지만 산 · 알칼리, 산화 · 환원제를 사용하면 측쇄는 늘어나거나 절단될 수도 있으며 때로는 주쇄까지도 끊기는 경우가 있다. 대부분은 원래의 상태로 복원되지만, 시스틴이 시스테인(Cysteine)으로 변화되면 영구 변성모가 된다. 시스틴의 함유량이 저하되면 모발은 자연히 강도와 신장도가 저하되어 약한 모발이 되어 버린다. 약품에 의한 화학 변화는 외견상으로는 눈에 보이지 않지만, 모발에 치명적인 손상을 일으키며 다공성모(Porosit hair)가 된다. 또한 자외선에 의한 변성은 케라틴의 화학성분인 아미노산이 변성되어 시스테인의 함유량이 저하되며 이 경우 모발의 탄성이 약해지거나 퍼머넌트 웨이브 시술 시 웨이브가 잘 형성되지 않는다. 너무 잦은 화학적 시술은 피하는 것이 좋고, 자외선이 강할 때는 모자를 쓰는 등의 대책을 마련해야 한다. 퍼머넌트 웨이브나 염색(Tint), 탈색(Bleach) 후에는 트리트먼트를 해 주는 것이 좋다.

2 모발의 성장주기

모체에서 하나의 세포로 이루어진 수정란은 세포분열에 의해 기하급수적으로 증가하여 태아로서 인간의 형태로 만들어지는데, 일반적으로 태아 9~12주 때 모낭이 형성되어 12~14주 때 모발이 성장한다. 처음에는 같은 간격으로 발생하여 점차 부위별로 밀도 차이가 생기며 머리에서 발쪽으로 차례로 형성된다.

1) 모발의 발생

모발의 발생 과정은 전모아기(Pre-germ Stage), 모아기(Germ Stage), 모항기(Peg Stage), 모구성 모항기(Bulbous Stage), 완성모낭(Follicle Maturation)으로 나뉜다. 태생 초기의 표피가 주피, 중간층, 배아층으로 나뉘고 배아층의 세포가 밀집하게 되는데 모낭의 형성 이전을 전모아기라 한다. 배아층의 중간층 세포가 진피 속으로 함몰되는 시기를 모아기라 하며, 모아가 기둥모양으로 진피 내에 깊숙이 형성되는 시기를 모항기라 한다. 모낭 기둥면에 피지선(Sebaceous Gland)과 기모근의 근원 부분이 부풀어오고 모낭 끝이 둥글어지면서 간엽성 세포의 집단이 모유두의 형성을 예고하는 시기를 모구성 모항기라 한다. 조직의 분화와 모유두의 형성으로 모발을 만들어 낼 수 있는 모낭을 완성모낭이라고 한다.

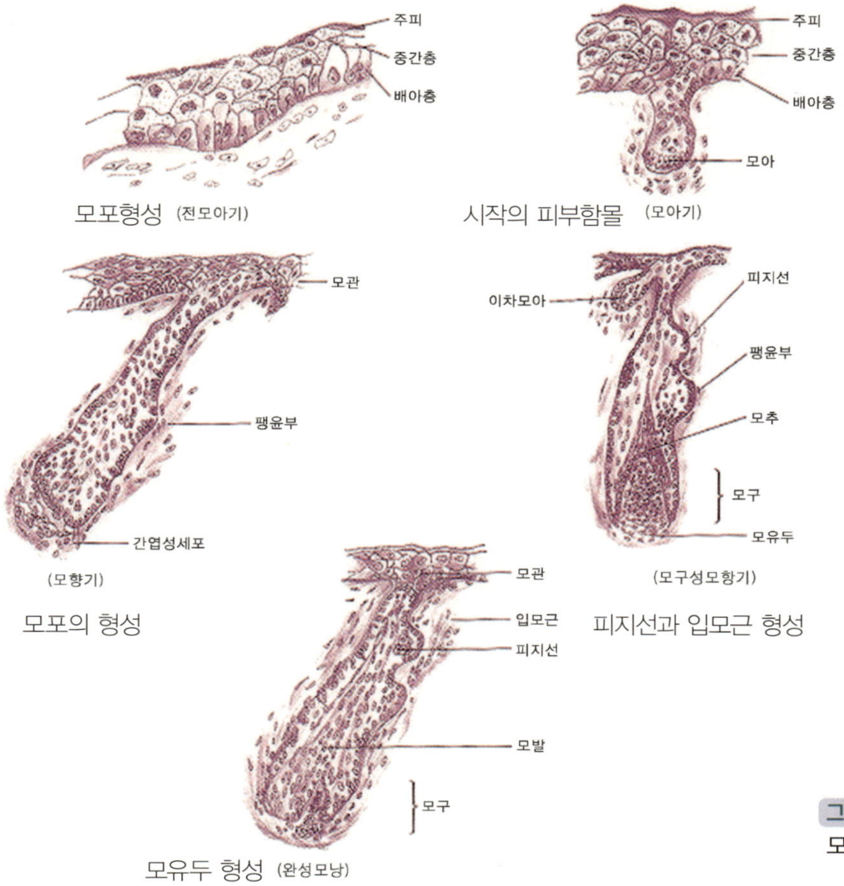

그림 3-2
모발의 발생

2) 모발의 성장주기

모발의 성장주기는 모주기 또는 헤어 사이클(Hair Cycle)이라고도 한다. 모발은 각각의 다른 성장주기를 가지고 있는데 동물처럼 모발 전체의 모주기가 일치하는 것을 싱크로니스틱 타입(Synchronistic Type)이라 하고, 사람처럼 각각 다른 모주기를 가지는 것을 모자이크 타입(Mosaic Type)이라고 한다.

(1) 성장기 Anagen Stage

모모세포가 모유두에 접해 있는 모세혈관으로부터 영양을 공급받아 활발한 세포분열을 일으켜 새로운 모발이 생성되어 성장하는 시기이다. 전체 모발의 80~85%를 차지하며, 남성은 3~5년, 여성은 4~6년에 해당한다. 음식물, 호르몬(Hormone), 비타민(Vitamin) 등의 영향에 의해 변화될 수 있다.

(2) 퇴행기 Catagen Stage

모발의 성장이 느려져 성장기가 끝나고 정지되는 단계이다. 모모세포와 색소세포가 위축하기 시작하므로 성장기에 피하지방층까지 도달되어 있던 모구부의 수축현상이 일어나 모유두로부터 모낭이 격리됨에 따라 모발의 생장활동이 정지되며, 전체 모발 중 1%를 차지하고 기간은 2~3주 정도로 미미하다.

(3) 휴지기 Telogen Stage

모낭과 모유두가 완전히 분리되어 모근이 위쪽으로 밀려올라가 모발이 빠지는 시기이다. 휴지기에는 모발의 고착력도 약해지고 멜라닌 색소도 줄어들어 곤봉 형태를 보이게 된다. 전체 모발의 약 10~14%에 해당되며 브러싱 등 약한 자극에도 모발의 빠짐 현상이 나타난다. 기간은 약 3~4개월 정도가 되는데 이 기간보다 많이 길어지면 비정상적인 탈모 또는 휴지기 탈모라고 한다.

(4) 발생기 New Anagen Stage

휴지기 동안 정지해 있던 모유두가 배아세포의 세포분열에 의해 새로운 신생모로 자람과 동시에 휴지기에 남아있던 모발은 밀려 빠지게 된다. 모발 탈락과 함께 새로운 성장기이기도 하다.

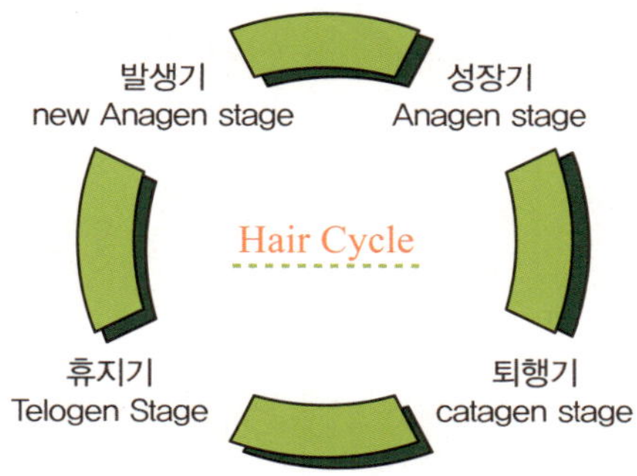

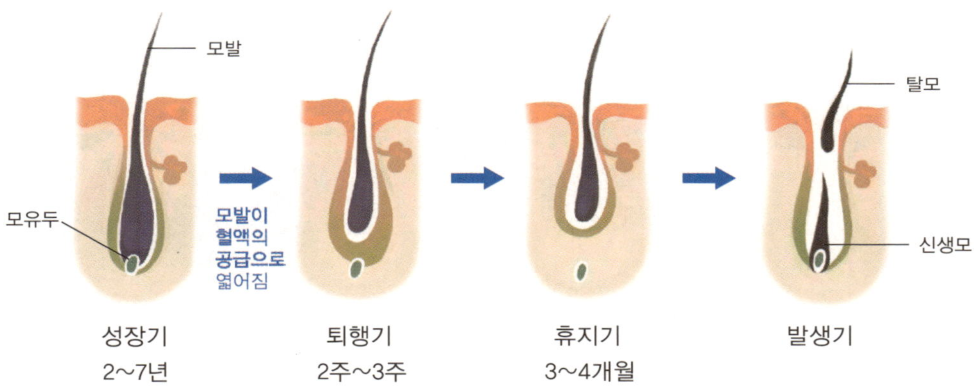

그림 3-3
모발의 성장주기

SECTION 2

모발의 특성

04
모발의 생리적 특성

1. 모발의 구성 성분
2. 모발과 영양소
3. 영양소의 작용

모발의 구성 성분은 모발의 탄력과 윤기를 결정짓는 중요한 요소이다. 모발은 주로 단백질로 이루어져 있으며, 다양한 화학적 성분들이 결합하여 모발의 인장강도, 탄력성, 색깔 등을 결정하게 된다.

1 모발의 구성 성분

1) 모발의 물질 구성

(1) 원자 atom

물질의 최소단위로 물질을 쪼개어도 더 이상 쪼개지지 않는 가장 작은 입자를 원자라고 한다. 원자는 중성이며 원자핵(양성자+중성자)과 전자로 구성된다.

(2) 원소 element

원자로 이루어지며 탄소, 수소, 산소, 질소 등과 같이 화학적인 방법으로는 더 이상 간단한 것으로 나누어지지 않는 가장 기본이 되는 물질이다. 약 100여 종이 있다.

(3) 분자 molecule

두 가지 이상의 원자가 화학적으로 결합하여 만들어진 것으로 물질의 성질을 잃지 않는 최소단위이다.

(4) 화합물 compound

원소들의 결합에 의해 형성된 물질로 최소단위는 분자이다.

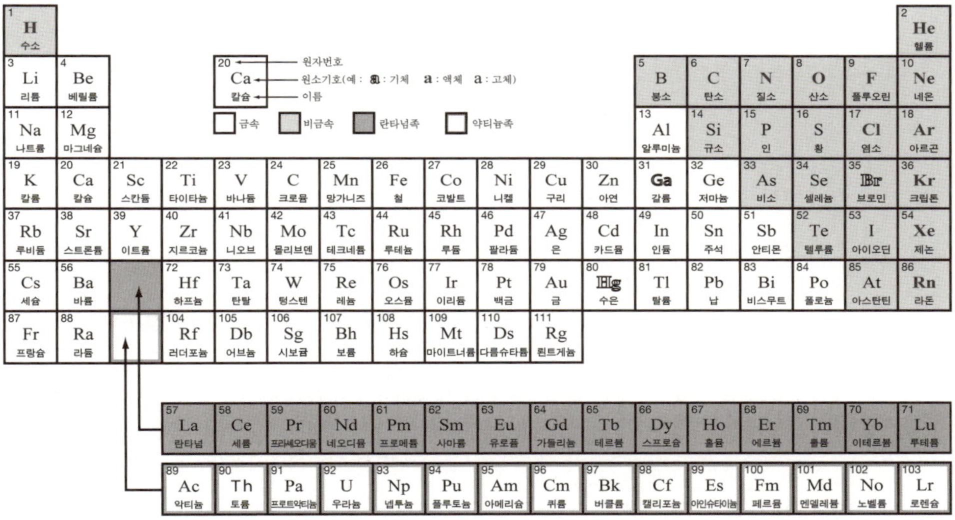

그림 4-1
원소의 주기율표

2) 모발의 구성 성분

모발의 주요 성분은 케라틴(80~90%), 멜라닌(3% 이하), 수분(10~15%), 지질(1~9%), 미량 원소(0.6~1.0%), 피그먼트 및 기타 물질로 이루어져 있다. 모발의 각 성분들은 단독으로 작용하는 것이 아니라 서로 상호작용하며 모발의 전체적인 특성을 결정한다. 예를 들어, 케라틴 구조의 이황화 결합은 모발의 강도와 탄력을 유지하는데 중요한 역할을 하며, 수분은 케라틴 사슬 사이의 수소 결합을 통해 모발의 유연성을 높여 준다.

(1) 케라틴 Keratin

모발의 가장 중요한 구성 요소는 케라틴이라는 단백질이다. 케라틴은 모발의 약 80~90%를 차지하며, 섬유형(fibrous) 단백질로 모발의 강도와 탄력에 관여한다. 케라틴은 폴리펩타이드 사슬로 이루어져 있으며 이 사슬들은 이황화 결합(disulfide bond)으로 연결되어 강한 구조를 형성한다. 이 결합은 모발의 강도와 내구성을 유지하는데 중요한 역할을 한다.

케라틴의 종류로는 주로 α-케라틴과 β-케라틴이 있다. 인간의 모발은 α-케라틴으로 구성되어 있어 부드럽고 유연하지만 약품에 강한 특성이 있다.

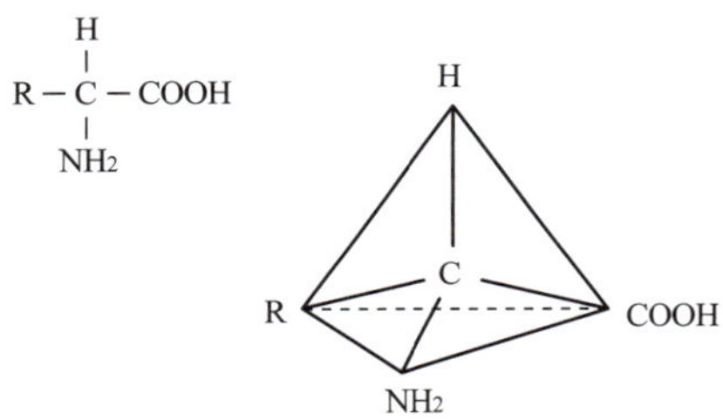

R : 알킬기
NH_2 : 아미노기
COOH : 카르복실기
C : 비대칭탄소원자

그림 4-2 아미노산의 구조

① 아미노산의 구조

단백질의 기본 구성단위는 아미노산(amino acid)으로 탄소(C)의 기본 골격에 카르복실기(carboxyl group, -COOH)와 아미노기(amino group, -NH2)를 가지고 있는 양쪽성 화합물이다. 수소원자(H)가 붙어있고 곁사슬(side chain: R-group)에 특정 분자나 원자가 결합하여 각각이 다른 아미노산을 만든다.

② 아미노산의 종류 및 성질

모발을 구성하는 단백질은 약 18종의 아미노산으로 그 구성 및 성질은 표 4-1과 같다.

표 4-1 | 아미노산의 종류 및 성질

아미노산	약호	함유량	성질
글루타민산 (Glutamic acid)	Glu	13.6~14.2	물에 가용, 조미료, 산성 아미노산
시스틴 (Cysteine)	Cys	16.6~18.0	유황 함유, 물에 용해가 어렵다.
글리신 (Glycine)	Gly	4.1~6.5	물에 가용, 식품성 단백질에는 거의 없다.
알라닌 (Alanine)	Ala	2.8~4.4	물에 가용
바린 (Valine)	Val	4.7~5.5	물에 가용, 필수 아미노산

아미노산	약호	함유량	성질
로이신 (Leucine)	Leu	1.9~3.3	물에 용해가 어렵다, 필수 아미노산
이소로이신 (Isoleucine)	Ile	11.1~13.1	물에 가용, 필수 아미노산
세린 (Serine)	Ser	7.4~10.6	물에 가용, NMF 중 아미노산 주성분
트레오닌 (Threonine)	Thr	7.0~8.5	물에 가용, 필수 아미노산
메치오닌 (Methionine)	Met	0.7~1.0	유황 함유, 물에 용해가 어렵다, 필수 아미노산
아스파라긴산 (Asparagin acid)	Asp	3.9~7.7	물에 용해가 어렵다, 산성 아미노산
리신 (Lysine)	Lys	0.2~0.8	리진이라고도 함, 물에 가용, 필수 아미노산
아르기닌 (Arginine)	Arg	8.9~10.8	강한 염기성을 나타내는 아미노산, 필수 아미노산
페닐 알라닌 (Phenylalanine)	Phe	2.4~3.7	물에 용해가 어렵다, 필수 아미노산
티로신 (Tyrosine)	Tyr	2.2~3.1	물에 용해가 어렵다, 티로시나아제에 의해 멜라닌을 만든다.
트립토판 (Tryptophan)	Trp	0.4~1.0	물에 용해가 어렵다, 필수 아미노산
프롤린 (Proline)	Pro	4.3~6.7	알코올에 가용
히스티딘 (Histidine)	His	0.6~1.2	염기성 아미노산, 필수 아미노산

(2) 멜라닌 Melanin

멜라닌은 모발의 색을 결정하는 색소로 멜라닌생성세포(melanocyte)에서 생성되며, 크게 유멜라닌(eu-melanin)과 페오멜라닌(pheomelanin)으로 구분할 수 있다.

모발의 색을 결정하는 모피질에 있는 두 종류의 멜라닌 색조 알갱이인 유멜라닌 또는 티로신은 가장 흔하고 제일 진한 색소로서 갈색과 검정 모발색을 만든다. 페오멜라닌은 보다 옅은 색의 색조로서 금발과 붉은 모발색을 띠게 한다. 붉은 모발은 붉은 색소와 검정 색소에 의해 나타나며, 금발은 붉은 색소와 노란 색소의 혼합색이다. 갈색 모발은 붉은색, 갈색, 검정색의 혼합에

표 4-2 | 멜라닌 색소의 종류

멜라닌 색소	
• 모모세포 상부에 존재하는 색소형성세포에 의해 생성 • 모발의 색을 결정짓는 것 • 두피를 자외선으로부터 보호하는 중요한 작용	
유멜라닌 (진 멜라닌, 입자형 색소)	**페오멜라닌** (아 멜라닌, 분자형 색소)
• 흑색이나 적갈색의 어두운 색을 나타냄 • 동양인이나 흑인들의 피부나 모발의 색을 결정	• 유멜라닌보다 색소의 입자가 더 세밀하고 붉은 색이나 황색을 나타냄 • 서양인의 피부나 모발 색을 결정

의한 것으로 밤색 모발은 갈색보다 검정 색소가 더 많이 들어 있다. 흰머리에는 색소가 없어 색을 나타낼 수 없다. 인종에 따른 검정 색소의 생성에 따라 짙은 갈색이 포함된 검정 모발을 지니게 되며, 오로지 붉은 색소나 노란 색소만을 생성할 수 있기 때문에 금발이나 붉은 모발을 지니게 된다. 이러한 색소를 생성해내는 능력은 현존하는 색소에 의해 결정이 되며, 또한 그 사람의 유전 정보 인자에 의해 나타난다.

멜라닌은 도파퀴논과 도파크롬(DOPA chrome)을 거쳐 흑갈색의 유멜라닌(eumelanin)을 생성하는 경로와 도파퀴논이 케라틴 단백질에 존재하는 시스테인(cysteine)과 합한 후 적갈색의 페오멜라닌(pheomelanin)을 생성하는 경로로 중합

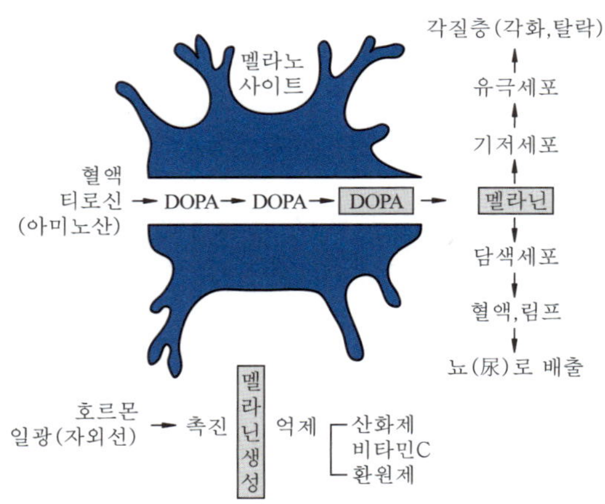

그림 4-3
멜라닌 생성과정

반응의 결과이다. 아민과 페놀모노머(phenolmonoer)가 산화 중합하고, 또한 모발 중의 아미노산 잔기와 결합한다. 유멜라닌(eumelanin)은 크기가 커서 비교적 쉽게 파괴될 수 있는데 반하여 페오멜라닌(pheomelanin)은 크기가 작고 화학적으로 안정된 구조를 하고 있다. 시스테인 함량이 많은 모발에는 페오멜라닌(pheomlanin)이 많이 존재하며, 흑갈색의 모발을 산화제로 탈색시켰을 때 붉게 보이는 것은 바로 유멜라닌(eumelanin)이 먼저 파괴되고 페오멜라닌(pheomelanin)이 남아 있기 때문이다.

(3) 수분 Water

정상적인 조건에서 모발은 약 10-13%의 수분을 포함하고 있다. 이 수분 함량은 모발이 관리 용이성과 유연성 등의 유지에 중요한 역할은 한다.

(4) 지질 Lipids

모발의 지질은 피지로부터 유래된 외부지질과 모발 섬유 내에 포함된 내부지질이 있다. 모발의 지질 성분은 외부 환경에 의한 손상으로부터 모발을 보호하기도 하고 윤기를 결정짓는데 도움이 된다.

(5) 미량원소 Trace Elements

모발은 단백질 외에 아연, 철, 마그네슘과 같은 소량의 미네랄을 포함하고 있으며, 이는 모발 형성 중 혈류에서 흡수되며 성장한다.

2 모발과 영양소

모발의 성장과 영양은 매우 밀접하게 관련이 있다. 인체에 존재하고 있는 모든 모毛는 혈관을 통하여 생성에 필요한 영양분, 성장인자, 호르몬 등을 공급받으며 혈관의 영양분들은 우리가 섭취하는 음식물을 통해 얻어진다. 즉, 음식물의 섭취가 인체의 건강뿐만 아니라 모발의 성장에도 깊게 관여하는 것이다. 균형 잡히지 못한 편식 위주의 식단이나 인스턴트 식품의 섭취는 인체의 건강을 해치는 것뿐만 아니라 모발 건강에 있어서도 상당한 문제점을 야기한다. 이는 탈모로 이어지기도 하며, 탈모 현상을 가속화시키거나 앞당길 수 있는 부분으로 자리 잡는 원인이 되기도 한다. 따라서 충분한 영양소의 섭취는 매우 중요하다고 할 수 있다.

영양소란 인간을 비롯한 생물체가 외부로부터 물질을 섭취하여 근육, 뼈, 혈액, 피부, 모발 등 여러 가지 체내 성분을 합성하여 인간의 생명과 건강을 유지시키는 것이다. 3대 영양소는 탄수화물, 단백질, 지방이며, 여기에 비타민과 무기질을 포함하면 5대 영양소가 된다. 이를 필수영양소라 한다.
필수영양소는 에너지원으로 쓰이는 탄수화물, 단백질, 지방과 조절영양소로 쓰이는 비타민, 무기질과 물이 있다.

표 4-3 | 필수영양소의 종류

<table>
<tr><th>구분</th><th>영양소</th><th colspan="2">종류</th></tr>
<tr><td rowspan="3">에너지영양소</td><td>탄수화물</td><td colspan="2">포도당</td></tr>
<tr><td>지방</td><td colspan="2">리놀레산, 리놀렌산</td></tr>
<tr><td>단백질
(아미노산)</td><td colspan="2">히스티딘, 이소루신, 루신, 메티오신, 리신, 페닐알라닌, 트레오닌, 트립토판, 발린 등</td></tr>
<tr><td rowspan="5">조절영양소</td><td rowspan="2">비타민</td><td>수용성비타민</td><td>티아민, 리보플라빈, 나이아신, 판토텐산, 비오틴, 비타민 B_6, 비타민 B_{12}, 비타민 C, 엽산</td></tr>
<tr><td>지용성비타민</td><td>비타민 A, D, E, K</td></tr>
<tr><td rowspan="2">무기질</td><td>다량무기질</td><td>칼슘, 염소, 마그네슘, 인, 포타슘, 소디움, 황</td></tr>
<tr><td>미량무기질</td><td>크롬, 구리, 불소, 요오드, 철, 망간, 몰리브덴, 셀레늄, 아연</td></tr>
<tr><td>물</td><td colspan="2">물</td></tr>
</table>

3 영양소의 작용

영양소의 작용으로는 칼로리원으로 에너지를 공급하고 생체구성에 관여하며, 영양소가 체내에서 이용되는데 조절의 역할을 한다. 칼로리원은 탄수화물이 직접적으로 관여하며 2차적으로 지질, 단백질도 관여한다. 생체구성에는 단백질이 가장 큰 역할을 하고, 이외에 당질, 지방, 수분도 관여한다. 조절의 역할에는 비타민이나 단백질로 구성된 효소 및 호르몬이 관여한다.

1) 모발과 단백질

단백질은 탄소, 수소, 산소, 질소 등의 원소로 이루어진 유기화합물이다. 우리 몸의 근육이나 효소, 호르몬, 항체 등의 주요 성분을 구성하는 영양소로 생명유지에 으뜸이라고 할 수 있다. 식이 중에 함유된 단백질은 위를 통과하는 동안 소화되기 쉬운 형태로 변화 및 분해되기 시작하고, 소장에서 아미노산으로 완전히 분해된 후 체내로 흡수된다. 우리몸을 구성하는 영양소 중 물을 제외한 고형성분으로 가장 많은 영양소이다.

성장이 완성된 이후에도 체 구성 단백질은 지속적으로 퇴화되므로 재생을 위해서는 단백질을 매일 섭취해야 한다. 단백질은 뼈, 근육의 대부분을 구성하고 결합조직, 인대, 모발, 손·발톱, 치아 등을 구성한다. 건강하고 윤기나는 머릿결, 피부, 손·발톱 등을 가꾸려면 비싼 샴푸나 화장품을 사용하는 것보다 단백질을 매일 섭취하는 것이 더 중요하다고 할 수 있다.

또한, 단백질은 인슐린, 글루카곤, 성장호르몬, 갑상선호르몬 등의 구성성분이며 혈압이나 혈당이 일정하게 유지되는 생명 활동 조절과 항상성 유지에 중요하다. 포도당 부족 시 근육 단백질이 분해되어 생합성을 통해 뇌와 적혈구에 포도당을 공급해 주며, 탄수화물이 부족할 때는 단백질을 포도당으로 전환하여 일정한 혈당을 유지시킨다. 뇌와 적혈구는 포도당만을 에너지원으로 사용하기 때문에 단백질이 부족하면 인체 각 기관으로의 영양소의 이동에도 어려움이 따른다. 단백질은 1g당 4Kcal의 에너지원이다.

2) 모발과 비타민

비타민의 모발에서의 작용은 다음과 같다.

(1) 레티놀 Retinol, vitamin A

레티놀은 지용성 비타민으로 피부윤기에 효과적이며 두피 각질화와 관련이 있는 대표적인 비타민으로 피부와 모발이 건조되는 것을 방지한다. 레티놀이 결핍되면 안구건조증, 야맹증, 뼈 성장저해뿐만 아니라 피지 분비 감소로 모공 각화증을 유발할 수 있고, 두피 건조화로 탈모를 유발하기도 한다. 반대로 과잉섭취 시 피부수포, 식욕부진, 구토, 두통, 뼈의 기형과 간의 손상을 초래할 수도 있으므로 주의한다.
권장식품으로는 브로콜리, 고구마, 당근, 토마토, 시금치, 호박, 장어, 우유 등이 있다.

그림 4-4
비타민 A가 풍부한 식품

(2) 티아민 Thiamin, vitamin B1

비타민 B1의 작용으로는 탄수화물이 에너지로 전환되는 대사에서 조효소의 역할을 한다. 결핍 시 영양실조, 식욕부진, 각기병을 유발할 수 있고 두피건조증으로 인한 비듬이 발생할 수 있다.

권장식품으로는 돼지고기, 정미하지 않은 곡류, 콩류, 참깨, 씨앗류 등이 있다.

그림 4-5
비타민 B1이 함유된 식품

(3) 리보플라빈 Riboflavin, vitamin B2

리보플라빈은 미용비타민으로 불리기도 하며 세포의 에너지 생성, 피부와 점막의 건강 유지와 모발 성장에 도움을 주며 항산화 작용에 중요한 비타민이다. 인체에서의 작용은 에너지 대사과정 중 세포에서 열량을 내는데 조효소의 전구체로의 작용을 한다. 결핍 시 구순구각염, 지루성 피부염, 피부가 건조하고 딱딱하게 되며 모공이 확대되고 모발이 쉽게 빠질 수 있다. 과잉섭취 시 나타나는 심한 증상은 없으므로 충분한 섭취가 미용에 도움이 된다.
권장식품으로는 우유, 생선, 알, 간, 시금치, 효모, 토마토 등이 있다.

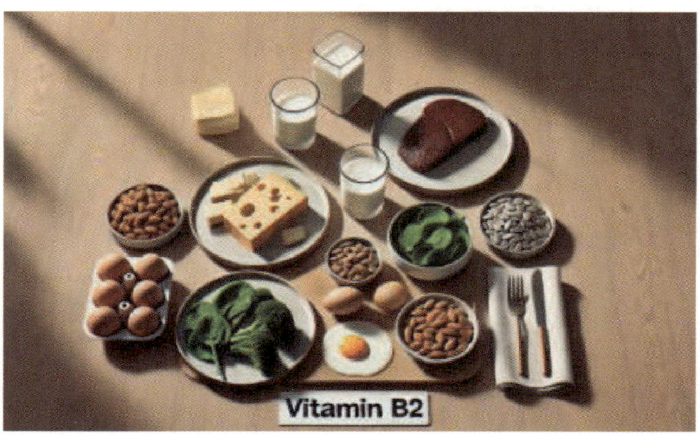

그림 4-6
비타민 B2가 함유된 식품

(4) 비타민 B_6

아미노산 합성과 단백질대사에 조효소로써의 역할로 피지가 과다하게 분비되는 것을 방지하며 테스토스테론이 디하이드로테스토스테론으로 전환되는 것을 방지하는 역할을 한다. 따라서 남성탈모증 예방에도 도움을 줄 수 있다. 결핍 시 피부염, 성장부진, 피지분비과다, 탈모증의 원이 되기도 한다. 비타민 B6의 과잉증은 심하지 않으므로 충분한 섭취가 필요하다.
권장식품으로는 간, 계란, 채소류, 곡류 등이 있다.

그림 4-7
비타민 B_6가 함유된 식품

(5) 비타민 C

비타민 C는 천연 항산화제로 노화 예방, 면역력 증강, 콜라겐의 합성, 상처 회복에 도움을 주며 스트레스 예방효과도 있다. 결핍 시 괴혈병, 상처치유 지연, 치아와 뼈의 성장 지연, 스트레스로 인한 백모현상이 나타나기도 하며, 과잉 시에는 경련, 설사, 통풍이 있을 수 있다.
권장식품으로는 딸기, 레몬, 토마토, 피망 등 녹황색 야채가 있다.

그림 4-8
비타민 C군이 함유된 식품

(6) 비타민 D

우리 몸에 반드시 필요하나 자가 생성이 어려운 비타민으로 혈중 칼슘농도 조절의 역할을 하며, 탈모 후 모발재생에 탁월한 효과가 있다. 두피의 혈액순환을 도와 모발의 윤기를 부여한다. 결핍 시 구루병 및 골연화증이 발생할 수 있으며, 과잉섭취 시 탈모, 체중 저하, 설사, 경련을 초래할 수도 있다.
권장식품으로는 간, 달걀노른자, 표고버섯 등이 있다.

그림 4-9
비타민 D군이 함유된 식품

(7) 비타민 E

유해산소 제거 등으로 세포막 손상 예방에 좋으며 항상화제로 면역기능 유지에 도움을 준다. 또한, 말초기관으로의 혈액순환이 원활하게 이루어질 수 있도록 하며 여성호르몬분비 촉진 등으로 작용하며 모발 성장에 관여한다. 결핍 시 적혈구의 증가를 제어하여 빈혈을 초래할 수 있으며, 과잉증은 항응고제의 효과가 약화될 가능성이 있으나 심하지는 않다.
권장식품으로는 땅콩, 치즈, 시금치, 콩류, 참깨, 당근 등이 있다.

그림 4-10
비타민 E군이 함유된 식품

(8) 비타민 K

골다공증의 예방효과가 있으며 혈액이 응고에 관여한다. 결핍 시 혈액응고 지연을 초래할 수 있고, 과잉증은 심하지 않다. 그러나 항혈액응고제를 먹는 사람에게는 비타민 K를 권장하지 말아야 한다.
권장식품으로는 시금치, 무청, 브로콜리 등의 채소류와 콩류, 대두유 등이 있다.

(9) 비타민 F

필수지방산을 말하며 오메가-3와 오메가-6가 있다. 이는 불포화 지방산으로 세포의 성장과 신체 발달 과정에 반드시 필요한 지방산이지만 체내에서 합성되지 않아 식품을 통해 섭취해야 한다. 주요 작용으로는 세포막 형성, 피부 건강, 염증 완화, 혈관 건강 등에 중요한 역할을 한다. 과잉 시 비타민 E의 결핍을 일으키는 비타민이다.
권장식품으로는 고등어, 연어, 참치, 장어 등과 식물성 기름인 아마씨유, 호두유, 올리브유와 견과류, 아보카도, 케일, 시금치 등이 있다.

그림 4-11
비타민 F가 함유된 식품

3) 모발과 무기질

(1) 요오드

요오드는 갑상선호르몬의 성분으로 작용하며 기초대사율과 체온조절에 관여한다. 모발성장에 도움을 준다. 결핍 시 갑상선 기능저하증, 체중의 증가, 행동이 느려질 수 있으며, 탈모를 유발한다. 과잉증으로는 갑상선 항진증이 있다.
권장식품으로는 해조류, 해산물 등이 있다.

(2) 철 Fe

헤모글로빈의 주성분으로 전신에 산소를 운반하는 역할을 한다. 효소의 구성성분이기도 하며 면역기능 유지, 두피의 신진대사를 원활하게 하여 모발의 성장과 유지에 관여한다. 결핍 시 철분 결핍성 빈혈, 학습장애, 상처치유능력저하와 탈모를 유발하기도 한다. 과잉증으로는 혈색소증, 위장경련과 동통, 오심, 구토를 야기하기도 한다.

권장식품으로는 새우, 감, 우유, 육류 등이 있다.

(3) 칼슘 Ca

뼈와 치아의 구성성분이다. 혈액 응고 방지에 도움을 주며, 신경전달, 근육수축, 세포 대사의 작용을 한다. 이온화된 칼슘은 신경전도, 근육수축과 이완, 혈액 응고 및 혈압을 조절하여 두피 신진대사를 원활하게 하여 탈모예방에 도움을 준다. 결핍 시 골다공증을 유발할 수 있으며, 모발을 잡아주는 근육수축의 약화로 탈모를 유발할 수 있다. 과잉증은 변비, 신장결석, 요오드와 아연 등 무기질의 흡수를 감소시켜 모발의 건조화 현상을 일으키기도 한다.

권장식품으로는 뼈째 먹는 생선, 우유 등의 유제품, 해조류, 녹색채소 등이 있다.

(4) 아연 Zn

효소의 구성요소로 성장, 면역유지의 작용을 한다. 인간의 성장 과정과 미각, 후각 능력, 면역계에 영향을 미치는 성분이다. 결핍 시 면역기능 저하, 왜소증, 성기능 저하로 성적발달 지연을 초래할 수 있으며, 단백질 합성을 저해하여 두뇌발달 지연과 탈모를 유발할 수 있다. 과인증으로는 구토, 설사, 극도의 피로감이 있다.

권장식품으로는 패류, 육류, 간, 시금치, 콩류 등이 있다.

4) 모발 성장에 도움이 되는 음식

모발 성장에 도움을 주는 대표적인 음식으로는 식물성 단백질이 다량 함유된 콩, 두부 등을 포함하여 녹황색 채소 및 미역, 다시마 등의 해조류가 있다. 이러한 음식들은 대부분이 자연으로부터 얻을 수 있다는 공통점을 지닌다. 즉 모발 성장에 도움을 주는 음식들은 대부분이 가공하지 않은 자연상태의 식품들이다. 자연의 산물을 가공하지 않고, 가정에서 직접 요리하여 섭취하는 것이 체내 건강과 모발건강에는 가장 효과적인 것으로 알려져 있다.
물론, 모발에 도움을 주는 음식을 효과적으로 섭취하기 위해서는 섭취방법 및 소화기관의 건강상태, 균형 잡힌 식습관 등이 우선시되어야 한다.

콩, 두부 등은 식물성 단백질 식품군이며, 단백질은 신체조직의 구성성분으로 반드시 필요한 중요한 화합물이다.
체내 신진대사에 관여하며, 피의 생성 및 면역기능에도 영향을 미치는 영양소로 알려져 있다. 모발 성장에 있어 단백질은 모발 생성의 근본인 혈액 및 호르몬의 기능 정상화와 피부염 등을 예방하고, 모발 구성 성분인 아미노산의 주요 공급원으로 사용된다.
단백질의 원활한 공급은 모발건강의 근본인 동시에 모발 생성에 반드시 필요한 부분이다. 단백질은 스트레스와 깊은 관련이 있는 물질로 면역력 및 세포조직의 악화 등을 막아주는 작용을 하기 때문에 스트레스로 인한 피부염 및 각종 인체의 문제점에 대하여 영향을 준다. 단, 단백질 섭취가 과다할 경우 단백질 분해 산물인 요소의 생성과 배출량이 증가하여 신장에 문제를 유발할 수 있다. 특히, 신장질환이 있는 경우 섭취에 주의하여야 한다.

미역, 다시마, 김, 조개류, 어류 등 무기질과 미네랄, 요오드, 비타민 등의 영양소가 풍부하게 함유된 해조류와 해산물은 모발의 성장뿐만 아니라 혈관 질환인 동맥경화, 고혈압 등의 예방에도 효과적이다. 모발 신진대사 및 면역기능과 관련이 있는 갑상선 호르몬의 생성을 도와주는 주된 영양소인 요오드(iodine) 성분은 모발의 건조화 현상을 막고 윤기를 부여하는 데 도움을 준다. 뿐만 아니라 해조류는 체내 작용에 부족하기 쉬운 칼슘(calcium)을 보충하여 균형 잡힌 영양분의 섭취가 이루어지도록 한다.

녹황색 채소 및 신선한 과일에 다량 함유된 비타민류는 에너지를 직접 생성해 내지는 않지만, 인체 신진대사 기능을 하는 데 필수적인 물질이다.
비타민 부족은 체내 에너지의 합성에 장애요인으로 작용하기 때문에 모발 및 두피에 대해서도 다양한 문제점인 두피 과각화, 피지 분비 이상 등을 나타낼 수 있다.

물의 섭취는 인체 노폐물의 체외 배설과 함께 혈액과 조직액의 순환을 도와 신진대사 기능을 촉진시킨다.

그림 4-12
모발 성장에 도움이 되는 음식

5) 모발 성장을 저해하는 음식

탈모 및 대머리인 사람들의 식생활을 살펴보면 대체적으로 공통적인 식생활을 볼 수 있다. 탈모인들의 공통된 혹은 유사한 식생활은 음식문화가 모발에 미치는 영향을 단적으로 보여준다. 이러한 현상은 고려시대나 조선시대처럼 채식문화가 발달된 시기와 인스턴트 식품이 넘쳐나는 오늘날 우리의 식생활 비교에서도 매우 잘 나타나고 있다. 같은 환경 속에서도 채식 위주의 식생활을 한 사람과 인스턴트 식품이나 기름진 음식을 섭취한 사람의 모발 및 두피를 살펴보면 분명한 차이점을 나타내고 있음을 확인할 수 있다. 모발에 좋은 음식 역시 자연식의 균형 잡힌 음식이며, 인스턴트 식품이나 기름진 음식 등은 두피와 모발의 성장에 저해요인으로 작용한다.

탈모현상은 진행 후 개선책을 찾는 것보다 문제 발생 이전에 평소 잘못된 습관을 개선하는 예방이 중요하다.

라면, 빵, 햄버거, 돈가스, 초콜릿 등 불균형적인 영양분을 함유하고 있는 인스턴트 식품의 섭취는 대부분이 어느 한쪽으로 치우친 영양 섭취를 초래한다. 영양 불균형으로 인하여 신진대사 기능에 이상이 나타날 수 있으며, 이 같은 현상은 모발에도 동일하게 적용되어 나타난다.

식품에 다량 함유되는 각종 색소, 첨가제, 불포화 지방산은 다양한 성인병 유발 및 질병을 가져올 수 있는 원인으로 작용할 수 있어 주의하여야 한다.

커피, 담배, 탄산음료, 버터, 술 등으로 인한 피부 혈관 장애는 단순 영양 공급의 장애뿐만 아니라 노폐물의 배출과 같은 기본적인 피부조직의 기능을 저해하는 원인으로 작용한다. 또한 모발 및 신체의 중요 물질인 비타민의 부족화 현상을 가져와 신진대사 기능의 둔화 및 이상을 초래할 수 있다.

동물성 지방이 많은 기름진 음식은 혈관 내 콜레스테롤의 수치 증가로 인한 혈관 이상을 가져 올 수 있어 섭취에 주의하여야 한다. 혈액의 흐름 둔화와 함께 피지선의 비대 및 피지분비량 증가의 원인이 되기도 하며 두피 불청결과 지루성 두피, 모낭의 위축 등을 가져온다. 심각한 경우에는 피지 역류현상에 의한 지루성 탈모 및 지루성 피부염을 유발한다.

설탕, 케이크 등 단 음식의 과다섭취는 복부 팽만감을 가져와 식욕부진 및 영양불균형을 가져올 수 있다. 특히, 케이크와 같은 유제품에 포함된 과다한 지방은 체내 신진대사 이상 및 당뇨병, 비만 등과 같은 성인병을 유발하는 원인이 되기도 한다.
인슐린 호르몬 분비를 높여 남성호르몬의 수치 증가를 가져오며 그에 따른 피지분비량 증가와 혈중 포도당의 축적으로 세포 내 영양공급을 저해하는 요인이 된다.

짜고 매운 자극적인 음식은 소화기 계통의 자극으로 인해 신진대사 기능에 문제가 유발될 수 있다.

그림 4-13
모발 성장을 저해하는 음식

HAIR SCIENCE

05
모발의 물리적 특성

1 모발의 탄성

탄성은 물체의 외부에 일정한 힘을 가했을 때 내부에서 물체 본래의 모습으로 돌아가려고 하는 것이다. 모발의 탄성은 모발에 힘을 주어 잡아 당겼다가 놓았을 때 원래의 상태로 돌아가려고 하는 성질을 말한다. 모발을 당겼을 때 건강한 모발은 20% 정도, 젖은 모발은 40~50% 정도, 펌제 적용 시 70% 정도 늘어난다. 모발은 케라틴 코일 모양의 구조로 되어 있기 때문에 너무 세게 늘리면 모발의 탄성 한계를 벗어나 다시 돌아갈 능력을 잃어버리게 된다. 탄성이 좋은 모발은 상대적으로 손상이 적다는 의미이며 모발의 화학적 시술에도 영향을 미친다. 펌 후 펌제의 흡수와 팽창에 직접적인 영향을 미친다. 펌 후에는 탄력성이 약 5~20% 감소하며 이것은 환원단계에서 이황화 결합의 20%가 파괴되기 때문이다. 환원제의 수용액에서 모발 섬유를 펴는 것은 이황화 결합, 수소 결합의 파괴와 분자의 재배치 때문에 탄력성이 감소해 환원된 모발에 대한 산화제를 도포해줌으로써 다시 탄성이 증가한다. 펌제를 사용한 상태에서 탄력성 손상은 모표피 손상이 아니라 모피질의 손상이다.

2 모발의 팽윤

팽윤이란 어떤 물체가 액체를 흡수하여 그 본질은 변하지 않고 체적을 늘리는 현상이다. 모발의 팽윤은 어느 정도 진행되면 그 이상 진행되지 않는 유한 팽윤과 제한 없이 진행되어 마지막에는 용액이 되는 무한 팽윤이 있다. 모발이 수중 실온에서 15분 이상, 고온에서는 5분 이내에 팽윤도가 거의 팽창에 가까운 팽윤도에 도달하게 된다. 이것은 모발의 케라틴의 화학구조와 연관성이 있다.

모발의 케라틴 화학적 구조는 긴 폴리펩타이드 주쇄가 다수 모여 이루어지며 주쇄끼리는 측쇄가 가교로 연결되어 있어 느슨한 그물구조 형태를 하고 있다. 이 측쇄결합 속의 수소결합은 물에 의해 절단되어 수산기, 아미노기, 카르복실기 등 물 분자가 흡착되어 주쇄와 주쇄 사이가 넓어진다. 이러한 과정을 통해 그물상의 연결과 연결사이의 측쇄는 늘어진 형태가 되며 늘어진 측쇄는 기회가 있을 때마다 원래의 상태로 돌아가려는 성질이 있다. 피브릴을 구성하고 있는 결정영역인 주쇄는 짧은 측쇄로 느슨하게 연결되어 있어 물에 의해 주쇄의 간격이 넓어지기 쉽기 때문에 모발이 쉽게 부풀어지기 쉽다.

모발은 염류나 산, 알칼리 등의 수용액에 의한 팽윤도의 차이가 크다. 자연모를 1차 팽윤도라 하며 펌 웨이브제나 탈색제에 의한 팽윤도를 2차 팽윤도라 한다. 모발의 손상 척도를 가늠하여 사용하는 경우도 있다.

3 모발의 고착력

고착력은 한 가닥의 모발을 두피(모근)로부터 뽑아내는 데 필요한 힘을 말하며 모발과 모낭(내모근초) 간의 결속력을 말한다. 두피로부터 모발의 탈락 강도는 모발의 성장주기 및 두피 상태, 신체의 건강 상태에 따라 차이를 나타낸다. 일반적으로 성장기 모발은 약 80g 정도, 휴지기의 모발은 20g 정도의 물체를 드는 힘으로 충분히 탈락된다. 동일한 모발이라도 두피의 건강 상태 및 모발 상태에 따라 고착력(탈락강도)은 차이가 있다. 지루성 탈모증이 있는 모근에서 성장한 모발의 경우는 모발과 모낭 사이에 결속력이 약해져 쉽게 탈락된다.

4 모발의 인장강도와 신도

모발에 힘을 가하여 점차 당기면 모발이 늘어나 결국은 끊어지게 된다. 이때 모발에 힘을 가한 무게를 인장강도(g)라 하며 이때 모발의 늘어난 비율을 신도(%) 또는 신장률이라 한다. 모발의 인장강도와 길이는 모발의 건강함을 나타내며 인장강도를 측정함으로써 모발의 건강도와 손상도, 물리적 변화와 관련된 정보를 제공한다. 모발의 신도는 개인의 체질과 건강상태, 모발의 상태, 모발의 굵기에 따라 다르게 나타난다. 강도와 신도는 측정 시 온도와 습도에 따라 수치가 달라지기 때문에 온도는 25℃, 습도는 65%를 표준으로 한다. 건강한 모발의 신장률은 40~50%로 이때 인장강도는 140~170g이며, 젖은 모발의 경우에는 신장률이 60~70%, 인장강도는 90~100g이다.

5 모발의 다공성

모발이 수분을 흡수하는 힘으로 염색이나 탈색, 퍼머넌트 웨이브의 화학적 시술로 인하여 모발 내부의 케라틴 단백질이 소실되어 모발의 강도나 광택이 저하되는 현상이다. 다공성 모발(손상모)은 큐티클의 사이가 열려 있어 펌제를 과다하게 흡수하여 펌 제의 종류, 방치시간 등을 결정한다. 모발의 다공성이 클수록 시술이 단시간에 형성 되지만 모발 손상이 심하게 발생된다. 이에 따른 제품의 선택과 시술방법이 중요하며, 간충물질을 보충하여 모발의 윤기와 광택을 유지하여야 한다.

6 모발의 대전성

모발은 다른 물질과의 마찰에 의해 정전기를 띠는데, 이것을 모발의 대전성이라 한다. 날씨가 건조할 때 백코밍하거나 브러싱을 하면 모발과 빗 사이의 마찰에 의해 정전기가 발생한다. 그로 인해 생기는 에너지가 일부 전자에 영향을 주어 본래의 궤도에서 벗어나 부분적으로 (+)전기나 (-)전기를 띠며 뭉쳐 있는 정전기 상태가 된다. 모발의 흡수 상태에서는 그 수분의 pH가 극성기(-COOH, $-NH_2$)이기 때문이다. 모발 등전점 상태의 pH에서는 카복실기(-COOH) 및 아미노기($-NH_2$)도 함께 전리되므로 (-) 또는 (+)의 양성적 이온을 가진다.
알칼리 상태에서는 카복실기(-COOH)의 해리가 촉진되어 -COO- 극성기가 강하게 작용되나 산성 상태에서는 아미노기($-NH_2$)는 NH^{3+}로 되고 카복실기의 해리는 억제된다. 알칼리에서는 다른 (+)이온과 전기적으로 결합이 강해지며 산성에서는 (-)이온과 결합력이 강하게 된다. 이는 활성제 외 염료분자 내 흡착 현상으로서 염기성 염료분자는 (+)에서 전하하므로 알칼리성에서 흡착되기 쉬우나 산성염료는 (-)에서 전하하므로 산성에서 흡착되기 쉽기 때문이다. 정전기를 방지하기 위하여 마찰을 적게 하거나 습윤제, 실리콘, 계면활성제 등을 사용한다.

7 모발의 흡습성과 유지 흡착성

1) 흡습성

모발은 물에 닿으면 물을 흡수하는 성질이 있는데 이것을 모발의 흡습성이라 한다. 모발은 케라틴 단백질로 이루어져 있으며 모발 섬유질 사이에 구멍이 있어 그 안으로 흡착이 된다. 정상 모발의 경우 모발 질량의 10~15%의 수분을 함유하고 있으며 세발 직후 30~35%, 드라이로 건조해도 10%의 수분이 남아 있다. 모발의 흡습성은 염색이나 펌에 영향을 미치는데 모발 전체에 흡습성이 고르지 않으면 컬러의 색조들이 고르지 않게 나타나며 펌의 웨이브 형성에도 결과가 좋지 않을 수 있다. 정상 모발이 수분을 흡수하는 것은 모피질의 친수성의 성질로 물의 침투가 용이하기 때문이다. 모발의 손상도가 크면 수분의 보유력이 적기 때문에 수분량은 모발 손상도의 척도가 된다. 일반적으로 수분량이 10% 이하가 되면 건조모가 되며, 외부에 존재하는 수분을 쉽게 흡수하거나 모발 내의 수분을 외부로부터 쉽게 빼앗겨 드라이나 세팅을 할 경우 그 스타일이 오랫동안 유지되지 않는다.

2) 유지 흡착성

모발에 대한 유지 흡착은 유지 종류에 따라 차이가 있다. 모피질은 친수성이나 모표피의 외부에 있는 에피큐티클(Epicuticle)은 친유성으로 유지 흡착은 주로 모표피 표면에서 이루어진다. 모발의 유지에 대한 흡수율은 물에 대한 흡수율보다 적어 모표피 외측으로부터 모발 전체의 10%이다. 이에 비해 모발은 친수성을 90% 차지하고 있다.

8 모발의 열변성과 광변성

1) 열변성

건열 상태에서 모발을 100°C 정도로 장시간 유지하면 모발은 수분을 잃게 되어 모발의 주쇄결합과 측쇄결합이 절단되고 강도 저하가 일어난다. 외관적으로 120°C 전후에서 팽화가 일어나며, 130~150°C에서 모발이 변색되고 150°C 전후에서 시스틴 감소가 현저히 일어나 모발은 강도가 급격히 떨어진다. 270~300°C가 되면 타서 분해된다.

2) 광변성

태양광선은 파장의 길이에 따라 자외선, 가시광선, 적외선으로 나뉘는데, 모발에 영향을 주는 태양광선은 적외선과 자외선이다. 자외선은 단파장으로 모발에 직접 닿으면 시스틴이 감소되어 이황화 결합(S-S)이 적게 나타나며, 모발의 손상과 탈색을 유발 시킨다. 실외 근로자나 해안 지대에 거주하는 사람들의 퍼머넌트 웨이브 시술 시 웨이브가 쉽게 늘어지는 현상이 나타나는 것은 자외선으로 인한 케라틴 변성에서 오는 것이다.

적외선은 물체에 닿으면 열을 발생시키며 그 열에 의해 모발 일부의 측쇄 결합을 절단하여 모발에 손상을 받는다. 적외선을 두피에 조사하면 두피 깊숙이 침투하여 모세혈관의 혈액순환을 좋게 하고 모발 성장에 도움을 주어 탈모 예방 및 치료에 사용하기도 한다.

06

모발의 화학적 특성

1. 모발의 결합
2. 모발과 pH

1 모발의 결합

양성자는 양극의 전기를, 전자는 음극의 전기를 띤다. 양극을 갖는 이온은 양이온이라 부르며 음극을 갖는 이온은 음이온이라 한다. 아미노산의 고리는 폴리펩타이드 또는 프로테인이라 한다.

모발의 피질과 표피는 수천만 개의 폴리펩타이드 고리들로 만들어져 있다. 이황 결합은 각질화 현상(각화 현상, keratinization) 동안 형성되고 이것은 모발에서의 가장 강력한 교차 결합이다. 이황 결합을 갖고 있는 시스틴은 모발의 중요 아미노산이다.

이황 결합, 염 결합 및 수소 결합은 모두 모발의 교차하는 힘의 약 1/3씩 기여한다. 염 결합과 수소 결합은 모두 물에 의해 파괴된다.

(1) 폴리펩타이드 polypeptide 의 구조

① 폴리펩타이드 결합 주쇄결합

단백질을 형성하기 위하여 아미노산들이 펩타이드 결합(peptide bond)에 의해 계속적으로 결합된다.

하나의 아미노산은 아미노기($-NH_2$)와 다음 아미노산의 카르복실기(-COOH)가 물을 잃고 결합하여 펩타이드 결합을 형성한다.

2개의 아미노산이 결합된 펩타이드를 디펩타이드(dipeptide)라 한다.

다수의 아미노산이 결합된 것으로 비교적 분자량이 작으면(10,000 이하) 폴리펩타이드라고 하고 분자량이 매우 크면(10,000 이상) 단백질이라 부른다.

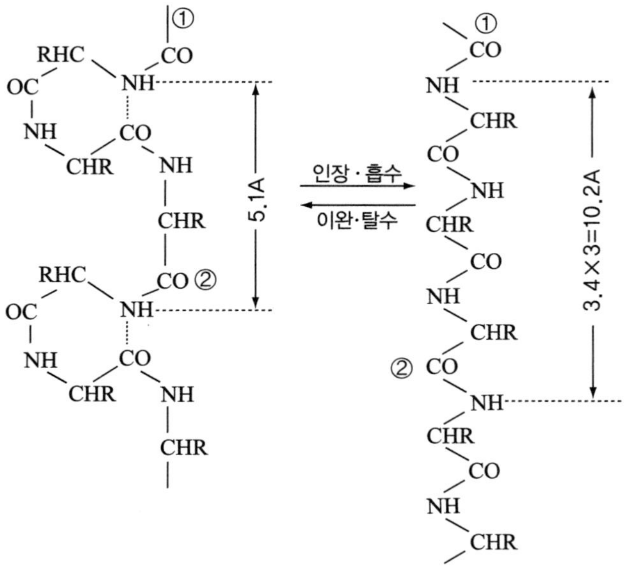

그림 6-1
폴리펩타이드 결합의 구조

② α-케라틴

모발이 자연 상태일 때 알파-나선(α-helix) 구조라 한다. 긴 단백질 분자의 사슬이 나선으로 꼬여 있는 구조이며, 시스틴에 의해 견고성과 유연성을 지니고 있다.

강하고 물에 녹지 않는 나선형 형태이며 보호적, 구조적 역할에 적합하다.

③ β-케라틴

모발을 잡아당겨 지그재그 상태일 때이며, 베타-병풍(β-sheet) 구조로 α-케라틴이 갖고 있는 분자 내의 수소결합이 절단되어 분자사슬이 늘어난 상태이다.

뜨거운 물이나 수증기, 알칼리 등으로 처리된 모발은 β-케라틴으로 고정되어 수축되지 않기 때문에 유연성은 있으나 탄력성은 없다.

(2) 이황산염 결합 Disulphide Bond

이황 결합은 2개의 황(S) 원자들(di는 2개를 말함) 간의 공유 결합이다.

모발에서는 2개의 아미노산 시스테인(cysteine) 분자들이 산화과정을 통해 1개의 시스틴(cystine) 분자로 변화할 때를 말한다. 즉, 1개의 황을 가진 시스테인이 각각의 황을 만나 이황이 되는 것이다.

시스테인(CYSTEINE)

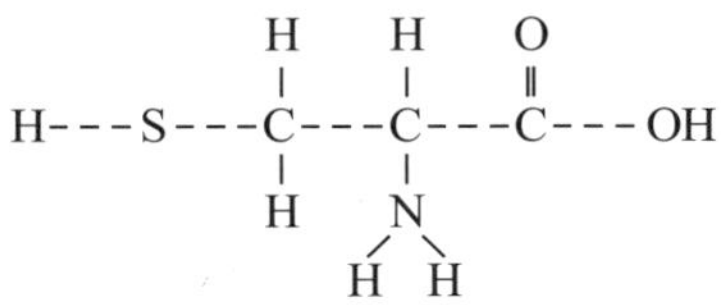

그림 6-2
시스테인 결합 구조식

시스테인의 구조는 다음과 같다.

모근(hair bulb) 세포에는 다량의 시스테인이 있지만 세포들이 모낭(hair follicle) 속으로 이동해 올라갈 때, 대부분의 시스테인은 시스틴으로 바뀌며, 이때 강력한 이황 결합이 형성된다. 이러한 변환은 다음의 그림에 나와 있으며 '황(S)-수소(H)'는 시스테인을 나타내고 '황(S)-황(S)'은 시스틴을 나타낸다.

시스틴(CYSTINE)

이황 결합

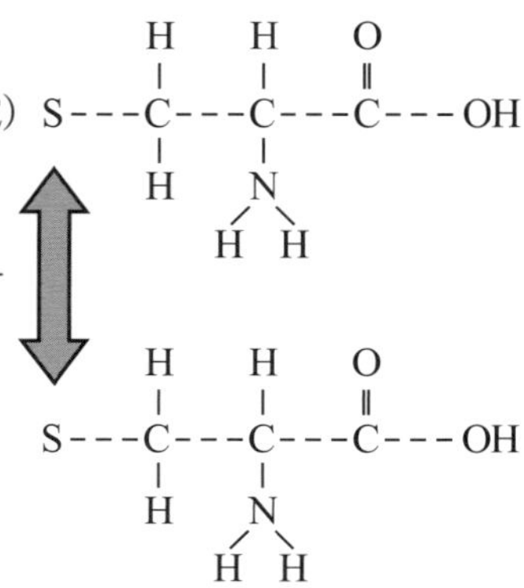

그림 6-3
시스틴 이황결합 구조식

위 그림에서 시스테인이 시스틴으로 바뀔 때, 각각의 시스테인은 하나의 수소 원자를 잃는 것을 볼 수 있다. 그리고 2개의 황 원소는 중요한 이황 결합이 되는 것이다.
그 영향으로 2개의 시스테인은 1개의 시스틴으로 되고 이황 결합은 시스틴 분자의 중앙에서 만들어진다. 완전히 형성된 케라틴에는 아주 소량의 시스테인만이 남아있고 대부분은 시스틴으로 바뀐다.

시스틴은 시스테인의 2 분자들이 산화되어 만들어진다. 시스테인은 S–H로 나타내며 시스틴은 S–S으로 표기한다. 강력한 이황결합은 2개의 시스테인이 시스틴으로 산화될 때 생긴다.

1) 이온 결합

원자들이 전자 하나를 잃으면 이들은 양의 전자를 띠게 되고, 원자들이 전자 하나를 얻으면 이들은 음의 전자를 띠게 된다. 이온은 원자들로 채워져 있으며 양의 전자를 띠는 이온은 양이온(cation)이라 하고, 음의 전자를 띠는 이온은 음이온(anion)이라 한다.
양이온은 음이온에 이끌려 이온 결합이 형성되며, 이런 모발에서의 이온 결합을 염 결합(salt bond)이라 한다. 염 결합은 이황 결합보다 약하지만 모발 속에 더 많이 있으며, 이황 결합과 마찬가지로 염 결합은 모발의 교차하는 힘의 약 1/3을 차지하고, 이황 결합과는 달리 모발을 물에 적시면 염 결합은 깨지지만 모발이 마르면 다시 형성된다.

2) 수소 결합

수소 결합은 모발에서 가장 많은 결합 형태다.
수소 결합은 모발의 교차하는 힘의 약 1/3을 차지하고 물에 의해 쉽게 파괴된다.
모발을 건조시키면 수소 결합은 다시 만들어지고, 또한 폴리펩타이드 고리들이 나선형의 모양을 유지하도록 돕는다. 수소 결합은 양의 전기와 음의 전기 사이의 끌림이라는 점에서 염 결합과 비슷하다. 그러나 염 결합보다 전극이 더 약하고, 함유하고 있는 원자들 중 수소원자가 들어가 있다.

염 결합과 수소 결합이 물에 의해 파괴된다는 사실은 샴푸와 세팅이 어떻게 모발을 일시적으로 새롭게 만드는가를 설명해준다. 물은 2가지 결합 형태를 모두 파괴한 뒤, 모발을 건조시키고 스타일을 정리하면 다른 형태로 다시 만들어진다. 샴푸 또는 모발이 대기 중의 수분을 흡수하여 이 결합이 깨질 때까지 당분간 이 형태는 유지될 것이다.

3) 반데르발스의 힘

모발의 가장 약한 교차결합이며 교차하는 힘에 가장 작은 역할을 한다. 이것은 서로 가까이 있는 원자들과 그룹들 간의 약한 전기적인 끌림이다.

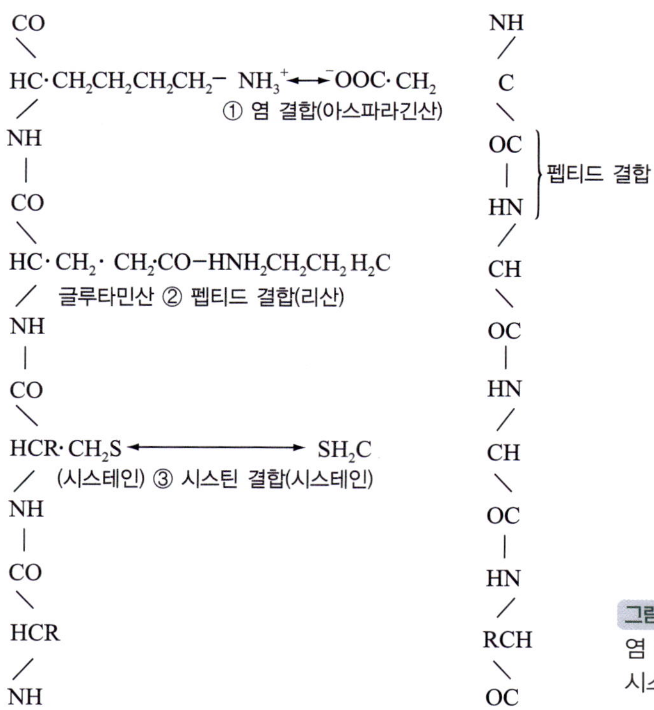

그림 6-4
염 결합, 펩타이드 결합, 시스틴 결합, 수소 결합

화학의 분자식은 분자가 얼마나 많은 원소들을 갖고 있으며 어떤 원자들을 갖고 있는지를 보여준다.

원자들 사이에 그려진 선은 공유 결합을 나타내고 모발에서 공유 결합의 예는 펩타이드와 이황 결합이다. 원자들은 양성자, 중성자, 전자의 3가지 형태의 소립자들로 구성된다. 양성자와 중성자는 핵 속에 있으며 전자는 핵 주위를 돈다.

2 모발과 pH

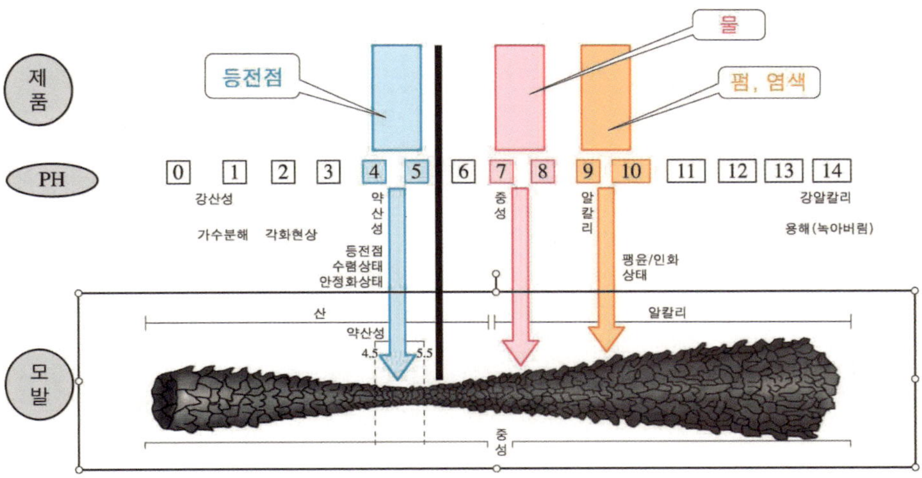

그림 6-5
모발의 pH

1) 모발의 구성 물질

OH^-보다 H^+ 농도가 더 높은 모든 용액은 산성이라고 하며 H^+ 지수가 증가함에 따라 산성도 증가한다. H^+보다 OH^-의 농도가 더 높은 모든 용액은 알칼리

성 또는 염기라고 하며 OH^- 농도가 증가함에 따라 알칼리성도 증가한다.

산성 또는 알칼리성은 용액의 성질과 관계가 있어 모발에 영향을 미칠 수 있다. 그러므로 어떤 용액이 산성 또는 알칼리성인지와 그 정도를 아는 것은 중요하다. pH 미터(meter)라고 알려진 도구는 용액의 산성도를 알 수 있으며 눈금의 범위는 산성도를 측정하기 위해 개발되었다. 이러한 수치를 pH 지수(scale)라 한다.

pH 미터는 용액 속에 있는 수소 이온의 농도를 실제로 측정한다. 다시 말해, 이것은 용액이 얼마나 산성인지를 측정한다. 그리고 우리가 수소이온 농도(산성)를 안다면 자동적으로 수산화이온 농도(알칼리성)를 알 수 있는데, 이 2가지가 직접적으로 연결되어 있기 때문이다.(하나가 증가하면, 다른 하나는 동일한 양만큼 감소한다.)

pH 눈금은 0에서 14까지이다. 수소이온의 가장 높은 농도는 0이며 pH가 증가할 때 그 농도는 감소한다. 예를 들어, pH 5인 용액은 pH 2인 용액보다 수소이온의 농도가 더 낮다.

pH 7에서 수소이온과 수산화이온의 숫자는 같다. pH가 7에서 0으로 낮아지면, 수소이온은 증가하고 수산화이온의 숫자는 감소한다.

pH가 7에서 14로 증가하면, 수산화이온의 숫자는 증가하고 수소이온의 숫자는 줄어든다.

HAIR SCIENCE

07
모발과 호르몬

1 모발과 호르몬

중추신경계는 뇌와 척수로 구성된다. 말초신경계는 중추신경계의 바깥쪽에서 몸 전체에 연결되는 신경들의 방대한 조직망이며 수상돌기는 신호들을 받는 뉴런의 일부이다.
뇌의 주요 부위는 대뇌, 소뇌, 뇌간이다. 시상하부는 뇌간에 있으며 자율신경계와 뇌하수체를 통제한다. 자율신경계는 교감신경계와 부교감신경계로 구성되며 몸의 자율적인 활동들을 통제한다.
몸이 스트레스를 받으면 교감신경계가 더 활성화된다. 교감신경계는 아드레날린을 분비하는 반면 부교감신경계는 아세틸콜린을 분비한다.

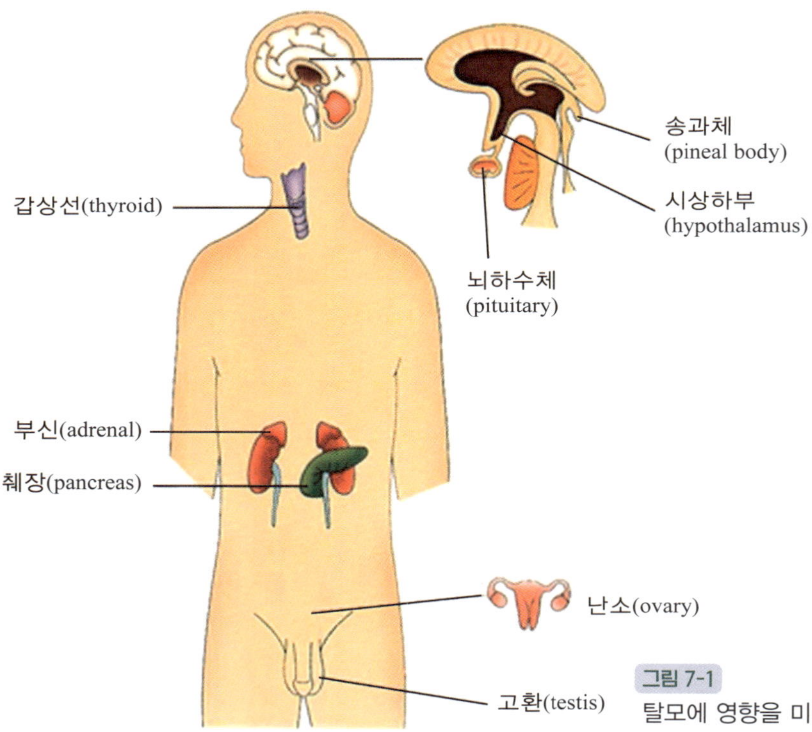

그림 7-1 탈모에 영향을 미치는 호르몬

1) 내분비계 endocrine system

뇌하수체와 갑상선과 같은 내분비계는 호르몬이라고 하는 강력한 화학물질을 분비한다. 호르몬은 몸 전체에 또는 원래의 분비선으로부터 멀리 떨어진 특정 조직에서 그 작용을 수행한다. 몸속의 모든 호르몬들은 섬세한 균형을 유지해야 한다. 너무 많거나 너무 적은 호르몬은 모발 성장이나 피부결과 같은 인체 활동의 확립된 패턴들을 변화시킬 수 있다.

일반적으로, 두 인자들이 내분비 호르몬의 분비를 제어한다.

췌장에서 나온 호르몬과 부신수질은 자율신경계에 의해 영향을 받거나 통제된다. 이것은 시상하부(hypothalamus)에서 나온 신경분비물이 뇌하수체선의 활동에 영향을 미칠 때 작용한다. 시상하부는 신경계를 내분비계로 연결시킨다. 예를 들어, 췌장에 의한 인슐린 분비는 주로 혈당 수치에 달려있으며 혈당이 증가하면, 인슐린 분비는 증가한다.(인슐린은 혈당 수치를 낮춘다)

뇌하수체에서 만들어진 호르몬은 귀환 메카니즘의 좋은 예다. 갑상선, 부신피질, 성선(난소와 정소)에서 만들어진 호르몬들은 뇌하수체에서 만들어진 호르몬에 의해 제어된다. 예를 들어, 만약 더 큰 갑상선 활동이 필요하면 뇌하수체는 티로신 분비를 증가시키도록 갑상선을 자극하는 갑상선 자극 호르몬(TSH)을 분비한다. 그 후, 티로신의 수치가 너무 높아지면 갑상선자극 호르몬(TSH)은 감소하고, 결과적으로 갑상선은 티로신의 생산을 줄인다.

(1) 뇌하수체 pituitary gland

뇌하수체가 만들어내는 호르몬은 다른 내분비선을 제어하기 때문에 지배자(master) 내분비선이라고도 한다.

① 뇌하수체 전엽 Anterior Pituitary 에서 분비하는 호르몬

㉠ 성장 호르몬 growth hormone, somatotropin : 단백질, 지방, 탄수화물 대사 활성화를 통해 몸의 성장을 촉진시킨다.

㉡ 갑상선 자극 호르몬 thyroid stimulating H, TSH : 갑상선에서 만들어지는 두 가지 호르몬의 생성을 조절한다.

㉢ 부신코르티코트로픽 호르몬 adrenocorticoidtrophic H, ACTH : 부신피질 호르몬의 생성을 조절한다.

㉣ 여포 자극 호르몬 follicle stimulating H, FSH, 황체 형성 호르몬 luteinizing H, LH : 성선에 영향을 미친다.

㉤ 멜라노사이트 자극 호르몬 melanocyte stimulating H, MSH : 피부 색소에 영향을 준다.

② **뇌하수체 후엽** Posterior Pituitary **에서 분비하는 호르몬**

㉠ 항이뇨 호르몬 antidiuretic H, ADH : 신장에서 작용하며 체액의 수분과 염분의 균형을 조절한다.

㉡ 옥시토신 oxytocin : 임신 말기에 자궁을 수축시키고, 수유 시 모유가 나오게 한다. 뇌하수체는 시상하부로부터 나오는 신경분비물질에 의해 통제된다.

(2) 부신 adrenal glands

두 개의 신장 상부에 마치 작은 모자처럼 하나씩 얹혀 있다. 부신은 2개의 분비선으로 구성된다. 부신수질(adrenal medulla)과 부신피질(adrenal cortex)은 각각의 자체 호르몬들을 만들어 낸다. 부신수질은 선의 중앙 부위에 있고 아드레날린(에피네프린)과 노아드레날린(노에피네프린)을 만들어 낸다. 이 호르몬은 스트레스를 이겨낼 수 있도록 도우며, 시상하부에 의해 제어되는 교감신경계의 통제하에 있다. 아드레날린은 교감신경계의 작용을 증가시키고 오래 지속시키며 혈당수치를 상승시킨다.

부신피질은 코티코스테로이드(corticosteroids)라는 호르몬을 만들어 낸다.

(3) 성선 sex glands

난소는 에스트로겐(estrogen)과 프로게스테론(progesterone)을 분비한다. 주요 에스트로겐은 에스트라디올과 에스트론이다. 정소는 안드로겐이라는 호르몬을 분비한다. 주요 안드로겐은 테스토스테론이다.

남성과 여성 모두 남성호르몬과 여성호르몬을 만들어 내지만 남성에게서는 안드로겐이, 여성에게서는 에스트로겐이 더 활발히 생성된다. 성호르몬들은 성적 성숙, 성 특징의 발달, 그리고 생식 능력을 관장한다. 성선들은 뇌하수체에서 나오는 여포자극호르몬(FSH)과 황체화 호르몬(LH)의 통제하에 있다.

(4) 췌장 pancreas

췌장은 원칙적으로 소화의 선이지만 랑게르한스섬(langerhans islets)으로 알려진 세포들의 작은 그룹으로 인슐린(insulin)과 글루카곤(glucagon)을 만들어 내는데, 인슐린은 혈당치를 낮추는 역할을 하는 유일한 호르몬이다. 글루카곤은 혈당치를 높인다.

(5) 갑상선 thyroid gland

갑상선은 목 하부의 울대뼈 바로 아래에 위치한 H 모양의 선이다. 이것은 세 가지 호르몬을 만들어 낸다.
칼슘 수치를 감소시킴으로써 혈액 칼슘 항상성을 유지시킨다. 갑상선 호르몬들의 생성은 뇌하수체선에서 나오는 갑상선 자극 호르몬(TSH)의 통제하에 있다.

(6) 부갑상선 thyroid gland

일반적으로 4개 또는 5개의 부갑상선이 갑상선의 후면에 붙어 있다. 이들은 필요 시 혈액 칼슘 수치를 증가시킴으로써 혈액 칼슘 수치의 항상성을 유지하는 부갑상선호르몬을 분비한다. 필요 시 인산염(phosphate)의 혈액 수치를 감소시킨다.

(7) 송과선 pineal gland

멜라토닌(melatonin)이라는 호르몬을 만들어 내며, 이것은 몸의 생물학적 시계를 조절한다. 빛에 의해 망막이 자극되면 멜라토닌 생성이 감소된다.

HAIR SCIENCE

SECTION 3

모발 손상 및 두피 질환

08
모발의 손상

1. 모발 손상 원인
2. 모발 손상 진단
3. 모발 이상 증상

1 모발 손상 원인

모발 손상은 큐티클층 사이에 빈 공간이 생겨서 들뜸 현상이 나타나거나 단백질이 소실되어 큐티클 층수가 적어지거나 결합력이 약해져 큐티클층이 서로 떨어지는 현상이다. 모발 손상을 일으키는 원인은 다양하게 나타나며, 일반적으로 염색, 탈색, 퍼머넌트 웨이브 등 화학적 시술이 많은 영향을 미친다. 모발 손상을 일으키는 요인에는 크게 생리적 요인, 물리적 요인, 화학적 요인, 환경적 요인으로 나눌 수 있다.

1) 생리적 요인에 의한 손상

(1) 스트레스

모발의 성장주기를 결정하는 것은 자율 신경계로 스트레스가 강해지면 교감신경을 자극하여 자율신경의 부조화를 일으킨다. 이는 두부의 혈액순환 장애를 일으키며, 혈액이 원활하게 공급되지 못하면 모발에 영양이 충분히 공급되지 않아 모발 성장이 저하되고 결국 탈모로 진행된다.

(2) 영양의 불균형

모발을 구성하고 있는 케라틴 단백질은 약 18종류의 아미노산으로 구성되어 있다. 아미노산 중에 케라틴은 시스틴이라는 아미노산을 함유하고 있는데 모발에 영양을 주기 위한 단백질을 균형 있게 섭취하는 것이 중요하다. 시스틴이 함유된 식품으로는 대두, 멸치, 우유, 고기, 계란 등이 있다. 비타민 A, D는 피부를 건강하게 하여 비듬과 탈모를 예방하며, 탈모 후 모발 성장에 도움을 준다. 심한 다이어트, 편식, 불규칙한 식사 등에 의하여 영양이 충분히 공급되지 못하면 모발이 가늘어지고 윤기와 탄력이 저하되며 여러 가지 손상에 영향을 받는다.

(3) 병적인 요인

질병은 모발의 성장주기를 변화시켜 모발을 가늘게 하며 모발의 성장속도를 저하시킨다. 발열, 빈혈, 심장병, 암 등과 같은 질병은 혈액공급에 영향을 주어 모발의 성장을 지연시키고 감기, 결핵, 바이러스에 의한 질환을 치료하기 위해 항생제를 남용하는 경우 탈모가 생기는 결과가 나타나기도 한다.

(4) 호르몬에 의한 요인

호르몬의 불균형 중 안드로겐의 과잉 분비는 피지선의 활동을 촉진시키고 지루성 비듬을 발생시켜 탈모증의 증상을 일으킨다. 임신 중에는 호르몬의 변화로 모발의 성장기가 길어지며 많은 모낭들이 생기고 탈모가 억제된다. 그러나 출산 후에는 호르몬 분비가 정상적으로 이루어지면서 많은 모낭들이 휴지기로 들어가게 되고 과다한 탈모로 이어진다.

2) 물리적 요인에 의한 손상

모발은 각화된 케라틴 단백질로 구성되어 있으나 죽은 세포이기 때문에 한 번 손상되면 자력에 의한 회복력은 없다. 이에 모발의 물리적 자극이나 열 등에 의해 모발의 형태적 변화를 가져오는 것이다.

(1) 마찰에 의한 손상

모표피는 비늘상의 케라틴 단백질이 5~15층의 겹쳐진 문리(Scale) 모양으로 모발을 보호해 주고 광택을 내며 모발 손상도의 척도가 된다. 일상적으로 샴푸, 브러싱, 타월 드라이 등 자극이 과하면 모발 사이에 마찰이 생겨 표피층에 손상을 입히게 된다.

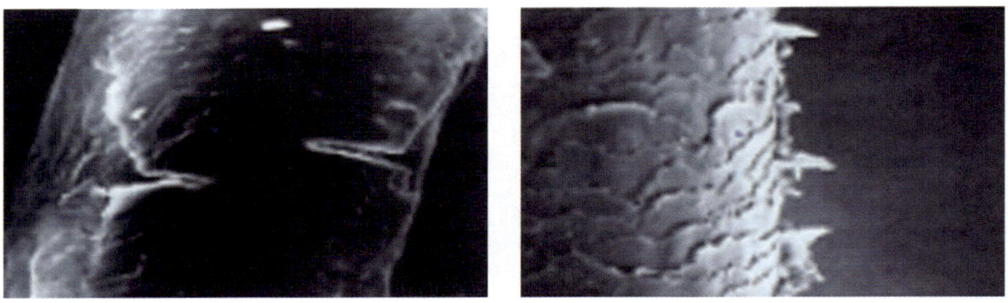

그림 8-1
마찰에 의한 손상 모발

(2) 열에 의한 손상

모발은 피부보다는 강한 저항력을 가지고 있지만 그 한계점은 120℃이다. 일반적으로 헤어 드라이어와 아이론, 세팅기를 모발에 직접적으로 적정 온도 이상으로 사용하여 모발 손상을 가져온다. 모발은 70℃에서 표면이 변화하기 시작하고 100℃ 이상이면 케라틴의 경화 변형이 일어나며, 190℃에서 모발이 팽창 분해되어 탄화가 시작된다.

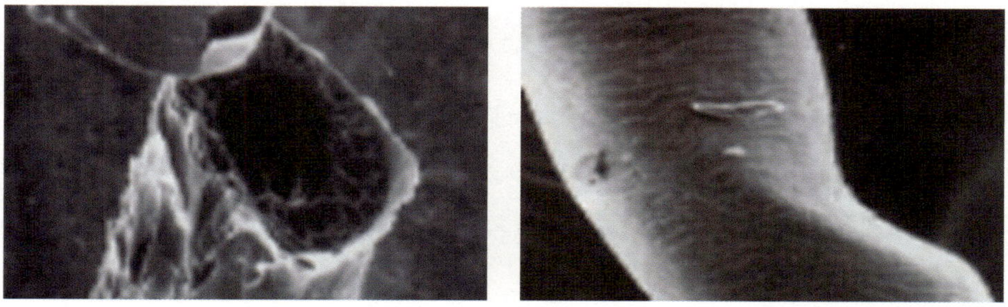

그림 8-2
열에 의한 손상 모발

(3) 잘못된 커트에 의한 손상

날이 고르지 못하고 무딘 가위로 커트를 하거나 커트의 기술 미숙으로 모표피를 깎아 버리는 경우 커트한 자리와 손상된 부분으로부터 모피질 내의 수분이 증발되거나 약제의 침투가 쉽게 되어 기모와 분열모의 원인이 될 수 있다. 이에 커트 시 잘 드는 가윗날과 레이저를 사용하며 적절한 수분이 있는 상태에서 커트를 하여야 한다. 모발의 절단면에 트리트먼트 등을 도포하면 모발의 손상 예방에 많은 도움을 준다.

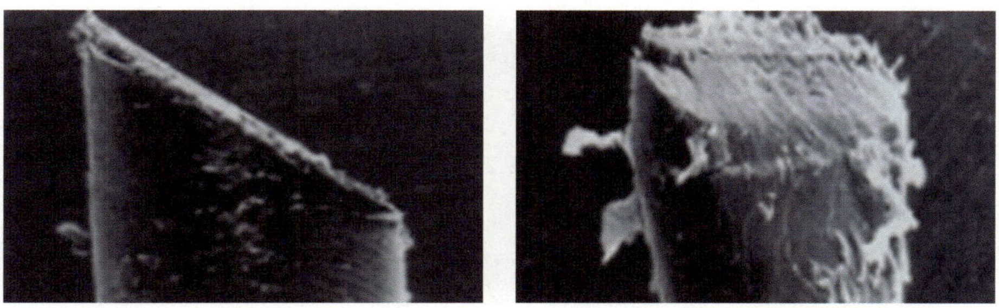

그림 8-3
잘못된 커트에 의한 손상 모발

3) 화학적 요인에 의한 손상

모발 손상의 화학적 원인은 미용 시술에 사용되는 약제들이 모표피 사이의 세포막 복합체(Cell membrance complex -CMC)를 통과하거나 모피질 내의 세포막 복합체를 통하여 모발 내부에 영향을 주어 세포막 복합체나 모발 내부의 단백질을 용출시킨다.

(1) 퍼머넌트 웨이브에 의한 손상

모발의 손상 정도에 따른 약품 처리시간, 방법, 온도 등의 미숙한 처리로 인해 모발 손상이 발생한다. 2욕식 콜드 퍼머넌트 웨이브 시술 시 장시간 가온기를 사용하거나 모발의 질에 대한 약제 선정이 잘못되었을 때 모발은 결합이 깨지게 된다. 펌 2제 도포 후 장시간 방치, 과도한 빗질 등은 이황화 결합이 깨지며 결합수가 감소된다. 결국 모발의 손상으로 연결되며 불충분한 세정은 잔류가 모발에 남아있어 케라틴 단백질의 변성과 멜라닌 색소의 퇴색을 일으킨다. 펌을 하는 동안 적용된 텐션은 모발을 끊어지게 하는 원인이 되며 강하게 말거나 반복된 열 퍼머 또한 모발 손상의 원인이 된다.

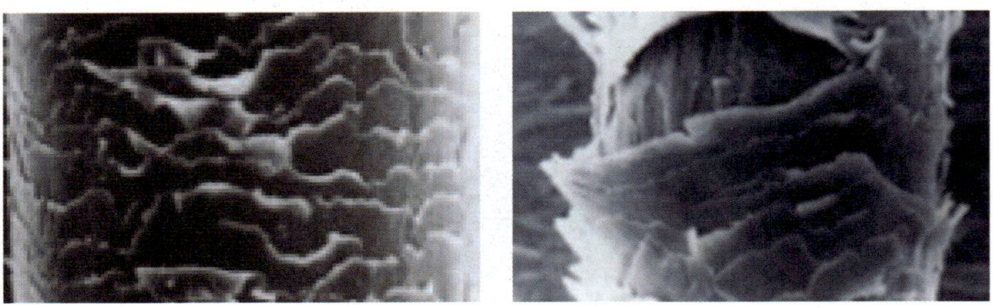

그림 8-4
퍼머넌트 웨이브에 의한 손상 모발

(2) 염색, 탈색에 의한 손상

염색, 탈색제의 알칼리제는 모발의 결합력을 약화시키고 멜라닌 색소의 산화로 인한 탈색 작용을 일으키는 과산화수소를 함유하고 있다. 과산화수소는 큐티클을 접착하고 있는 세포막 복합체(CMC)를 분해하고 매트릭스를 분해하며 피브릴을 취약화시켜 보습기능을 떨어뜨린다. 염모제의 성분 중 파라듐페닐디아민 성분이 피부 단백질과 결합하여 항원이 되어 체내에서 항체를 만들기 때문에 체질에 따라 알레르기 반응을 유발할 수 있으며, 알레르기 반응에 의한 접촉 피부염이나 두피에 염증을 일으키게 된다. 과산화수소의 자극 때문에 개인에 따라 두피에 아픔을 느끼며 염색 전 두피의 상태를 파악하고 시술이 끝난 후에는 화학성분의 잔여물이 남아있지 않도록 한다. 잦은 탈색, 염색은 모발의 팽윤 연화가 반복되어 모표피가 박리되며 모발이 거칠고 광택을 잃게 된다.

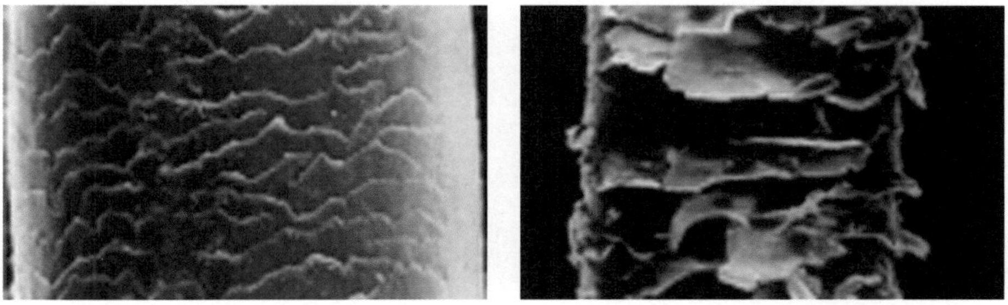

그림 8-5
염색, 탈색에 의한 손상 모발

4) 환경적 요인에 의한 손상

(1) 광선

자외선은 모발의 시스틴 결합을 파괴시킨다. 모발의 끝부분 중 자외선을 많이 쬐는 부분은 시스틴 함유량이 적어 끝이 갈라지는 현상과 강도, 탄력이 저하되며 케라틴 변성을 가져온다.

(2) 건조

모발은 10% 정도 수분을 보유하고 있어 촉촉하고 부드러움을 유지하고 있으며 N.M.F(천연보습인자)는 공기가 너무 건조하면 수분량이 감소되어 푸석푸석해진다.

(3) 염분

염분은 모발 단백질을 응고시키고 딱딱하게 한다. 해수욕장, 바닷가 등으로 염분을 흡수한 다음에는 충분히 따뜻한 물로 씻어내야 한다. 특히 염분이 남아 있으면 광택도 없어지고 펌이나 염색에 방해가 된다. 칼슘은 산성 린스로 제거할 수 있다.

(4) 대기오염에 의한 손상

모발에 영향을 주는 요소 중 자동차 배기가스에서 나오는 유황산 화합물, 질소 화합물 등이 모발에 부착되어 모발 손상이 심각하다. 계절적 황사현상과 대기오염, 미세먼지, 산성비가 모발 손상을 일으킨다. 또한 해변이나 바닷가에 모발이 노출되었거나 스프레이나 왁스, 에센스 등 헤어 스타일링제 사용 후 깨끗이 샴푸하지 않았을 경우도 모발의 물리적·화학적 손상을 일으키는 원인이 된다.

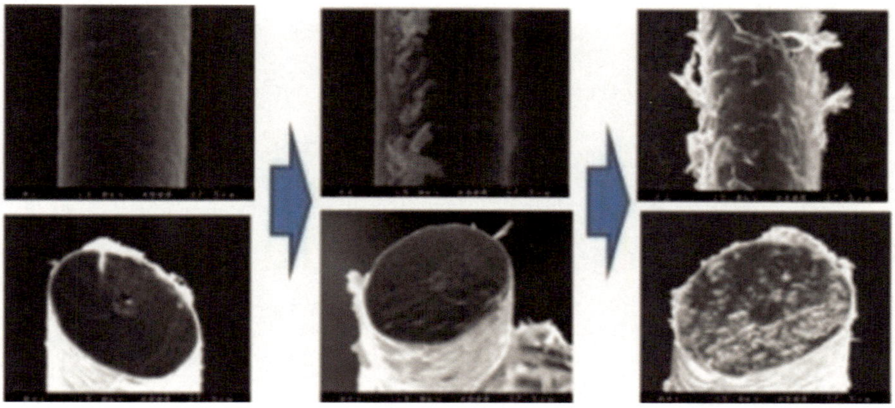

건강 모발 손상 초기 손상 말기

그림 8-6
모발 손상 진행 과정

2 모발 손상 진단

모발은 같은 사람의 두상에서도 나이, 환경, 병적인 원인 등에 따라 부위별로 성장과 두께가 상이하게 나타나며 다른 성질과 형상을 가지고 있다. 모발의 진단 방법은 모발의 현재 상태에 따른 문제점을 시진, 문진, 촉진 및 전문 기기를 통해 정밀하게 관찰하고 분석하는 과정이다.

1) 현미경 검사

(1) 모근의 검사

모발 진단기는 700배의 고배율로 두피와 모공, 모발 상태를 관찰하는 일종의 현미경이다. 모발의 밀집도, 모발의 굵기 저하를 직접 관찰할 수 있으며 모발 표면의 문리, 색상, 거칢 정도를 관찰하여 모발의 손상 정도를 추정하는 것이 가능하다.

(2) 모발 장력검사

모발의 힘이 어느 정도인지를 보기 위하여 모발 인장 시험기를 이용하여 모발의 장력을 검사한다. 정상 모발은 150g 정도의 힘까지 견딜 수 있으나 가늘어진 모발이나 손상된 모발은 100g 이하의 힘에서도 끊어지며 심하게 손상된 모발은 50g 이하의 힘에서 끊어진다.

2) 물리적 검사

(1) 흡수율 측정

모발의 수분 흡수량을 측정한다. 온도와 습도를 일정하게 유지하고 모발을 일정시간 수분에 침전시킨 후 원심 분리기로 수분을 제거하고 수분량을 측정한다. 일반적으로 건강 모발은 수분의 35% 중량이 증가하며 손상모일 경우 중량 증가율이 커진다. 이는 손상이 많을수록 수분을 많이 흡수하기 때문이다.

(2) 인장강도 검사

모발에 힘을 가하면서 모발의 무게와 늘어나는 관계를 모발의 텐션 메타(tension meta)를 이용해 측정하여 기록한다. 모발은 모피질의 변화에 따라 변화가 크고 손상도에 따라 모발이 늘어나는 비율이 크며, 신축도와 강도가 저하된다.

(3) 알칼리 용해도

모발을 알칼리 용액(수산화나트륨 0.4%)에 30분 정도 실온에 침전한 후 흐르는 물에 세척 하여 수분을 제거하고 무게를 측정하면 3% 정도 중량이 감소되어 있다. 이것은 모피질의 간충물질이 알칼리 용액에 용해되어 모표피 부분에서 흘러나오며 손상모일수록 알칼리에 저항력이 없어지며 용해도가 증가하기 때문이다.

(4) 아미노산

모발에 있는 아미노산을 가수분해하여 아미노산의 양의 변화를 분석한다. 손상도가 증가하면 가장 많이 함유되어 있는 시스틴 양이 감소하고 시스테인 양이 증가한다.

3) 모발 진단의 실제

(1) 문진

고객과의 직접적인 질문과 대답을 통해 과거에서 현재까지의 화학적 시술내용, 병력, 평소 생활 습관, 모발 관리하는 방법 등을 모발 진료카드나 고객관리 프로그램을 작성하여 보관한다.

(2) 시진

육안으로 모발의 광택 정도와 끊어진 모발을 확인하며 손상 상태를 자세히 관찰한다. 형상으로 직모인지 파상모인지, 길이, 모발의 색상, 굵기 등을 육안으로 검사한다.

(3) 촉진

모발의 상태를 손으로 직접 만져 보거나 빗질을 하면서 느낌에 따라 평가할 수 있다. 건강모를 표준으로 하여 서로 비교함으로써 개인차를 설명하며 어느 정도 정확한 진단을 할 수 있다.

(4) 전문기기 측정

모발 샘플을 채취하여 전자현미경으로 1000배 이상 확대하여 모근 검사와 모발 검사를 통해 모발 문제가 어느 정도까지 진행되었는지를 진단한다.

3 모발 이상 증상

1) 연주모

상염색체성 우성으로 유전되는 선천성 질환으로 두피 모발에 다발성 결절들이 형성되고 염주 모양으로 모간의 두께가 일정하지 않은 모발이다. 두께가 고르지 않기 때문에 탄력이 없으며 결절 부위에서 쉽게 부서진다. 주로 유아 및 소아에게 뚜렷하게 나타나며 여름철이나 임신 시에는 호전되는 경향이 있다. 두피뿐만 아니라 눈썹, 음부, 액와 부위에도 침범할 수 있다. 모공성 각화증을 동반하기도 하고 사춘기에 자연적으로 호전되는 경향이 있으나 평생 지속될 수 있다.

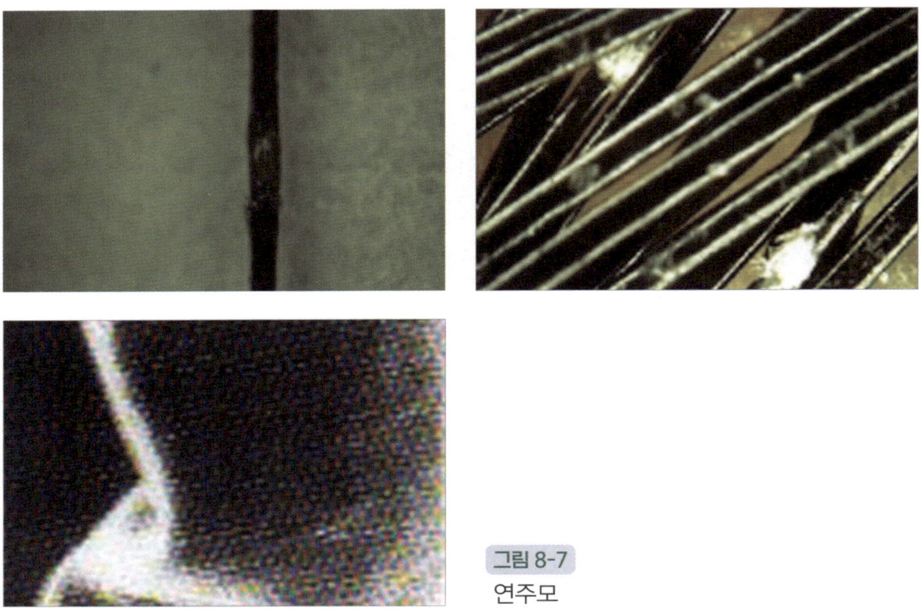

그림 8-7
연주모

2) 결절성 열모증

모발에 불규칙한 간격으로 배열된 작은 백색 결절들이 발생된다. 현미경으로 관찰 시 모피질이 부러져 많은 가닥으로 갈라진 끊어지기 직전의 머리카락 일부분이 볼록해진 형태를 띠거나 붓이나 빗자루를 양끝으로 붙여놓은 것 같다. 이러한 결절성 열모증은 주로 두발에서 발생하나 수염, 음모, 가슴털에서도 발생한다.

선천성 결절성 열모증은 출생 직후나 출생 수개월 이내에 발생되며, 치아나 손 · 발톱 이상, 대사 이상 등이 동반되기도 한다. 후천적으로는 모발을 습관적으로 꼬거나 문지르는 경우에 발생하며 모발 각질의 유전적 결함, 정신질환이나 가려움증이 심한 피부 질환에서 긁거나 문지르는 물리적 자극에 의해 발생한다. 이 밖에 세정력이 강한 샴푸 및 강한 퍼머넌트, 잦은 염색, 탈색 등과 같은 화학적 원인, 미용기구 및 재료를 부적절하게 사용하는 등의 물리적 원인, 그리고 지나치게 뜨거운 드라이, 열기구 사용, 날씨, 수영장, 마찰 등의 환경적 원인이 있다. 모발이 엉키고 매듭져 있어 드라이하거나 빗질을 할 때 강하게 당기면 끊어질 위험이 있으므로 부드러운 샴푸를 사용하며 강한 빗질은 삼가야 한다. 라놀린, 프로테인, 아미노산, 아몬드유가 함유된 트리트먼트 크림을 사용하여 예방할 수 있다. 예후로 빈모증, 탈모증을 초래할 수 있다.

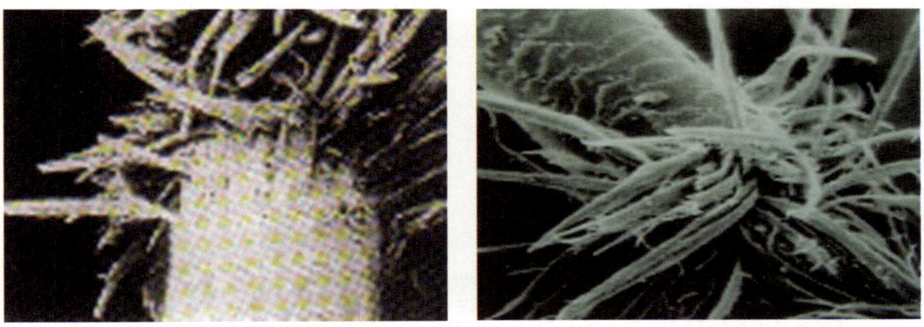

그림 8-8
결절성 열모증

3) 합입성 열모증

각화를 시작하는 모낭의 부위에서 원위부의 털이 근위부의 털로 합입되어 소켓 같은 모양으로 중첩되어 결절이 생기며 대나무처럼 보인다. 발병기전 상염색체성 열성으로 유전되며 모피질 내에서의 황화수소(-SH)가 황결합(S-S)으로 치환되지 않아 모피질이 부드러워지고 모피질이 손상되어 합입된다. 이러한 증상은 소아기 여자들에게서 잘 발생하며 모발이 부러지고 수가 적어진다. 사춘기나 초기의 성인기에 자연 치유된다.

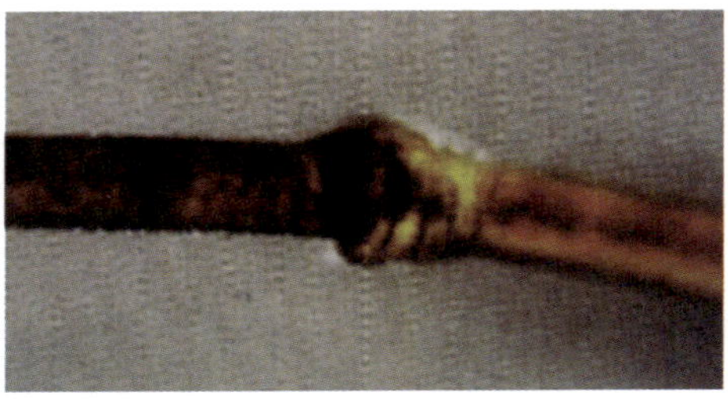

그림 8-9
합입성 열모증

4) 황결핍성 모발이영양증

황이 포함된 단백질 생산의 결핍으로 현미경 관찰 시 호랑이 꼬리와 같은 모양으로 여러 개의 리본이 나열된 모습처럼 보인다. 상염색체성 열성으로 유전되며 황 결핍으로 모발이 잘 부서진다. 국내에서 보고된 적이 없으나 두발뿐 아니라 눈썹, 속눈썹을 포함한다.

5) 염전모

염전모는 모발이 장축에 따라 꼬인 상태가 특징이며 나사모양으로 꼬이며 편평하게 된다. 선천적인 경우 상염색체성 우성으로 유전되며 후천성인 경우 다른 피부 및 전신 이상을 동반한 여러 증후들과 연관되어 나타날 수 있다. 증상으로 소아의 두피나 눈썹, 속눈썹에서 발생된다. 모발의 색이 옅은 부위와 진한 부위에서 나타나기 때문에 반짝반짝 빛나는 형태를 띠고 부분적 탈모현상이 나타나며 모발은 짧고 부서지기 쉽다. 염전모는 특별한 치료 방법이 없기 때문에 외부로부터 모발 충격을 줄여주는 것이 좋다.

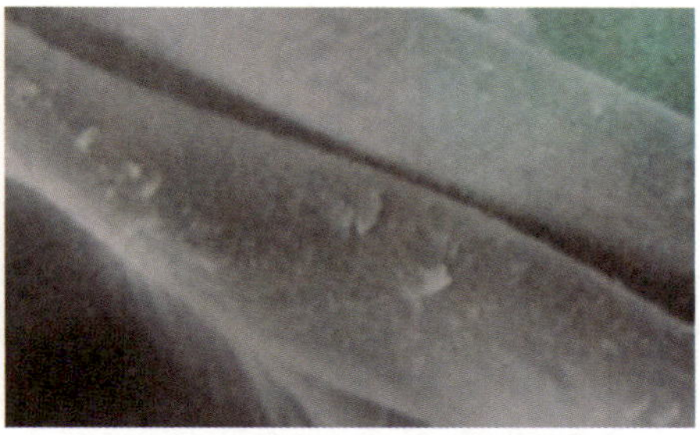

그림 8-10
염전모

6) 백륜모

모피질 간의 각질 형성에 이상이 있어 비정상적으로 공기가 함유되어 빛의 반사에 따라 흑색과 백색의 띠가 교대로 나타난다. 보기 드문 선천성 질환으로 모발 굵기에 따라 색상의 차이가 나타난다. 정신적 충격이나 심각한 스트레스 또는 방사선 노출, 당뇨, 영양실조, 빈혈 등이 원인이 될 수 있으며 치료법은 특별히 없고 모발 염색만이 이 증상을 완화할 수 있다. 모발 성장은 정상이며 피부나 다른 기관의 질환과는 관련이 없다.

그림 8-11
백륜모

7) 양털모양 모발

두피의 일부 혹은 전체에 가늘고 꼬불꼬불한 모발이 나타난다. 유전적 요인과 흑인종에게 많이 나타나며 표면이 매끄럽지 않기 때문에 광택이 없어 보이고 항상 푸석푸석한 느낌이 든다. 가늘고 밀집된 곱슬머리는 출생 시부터 나타나고 청소년기에 심하며 모발이 12cm 이상 자라지 않지만 성인이 되면 어느 정도 호전된다. 이러한 모발은 빗질이 힘들어 꾸준한 트리트먼트 관리와 유·수분 공급, 윤기 나는 제품을 꾸준히 사용하여야 한다. 다른 피부질환이나 전신질환은 동반되지 않지만 염전모나 결절성 열모증과 동반되기도 한다.

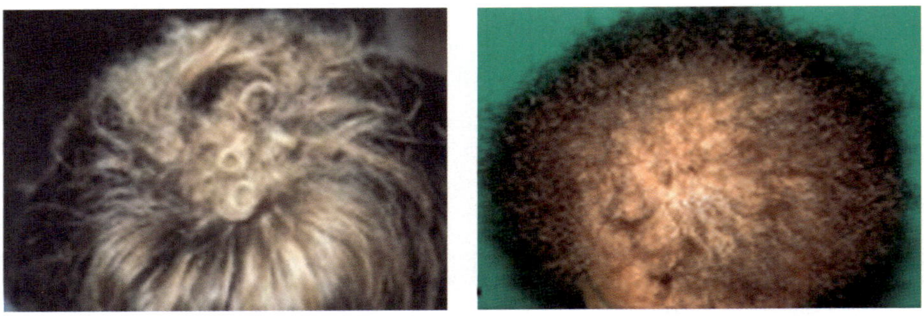

그림 8-12
양털모양 모발

8) 매듭모

모발에서 매듭이 형성되는 질환으로 정상적인 모발과 체모에서 빗질이나 마찰에 의해 매듭모가 형성되는 경우와 비정상적인 모발과 체모에서 쉽게 부러지는 성장을 보이는 형태이다. 빗질이나 모발이 비벼지는 등 기계적 혹은 물리적 힘에 의해 매듭이 형성되고 계속된 자극에 의해서 매듭이 더욱 견고해지고 당겨져 모발이 부서지게 된다. 주로 흑인머리에서 발생하는 것으로 알려져 있다.

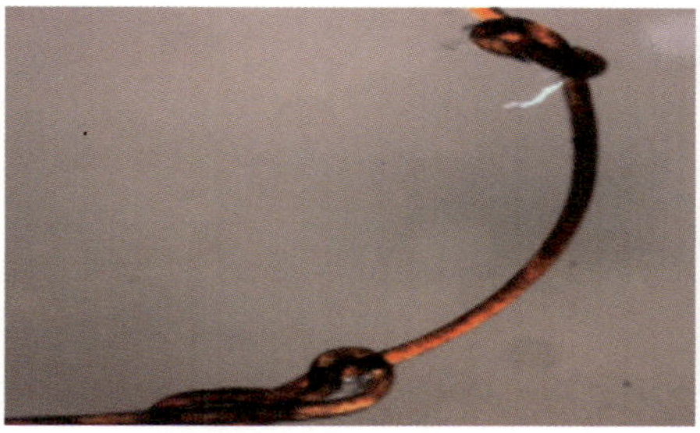

그림 8-13
매듭모

9) 골절모

모간을 가로질러 평평하게 갈라지거나 균열을 일으켜 골절과 같은 형상이다. 부분적으로 상피세포가 결핍되어 약해진 부분이 갈라지며 발생한다.

10) 모원주

두피의 모간을 둘러싸는 단단한 회백색의 각질성 부착물로 모발을 둘러싸고 있으며 모발을 따라 자유로이 움직일 수도 있다. 육안으로 보았을 때 머릿니의 알인 서캐와 비슷한 형상을 하고 있다. 남자아이보다 여자아이에게 호발되며 정상 여자아이의 70%에서 모원주가 관찰되었다는 연구도 있다. 건선이나 태선 혹은 지루성 피부염과 동반되기도 한다.

그림 8-14
모원주

11) 균열모

과도한 모발의 손질, 무리한 스타일링, 가려움증에 의한 반복되는 자극 등과 같은 모발에 가해지는 외부적 손상에 의해 발생한다. 증상으로 모근의 원위부터 끝이 세로로 모간을 따라서 길이로 갈라지는 형상을 하고 있다.

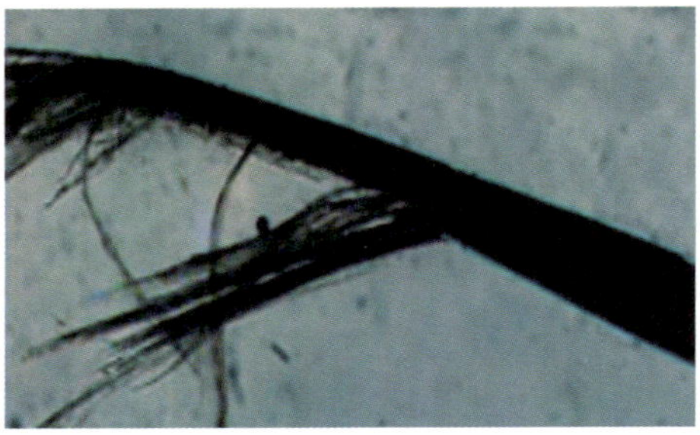

그림 8-15
균열모

12) 두갈래모발

모간을 따라 다수의 불규칙한 간격을 두고 두 갈래로 나누어져서 두 개의 평행한 가지를 내며 이 두 갈래는 다시 하나로 합쳐진다. 8번 염색체의 3염색체성 증후군의 한 형태로 합쳐진 것이다.

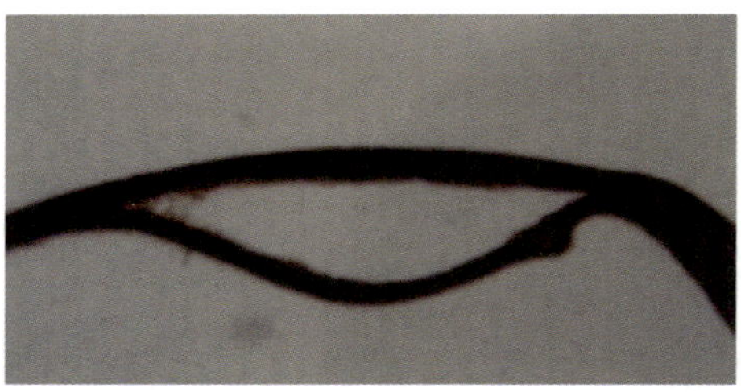

그림 8-16
두갈래모발

HAIR SCIENCE

09
탈모증

1. 탈모증의 원인
2. 탈모증의 유형
3. 탈모증 관리 및 치료

1 탈모증의 원인

1) 탈모증의 정의

모발은 보통 서양인의 경우 약 12만 개, 동양인은 약 10만 개 전후이다. 모발뿐만 아니라 털은 모두 일정한 성장기간이 지나면 성장이 정지되고 휴지기에 들어가서 탈모하여 다시 털이 나는 일을 되풀이하는데, 이것을 성장주기라고 한다. 전체 모발 가운데 약 80~90%가 성장기의 모발이며 2~3%가 퇴화기, 10~15%가 휴지기의 모발이다. 모발은 나이, 계절, 인종, 생리적인 요인, 스트레스, 질환 등의 여러 요인의 영향을 받으며 하루에 보통 50~100개 정도의 정상적인 '휴지기 탈모'가 일어난다. 건강한 모발의 경우 성장주기를 유지하고 있어도 휴지기의 모발은 계속 빠지게 되며 빠진 자리에는 새로운 모발이 형성되어 자라는데, 자라는 숫자보다 빠지는 숫자가 많은 상태가 지속되는 과정을 탈모증이라고 한다.

2) 탈모증의 원인

(1) 내부적 원인

① 유전과 호르몬

남성과 여성 모두에게 영향을 미치는 요인으로 탈모증상이 겉으로 드러나는 남성에 비해 여성은 탈모 유전인자는 가지고 있으나 겉으로 잘 드러나지는 않는다. 그러나 자식에게 미치는 영향은 부계보다 모계 쪽의 영향이 더 크다고 알려져 있다. 안드로겐의 과잉 분비는 피지선의 활동을 촉진시키며 지루성 비듬을 발생시켜 탈모증의 증상을 악화시킨다.

② 과도한 스트레스

모발의 성장주기를 조정하는 것은 자율신경계이고, 스트레스가 강해지면 자율신경의 부조를 일으키며 이는 혈액순환에도 영향을 주어 두부의 혈행

장애와 연결된다. 두부에 혈액이 잘 공급되지 않으면 모발에 영향이 충분히 공급되지 못해 탈모가 일어나게 된다.

③ 두피의 이상 현상

지성두피, 건성두피, 두피경화증, 두피가 잘 발달되지 못한 사람은 두피가 긴장되고 두피 내의 혈관이 압박을 받아 혈액순환이 나빠진다. 그 결과 모근에 영향이 미치지 못해 성장이 멎고 머리카락이 빠지게 된다.

④ 영양 장애

다이어트, 불규칙적인 식사, 편식 등에 의한 영양의 불균형이 탈모를 유발하기도 한다.

⑤ 병리학적 원인

발열, 혈액순환 장애, 항응고성 질병과 감기, 매독, 장티푸스, 간염 등의 전염성 질병, 신경과민 등의 신경성 질병 등이 탈모현상을 수반하기도 한다.

(2) 외부적 원인

① 외상으로 인한 모근 손상

진피까지 손상된 화상, 외과적 수술로 인한 모근 손상으로 탈모를 유발한다. 경우에 따라 심할 경우 모유두까지 완전히 손상이 되면 더 이상 모발이나 털이 자라지 않는 영구탈모가 되기도 한다.

② 환경오염

대기오염, 수질오염, 기후 변화 등과 같은 환경오염으로 인해 탈모가 유발된다.

③ 기타 원인

지나친 압력이나 당김, 비위생적인 모발관리, 강하고 부적절한 두발 제품의 사용, 퍼머넌트 웨이브제나 염색제 및 탈색제로 인한 모발 및 두피 손상으로 탈모현상이 나타날 수 있다.

2 탈모증의 유형

탈모증은 크게 반흔성 탈모증과 비반흔성 탈모증으로 나눌 수 있다. 반흔성 탈모증은 모발이나 털의 분비기능과 감각기능이 완전히 상실되어 피부 조직의 재생이 불가능한 외상형 탈모증을 말한다. 화상이나 외상수술, 가성독발, 독발성 모낭염, 모공성 편평태선 등이 있다.

비반흔성 탈모증은 탈모는 되었으나 정상적인 피부기능을 유지하고 있어서 털이나 모발이 다시 생성될 수 있는 탈모증이다. 남성형 탈모증, 여성형 탈모증, 원형탈모증, 휴지기 탈모증, 성장기 탈모증, 지루성 탈모증 외 여러 탈모증이 있다.

1) 남성형 탈모증

(1) 남성형 탈모증의 원인

① 유전

남성형 탈모증의 선천적 유전 요인으로는 탈모 유전인자가 간접적으로 작용하는 것으로 알려져 있다. 부모 중 한쪽만 탈모증이 있어도 유전 위험성이 있는 '상염색체우성 유전'을 보인다. 후천적 유전 요인은 식생활이나 생활 습관, 성격 등이 유전되는 것을 의미하며 탈모의 진행 정도에 영향을 미친다.

② 호르몬

유전과 함께 남성형 탈모증에 영향을 미치는 요인은 호르몬이다. 안드로겐(androgen)으로 총칭되는 남성호르몬 중 테스토스테론(testosterone, 고환에서 추출되는 스테로이드계의 남성 호르몬)이 5α-환원효소에 의해 더욱 강력한 안드로겐인 디하이드로테스토스테론(Dihydrotestosterone, DHT)으로 변환한다. 바로 이 디하이드로테스토스테론(DHT)이 탈모를 일으키게 된다.

테스토스테론 + 5α-환원효소 → 디하이드로테스토스테론(Dihydrotestosterone, DHT)

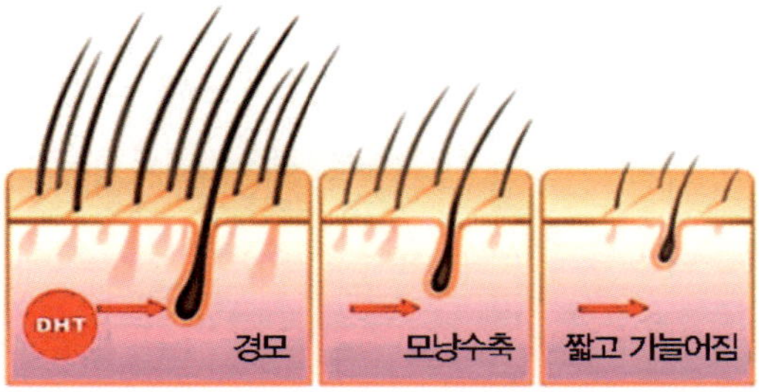

그림 9-1
탈모증에 영향을 미치는 호르몬

③ 기타

과도한 스트레스, 수면 부족, 과로, 불규칙한 생활, 영양의 불균형, 헤어제품의 오남용, 혈액순환 불량, 퍼머나 염색, 약물복용 등의 원인이 있다.

(2) 남성형 탈모증의 증상

남성형 탈모증은 탈모와 함께 모발이 가늘어지고 힘이 없어지는 증상이 나타난다. 특히 두개피에 기름이 많아지며, 모발이 감소하는 대신 체모(턱수염, 가슴털, 팔·다리털)는 증가하는 경향이 있다. 보통 40세 전후에 일어나나 근래에는 10대 후반~30대 전후에도 발생하는 빈도가 늘어나고 있다. 탈모의 진행 속도는 개인에 따라 다르며 두피 뒤쪽과 옆쪽의 모발은 탈모가 진행되더라도 유지되는 경우가 많다. 한국인의 경우 백인보다 발생빈도도 낮고 정도도 약하며, 좀 더 늦은 나이에 시작되는 경향이 있다.

(3) 남성형 탈모증의 유형

① **M자형** : 초기에는 이마 양쪽이 M자 형태로 빠지기 시작하여 말기에는 옆머리와 뒷머리만 남는다.

② **C자형** : 초기에는 가르마를 중심으로 한쪽으로 C자 형태로 빠진다. 말기에는 옆머리와 뒷머리만 남는다.

③ **O자형** : 초기에는 두상 윗부분에서 원형을 그리면서 빠지기 시작하여 말기에는 옆머리와 뒷머리만 남는다.

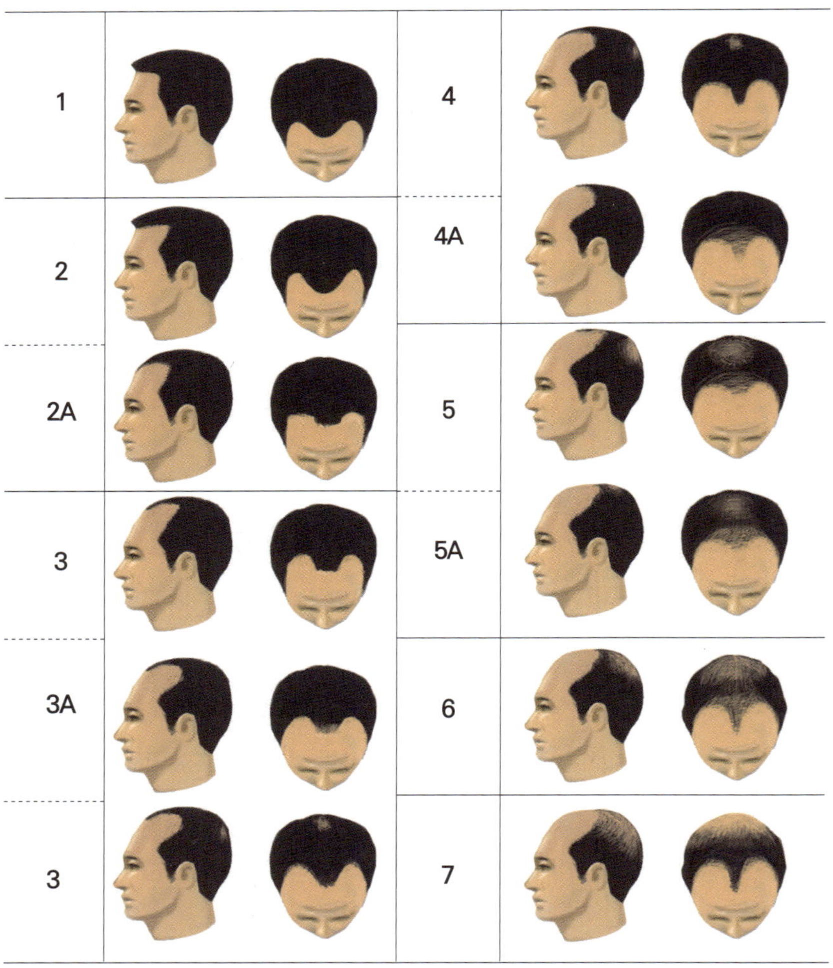

그림 9-2 남성형 탈모증의 유형

2) 여성형 탈모증

(1) 여성형 탈모증의 원인

여성형 탈모증의 원인으로는 유전, 안드로겐, 출산 후 잘못된 산후조리, 심한 스트레스, 무리한 다이어트로 인한 영양 불균형, 다낭성 난소질환 등이 있다.

(2) 여성형 탈모증의 증상

여성형 탈모증은 일정한 형태가 없이 가르마를 중심으로 모발이 점차적으로 얇아지고 숱이 적어지는 증상이 있다. 보통 40세 전후가 되면 여성호르몬 분비가 감소하기 때문에 상대적으로 남성호르몬의 영향을 받아 남성형 탈모증과 비슷한 형태로 전두부, 두정부의 모발량이 감소하거나 가늘어진다. 남성형 탈모증과는 달리 탈모가 진행되어도 이마의 모발선은 유지되는 특징이 있다.

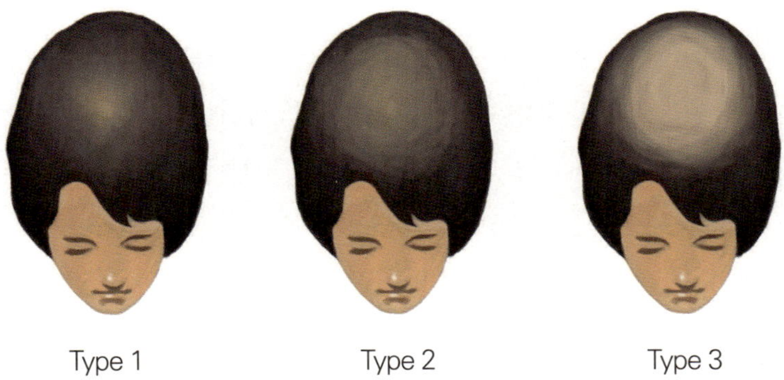

그림 9-3
여성형 탈모증의 유형

3) 원형 탈모증

(1) 원형 탈모증의 원인

원형 탈모증은 일종의 자가면역질환으로 여기고 있지만 아직까지 정확한 원인은 밝혀지지 않고 있다. 정상적으로 우리 몸의 면역세포가 모낭을 공격하지 않지만 어떠한 이유로 인해 모낭의 면역체계가 변화하면 면역세포가 모낭을 공격해 염증을 일으켜 탈모가 발생하는 것으로 알려져 있다. 원형 탈모는 스트레스에 의해 유발되는 것으로 알려져 있지만 정확한 인과관계는 밝혀지지 않았으며, 가족력으로 발생하기도 한다. 원형 탈모증는 어느 연령대에서도 생길 수 있고 드물지만 소아에게도 발생한다.

(2) 원형 탈모증의 증상

원형 탈모증은 특별한 자각 증상 없이 모발이 원형을 이루면서 빠지는 증상으로 전체 인구의 2% 정도에서 발생하는 증상이다. 어느날 갑자기 모발의 일부가 원형이나 타원형으로 빠지며 손톱 크기부터 손바닥 크기까지 다양하다. 단발 또는 다발로 발생하며 대부분 두발에 발생하나 가끔 눈썹, 수염, 체모에도 발생한다.

(3) 원형 탈모증의 유형

① **단발형 원형 탈모증**

원형탈모반의 개수가 1개인 경우

② **다발형 원형 탈모증**

원형탈모반의 개수가 2개 이상인 경우

③ **다발융합형 원형 탈모증**

여러 개의 원형탈모반이 하나로 합쳐진 경우

④ 전두 원형 탈모증

두부 전체의 모발이 다 빠지는 경우

⑤ 전신 원형 탈모증

모발 외 체모까지 다 빠지는 경우

⑥ 사행성 원형 탈모증

탈모가 진행된 부위의 모양이 큰 뱀이 수풀을 지나간 자리처럼 발현되며, 귀 주변부에서 시작되어 후두부 발제라인으로 띠처럼 이어진 모양으로 나타난 경우

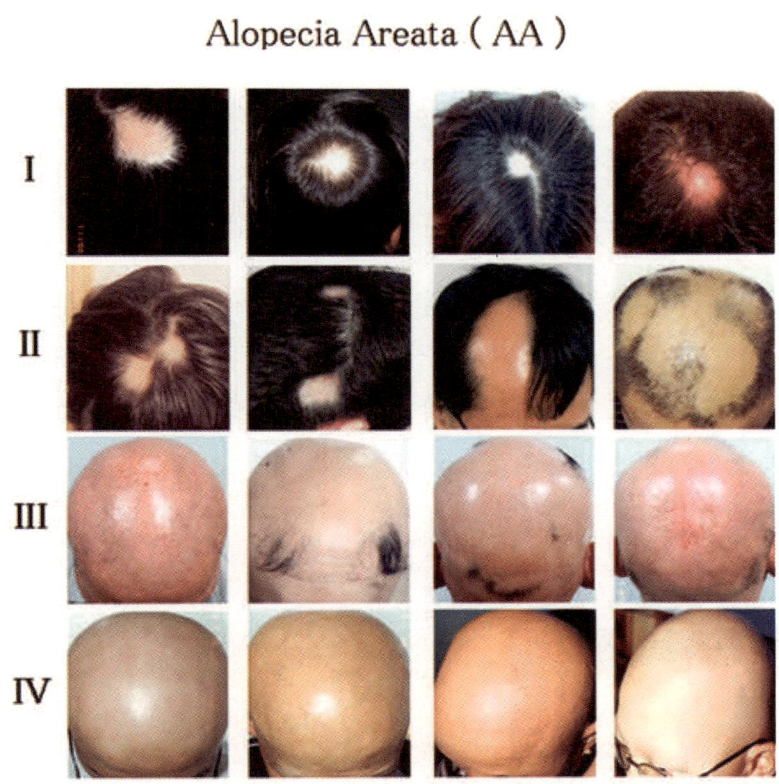

그림 9-4
원형 탈모증의 유형

4) 휴지기 탈모증

휴지기 탈모증은 정상적인 휴지기 모낭으로부터 모발이 조기에 심하게 탈모되는 현상을 말한다. 정상적인 휴지기 모발의 비율은 10~15% 내외인 데 비해 휴지기 탈모증은 25% 이상을 차지하며 1일 탈모량도 120~140개 이상이다. 산후탈모증도 이에 해당하는데 임신 후기에는 여성호르몬의 증가로 모발의 탈락이 감소되나 분만 후 호르몬의 분비가 정상화되면서 수명이 연장되어 있던 모발의 탈모현상으로 평상시보다 많은 모발이 빠지게 된다.

성장기를 지난 모발이 휴지기 단계 돌입 후 심한 충격이나 스트레스, 고열, 수술 등과 같은 문제나 철 결핍, 아연 결핍, 갑상선 기능 문제 등으로 휴지기 탈모증이 유발된다.

5) 성장기 탈모증

성장기 탈모증은 전체 모발의 80~90%를 차지하는 성장기 모발의 모낭이 심한 손상을 받아 탈모되며, 10~15%를 차지하는 휴지기 모발은 그대로 유지가 된다. 성장기 탈모증의 모발은 위축모로서 성장기의 모근이 파괴되어 가늘어지게 된 모발이다. 20~30g 정도의 힘으로 약간만 당겨도 쉽게 빠지는 상태가 된다. 항암제나 방사선 치료로 인한 성장기 탈모증은 투약 후 1~2주 뒤에 탈모증이 나타나며, 약을 중단하면 몇 주 내에 다시 생성된다.

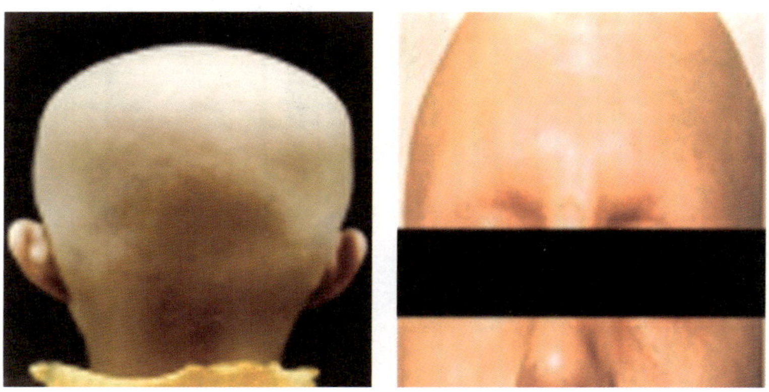

그림 9-5 성장기 탈모증

6) 지루성 탈모증

지루성 탈모증은 피지 분비량이 비정상적으로 증가해서 증가한 피지가 두피 내의 모공을 막아 두피의 영양공급 및 순환 기능이 저하되어 나타나는 탈모증이다. 두피와 모발이 끈적거리고 불쾌한 냄새가 나며 큼직하고 축축한 비듬이 많이 생긴다. 가려움증과 염증이 동반되며 염증이 악화되면 모낭염이나 지루성 습진이 진행될 수 있다.

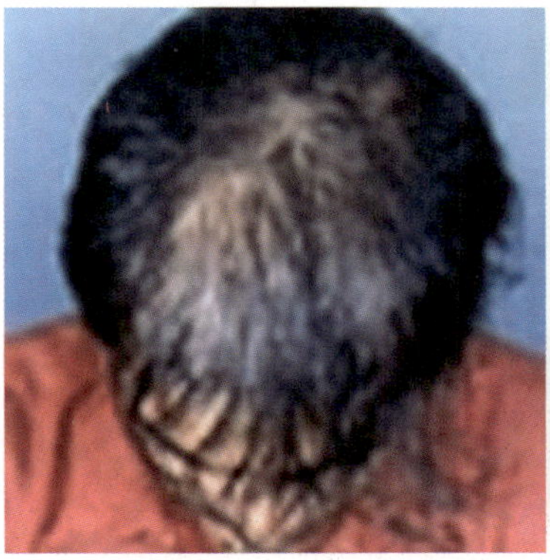
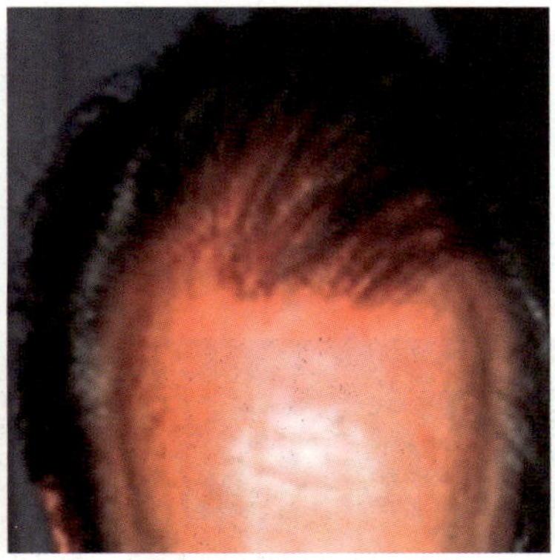

그림 9-6
지루성 탈모증

7) 기타 탈모증

(1) 견인성 탈모증

포니테일 같은 묶은 머리형을 장기간 유지하다 보면 옆머리나 뒷머리에서 견인성 탈모가 유발된다. 특히 어린 여자아이의 머리를 묶을 때 잔머리 빠짐을 막기 위해 너무 세게 묶게 되면 헤어라인 쪽 모발이 빠질 수 있다. 또한 부주의한 사고로 모발이 기계에 말려들어간 경우에도 견인성 탈모증이 생기게 된다.

(2) 두부백선균에 의한 탈모증

백선균의 감염에 의해 일어나는 전염성 피부병으로 백선균이 표피의 각화층을 감염시켜 일어난다. 두피 표면 근처에서 단모현상이 나타나며, 탈모반 주변에 그루터기가 형성된다.

(3) 접촉성 탈모증

모발이나 두피에 퍼머넌트 웨이브제, 염모제, 탈색제와 같은 화학제품이 과다 도포되어 피부염을 유발할 수 있다. 염증이 심해지면 탈모로까지 진행된다. 염증을 치료했다 하더라도 수주일이 지나 휴지기성 탈모증을 일으키는 경우도 있다.

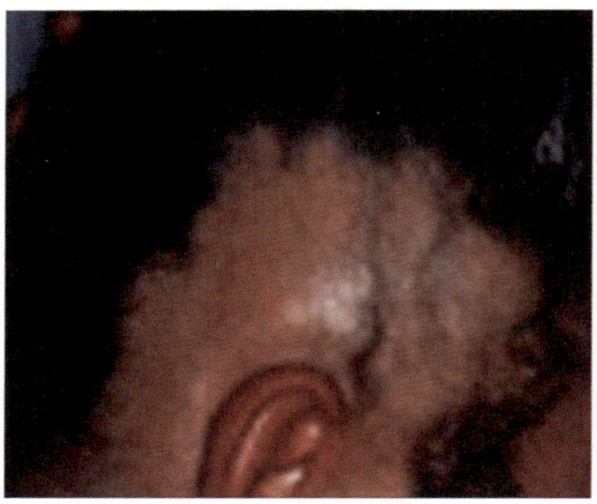

견인성 탈모증

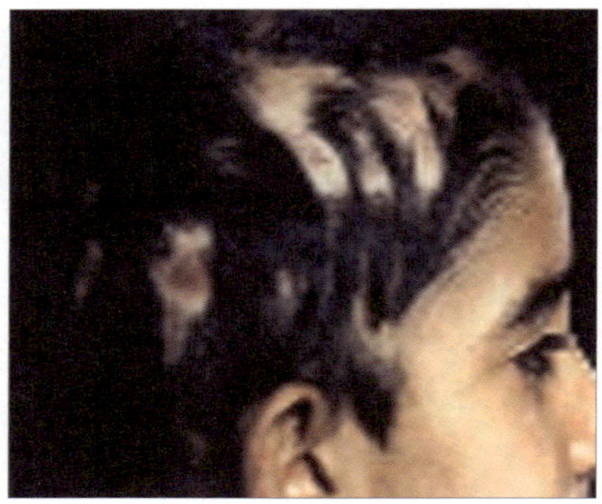

두부백선균에 의한 탈모증

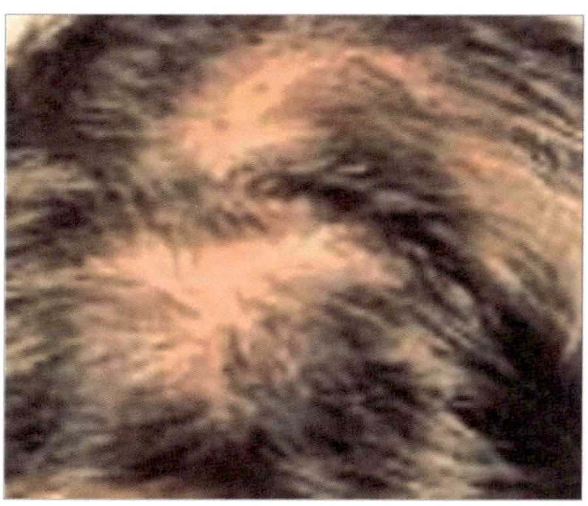

접촉성 탈모증

그림 9-7
기타 탈모증

3 탈모증 관리 및 치료

1) 약물치료법

(1) 프로페시아

프로페시아는 1997년 FDA에서 탈모치료제로 인정받은 남성호르몬 억제제로 처음에는 프로스카라는 전립성 비대증 치료 약물로 개발되었다. 프로페시아는 남성탈모증 치료를 위한 최초의 경구용 치료제로 나이가 젊을수록, 가운데 머리에 탈모가 진행되었을 때 좋은 효과를 기대할 수 있다.

(2) 미녹시딜

바르는 약인 미녹시딜은 원래 고혈압 치료제로 쓰였던 것으로 발모 효과가 관찰되어 1988년 FDA에서 탈모 치료제로 2% 용액을 인정했고, 1997년에 5% 용액을 인정하였다. 미녹시딜의 효과는 주로 정수리 부분에 나타나고 앞머리 쪽에는 별 효과가 없다. 약의 효과는 수 개월이 지난 다음부터 나타나기 시작하며 탈모의 진행을 늦춰주고 모발을 굵게 만드는 효과가 있지만 탈모를 영구적으로 예방하거나 치료를 하기는 힘들다.

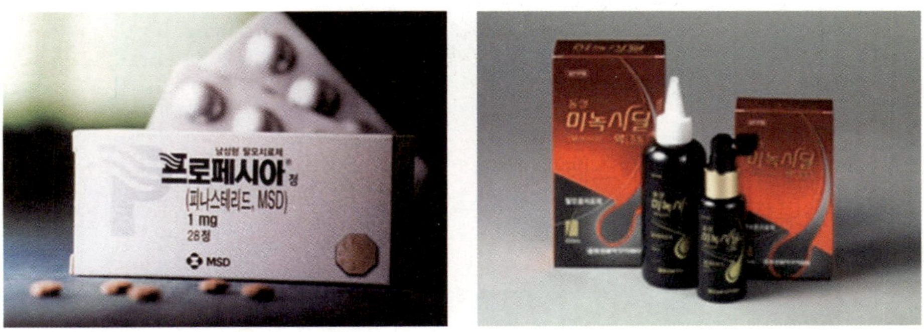

그림 9-8
프로페시아와 미녹시딜

2) 모발이식

(1) 식모술의 종류

① **펀치법**

㉠ 직경 4mm의 펀치로 10개 이상의 모발을 이식하는 방법

㉡ 1959년에 처음으로 개발

㉢ 흉터가 남고 외관상으로 부자연스럽다.

② **미니크래프트법**

㉠ 직경 2mm의 펀치로 5개 전후의 모발을 이식하는 방법

㉡ 1980년대에 유행했던 방법

㉢ 흉터가 남고 외관상으로 부자연스럽다.

③ **마이크로크래프트법**

㉠ 모발을 두세 개씩 이식하는 방법

④ **단일모 식모술**

㉠ 모발을 한 개씩 이식하는 방법

㉡ 모발이 경모에 속하고 모근이 굵은 동양인들에게 적합한 방법

㉢ 흉터가 남지 않고 외관상 자연스럽다.

㉣ 모근을 분리하는 숙련된 기술이 필요하며 시간이 많이 든다.

(2) 식모술의 순서

① 이식할 모발을 후두부에서 원추형으로 절개하여 채취한다.

② 채취한 부위는 봉합한다.

③ 채취한 이식단편을 단일모로 분리한다.(숙련된 기술자의 경우 한 시간에 80개 정도의 모발을 분리)

④ 식모할 부위를 디자인하고 국소 마취한다.

⑤ 모근의 분리와 식모가 동시에 진행된다. 분리된 모근은 식모침에 장치, 카운트 하여 피부 속에 들어가는 바늘의 길이를 조절해 일률적으로 식모가 가능하다.

⑥ 회복기간 동안에는 가능한 이식부위에 자극을 피한다.

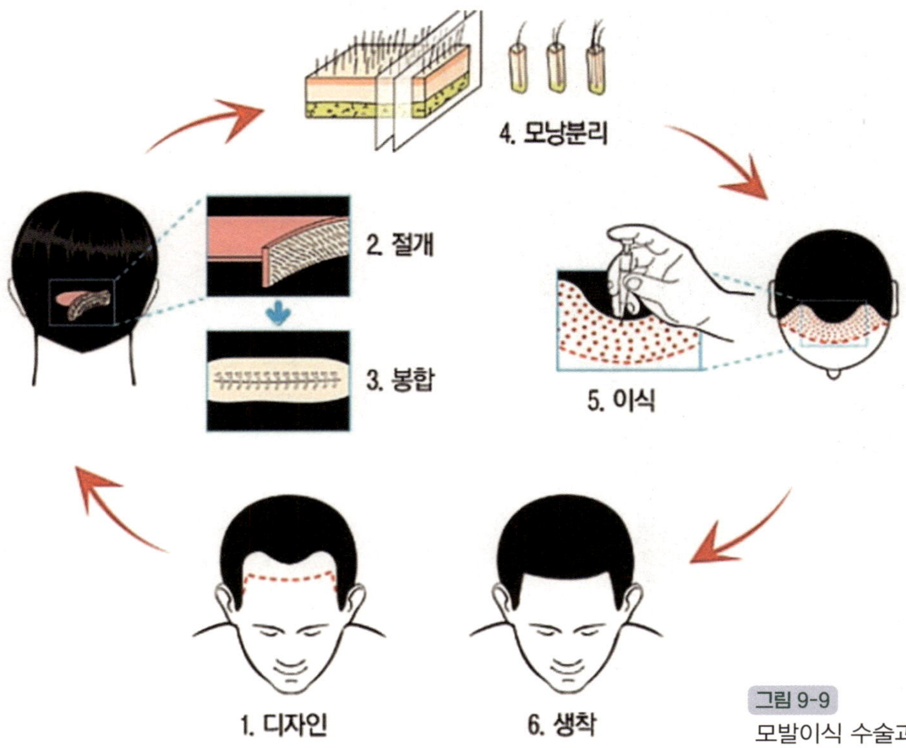

그림 9-9
모발이식 수술과정

10
기타 두피 질환

1. 비듬
2. 건선
3. 모낭염
4. 발모벽

1 비듬

비듬은 피티로스포룸 오발레(pityrosporum ovale, 비듬균 총칭)의 이상증식으로 발현될 수 있다. 비듬균이 이상증식한 두피는 각질층이 매우 얇고 조직 구성이 느슨하며, 표피 세포가 새롭게 생성되는 주기가 빨라진다. 각질층의 보호기능이 축소되고 비듬균의 과도한 활동력이 두피를 자극시켜 염증과 가려움증을 유발한다. 각질층의 피부가 떨어져나가는 박편현상과 함께 피지선의 피지가 과다 생성되는 경우도 있다.
전 세계 인구의 45% 이상이 비듬으로 고민하고 있으며 남성이 여성보다 많고 20~40세 사이의 남성이 특히 많은 것으로 알려져 있다.

1) 비듬의 원인

(1) 비듬균

피티로스포룸 오발레라는 비듬균이 스트레스 등의 원인으로 인해 그 숫자가 10~20배까지 과다 증식하게 되면 가려움증을 동반한 비듬을 유발하게 된다. 비듬균은 누구에게나 존재하며 과다 증식할 경우 문제가 된다.

(2) 발한장애

심한 건성은 노인이나 폐경기 여성에게 자주 발견되는데 피부의 수분상태에 영향을 미쳐 혈액순환이 순조롭지 않으면 건성 비듬이 발생한다.

(3) 자가독성

피부 기능 중 하나인 해독작용의 이상으로 피부가 더 이상 독소를 제거할 수 없게 되면 이것이 축적되어 피부의 독성화를 일으켜 비듬을 생성한다.

(4) 기타

호르몬의 불균형, 지방과 탄수화물의 과다 또는 불균형 섭취, 비타민 및 미네랄 부족 등에 의해 발생할 수 있다. 감염, 상처, 잘못된 다이어트, 불청결, 알칼리성이 강한 샴푸에 의한 탈지, 샴푸 과정에서 두피와 모발을 충분히 헹구어주지 않을 경우 비듬이 생길 수 있다.

2) 비듬의 종류

(1) 건성비듬

건성비듬은 두피가 가려우며 작고 하얀 비듬이 생기는 게 특징이다. 혈액 순환이 나쁘거나, 신경자극의 부족, 잘못된 다이어트, 감정과 분비선 장애 또는 두피의 불결로 인해 발생한다. 관리법으로서는 알칼리가 적은 순한 샴푸를 사용하고, 규칙적으로 두피 마사지를 하며 두피 보습을 위한 손질을 한다.

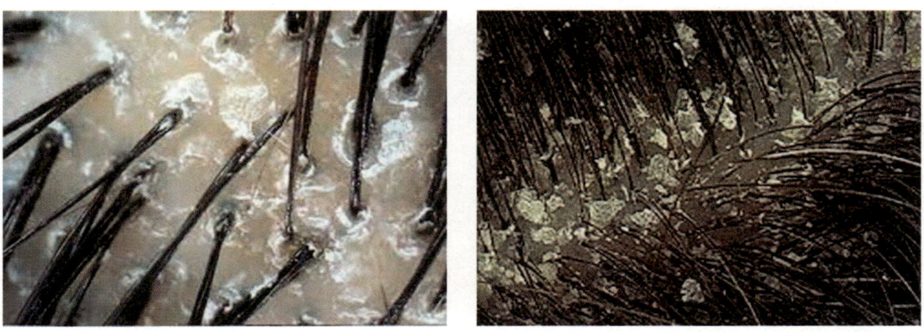

그림 10-1
건성비듬

(2) 지성비듬

지성비듬은 외피가 비늘처럼 벗겨지는 상태로서 비늘은 피지와 섞여서 두피에 달라붙는다. 가려움증이 수반되며 긁었을 경우 두피에 피가 나거나 피지에서 분비물이 나오기도 한다. 관리법으로는 주 2~3회 비듬 전용 샴푸를 사용하여 두피 청결을 유지하며, 미지근한 물로 깨끗하게 헹궈낸다.

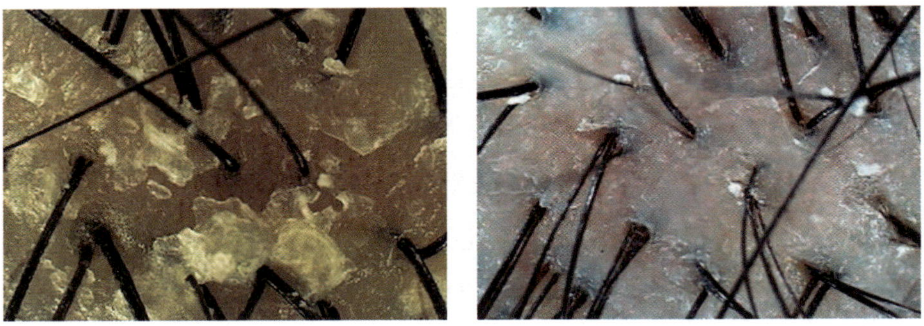

그림 10-2
지성비듬

표 10-1 | 비듬의 종류별 특징과 관리법

	건성비듬	지성비듬
특징	• 두피 건조 • 마른 각질과 비듬 • 하얀 쌀겨 모양	• 두피 염증 동반 • 젖은 비듬 • 끈적거리며 냄새 동반
관리법	• 알칼리가 적은 순한 샴푸 사용 • 정기적인 두피 스케일링으로 각질 및 비듬 제거 • 규칙적인 두피마사지 • 두피 보습 제품 사용	• 주 2~3회 비듬 전용 샴푸 사용 • 정기적인 두피 스케일링으로 각질 및 비듬 제거 • 미지근한 물로 깨끗이 헹구기 • 찬바람으로 두피 완전 건조

2 건선

건선은 은백색의 비늘로 덮여 있는 붉은색의 구진(볼록한 반점)과 반(patch)을 주로 하는 발진이 전신의 피부에 반복적으로 발생하는 만성피부질환이다. 표피의 증식과 진피의 염증을 특징으로 하며, 인구의 1~2% 빈도로 나타난다.

1) 건선의 원인

건선의 원인이 아직 완벽하게 밝혀져 있지는 않지만 피부에 있는 면역세포인 T세포의 활동성이 증가되어 그 결과 분비된 면역 물질이 피부의 각질세포를 자극하여 각질세포의 과다한 증식과 염증을 일으키는 것으로 밝혀지고 있다. 피부 세포가 빠르게 자라나기 때문에 피부 위에 비듬 같은 각질이 겹겹이 쌓여서 보이게 된다. 그 외에도 유전적 요인, 환경적 요인, 약물, 피부 자극, 건조, 상기도 염증, 정신적 스트레스 등이 건선을 일으키거나 악화시키는 요인으로 증명되고 있다.

2) 건선의 증상

건선은 피부에 작은 좁쌀 같은 발진이 생기면서 발진된 부위 위에 새하얀 비듬 같은 각질이 겹겹이 쌓여 나타나는 만성 피부병으로 좁쌀 같은 발진은 주위에서 발생한 새로운 발진들과 서로 뭉쳐지거나 커지면서 주위로 퍼져 나간다. 그래서 많이 퍼지는 경우에는 전신의 거의 모든 피부가 발진으로 덮이기도 한다. 이런 과정이 반복되면서 건선은 만성적으로 진행되는데 때로는 저절로 조금씩 좋아지기도 하고 반대로 전신으로 퍼지는 경우도 많다.

약 5cm 직경의 경계면이 있는 작은 타원형 반을 형성하며, 비늘을 긁으면 쉽게 출혈이 일어난다. 개인별로 편차가 심하며 건선과 관련하여 탈모를 유발할 수 있다.

건선은 무릎과 팔꿈치에 가장 많이 생기며, 그 다음으로 엉덩이나 두피에도 흔히 나타난다. 그 다음으로 팔, 다리 및 다른 몸의 부위에 생기며 이어서 손, 발 등에도 생긴다.

3) 건선의 치료

건선의 치료에는 약을 바르는 국소치료, 광선을 쪼이는 광치료, 약을 먹는 전신치료 외 3가지를 경우에 맞게 복합한 복합 치료 등이 있다. 건선의 심한 정도, 활성도, 병변의 형태와 상태, 발생 부위에 따라 치료 방법을 선택하게 되며 가벼운 경우에는 대개 바르는 약으로 치료를 시작하며, 중등증이나 중증이 되면 광치료나 먹는 약을 사용하게 된다.

4) 건선의 예방법

① 피부 자극이나 피부 손상을 받지 않도록 한다.
② 피부가 건조하지 않도록 보습에 신경을 쓴다.
③ 정신적 스트레스와 과로를 피하고 충분한 휴식을 취한다.
④ 편도선염, 인후염 등과 같은 염증은 건선을 일으킬 수 있으므로 조심한다.

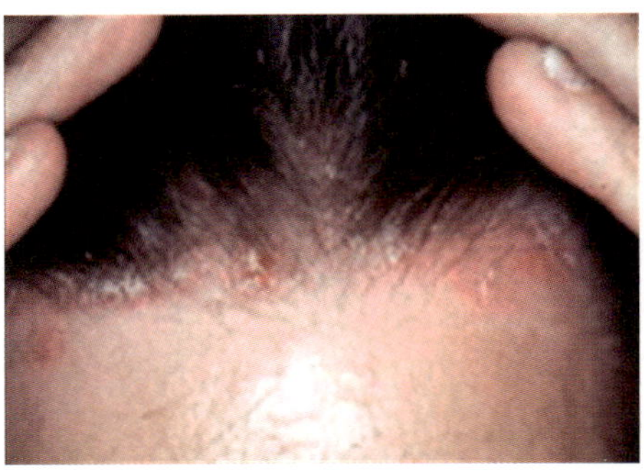

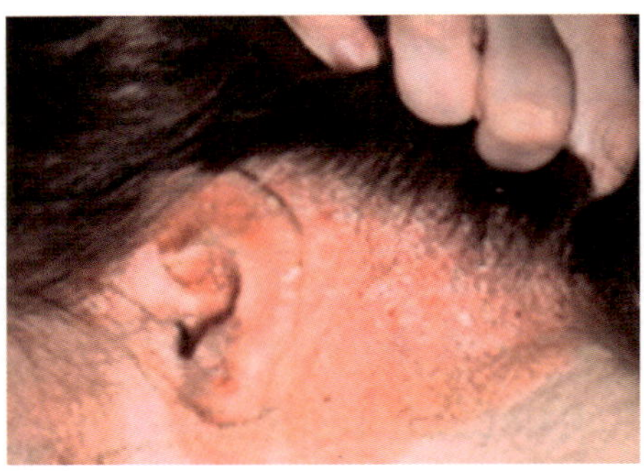

그림 10-3
건선

3 모낭염

모낭[피부 속에서 털을 감싸고 영양분을 공급하는 주머니]에서 시작되는 세균 감염에 의한 염증을 말한다.

1) 모낭염의 원인

모낭 속에 세균[포도상구균, 연쇄상구균]이 감염되어 발생한다. 장기간 항생제를 사용한 여드름 환자의 경우에는 그람음성균이 원인이 될 수 있고, 뜨거운 욕조에서 목욕한 후에는 녹농균에 의한 모낭염이 발생하기도 한다. 당뇨, 비만, 불결한 위생 상태가 관련된 요인으로 작용한다.

2) 모낭염의 증상

1~4mm 크기의 농포, 딱지로 덮인 구진이 모낭과 일치하여 붉은 피부 위에 발생한다. 여러 개의 모낭이 합쳐지기도 하며 병변이 나은 후 흉터를 남기지 않는다. 가끔 경미한 통증이나 소양증을 호소하기도 하나 전신 증상을 동반하지는 않는다.
탈모성 모낭염의 경우, 모낭 주변의 염증이 보이며 초기에 탈모반의 염증 경계선에서 딱지나 각질 탈락이 생긴다. 천천히 번지면서 염증과 흉터가 생기고 약간의 가려움증이 동반된다.

3) 모낭염의 치료

항균제가 포함된 비누를 사용할 수 있고, 국소 항생제를 7~10일간 병변부에 바른다. 자꾸 재발하고 병변이 광범위한 경우, 치료에 잘 반응하지 않는 경우 경구 항생제를 투여한다.

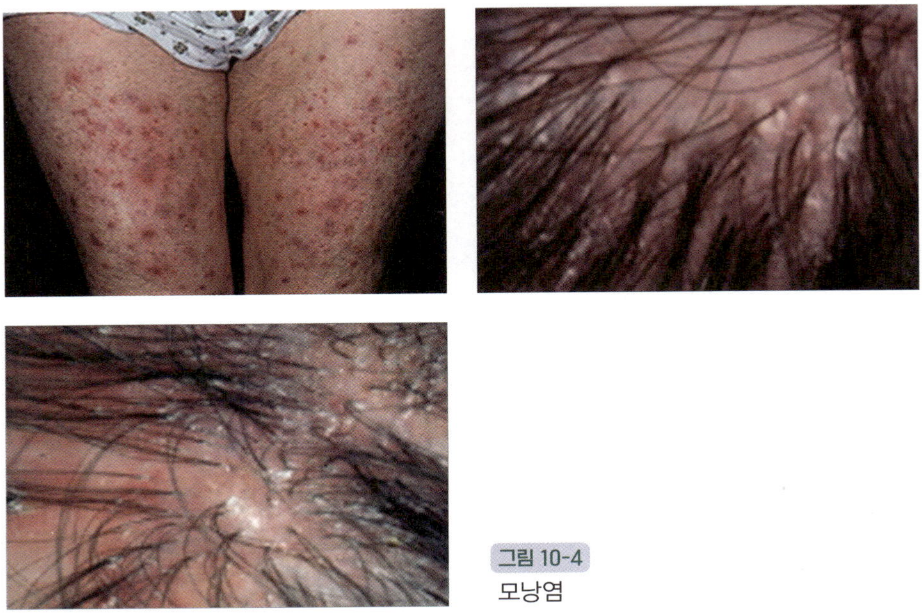

그림 10-4
모낭염

4 발모벽

발모벽은 비정상적인 버릇으로 모발을 뽑는 정신증이며 주로 전두부, 속눈썹 수염 부위에 털이 없는 증세를 볼 수 있다. 성인에서도 나타날 수 있으나 10살 이하의 우울증이 있는 아동에게서도 나타날 수 있으며 정신적인 치료가 동반되어야 한다.

1) 발모벽의 원인

정신과적인 문제와 관련된 부분이 많다. 예를 들어, 학교생활에 문제가 있거나, 부모가 떨어져 있는 것 등과 같이 아동에게 불안감을 유발할 경우 발생되는 경우가 많다. 발모벽은 충동 조절 장애로 분류되며, 강박관념 장애(OCD)와 밀접한 관련이 있는 것으로 여겨진다.

2) 발모벽의 증상

지속적으로 모발을 뽑는 것으로 쉽게 손이 가는 두피, 눈썹, 속눈썹 등에 울퉁불퉁하고 불완전한 탈모반을 만든다. 모낭은 손상되지 않고 두피는 정상으로 보이며, 해당 부위에 신생모가 많고 끊어진 짧은 모발들이 보인다.

해당 부위의 짧은 모발 끝을 현미경으로 분석해 보면 뾰족한 모발 끝, 새로 나는 모발, 뽑을 때 잡아챈 부위의 끊어진 모발 끝 등이 복합적으로 나타난다.

3) 발모벽의 치료

발모벽을 치료하기 위해서는 정신과적인 상담치료가 병행되어야 한다. 여기에 항우울제 복용(부작용 주의), 인식 태도 요법, 최면 요법 등이 같이 병행될 수 있다.

모발두피관리사의 역할로는 환자(또는 부모)가 적절한 치료를 받을 수 있도록 조언을 해주며, 아동의 경우 부모 앞에서 발모벽이라고 말하지 말고 아동이 없을 때 부모와 이야기하는 것이 좋다.

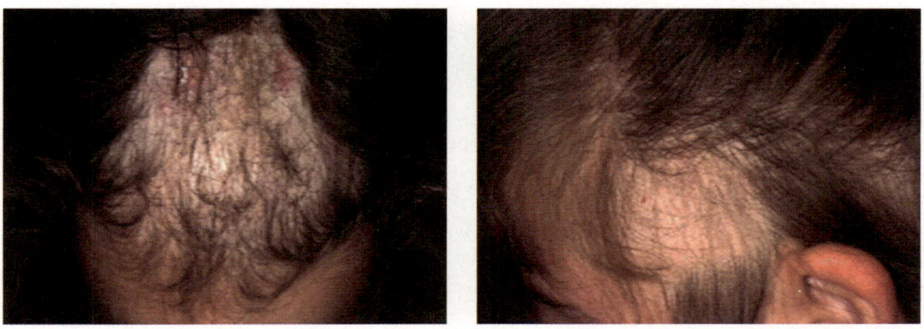

그림 10-5
발모벽

SECTION 4

모발과 화학제품

11
퍼머넌트 웨이브

1. 퍼머넌트 웨이브의 정의 및 원리
2. 퍼머넌트 웨이브제의 분류
3. 중간린스
4. 퍼머넌트 웨이브제에 의한 두피, 모발의 변화

1 퍼머넌트 웨이브의 정의 및 원리

퍼머넌트(Permanent, perm)의 사전적 의미는 '영구적인'의 의미로 모발에서의 퍼머넌트 웨이브라고 하면, 영구적인 혹은 영속적인 물결이란 뜻으로 풀이될 수 있다. 즉, 모발에 웨이브를 형성시켜 지속적으로 유지할 수 있도록 하는 화학적 시술로써 1제 환원제와 2제 산화제를 사용한다. 1제는 모발의 성분 중 황(sulfur, S)성분인 S-S 결합을 절단시키는 환원의 작용을 하며, 2제는 이를 다시 원래대로 하는 산화의 작용을 하는 것으로 이를 통해 모발이 반영구적으로 웨이브를 형성할 수 있도록 한다.

1) 환원 작용

① 물질이 산소를 잃는다.
② 물질이 수소와 결합한다.
③ 원자나 이온이 전자를 얻는다.

2) 산화 작용

① 물질이 수소를 잃는다.
② 물질이 산소와 결합한다.
③ 원자나 이온으로부터 전자를 잃는다.

모발은 케라틴이라는 단백질이 주성분으로 많은 아미노산으로 구성되어 있다. 케라틴을 구성하고 있는 폴리펩타이드는 모발의 세로 방향인 주쇄결합으로 연결되어 있으며, 가로로 연결되는 측쇄결합은 시스틴결합, 염결합, 수소결합 등으로 그물망과 같은 구조를 가지고 있다. 이 결합으로 모발은 탄력을 유지하며, 휘게 되더라도 원래대로 돌아오는 성질을 가지고 있다. 그러나 인간은 오래전부터 이러한 모발의 성질을 변형하여 웨이브를 만들고 싶어하는 욕망을 가지고 있었으며, 여러 시도 끝에 모발 내부의 측쇄결합을 절단함으로써 웨이브를 만들기에 성공하게 된다.

시스틴 I−S−S−I+H ⟶ 시스테인 I−SH HS−I
환원(퍼머 1제)

시스테인 I−SH HS−I+O ⟶ 시스틴 I−S−S−I+H_2O
산화(퍼머 2제)

그림 11-1
퍼머넌트 웨이브의 환원, 산화작용

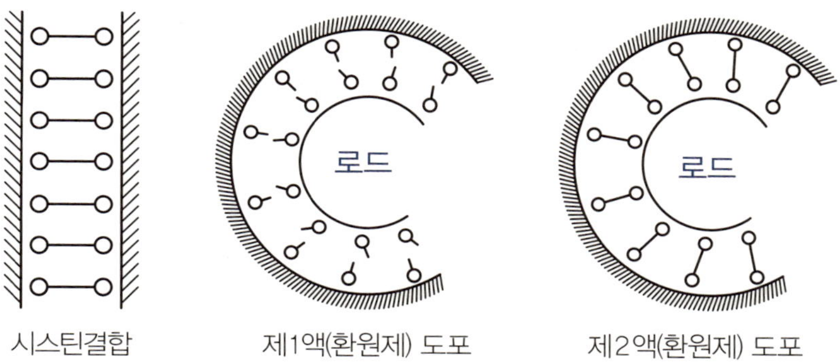

그림 11-2
퍼머넌트 웨이브의 원리

2 퍼머넌트 웨이브제의 분류

1) 퍼머넌트 웨이브제 1제

퍼머넌트 웨이브제는 승인기준에서 10종류로 분류되어 있다. 이것은 효능, 효과(웨이브형성과 축모교정), 욕식(1욕식, 2욕식), 사용방법(콜드식과 가온식 및 용시조제발열식), 유효성분(치오글리콜산계 및 시스테인계)의 조합의 차이에 따라 분류된 것으로 1제의 조성 성분은 유효성분(환원제), 알칼리제, 첨가제 등이 있다. 퍼머넌트 웨이브제의 특징을 이해하고 실제로 퍼머넌트 웨이브 시술을 하기 위해서는 이 분류만으로는 충분하지는 않지만 가장 기본적으로 유효 성분의 종류 및 사용법에 대해서는 잘 이해할 필요가 있다.

퍼머넌트 웨이브제의 특징을 이해함에 있어 1제의 조성과 배합되는 성분의 역할을 이해하는 일은 매우 중요하다. 퍼머넌트 웨이브제의 특징을 주로 1제의 배합 성분의 차이가 크게 좌우하기 때문이다.

(1) 환원제의 배합 성분 및 목적

퍼머넌트 웨이브제 1제의 유효 성분으로는 치오글리콜산, 치오글리콜산암모늄액, 치오글리콜산 모노에탄올아민액, L-시스테인, L-시스테인염산염, N-아세칠-L-시스테인 등이 있으며 이들의 배합 목적은 모발 속 시스틴 결합의 절단에 있다.

(2) 알칼리제의 배합 성분 및 목적

알칼리제는 암모니아수, 모노에탄올아민, 탄산수소 암모늄, L-알기닌 등이 있다. 이들의 주요 배합 목적은 모발을 팽윤시키고 유효 성분의 효과를 촉진시키는데 있다. 알칼리제의 특징은 다음과 같다.

표 11-1 | 알칼리제의 특징

알칼리제	성분명	특징
암모니아	암모니아수	휘발성 때문에 자극취가 있는 반면, 이 휘발성에 의해 1제의 오버타임 및 피부에 자극이 적다. 배합량의 증가에 동반하여 제 1제의 pH 상승이 현저하기 때문에 강한 효과를 갖는다.
아민류	모노에탄올아민 트리에탄올아민 이소프로판올아민	휘발성이 없고 자극취가 적은 반면, 모발의 친화성, 잔류성이 높으므로 오버타임이나 피부에 자극이 있다. 배합량의 증가에 동반하여 제 1제의 pH 상승이 현저하기 때문에 강한 효과를 갖는다.
중성염	탄산수소암모늄 탄산수소나트륨 인산수소암모늄	암모니아 같은 강한 자극취가 없고, 모노에탄올아민과 같은 자극은 비교적 적다. 배합량을 증가시켜도 제 1제의 pH 상승효과는 상대적으로 약하므로 모발에서의 효과는 상대적으로 약하다.

(3) 첨가제의 배합 성분 및 목적

첨가제로는 아세트산염, 실리콘, 카치온화셀루로오스, PPT, 식물추출액, 향료 등이 있다. 주요 배합 목적으로는 액의 안정제 등의 역할을 하며 모발 보호 및 두피의 자극 완화, 마무리감, 사용감의 향상 등에 있다.

2) 퍼머넌트 웨이브제 2제

(1) 산화제의 주요 성분 및 특징

퍼머넌트 웨이브제 2제에 사용되는 산화제로는 브롬산염, 과산화수소가 있으며, 각각의 안정제와 첨가제가 배합된다. 브롬산염의 산화력은 과산화수소보다 상대적으로 약하며, 브롬산염의 특성은 산성에서 활성화가 되며 방치시간은 15분으로 1회 도포 후 약 5분 후 다시 한 번 도포한다. 과산화수소의 산화력은 상대적으로 강하며 특성으로는 알칼리성에서 활성화가 잘 되며 방치시간은 약 8분 정도로 1회 도포한다.

표 11-2 | 산화제의 특징

	브롬산염	과산화수소
산화력	약하다	강하다
특성	산성에서 활성화 방치시간 약 15분(2회 도포)	알칼리성에서 활성화 방치시간 약 10분

(2) 산화제의 역할

산화제는 퍼머넌트 웨이브제인 환원제에 의해 절단된 -S-S- 결합을 산화 작용을 통해 재결합시켜 원하는 모양대로 고정하는 역할을 한다. 산화 작용이라는 것은 어떤 물질이 산소와 결합하여 다른 물질로 변하는 화학반응을 말하는 것이다. 즉, 어떤 물질에 함유된 수소를 빼앗는 것이다.

-S-S- ➜ -SH-SH- ➜ -S-S-

3) 첨가제

퍼머넌트 웨이브제가 모발 내부로 잘 스며들게 하거나 두피, 모발 손상을 최소화하며 사용감, 냄새 등을 개선하기 위해 1제나 2제에 첨가하는 성분이다. 침투제, 습윤제, 안정제, 향료 등이 사용된다.

3 중간린스

퍼머넌트 웨이브를 시행할 때 1제(환원제)를 처리하고 2제(산화제) 처리 전에 하는 중간 헹굼을 하는 것을 말한다. 중간린스는 퍼머넌트 웨이브의 결과를 보다 정확하게 하기 위한 과정 중 하나로, 2제의 작용에 있어 1제의 잔여물로 인한 방해 요소를 제거하기 위함이다. 중간린스는 환원제의 오버타임을 방지하며 모발의 손상을 줄이고 컬을 탄력있게 오래 유지할 수 있으며 퍼머넌트 웨이브 후 잔류하는 특유의 냄새를 줄일 수 있는 장점이 있다. 그러나 중간에 한 번의 공정이 더 추가되기 때문에 많은 헤어디자이너들은 이 과정을 생략하기도 한다.

중간린스를 하지 않고 2제를 도포하게 되면 모발에 잔류하는 1제의 환원제 성분이 2제의 작용을 방해하여 충분한 산화 작용이 이루어지지 않을 수 있다.

4 퍼머넌트 웨이브제에 의한 두피, 모발의 변화

1) 퍼머넌트 웨이브제 1제의 부적합한 사용

퍼머넌트 웨이브제 1제의 사용량이 너무 많거나 작용시간을 과도하게 초과하는 경우에 모발의 과도한 팽윤을 가져와 모발 내부의 간충물질 및 단백질 성분을 유출시킨다. 1제의 작용시간 중 잘못된 열처리(너무 높은 온도, 열처리 시간 초과)는 화학작용의 순간적인 촉매 역할을 하여 황 결합을 과도하게 파괴할 수 있다. 1제가 두피에 닿게 되면 알칼리 성분이 표피의 단백질 세포층까지 부풀려 빨갛게 발진이 일어나거나 두피가 들뜨는 현상이 생긴다. 또한 약제가 두피의 모낭 속으로 스며들어 모낭염이 생기거나 정상적인 모발생장에 문제를 일으켜 탈모로 진행될 수도 있다.

퍼머넌트 웨이브 시술 후 두피가 따갑거나 가려움증이 나타날 수 있으므로 시술 전 샴푸 시 최대한 두피에 자극이 가지 않도록 가볍게 해주어야 하며, 퍼머넌트 웨이브제 도포 시 두피에 닿지 않도록 주의해야 한다. 로드 아웃 후에는 두피와 모발에 묻어있는 약제들을 깨끗하게 씻어내는 것 또한 건강한 두피와 모발을 유지하는 데 도움이 될 수 있다.

2) 고무줄 처리 미흡

퍼머넌트 웨이브 와인딩 시 잘못된 고무줄 처리(머리카락 눌림, 억센 고무줄 사용)로 그 부분에 약액이 고이게 된다. 약액이 고인 부분은 모발의 과팽윤을 가져와 심하면 모발이 끊어지거나 꺾이는 등의 현상이 나타난다.

3) 퍼머넌트 웨이브제 2제의 부적합한 사용

중화 작용 시 2제의 처리가 불충분하면 1제의 알칼리 성분이 모발에 남아 계속적인 팽윤상태를 유지하게 되어 지속적으로 간충물질이 소실되는 결과가 생긴다. 또한 로드 제거 후에 모발의 헹굼이 미흡하면 2제인 과산화수소의 작용으로 인한 멜라닌 색소의 산화를 초래하여 펌 후에 모발의 색이 퇴색되는 현상을 보인다. 이러한 손상을 막기 위해 중화작용 전에 pH 밸런스를 사용하여 알칼리 성분을 중화시켜 주고, 산성 린스를 사용하여 충분히 헹구어 준다.

현재 퍼머넌트 웨이브액은 2욕식 알칼리 약제를 사용하는 경우가 대부분인데, 이는 퍼머넌트 웨이브액의 프로세싱 시간, 방법, 온도 등의 요인에 의해 표피층을 거칠게 하고 모발 손상을 일으키게 되며 그 이유는 다음과 같다.

첫째, 파마의 과도한 시술시간은 2제에 의해 복구되는 것보다는 더 많은 모발이 팽윤되어 손상으로 연결된다. 이는 제2제의 오버 타임도 마찬가지의 결과를 초래한다.

둘째, 로드 와인딩 시술할 때나 스트레이트 아이론을 할 때 너무 강하게 힘을 주게 되면 모발이 늘어나 시스틴 결합이 끊어져 모발이 손상된다. 또한 로드 와인딩 시 고무줄에 의해서 머리카락이 절단되는 경우도 있다.

셋째, 로드 제거 후에 펌 로션 잔해물을 없애기 위해 린스 샴푸를 하게 되는데, 이때 린스 샴푸가 불충분하여 펌 로션이 조금이라도 남게 되면 단백질과 멜라닌 색소가 변성을 일으켜 머리카락이 꺼칠해지거나 모발의 색이 변색된다.

4) 퍼머넌트 웨이브 시술 후 가정에서의 올바른 모발관리법

① 시술 후 최소 48시간 내에는 샴푸를 하지 않고 산성 린스만 한다.
② 헤어 컨디셔닝 제품을 사용하여 모발에 광택과 보습을 준다.
③ 염색 후 퍼머넌트 웨이브는 최소한 2주 후에 한다.
④ 퍼머넌트 웨이브 후 염색은 최소 1주 후에 한다.
⑤ 퍼머넌트 웨이브 직후 사우나를 삼가고, 저녁에 시술했을 경우 완전히 건조된 후에 취침한다.
⑥ 뜨거운 물로 샴푸하면 쉽게 풀릴 수 있으므로 미지근한 물로 샴푸한다.

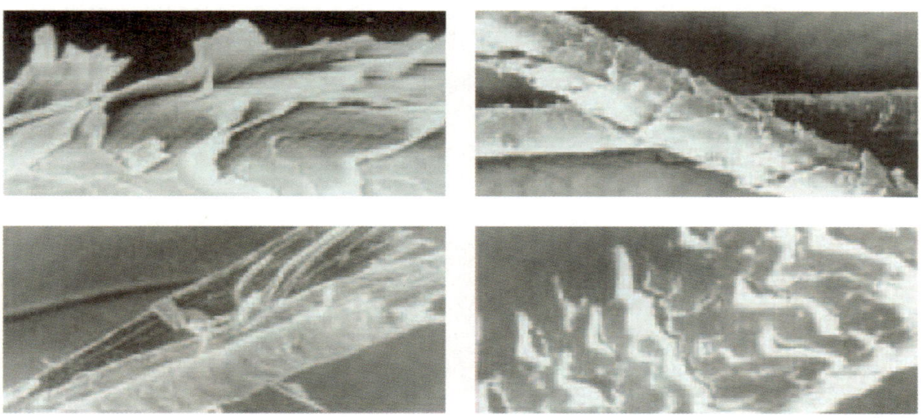

그림 11-3
퍼머넌트 웨이브 약액에 의해 손상된 모발

5) 퍼머넌트 웨이브 시술 후 냄새의 원인

퍼머넌트 웨이브 시술 후 모발에 냄새가 남는 경우가 많이 있는데 이는 두 가지 원인에 의한 것이다.
첫째, 제 1제의 환원제 성분이 모발에 잔류하여 냄새가 난다.
둘째, 제 1제의 환원제가 모발의 -S-S- 결합을 절단하여 시스테인으로 전환되는데 이때 전환된 시스테인이 재결합하지 않고 시스테인 상태 그대로 남아 그것이 냄새가 나는 것이다. 이러한 원인은 산화를 확실하게 하지 않아 발생하는 것이다. 따라서 이와 같은 원인을 제거하는 것이 퍼머넌트 웨이브 시술 후 냄새가 나는 것을 방지할 수 있다.

냄새의 원인 제거하기!
① 1제 솔류션의 작용시간을 오버타임 하지 않는다.
② 중간린스를 통해서 역할이 끝난 1제를 헹구어 낸다.
③ 2제를 충분히 도포하여 확실하게 산화시킨다.

12 염색과 탈색

1. 염색제의 분류 및 특징
2. 모발의 탈색
3. 염색 및 탈색으로 인한 두피, 모발의 변화

1 염색제의 분류 및 특징

사람의 모발에 사용되는 염료는 산화염료(oxidation dye), 이온염료(ionic dye), 금속성염료(metallic dye), 염기성염료(basis dye) 등이 있으며, 사용되는 염료의 물리적, 화학적 반응에 따라 비산화 염색(non-oxidation)과 산화염색(oxidation color)으로 구분할 수 있다. 비산화염색은 일시적 염색, 반영구 염색이 있고 산화염색은 영구염색이 있다.

1) 일시적 염색

일시적 염색은 색소가 모발 표면에 일시적으로 착색하는 원리를 이용한 염색제로 헤어틴트, 컬러스프레이, 컬러왁스 등이 있다. 모발에 발랐다가 한 번의 샴푸로 제거되는 것을 말하고 모발에 화학반응을 일으키지 않는다.

(1) 작용원리

일시적 염모제 안의 커다란 염모분자가 모표피층에 착색되어 있다가 샴푸 시 씻겨 나간다.

(2) 특징

① 샴푸로 쉽게 제거된다.
② 모발에 화학반응을 일으키지 않아 손상이 거의 없다.
③ 자연모에 선명한 색상을 입히거나 윤기를 더해 준다.
④ 일시적인 백모커버 효과가 있다.
⑤ 수정이 쉽다.

(3) 일시적 염모제의 종류

컬러 스프레이, 컬러 무스, 컬러 젤, 컬러 파우더, 컬러 샴푸, 컬러 린스 등

그림 12-1
일시적 염모제

2) 반영구적 염색

반영구적 염색은 헤어 매니큐어와 같은 산성 칼라를 말하는 것으로 모발의 멜라닌 색소에는 작용하지 않으면서 모발 외층에 막을 씌워 반사빛 만을 표현해 내는 것으로 샴푸 시 마다 제거되어 약 3~4주 정도면 색이 빠지면서 희미해지게 된다.

(1) 작용원리

반영구 염모제 안의 크고 작은 입자가 이온 결합(음이온 결합)의 형태로 모표피, 모피질 안에 침투하며, 샴푸 시 점차적으로 퇴색이 된다. 자연모의 색상에 부드러운 반사빛의 색상을 더해주거나 약간의 명도 변화, 혹은 탈색모나 염색모의 경우 색상을 더해주기 위해서 주로 사용된다.

(2) 특징

① 지속 기간이 4~6주 정도 유지된다.
② 반영구 염모제 1제로만 구성되어 있다.
③ 모발 표면에 윤기를 부여한다.
④ 반복 시술 시 모발이 건조하고 뻣뻣해진다.
⑤ 백모는 10~30% 정도 커버된다.

(3) 반영구 염모제의 종류

산성 컬러제, 헤어 매니큐어 등

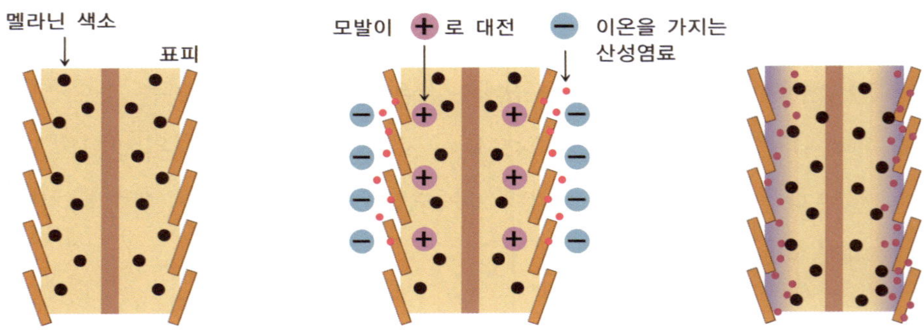

그림 12-2
반영구 염색제 작용원리

그림 12-3
반영구 염색제

3) 영구적 염색

영구적 염색은 모발에 영구적인 색상의 변화를 가져와서 모발을 잘라내기 전까지 지속성을 가진다. 염색제는 1제와 2제(산화제)로 구성되어 있으며, 각 제조사의 혼합 비율에 맞게 혼합하여 사용한다.

(1) 작용원리

영구적 염색은 모발의 멜라닌 색소를 화학적으로 산화시켜 제거하여 인공색소의 산화·중합반응으로 모발의 피질층 깊숙한 곳에 착색시키는 것으로 산화영구염모라고 한다.

우리가 보통 흰머리를 염색할 때나 멋내기로 고명도의 색을 염색하고자 할 때 이러한 산화형 영구염모제를 많이 사용한다. 크림 타입의 1제인 '염모제'와 약간 점도가 있는 로션 타입의 2제인 '산화제'로 되어있으며 염색하기 직전에 염모제 회사별로 1제와 2제를 동량 또는 1 : 2의 비율로 혼합하여 사용한다.

산화 영구염모제의 주요 성분으로는 염모제 회사에서 가장 많이 사용하는 p-Phenylenediamine, toluene 2,5-diamine 등과 같은 염료 전구물질과 resorcinol, m-aminophenol, 2,4-diaminophenoxyethanol, p-amino-o-cresol 등과 같은 커플러(발색제) 그리고 산화제로 구성되어 있으며, 계면활성제, 유화제, 용매, 알칼리제 및 정제수 등이 있다.

p-Phenylenediamine이 과산화수소에 의해서 산화되어 중간산물인 quinone diimine이 형성되면서 커플러에 의해서 발색되어 각각의 고유 색깔을 표현하게 된다.

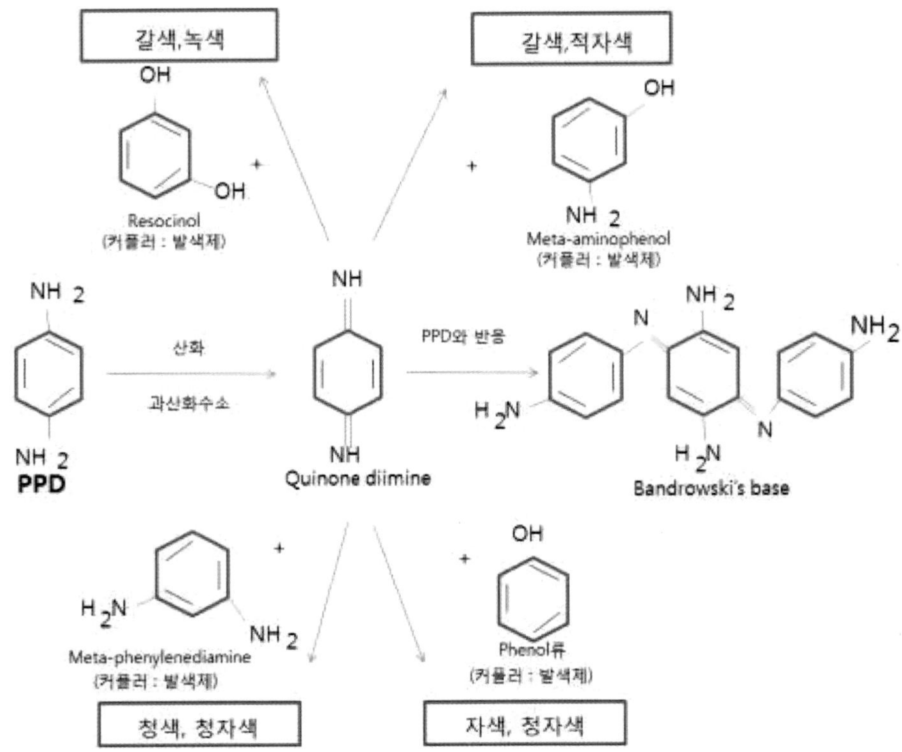

그림 12-4
염색약의 발색과정
(Jang and Lee, 2011)

(2) 특징

① 알칼리성 영구적 염모제는 백모 커버가 100% 가능하다.

② 모발 손상을 일으킬 수 있다.

③ 탈색과 착색이 동시에 가능하다.

④ 피부 알레르기를 일으킬 수 있어서 패치테스트가 필요하다.

(3) 영구적 염색제의 종류

식물성 염모제(헤나), 금속성 염모제, 산화형 염모제 등

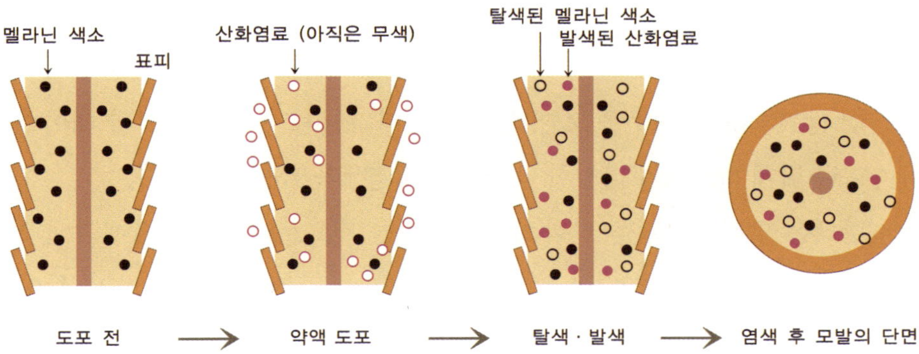

그림 12-5
영구적 염색제 작용원리

그림 12-6
영구적 염색제

2 모발의 탈색

탈색은 한국인과 같이 어두운 색상의 모발을 밝게 하기 위하여 염료 중간체와 수정제를 사용하지 않고 모발의 멜라닌 색소를 화학적으로 제거하는 것을 말한다. 동양인의 모발은 모발 내의 색소가 페오멜라닌 보다는 유멜라닌이 더 많기 때문에 어두운 모발색을 띤다. 따라서 탈색을 통해 모발 베이스를 얼마나 밝게 하느냐가 다양한 색상으로의 염색을 가능하게 한다.

탈색은 멜라닌과립을 산화(oxidation)시키는 것으로써 탈색제 1제의 주성분인 과황산암모늄((NH4)S2O8), 과황산나트륨(Na2S2O8), 과황산칼륨(K2S2O8) 등의 성분과 2제의 과산화수소(H2O2)에 의해 이루어지는 것으로 탈색 직전에 혼합하여 사용한다. 과산화수소는 단독으로 사용할 수 있지만 반응이 아주 더디게 진행되기 때문에 탈색을 위한 적당한 시간을 얻기 위해 알칼리 용액에 혼합하여 사용한다. 헤어샵에서 주로 사용되는 과산화수소는 3%, 6%, 9%, 12% 용액을 사용한다.

과산화수소의 적정 농도는 volume으로 표시하며 과산화수소 용액이 방출할 수 있는 산소가스의 양을 volume이라고 한다. 즉, 1리터의 과산화수소 용액에서 멜라닌 색소를 분해시킬 수 있도록 가스 형태로 방출되는 산소의 양을 말한다. 과산화수소는 많은 양의 산소를 발생시키기 때문에 불안정하며 금속염 등의 부식을 가져온다.

표 12-1 | 과산화수소 볼륨과 농도 비율

Volume	무게농도(%)
10	3
20	6
30	9
40	12

탈색제 1제와 과산화수소는 상호 보완적인 작용으로 멜라닌 색소의 탈색 효과를 높여 산화 반응이 완전하게 진행되면 멜라닌과립은 분해되어 모발에 구멍이 생기게 된다.

멜라닌과립은 모발 주변의 케라틴 단백질과 연결되어 있다. 이러한 멜라닌과립만을 분리하기 위해서는 모발의 케라틴 단백질을 처리해주어야 한다. 즉, 케라틴 단백질인 시스틴의 이황화결합(disulfide bond)을 산화제로 파괴시킴으로써 멜라닌과립의 용해가 일어난다. 이러한 산화에 의한 탈색은 모발의 화학적 특성을 변화시키고, 세포막복합체(CMC)에 화학적 변화를 일으키며 지질성분의 용출을 촉진시킬 뿐만 아니라 모발의 외큐티클층은 물론 내큐티클층과 세포막에까지 광범위하게 손상을 일으킨다.

그림 12-7
모발 탈색제

3 염색 및 탈색으로 인한 두피, 모발의 변화

산화제(2제)인 과산화수소의 농도가 너무 강할 경우 알칼리성에 의한 모발의 결합력이 약화되며 멜라닌 색소가 파괴된다. 단기간 내에 염색의 횟수가 늘어나게 되면 모발의 팽윤연화가 반복되어 심하게 손상을 입게 된다. 그렇기 때문에 염색 시술 후에는 트리트먼트나 린스를 사용하여 머리카락을 보호해야 한다.

모발 손상의 가장 큰 요인이 바로 탈색이다. 알칼리제에 의한 모발의 시술은 머리카락 표피층에 많은 손상을 주게 된다. 이는 산화에 의해 모발의 횡결합이 끊어지고, 특히 머리카락의 원래 색을 빼낼 때 심하게 일어난다. 이로 인하여 모발의 장력이 약해지고 모발은 쭉 뻗친다. 또한 폴리펩타이드 결합을 분리시켜 모발이 녹아내리게 된다.

최근 들어 백모 탈색을 시술하거나 탈색의 재시술을 하는 경우가 많은데, 이는 표피층을 완전히 녹아내리게 하고 피질층에까지 영향을 미치게 되므로 탈색 후 반드시 트리트먼트 등의 사후 처리를 확실히 해야 한다.

1) 염색으로 인한 손상

염색으로 인한 손상은 크게 알칼리제와 과산화수소에 의한 손상을 들 수 있다.

(1) 알칼리제에 의한 손상

알칼리제는 모발의 모표피를 열어주어 염모제의 침투를 돕는 작용을 한다. 이 과정에서 팽윤현상이 심해지면 모표피가 열려 떨어져 나가고 간충물질의 소실을 가져올 수 있고, 모발 내부에 작용하여 펩타이드 결합을 끊을 수도 있다.

(2) 과산화수소에 의한 손상

과산화수소는 염색작용에서 멜라닌 색소의 탈색작용과 인공색소를 고분자로 만드는데 관여한다. 그러나 지나치게 농도가 높은 과산화수소의 사용은 황 결합에 우선적으로 영향을 주어 모발에 치명적인 손상을 초래한다. 이러한 산화작용은 멜라닌 색소의 파괴를 넘어서 결국 모발의 노화 현상을 일으킨다.

2) 탈색으로 인한 손상

탈색제의 강알칼리와 과산화수소의 결합으로 더욱 강해진 탈색작용은 멜라닌 색소 파괴와 간충물질의 소실을 가져오고 모발의 모표피와 모피질에 치명적인 손상을 가져온다. 이러한 손상을 막기 위해 정확한 시술을 행하고 과도한 탈색은 피하는 것이 좋다. 그리고 시술 후에는 규칙적인 헤어케어를 해 주어 모발이 변성되거나 끊어지는 것을 방지할 수 있도록 한다.

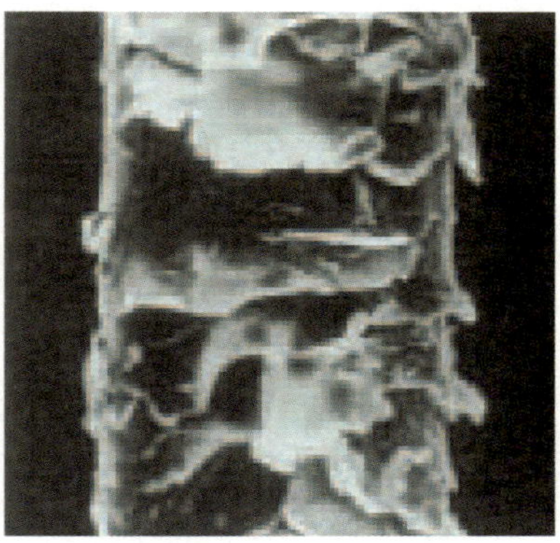

그림 12-8
염색, 탈색 시술로 인해 손상된 모발

제 3 장 외국에서 기업의 형사처벌

제 4 장 기업의 형사처벌의 근거, 범위 및 입법방안

제 5 장 기업에 대한 형사제재

INTRODUCTION

서 론

"기업권력을 통제하지 못하는 사회에 미래는 없다"

– J. K. Galbraith –

최근 한 사회학자가 1997년 이후 한국 사회가 "기업사회"(Corporate Society)로 변하였다고 주장[1)]할 정도로 한국 사회에서 기업의 수와 그 규모는 날로 확대되고 있으며, 전체 사회체계 내에서 기업은 산업발전과 국민 경제의 활성화 등 중요한 역할을 담당하고 있다. 하지만 이러한 기업의 사회적·경제적 역할의 증가와 함께 수반되는 부정적인 영향중의 하나가 바로 기업범죄[2)](예컨대 금융범죄, 증권범죄, 회계범죄, 제조물범죄 등[3)])라고 할 수 있다. 한국 사회에서 대기업과 그 구성원이 이윤창출의 극대화를 통한 기업의 성장과 경영의 효율성에 함몰된 나머지 부당내부거래, 분식회계, 조세포탈, 업무상 횡령·배임 등 각종 기업범죄의 혐의로 수사와 처벌을 받은 예는 어제 오늘의 일이 아니다.[4)] 이 때문에 우리나라에 있어 기업범죄는 이미 19세기 프랑스 사회학자 뒤르껭(Durkheim)이 언급한 바와 같이 사회의 하나의 본질적인 구성요소라고 해도 과언이 아니다.

1) 김동춘, 1997년 이후 한국 사회의 성찰: 기업사회로의 변화와 과제, 도서출판 길, 2006.

2) 기업범죄라는 용어 이외에 법인범죄, 회사범죄, 단체범죄, 조직체범죄, 화이트칼라 범죄, 경제범죄 등으로 다양하게 사용되고 있다. 법적으로 가장 명확한 용어는 법인범죄이지만 사회적으로 기업범죄라는 용어가 널리 사용되므로 기업범죄를 원칙적인 용어로 사용하고 문맥에 따라 기업(법인)범죄 또는 법인범죄와 혼용하여 쓰기로 한다.

3) 이러한 기업범죄의 유형에 대한 상세한 설명으로는 원혜욱, "기업대표이사의 형사책임귀속을 위한 형법이론 연구", 형사법연구 제19권 제3호, 2007, 197–201면 참조.

4) 최근 10년 사이 발생한 대우그룹 분식회계사건, (주)SK 글로벌의 분식회계사건, 신동아그룹 외화도피사건, 현대비자금 사건, 공적자금비리 수사사건 등은 한국 사회에서 발생하고 있는 기업범죄의 단적인 예이다.

한편, 최근 경기불황으로 인해 기업범죄가 급증하고 있고 범행수법도 지능화·다양화되고 있으며, 그에 따른 경제적 손실은 매년 천문학적인 액수에 달하고 있다. 하지만 기업, 특히 대기업에 대해서는 기업의 투자의욕을 떨어뜨리고 '경제위기'를 초래할 수 있다는 우려를 이유로 양벌규정에 의한 벌금을 부과하거나, 과태료 내지 영업정지라는 형태의 행정법상의 책임만을 묻는데 그쳐 기업범죄에 효율적으로 대처하지 못하고 있다는 비판이 끊임없이 제기되고 있다.[5]

이처럼 한국 사회에서 급증하는 기업범죄에 대해 관대하고 효과적으로 대처하지 못하는 근본적 원인은 기업(법인)의 범죄능력을 인정하고 다양한 형사제재를 부과하는 영미법계와 달리 우리나라 형법이 "단체는 죄를 범하지 못한다"(societas dilinquere non potest)는 법언에 따라 기업(법인)의 범죄능력을 부인하면서 각종 특별형법상의 양벌규정에 의해 기업(법인)에게 벌금만을 부과하는 모순적 구조에 있다고 본다.

그런데 양벌규정은 기업범죄에 대해 단순히 종업원만을 처벌하는 경우 이를 악용하여 경제적 이익을 창출하려는 배후의 업무주체인 기업(법인)의 형사처벌을 방관하는 결과를 초래하기 때문에 공평한 책임분배와 기업범죄에 대한 실질적 억지효과를 달성하기 위한 불가피한 입법정책임을 부인할 수 없다. 그러나 이러한 양벌규정이 기업범죄를 통제하는데 효과적인가 하는 의문이 지속적으로 제기되고 있다. 그 이유는 다음과 같다. 첫째, 양벌규정의 경우 특히 사업주가 개인인 경우에 직접적 위반행위자를 벌하는 외에 개인 사업주에 대하여 자유형을 부과하는 것은 형법상 기본원칙인 죄형법정주의와 책임원칙에 반하다는 2007년도 헌법재판소의 결정[6]을 계기로 이론적 문제점을 보이고 있다. 둘째, 양벌규정은 각종 특별법에 규정되어 있을 뿐 기업범죄의 형사처벌을 위한 일반규정으로서 양벌규정은 존재하지 않는다. 따라서 양벌규정을 책임주의에 부합하는 형태로 개정하는 것만으로 기업범죄의 형사처벌의 범위를 개별법이 적용되는 영역으로 제한할 것인가, 아니면 모든 영역에서 기업 활동을 형사법적으

5) "기업범죄는 신의 범죄다!"는 표현은 이러한 비판을 대변한다. 이에 대해 자세히는 한겨레21, 제599호(2006.2.28) 참조.
(http://h21.hani.co.kr/section-021007000/2006/02/021007000200602280599039.html).

6) 헌법재판소 2007.11.29. 선고 2005헌가10 결정.

Corporate Criminal Liability

제 1 장

기업 형사책임의 기초

§ 1 기업 형사책임론의 의미, 현황 그리고 과제

Ⅰ. 기업범죄의 개념

1. 기업범죄에 대한 개념정의 시도

(1) 기업범죄의 사전적 의미

기업의 형사책임론에 대해 검토하기에 앞서 기업범죄(Unternehmenskriminalität)가 무엇인지 정의할 필요가 있다. 왜냐하면 기업범죄의 개념에 대한 정의가 명확할 때 기업범죄의 억지와 예방을 위해 어느 범위까지 형사책임을 부과할지, 그리고 효과적인 형사제재의 수단이 무엇인지를 강구할 수 있기 때문이다. 그런데 실무상, 강학상 그리고 실정법상 기업범죄의 일반적 정의는 존재하지 않는다. 다만 사전적 의미에서 기업범죄란 "이윤추구를 목적으로 하는 경제활동의 주체로서 기업이 그 활동과정상 일으키는 위법·유책한 행위"라고 할 수 있다. 이때 기업은 그 법적 성격에 따라 법인, 법인격 없는 사단, 조합, 개인 등으로 나눌 수 있고 대체로 공법인을 포함하여 법인(juristische Person)이 기업의 중심이 되므로 기업범죄는 흔히 법인범죄로 표현되기도 한다.[1] 그런데 이러한 사전적 의미의 기업범죄는 법인에 대해 범죄능력을 인정하지 않는 우리나라의 현행법 체계에서 기업(법인)을 범죄주체로 인정한 개념정의가 타당한 것인지, 기업범죄는 넓게는 기업의 설립, 활동 및 소멸의 전과정에서 발생하는 범죄현상을 말하는데, 기업 이외에 대표이사를 비롯한 그 종업원은 기업범죄의 주체에서 제외되는 것인지, 기업 또는 그 구성원에게 기업범죄의 주체성을 인정할 때에도 '개인적 이익' 내지 '기업의 이익을 위하여'라는 동기를 어느 정도 고려할 것인지, 기업범죄의 위법행위에는 민법적·행정법적·형법적으로 그 형태를 불문하고 국가에 의해 형사제재가 가해지는 행위를 모두 포함하는 것인지 등에 대한 의문을 해소하기에는 불충분한 개념정의가 아닐 수 없다.

---

1) 이하에서는 기업의 대부분이 법인의 형태로 구성되어 있으므로 기업과 법인을 특별히 구별하지 않고 사용하나, 실정법상 양벌규정과 관련해서는 법률상 기업이 아닌 법인에게 형벌을 부과하고 있으므로 법인으로 용어를 한정하여 사용하기로 한다.

(2) 미국에서 기업범죄의 정의

기업범죄에 대한 개념정의의 시도는 범죄학자이자 사회학자인 에드윈 서덜랜드(Edwin Sutherland)가 1939년 미국 사회학회 회장 취임강연회에서 기업의 범죄행위를 비난하면서 사용한 '화이트칼라 범죄'에서 시작되었다는 것이 일반적이다. 그는 기존의 전통적 범죄학이 범죄를 하류 계층에 국한된 문제로 다루는 입장에 대해 마치 빨간 머리 범죄자만 연구하고 빨간 머리가 범죄의 원인이라고 결론 내리는 것과 다를 것이 없다고 비판하면서 화이트칼라 범죄를 일반범죄 또는 노상범죄(common or street crime)와 구별하여 기업이나 정부에 의한 범죄 소위 상층 계층(high social status)의 범죄를 포함시킬 필요가 있음을 강조하였다.

서덜랜든 자신의 저서 'White Collar Crime'에서 화이트칼라 범죄를 "존경을 받는 높은 사회적 신용과 지위에 있는 자가 자신의 직무과정에서 범한 범죄(a crime committed by a person of respectability and high social status in the course of his occupation)"라고 정의하였다.[2] 여기서 화이트칼라는 주로 관리직 경영관리자와 경영간부를 가리킨다고 하면서, 화이트칼라 범죄는 주로 회사 재정회계에 관한 허위진술, 주식가격의 조작, 뇌물수수, 직·간접적인 법적·행정적 혜택을 보기 위한 뇌물제공, 판매량에 대한 허위정보공시, 회사자금의 횡령, 조세포탈 등의 행태로 나타난다고 밝히고 있다.[3] 이러한 맥락에서 서덜랜드가 언급한 화이트칼라 범죄의 일부는 기업범죄를 의미한다고 해석할 수 있다.[4] 그러나 화이트칼라 범죄에 대한 서덜랜드의 개념은 대기업에 의해 범해지는 범죄로 더 엄밀하게 국한시키려는 의도였지만 범죄자의 사회·경제적 지위(socio-ecomomic status)에 초점이 맞추어졌고, 역사적으로 중요한 개념임에도 오늘날 화이트칼라 범죄의 연구를 위해 특별히 도움이 되지 못한다. 왜냐하면 그의 개념에 따르면 예컨대 블루칼라 노동자가 범한 조세포탈과 기업 경영진이 범한 조세포탈이 모두 화이트칼라 범죄의 유형에 포함되는 것인지 여부에 대해 명확하게 구별하기

---

2) E.H. Sutherland, *White Collar Crime: The Uncut Version 7*, 1985.

3) E.H. Sutherland, "White Collar Criminality", American Sociological Review, Vol. 5 No. 1, 14(1940).

4) 이천현/임정호/박기석, 기업의 경제활동에 관한 형사법제 연구(Ⅰ), 한국형사정책연구원, 2009, 32면.

어렵기 때문이다.[5]

서덜랜드 이후 화이트범죄 개념은 클리나드(Clinard)와 퀴니(Quinney)에 의해 보다 체계화되었다. 이들은 서덜랜드의 화이트칼라 범죄개념이 집단적인 단위로서 기업에 의한 범죄와 기업의 개인 구성원에 의한 범죄를 구분하지 못했다고 비판하면서 기업범죄(Corporate Crime)를 "기업의 직원들이 그 기업을 위해 범한 범죄 및 기업자체가 행한 범죄"로 정의하고, 직업범죄(Occupational Crime)를 "개인이 그 직무 가운데 자신을 위해 범한 범죄 및 종업원이 그 사용에 대하여 범한 범죄"로 구별하여 정의함으로써 화이트칼라 범죄라는 용어를 이러한 두 개념으로 대체하였다.[6] 따라서 이들의 정의에 따르면 기업범죄는 광의의 화이트칼라 범죄의 한 형태라고 할 수 있다.[7] 그러나 이러한 기업범죄와 직업범죄라는 개념의 분류 시도는 매우 유용한 것이지만 화이트칼라 범죄의 대표적인 유형으로 전체를 포괄하지 못하는 문제점을 가지고 있다.[8]

또한 박스(Box)는 기업범죄의 특성에 맞추어 개념정의를 하였다. 그에 의하면 기업범죄란 "합법적으로 조직된 공식적인 기업체의 구성원으로서 개인이나 그룹이 기업의 목적을 추구하는 과정에서 작위 또는 부작위에 의하여 피고용인이나 소비자, 일반 대중, 그리고 타 기업에 대하여 인적 또는 물적 손해를 가하는 행위로서, 민법적·행정적·형법적으로 그 형태를 불문하고 국가에 의하여 제재가 가해지는 행위"로 규정하고 있다.[9] 따라서 박스의 정의에 따르면 기업범죄는 기업체의 구성원을 주체로 하여, 손해의 범위로서 물적 손실뿐만 아니라 인적 손실까지를, 그리고 적용법규로서 형법만이 아니라 행정법, 민법상의 행위까지를 포괄한다.

(3) 일본에서 기업범죄의 정의

일본에서도 기업범죄의 일반적인 정의는 존재하지 않으나, 1970년대 공해범죄에 기인한 기업의 형사책임이 커다란 사회문제로 대두되자 藤木英雄 교수

---

5) J.K. Strader/S.D. Jordan, *White Collar Crime: Cases, Materials, and Problems*, LexisNexis, 2005, 2면.

6) M.B. Clinard & R. Quinney, *Criminal Behavior System: A Typology* (2nd. ed., 1973), 118면.

7) J. Braithwaite, "Enforced self-regulation", Michigan Law Review 80, 1466(1982).

8) 최인섭/최영신, 화이트칼라 범죄에 관한 연구, 한국형사정책연구원, 1996, 24-25면.

9) S. Box, Power, *Crime and Mystification* (London: Tavistock pub., 1983), 20-23면.

는 넓은 의미에서 기업범죄를 "기업 활동에 의한 가해행위"로 정의하였다.[10)]

일본에서 본격적으로 기업조직체의 구조적 특징에 주목하여 조직체범죄(Organizational Crime)의 개념을 정립한 것은 板倉宏 교수이다. 板倉宏 교수는 조직체범죄를 법률상, 형법상의 개념이 아니고 범죄사회학상의 개념이라고 여겨 조직체범죄란 "합법적인 조직체(회사, 조합 등)에 의해 조직체의 목표에 따라 행해지는 범죄"라고 정의하여, 조직체범죄가 조직이 행하는 범죄라는 관점에서는 공통되지만 폭력단체 등의 조직화된 범죄(Organized Crime)와 본질적으로 다른 범죄라고 하였다. 그리고 기업범죄(Corporate Crime)란 현대자본주의 사회경제 구조의 산물이라고 말하면서 "회사 등 합법적인 기업조직체가 그 활동상 행하는 조직체범죄"라고 정의하고, 조직화된 개인범죄는 이에 포함되지 아니한다고 하여 소요 등의 집단범죄와 구별하였다.[11)] 즉 板倉宏 교수는 "조직체 활동에 있어 개인이 조직체 활동 중에 수행한 실질적 역할에 주목하여 그 개인의 형사책임을 도출하려는 이론을 기업조직체 책임론이라고 불러서는 안 되고, 기업조직체 책임론은 Organized Crime로서의 조직범죄와의 혼동을 피하는 것이 중요하며, 화이트칼라 범죄로서의 직무범죄 역시 조직체 안에 있는 개인이 그 직무상의 지위를 이용하여 자신을 위해 행한 가별적 행위로서 기업조직체 자체의 범죄는 아니다"라고 하여 개인범죄의 부분을 기업범죄로부터 단절시키고자 했다. 이렇듯 板倉宏 교수는 "기업조직체의 구조적 특징에 주목하여 그 조직체 활동상 행해지는 범죄를 어떻게 형사적으로 규제하는 것이 합리적인가, 기업범죄의 실태에 상응하는 대응책은 무엇인가"라는 자신의 연구 관점과 관련지어 기업범죄의 개념정의를 시도하였다.[12)]

그러나 板倉宏 교수는 기업범죄에 개인범죄가 포함되지 않는다고 언급하고 있지만 개인적 동기가 개인적 이익과 상호 연결된 경우가 있으므로 板倉宏 교수가 지적한 "기업범죄는 기업조직체의 목표에 따라 행해진다"는 것이 개인범죄에 있어서도 가능하다는 비판이 제기된다. 예컨대 어느 기업의 대표이사가 대규모 외채발행에 의한 자금조달 여부와 관련된 주주총회의 개최를 앞두고 이

---

10) 藤木英雄, 公害犯罪と企業責任, 弘文堂, 1975, 19면.
11) 板倉宏, 現代型犯罪と刑法争点, 学陽書房, 1990, 30면 이하.
12) 板倉宏, 앞의 책, 33면.

러한 주주총회의 개최에 따른 혼란을 피하기 위해 주주총회 방해꾼에 대해 고액의 금원을 불법으로 제공한 경우에 이러한 주주총회 방해꾼에 대한 불법 금원제공 행위는 한편으로 대규모 외채발행에 따라 기업 재무구조가 악화되는 것을 주주총회 방해꾼이 알고 주주총회 자체를 방해하려는 것을 사전에 방지하기 위한 것으로 기업조직체의 목표를 위한 행위이나, 다른 한편으로 동시에 자기의 부정한 행위를 추궁 받아 대표이사 취임의 승인을 얻는 결의에 이의를 말할 수 없도록 하려는 의도가 숨겨져 있었을 경우에 이것이 개인범죄인지 아니면 기업범죄인지 여부를 적어도 외관상으로 구별하기는 어렵다. 경험적 사실에 비추어보면, 기업조직체의 목표에 따른 행위와 개인적 이익을 함께 도모한 행위는 그 중요성에 있어 합치되므로 그 동기를 외관상으로 파악하는 것은 쉽지 않다. 지나친 기업가 정신의 발로에 의해, 개인적 이익을 전혀 가미하지 않는 자기희생적 동기에 의해 기업조직체의 목표를 위해 감히 범죄를 범하는 경우는 극히 드문 경우라 해도 과언이 아니다. 이러한 의미에서 기업범죄에서 개인범죄를 제외한 板倉宏 교수의 견해와 달리 개인범죄로 여겨지는 경우에도 이를 완전히 기업범죄로부터 제외하려면 신중한 검토가 필요하다고 한다.[13]

(4) 우리나라에서 기업범죄의 정의

우리나라에서 기업범죄란 "화이트칼라 범죄의 일부로서 정상적인 기업 활동에 수반하여 이루어지는 위법행위"라고 정의하기도 하고,[14] "기업이 주체가 된 범죄"로 간단히 정의하기도 한다.[15] 그리고 비교적 폭넓게 "기업의 인적구성원인 자연인이 기업 활동의 일환으로 범한 모든 범죄를 모두 포함하는 것",[16] "기업과 일정하게 관계있는 자가 그 기업을 위하여 행하는 범죄",[17] "기업과 기업의 종업원, 즉 기업 또는 기업의 대표자, 사용인 또는 사람의 대리인, 사용인 기타의 종업원이 그 기업의 업무와 관련해서 범하게 되는 모든 범죄",[18] 그리고

13) 麻生利勝, 企業犯罪抑止の法理 －企業の社会的機能と責任－, 成文堂, 1999, 20면.
14) 정영석/신양균, 형사정책(개정판), 법문사, 1996, 198면.
15) 송광섭, 범죄학과 형사정책, 유스티니아누스, 1998, 611면.
16) 박기석, "판례와 사례분석을 통한 기업범죄 처벌의 개선방안", 형사정책 제20권 제2호, 2008, 72면.
17) 정용기, "기업범죄의 문제점과 개선방안", 산업경영논총 제14호, 2007, 77면.
18) 김광준/원범연, 한국의 신종 기업범죄의 유형과 대책, 한국형사정책연원, 2002, 28면.

"사회적 존재로서의 법인이 그 활동과정에서 야기하는 위법행위 및 그 구성원이 법인을 위해서 혹은 법인의 활동과 더불어 행하는 위법행위"[19]로 정의하고 있다. 한편, "가해지는 제재수단이 행정적이냐, 민법적이냐, 형법적이냐를 불문하고 국가에 의하여 벌하여지는 모든 기업행위"와 같이 보는 입장은 행위자를 기준으로 기업범죄를 정의내린 것이라면, 이와 달리 기업범죄를 유형별로 구별하여 기업 활동에 의한 가해행위를 모두 기업범죄라고 보면서 기업범죄를 기업 활동이나 그 계획 자체에 법익침해의 원인이 내재하고 있는 '구조형 기업범죄'와 기업 활동이 파생적 또는 우발적으로 법익을 침해하게 되는 '사고형 기업범죄'로 구별하여 정의내리는 견해[20]도 있다.

(5) 소결: 기업범죄 억지의 관점에 따른 기업범죄의 개념정의 시도

앞서 기업범죄가 무엇인가 하는 개념정의와 관련하여 미국과 일본, 그리고 우리나라에서의 논의를 간략히 살펴보았다. 그런데 이러한 기업범죄의 개념정의는 기업범죄의 억지라는 관점과 결부하여 설명될 필요가 있다. 왜냐하면 최근 우리 사회에서 발생한 현대자동차그룹회장의 회사자금 횡령 및 배임 사건,[21] 삼성에버랜드 전환사채 저가발행 및 조세포탈 사건[22] 등에서 보듯이 현대 자본주의 경제체제에서 기업은 극대화된 이윤추구를 하는 과정에서 기업범죄를 행하게 되고 그로 인해 자유시장 경제질서는 물론이고 국가에 심각한 피해를 야기하고 있으므로 이러한 기업범죄를 얼마만큼 효과적으로 억지할 수 있는가의 관점이 무엇보다 중요하기 때문이다. 이러한 기업범죄 억지의 관점에서 기업범죄의 개념정의는 기업범죄의 유형을 포괄적으로 포섭할 수 있을 뿐만 아니라 개별 기업범죄의 유형에 적합한 형사제재를 부과할 가능성도 내포할 수 있어야 한다고 본다.

따라서 기업범죄 억지의 관점에서 기업범죄는 "합법적으로 조직된 기업 또는 그 구성원이 기업체의 목적을 추구하는 과정에서 기업을 위하여 작위 또는

---

19) 김성규, 양벌규정의 문제점과 법인처벌의 개선방안, 국회입법조사처, 2010, 2면.

20) 정성근, "기업범죄와 형사책임", 경희법학 제18권 2호, 1983, 102면.

21) 이들 사건에 대한 소개와 분석으로는 한상훈, "경제범죄의 개념과 형사법적 대책", 형사정책 제19권 제2호, 2007, 214－217면 참조.

22) 이에 대한 비판적 분석으로는 곽노현, "배임특권의 법과 정치 －삼성에버랜드사안의 공소사실과 1, 2심 판결을 중심으로－", 민주법학 제35호, 2007, 309면 이하 참조.

부작위에 의해 고용인, 소비자, 고객, 일반대중, 기업 그 자체, 그리고 타기업에 대해 인적·물적 손해를 가하는 각종 위법행위로서 국가에 의하여 형사제재가 부과되는 행위"[23]로 정의할 수 있다.

이러한 기업범죄 억지의 관점에서 내려진 기업범죄의 개념정의를 토대로 하여 그 개념요소를 보다 구체적으로 살펴보면 다음과 같다. 첫째, 기업범죄의 주체와 관련하여 기업범죄는 기업과 기업의 구성원이 기업의 목적달성과 관련한 업무처리 과정에서 행하는 행위를 말한다. 기업범죄의 상당수는 기업의 구성원, 즉 기업의 대표자, 사용인, 또는 그 대리인 및 기타의 종업원에 의하여 행해지고 이들에 대해서는 자연인의 범죄능력을 인정하는 전통적 형법이론에 의해 형사처벌이 가능하므로 별다른 문제가 없다. 하지만 기업범죄를 기업(법인)의 기관을 통하여 기업(법인) 그 자체가 행하거나 기업의 구성원의 위반행위에 대해 기업(법인)을 형사처벌할 수 있는가는 기업(법인)의 범죄능력을 전면적으로 긍정할 것인가, 아니면 현재 우리나라의 다수의 행정법에 규정된 양벌규정으로 해결할 것인가라는 중대한 문제가 제기된다.[24] 나아가 현행 양벌규정은 법인이나 개인 사업주와 직접적 위반행위자만을 처벌하기 위한 근거 규정일 뿐 법인의 대표이사, 이사, 사실상 이사 등 법인의 실질적 활동방침과 의사결정을 하는 법인의 고위관리자[25]로서 경영진이 탈·불법경영과 관련된 위반행위를 직접행위자로서 하지 않은 경우 이들을 처벌하기 위한 근거 규정은 아니므로 이들에 대한 처벌의 공백이 발생한다는 문제점이 있다. 예컨대 산업안전보건법상의 양벌규정에 의하면 기업(법인)의 대표이사를 포함한 이사, 사실상 이사, 집행임원 및 대표집행임원은 기업 경영진으로서 실질적 활동방침과 의사결정을 하는 고위관리자임에도 불구하고 대리인이나 종업원의 위반행위에 대해 직접 지

---

23) 이천현/임정호/박기석은 이와 유사하게 기업범죄를 "기업 또는 그 구성원이 이윤극대화를 위한 기업 활동을 하면서 저지르는 각종 위법행위로서 인적·물적 피해를 야기함으로써 처벌의 대상이 되는 행위"로 정의하고 있다(이천현/임정호/박기석, 앞의 보고서, 33면).

24) 이에 대해 자세한 설명은 본서 제2장 참조.

25) 조병선 교수는 고위관리자를 "법인의 기관(이사회 등)을 넘어서 실질적으로 법인의 활동방침을 형성하거나 관리자라는 자격을 가지고 하급직원을 감독하는 데 있어서 비교적 중요한 권한을 가지고 있는 법인의 종업원 또는 그 외의 직원"으로 파악하고 있다(조병선, "환경형사판례에 관한 비판적 검토 —특히 형벌규정과 감독책임에 관하여—", 형사판례연구 제1권, 박영사, 1993, 307면).

시하거나 고의적으로 방치하여 직접행위자로서 인정되지 않는 한 처벌될 수 없다는 문제가 있다. 따라서 이러한 처벌 공백의 문제를 해결하고 개인 사업주와의 불평등한 처벌의 문제를 해결하기 위해 방안이 제시될 필요가 있다.[26)]

둘째, 기업범죄의 행위는 기업의 목적인 이윤추구와 관련되어 행위자의 개인적 동기가 아닌 기업을 위하여 행하는 행위를 의미한다. 이에 따라 한편으로 기업 구성원이 단지 개인적 동기에 의하여 자기의 이익을 위하여 예컨대 회사의 공금을 횡령한다든지 배임행위를 하는 것은 행위자의 개인범죄이지 기업범죄에 포함될 수 없다. 하지만 기업범죄 억지의 관점에서 행위자의 개인적 동기가 업무상횡령과 같이 개인적 이익만을 도모하는 경우에도 그 피해가 고객으로부터 예치된 금액에 이르는 것인 한 기업범죄로 파악할 필요가 있다. 왜냐하면 이러한 업무상횡령에 따른 피해가 기업 구성원이 속하는 기업 자체 소유의 자산에 대한 것으로 그 손실에 대해 행위자가 개인적 배상에 의해 기업 자체에 손해가 없이 해결할 수 있을 경우에는 기업범죄 억지의 대상에 포함되지 않지만 그 피해가 기업 고객의 자산에 대한 것으로 고객뿐만 아니라 기업 조직체 자체에 손해가 발생할 때는 기업범죄로서 억지 대상에 포함되어야 하기 때문이다. 이는 기업의 손해가 기업 구성원 및 기업의 이해관계자(stakeholder)인 고객과 관련되어 이해관계를 가지고 있기 때문이다.

다른 한편으로 기업의 구성원이 전혀 기업과 관련 없이 개인적 동기에 의해 사기를 행할 경우에 기업범죄에 해당하지 않는다. 다만 개인이 속해 있는 기업의 지위를 이용하여 기업의 업무활동과 무관하게 제3자로부터 사기에 의한 불법적 이득을 얻었을 경우에 문제가 될 수 있다. 왜냐하면 피해자는 해당 기업의 구성원(기업의 대표자, 사용인, 또는 그 대리인 및 기타의 종업원)인 것을 신뢰하고 있었기 때문에 기망을 당하였다고 주장할 여지가 있기 때문이다. 사실상 우리나라에서 예컨대 삼성전자, 현대건설 등의 대기업과 그 구성원에 대한 신뢰는 일반시민에게 있어서 결코 작지 않다. 피해자 구제라는 측면에서만 본다면 기업에 대한 신뢰감을 이용하였으므로 이런 종류의 행위도 기업범죄의 한 유형으로 고려할 수 있다. 그러나 기업범죄는 기업의 목적인 이윤추구와 관련된 업무의 일환으로 기업을 위하여 행하는 행위이므로 피해자에게 있어 기업에 대한

26) 이에 대해 자세한 설명은 본서 제2장 § 5 참조.

신뢰를 배신당했다고 하나 기업 조직체의 업무와 무관하게 개인적 동기에 의한 경우에 개인범죄로 이해해야 하고 기업범죄 억지의 대상이 되지 않는다.

셋째, 기업범죄의 피해에는 인적 손해뿐만 아니라 물적 손해를 포함하며, 피해자의 범위는 기업의 고용인은 물론이고 기업의 이해관계자인 소비자와 고객, 일반대중, 기업 그 자체, 그리고 타 기업까지 포함될 수 있다.

넷째, 기업범죄는 적법하게 존속·발전을 도모하고 있는 기업 조직체에 있어서의 범죄가 아니면 안 된다. 처음부터 위법한 집단으로서 파악되는 폭력단체의 범죄와 같이 불법적인 조직체에 의한 범죄는 기업범죄 억지의 대상이 아니기 때문이다. 하지만 기업범죄를 포함한 위법행위를 기업(법인) 설립시부터 실질적 목적으로 하면서도 그 목적을 은폐하고 종교단체나 영리회사 또는 조합 등의 법인격을 가지는 합법적 조직체가 이용되는 경우에는 기업범죄로 보아야 한다.

다섯째, 기업범죄의 범위와 관련해서 형법전에 규정된 범죄뿐만 아니라 기타 다른 법규정에서 형사제재의 대상이 되는 명령, 금지위반행위를 기업범죄로 볼 수 있다. 다만 기업범죄에 적용되는 제재는 형사제재로 제한될 필요가 있다. 민사상 손해배상이나 행정적 제재인 인허가 취소 등이 규정되어 있는 경우 당해 위반행위를 형법상 범죄라고 할 수 없기 때문이다.[27] 무엇보다 기업(법인)에 대한 형사제재와 관련하여 현재 기업(법인)에 대한 형사제재로는 양벌규정에 의해 벌금만이 부과되고 있는데, 기업(법인)의 구조에 적합한 형사재재의 마련 없이 벌금만으로 기업범죄에 대해 억지효과를 달성할 수 있을지 의문이다. 이 때문에 예컨대 기업에 대한 보호관찰 등과 같은 기업(법인)에 대한 형사제재의 다양화의 검토가 요구되고 있다.[28]

---

27) 이와 달리 행정적 제재도 하나의 법규범이고 그것에 규정된 명령·금지를 위반한 것에 대해 제재의 형식으로 형벌 또는 행정적 제재가 가해지는 이상 실질적 범죄개념에 입각할 때는 행정적 제재도 결국 처벌로서의 성격을 지니고 있다는 점에서 기업범죄에 적용되는 법규는 형사법에 저촉되는 경우에 한하지 않는다는 견해가 있다(사법연수원, 신종범죄론, 2014, 579-580면). 그러나 실정법상 형사제재와 행정적 제재는 엄연히 구분되고 있다는 점에서 기업범죄에 적용되는 제재로는 형사제재로 제한될 필요가 있다고 본다.

28) 이에 대해 자세한 설명은 본서 제5장 § 20 참조.

2. 기업범죄와 구별개념

기업범죄와 유사한 개념으로 화이트칼라 범죄, 회사범죄, 경제범죄, 조직범죄, 재산범죄 등이 있다. 이러한 용어들은 기업범죄와 혼동하여 사용되기도 하는데 이러한 용어의 정의를 살펴봄으로써 기업범죄와의 유사성과 차이점을 보다 더 분명히 구별할 수 있다.

(1) 화이트칼라 범죄(White Collar Crime)

화이트칼라라는 용어는 땀과 기름에 젖지 않은 간접생산부분 노동자인 '두뇌노동자' 또는 '경영자' 계층의 상징으로서 청결한 작업복인 흰색 칼라의 셔츠를 가리킨다. 따라서 화이트칼라 범죄는 그 범죄의 주체가 경영자 또는 간부 등 기업에서 지도자의 위치를 차지하는 경우를 가리키며, 범죄의 행위가 자신의 지위와 권한을 이용하여 영리추구를 목적으로 이루어진다는 특성을 갖는다. 그리고 화이트칼라 범죄는 일반적으로 그 피해의 규모가 큰 반면에 법률의 허점을 교묘히 이용하거나 권력과 결탁하여 조직적으로 은밀히 이루어지기 때문에 암수범죄가 많이 발생한다. 또한 예를 들어 기업의 세금포탈과 가격담합과 같이 직접적인 피해자뿐만 아니라 대부분의 다른 사람에게도 영향을 미치기 때문에 일반 국민이 그 유해성을 느끼지 못하는 경우가 많다.29)

화이트칼라 범죄는 기업의 구성원이 범하는 위법행위로서 대부분 기업의 경영자 계층에 의해 이루어진다는 점, 현행법상 형사제재의 대상이 되는 행위로 인적·물적 피해를 야기한다는 점에서 기업범죄와 상당부분 유사성을 지닌다. 그러나 화이트칼라 범죄는 기업범죄와 다음과 같은 점에서 차이를 보인다. 첫째, 화이트칼라 범죄는 기업의 경영자나 간부뿐만 아니라 정치인, 고위관료 등에 의해서도 이루어진다는 점에서 기업범죄와 구별된다. 예를 들어 정치인이 공직선거법을 위반한 경우 이를 화이트칼라 범죄로 볼 수 있으나 기업범죄에 해당되지는 않는다. 둘째, 기업범죄는 화이트칼라 계층에 의해서만이 아니라 기업의 하위직급의 구성원(말단 종업원)에 의해서도 이루어진다는 점에서 화이트칼라 범죄와 구별된다. 예를 들어 기업의 하위직급의 구성원이 폐수처리 비용

29) 박상기/손동권/이순래, 형사정책(제10판), 한국형사정책연구원, 2008, 244면.

을 절감하기 위하여 상수원에 폐수를 무단방류했다면 이는 기업범죄에는 해당하나 화이트칼라 범죄에 해당되지는 않는다.30) 결국 기업범죄는 화이트칼라 범죄의 한 유형으로 분류될 수 있으며, 화이트칼라 범죄중 기업의 구성원이 기업의 이익을 위해 의도적으로 행하는 범죄라 할 수 있다.

부산지검, 낙동강 폐수 무단방류 대대적 수사 착수

부산시 특별사법경찰 광역전담반(특사경)도 적발된 폐수처리수탁업계 관계자 9명외에 다른 수탁업체 및 공장의 무단방류에 대해 수사를 확대하고 있다.

부산지검 형사4부(최정숙 부장검사)는 5일 폐수처리수탁업체의 폐수 무단방류 사건 관련 서류를 특사경으로부터 넘겨받아 검토에 착수했으며, 이르면 내주중 두 업체 관계자들을 소환해 폐수방류용 별도 배출관 설치 및 수질감시장치 제거 경위, 무단방류 근무자에 대한 특별보너스 지급 여부 등을 추궁할 방침이다.

검찰은 특히 이번에 특사경에 의해 적발된 사상구 감전지구 이외에 사상공단 폐차장 신평공단 등에서도 폐수 무단 방류 가능성이 높다고 보고 특사경, 낙동강유역환경청, 기초단체, 부산보건환경연구원과 공조해 추가 무단방류에 대한 탐문 수사에 나섰다.

현재 서부산 낙동강 하류지역은 폐수무단방류로 인해 악취에 따른 주민의 민원이 빈발하고 있으며, 인근 을숙도 철새 개체가 줄어드는 등 자연생태에 위기에 직면한 상황이다.

부산지검 환경담당 최종필 검사는 "사건의 중요도를 감안해 특사경이 보강수사를 통해 정식으로 송치하면 빠른 시일 내에 사법처리 절차에 들어갈 계획"이라며 "낙동강 하류 수질 오염이 심각한 점을 감안해 무단 방류 등 범죄정보를 전방위적으로 수집하고 있다"고 밝혔다.

특사경도 그간 지속적이고 조직적인 무단방류가 이뤄져왔다는 제보에 따라 폐수처리 수탁업체와 감전동 일대의 모든 업체에 대한 단속활동을 강화하기로 했다.

특사경이 적발된 폐수처리수탁업체가 방류한 폐수 시료를 부산보건환경연구원에 맡겨 분석한 결과, 납과 아연 등 각종 중금속이 최대 1,697배까지 초과했으며, 어패류가 오염됐을 가능성이 큰 것으로 나타났다.31)

(2) 회사범죄(Corporate Crime)

회사범죄란 회사의 설립에서부터 운영을 거쳐 청산에 이르는 과정까지 일어나는 모든 형벌법규의 위반행위를 말한다. 회사범죄는 대부분 경영자가 그

30) 이천현/임정호/박기석, 앞의 보고서, 35면.

31) 헤럴드경제, 2010년 8월 5일자 기사.
(http://cn.moneta.co.kr/Service/paxnet/ShellView.asp?ArticleID=2010080510330901965)

직무를 집행함에 있어서 합법성을 가장하여 지능적, 전문적, 조직적, 계획적으로 이루어지기 때문에 일반 국민은 회사범죄를 심각한 범죄로 인식하지 못하는 경우가 많다는 점에서 기업범죄와 유사하다. 그러나 회사범죄는 회사의 활동을 설립, 경영, 소멸 단계로 구별하여 동적인 개념으로 파악하는 반면, 기업범죄는 상법이나 특별법상의 회사에 한정되는 범죄가 아니라 널리 사업 활동을 하는 공사 형태의 법인이나 법인격 없는 단체 또는 조합의 범죄까지 포함하는 개념이라는 점에서 회사범죄에 비하여 그 적용범위가 넓다고 할 수 있다.[32)]

(3) 경제범죄

경제범죄란 가장 협의의 개념으로는 개인적 범죄인 재산범죄와 구별하여 개인을 넘어서 경제질서 자체에 대한 범죄를 의미한다. 즉 경제범죄는 경제생활에서 요구되는 신뢰를 훼손하여 국민경제질서 등 사회적·초개인적 법익을 침해·위협하는 행위나 경제적으로 중요한 지위, 수단, 방법 등을 불법적으로 이용하여 중대한 재산적 손실 및 노동력의 남용 등을 초래하는 행위를 의미한다.[33)] 여기에 개인적 재산범죄인 사기나 횡령·배임의 경우도 그 정도나 수법이 중대하면 경제범죄에 포함하기도 한다(절충적 경제범죄).[34)] 광의의 경제범죄란 경제질서 자체를 침해하는 범죄 이외에 모든 재산범죄도 경제범죄로 포괄한다.[35)] 실무상으로는 부정경쟁방지법, 회사법, 식품위생법상의 각종 위반행위, 은행법과 행정상 각종 규제법, 외국환관리법, 조세법, 관세법 및 형법상의 사기·횡령·배임죄 등을 모두 포괄하는 개념으로 보고 있다. 현재 「검찰통계사무규정」에서는 형법상의 '통화에 관한 죄'를 포함하여 약 70여개의 경제범죄의 범주를 정하고 있다.

경제범죄는 자본주의 시장경제질서에서 이윤추구라는 목적을 달성하는 과정에서 이루어지며, 대부분 화이트칼라 계층에서 발생하고 정치인이나 관료 등 권력집단과 결탁하여 발생한다는 점에서 기업범죄와 유사하다. 그러나 경제범죄는 형법상의 사기나 횡령·배임 등의 재산범죄를 일반인이 범하는 경우도 포

32) 옥필훈, "경제범죄의 실태에 관한 연구 －회사범죄, 지적재산권범죄, 산업스파이범죄를 중심으로－", 형사정책 제18권 제2호, 2006, 351면.

33) 장영민/조영관, 경제범죄의 유형과 대처방안, 한국형사정책연구원, 1993, 24면.

34) 강동범, "경제범죄와 그에 대한 형법적 대응", 형사정책 제7호, 1995, 14면.

35) 장영민, "경제범죄의 유형과 대처방안", 형사정책연구 제4권 제1호, 1993, 121면.

함하는 것으로 기업범죄보다 넓은 개념으로 보아야 한다.[36]

(4) 조직범죄(Organized Crime)

조직범죄란 용어가 빈번히 사용되고 있지만 오늘날까지 형법적 규제대상으로서의 조직범죄에 대한 통일적인 정의는 존재하지 않는 실정이다.[37] 그럼에도 불구하고 강학상 조직범죄는 "불법적 활동을 통해 이득을 추구하고 위협이나 무력을 사용하고 법집행을 면하기 위해 부패를 이용하는 일정한 집단에 의한 범죄"로 일반적으로 정의되고 있으며,[38] 형법상 조직범죄란 "범죄단체 내지 범죄조직에 의하여 저질러지는 범죄"를 의미한다.[39]

독일의 범죄학자 카이저(Kaiser)와 쉬빈트(Schwind)는 조직범죄의 개념정의와 관련하여 나열되고 있는 주요한 표지들로 ① 적어도 3인 이상의 지속성 있는 조직체 내의 위계질서 및 복종과 침묵의 내부규율, ② 범죄를 통한 막대한 이익의 창출 및 축적, ③ 폭력이나 협박, 공갈, 테러를 통한 불법사업의 독점화 추구, ④ 공직매수 등을 통한 비호세력의 육성, ⑤ 외부적으로 분화된 조직 아래에서 치밀한 계획과 분업에 따른 범행, ⑥ 범죄수행에 있어서의 고도의 전문성, ⑦ 범죄의 은폐 및 위장에 있어서의 조직성, ⑧ 범죄의 기동성과 국제성 등을 언급하였다.[40]

이러한 조직범죄는 불법적 활동을 통하여 경제적 이득추구를 목적으로 하고, 범죄 수법이 조직적·전문적이며, 행위가 반복적·지속적으로 이루어진다는 데 기업범죄와 공통점을 갖는다. 더욱이 조직범죄는 전문가에 의해, 그리고 조직체를 통해 이루어진다는 점에서 기업범죄와 매우 흡사한 측면이 있다. 그러

---

36) 이천현/임정호/박기석, 앞의 보고서, 38-39면.

37) 임웅 외 5인 공저, 조직범죄와 형사법, 법문사, 2004, 56면.

38) 박상기/손동권/이순래, 앞의 책, 238면.

39) 독일에서는 1990년에 연방법무장관 및 내무장관(1990 eine Bund-Länder-Arbeitsgruppe Justiz/Polizei)이 통일적인 조직범죄의 개념을 정의하였는데, 이에 따르면 조직범죄는 "이득이나 영향력 행사를 목적으로 계획된 범죄행위로서 개별적인 각 행위 또는 그 행위 전체가 중요한 의미를 가지며, 2인 이상의 관여자가 장기간 또는 불특정기간 동안 역할을 분담하고(이상 공통적 요소), ① 기업이나 기업유사적인 조직을 사용하거나, ② 폭력이나 다른 위협적인 수단을 사용하고, ③ 정치, 언론매체, 공공행정, 사법당국 또는 경제에 영향력을 행사(이상 택일적 요소)함으로써 이루어지는 행위"를 말한다(Schwind, *Kriminologie: Eine praxisorientierte Einführung mit Beispielen*, 8. Aufl., 1997, 560면).

40) Kaiser, *Kriminologie*, 10. Aufl., 1997, 188면; Schwind, 앞의 책, 560면 이하.

나 조직범죄는 대부분 처음부터 범죄를 범할 목적으로 구성된다는 점에서 합법적 조직체 내에서 행해지는 기업범죄와 구별된다. 또한 조직범죄는 목적을 달성하기 위한 수단으로 폭력, 협박, 공갈, 테러 등의 수법을 사용하는 경우가 많으나 기업범죄는 처음부터 이와 같은 범죄적 수단을 사용하는 것이 아니라 경제적 이윤추구를 목적으로 하는 과정에서 범죄를 저지르게 된다. 그밖에도 기업범죄는 과실 또는 불확정적 고의에 의해서 많이 이루어지는 반면 조직범죄는 대부분 치밀한 준비와 계획에 의해 고의로 범행이 이루어지는 경우가 많다는 점에서 구별된다.[41]

(5) 재산범죄

재산범죄는 기본적으로 사유재산을 인정하는 자본주의 사회에서 인정되는 범죄로 타인의 재산권을 보호하기 위하여 규정한 형법상의 범죄를 말한다. 예컨대 절도·강도죄(형법 제38장), 사기·공갈죄(형법 제39장), 횡령·배임죄(형법 제40조), 장물죄(형법 제41장), 손괴죄(형법 제42장) 그리고 권리행사방해죄(형법 제37장) 등이다. 이 가운데 보호법익이나 수법에 있어 기업범죄와 가장 유사한 범죄는 사기죄와 배임죄라 할 수 있다. 왜냐하면 기업범죄는 재물 자체의 영득을 목적으로 하기보다 재산상 이익의 취득을 목적으로 하며, 수법이 기망을 통한 상대방의 착오를 이용하거나 경제활동에서 기업에게 위임된 권리를 남용하여 범행이 이루어지는 경우가 많기 때문이다.

대표적인 재산범죄로서 형법상의 사기죄와 배임죄는 타인의 재산을 침해하는데 그치는 반면, 기업범죄는 그 간접적 피해가 일반 국민에게 전가되어 나타나거나 경제구조나 경제기능 자체를 침해한다는 점에서 차이점을 보인다. 나아가 재산범죄는 그 객체가 재산 즉, 재물과 재산상의 이익으로 인적 손해는 재산범죄에 포함되지 않으나, 기업범죄는 인적·물적 손해를 모두 포함한다는 점에서 구별된다. 결국 재산범죄는 자본주의 경제의 정적 측면인 사적 소유권을 침해하는 범죄인 반면, 기업범죄는 이를 기초로 하여 움직이는 경제의 동적 측면을 침해하는 범죄라고 할 수 있다.[42]

---

41) 이천현/임정호/박기석, 앞의 보고서, 38면.
42) 이천현/임정호/박기석, 앞의 보고서, 39−40면.

Ⅱ. 기업범죄의 특성과 유형

1. 기업범죄의 특성

기업범죄는 일반범죄와 비교할 때 여러 가지 다른 특징을 갖고 있다. 첫째, 기업범죄는 일반적으로 기업의 경제활동을 하는 과정에서 기업의 이윤추구 목적으로 행해지는 것이 대부분으로 기업시스템 자체의 결함에 의해 발생하는 경우가 있으며, 구성원 한 사람이 아닌 여러 사람의 분업적 활동에 의해 발생하는 경우가 많다. 따라서 예를 들어 오염물질의 예기치 않은 대량 방출, 대형 건물의 붕괴 등과 같이 기업시스템 자체의 결함뿐만 아니라 기업 구성원 다수의 과실이 상호 결합하여 작용한 결과에 의해 발생한 경우에 범죄행위의 주체를 특정하기 어렵고, 형사책임의 주체를 확정하기 어려운 경우가 많아 기업범죄에 대하여 형사처벌을 부과하는 것이 곤란한 경우가 많다.

둘째, 기업범죄는 조직적이고, 계속적이며, 영리추구 목적으로 이루어진다. 즉 기업범죄는 기업(법인)이라는 일정한 '조직'을 전제로 하는 것으로서 한 개인이 아니라 조직의 경제적 이익을 목적으로 한다. 그리고 기업범죄는 이러한 기업체 조직을 기반으로 하여 발생하기 때문에 한 번에 그치는 것이 아니라 반복적, 계속적으로 발생한다는 특징이 있다. 또한 기업은 이윤추구를 목적으로 하여 설립되고 활동하므로 이윤추구를 목적으로 하는 과정에서 발생하는 경우가 많다. 예를 들어 조세포탈, 부실공사, 오폐수 방류, 분식회계, 공무원에 대한 뇌물 공여 등의 기업범죄는 기업의 생존 또는 이윤추구 과정에서 발생하기 때문에 어쩔 수 없다는 인식이 팽배하여 범죄행위라는 인식이 매우 낮다.

셋째, 기업범죄는 대부분 업무와 관련하여 직무수행과정에서 발생하기 때문에 그 범죄수법이 지능적이고 전문적이다. 여기서 지능적이라 함은 범죄행위가 외부에 마치 범죄행위가 아닌 것처럼 보이게 하거나, 범죄행위가 외부에 발견되지 않도록 은폐하는 것을 뜻한다. 즉 범죄행위가 마치 정상적인 업무수행 과정에서 행해지는 합법적인 행위로 위장하는 경우가 많다. 또한 전문적이라 함은 기업의 이윤추구와 관련하여 특수한 전문지식을 갖고 그 지식에 기초하여 범죄를 범한다는 것을 말한다. 이와 같이 기업범죄는 지능적이고 전문적으로 이루어지기 때문에 범죄수사도 어렵고, 형사제재의 부과에도 한계를 드러내고 있다.

넷째, 기업범죄는 주로 기업의 경영에 참여하는 고위경영진에 의하여 이루어지기 때문에 일반 개인에 의한 범죄와 달리 신분계층적 특성을 갖는다. 대표이사를 포함한 고위경영진은 성장과정상의 가정환경, 소득수준, 교육수준, 문화향유를 위한 시·공간적 활용 등에서 상류계층에 속하는 사람들로서 이들이 기업 활동을 수행하며 범죄행위에 가담하는 경우가 많다. 나아가 기업은 정치권력이나 행정관료 등과의 유착관계를 갖는 것이 특징이다. 즉 기업은 설립허가단계에서부터 제품생산, 판매와 수출에 이르기까지 정부의 통제 및 관리감독을 받게 되므로 업무의 성질상 권력이 개입할 여지가 많고, 기업은 품질관리와 경영기법의 혁신에 의해 이윤을 창출하기보다 관계부처 공무원을 매수하거나 정치권력과의 연계 하에 아무런 장애 없이 자신의 목적을 달성할 있는 보다 쉬운 방법이 있고, 반대로 정치권 내지 관련 부처는 기업의 뒤를 비호하여 줌으로써 정치자금 등 재산적 이익을 취득할 수 있다. 이 때문에 특정 기업이 정치권력과 결탁되어 기업범죄를 행한 경우에 기업(법인) 자체나 관련 기업인을 기소할 확률은 낮아지고, 처벌받을 확률은 더욱 낮아진다.

다섯째, 기업범죄는 개인범죄에 비하여 그 피해의 정도도 심각하고 피해의 규모도 광범위한 특징이 있다. 즉 기업범죄에 의한 직접적·물적 피해는 기존의 재산범죄에 비하여 대단히 클 뿐만 아니라 간접적인 피해와 무형적인 피해까지 고려하면 그 피해는 상상할 수 없을 정도로 크다. 예를 들어 분식회계와 사기대출, 조세포탈 등의 기업범죄에 의한 피해는 은행과 투자자의 범위를 넘어서 국민경제 전체에까지 영향을 미친다. 이는 기업범죄에 대한 효율적 대처의 필요성이 제기되는 가장 큰 이유이기도 하다.

여섯째, 기업범죄는 개인범죄에 비하여 범죄통계상 정확한 수치가 잡히지 않는 높은 암수성을 가지고 있다. 즉 기업범죄는 일반적으로 정상적인 경제활동의 과정에서 발생하는 경우가 많고, 피해자의 불특정성으로 말미암아 법익침해사실이 외부에 표출되는데 한계가 있다. 일반 국민의 입장에서는 기업범죄로 인해 다수인의 이익이나 경제질서가 침해되는 현상을 체감하지 못하는 경우가 많고, 그 범죄수법이 지능적이고 전문적이기 때문에 암수가 많이 존재한다.

결론적으로 기업범죄는 그 피해에 있어 대규모성과 심각성을 나타냄에도 불구하고 행위주체 및 책임주체의 불명확성, 조직성, 계속성, 영리성, 지능성, 전문성, 신분성과 권력유착성으로 인해 암수성이 높다는 특징을 갖는다. 이러한 기업범죄의 특징으로 인해 오늘날 기업범죄에 대한 효율적 대처의 필요성이 더욱 요구되고 있다.43)

2. 기업범죄의 유형

기업범죄를 일정한 기준에 따라 유형별로 구분하는 것은 기업의 경제활동에 있어 위법사유를 명확히 밝히고, 기업범죄 억지를 위한 효과적인 대처방안을 제시하는 데 유용한 정보를 제공해 줄 수 있기 때문에 필요한 작업임에 틀림없다. 하지만 기업범죄 개념의 다의성에 따라 그 정의가 명확하지 않고 기업 활동의 범위도 양적·질적으로 복잡·다양해짐에 따라 기업범죄의 유형을 체계적이고 명확하게 구분함에 많은 어려움이 있다. 이러한 어려움에도 불구하고 기업범죄를 일정한 기준에 따라 분류할 수 있는데 우선 기업범죄를 행위 관련적 특성에 따라 행위특성별, 행위대상별, 행위영역별로 나눌 수 있으며, 다음으로 기업의 생성과 소멸의 단계에 따라 설립단계에서의 기업범죄, 업무영위단계에서의 기업범죄, 소멸단계에서의 기업범죄로 유형화할 수 있고, 마지막으로 행위주체에 따라 기업조직체범죄, 경영자 범죄, 종업원 범죄 등으로 분류할 수 있다. 다만 이러한 기업범죄의 유형화의 시도 가운데 행위 관련적 특성에 따라 기업범죄의 유형을 설명한 선행연구가 기업범죄의 유형을 전체적이고 체계적으로 설명할 수 있다고 여겨지므로 이에 대해 보다 구체적으로 살펴보면 다음과 같다.44)

(1) 행위특성별 분류

기업범죄는 범죄의 수법인 행위의 특성에 따라 사기·기만형, 시장통제형, 폭력형, 뇌물형, 기본권침해형 기업범죄로 분류할 수 있다.

---

43) 권수진, 기업의 경제활동에 관한 형사법제 연구(Ⅱ): 기업처벌론, 한국형사정책연구원, 2010, 20-22면; 김광준/원범연, 앞의 보고서, 41-45면; 이천현/임정호/박기석, 앞의 보고서, 61-64면.

44) 이하 박강우, 기업범죄의 현황과 정책분석, 한국형사정책연구원, 1999, 25-29면; 이천현/임정호/박기석, 앞의 보고서, 40-43면.

첫째, 사기·기만형 기업범죄는 기업의 허위·과장광고, 분식회계 등의 회계상 범죄, 조세범죄, 금융범죄, 유령기업에 의한 범죄, 소위 '딱지어음' 사기처럼 기망행위라는 행위특성을 가진 범죄유형을 말한다. 이러한 사기·기만형 기업범죄 가운데 분식회계는 투자자 등에 대한 사기행위에 그치지 않고, 시장기능을 왜곡시킬 뿐만 아니라 국민경제에 막대한 부담을 지우는 반사회적 범죄이다. 대표적인 예로 (주)대우의 경우 2000년도에 약 27조원, SK글로벌의 경우 2003년도에 1조 4천억 원에 이르는 분식회계가 이루어졌다.[45]

'딱지어음' 사기 사건

소위 '딱지어음'이란 만기 전에 발행인의 부도로 어음금 지급의 거절이 예상된 어음을 말한다. 이러한 '딱지어음'은 속칭 '바지'(명의상 대표이사)를 내세워 기업을 인수하거나 설립하여 당좌거래를 하게 한 후 거래은행으로부터 대량의 어음용지를 받아 유통시키거나, 부도가 예상된 기업이 발행한 어음 용지를 일정액에 구입하여 유통시키는 두 가지 경우가 있는데, 통상 대규모 피해가 예상되는 것은 전자의 경우이다.

'딱지어음' 사기 범행은 통상 ① 자신이 대표이사가 되거나, 돈을 주고 매수한 바지를 내세워 유령회사를 설립, ② 사무실이 없으면서도 고액의 전세계약서를 위조하여 은행에 제출, ③ 평균잔액(평잔)이 많은 것처럼 거래를 위장하여 당좌개설, ④ 당좌 개설 후 차명계좌를 이용하여 발행한 어음을 차명계좌에 입금시켜 스스로 결제하는 방법으로 어음사용량이 많은 것처럼 위장한 후 허위의 어음발행명세서를 은행에 제출하여 다량의 어음용지 확보, ⑤ 일정량의 어음이 확보되면 부도예정일을 정하고 어음을 발행, 중간 판매책에게 판매, ⑥ 재산 은닉 후 잠적 등의 과정을 거치게 된다.[46]

실제로 2006년에 검거된 대규모 딱지어음·수표 유통조직은 유령회사 인수·설립 자금책, 유령회사 관리책, 딱지수표 도매상, 바지사장 관리책 등으로 역할을 분담한 뒤 점조직으로 움직인 것으로 드러났으며, 이들은 2004년 9월 하나은행 서울 평창동 지점에서 유령회사인 '이북오도기획' 명의로 수표계약을 맺고 액면금 2300만 원짜리 딱지수표를 발행하는 등 2004년부터 2006년 상반기까지 320억 원대(700장) 딱지수표와 1000억 원대(2000장) 딱지어음을 발행했다. 이들은 유령회사들끼리 자금을 지원하는 자전거래를 통해 어음·수표용지 지급 기준에 필요한 은행 잔액을 맞춘 것으로 나타났다. 이 과정에서 회사 양도자 역할을 맡은 사람이 어음·수표책과 함께 유령회사를 넘기면 회사관리책이 자금책(사채업자)에게 돈을 빌려 5000만~1억 원에 회사를 바지사장 명의로 인수하는 수법을 썼다. 또한 부도 예정일을 2~3개월 뒤

45) 이에 대한 상세한 분석으로는 이천현, "분식회계의 실태와 효율적 제재방안", 형사정책 제16권 제1호, 2004, 197면 이하 참조.

로 잡은 뒤 마구잡이로 딱지수표와 어음을 발행해 도매상에게 팔았으며 딱지수표 판매책은 딱지수표 1장에 약 10만 원의 마진을 붙여 180만~200만 원에 팔아넘긴 것으로 나타났다.

검찰은 이번 사건의 정확한 피해자 수를 아직 파악하지 못했지만 그 피해 규모가 매우 클 것으로 보고 있다. 수사를 담당했던 서울중앙지검의 한 검사는 "탈세를 위해 딱지어음이나 수표인 줄 알고 구입한 사람들도 있으나 만기일에 이것을 갖고 있던 사람들은 대부분 선의의 피해자"라면서 "딱지어음·수표 때문에 건실한 중소기업이 발행한 어음이나 수표의 신뢰도도 떨어지는 현상이 나타나고 있다"고 말했다.

시중은행의 한 관계자는 "딱지어음이나 수표를 정확히 구분해 내는 것은 사실상 힘들지만 발행회사의 대표자나 주소가 최근 갑자기 바뀐 경우나 배서인이 당해 업종과 무관한 기업인인 경우 등은 의심해 봐야 한다"고 설명했다. 또한 그는 "받아야 할 돈보다 어음 액면가가 높은데도 차액을 돌려 달라고 강하게 요구하지 않거나 특정 날짜 이후에 결제일이 집중돼 있는 경우도 딱지어음·수표일 가능성이 높다"고 덧붙였다.47)

범행 개요도

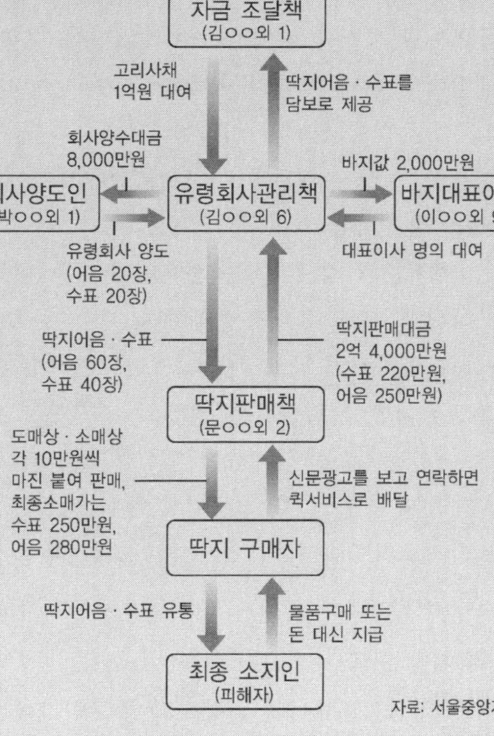

자료: 서울중앙지검

둘째, 시장통제형 기업범죄는 전통적인 기업범죄의 유형으로서 기업의 독·과점 행태나 가격의 담합, 불공정거래행위, 시장지배자의 지위를 남용하는 행위, 매점매석 등 공정한 경쟁이라는 시장 질서를 외면하는 행위들을 말한다. 삼성코닝과 아사히글라스(AGC)의 자회사인 한국전기초자(HEG), 일본전기초자그룹 산하 2개 자회사 등 4개 회사가 액정표시장치(LCD) 모니터가 인기를 끌면서 브라운관 유리 매출이 줄자 1999년부터 2007년까지 8년간 한국, 일본, 싱가포르 등에서 모임을 갖고 가격과 생산량을 담합한 혐의로 2011년 12월 공정거래위원회가 이들 4개 회사에 대해 545억 원의 과징금을 부과하기로 한 사례는 대표적인 시장통제형 기업범죄에 해당한다고 볼 수 있다.

셋째, 폭력형 기업범죄는 기업의 생산과정·생산물에 있어 하자가 발생함으로써 제3자에게 위해를 끼치는 경우를 말한다. 여기에는 안전규정의 미 준수에 따른 산업재해의 발생이나 식품위생법상의 각종범죄 등이 해당한다. 2009년 8월 미국 캘리포니아에서 렉서스를 운행하던 가족 4명이 "우린 지금 렉서스에 타고 있어요. 가속 페달이 말을 듣지 않아요. 교차로가 가까워져요. 잡아. 제발. 제발"이란 긴급구조 요청 전화를 남기고 사망한 후 대량 리콜사태를 부른 도요타 자동차의 급발진 사고는 가속 페달과 바닥 매트의 결함에서 비롯되었다는 점에서 폭력형 기업범죄의 사례라고 분류할 수 있다.

넷째, 뇌물형 기업범죄는 기업 간 또는 정치인에 대한 뇌물제공 및 뇌물수수로 인한 범죄를 가리킨다. 1997년 대통령의 차남 김현철씨가 연루된 한보철강 비리사건은 뇌물형 기업범죄의 대표적인 사례라고 할 수 있다.

마지막으로 기본권침해형 기업범죄는 기업의 조직력을 이용하여 인간의 기본권(환경권, 노동권, 평등권) 등을 침해하는 행위를 일컫는다. 과거 개발독재시절 노동자에 대한 기업의 탄압, 일부 노동자에 대한 임금체불, 남녀고용상의 차별행위 및 기업의 환경오염범죄 등의 경우가 이러한 유형에 해당한다고 볼 수 있다.

(2) 행위대상(피해자)별 분류

기업범죄를 행위의 직접적 대상 및 피해자가 누구인가를 기준으로 분류할

46) 사법연수원, 앞의 책, 599-600면.

47) 한국경제, 2006년 12월 11일자 기사.

경우 경쟁자에 대한 행위, 정부에 대한 행위, 피고용인에 대한 행위, 소비자에 대한 행위, 일반 대중에 대한 행위로 대별해 볼 수 있다.

첫째, 경쟁자에 대한 행위는 특정 기업이 불법·위법 행위를 함으로써 타기업에게 피해를 가하는 행위를 말한다. 여기에는 산업스파이에 의한 기업의 고급 기술의 유출, 특허·의장권 침해, 가격담합, 납품단가 부당인하 등의 행위가 포함된다.

둘째, 정부에 대한 행위는 기업의 탈법 행위로 공공행정에 악영향을 미치거나 정부지출에 있어 비효율을 야기하는 행위를 말한다. 기업의 탈세, 보조금 사기, 수출입 교란행위 및 정치인·관료 등에 대한 뇌물제공, 각종 신고의무 불이행 등이 해당한다.

셋째, 피고용인에 대한 행위는 기업이 피고용자인 노동자에 대하여 불법행위를 저지르는 것으로 최저임금제를 하회하는 저임금의 지불, 부당한 노동시간 연장, 고용 및 작업장에서의 인종·성차별, 노동조합에 대한 탄압 등이 해당한다.

넷째, 소비자에 대한 행위는 기업이 매출극대화, 이윤극대화를 추구하는 과정에서 소비자 내지 고객을 대상으로 행하는 위법행위를 말한다. 허위·과대광고, 담합으로 인한 가격인상, 끼워 팔기·묶어 팔기 등이 포함된다.

마지막으로 일반 대중에 대한 행위로는 기업이 비용절감을 위하여 각종 환경오염물질을 불법배출하거나, 자원을 고갈시키는 행위, 각종 매점·매석행위 등이 해당한다고 할 수 있다.

(3) 행위영역별 분류

기업범죄를 행위영역별로 구분할 경우 행정상의 범죄, 환경상의 범죄, 재정상의 범죄, 노동상의 범죄, 생산물 제조상의 범죄, 불공정 거래행위 등으로 나눌 수 있다.

첫째, 행정상의 범죄란 행정청의 각종 명령, 조치 등을 위반하는 행위를 의미하는 것으로 시정조치, 권고, 개선명령, 폐쇄조치, 각종 신고의무 등을 위반하는 행위를 포함한다.

둘째, 환경상의 범죄는 기업의 공장 및 사업장, 건설현장, 하천 및 산야 등에서의 오염물질 배출행위 및 방사능 및 유독물질 등의 산업공해유발행위, 합성물질의 사용 등에 따른 생태계 파괴행위 등이 해당한다. 1991년 낙동강페놀 유출사건이 대표적인 예이다.

셋째, 재정상의 범죄는 기업의 영리추구를 위한 뇌물 및 불법 정치자금 제공행위, 고객자금 및 유가증권의 불법 이용·처분행위, 부당한 원가계산행위, 세금신고 시 과소기재행위, 이중계약서에 의한 허위매매사실 신고행위, 기업의 회계장부조작을 통한 탈세행위 등이 포함된다.

넷째, 노동상의 범죄행위는 노동자에 대한 임금체불, 근로시간의 부당연장, 고용 및 작업장에서의 인종·성차별, 부당노동행위, 적법한 노동조합의 활동에 대한 방해, 노동조합에 침투할 스파이의 고용, 협박 등 노동법 및 노동관계법 위반행위가 포함된다.

다섯째, 생산물 제조상의 범죄행위로는 안전성 시험을 거치지 아니하거나, 각종 안전설비를 부착하지 않은 위험한 물품의 생산 및 판매행위, 식품제조에 있어 유해물질의 첨가·위생관리의무 위반, 인적·물적 손해를 발생케 할 수 있는 구조적 결함이 있는 생산물의 제조행위 등이 해당한다. 미국 아이오와 주에서 P&G 사의 릴라이 생리대를 착용한 여성(사망 당시 25세)이 착용 4일 만에 독극물 중독으로 사망한 '릴라이 팸폰'(Rely Tampon) 사건은 생산물 제조상의 범죄행위의 한 예이다.

마지막으로 불공정 거래행위에는 공정한 경쟁과 시장경제질서를 위협하는 내부자거래, 시세조종, 상장법인 공시의무위반 등의 증권에서의 각종 범죄행위 및 타 회사의 인수합병으로 인한 독과점 구조의 형성, 부당한 가격차별, 허위·과대광고 및 허위상표의 부착행위 등이 포함된다.

(4) 소 결

이상과 같이 기업범죄의 유형을 행위 관련적 특성에 따라 행위특성별, 행위대상별, 행위영역별로 구분하여 설명한 시도는 기업범죄의 유형을 전체적이고 체계적으로 조망할 수 있다는 장점이 있다. 하지만 기업범죄의 개념을 "합법적으로 조직된 기업 또는 그 구성원이 기업체의 목적을 추구하는 과정에서 기업을 위하여 작위 또는 부작위에 의해 고용인, 소비자, 고객, 일반대중, 기업 그 자체, 그리고 타 기업에 대해 인적·물적 손해를 가하는 각종 위법행위로서 국가에 의하여 형사제재가 부과되는 행위”로 정의한 것에 비추어 볼 때 이러한 기업범죄의 유형에는 국가에 의하여 형자제재가 부과되는 형사법상의 범죄행위로 보기 어려운 단순한 행정의무 위반에 따른 행정상 제재에 불과한 것도 다수 포함되어 있다는 문제점을 보이고 있다. 따라서 기업범죄의 유형을 형법상 범죄로 파악할 수 있는 법익침해의 관점에서 보다 간명하게 유형화하는 것이 바람직하다고 본다. 이러한 관점에 따르면 기업범죄의 유형을 개인적 법익침해형, 경제적 법익침해형, 부정부패형으로 구분할 수 있을 것이다.

첫째, 개인적 법익침해형 기업범죄란 기업과 그 구성원이 그 활동에 수반해서 개인의 생명, 신체 또는 재산 등을 침해하거나 위태화하는 행위를 말한다. 예컨대 유독물질을 포함하고 있는 공장폐수의 무단 방류, 유해물질을 함유하고 있는 상품과 음식물의 제조·판매, 구조적 결함이 있는 생산물의 제조·판매 등으로 인한 인명의 사상, 대규모 건설현장 등에서의 폭발과 붕괴와 같은 산업재해, ‘딱지어음’ 사기와 같이 기업 조직체를 이용한 위법행위를 통해서 초래되는 소비자의 재산손실, 비자금 조성을 위한 기업자금의 횡령과 배임행위로 인해 기업(법인)의 재산손실 등이 포함된다. 이러한 유형의 기업범죄는 그 피해가 막대해서 기업의 책임에 사회적 관심이 집중되는 경우가 많으나, 형법상의 업무상과실치사상죄, 사기죄, 업무상횡령·배임죄 등에 기한 형사책임은 개인으로서 행위자에게 귀속될 수밖에 없고, 사업주 또는 고위경영진의 형사책임에 관해서는 관리감독책임 위반에 기한 과실범의 성립이 문제될 수 있다.

둘째, 경제적 법익침해형 기업범죄란 기업과 그 구성원이 그 활동과정에서 각종 규제법규를 위반함으로써 경제적 법익을 침해하는 경우를 의미한다. 예컨대 입찰담합 등과 같은 독점금지법위반, 주가조작·시세조종·내부자거래 등과 같은 자본시장과 금융투자업에 관한 법률 위반 또는 위법배당 등과 같은 상법위반 등이 포함된다. 이러한 유형의 기업범죄는 직접적으로 개인의 재산권을 침해하는 형태로 인식되기 보다는 행정상 관리·감독 등에 관한 규제법규위반으로서의 성격을 가지므로 그에 대한 형사제재는 형법상 범죄와 비교하여 가벼운 것이 보통이다.

마지막으로 부정부패형 기업범죄란 정경유착 또는 특혜비리 등으로 표현되는 범죄로 주로 형법상의 증·수뢰죄의 보호법익인 국가기능의 공정성을 침해하는 범죄를 의미한다. 예컨대 특정 사업의 인허가와 관련하여 관련 공무원에게 뇌물을 제공함으로써 기업 간의 공정한 경쟁을 해한다. 이러한 유형의 범죄에 대한 형사책임의 귀속은 원칙적으로 개개의 행위자에게 대해 해해지게 되고 상부의 고위경영진에 대해서는 공범이론의 적용 등과 같은 별도의 법리적 해결을 통해서 형사책임이 인정될 여지가 있다.[48]

Ⅲ. 기업범죄 처벌의 필요성

평화로운 사회 공동체의 보호라고 하는 형사정책적 과제를 이행하기 위하여 어떻게 형법을 가장 합목적적으로 규정지울 수 있는가라는 질문은 형사정책의 본질적 논제중의 하나라 할 수 있다.[49] 특히 점증하고 있는 기업범죄의 효율적인 대처와 관련하여 장차 개별 행위자뿐만 아니라 기업 그 자체에 대해서도 법적 책임을 묻는 것이 필요한 것인가, 또는 더 나아가 기업에 대해 단순한 행정법상의 과태료 내지 행정제재의 부과 이외에 형법에서 규정하고 있는 형벌을 부과하는 것이 필요한 것인가라는 근본적인 문제가 제기된다.

그러나 대륙법계의 영향을 받고 있는 우리나라의 형법은 기업(법인)의 범죄능력을 부인하고 있기 때문에 기업의 형사책임론과 관련된 논의가 미약한 실정이다.[50] 따라서 이하에서는 기업범죄 처벌의 여러 형사정책적 필요성을 살펴보고자 한다.[51]

1. 개인형벌의 불충분한 범죄억지력

기업범죄에 대해 벌금과 같은 개인형벌로 범죄억지를 충분히 달성할 수 있

48) 같은 취지의 설명으로 김성규, 앞의 보고서, 3-4면.

49) Jescheck, *Lehrbuch des Strafrechts, Allgemeiner Teil*, 4. Aufl., 1988, 18면.

50) 예컨대 법인의 범죄능력을 인정하는 정성근 교수는 법인처벌의 형사정책적 필요성을 '기업체의 사회침해적 일탈활동을 억제하는 방법으로 민사상 손해배상이 있으나 기업은 기업 활동 과정에서 소요되는 모든 비용을 원가계산에 포함시키고 있으므로 이러한 규제방법으로 회사 범죄의 억제 효과를 기대할 수 없다'는 이유를 제시하고 있다(정성근, "법인의 범죄능력 재고", 유일당 오선주교수 정년기념논문집, 2001, 2면 참조).

51) 이하 권수진, 앞의 보고서, 23-30면; 김재윤, 현대형법의 위기와 과제, 전남대학교출판부, 2009, 203-212면.

다면 별도의 기업에 대한 형사제재의 부과를 논의할 필요성은 적다. 이와 관련하여 독일 형법학자 부쉬(Busch)는 이미 1933년에 "단체의 형사책임에 관한 근본문제"라는 논문을 통해 단체형벌을 인정하지 않은 채 단지 개인적인 형벌위협만으로는 불법적인 행위에 의해 형성되는 단체이익을 억제할 수 없으므로 개인형벌은 불충분한 범죄억지력을 가질 뿐이라는 견해를 제시하였다. 즉 단체[52)]구성원인 개인에게 개인형벌을 부과함으로써 단체이익의 유지 및 확장에 적합한 불법적인 행위를 단념하게 하는 것이 거의 불가능하다고 한다.[53)] 반면에 브렌더(Brender)는 단체이익의 억제라는 측면에서 개인형벌은 다만 불충분한 동기부여력을 가지고 있을 뿐이라는 부쉬의 주장은 우리가 꿈꾸는 아주 순수한 이타적인 행위자는 좀처럼 찾아볼 수 없기 때문에 지나치게 극단적인 견해라고 비판을 가하고 있다. 브렌더의 견해에 따르면 개인형벌의 불충분한 동기부여력의 측면보다는 무엇 때문에 자신의 이익을 위해 행동한 개인보다 단체의 이익을 위해 행동한 개인이 보다 더 경미한 형벌로 처벌되어야만 하는가에 보다 중점을 두어야 한다고 한다. 그는 독자적인 단체형벌을 인정하기 보다는 단체의 이익을 위해 행동한 개인에게도 자신의 이익을 위해 행동한 개인과 적어도 동일한 개인형벌이 부과되어야 하고, 이로써 불법적인 단체이익을 억제하기에는 충분하다고 한다. 왜냐하면 단체운영이라는 차원에서 보면 개인형벌과 결합된 명예의 실추로 인해 단체이익을 위해 행동한 개인에게 부과되는 개인형벌 역시 높은 형벌 체감성을 지니고 있기 때문이라고 한다.[54)]

한편, 이러한 개인형벌의 불충분한 범죄억지력과 관련하여 특히 쉬네만(Schünemann) 교수는 다음과 같이 매우 설득력 있는 논거를 제시하고 있다. 쉬네만의 견해에 따르면 기업 구성원이 자신의 직장에 강력히 구속되어 있는 현상은 범죄행위를 하지 않고자 하는 동기형성을 방해하는 부작용을 야기시킨다고 한다. 오늘날 관련부분의 사람에게 있어 일자리의 상실은 직업상의, 더 나아

52) 독일에서 단체(Verbände)라는 용어는 일반적으로 법인(juristische Personen), 상법에서의 인적 단체(Personenvereinigungen) 및 권리능력 없는 사단(nicht rechtsfähiger Verein) 등의 상위개념으로 사용되고 있다.

53) Busch, *Grundfragen der strafrechtlichen Verantwortlichkeit der Verbände*, 1933, 96면 이하, 122면.

54) Brender, *Die Neuregelung der Verbandstäterschaft im Ordnungswidrigkeitenrecht, Recht–Wirtschaft–Gesellschaft: Recht 25*, 1989, 11면 이하.

가 자신의 생존유지에 심각한 타격을 의미한다. 이러한 종류의 구속성은 자연스럽게 기업 구성원으로 하여금 기업의 이윤추구에 유익한 것이라면 어떠한 행동이라도 하게끔 조장한다. 그 결과 직급의 강등 혹은 심지어 해고에 대한 두려움은 모든 기업 활동의 근본적 동기로 자리 잡게 된다. 더구나 기업의 번창에 따른 다양한 형태의 이익배당은 불법적인 행위를 해서라도 더 많은 기업이익을 창출하도록 하기 위한 지속적이고 감염성이 있는 자극을 제공한다. 이러한 요소들은 단지 기업 구성원에 대한 개인형벌이 아닌 기업 그 자체에 대한 형사제재의 부과를 통해서만이 효과적으로 근절될 수 있다고 한다.[55]

2. 범죄적 기업정신 현상에 대한 적절한 대처

부쉬는 이미 1933년에 발표한 그의 논문에서 모든 공동체는 조합정신(Korpsgeist) 내지 단체정신(Verbandgeist)으로 표현할 수 있는 일정한 성향을 내포함고 있음 지적하였다.[56] 특히 쉬네만은 이러한 단체정신을 범죄적 단체의 태도(kriminelle Verbandsattitüde)라는 개념으로 설명하고 있다. 그의 견해에 따르면 범죄적 단체의 태도는 불법의식을 집단적으로 중화시킴으로써 법 신뢰적인 단체 구성원에게 부정적인 영향을 미친다고 한다. 심지어 이러한 범죄적 기업정신은 단체 구성원으로 하여금 개인적 책임감의 완전한 형해화로까지 이르게 할 수 있다고 한다. 앞서 설명한 직장에의 강력한 구속력 이외에도 기업조직체 규율의 엄격성은 기업조직체 종업원이 이러한 범죄적 기업정신으로부터 자유로울 수 없는 이유이기도 하다.[57]

이러한 상황에서 단순히 개인적인 형벌제재만으로는 이와 같은 범죄적 기업정신 현상에 적절히 대처할 수 없다. 왜냐하면 범죄행위와 직접적인 관련이 없는 기업 구성원은 제3자에게 선고된 형벌을 통해 다만 범죄행위는 처벌받는다고 하는 하나의 모범적인 예로서만 영향을 받을 뿐 직접적인 영향을 받지 않기 때문이다. 이와 반대로 기업형벌은 모든 기업 구성원에게 가능한 범위 내에서 적법한 행위를 하도록 하는 긍정적인 영향을 미칠 수 있다. 따라서 단체형벌

55) Schünemann, *Unternehmenskriminalität und Strafrecht*, 1979, 23–24면.
56) Busch, 앞의 책, 103면.
57) Schünemann, 앞의 책, 22면.

로서의 기업형벌은 범죄적인 기업정신에 긍정적인 영향을 미치고 전체적으로 기업의 경영행위를 법 신뢰적인 방향으로 조종하기 위한 유일하고 적합한 수단이 될 수 있다.[58)]

3. 개인형벌의 불충분한 응보효과

일반적으로 재판관은 양형에 있어 행위와 책임이라는 두 측면에서 갈등을 겪는다. 즉 기업범죄에 의해 침해된 개인적 법익 내지 경제적 법익의 사회적 보호가치는 매우 중요한 것이며, 침해에 의해 발생된 손해 역시 크기 때문에 행위측면은 엄격한 제재를 요구한다. 또한 기업범죄의 위험성은 바로 개별 행위자의 배후에 있는 기업의 막강한 권력과 그 영향력으로부터 도출된다. 이와 반대로 책임 측면에서는 범죄행위를 이행하도록 한 규범적인 기업정신의 힘과 관련하여 완화된 형벌을 요구한다. 이러한 상황과 관련하여 기업범죄에 대해 부과되는 개인형벌은 사회적 손해의 크기 및 개인의 책임의 정도를 동시에 적절히 조화시킬 수 없기 때문에 그 응보효과를 적절히 달성할 수 없다.[59)]

그러나 개인이 아닌 기업 자체를 처벌한다면 사회적 손해의 크기를 적합하게 평가할 수 있고 범죄행위에 대해서도 적절하게 그 죄를 물을 수 있다. 이와 반대로 단순한 개인형벌로의 제한은 행위에 비례한 응보의 포기를 의미한다. 하지만 이러한 포기는 결국 법질서의 일반적인 구속력에 대한 믿음을 동요시킬 우려가 있다.[60)]

나아가 개인형벌의 불충분한 응보효과는 일반적으로 개인의 불충분한 경제적 지급능력과도 관련을 맺고 있다. 개인의 불충분한 경제적 지급능력은 행위결과와의 적절한 비교를 어렵게 하는 요인이 되는데, 이는 특히 벌금을 통해 그 범죄행위가 보상되어지는 기업범죄 행위의 영역에서 뚜렷이 나타난다. 즉 정당성의 이유로 포기될 수 없는 벌금의 적정성의 원칙은 범죄자의 불충분한 경제적 지급능력으로 인해 지켜질 수 없다. 왜냐하면 기업범죄에 의해 발생한 이윤 내지 손해의 결과는 개인형벌로서 부과되는 벌금으로는 충분히 보전될 수

58) Ackermann, *Die Strafbarkeit juristischer Personen im deutschen Recht und in auslandischen Rechtsordnungen*, 1984, 46면.
59) Busch, 앞의 책, 107면 이하.
60) Busch, 앞의 책, 107면 이하.

없기 때문이다. 따라서 응보의 의미에서 개인이 아닌 기업 자체에 기업범죄의 불법내용과 범죄행위로 인해 발생한 이윤 내지 손해의 크기와 일치하는 기업형벌을 부과 하는 것이 필요하다.[61]

4. 기업의 사회·경제적 중요성에 상응한 응보기대

개인형벌의 불충분한 응보효과는 앞서 언급한 객관적인 측면뿐만 아니라 주관적인 측면에서도 관련성을 갖는다. 즉 범죄자 개인의 처벌만으로는 기업의 특별한 권한 및 사회·경제적 삶의 폭넓은 영역에서 기업이 미치는 커다란 영향력과 관련하여 사회 일반인의 주관적 응보기대를 충족시키지 못하는데, 이를 구체적으로 살펴보면 다음과 같다.

경험상 대표이사를 포함한 기관의 행위는 사회적 관점에서 보면 조직 통일체로서의 기업의 행위로 볼 수 있다. 사회 일반인은 기업 구성원의 가벌적인 행위에 대한 책임비난 역시 기업 구성원뿐만 아니라 기업 자체에까지도 연결되어야 한다고 생각한다. 사회는 사회 윤리적 불법판단을 함에 있어 그 적용범위를 그러한 종류의 범죄이행을 가능케 한 권력핵심에 국한하지 않기 때문이다. 따라서 사회적인 귀속은 법률적인 귀속보다 더 폭넓은 것으로 이해된다. 사회는 책임비난의 확대를 통해 기업 자체에 대해 기업범죄의 억지라고 하는 긍정적인 영향력을 행사할 수 있기를 기대한다. 그러나 기업 자체를 처벌하지 않고 단순히 기관의 구성원만을 처벌하는 것으로는 사회가 일반적으로 기대하는 응보의 필요성을 충분히 만족시킬 수 없다.[62]

더 나아가 사회·경제적 삶에 있어 커다란 중요성을 갖는 기업이 불법한 행위를 한 경우에 이러한 자신의 사회적 중요성을 과소평가하게 하거나, 책임을 자신의 구성원에게 미루게 해서는 안 될 것이다.[63] 이러한 점을 배제하더라도

61) Rotberg, “Für Strafe gegen Verbände”, in: Hundert Jahre Deutsches Rechtsleben, Festschrift für zum hundertjährigen Bestehen des Deutschen Juristentages 1860–1960, Bd. II, 1960, 220면.

62) Busch, 앞의 책, 113면, 122면.

63) Hirsch 역시 오늘날 사회생활에서 법인의 형태로 구조화된 경제통일체로서 기업의 역할의 중요성을 강조하면서 기업 스스로 이행해야 하는 형벌을 단지 기업을 위해 행동한 개인에게 전가시키는 개인형벌은 그 응보효과를 충분히 거둘 수 없다고 한다(Hirsch, *Die Frage der Straffähigkeit von Personenverbänden*, 1993, 5면).

기업 구성원에게 부과되는 개인형벌은 종종 그 설득력을 상실한다. 왜냐하면 일반인의 관점에서 보면 기업 구성원은 "진정한 죄인"(eigentlich Schuldige)이 아니기 때문이다. 즉 기업 구성원은 단순히 기업경영의 한 기능을 수행한 것에 지나지 않고 사회 유해적 행위에 대한 책임은 바로 기업 자체가 부담해야 한다. 때문에 법질서의 효력이 위태화 되는 것을 원하지 않는다면 기업에 대한 형사제재를 부과함으로써 결과적으로 기업 자체를 조정·간섭해야 할 필요성이 있다.[64]

5. 조직화된 무책임의 문제해결

가장 낮은 직급에 있는 기업 구성원까지 책임영역에 있어 공동으로 책임을 지는 책임의 조직화라는 원칙은 종종 오늘날 복잡한 기업의 조직구조로 인해 조직화된 무책임으로 변화되고 있다. 특히 기업범죄의 경우 조직화, 분업화, 전문화 되어 있는 기업조직체 내부에서 유책한 행위자를 구별해 낸다는 것은 그리 쉬운 일이 아니다. 왜냐하면 상호관련성을 가지며 복잡하게 조직화된 기업 내부에서는 기업 구성원 어느 누구도 자신의 행위 내지 결과에 책임을 느낄 수 없으며, 오히려 기업을 위해 내린 자신의 결정 또는 기업의 이익을 위해 저지른 범죄행위에 대한 개인적인 자신의 고유한 책임까지도 거부하고, 그 결과 또한 타인에게 전가하고자 하는 속성이 있기 때문이다.[65]

이러한 조직화된 무책임의 문제와 관련하여 다수의 대기업의 복잡한 조직구조는 불가피하게 형법적인 인과관계의 증명을 어렵게 하는 원인이 된다. 더욱이 오늘날 기업의 조직체계에서 지배적인 분업화, 탈중심화 및 권한의 위임 등의 현상은 개별 행위자에 대한 수사를 본질적으로 곤란하게 한다. 왜냐하면 이러한 현대의 조직체계에서 기업 내부의 책임은 일반적으로 폭넓게 분산되어지며, 모든 경영상의 결정 또한 대체로 일련의 개인들과 연결되어 행해지기 때문이다. 이 밖에도 형법상 중요한 행위결과는 다수의 개별적 행위의 공동작용에 의해 초래된다. 이러한 상황과 관련하여 귀책 있는 개별 행위자를 형법상 필요한 정도까지 확실히 조사한다는 것의 거의 불가능에 가깝다.

---

64) Volk, "Zur Bestrafung von Unternehmen", JZ 1993, 429면 이하.

65) Schwinge, *Strafrechtliche Sanktionen gegenüber Unternehmen im Bereich des Umweltstrafrechts*, 1996, 42면.

따라서 기업에 의한 범죄행위가 이루어졌고 그 결과 타인과 사회에 심각한 피해를 야기했음에도 불구하고 어느 누구도 처벌되지 않는 처벌의 흠결이 발생한다. 이는 기업범죄의 특성상 당연히 예견된 결과라고 할 수도 있다. 이러한 경우에 있어 기업 자체를 처벌하지 않으면 기업의 법익침해 행위에 대한 처벌은 불가능하게 되므로 기업 자체를 처벌해야할 형사정책적 필요성은 더욱 분명해 진다.66)

6. 증가하는 기업범죄에 대한 적절한 대처

기업의 형사책임의 인정은 특히 기업에 의한 경제범죄, 환경범죄 및 조직범죄의 영역에서 시급히 요구되고 있다. 이미 경제범죄가 전통적인 의미에서 기업범죄의 영역에 속하고 있음은 주지의 사실이다. 또한 매년 증가하는 기업형 환경범죄 역시 형사정책적으로 더욱더 중요시되고 있다. 이러한 기업형벌의 형사 정책적 필요성은 마약거래 및 불법 무기거래 등을 위한 조직범죄에 대한 적절한 대처에서도 발견된다. 더 나아가 자금세탁의 구성요건 및 특정 물품의 수출입금지에 대한 위반행위에 대해서도 기업의 형사책임이 인정되어야 한다는 요구가 증가하고 있다.67)

또한 기업범죄의 확대는 현대 형법학의 영역에서 더 이상 무시할 수 없는 사실이기도 하다. 이렇게 현대사회에서 기업범죄가 점증하는 원인으로는 기업의 무분별한 이윤추구, 첨예한 기업 간의 경쟁 및 위험을 수반하는 기술의 발전 등을 언급할 수 있다.68)

따라서 이러한 기업범죄의 영역에서 기업형벌을 통해 기업에게 실질적인 형사책임을 묻지 않은 채, 기업의 정책과 목적에 따라 단순히 움직이는 개별 행위자인 기업 구성원만을 개인형벌로 처벌해서는 아무런 형사정책적 효과도 거둘 수 없음은 명확하다.69)

---

66) Ackermann, 앞의 책, 48면 이하, 189면 이하.

67) Stratenwerth, “Strafrechtliche Unternehmenshaftung?”, in: Festschrift für Rudolf Schmitt zum 70. Geburtstag, 1992, 295면 이하.

68) Hirsch, 앞의 책, 22면.

69) Volk는 조직화된 경제범죄의 대처에 있어 마침내는 기업 자체에 대해 대항해야만 한다고 적절히 지적하고 있다(Volk, 앞의 논문, 429면 이하).

7. 기업조직체 구조상의 결함에 따른 형사처벌의 흠결의 해소

앞서 언급한 기업범죄의 특징에서 알 수 있듯이 기업 자체는 조직을 전제로 하여 조직화, 분업화, 전문화 된 조직구조로 이루어져 있다. 그런데 영국이나 미국의 기업처벌론에서도 알 수 있듯이 기업의 범죄행위로 인한 피해는 기업내부의 자연인에게서 직접 기인하는 경우뿐만 아니라 기업 자체의 관리시스템의 불비나 조직 구조상의 결함으로 인하여 발생하는 경우도 있다. 이러한 기업의 조직 구조상의 결함에 의한 법익침해 행위에 대해서는 기업 내부의 행위자를 특정하기 어려워서가 아니라 행위자 자체를 특정할 수 없어 특정 구성원에게 책임을 물을 수 없게 된다. 이러한 경우 범죄행위가 이루어졌고 범죄 피해가 엄연히 발생했음에도 불구하고 어느 누구도 처벌할 수 없는 형사처벌의 흠결이 발생한다. 하지만 기업의 조직 구조상의 결함은 기업에의 고의·과실 등의 귀책사유가 없다고 할 수 없을 것이다. 즉 기업이 조직구조나 관리시스템을 정비하여 법익침해 현상을 방지해야 하는데 그렇지 못한 데에 대해 기업은 책임을 져야 한다.

따라서 이러한 경우 기업 자체에게 형사책임을 물음으로써 기업조직체 구성상의 결함에 따른 형사처벌의 흠결을 해소할 필요성이 있다. 후술하는 바와 같이 미국, 일본 등 각국에서 기업의 형사책임론이 등장하는 이유도 이와 같이 조직 구조상의 결함에 의한 형사처벌의 흠결을 메우고자 하는 방안으로 등장하게 된 것이다.

8. 민사제재 및 행정제재의 한계 극복

현실적으로 기업의 법익침해 행위를 규제하기 위해서 민사상 손해배상 등의 민사적 제재가 있다. 그런데 기업이 형법상의 범죄를 범한 경우에 이를 민사상 손해배상 등의 민사적 제재로만 해결한다는 것은 부당한 결과를 초래한다. 예를 들어 1991년 낙동강페놀유출사건과 같이 공장 등이 계속적으로 유독한 산업폐기물을 상수도원에 불법하게 배출함으로써 심각한 환경파괴를 초래하고 이로 인해 인근 주민들의 생명 또는 건강을 해한 사건이 발생한 경우에 기업에 대한 형사처벌 없이 민사적 제재만으로 해결한다는 것은 상식적으로 누구도 수긍하기 어려울 것이다. 그리고 한편으로 우리나라는 기업의 불법행위에 대한 민사상 손해배상책임을 강하게 물을 수 있는 제도적 장치도 취약한 것이 현실이다. 예를 들어 우리나라에는 '징벌적 손해배상'(punitive damage)[70]이나 '손해액 3배 배상제도'[71]와 같은 강력한 민사적 제재수단은 부정한 청탁을 받고 금품을 수수한 감사인 등에게 그 경제적 이익의 5배에 상당하는 벌금형에 처하는 '주식회사의 외부감사에 관한 법률' 제19조 제1항의 경우에만 예외적으로 도입되어 있을 뿐이다.[72] 다른 한편으로 기업범죄에 대하여 기업에게 민사적 손해배상을 부과하더라도 기업은 이러한 민사적 손해배상 비용을 기업의 경제활동의 과정에서 소요되는 필요적 비용으로 간주하여 원가계산에 포함시키고 있는 경우가 대부분이다. 따라서 이러한 민사적 규제방법으로 기업범죄의 억제효과를 기대하는 것은 어렵기 때문에 기업에 대한 형사제재가 필요하다.

그리고 기업의 법익침해 행위를 규제하기 위한 또 다른 방법으로 기업에 대한 설립허가취소, 영업허가취소, 영업정지, 등록취소, 법인해산 등의 강력한 행정적 제재가 있다. 기업의 입장에서는 일정한 액수의 벌금을 한번 지불하면 그만이지 영업정지 등의 행정적 제재는 기업의 이익과 이미지에 커다란 손실을 준다는 점에서 형사제재보다 행정제제를 더 큰 타격이라고 여길 수 있다. 그러나 행정기관은 기업이 사회적으로 상당한 무리를 일으킨 경우가 아니면 이러한 강력한 행정적 제재수단을 적극적으로 부과하지 않고 경고, 시정명령, 과태료 부과 등 가벼운 제재를 부과하는 경향을 보이고 있다. 따라서 이러한 경향을 극복하기 위해서도 기업에 대한 형사제재의 필요성이 강조되고 있다.

Ⅳ. 기업범죄 처벌의 현황

우리나라는 기업범죄 처벌 시스템으로서 양벌규정에 의해 기업(법인)에게 벌금형을 부과하는 방식을 채택하고 있다. 하지만 양벌규정은 기업의 범죄행위

---

70) 이에 대한 최근의 대표적 논의로는 최정학, "기업범죄와 징벌적 손해배상", 민주법학 제42호, 2010, 271면 이하 참조.

71) 미국 Clayton Act 제4조.

72) 조국, "법인의 형사책임과 양벌규정의 법적 성격", 서울대학교 법학 제48권 제3호, 2007, 66면.

를 직접적으로 요건화 하여 처벌하는 직접적인 기업처벌규정이 아니라 기업에 속한 자연인이 기업의 일원으로 범죄를 범한 경우에 그 자연인을 처벌한 후 그 자가 속한 기업(법인)에 대해 벌금형을 부과하는 간접적이고 미온적인 처벌규정이다.

이러한 양벌규정에 따른 기업범죄의 처벌에도 불구하고 기업범죄에 대한 효율적인 대처가 필요하다는 것은 현재의 양벌규정에 의한 기업범죄 처벌 시스템이 충분한 성과를 달성하고 있지 않음을 의미한다. 이처럼 사회에 심각한 해악을 끼치는 기업범죄에 대해 그 형사책임을 적절하게 묻기 위한 체계를 검토하기에 앞서 우리나라의 기업범죄 처벌의 현황을 파악하는 것은 유익하다고 본다. 따라서 이하에서는 경찰청의 「범죄통계」와 법무연수원의 「범죄백서」로부터 도출한 데이터를 기초로 하여 우리나라의 기업범죄 처벌 현황과 그 의미를 살펴보고자 한다.

1. 기업범죄의 실태

기업에 의한 법익침해는 개인에 의한 법익침해와는 비교할 수 없을 정도로 규모가 상당함에도 불구하고 실제로 기업범죄가 얼마나 발생하는지에 관한 정확한 공식통계자료가 수집되고 있지 않다. 개인범죄에 대한 암수가 존재하지만 기업범죄는 무엇보다 지능성, 전문성, 신분성, 권력유착성 등이라는 특징이 있기 때문에 정확한 기업범죄의 실태를 파악하는 것이 개인범죄보다 더욱 어렵기 때문이다. 다만 현재 범죄통계에서 확인되는 수치로 기업범죄의 실태를 전체적으로 파악해 보면 다음과 같다.

<표 1-1>은 경찰청의 범죄통계자료[73]에서 2003년부터 2012년까지 최근 10년 동안 우리나라 전체 범죄의 검거건수를 자연인과 법인체로 구별하여 나타낸 것이다.

---

73) 경찰청에서는 범죄통계자료를 2005년까지는 "범죄분석"으로 발간하여 발표하다가 2006년부터는 "범죄통계"로 변경하여 발간·발표하고 있다. 그리고 경찰청 통계에 나타난 법인에 의한 범죄 통계수치는 '검거' 기준으로 제시되어 있다.

〈표 1-1〉 최근 10년간 전체범죄 및 기업범죄 현황(2003-2012)

연 도	발생건수	검거건수	검거인원	
			자연인	법인체
2003	1,894,762	1,679,249	1,596,351	35,909
2004	1,968,183	1,761,590	2,267,904	34,909
2005	1,733,122	1,512,247	1,969,826	33,525
2006	1,719,075	1,483,011	1,992,777	35,429
2007	1,836,496	1,615,093	2,109,545	35,920
2008	2,063,737	1,812,379	2,333,120	34,872
2009	2,020,209	1,811,917	2,333,715	32,624
2010	1,784,953	1,514,098	1,986,319	21,469
2011	1,752,598	1,382,463	1,902,722	10,327
2012	1,793,400	1,370,121	1,928,795	11,024

* 출처: 경찰청 범죄통계(2004년~2013년)

[그림 1-1]은 지난 10년간 전체범죄의 발생건수의 추세를 나타낸 것이다. 전체범죄는 전반적으로 증가와 감소를 반복하다 2010년부터 감소하는 추세를 보이고 있다. 즉 전체범죄는 2005년에 다소 감소하였다가 2007년부터 지속적으로 상승하여 2008년과 2009년에는 2백만 건에 달하였다. 그러나 2010년에는 전체범죄가 다시 급감하여 1백7십만여 건을 유지하고 있다.

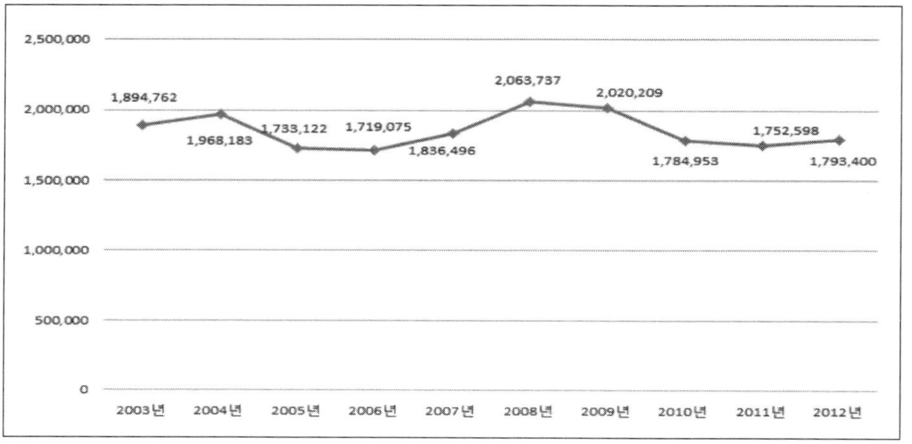

[그림 1-1] 최근 10년간 전체범죄 발생 추세(2003-2012)

<그림 1-2>은 지난 10년간 기업범죄의 추세(검거건수)와 전년대비 증감추세를 상세히 나타낸 것이다.

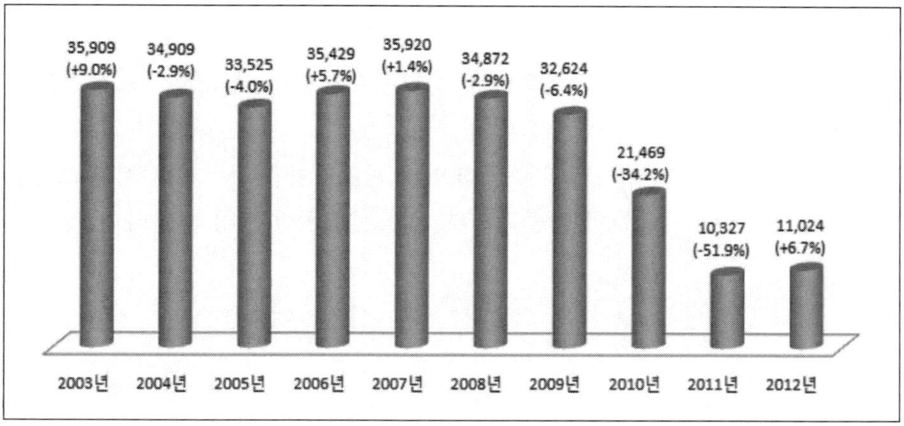

[그림 1-2] 최근 10년간 법인체 검거인원 및 증감 추세(2003-2012)

2003년부터 2009년까지의 법인체 검거인원 수는 약 3만5천여 건을 유지하다가 2010년에는 21,469건 이하로 급격히 하락하는 추세를 나타내고 있다. 법인체 검거인원 수의 각 전년대비 증감추세를 자세히 살펴보면 2004년과 2005년에는 각각 전년대비 2.9%, 4.0% 감소하였으나, 2006년과 2007년에는 각각 전년대비 5.7%, 1.4% 증가하여 2003년과 비슷한 수준을 유지하고 있다. 그러나 2010년, 2011년에는 각각 전년대비 34.2%, 51.9%로 급격히 감소하고 있다. 특히 2010년에는 전체범죄 발생건수가 전년대비 11.6% 감소한 반면 법인 검거인원 수는 전년대비 34.2%가 감소하여 전체범죄 발생건수의 감소폭과 비교하여 약 3배 이상의 감소폭을 보이고 있다. 그 원인으로는 2008년 이후 면책규정을 새롭게 추가하는 방식의 양벌규정의 개정에서 찾을 수 있다. 즉 2007년 11월 29일 헌법재판소는 '보건범죄단속에 관한 특별조치법'(1990.12.3 법률 제4293호로 개정된 것) 제6조와 관련하여 "개인의 대리인·사용인 기타 종업원이 그 개인의 업무에 관하여 제5조의 위반행위를 한 때에는 행위자를 벌하는 외에 개인에 대하여도 본조의 예에 따라 처벌한다."고 규정한 부분이 형법의 기본원리인 책임주의에 반한다는 이유로 위헌결정을 내린 바 있고,[74] 법무부는 이를 계기로 양벌규정의 개정을 추진하였다.[75] 그 결과 2010년 1월말 기준으로 약 110여개의 법률의 양벌규정에 대해 "다만, 법인 또는 개인이 그 위반행위를 방지하기 위하여 해당 업무에 관하여 상당한 주의와 감독을 게을리 하지 아니한 경우에는 그러하지 아니하다."는 면책규정을 추가하는 방식으로 개정이 이루어졌다. 따라서 2010년도의 법인 검거건수의 대폭적인 감소는 이러한 면책규정이 반영된 양벌규정에 영향을 받은 것이 아닌가 한다.

<그림 1-3>은 양벌규정의 개선방안과 관련하여 법무부가 집계한 2005년부터 2007년까지 3년 동안의 양벌규정에 의한 법인처벌 현황을 나타낸 것이다.

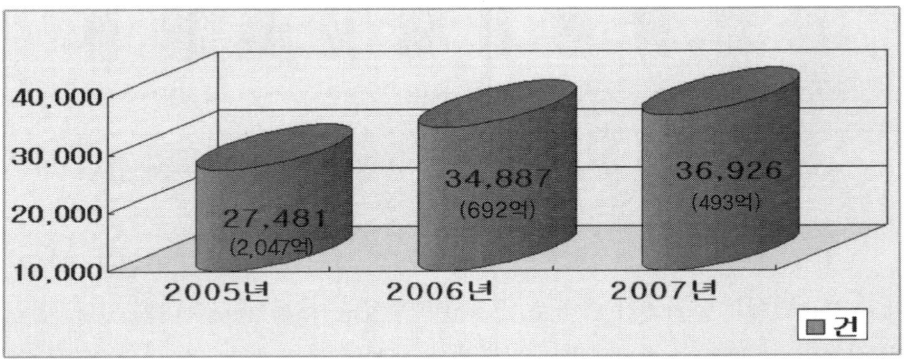

[그림 1-3] 양벌규정에 의한 법인 처벌 현황(건수 및 금액)

2005년부터 2007년까지 3년 동안 양벌규정에 의한 법인처벌 현황을 보면, 2005년에 27,481건(벌금 2,047억 원), 2006년에 24,887건(벌금 692억 원), 2007년 36,926건(벌금 493억 원)이다. 법인에게 부과된 총 벌금액은 감소하였지만 기업범죄에 대한 형사처벌 건수는 증가하고 있음을 알 수 있다.

74) 헌법재판소 2007.11.29. 선고 2005헌가10 결정. 이에 결정에 대한 대표적인 평석으로는 오경식, "양벌규정에 대한 판례분석", 영남법학 제27호, 2008, 55면 이하 참조.

75) 이에 대해 자세히는 법무부, 2008년 7월 24일자 보도자료, 1면 이하 참조.

2. 개별 기업범죄의 현황

(1) 관세법 위반범

〈표 2-1〉 관세법 위반사범 발생·검거현황(2003-2012)

구 분 / 연 도	발생건수	전년대비 증감률(%)	검거건수	검거율(%)	검거인원
2003	1,117	−6.4	1,109	99.3	1,323
2004	1,315	17.7	1,365	103.8	1,625
2005	1,114	−15.3	1,142	102.5	1,420
2006	1,310	17.6	1,325	101.1	1,530
2007	926	−29.3	943	101.8	1,118
2008	1,127	21.7	1,140	101.2	1,341
2009	700	−37.9	706	100.9	842
2010	661	−5.6	661	100.0	1,053
2011	833	26.0	794	95.3	1,041
2012	667	−19.9	664	99.6	969

* 출처: 법무연수원, 2013 범죄백서, 2014.

<표 2−1>과 같이 최근 10년간의 관세법위반 범죄를 살펴보면, 전체적으로 수출입 과정에서 탈세 현상이 증가해 가는 추세라고 할 수 있는데 개인적 밀수도 포함되어 있겠으나, 기업이 밀수출입에 가담한 경우도 상당수 있을 것으로 추정된다.

관세법위반사범의 발생건수는 2003년 1,117건을 기록한 이래 2004년에는 1,315건으로 전년 대비 17.7% 증가하였으나, 2005년에는 다시 전년보다 15.3% 감소한 1,114건이 발생하였다. 2006년에는 전년보다 17.6% 증가한 1,310건이 발생하였다. 그리고 2007년에는 926건이 발생하여 전년 대비 29.3% 감소하였으나, 2008년에는 1,127건으로 전년 대비 21.7% 증가하였다. 2009년에는 700건으로 전년 대비 37.9%, 2010년에는 661건으로 전년 대비 5.6% 각 감소하였다가 2011년에는 833건으로 전년대비 26.0% 증가하였고, 2012년에는 667건으로 전년 대비

19.9% 감소하였다. 검거율은 2012년에 99.6%를 기록하는 등 높은 검거율을 나타내고 있다.

(2) 조세범처벌법 위반범

〈표 2-2〉 조세범처벌법 위반사범 발생·검거현황(2003-2012)

구 분 / 연 도	발생건수	전년대비 증감률(%)	검거건수	검거율(%)	검거인원
2003	3,578	10.4	2,693	75.3	3,368
2004	6,447	80.2	4,550	70.6	3,152
2005	7,102	10.2	5,426	76.4	6,277
2006	7,493	5.5	6,034	80.5	6,833
2007	5,217	−30.4	4,704	90.2	5,770
2008	4,027	−22.8	3,489	86.6	4,348
2009	3,604	−10.5	3,119	86.5	4,083
2010	3,583	−0.6	3,060	85.4	3,584
2011	3,591	0.2	2,901	80.8	3,094
2012	4,219	17.5	3,296	78.1	6,502

* 출처: 법무연수원, 2013 범죄백서, 2014.

<표 2-2>와 같이 조세범처벌법 위반사범들에 대해 살펴보면, 발생건수, 검거건수 및 검거인원 등은 2006년까지 꾸준히 증가하였다가 2007년부터 감소하는 추세를 보이고 있다. 즉 2003년 3,578건 발생을 시작으로 증가추세가 이어지고 있는데, 2004년에는 전년보다 무려 80.2% 증가한 6,447건이 발생하였다. 2005년에도 7,102건이 발생하여 전년 대비 10.2% 증가하였고, 2006년에는 7,493건이 발생하여 전년 대비 5.5% 증가하는 등 지속적인 증가추세를 보였다. 그러나 2007년에는 5,217건이 발생하여 전년 대비 30.4% 감소하였고, 2008년에도 4,027건이 발생하여 전년 대비 22.8%, 2009년에도 3,604건이 발생하여 전년 대비 10.5%, 2010년에는 3,583건이 발생하여 전년 대비 0.6% 각각 감소하였다가 2011년에는 3,591건으로 전년대비 0.2% 증가하였고, 2012년에는 4,219건으로 전

년 대비 17.5% 증가하였다. 검거율은 2003년 75.3%를 차지한 이후 대체로 80% 대 이하의 검거율을 나타내다가 2007년 처음으로 90.2%의 검거율을 정점으로 계속 하락하여 2012년에는 78.1%의 검거율을 보이고 있다.

조세범처벌법 위반사건의 경우에도 개인에 의한 탈세도 적지 않겠지만 기업의 탈세도 큰 비중을 차지할 것이다. 특히 재무관리가 복잡한 기업의 경우 탈세를 포착해 내기는 더 어려울 수 있다.

우리나라, 역외 탈세는… 해외 유령회사 설립 등 갈수록 교묘

한국도 역외 탈루세금 추적에 예외는 아니다. 몇 달 전 세간을 떠들썩하게 했던 '선박왕' '구리왕' 세금 추징 사례에서 보듯 우리 정부 역시 역외 탈세와의 전쟁을 선포했다. '해외 금융계좌 신고제' 등 대책까지 쏟아졌다. 그러나 추징만 요란할 뿐 실제 징수율은 절반에도 못 미치는 등 법적 한계가 많다는 지적도 나온다.

◇ 갈수록 교묘해진다=국내외 160척이 넘는 선박을 보유한 시도상선 권혁 회장과 1조 원대 거부인 카자흐스탄 구리왕 차용규 전 카작무스 대표는 모두 조세피난처를 이용한 역외 탈세 혐의로 각각 4101억 원과 7000억 원대 세금을 추징당했다. 국제 거래를 통한 편법 대물림 수법의 유형은 여러 가지다.

국내 법인을 운영하면서 변칙적인 국제 거래를 통해 해외 비자금을 조성하거나, 자금 원천이 불투명한 자금을 조세피난처 등 해외에 예치해 놓고 해외 이자소득 등을 신고 누락한 경우 등이 대표적이다. 국세청 관계자는 "최근 과세가 추진되자 재산을 해외에 숨기거나 해외 유령업체 등을 활용해 변칙 상속·증여를 시도하는 등 부(富)의 대물림 행태가 지능화되고 있다"고 설명했다.

하지만 역외 탈세 금액이 늘고 있는 게 가장 큰 문제다. 조세피난처로 순유입된 금액은 2006년 554억 달러에서 지난해 889억 달러로 급증세를 보이고 있다. 또한 금융감독원에 따르면 총수가 있는 30대 그룹(공기업 제외)의 해외 법인 중 조세조약 미체결국에 있는 해외 법인은 지난 5월 말 현재 167개로 1년 사이 26개가 증가했다. 같은 기간 30대 그룹이 세운 전체 해외법인 수는 1942개로 130개가 늘었다. 신생 해외 법인 20%가 조세피난처에 세워진 것이다.

◇ 칼끝 더 날카로워지나=이현동 국세청장은 지난 11일 간부회의에서 "국내에서 번 돈을 세금으로 안 내려는 사람도 문제지만 안에서 번 돈을 밖으로 빼돌려 세금 한푼 안 내는 사람이 더 나쁘다"고 강조했다. 그만큼 역외 탈세 색출이 쉽지 않다는 뜻으로도 풀이된다.

국세청은 올해 역외 탈세액 추징 1조원을 목표로 상반기까지 87건을 조사해 6365억 원의 세금을 매겼다. 또 10억 원 이상 해외 금융계좌 소지자에 대한 '해외 금융계좌 신고제'를 처음 도입해 시행 중인데, 국세청 한 관계자는 "해외 계좌 미신고자 중 추징 세액이 1000억 원에 육박하는 사람도 있다"고 귀띔했다.
하지만 지난해부터 올 3월까지 추징한 9760억 원 중 징수액은 39%인 3838억 원에 불과해 소문만 무성할 뿐 효과적인 결과가 나오지 않을 수 있다는 우려도 나온다.
이와 함께 국세청은 비거주자 및 외국 법인 위장, 복수신분 활용 등 신종 유형에 대한 세원관리 대책을 강구하는 한편 과세당국 간 징수협조 확대, 출국규제, 국내 거래처 채권 압류 등 간접규제를 통한 징수의 실효성을 높여나갈 방침이다.76)

(3) 외국환거래법 위반범

〈표 2-3〉 외국환거래법 위반사범 발생·검거현황(2003-2012)

구 분 / 연 도	발생건수	전년대비 증감률(%)	검거건수	검거율(%)	검거인원
2003	1,429	5.0	1,430	100.1	1,893
2004	2,232	56.2	2,264	101.4	2,389
2005	2,772	24.2	2,703	97.5	3,394
2006	2,042	−26.3	2,061	100.9	2,123
2007	3,260	59.6	3,196	98.0	3,312
2008	3,474	6.6	3,319	95.5	3,559
2009	4,649	33.8	4,590	98.7	5,772
2010	2,066	−55.6	2,053	99.4	1,327
2011	1,910	−7.6	1,910	100.0	1,041
2012	1,794	−6.1	1,765	98.4	2,008

* 출처: 법무연수원, 2013 범죄백서, 2014.

<표 2−3>와 같이 외국환거래법 위반사범들에 대해 살펴보면, 지난 10여년 간 외국과의 교통이 왕성해짐에 따라 발생건수가 대체로 증가하여 왔다. 이는 해외여행의 완전자유화로 개인들의 외국여행이 급증하고 무역거래가 늘어난데 그 원인을 찾을 수 있다.

보다 구체적으로 2003년에는 1,429건을 시작으로 2004년 2,232건으로 전년

76) 국민일보, 2011년 11월 15일자 기사.
(http://news.kukinews.com/article/print.asp?arcid=0005558288)

대비 56.2%, 2005년에도 2,772건으로 전년 대비 24.2%의 증가세를 각 보였으며, 2006년에는 2,042건이 발생하여 전년보다 26.3% 감소하였다가 2007년에는 3,260건이 발생하여 다시 59.6% 늘어나 큰 폭으로 증가하였고, 2008년에는 3,474건이 발생하여 전년 대비 6.6%, 2009년에 4,649건이 발생하여 전년 대비 33.8% 각 증가하였다. 2010년에 2,066건이 발생하여 전년 대비 55.6% 큰 폭으로 감소한 후 2011년도에도 1,910건으로 전년대비 7.6% 감소하였고, 2012년도에 1,794건으로 전년 대비 6.1% 감소하였다.

외국환거래법상의 범죄도 개인이 범하는 경우가 적지 않겠지만 수출입이나 외국과의 교역을 담당하는 기업이 범하는 비율도 높을 것이다. 그리고 규모도 개인과는 비교가 안 될 정도로 크고 수법도 교묘하여 적발율이 높지 않은 문제점이 있을 수 있다.

(4) 부정수표단속법 위반범

〈표 2-4〉 부정수표단속법 위반사범 발생·검거현황(2003-2012)

구 분 연 도	발생건수	전년대비 증감률(%)	검거건수	검거율(%)	검거인원
2003	19,712	35.2	13,073	66.3	13,539
2004	30,489	54.7	21,111	69.2	13,272
2005	19,841	−34.9	14,304	72.1	16,772
2006	16,171	−18.5	10,899	67.4	12,666
2007	12,843	−20.6	9,239	71.9	13,059
2008	12,837	−0.05	9,394	73.2	13,532
2009	13,951	8.7	10,892	78.1	15,725
2010	8,480	−39.2	6,173	72.8	7,446
2011	7,265	−14.3	5,408	74.4	5,553
2012	6,328	−12.9	4,477	70.7	3,836

* 출처: 법무연수원, 2013 범죄백서, 2014.

<표 2−4>와 같이 부정수표단속법 위반사범들에 대해 살펴보면, 다른 경제사범에 비해 발생건수가 상당히 많고 나타났고, 이에 비해 검거율은 저조한

경향을 나타내고 있으며, 전반적으로 최근 10년간 범죄발생건수는 감소하는 추세를 보이고 있다. 즉 발생건수는 2003년도에 19,712건을 시작으로, 2004년에도 30,489건으로 전년 대비 54.7% 증가하였으나 다시 2005년에는 19,841건으로 전년보다 34.9%, 2006년에도 16,171건이 발생하여 전년보다 18.5%, 2007년에도 12,843건이 발생하여 20.6%, 2008년에는 12,837건이 발생하여 0.05% 각 감소하였다. 2009년에는 13,951건이 발생하여 8.7% 증가하였다가 2010년에는 8,480건이 발생하여 39.2% 크게 감소하였고, 2011년에도 7,265건으로 전년대비 14.3%, 2012년에는 6,328건으로 전년 대비 12.9% 감소하였다. 부정수표사범의 검거율은 2012년에 70.7%를 기록하는 등 다른 특별법범에 비하여 대체로 낮은 검거율을 나타내고 있다.

부정수표단속법 위반사범의 경우 발생건수가 매년 감소하는 특징을 보이고 있다. 이는 어음에 비해 수표의 사용이 크게 줄어들고 수표발행에 대한 은행의 감독이 철저해졌으며, 기업의 경우에도 수표를 사용하지 않고 다른 결제수단을 사용함으로써 수표부도는 개인에 의해 이루어지는 경우가 많다는 데서 원인을 찾을 수 있다. 즉 경제가 개인이 아닌 기업에 의해 주도되면서 개인 활동에 주로 사용되는 수표관련 사범은 줄어들고 있다는 분석이 가능할 것이다.

(5) 증권거래법 위반범[77]

〈표 2-5〉 증권거래법 위반사범 발생·검거현황(2003-2012)

구 분 / 연 도	발생건수	전년대비 증감률(%)	검거건수	검거율(%)	검거인원
2003	191	−20.7	182	95.3	275
2004	156	−18.3	145	93.0	255
2005	153	−1.9	143	93.5	301

77) 종래 자본시장을 규율하는 증권거래법, 선물거래법, 간접투자자산 운용업법 등의 법률은 금융기관이 취급할 수 있는 상품의 종류를 제한적으로 열거하고 있어 창의적인 상품개발 등 금융혁신이 어렵고, 금융업의 겸영을 엄격하게 제한하고 있는 등의 문제가 있어 「자본시장과 금융투자업에 관한 법률」(제정 2007.8.3 법률 제8635호)로 통합되었다. 그럼에도 불구하고 법무연수원의 2010 범죄백서에서 여전히 증권거래법으로 표기를 하고 있어 이를 그대로 사용한다.

2006	155	1.3	127	81.9	221
2007	121	−21.9	107	88.4	203
2008	95	−21.5	90	94.7	149
2009	76	−20.0	67	88.2	101
2010	43	−43.4	41	95.3	77
2011	32	−25.6	24	75.0	41
2012	33	3.1	26	78.8	41

* 출처: 법무연수원, 2013 범죄백서, 2014.

<표 2−5>와 같이 증권거래법 위반사범들에 대해 살펴보면, 다른 경제범죄에 비해 그 발생건수가 현저히 적음을 알 수 있다. 즉 발생건수는 2003년 191건을 시작으로, 2004년에는 156건으로 전년 대비 18.3% 감소하였고, 2005년에는 153건으로 전년 대비 1.9% 감소하였다. 2006년에는 155건으로 전년도와 비슷한 발생건수를 보였으나, 2007년에는 121건이 발생하여 전년 대비 21.9% 감소하였고, 2008년에는 95건이 발생하여 전년 대비 21.5% 감소하였으며, 2009년에는 76건이 발생하여 전년 대비 20.0% 감소하였으며, 2010년에는 43건이 발생하여 전년 대비 43.4%, 2011년에도 32건이 발생하여 전년대비 25.6% 각 감소하였고, 2012년에는 33건이 발생하여 전년대비 3.1% 증가하였다. 증권사범의 검거율은 2003년 95.3%를 기록하였고, 2004년 이후 검거율이 증감을 반복하다가 2011년 75.0%, 2012년에는 78.8%로 감소하였다.

증권거래법 위반사건의 경우 2003년을 고점으로 하여 증가와 감소추세를 보이고 있다. 증권거래법 위반사건은 경제 활성화와 깊은 연관을 맺고 있는데, IMF 경제위기가 끝나고 경제가 활성화되면서 증권거래법 위반사건이 크게 증가하였으나, 그 이후에 다시 경제가 어려워지면서 증권거래법 위반사건도 감소한 것으로 추정된다. 증권거래법 위반행위의 경우 개인에 의해 범해지는 경우도 있겠지만 기업이 관련되는 경우도 적지 않을 것이다. 이 경우에 기업이 직접 범죄를 범하는 경우도 있겠지만 기업의 구성원이 범하거나 기업의 비밀을 이용한 경우가 많을 것이다.[78]

78) 이천현/임정호/박기석, 앞의 보고서, 71−79면.

증권선물위원회: 시세조종 기업사냥꾼·최대주주 등 검찰 고발

뚜렷한 자금없이 코스닥 기업을 인수한 뒤 시세조정과 유상증자를 통해 거액의 증자자금을 가로채는 등 불공정 행위를 저지른 주주와 경영진들에 대해 고발조치가 내려졌다.

증권선물위원회는 21일 제 23차 정례회의를 열고 34개사의 주식에 대한 부정거래 금지를 위반한 35명을 검찰 고발했다.

주요 고발 대상은 ▲ 시세조종을 통해 증자자금을 편취한 기업사냥꾼 ▲ 상장폐지 요건을 알리지 않고 최대주주에게 감자시 행사가액을 조정하지 않는 이른바 '황금 신주인수권부사채(BW)'를 부여해 부당이득을 챙긴 최대주주나 경영자들이다.

기업사냥꾼의 경우 코스닥 상장사인 A사에 대한 인수자금 조달내용이나 경영권 양수도 금액 등을 증권신고서에 허위 기재하고 인수주식 처분으로 최대주주 지위를 상실했음에도 마치 최대주주로의 지분 보유를 지속하는 것처럼 속이거나 유상증자 자금을 운영자금으로 사용한다고 속여 납입된 증자자금 중 280여억 원 가량을 횡령했다.

또 일반 공모 유상증자 당시 주가하락으로 증자 실패가능성이 높아지자 사채업자의 자금이나 회사자금을 이용한 차명계좌를 통해 총 405회 가량의 시세조종 주문을 제출했다.

증권신고서에 중요사항을 허위기재, 누락시킨 후 보유주식을 처분해 14억 원 부당이익을 얻거나 상장 폐지 또는 회생절차 개시신청 등 관련 정보를 공개하기 전 보유주식을 매도해 손실을 회피한 최대주주와 경영진 등도 고발 조치됐다.

증권선물위원회는 "특별한 이유 없이 최대주주나 사업목적이 자주 변경되는 상장기업에 대해서는 투자에 유의해야 한다"며 "재무구조 부실 등으로 관리종목에 지정되거나 상장폐지 개연성이 높은 상장기업이 실적개선 없이 외부자금 조달을 통해 재무구조 개선에 나선 것처럼 공시하는 경우 신중한 투자에 나서 달라"고 조언했다.[79]

(6) 환경범죄

〈표 2-6〉 환경범죄 발생·검거현황(2003-2012)

구 분 / 연 도	발생건수	전년대비 증감률(%)	검거건수	검거율(%)	검거인원
2003	12,847	−15.5	12,534	97.6	13,725
2004	9,519	−25.9	9,218	96.8	6,760
2005	9,865	3.6	9,771	99.0	10,384

79) 뉴스토마토, 2011년 12월 21일자 기사.
(http://www.newstomato.com/ReadNews.aspx?no=210357)

2006	12,211	23.8	11,960	97.9	12,208
2007	9,330	−23.6	9,040	96.9	10,615
2008	6,206	−33.5	6,250	100.7	6,897
2009	5,066	−18.4	5,038	99.4	5,683
2010	2,513	−50.4	2,428	96.6	2,911
2011	3,206	27.6	3,026	94.4	3,210
2012	3,675	14.6	3,590	97.7	4,402

* 출처: 법무연수원, 2013 범죄백서, 2014.

<표 2−6>과 같이 환경범죄에 대해 살펴보면, 2006년을 제외하고 전반적으로 감소 추세를 나타내고 있다. 즉 2003년에는 12,847건이 발생하여 전년대비 15.5% 감소한 것을 비롯하여 2004년까지 계속 감소하는 추세를 보이다가, 2005년에 9,865건, 2006년에 12,211건 발생하여 다시 증가 하였으나, 2010년에는 2,513건으로 지난 10년 중 가장 낮은 발생건수를 보이고 있다. 이는 일반 국민들과 사업자들의 환경의 중요성에 대한 인식 증대로 인한 측면도 있겠으나, 환경단속공무원들의 단속 실적 저조도 한 원인으로 볼 수 있다.

오늘날 환경 문제는 다른 어느 문제보다도 비중을 두고 심혈을 기울여 대처해 나가야 할 중요한 문제이므로 앞으로도 전 국민의 지속적인 관심과 보호 노력은 물론 환경단속공무원들의 환경범죄에 대한 철저한 단속과 계도가 요청된다.

그리고 [그림 2−1]은 2012년도 환경범죄의 죄명별 구성비를 나타낸 것이다. 환경범죄 중 가장 많은 비율을 차지하는 범죄는 대기환경보전법위반이 50.1%를 차지하고 있으며, 폐기물관리법위반으로 31.9%, 하천법위반이 13.6%, 자연공원법위반이 2.8%를 각각 차지하고 있다.

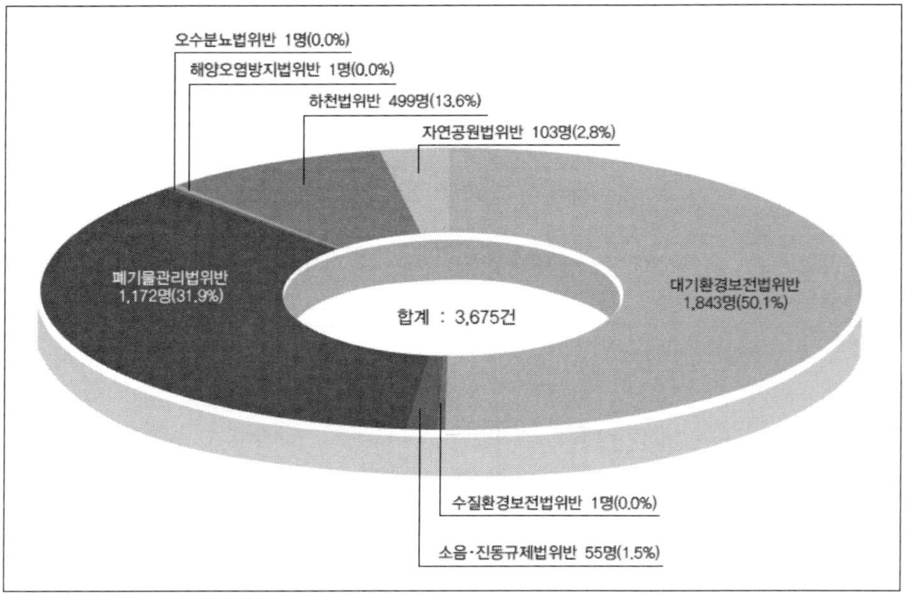

* 출처: 법무연수원, 2013 범죄백서, 2014.

[그림 2-1] 환경범죄 죄명별 구성비(2012년)

3. 기업범죄의 죄명별 검찰처리 현황

<표 3-1>은 관세법위반, 조세범처벌법위반 등에 대한 2009년도 검찰처리인원 및 구성비를 나타낸 것이다. 이를 보다 구체적으로 살펴보면, 조세법처벌법위반자가 6,533명으로 가장 많이 나타났고, 부정수표단속법위반자 3,547명, 외국환거래법위반자 2,022명, 관세법위반자 918명, 대외무역법위반자 404명, 상법위반자 1404명, 증권거래법위반자 41명, 독점규제법위반자 26명 순으로 나타났다.

〈표 3-1〉 죄명별 검찰처리 인원 및 구성비(2012년)

구분 \ 죄명		관세법	대외무역법	독점규제법	부정수표단속법	상법	외국환거래법	조세범처벌법	증권거래법
계		918 (100)	404 (100)	26 (100)	3,547 (100)	140 (100)	2,022 (100)	6,533 (100)	41 (100)
기소	소계	656 (71.5)	226 (55.9)	5 (19.2)	1,317 (37.1)	107 (76.4)	1,517 (75.0)	2,267 (34.7)	25 (61.0)
	구공판	159 (17.3)	42 (10.4)	1 (3.8)	580 (16.4)	48 (34.3)	69 (3.4)	1,021 (15.6)	20 (48.8)
	구약식	497 (54.1)	184 (45.5)	4 (15.4)	737 (20.8)	59 (42.1)	1,448 (71.6)	1,246 (19.1)	5 (12.2)
소년보호송치		–	–	–	–	–	–	–	–
가정보호송치		–	–	–	–	–	–	–	–
불기소	소계	200 (21.8)	173 (42.8)	21 (80.8)	1,801 (50.8)	29 (20.7)	372 (18.4)	2,501 (38.3)	11 (26.8)
	혐의없음	83 (9.0)	34 (8.4)	5 (19.2)	339 (9.6)	28 (20.0)	91 (4.5)	1,521 (23.3)	9 (22.0)
	기소유예	106 (11.5)	136 (33.7)	6 (23.1)	85 (2.4)	–	259 (12.8)	533 (8.2)	–
	죄가안됨	–	–	–	1 (0.0)	–	–	1 (0.0)	–
	공소권없음	11 (1.2)	3 (0.7)	10 (38.5)	1,376 (38.8)	1 (0.7)	22 (1.1)	446 (6.8)	2 (4.9)
참고인중지		19 (2.1)	–	–	66 (1.9)	–	18 (0.9)	924 (14.1)	4 (9.8)
기소 중지		43 (4.7)	5 (1.2)	–	363 (10.2)	4 (2.9)	115 (5.7)	841 (12.9)	1 (2.4)

* 1. 자료: 법무연수원, 2013 범죄백서, 2014.
2. ( )은 분포백분율을 나타냄.

검찰의 기소율은 부정수표단속법위반, 조세범처벌법위반의 기소율은 각각 37.1%, 34.7%로 전체 범죄의 기소율(40.1%)보다 낮고, 특히 외국환거래법위반은 75.0%, 관세법위반은 71.5%, 대외무역법위반은 55.9%, 상법위반은 76.4%, 증권관리법 61.0%로 각각 높은 기소율을 보이고 있으나, 이들 사건의 처리내용 대부분이 구약식으로 처리되었음을 보아 비교적 경미한 사안이었음을 알 수 있다.

그리고 검찰의 불기소율을 살펴보면, 독점규제법위반자 21명(80.8%), 부정수표단속법위반자 1,801명(50.8%), 대외무역법위반자 173명(42.8%)에 해당하는 범죄자들에 대한 불기소율이 비교적 높게 나타났다.

한편, <표 3-1>에 의하면 법률 영역에 따라 기소율이 큰 차이가 나타남을 알 수 있다. 즉 상법위반(76.4%), 외국환거래법위반(75.0%), 관세법위반(71.5%)에 있어서는 기소율이 70% 이상으로 매우 높은데 이는 범죄사실이 명확하고 중하여 불기소하기는 부적합한 것이기 때문이다. 하지만 이들 사건의 처리내용 대부분이 약식명령청구인바, 이는 행정법규위반이라는 범죄의 특성에 비롯된 것으로 보인다.

<표 3-2>는 2012년 한 해 동안 발생한 환경범죄에 대한 죄명별 검찰처리 인원 및 구성비를 나타낸 것이다. 이를 보다 구체적으로 살펴보면, 대기환경법위반자가 2,579명으로 가장 많이 나타났고, 폐기물관리법위반자 1,763명, 하천법위반자 289명, 자연공원법위반자 119명, 소음진동법위반자 33명, 해양오염방지법 2명, 수질환경법위반자 1명 순으로 나타났다. 이 가운데 대기환경법위반 사건이 다른 개별 법률위반 사건보다 절대적으로 많은 것은 자동차배출가스를 단속을 강화한 결과라 여겨진다.

환경범죄자에 대한 검찰의 처리현황은 다른 기업범죄자들과는 다르게 불기소율이 기소율을 초과하는 경향은 나타나지 않았지만 환경범죄자들 역시 구공판 사건처리보다는 구약식 사건처리가 많이 나타난 것으로 보아 범죄의 사안이 비교적 경미함을 알 수 있다.[80)]

80) 이천현/임정호/박기석, 앞의 보고서, 79-82면.

〈표 3-2〉 환경범죄의 죄명별 검찰처리 인원 및 구성비(2012년)

구분 \ 죄명		오수 분뇨법	대기 환경법	수질 환경 보전법	소음 진동법	폐기물 관리법	하천법	해양 방지법	자연 공원법
계		–	**2,279 (100)**	**1 (100)**	**33 (100)**	**1,763 (100)**	**289 (100)**	**2 (100)**	**119 (100)**
기소	소 계	–	2,056 (79.6)	–	27 (81.8)	1,086 (61.6)	200 (69.2)	2 (100)	71 (59.7)
	구공판	–	59 (2.3)	–	3 (9.1)	115 (6.5)	1 (0.3)	–	4 (3.4)
	구약식	–	1,994 (77.3)	–	24 (72.7)	971 (55.1)	199 (68.9)	2 (100)	67 (56.3)
소년보호송치		–	–	–	–	–	–	–	–
가정보호송치		–	–	–	–	–	–	–	–
불기소	소 계	–	520 (20.2)	1 (100)	6 (18.2)	648 (36.8)	88 (30.4)	–	48 (40.3)
	혐의없음	–	207 (8.0)	1 (100)	3 (9.1)	353 (20.0)	17 (5.9)	–	18 (15.1)
	기소유예	–	299 (11.6)	–	3 (9.1)	268 (15.2)	68 (23.5)	–	28 (23.5)
	죄가안됨	–	2 (0.1)	–	–	1 (0.1)	–	–	–
	공소권 없음	–	12 (0.5)	–	–	26 (1.5)	3 (1.0)	–	2 (1.7)
참고인중지		–	–	–	–	5 (0.3)	–	–	–
기소 중지		–	6 (0.2)	–	–	24 (1.4)	1 (0.3)	–	–

* 1. 자료: 법무연수원, 2013 범죄백서, 2014.
2. ( )은 분포백분율을 나타냄.

4. 소 결

이상으로 2003년부터 2012년까지 최근 10년 동안의 기업범죄의 실태를 살펴보았다. 그런데 실제로 이 기간 동안 얼마만큼의 기업범죄가 발생하였는지를 정확하게 파악하는 데는 어려움이 존재한다. 정부가 기업이 범하는 범죄를 따로 공식통계로 발표하고 있지 않을 뿐더러 기업범죄의 개념을 확정하기 곤란하기 때문이다. 하지만 우리나라에서 기업범죄의 사회적 비중이 점차 확대되고 있음을 고려할 때 향후 기업범죄를 유형을 확정하고 양벌규정이나 기업의 구성원으로서 범한 기업범죄를 별도로 구분하여 공식통계를 잡을 필요성이 있다고 본다.

이러한 어려움에도 불구하고 지금까지 분석한 기업범죄의 실태를 종합하면, 다수의 행정법규의 벌칙규정에서 규정된 양벌규정에 따른 우리나라의 기업범죄 처벌 시스템의 운용은 양적으로 2007년 전후를 정점으로 하여 이후 감소하는 추세를 보이고 있으며(<표 1－2> 참조), 질적으로도 2012년 외국환거래법위반과 관세법위반의 경우 각각 71.6%, 54.1%가 구약식 절차에 의해서 처리되었고, 2012년 독점규제법위반의 경우 불기소처분 비율이 80.8%에 달한다(<표 3－1> 참조). 이렇게 보면 우리나라의 기업범죄 처벌 시스템의 운용 상황은 반드시 활발하다고 말하기 어렵다고 본다. 다만 이로부터 곧바로 기업범죄 대책의 필요성이나 중요성을 부정하는 결론을 도출하는 것은 타당하지 않다.

예를 들어 2007년 이후 법인의 검거인원의 감소 경향은 일률적으로 기업범죄 처벌에 대한 소극적 대처를 의미하는 것은 아니다. 이러한 수치의 증감은 경제 전반의 경기상황이나 산업구조의 변화, 면책규정을 신설한 양벌규정의 개정 등에 많은 영향을 받은 것으로 평가해야 하기 때문이다. 다만 기소된 외국환거래법위반, 관세법위반의 기업범죄에 있어 50% 이상이 약식절차에 의해서 처리되고 있어 정식 기소에 의해 심리가 실시되는 것은 극히 소수의 사건에 머무르고 있다는 사실에 주목할 필요가 있다. 이는 현행 기업범죄 처벌 시스템의 운용이 중대한 기업범죄에 대처하는 강력한 무기로서 충분한 기능을 할 수 없음을 의미한다.

오히려 지금까지의 기업범죄 실태에 대한 분석으로부터 파악할 수 있는 것은 충분히 정비되어 있지 않은 현행의 기업범죄 처벌 시스템의 아래에서는 기업범죄의 처벌에 대한 소극적 대처가 아니라 적극적 대처에 근본적 한계가 있는 것은 아닌가 한다. 예컨대 현재 양벌규정에 따른 법인에 대한 벌금형이 대부분의 경우 1억원 이하인 상황에서 기업범죄를 수사하는 경찰과 검찰도 한정된 인적·물적 자원을 가지고 기업범죄에 적극적으로 대처하는 데 한계가 있음이 분명하고, 기업 측에서도 몇몇 기업범죄 관련 법률위반에 있어서는 위반사실을 법정에서 적극적으로 다투기보다 약식절차에 응하는 방식으로 소송상의 부담을 회피하는 길을 선택해 온 것은 아닌지 추측된다. 이들 법률위반 사건에 있어 약식절차가 법인을 피고인으로 하는 형사재판의 대부분을 차지하여 1심 판결에 대한 공소가 거의 행해지지 않는 상황을 보면 이러한 사실을 증명하고 있다고 본다.

다른 한편으로 기업범죄와 관련되어 정식 재판이 진행된 경우에도 기업인, 특히 대기업의 총수 등에 대해서는 대부분 집행유예를 선고하고 실형을 선고할 때도 단기형일 뿐 아니라 사후에 사면 등으로 구금에서 풀려나는 경우가 대부분이어서 기업주에 대한 양형이 일반인에 비해 현저히 약하다는 비판이 끊임없이 제기되고 있다.[81] 이는 우리나라가 영미법계와 달리 법인의 범죄능력을 부인하는 입장에서 양벌규정에 의해 법인에게 벌금만을 부과하는 기업범죄 처벌 시스템을 채택함으로써 기업주, 기업임원, 기업(법인) 자체가 책임져야 할 부분이 어떠한 부분인지를 분명하게 가려내기 어려운 구조적 한계를 가지고 있다는 데 일차적 원인이 있지만 양형단계에 있어서도 기업범죄에 대한 일관된 양형기준이 마련되어 있지 않다는 사실도 중요한 원인으로 작용하고 있다.

따라서 기업범죄에 대한 엄격한 처벌이라는 현재의 사회적 요청과 기업범죄에 대한 효율적이고 적정한 대처를 고려하면 현재의 기업범죄 처벌 시스템을 어떠한 방향으로 개선해야 할 것인지에 대한 고민과 더불어 기업범죄에 대한 적정한 양형기준을 마련하는 작업이 요구된다고 본다.

81) 이에 대한 상세한 분석으로는 정미화, “기업범죄 양형의 문제점과 대안”, 민주사회를 위한 변호사 모임 세미나 자료집, 2007.6.14, 4면 이하 참조.

Ⅴ. 기업 형사책임론의 현대적 과제

1. 종래의 기업 형사책임론의 문제점

기업범죄에 대한 형사법상의 대응에 대해 우리나라에서는 그 동안 ‘법인의 범죄능력’ 내지 ‘법인의 형사책임’이라고 하는 체계 안에서 오래전부터 논해져 왔다. 이 주제에서는 ① 법인의 범죄능력을 긍정하는지 부정하는지, ② 법인의 형사처벌의 근거를 위반행위를 실시한 종업원에 대한 선임·감독상의 과실책임으로 이해하는지, 아니면 무과실 전가책임으로 이해하는지, ③ 기업(법인)범죄에 대한 합리적인 제재방안은 무엇인지 등을 둘러싸고 격렬한 논의가 전개되었고 그 과정에서 많은 연구 성과가 축적되어 왔다. 그러나 이러한 종래의 기업(법인) 형사책임론에는 어느 입장을 취하는지와 관계없이 공통되는 중대한 문제점을 내포하고 있다. 즉 종래의 논의는 기업(법인)에 대해 형사책임을 부과하기 위해서 우선 양벌규정에 따라 법인의 대표이사, 임원, 종업원 등 자연인의 책임을 인정할 필요가 있다고 하는 자연인을 매개로 하는 접근이 당연한 전제로 여겨졌기 때문이다. 그런데 이러한 접근은 현행의 법인처벌 규정을 충분히 설명할 수 없는 측면이 있다. 그리고 입법론에 있어서도 반드시 자연인에게 환원할 수 없는 고유의 성질을 가진 현대의 대규모 기업조직체의 실태에 맞은 이론을 전개하지 않고서는 기업의 형사책임을 적절히 묻는 것이 곤란한 경우가 있다. 이와 같이 지금까지 우리나라에 있어 자연인을 매개로 하여 기업의 형사책임을 인정하는 접근이 우세했는데, 원칙적으로 책임원칙 등 형법의 여러 원리나 범죄론 체계가 자연인을 대상으로 하는 것을 당연한 전제로 여기고 있어 이러한 자연인을 대상으로 하는 범죄론 체계에서 기업을 편입시키기 위한 장치로서 자연인을 매개로 하는 접근이 용이했다는 사실에 유래한 것은 아닌가 한다.

그러나 오늘날 대규모로 조직화한 기업은 이미 자연인을 매개로 한 이해로는 파악할 수 없는 고유한 성질과 사회적 영향력을 갖추게 되었음을 부인할 수 없다. 그럼에도 불구하고 자연인을 매개로 한 접근을 계속해서 유지하면 결과적으로 기업범죄의 실태를 오인하여 기업의 형사책임을 축소시킬 수 있다. 그리고 기업의 형사책임을 효율적이고 적절히 물을 수 없다고 하는 기업범죄 처벌 시스템이 한편으로 기업 내의 자연인에게의 처벌 요구를 높여 자연인의 형사책임 부담을 불합리할 정도로 크게 하는 결과를 야기하고 있다는 일부의 비판을 완전히 부정하기도 어렵다고 본다.

따라서 기업(법인) 그 자체를 독자적인 범죄의 주체로서 파악하여 그 형사책임을 인정한다면 자연인을 매개로 한 접근과 결별하는 것은 결코 부자연스럽지 않고 오히려 필요성이 높은 것으로 여겨진다.

2. 기업 형사책임론의 오늘날의 의의와 과제

기업의 형사책임에 대해 검토하는 오늘날의 목적과 의의는 지속적으로 발생하고 있는 중대하고 다양한 기업범죄에 적절히 대처하기 위한 효과적, 구체적, 현실적인 체계나 기준을 제시하는 데 있다. 이를 위해서 우선, "양벌규정에 의해 종업원의 선임·감독에 있어서의 법인의 과실책임을 묻는다"고 하는 현행 기업범죄 처벌 시스템의 개선방안을 모색해야 한다. 실제로 현재 운용되고 있는 기업범죄 처벌 시스템이 충분한 기능을 하고 있지 못하다고 평가할 수 있는 이상 그 개선이 최우선 과제인 것은 말할 필요도 없다. 그렇지만 다른 한편으로 현행 기업범죄 처벌 시스템이 본질적인 문제를 내포 있으므로 이러한 문제의 해결이 현행 시스템의 부분적 개선으로 이루어질 수 없다고 한다면 입법론적 차원에서 새로운 기업범죄 처벌 시스템의 도입에 의한 근본적인 개선을 고려할 필요가 있다. 현행 시스템상의 문제점이 부각된 오늘날 이러한 입법론의 비중은 상당히 높아지고 있다.

그러면 기대되는 새로운 기업범죄 처벌 시스템이란 무엇일까? 이러한 물음에 답하려면 지금까지 우리나라에서 진행되어 온 '법인의 형사책임'에 관한 논의를 정리하고 비교법적인 고찰을 토대로 하여 기업범죄 처벌의 근거가 무엇인가의 문제로 다시 되돌아가 기업(법인)에 대한 적절한 귀책원리를 모색이 요구된다. 그리고 현행 양벌규정에 대해 합리적인 설명을 하는 것과 동시에 한발 더 나아가 입법론적 차원에서 현재의 기업범죄의 실태에 걸맞은 기업범죄 처벌의 체계를 그려내는 것이 필요하다.

또한 현실의 기업범죄에 대해 적절히 대처하기 위해서 이러한 새로운 기업범죄 처벌의 체계에 있어 기업의 귀책요건을 가능한 한 구체적으로 제시할 필요가 있다. 이와 관련하여 기업범죄의 대책으로서 실제로 운용되는 것을 전제로 한 현실적인 대안의 제시가 바람직할 것이다.

마찬가지로 입법론적 차원에서는 기업의 형사책임을 어떠한 범죄유형에 대해 물을 것인가 하는 점에 대해서도 충분한 검토가 요구된다. 오늘날 우리나라의 기업범죄 처벌은 양벌규정이라는 법인처벌의 명문 규정이 존재하는 경우에만 가능하다는 점에 대해 견해의 일치를 보이고 있으나, 지금까지 기업 형사책임론의 전개는 관념론적 틀을 벗어나지 못하고 있기 때문에 이러한 문제에 대해 충분한 논의가 마무리되지 않았다고 본다. 기업의 형사책임을 인정할 경우에 일정한 범죄유형에 한정시킬 필요가 있는지 여부와 관련하여 외국의 입법례를 살펴보고 우리나라의 현상을 근거로 하여 명확한 결론을 도출하는 것도 입법론에 있어 관념성에서 벗어나 현실성을 주기 위해 중요한 과제임에 틀림없다.

나아가 기업범죄 처벌의 실효성을 높이기 위해 단지 기업의 형사책임을 물을 뿐만 아니라 이에 동반하는 효과적인 형사제재에는 무엇이 있는지 여부도 고찰의 범위에 포함시킬 필요가 있다. 비록 기업에 형사책임을 묻기 위한 근거나 요건을 충실히 검토할지라도 벌금형을 중심으로 한 현행 기업범죄에 대한 형사제재를 유지한 채로 기업범죄에 적절한 대응을 기대할 수 있을까 하는 의문이 남기 때문이다. 이러한 의문은 어쩌면 당연하다고 본다. 현행 벌금형만을 전제로 했을 경우 자산 규모가 크고 작은 여러 형태의 기업이 일으키는 다양한 기업범죄에 대해 효과적으로 대처할 수 있다고 생각되지 않기 때문이다. 이 때문에 오늘날 기업범죄 처벌 시스템에 대해 주형으로 부과되고 있는 벌금형에 대해 전향적인 검토가 필요하다. 즉 다양한 피해를 야기하는 크고 작은 여러 가지 형태의 기업범죄에 대처하기 위해 벌금형 이외의 형사제재, 예컨대 기업에 대한 보안처분과 손해배상명령 등 기업에 대한 새로운 형사제재를 도입할 필요는 없는 것인가라는 문제에 대해서도 검토하지 않으면 안 된다.

본서에서는 이상과 같은 기업의 형사책임론의 오늘날의 과제에 대해 고찰을 하고 나아가 실현 가능성이 있는 새로운 기업범죄 처벌 시스템의 전체적 윤곽을 그려내는 것을 목적으로 하여 논의를 전개하고자 한다.

Corporate Ccriminal Liability

제 2 장

기업(법인)의 범죄능력

§ 2 법인의 본질

Ⅰ. 법인의 개념과 권리능력

제1장에서 기업범죄란 “합법적으로 조직된 기업 또는 그 구성원이 기업체의 목적을 추구하는 과정에서 기업을 위하여 작위 또는 부작위에 의해 고용인, 소비자, 고객, 일반대중, 기업 그 자체, 그리고 타 기업에 대해 인적·물적 손해를 가하는 각종 위법행위로서 국가에 의하여 형사제재가 부과되는 행위”라고 정의를 내린 바 있다. 이 때 기업은 대부분 일반적으로 법률에 의해 권리능력이 인정된 단체 또는 재산을 말하는 법인(juristische Personen)의 형태를 띠고 있다. 특히 민법은 법인의 형태로 사단법인(Verein)과 재단법인(Stiftung)을 인정하고 그 구성원 또는 설립자와는 독립한 권리주체로 인정하고 있다.[1] 즉 민법은 “법률의 규정에 좇아 정관으로 정한 목적의 범위 내에서 권리와 의무의 주체가 된다”고 함으로써 법인의 권리주체성을 인정함과 동시에 일정한 경우에 법인에게 불법행위능력도 부여한다(민법 제34조, 제35조). 나아가 회사법에서도 주식회사로 대변되는 법인은 상법상 개인적 상인보다 더욱 중요한 법적 주체로 취급된다. 또한 공법에서도 법인은 한편으로 기본권 주체로,[2] 다른 한편으로 행정처분의 대상으로 그 지위를 누린다. 그리고 민법과 노동법에서 법인은 가장 대표적인 사용자로서 근로관계의 주체가 된다. 이처럼 일반적으로 법인은 공법 및 사법 영역에서 권리능력의 주체로 인정받고 있다.[3] 이는 오늘날 자본주의가 고도로 성장하면서 오히려 개인보다 법인이 더욱 중요한 사회적 역할을 담당하고 있으며 그 결과 개인의 자유와 이익마저 위협하는 막강한 존재로 대두되고 있음을 반영한 결과이다.

---

1) 민법 제3장 이하.
2) 이에 대해 상세한 분석으로는 신우철, 헌법과학, 동현출판사, 2002, 제3장 ‘법인’의 ‘기본권 주체성’ 참조.
3) 양천수, “법인의 범죄능력 －법 이론과 형법정책의 측면에서－”, 형사정책연구 제18권 제2호, 2007, 163－164면.

그런데 앞서 언급한 기업범죄의 개념정의는 자연인과 마찬가지로 법인에게도 범죄능력, 즉 행위능력, 책임능력, 수형능력이 인정될 수 있음을 전제로 한 것이다. 하지만 형법은 (株)삼성전자, (社)한국형사법학회, (財)아산사회복지재단 등의 법인이 사회 속에서 존재하고 있고 자연인보다 더 광범위하고 큰 규모의 경제적·법적 활동을 영위하고 있음에도 불구하고 "단체는 죄를 범하지 못한다"(societas dilinquere non potest)는 법언(法諺)에 따라, 그리고 오직 자연인인 인간만이 범죄의 주체가 될 수 있다는 형법도그마틱에 따라 법인의 범죄능력을 부인하면서 각종 특별형법상의 양벌규정에 의해 법인에게 수형능력만을 인정하는 모순된 기업범죄 처벌 체계를 유지하여 오고 있다.

그러나 이러한 형법의 입장과 달리 공법 및 사법 영역에서는 법인에 대해 권리능력의 주체로 인정하고 있는데, 그 이유를 살펴보면 크게 두 가지 측면을 언급할 수 있다.[4] 하나는, 단체의 법적 거래참여가 간편할 수 있다는 점이다. 즉 일정한 사람의 단체 또는 일정한 목적재산이 법인격을 갖게 되면 단체 또는 목적재산이 마치 자연인과 같은 하나의 권리주체로서 활동하므로 법적 거래가 간편하고 용이하게 이루어질 수 있다. 뿐만 아니라 그 단체를 구성하는 자연인의 재산과는 분리·독립된 단체의 재산이 인정될 수 있다. 이는 기능적 측면에서의 법인의 존재이유라고 할 수 있다. 다른 하나는, 책임의 제한에서 그 이유를 찾을 수 있다. 즉 법인격이 인정된 법인의 책임은 법인의 재산에 한정되고, 법인의 행위로 인한 결과에 대해서 개인적으로 책임을 지지 않는다는 것이다. 이는 법인과 사원, 법인과 출연자가 법적 책임과 관련하여, 특히 채무에 대하여 분리됨을 의미한다.

이처럼 법인은 법률상 자연인과 마찬가지로 또 하나의 권리주체이지만 자연이과 전혀 동일한 권리주체는 아니다. 따라서 법인의 대내적·대외적 법률관계를 어떻게 처리하여야 할 것인가와 관련하여 법인이 어떠한 사회적 실체를 가지며, 무엇 때문에 자연인 이외의 존재에 대하여 법인격을 인정하는지가 문제되는데, 이것이 바로 법인의 본질론 또는 법인이론이다.[5]

---

4) 김상용, 민법총칙(제3판), 화산미디어, 2014, 224－225면; 지원림, 민법강의(제12판), 홍문사, 2014, 104면; 이영준, 민법총칙(개정증보판), 박영사, 2007, 900면.

5) 김상용, 앞의 책, 227면.

Ⅱ. 법인의 본질

법인의 본질론은 자연인처럼 법인을 실재하는 존재로 볼 것인가, 아니면 법인은 단지 법이 필요해서 인위적으로 만들어낸 픽션으로 볼 것인가에 관한 논쟁이라고 할 수 있다. 이러한 논쟁은 19세기 말 이래로 100여년 이상 로마법학자들의 법인의제설과 게르만법학자들의 법인실재설로 나뉘어 전개되었으나, 지금은 거의 논의할 실익이 적다고 할 수 있다. 왜냐하면 사법학은 입법적인 결단을 통해 법인을 자연인과 동등한 권리능력의 주체로 인정할 뿐만 아니라 일정한 경우에 법인에 대해서도 불법행위책임을 인정하기 때문이다(민법 제35조). 하지만 이러한 사법학과는 달리 형법학에서는 법인의 범죄능력이 여전히 문제가 되고 있으며, 어떠한 법인의 본질론을 취하는가 여부에 따라 법인의 범죄능력의 인정여부가 달라질 수 있다는 점에서 이 논쟁에 대해 간략히 검토할 필요가 있다.

1. 법인의제설(Fiktionstheorie)

이 설은 권리·의무의 주체는 원래 자연인인 개인에 한하는 것으로 법인은 법률의 힘에 의하여 자연인에 의제되어 인정된 것이라고 본다.[6] 이는 19세기 독일의 로마법학자인 사비니(F. C. v. Savigny, 1779-1861)에 의해 주장된 학설로, 그에 의하면 권리는 의사의 지배이므로 의사가 없는 법인에 대해서는 권리·의무의 주체가 될 수 있는 지위를 인정할 수 없으며, 법인이란 "사법상의 재산능력에 대하여 의제에 의해서 인정된 인위적인 주체"이고, 법률상의 목적을 위한 '관념적 존재'(ideale Existenz)라고 한다.[7] 결국 이 학설은 법인은 실재하지 않는 것으로서 법적 픽션에 지나지 않는다고 본다.[8] 이 학설은 19세기 전반의 절대주의가 지배하던 중앙집권적 근대국가의 반단체적 사상 내지 정책에 합치

6) 국내에서는 지원림, 이영준이 이를 지지한다(지원림, 앞의 책, 106면; 이영준, 앞의 책, 903면).

7) 사비니의 법인론에 대한 상세한 설명으로는 이기수, "법인론의 본질 -Savigny이론의 올바른 해석을 위하여-", 상법논총(인산 정희철선생 정년기념논문집), 박영사, 1985 참조.

8) 고상용, "법인론의 재검토 소고", 성균관법학 창간호, 1987, 166면; 김상용, 앞의 책, 228면; 지원림, 앞의 책, 105면; 이영준, 앞의 책, 902면.

하는 것으로 특허주의·허가주의 등의 이론적 근거가 되었으며, 당시 학계를 휩쓸었으나 사회사상이 법인 금지에서 법인 방임으로 변함에 따라 그 지위가 약화되었다.[9]

2. 법인부인설(Negationstheorie)

이 설은 법인의제설을 보다 더 이론화한 것으로, 법인은 독자의 사회적 실체를 갖지 않는 것으로서 법인의 본체는 법인을 구성하는 개인 또는 재산이라고 한다. 즉 법인의 실체는 법인의 이익을 종국적으로 향수하는 개인이거나 일정한 목적에 바쳐진 재산뿐이라고 이해한다. 법인부인설은 다시 일정한 목적에 바쳐진 무주(無主)의 재산이 법인의 본체라는 목적재산설(Brinz), 법인으로부터 이익을 얻고 있는 다수의 개인이 법인의 주체이고 법인이란 다수의 구성원이나 수익자가 공동으로 권리·의무를 갖고 있는 복잡한 권리관계를 다만 대외적으로 처리하기 위한 형식적·추상적인 권리의 담당자이며 관념적 존재라는 향익자주체설(v. Jhering), 실적으로 법인재산을 관리하고 있는 자가 법인의 본체라는 관리자주체설(Hölder) 등으로 나뉜다. 그러나 오늘날 국내 민사법학계에서 법인부인론을 지지하는 입장은 없다.

3. 법인실재설(Realitätstheorie)

법인실재설은 법인을 법의 피조물, 즉 법적 거래에 보다 편리하고 간편하게 참여할 수 있게 하기 위한 법기술적인 제도가 아니라 자연인과 마찬가지로 권리주체로서의 실질을 가지는 사회적 실체라고 보는 견해이다.[10] 19세기 독일의 대표적인 게르만법학자였던 기르케(O. v. Gierke, 1841－1921)가 이 견해를 주장하였는데, 그는 자연인이 자연적 유기체로 개인의사를 갖는 것과 마찬가지로 법인은 사회적 유기체로서 단체의사를 갖는다고 보았다(유기체설). 유기설체 이외에도 법인실재설은 권리주체임에 적합한 법률적 조직을 갖는 조직체라고 보는 조직체설(Michoud, Saleilles), 법인격을 부여할 만한 사회적 가치를 가지고 독자적으로 사회적 작용을 하는 것이라는 사회적 가치설(我妻 栄)로 입장이 나뉘

9) 곽윤직, 민법총칙(제7판), 박영사, 2007, 119면.
10) 국내에서는 김상용이 이를 지지한다(김상용, 앞의 책, 231－232면).

어져 있다.

4. 법인의 본질에 관한 새로운 견해

법인의 본질론은 법인의 본체 내지 실체가 무엇인가에 대해 법인의제설과 법인실재설로 나뉘어 오랜 동안 대립하여 왔으나, 이 두 견해 가운데 어느 견해가 타당한지 판단하는 것은 쉽지 않다. 이러한 상황에서 독일의 법사회학자이자 사법학자인 군터 토이브너(G. Teubner)는 법인의제설과 법인실재설을 종합하여 법인의 본질에 관한 새로운 견해를 제시하고 있다.[11] 우선 토이브너는 법인은 자연인처럼 육체를 갖추고 실재하지 않으므로 자연인과 법인 사이에는 존재방식이라는 점에서 분명한 차이가 있음을 인정한다. 하지만 그는 법인은 사회적으로 분명 존재한다고 한다. 즉 법인은 자연인과 같이 육체적인 존재방식으로 사회 속에서 존재하지 않으나, 사회 속에서 이루어지는 '의사소통'(Kummunikation) 속에서 그리고 이러한 의사소통을 통해 형성되는 '기대'(Erwartung) 속에서 존재한다고 한다. 이때 토이브너는 독일의 사회학자인 루만(N. Luhmann)의 사회체계이론(Systemtheorie der Gesellschaft)[12]을 원용하여 자신의 주장을 뒷받침하고 있다. 루만에 따르면, 사회는 기능적으로 분화된 다양한 '부분체계들'(Subsysteme), 예컨대 정치, 경제, 법, 학문, 예술, 종교와 도덕 등으로 구성되어 있으며, 이 부분체계들은 체계/주변세계의 차이에 근거하여 시스템의 조작을 통해서 '자기준거적'(自己準據的, selbstreferentiell)으로 재생산되는 고유의 '이원적 코드'(binäre

---

11) Teubner, "Unternehmenskorppratismus —New Industrial Policy und das 'Wesen' der Juristischen Person", KritV (1987), 61—85면.

12) 루만의 체계이론은 사회의 미시적 국면만을 분석하는 미시이론이 아니라 전체로서의 사회를 어떻게 적절하게 파악할 수 있는가라는 문제에서 출발하여 체계(System)/주변세계(Umwelt)라는 구분기준을 토대로 현대사회를 전체차원에서 거시적으로 분석하는 거시이론 모델이라고 할 수 있다. 이와 같은 루만의 체계이론은 방대하고 난해하며 또한 복잡하고 추상적인 것으로 유명한데, 필자의 능력으로 요약·설명하기는 거의 불가능에 가깝다. 루만의 체계이론에 관한 개관은 N. Luhmann, *Einführung in die Systemtheorie*, 2. Aufl., 2004; 니클라스 루만/박여성(역), 사회체계이론 1, 2, 한길사, 2007 참조. 루만의 체계이론을 소개하고 있는 주요 국내문헌으로는 강희원, "루만의 체계이론과 현대법의 이해", 현대 법철학의 흐름, 한국법철학회편, 법문사, 1996, 349면 이하; 발터 리제 쉐퍼/이남복 역, 니클라스 루만의 사회사상, 백의, 2002; 루만/노진철·최재현 역, "체계이론의 최근 동향", 현대 독일 사회학의 흐름, 형성사, 1991, 195면 이하; 이상돈/홍성수, 법사회학, 박영사, 2000, 189면 이하 참조.

Code), 즉 정치(여당/야당), 경제(소유/비소유), 법(합법/불법), 학문(진리/허위), 예술(美/醜), 종교(내재성/초월성), 도덕(선/악) 등에서의 체계고유의 논리구조를 참조하면서 체계의 폐쇄성·자립성·복합성의 감축을 이루어 간다고 한다.[13] 이러한 사회의 부분체계들은 인간처럼 눈으로 보고, 감각으로 느낄 수 있는 그런 존재는 아니지만 사회를 구성하면서 사회 속에 실재함에 틀림없다. 루만에 따르면, 여러 부분체계들로 구성된 사회체계는 의사소통으로 구성되고 기대를 통해 구조가 마련되며 독자적인 기준과 절차를 통해 작동한다고 한다. 바꾸어 말해, 사회체계는 인간의 눈에 보이지 않지만 의사소통과 기대를 통해 생성되고 분명 사회 속에서 실재하고 있다는 것이다. 토이브너는 이러한 루만의 사회체계이론을 법인의 본질론에 원용하여 법인 역시 한편으로 자연인과 다른 법적 관념이지만 다른 한편으로 그것은 분명 사회 속에 실재하는 존재라고 한다.[14]

한편, 우리나라에서도 지금까지 법인실재설 중 사회적 가치설이 지배적인 견해였으나, 최근에는 법인의 본질에 관한 새로운 학설이 제시되고 있다. 하나는, 법인의 기능적 측면을 고려해서 법인의 본질을 다원적으로 파악하는 견해로, 법인은 권리주체임이 적합한 조직에 대해 법률이 법인격을 부여한 것이기 때문에 법인은 법기술적인 것(법기술적 측면)임과 동시에 실체를 갖춘 사회적 실체인 것(기능적 측면)이라는 양면성을 갖고 있고, 기존의 법인의 본질에 관한 학설은 이러한 양면 가운데 어느 한 면만을 강조한 것으로 타당하지 못하며 양면성을 모두 고려해야 한다고 한다.[15] 다른 하나는, 법인의 본질을 구성원과 일정한 목적에 바쳐진 목적재산의 결합으로 파악하고자 하는 이른바 '사람의 목적재산공동체설'이 있다.[16]

Ⅲ. 법인의 본질과 법인의 범죄능력의 관계

앞서 살펴본 법인의 본질과 법인의 범죄능력과의 관계를 본다면, 원칙적으

13) 김재윤, 현대형법의 위기와 과제, 전남대학교출판부, 2009, 137면.
14) 양천수, 앞의 논문, 167-168면.
15) 고상용, 앞의 논문, 171면.
16) 황적인, 현대민법론Ⅰ, 박영사, 1985, 91면.

로 '법인은 사법상의 재산능력에 대하여 의제에 의해서 인정된 인위적인 주체이고, 법률상의 목적을 위한 관념적 존재이다'고 하는 법인의제설의 입장에서는 법인의 범죄능력을 당연히 부정하게 된다. 반면에 '법인은 자연인과 마찬가지로 권리주체로서의 실질을 가지는 사회적 실체이다'는 법인실재설의 입장에서는 법인도 범죄행위를 할 수 있으므로 법인의 범죄능력을 인정하는 것이 논리 일관적이다.

그러나 비교법상 법인의 본질에 관해 법인의제설에 입각하고 있는 영미법계에서는 실용주의적 입장에서 법인처벌의 사회적 필요성을 중시하여 법인의 범죄능력을 인정하고 있으나,[17] 법인의 실재설을 취하고 있는 독일법계에서는 도의적 책임론을 바탕으로 책임의 본질을 윤리적으로 파악하여 윤리적 인격자로 볼 수 없는 법인에 대해 범죄능력을 부정하는 입장이 지배적이다. 이를 통해 법인의 본질론과 법인의 범죄능력 상호간에 논리필연적 관계는 없다.[18] 따라서 우리나라 통설이 민법상 법인의제설을 취하기 때문에 형법상 법인의 범죄능력도 반드시 부정해야 한다는 주장은 설득력이 낮다고 본다.

그리고 민법이 법인의 본질론과 연동하여 법인의 권리능력을 인정하지 않고 입법적 결단을 통해 이 문제를 해결한 것과 같이 형법에 있어서도 법인에게 범죄능력을 인정할 것인가 여부는 법인의 본질론과 무관하게 사회에서 기업(법인)범죄의 심각성, 기업(법인)범죄에 대한 비형사적 제재수단 구비 정도와 그 효과 등과 관련하여 어떤 노선과 방향의 형법정책을 선택할 것인가 하는 입법자의 형법정책적 결단과 결부되어 있다고 본다.[19] 그런데 형법정책적 시각에서 법인의 능력을 인정하는 것은 형법을 기능주의적·예방지향적 성격을 갖는 위험형법(Risikostrafrectht)[20]으로 변모시켜 형법의 법치국가성을 파괴할 우려가

17) 미국 연방판례법상으로는 법인은 개별적 규정에서 특별히 처벌의 대상이 되는가에 대한 언급이 없더라도 성문법상의 범죄행위에 대해 형사책임을 진다. 다수의 연방성문법에서는 오직 'person'만이 형벌을 부과받을 수 있다고 규정하고 있다. 그런데 미국 연방형법 제1조는 'person'을 자연인 개인뿐만 아니라 corporations, companies, association, firms, partnership, societies, jont stock companies도 포함한다고 규정하고 있다(Comments, "sanctions for Corporate Illegality", The Journal of Criminal Law & Criminology, vol. 69, 1978, 47면).

18) 임웅, 형법총론(제5정판), 법문사, 2013, 82면.

19) 이에 대한 상세한 분석으로는 조국, "법인의 형사책임과 양벌규정의 법적 성격", 서울대학교 법학 제48권 제3호, 2007, 61－65면; 양천수, 앞의 논문, 181면 이하 참조.

있으며, 형법의 보충성의 원칙에 합치하지 않는다는 견해가 제시되고 있다.[21]

위험형법(Risikostrafrecht)의 특징

위험사회의 새로운 대량위험, 특히 미래의 안전과 관련된 범죄유형에 대처하기 위해 이른바 위험형법이 주장되고 있다. 위험형법의 특징으로는 크게 다음의 세 가지 측면을 언급할 수 있다.[22]

첫째, 형법적용의 대상과 관련하여 기존의 형법과 그것의 행위규범들은 전적으로 현재 진행되고 있는 사회분쟁을 대상으로 하며, 또한 그 해결책도 분쟁에 엉켜져 있는 지금 여기에 살고 있는 사람들에 관한 것이다. 그러나 위험사회의 문제는 현재 세대보다는 오히려 세대 간에 걸쳐 진행되는 사회분쟁을 그 대상으로 하며, 또한 그 해결책도 항상 다음 세대에 태어날 우리의 자손들과 연관을 맺는다는 것이다. 따라서 이와 같은 새로운 양상의 문제에 대해 기존의 형법으로 대응한다면, 그것은 단순히 현재의 문제와 관련되는 한에서만 형법의 개입을 고려한다는 문제점을 갖게 된다. 그러나 중요한 것은 현재가 아니라 "미래 그 자체"(die Zukunft als solche), 보다 구체적으로 현재로부터 시작해서 다음 세대에 그 본격적인 위험의 잠재력이 드러나게 되는 사회분쟁이라고 한다면, 미래에 필연적으로 발생하게 될 위험을 예견하고 이를 현재로부터 억제하는 것이 과연 기존의 형법수단으로 가능할 것인가의 물음에 대해서는 회의적일 수밖에 없다.

둘째, 형법의 불법구조(die Struktur des Unrechts)라는 측면에서 기존의 형법이 전제하고 있는 불법은 인간이 지각적으로 직접 확인할 수 있는 타인의 법익에 대한 침해이다. 반면에 위험형법의 불법이란 예컨대 공해, 유전인자의 조작 및 정보기술체계의 조작 등과 같이 이미 그 침해를 지각적으로 감지할 수 없는 종류의 것들이다. 더 나아가 기존의 불법이 일상적인 생활패턴으로부터 이미 구별되는 사회위해적인 위반행위인 반면, 위험사회에서의 불법이란 생활 오수를 버리는 것 혹은 대량의 스팸메일을 전송하기 위하여 컴퓨터를 작동시키는 것 등과 같이 이미 일상적으로 전혀 그 규범위반성이 드러나지 않는다는 것이다.

셋째, 위험형법의 특징은 범죄행위가 가시화되기 힘들 뿐만 아니라, 더 나아가 그 "행위의 주체"(das kriminelle Subjekt)가 불분명하다는 것이다. 즉 기존 형법의 불법 뒤에는 항상 이를 유발시킨 행위자 혹은 집단이 특정될 수 있으나, 위험사회에서 행위주체는 개별적인 행위자들이라기보다는 오히려 이와 같은 현상을 초래한 사회사회, 경제체계 그 자체라고 할 수 있다. 따라서 이러한 거대한 체계 안에서의 개별적인 행위자의 역할이란 결코 중요하지 않거나, 아니면 기껏해야 수없이 많은 하위체계의 공동작업에 의해 분산될 뿐이다.[23] 바꾸어 말하자

---

20) 위험형법에 대한 상세한 분석으로는 Prittwitz, *Strafrecht und Risiko. Untersuchung zur Krise von Strafrecht und Kriminalpolitik in der Risikogesellschaft*, 1993 참조.

21) 임철희, 경제체계의 기능보호와 형법의 효율성지향, 고려대학교 법학석사 학위논문, 1998, 88면 이하.

면 기존의 형법이 전제하는 "중심적 형상"(Zentralgestalt)으로서의 행위자는 자취를 감출 뿐만 아니라, 더 나아가 위험원이 되는 체계 안에서의 개개인들은 오히려 이 체계가 제공하는 편의를 매일매일 제공받고 있다. 상황이 이렇다면 범죄자와 비범죄자, 그리고 가해자와 피해자를 서로 명확히 구별하기란 어려운 문제가 된다.

이처럼 위험형법이 전통적인 형법과 구별되는 특징에도 불구하고 Prittwitz는 위험형법도 전통적인 형법의 선상에 서있다고 한다.[24] 즉 위험형법도 목적을 위한 수단으로서 이해되고 정당화된다는 점에서 전통적인 형법과 같다고 한다. 또한 위험형법은 전통적인 형법의 대상이었던 "악"(Bösen)한 행위를 "위험한 행위"(Gefährlichen)로 전환한 것일 뿐이라고 한다. 그 밖의 위험형법의 특징이란 위험형법의 목적들로서 한편으로는 위험사회학적 의미에서의 위험감소를, 다른 한편으로는 안전의 중재를 들 수 있다. 이것을 형법적인 언어로 구성한다면 한편으로는 행위조종을 통한 예방(Prävention)과 법익보호(Rectsgüterschutz), 다른 한편으로는 규범안정화(Normstabilisierung)라고 할 수 있다.

그러나 이러한 견해는 다음과 같은 이유에서 문제가 있다고 본다. 첫째로, 법인의 범죄능력을 인정하는 것이 곧바로 위험형법으로 변모를 의미하지는 않는다. 물론 위험형법은 개인적 법익보다는 보편적 법익을, 침해범보다는 추상적 위험범을, 개인적 귀속보다 집단적 귀속을 선호하므로 법인의 범죄능력의 인정은 일종의 집단적 귀속을 인정하는 것으로 보일 수 있다. 그러나 법인의 범죄능력을 인정하여 법인을 처벌하는 것은 위험형법에서 말하는 예컨대 원자적, 화학적, 생태적 그리고 유전공학적 기술에 기초한 위험과 같이 인류의 전체 삶의 기반을 위협하는 '새로운 대량위험'(neue Großrisiken)의 사전적 예방과는 무관하게 현대 자본주의 사회에서 점차 그 역할이 증대되고 있는 법인에 대해 그 법적 책임을 견고하게 묻고자 하기 위함이다. 나아가 이미 근대 법치국가 형법에서

---

22) Stratenwerth, "Zukunftssicherung mit den Mitteln des Strafrechts", ZStW 105 (1993), 679면 이하; 김영환, "정보사회에 따른 법이론적 문제들 – 특히 형법의 귀속원리의 변화를 중심으로", 정보사회에 대비한 일반법 연구(I), 통신개발연구원, 1997, 47면 이하; 하태훈/강동범, "정보사회에서의 형법의 임무와 대응방안", 정보사회에 대비한 일반법 연구(I), 통신개발연구원 1997, 266면 이하; 류전철, "위험사회(Risikogesellschaft)와 위험형법(Risikostrafrecht)", 전남대학교 법률행정논총 제18집, 1998, 241면 이하.

23) Seelmann, "Risikostrafrecht. Die "Risikogesellschaft" und ihre "symbolische" Gesetzgebung im Umwelt– und Betäubungsmittelstrafrecht", KritV 1992, 456면 이하. Seelmann은 이러한 현상을 법적 귀속의 분산화(Zurechnungsverstreuung)라고 개념화하고 있다.

24) Prittwitz, 앞의 책, 366면.

도 공동정범의 예에서 보듯이 행위주체를 확장하여 집단적 귀속을 인정하고 있으므로 집단적 귀속 자체를 수용한다고 하여 이것이 근대 자유주의적 법치국가 형법을 파괴한다는 결론으로 곧바로 연결되지도 않는다.[25] 둘째로, 법인의 범죄능력을 인정하는 것이 형법의 보충성의 원칙에 반하지도 않는다. 보충성의 원칙을 비형법적인 수단으로써 사회문제를 해결할 수 있을 때는 형법을 투입하지 않는 것이 타당하다는 것으로 이해할 때[26] 독일이나 미국과 달리 우리나라처럼 경제체계와 정치·행정체계가 서로 밀접하게 연결되어 있어 기업범죄가 끊임없이 발생하는 상황에서 행정적인 규제수단만으로 기업범죄에 효율적으로 대처할 수 없을 뿐더러 기업범죄에 대해 시정명령, 영업정지, 기업해산 등의 행정적 규제수단과 함께 최후 수단(ultima ratio)으로서 기업에 대한 다양한 형사제재의 투입이 반윤리적·반사회적 기업 활동을 규제하는 데 유용하고 적합한 수단이 될 수 있기 때문이다.[27]

결론적으로 법인의 본질론과 법인의 범죄능력 상호간에 논리필연적 관계는 없으며, 법인의 범죄능력을 인정할 것인가 여부는 어떤 노선과 방향의 형법정책을 선택할 것인가 하는 입법자의 형법정책적 결단과 결부되어 있다고 본다. 그리고 현행법상 법인의 범죄능력에 대한 형법적 평가는 이미 양벌규정을 도입으로써 부분적으로나마 입법결단을 내렸다고 볼 수 있다. 즉 양벌규정을 통하여 일정한 행위 영역에 대하여는 적어도 법인의 범죄능력을 인정하는 전제하에서 수형능력을 인정하고 이에 대하여 벌금이라는 형벌을 부과하는 방식을 채택한 것이 우리 입법자의 결단이라고 여겨진다.

---

25) 양천수, 앞의 논문, 182－183면.

26) Hassemer, *Einführung in die Grundlagen des Strafrechts*, 1990.

27) 양천수, 앞의 논문, 184－186면.

§ 3 법인의 범죄능력에 관한 학설 및 판례

Ⅰ. 법인의 범죄능력에 관한 학설

우리 형법은 범죄주체를 "~한 자"로 표현하고 있다. 여기서 "~한 자"라 함은 살아 있는 자연인인 사람을 의미한다. 따라서 동물이나 자연현상은 범죄주체가 될 수 없다. 문제는 민법에 의해 권리주체로 인정되는 법인도 범죄주체가 될 수 있는가, 즉 법인에게 범죄능력이 있는가이다. 이는 오래전부터 오늘에 이르기까지 논란의 대상이 되어 왔다. 이와 관련하여 학계의 견해는 부정설, 전면긍정설 그리고 부분적 긍정설로 나뉘고 있고, 판례는 부정설의 태도를 취하고 있다. 각 견해가 주장하는 근거는 다음과 같다.

1. 부정설

부정설은 법인은 범죄의 주체가 될 수 없다는 견해로서 그 논거는 다음과 같다. ① 범죄는 자연인의 의사활동에 따른 행위이므로 의사활동을 할 수 있는 정신과 육체가 없는 법인은 행위능력이 없다. 특히 록신(Roxin)을 비롯한 독일의 통설은 법인의 활동에 대해 전 구성요건적 행위 자체를 부정한다. ② 법인이 관여된 범죄에 대해서는 자연인인 기관을 처벌하면 족하므로 법인 자체를 처벌할 필요는 없다. ③ 법인을 처벌하면 범죄와 무관한 구성원까지 처벌하는 것이 되어 근대형법의 기본원칙인 개인책임과 자기책임원칙에 반한다. ④ 설령 법인의 행위능력을 인정하더라도 책임은 위법행위에 대한 비난가능성을 의미하는데 법인에 관하여는 사회윤리적 비난이라는 의미에서의 책임비난을 귀속시킬 수 없다. ⑤ 범죄행위는 법인의 목적이 될 수 없으므로 범죄행위를 법인에게 귀속시킬 수 없다. ⑥ 법인에게 형법의 중심형벌인 생명형과 자유형을 가할 수 없으므로 형법은 법인의 범죄능력을 부인하는 것으로 추측된다. ⑦ 법인이 범죄로 얻은 재산 또는 이익에 대해서는 형벌 이외의 방법으로 박탈할 수 있다. 이러한 근거를 가진 부정설은 독일, 일본 및 우리나라의 통설[1]이다.

---

1) 이러한 부정설에 속하는 대표적인 학자로는 권오걸, 형법총론(3판), 형설출판사, 2009, 109

2. 전면긍정설

전면긍정설은 법인의 사회적 활동이 증대함에 따라 반사회적 활동도 격증하고 있는 현실에 비추어 법인에게 범죄주체를 형사범과 행정범 모두에 전면적으로 인정하는 견해이다. 우리나라 소수설의 입장이었으나, 최근 현대사회에서 기업범죄의 억지라는 측면에서 법인의 범죄능력을 긍정하는 견해가 증가하고 있는 추세이다.[2] 전면긍정설의 논거는 다음과 같다. ① 사법의 통설인 법인실재설에 의하면 법인의 범죄능력을 인정할 수 있다. ② 법인은 그 기관을 통하여 의사를 형성하고 행위를 할 수 있으므로 법인에게도 의사능력과 행위능력이 있다. ③ 법인기관의 행위는 법인 자체의 행위이고, 법인 자체의 행위는 그 구성원에게 효력이 미치므로 법인에 대한 처벌은 자기책임의 원칙에 반하는 것이 아니다. ④ 실제로 법인에게 형벌이 과하여지므로 법인에게 책임비난도 가능하다. ⑤ 법인의 범죄행위는 법인의 목적은 될 수 없으나 법인이 실제로 범죄를 범하지 못하는 것은 아니다. ⑥ 법인에게 재산형과 자격형을 가할 수 있고, 실제로 가하는 양벌규정도 있으므로 우리 형법이 법인의 범죄능력을 인정하는 것이다. ⑦ 법인의 범죄행위는 사회적으로 미치는 영향이 크므로 형사정책적으로 법인의 범죄능력을 인정할 필요가 있다.

면; 박상기, 형법총론(제9판), 박영사, 2012, 77면; 배종대, 형법총론(제11판), 홍문사, 2013, 213-214면; 성낙현, 형법총론(제2판), 동방문화사, 2011, 106면; 손동권, 형법총론(제2개정판), 율곡출판사, 2005, 106-107면; 이상돈, 형법강의, 법문사, 2010, 103면; 이재상, 형법총론(제7판), 박영사, 2011, 95면; 이형국, 형법총론(제4판), 법문사, 2007, 87면; 정영일, 형법총론(개정판), 박영사, 2007, 80면; 진계호/이존걸, 형법총론(제8판), 대왕사, 2007, 127면; 강동범, "경제범죄와 그에 대한 형법적 고찰", 형사정책 제7호, 1995, 25면.

2) 김성천/김형준, 형법총론(제3판), 동현출판사, 2005, 145-147면; 김일수/서보학, 새론쓴 형법총론(제12판), 박영사, 2014, 88면; 정성근/박광민, 형법총론(전정판), 성균관대학교출판부, 2012, 111-112면; 차용석, 형법총론강의, 고시연구사, 1998, 275면 이하; 하태훈, 판례중심 형법총·각론, 법원사, 2006, 42면; 김종덕, 기업환경범죄에 관한 연구(계명대 박사학위 논문, 1995), 62면 이하; 박기석, 환경범죄의 효율적 대처방안에 관한 연구(한양대 박사학위 논문, 1996), 85면; 이기헌/박기석, 법인범죄에 대한 효율적 제재방안, 한국형사정책연구원, 1996, 23-27면; 이천현, "법인의 범죄주체능력과 형사책임", 형사법연구 제22호, 2004, 72면; 오도기, "법인의 형사책임", 고시계 제31권 제7호, 1986. 7, 24면.

3. 부분적 긍정설

(1) 행정범의 경우 법인의 범죄능력 긍정

행정법 분야에 있어서만 범죄능력을 인정하고 형사범에 대한 법인의 범죄능력은 부정하는 부분적 긍정설의 입장이 있다.[3] 행정범(법정범)은 윤리적 색채가 약한 반면 합목적적·기술적 색채가 강하다는 특수성이 있으므로 행정범에 한하여 법인의 범죄능력을 인정할 수 있다는 논거가 제시된다.

법인의 범죄능력을 긍정하는 긍정설의 입장 중에서도 "형법상의 범죄는 대부분 반윤리적인 성격이 강한 범죄이므로 법인에게 행위능력이 있다고 해서 이러한 범죄까지 법인이 범할 수 있는 것은 아니다. 법인의 범죄는 윤리적 색채가 희박한 행정단속법규에서 인정되기 때문이다."[4]고 한다든가, "다만 법인의 행위능력은 특히 자연인의 인격적 표현으로서만 의미를 가질 뿐 조직체의 활동으로 보기 곤란한 구성요건에서는 인정될 수 없다. 예컨대 살인·강도·강간 등의 범죄가 그것이다."[5]고 하는 등의 견해는 엄격한 의미에서 부분적 긍정설의 입장으로 파악할 수 있다.

(2) 양벌규정이 있는 경우 법인의 범죄능력 긍정

부분적 긍정설 중 다른 하나는 일반적으로 형법상 법인의 범죄능력은 인정되지 않지만, 예외적으로 특별형법에서 자연인과 법인을 함께 처벌하는 양벌규정이 있는 경우에 한해서 법인의 범죄능력을 인정할 수 있다는 견해가 있다. 이는 형법 제8조에서 '다른 법령에 특별한 규정'이 있는 경우에는 형법총칙도 다른 법령에 정한 죄에 대해 예외적으로 적용할 수 있기 때문이라고 한다.[6] 또한 양벌규정이 있는 경우마저 법인의 범죄능력을 부정한다면 법인의 범죄능력은 부정하면서 양벌규정이 있는 경우에는 법인의 형벌능력은 인정하게 되어 형법의 책임주의 원칙에 어긋난다는 것을 근거로 든다.[7] 따라서 원칙적으로 법인은

---

3) 유기천, 개정 형법학(총론강의), 일조각, 1984, 108면 임웅, 형법총론(제5정판), 법문사, 2013, 86면.

4) 정성근, 형법총론, 법지사, 1998, 141면.

5) 김일수/서보학, 앞의 책, 89면.

6) 제8조(총칙의 적용) 본법 총칙은 타법령에 정한 죄에 적용한다. 단 그 법령에 특별한 규정이 있는 때에는 예외로 한다.

7) 신동운, 형법총론(제7판), 법문사, 2013, 113면; 오영근, 형법총론(2판), 박영사, 2009, 145−

행위능력도 없고 책임능력도 없어서 범죄의 주체가 될 수 없다고 해야 하지만 예외적으로 법인에 대한 양벌규정을 두고 있는 경우에 한하여 법인의 범죄능력은 법률에 의해 새롭게 '창설'되는 것이라고 한다.[8)]

(3) 비 판

그러나 부분적 긍정설에 대해서는 형사범과 행정범의 구별이 상대적이고 불명확하며, 행정법상의 범죄행위로 형벌이 과해지는 행정범도 형사범과 본질적으로 차이가 없으며, 특히 행정형법의 특수성이 형법의 기본원리인 책임주의를 배제할 수 없다는 비판이 제기된다. 나아가 '환경범죄 등의 단속 및 가중처벌에 관한 법' 위반범죄와 같이 법인 처벌의 명문규정이 있는 경우(동법 제10조 양벌규정)에는 법인의 행위를 인정할 수 있다는 견해도 처벌규정만을 이유로 원래 행위의 주체가 될 수 없는 법인의 행위를 인정할 근거를 제시할 수 없으며, 범죄의 주체와 형사책임의 주체를 혼동하고 있다는 비판이 제기된다.[9)]

Ⅱ. 법인의 범죄능력에 관한 판례의 태도

대법원은 통설과 같이 법인의 범죄능력을 부정하는 입장이다. 즉 대법원은 타인의 사무를 처리하는 자가 임무에 위배되는 행위를 할 경우에 성립하는 배임죄의 경우에 법인도 그러한 범죄의 행위주체가 될 수 있는가 하는 문제와 관련하여 "형법 제355조 제2항의 배임죄에 있어서 타인의 사무를 처리할 의무의 주체가 법인이 되는 경우라도 법인은 다만 사법상의 의무주체가 될 뿐 범죄능력이 없는 것이며 그 타인의 사무는 법인을 대표하는 자연인인 대표기관의 의사결정에 따른 대표행위에 의하여 실현될 수밖에 없어 그 대표기관은 마땅히 법인이 타인에 대하여 부담하고 있는 의무내용 대로 사무를 처리할 임무가 있다 할 것이므로 법인이 처리할 의무를 지는 타인의 사무에 관하여는 법인이 배임죄의 주체가 될 수 없고 그 법인을 대표하여 사무를 처리하는 자연인인 대표기관이 바로 타인의 사무를 처리하는 자 즉 배임죄의 주체가 된다."라고 하여

146면.

8) 김성돈, 형법총론(제2판), 성균관대학교출판부, 2009, 149면.

9) 정성근/박광민, 앞의 책, 111면.

법인의 범죄능력을 부인하였다.[10)]

이 판결 이외에도 우리 판례는 일관적으로 법인의 범죄능력을 부인하는 입장을 취하고 있다.[11)]

Ⅲ. 맺음말

법인은 기존의 형법 도그마틱 관점에서 행위능력도 없고 책임능력도 없어서 원칙적으로 범죄주체가 될 수 없다고 하는 부정설은 다음과 같은 이유에서 타당하지 않다고 본다.[12)] 우선, 법인의 범죄능력에 관한 부정설은 첫째 논거로 범죄행위는 전법률적인 인간의 자연적 행위를 전제로 하므로 자연적 의사와 육체를 갖지 않는 법인은 행위능력이 없다는 점을 들고 있다. 그러나 토이브너가 적절히 지적한 바와 같이 법인이 자연인과 같이 독립된 사회적 기능을 담당하는 사회적 존재라는 것은 법률 이전의 사회적 사실이고, 법인의 업무를 담당하는 자연인은 법인의 기관으로서 법인을 위해 의욕하고 행동하며 외부적으로 법인의 행위로 표현되기 때문에 법인의 행위로 귀속시킬 수 있다. 따라서 법인의 기관을 통하여 결정한 의사는 구성원인 개인의 의사와는 별개의 법인 고유의 의사이며, 법인의 인격은 개인의 인격과는 달리 법인독자의 인격이므로 법인도 기관을 통한 의사능력과 행위능력이 존재한다.[13)]

둘째, 부정설은 법인을 처벌하면 그 효과가 범죄와는 관계없는 법인의 다른 구성원도 처벌하는 것이 되어 자기책임의 원칙에 반한다고 한다. 그러나 법인의 다른 구성원도 법인의 구성원이라는 지위에서 어떠한 형태로든 그 법인의 특이한 체질형성에 직·간접적으로 기여하였을 것이며 그에 상응하여 법인 처벌로 인한 어느 정도의 간접적 불이익을 받는 것은 자신의 행위기여에 대하여 당연히 부담해야 할 수인한도내의 책임이라고 해야 할 것이므로 자기책임의 원칙에 반하는 것이라 할 수 없다.

---

10) 대법원 1984.10.10. 선고 82도2595 전원합의체 판결.

11) 대법원 1985.10.8. 선고 83도1375 판결; 대법원 1994.2.8. 선고 93도1483 판결.

12) 김재윤, 현대형법의 위기와 과제, 전남대학교출판부, 2009, 213면 이하.

13) 다만 법인에게 행위능력을 인정한다고 해서 반윤리적 성격이 강한 모든 범죄를 범할 수 있는 것은 아니다(정성근/박광민, 앞의 책, 112면).

셋째, 법인은 적법한 목적의 범위 내에서만 존재하므로 법인의 불법행위란 생각할 수 없다고 한다. 그러나 법률에서 불법을 목적으로 하는 법인을 인정하지 않는다는(민법 제34조) 법인의 성립문제와 이미 합법적으로 성립된 법인이 불법행위를 행한다는 불법행위능력문제는 별개의 문제임에도 불구하고 부정설은 이 점을 혼동하고 있다. 따라서 민법상으로 인정되는 법인의 불법행위능력이 형법상으로 부정되어야 할 이유는 없고, 또 법인의 설립목적이 적법해야 한다고 해서 성립된 법인의 불법행위능력까지 부정하는 것은 타당하지 않다.[14]

넷째, 부정설에서는 책임의 윤리적 성질을 강조한 결과 법인에 대해서는 사회윤리적 비난이 불가능하다는 이유로 범죄능력을 부정한다. 그러나 법인에 대한 형사책임은 사회윤리적 비난이라기보다는 일종의 법적 비난이라고 할 수 있고, 형법상 과실책임이나 법인에 대한 민사책임도 윤리성이 극히 희박한 것이므로 윤리성이 모든 범죄의 결정적 요소는 아니다. 만약 다수설에서처럼 법인의 범죄능력을 부정하면서 형사책임만을 인정하는 것은 논리모순이 아닐 수 없다.[15] 또한 도의적 책임론이나 성격책임론에 의한다면 법인에게 책임이 인정되지 않는다고 볼 수 있을지 모르나, 형벌의 본질을 목적형, 교육형에 두고 법인의 의사형성인 단체적 의결에 대해 책임을 추궁한다면 법인에게 책임능력이 없다고만 할 수는 없다.

다섯째, 부정설은 법인에게 생명형·자유형을 과할 수 없으므로 범죄능력도 부정한다. 그러나 이러한 주장은 본말이 전도된 것이다. 왜냐하면 범죄를 전제로 형벌이 과해지는 것이지 형벌제도가 부적당하다고 해서 범죄능력을 부정해서는 안 되며, 도리어 법인에게 합당한 새로운 형법적 제재수단의 구성이 중요한 것이다.[16] 뿐만 아니라 법인의 반사회적 활동의 급증에 따른 법인처벌의 형사정책적 필요성과 책임능력을 형벌적응능력 내지 사회적 책임의 귀속능력이라고 이해하면 이러한 능력은 법인에게도 존재한다.[17]

---

14) 정성근/박광민, 앞의 책, 110면.

15) 정성근/박광민, 앞의 책, 111면.

16) 예컨대 재산형은 법인처벌의 주요수단으로 기능하며, 법인에 대해서도 존재의 말살인 생명형으로서 법인해산을, 활동의 자유를 제한하는 자유형으로서는 일정기간 이상의 영업정지나 사업장폐쇄를, 명예형으로는 공표를 그밖에 법인에 대한 보호관찰제나 사회봉사명령 등의 새로운 형벌제도로 생각할 수 있다. 이에 대한 자세한 논의는 이기헌/박기석, 앞의 보고서, 57면 이하 참조.

생각건대 법인의 범죄능력 부정설은 원래 자연인 범죄만을 염두에 둔 기존의 형벌제도 및 형벌이론을 근거로 한 것이므로 새로운 기업범죄현상의 대책으로는 적절하지 못하다고 여겨진다. 나아가 기업범죄의 증가로 다수의 행정형법에 의해 법인의 처벌이 인정되는 현재의 입법추세로 보더라도 법인의 범죄능력을 긍정할 필요성이 있다. 종래와 같이 종업원의 불법행위에 기해 법인이 사업주로서 책임을 부담한다는 법리에 의한 것이 아니고 법인의 범죄능력을 정면에서 긍정하여 법인에게 형사책임을 부과하여야 할 것이다. 왜냐하면 법인의 범죄능력의 인정여부에 따라 법인처벌규정의 운용상의 차이가 있을 수 있기 때문이다. 즉 법인 자체의 범죄라는 관념을 인정하면 예컨대 기업체가 환경오염을 발생하는 생산시스템을 가졌기 때문에 필연적으로 환경오염이 발생하든지, 또는 생산시스템 자체에는 잘못이 없으나 작동과정상의 잘못으로 환경오염이 발생하든지간에 양자 모두 기업체자체의 과실로 생각될 수 있다. 그러므로 문제가 되는 시점에 있어서의 구체적인 책임자가 누구였는가에 직접적으로 종속되지 않고 기업 구성원에 의한 결과발생과 객관적 업무관련성만 존재하면 기업(법인)의 처벌은 독립적으로 가능해 질 수 있다. 그러나 범죄능력을 부정한다면 환경오염물질의 배출을 예견하여야 하거나 적절한 조치를 하여야 하는 개인행위자의 처벌이 기업처벌의 전제가 되어야 한다. 이 경우 미량의 폐기물이 장기에 걸쳐 배출되거나, 잦은 인사이동 등에 의하여 그 부서의 책임자가 빈번히 교체되면 책임을 묻는 시점이나 위법행위의 주제가 특정되지 않은 경우가 많음으로 인하여 기업처벌에 어려움이 생긴다. 그러므로 기업(법인)의 범죄능력을 인정하면 기업에 대한 형사책임의 추구를 확실하게 할 수 있다. 이에 대한 입법론으로서는 기업에 의한 범죄행위의 심각성을 고려하여 영미법에서와 같이 형법상의 “인(人)”에 원칙적으로 기업체와 자연인을 포함시키는 방법으로 기업체의 범죄능력을 일반적으로 인정하되 단지 성질상 또는 기업을 제외하는 특별규정이 있는 경우에 비로소 기업을 배제하는 것이 현대사회에 있어서 기업범죄에 대한 형사정책적 대응으로서 타당하다고 본다.[18]

---

17) 정성근/박광민, 앞의 책, 110면 이하 참조.

18) 법인의 범죄능력은 인정할 필요가 있지만, 조합이나 권리능력 없는 사단 또는 재단 등의 경우 실정법상 특별한 처벌규정이 없는 한 당연히 범죄능력을 가진다고 할 수는 없다. 이러한 단체도 사회적 활동은 하고 있으나 그 활동에 대한 사회적 통제는 그 단체의 실체에 대해서보다는 그 구성원 개인에게 향하게 함으로써 충분히 실효를 거둘 수 있다고 보기 때문이다.

§ 4 기업(법인)의 가벌성: 기업(법인)의 행위능력, 책임능력, 수형능력

우리나라와 마찬가지로 독일 형법학계에서도 통설적 입장은 기업(법인)의 범죄능력을 부정하고 하고 있다. 하지만 기업범죄의 급증과 관련하여 1990년대 중반 이후로 독일 형법학계에서도 기존의 기업(법인)의 범죄능력을 부인하는 입장에서 벗어나 기업의 형법상 가벌성을 인정하려는 경향이 대두되고 있다. 이러한 경향에 대해 우리 형법학계에서 부분적으로나마 비판적 검토가 이루어지고 있으나,[1] 기업(법인)의 행위능력, 책임능력, 수형능력, 기업형벌의 정당성에 대한 체계적인 분석은 여전히 미흡한 실정이다. 따라서 이하에서는 기업의 가벌성을 긍정하고자 하는 독일의 논의를 중심으로 기업(법인)의 범죄능력을 인정하기 위한 논리적 근거를 검토하고자 한다.[2]

Ⅰ. 기업(법인)의 행위능력

1. 범죄성립의 전제조건으로서의 행위

범죄란 일반적으로 구성요건에 해당하는 위법하고 유책한 행위(Handlung)를 의미한다.[3] 행위 없으면 처벌되는 행위자도 없다. 따라서 범죄가 성립하기 위해서는 언제나 형법규정의 구성요건을 충족시키는 범죄인의 행위가 필요하다.[4] 전통적인 형법 도그마틱에 의하면 단지 인간만이 형법상 중요한 행위를

1) 특히 윤영철 교수는 형법의 최후수단성의 원칙이라는 관점에서 Heine가 주장한 "중앙모델"을 비판적 시각으로 고찰하고 있다. 이에 대해 자세히는 윤영철, "형법의 최후수단성과 기업에 대한 형사처벌", 2002년 한국형사법학회 춘계학술논문, 2002, 16면 이하 참조.

2) 이하는 김재윤, 현대형법의 위기와 과제, 전남대학교출판부, 2009, 217-246면의 내용을 최근까지의 연구 성과를 참고하여 수정·보완한 것임.

3) BGHSt 1, 131, 132.

4) 독일형법과 질서위반법은 행위개념에 대한 일반적인 법적 정의를 두고 있지 않다. 다만 독일 형법 제12조에 의하면 경죄와 중죄를 위법한 행위로 표현하고 있으며, 이때 위법한 행위라 함은 형법상의 구성요건을 실현하는 행위만을 말한다라고 규정하고 있을 뿐이다(독일 형법 제11조 제1항 5호). 인과적, 목적적, 사회적 행위개념에 대해서는 Wessels/Beulke, *Strafrecht Allgemeiner Teil, Die Straftat und ihr Aufbau*, 30. Aufl., 2000, 24면 이하 참조.

할 수 있는 능력이 있다. 왜냐하면 행위는 적어도 의사에 의해 형성된 인간의 행동을 요구하기 때문이다. 그러나 자연인과 같은 의사와 육체가 없는 무형적 존재인 기업(법인)은 이러한 정신적·육체적 능력을 결여하고 있다. 따라서 모든 자연인에게는 행위능력이 인정되지만, 기업(법인)에 대해서도 자연인과 동일시되는 행위능력을 인정할 수 있는지의 여부와 관련해서 첨예한 견해의 대립이 전개되고 있다.

2. 기업(법인)의 행위능력에 대한 견해대립

(1) 독일 판례의 입장

독일 판례는 원칙적으로 기업의 행위능력을 부정하고 있다. 이러한 독일 판례의 입장은 법인은 법률의 의제에 의하여 인격이 인정되는 데 지나지 않는다는 사비니(Savigny)의 법인의제설을 충실히 따랐던 독일제국법원(Reichgericht, 1875~1945)의 판결로부터 유래한다. 그러나 독일제국법은 조세형법에서 단체형벌과 관련하여 단체의 행위능력을 부분적으로나마 긍정하였다.[5] 그러던 중 제2차 세계대전 이후 독일연방대법원은 군정법[6]과 경제형법[7]에서 단체의 행위능력을 인정했지만, 동시에 독일법에 따르면 법인은 가벌적 행위의 정범 또는 공범이 될 수 없음을 또한 분명히 하였다.[8] 한편, 독일연방헌법재판소는 'Berterlsmann－Lesering' 판결에서 "법인은 그 자체로서는 행위능력이 없으며, 만약 법인에게 형법적 의미에서 범죄행위에 대한 소(訴)가 제기된다면 그를 위해 답책성(Verantwortlichkeit) 있는 행위를 한 자연인의 행위만이 중요시될 뿐이다"라고 판시하고 있다.[9]

---

5) RGSt 5, 183; 8, 326, 333; 16, 121, 123; 28, 103, 105; 33, 261, 264; 47, 90, 91. 독일제국 이전의 조세법에서의 단체의 행위능력에 대해서는 RGSt 61, 92, 95 ff.

6) BGHSt 5, 28, 30 f.: "법인은 단지 자연인에 의해서만 행위를 한다. 때문에 법인은 자연인이 우선 확정되고 그의 행위가 법인의 행위로서 간주되는 경우에 한해서 형사적 책임을 진다. … 이로부터 이사, 조합원 또는 종업원이 자신에게 속한 직무를 이행함에 있어 행한 가벌적 행위는 법인에게 귀속되어져야만 한다는 것이 도출된다." Vgl. ferner BGHSt 12, 295, 296 f.

7) BHGSt 3, 130, 132: "… (주식) 회사는 경제형법 제18조의 범죄구성요건을 기관을 통해서 실현한다." Vgl. ferner BGHSt 5, 95, 98 f.

8) BGHSt 12, 295, 297 ff.; 14, 194, 197.

9) BVerfGE 20, 323, 336.

(2) 학설의 대립

기업은 그 자체로서가 아닌 단지 자연인을 통해서만 행위를 할 수 있을 뿐이라는 이유로 다수설은 기업의 행위능력을 원칙적으로 부인하고 있다.[10] 그러나 이러한 부정설을 취하고 있는 학자들 중 일부는 적어도 질서위반법에서 단체질서위반금의 도입, 몰수와 관련한 독일형법 제75조 및 질서위반법 제29조의 귀속규정 등을 통해 기업은 행위능력이 없다고 하는 기존의 입장이 입법자에 의해 부분적으로나마 포기되어지고 있음을 시인하고 있다.[11]

한편으로, 기업의 제재와 관련한 형사정책적 필요성 때문에 기업의 가벌성을 긍정하고자 하는 시도들이 있다. 특히 하프터(Hafter)는 "실질적인 단체인격론"(Theorie der realen Verbandspersönlichkeit)에 기초해서 모든 법 영역에서 행위능력을 새롭게 정의하고자 했다. 그에 따르면, 비록 인적 단체가 인간의 피와 살로 이루어져 있지는 않지만, 실질적인 전체로서 구성되어 있다고 한다. 즉 이는 인간의 한 집단이 개인적인 의사로부터 분리해서 하나의 단체를 구성하고 개인적 영역 이외에 놓여있는 활동범위에서 통일적으로 그 모습을 나타내는 그러한 단체 전체를 의미한다. 따라서 개인들의 상호결합 및 개별적 의사의 본질적 구성부분의 통합을 통해서 집단 구성원의 단순한 총합과는 구별되는 하나의 독자적인 존재로서의 단체가 등장한다. 이러한 단체는 개별적 인간과는 구별되는 자연적이고 실질적인 생명체로서 설명된다. 이렇게 형성된 독자적인 존재로서의 단체에서 조직화는 특별한 의미를 획득한다. 즉 조직화를 통해 통일적인 단체의지가 형성된다는 것이다. 이로 인해 단체는 마치 인간처럼 의사표시가 가능하고 또 독자적인 기관을 통해 특별한 의사의 실현이 가능하다. 결국 하프터는 이러한 독자적인 존재로서의 단체는 자신의 기관을 통해 개별적 의사와는 구별되는 전체로서의 의사를 형성하고, 또 이를 토대로 행위를 할 수 있음을 주장하고 있다.[12]

---

10) Busch, *Grundfragen der strafrechtlichen Verantwortlichkeit der Verbände*, 1933, 69면 이하; Jescheck, *Lehrbuch des Strafrechts, Allgemeiner Teil*, 4. Aufl., 1988, 204면; R. Schmitt, *Strafrechtliche Maßnahmen gegen Verbände*, 1958, 181면 이하.

11) Schönke/Schröder/Cramer, *Strafgesetzbuch, Kommentar*, 26. Aufl., 2001, Vor § 25 Rn. 113; Roxin, *Strafrecht, Allgemeiner Teil, Bd.1, Grundlagen, Der Aufbau der Verbrechenslehre*, 3. Aufl., 1997, 205면, Rn. 50 f.

12) Hafter, *Lehrbuch des schweizerischen Strafrechts, Allgemeiner Teil*, 2. Aufl., 1946, 47면, 80면.

다른 한편으로, 민법과 형법에서 행위개념의 통일적인 규정에 대해 찬성을 표명함으로써 단체에게도 형법적인 행위능력이 인정될 수 있다는 견해가 있다. 즉 단체의 형법적인 행위능력은 기관에 대한 법인책임을 규율하고 있는 독일민법 제31조[13]와 동일하게 규정·해석되어져야 한다고 한다.[14] 왜냐하면 개인형법에 있어서도 귀속은 필수적이기 때문에 단체형벌을 부인하는 학자의 일부도 귀속에 관한 특별규정을 통해 단체의 법적 행위능력을 인정하는 것이 가능하다는 것이다.[15]

3. 자연적인 행위에 대한 반론

가벌적인 행위는 자연적인, 즉 고유한 인간의 행위만을 전제로 하기 때문에 단체의 행위는 고려될 수 없다는 것을 이유로 기업의 행위능력은 독일 제국법원으로부터 부인되어 왔고 현재까지도 많은 학자들에 의해 부인되고 있다.[16] 그러나 이러한 논거와 형법상의 행위론과의 특별한 연관성은 존재하지 않는다고 여겨진다. 즉 이러한 자연적인 행위에 대해서는 다음과 같은 반론이 제기될 수 있다.

우선, 독일형법은 언제나 범죄인의 고유한 자연적인 행위뿐만 아니라 광의

---

13) 독일 민법 제31조(기관에 대한 법인책임) 사단은 이사회, 이사회 구성원 또는 기타의 조직법상 선임된 대리인이 그 직무의 집행에 관하여 행한 손해배상의무를 발생시키는 행위로 인하여 제3자에게 가한 손해에 대해 책임을 진다.

14) Rotberg, "Für Strafe gegen Verbände", in: Hundert Jahre Deutsches Rechtsleben, Festschrift für zum hundertjährigen Bestehen des Deutschen Juristentages 1860－1960, Bd. II, 1960, 197면 이하; 이와 유사한 견해로는 Henkel, *Die strafrechtliche Verantwortlichkeit von Verbänden im Steuer－ und Wirtschaftsrecht*, 1960, 97면; Baumann/Weber, *Strafrecht, Allgemeiner Teil*, 9. Aufl., 1985, 196면; Schroth, *Unternehmen als Normadressaten und Sanktionsobjekt*, 1993, 184면 이하; Schwinge, *Strafrechtliche Sanktionen gegenüber Unternehmen im Bereich des Umweltstrafrechts*, 1996, 100면; 반대의 견해로는 Bruns, "Anmerkung zum Urteil des BGH vom 27.10.1953 5 StR 723/52", JZ 1954, 253면.

15) Heinitz, "Empfiehlt es sich, die Strafbarkeit der juristischen Person gesetzlich vorzusehen?", in: Verhandlungen des vierzigsten Deutschen Juristentages, Bd. I (Gutachten), 1953, 84면; Jakobs, *Strafrecht Allgemeiner Teil. Die Grundlagen und die Zurechnungslehre*, 2. Aufl., 1991, 6. Abschn. Rn 44; 이와 유사한 견해로는 Weber, "Zum SRP－Urteil des Bundesverfassungsgerichts", JZ 1953, 294면.

16) RGSt 16, 121, 123; 28, 103, 105. Beling의 다음과 같은 견해는 대표적이다: "단지 개별적인 인간만이 행위를 할 수 있다. 법인 및 회사는 어떠한 범죄행위도 할 수 없는 생명 없는 구성물(seelenlose Gebilde)이다"(Beling, *Grundzüge des Strafrechts*, 11. Aufl., 1930, 13면).

의 의미에 있어 행위로도 충분하다고 규정하고 있다. 즉 범죄구성요건의 모든 표지를 스스로 실행하는 직접정범(독일형법 제25조 제1항 1단)과 범죄를 스스로가 아닌 타인을 이용하여 실행하는 간접정범(독일형법 제25조 제1항 2단)의 법적 정의를 고려하면 고유한 자연적인 행위에 대한 반론은 더욱더 명확해진다. 특히 간접정범에 있어는 행위중재자의 행위도 자신의 행위로 귀속되기 때문에 고유한 자연적인 행위의 본질은 그 의미를 상실한다.[17]

다음으로, 고유한 자연적인 행위가 없이도 가벌성이 인정되는 부작위범의 영역에서 이러한 점은 더욱 명확해진다. 부작위(Unterlassung)는 그 본질적 의미에서 보면 어떠한 것도 하지 않는 無(Nichts)를 의미한다. 그러나 입법자는 부작위를 언제나 가벌성이 없는 것으로 여기지는 않는다. 즉 부작위를 법적 행위기대라는 규범적 가치평가요소에 의하여 사회적 중요성을 갖는 인간의 행위로서 간주하여 형법적 가벌성의 평가의 대상으로 삼고 있는 것이다.[18]

마지막으로, 예컨대 만약 기업 및 사업주와 관련된 의무가 기관을 통해서 침해된다면(독일형법 제14조, 질서위반법 제9조)[19] 행위는 진정한 규범수범자와

---

17) 이러한 행위귀속에 관해 더 자세히는 Roxin, in: LK, § 25 Rn. 43 ff.; Schönke/Schröder/Cramer, § 25 Rn. 6.

18) 이에 관해서는 Jescheck, in: LK, Vor § 13 Rn. 85; Schönke/Schröder/Stree, Vor § 13 Rn. 139.

19) 독일형법 제14조(타인을 위한 행위)와 질서위반법 제9조(타인을 위한 행위)는 다음과 같이 동일하게 규정되어 있다.

① 다음 각호의 자격으로 행위 한 때에는 특별한 인적 성질·관계·상황(특별 인적 요소)이 가벌성의 기초를 이루는 법률은 그와 같은 요소가 대리인에게는 존재하지 아니하고 본인에게만 존재하는 경우에도 그 대리인에 대하여 이를 적용한다.
1. 법인의 대표기관 또는 동기관의 구성원
2. 인적 회사의 대표권 있는 사원
3. 타인의 법정대리인

② 사업주 또는 기타 사업권한을 가진 자로부터 다음 각호의 위임을 받고 그 위임에 근거하여 행위한 때에는 특별한 인적 요소가 가벌성의 기초를 이루는 법률은 그와 같은 요소가 수임자에게는 존재하지 아니하고 사업주에게만 존재하는 경우에도 그 수임자에 대하여 이를 적용한다.
1. 사업소의 전부 또는 일부의 경영에 관한 위임
2. 사업주의 책임에 속한 임무를 자기 책임으로 담당하도록 하기 위한 명시적 위임
기업은 제1문에 의한 사업소로 본다. 제1문은 해당 위임에 근거하여 공공행정 임무를 담당하는 관서를 위하여 행한 경우에도 준용된다.

③ 제1항 및 제2항은 대리권 또는 위임관계에 기초하여 이루어진 법률행위가 무효로 된 경우에도 적용된다.

어떠한 동일성도 전제하지 않는다. 그러므로 행위개념은 자연과학적인 구성요소로서의 인간의 행위와 연결될 뿐만 아니라 매우 폭넓은 규범적 근본요소를 토대로 하여 자연적 행위개념으로부터 추상화·개념화되고 있음을 알 수 있다.[20)]

이 때문에 기업이 그 자체로서, 즉 스스로 행위를 할 수 없다고 하는 주장은 형법에서 기업의 행위능력을 부인하기 위한 논거로는 충분하지 않다. 행위개념의 규범적인 요소와 관련하여 오히려 기업의 행위능력은 긍정될 수 있다. 왜냐하면 기업은 자연인과 같은 규범수범자로서 자신의 규범의무를 이행해야 하며, 이러한 의무를 기관을 통해서 침해할 경우에는 형벌이 부과될 수 있기 때문이다.[21)]

4. 소 결

기업이 형법적 의미에서 행위능력이 없기 때문에 처벌될 수 없다는 독일과 우리나라의 다수설의 입장은 다음과 같은 이유로 그 설득력이 적다고 본다. 하나는, 형법상 행위에 관하여 독일과 우리나라의 다수설은 인과적 행위론이나 목적적 행위론가 아닌 사회적 행위론(soziale Handlungslehre)을 취하고 있다는 점이다. 사회적 행위개념은 행위를 "인간의 의사에 의하여 지배되거나 지배될 수 있는 사회적으로 의미 있는 행태"라고 정의한다. 즉 사회적 행위론에서의 행위개념은 '사회적 중요성'이라는 요소가 필요하다. 이러한 입장에서는 자연인과 마찬가지로 기업도 사회적으로 의미를 가지는 행위를 하며, 이러한 기업의 행위는 자연인인 그 기관 또는 구성원의 의사에 의하여 지배되거나 지배될 수 있다. 즉 기업에 관해서도 행위란 그 구성원인 자연인의 의사에 의하여 지배되거나 지배될 수 있는 그리고 사회적으로 의미가 있는 작위 또는 부작위를 의미한다. 또한 이러한 관점에서 기업의 기관 또는 구성원인 임직원의 행위를 기업의 행위로 귀속시키거나 기업 그 자체로서의 행위로 인식하는 것이 가능하다. 그 결과 기업에게 행위능력을 인정하는 것도 가능하다.[22)]

---

20) 이에 대한 적절한 설명으로는 Otter, *Funktionen des Handlungsbegriffs im Verbrechensaufbau*, 1973, 59면 이하; Schroth, 앞의 책, 178면 이하.

21) Schroth, 앞의 책, 179면.

22) 김성규, "법인처벌의 법리와 규정형식", 법조 통권 578호, 2004, 121-122면.

다른 하나는, 기업은 그 구성원을 합친 것이기는 하지만 그 구성원의 변동이나 구성원의 개인의 의사와는 상관없이 사회생활상 그 자체의 독특한 성격이나 행동양식을 갖고 활동하는 독자적인 사회적 실체이다. 즉 기업은 현실적 존재하는 사회적 실체이므로 법적 의무의 수범자가 되며, 기업이 자신에게 향하여진 수범명령을 이행하지 못하였을 경우 기업은 의무침해를 행하는 것이 된다. 다만 이때 기업의 행위능력을 인정하는 방법으로 기업은 자연인으로 구성된 기관을 통해 위반행위를 하지만 기관의 위반행위는 법인의 자격으로 외부적으로 활동을 하는 것이므로 기관의 행위를 기업의 행위로 귀속시키거나, 기업을 그 구성원으로부터 독립한 고유한 사회적 활동성을 가진 실체로 보는 사회체계이론적 인식을 기초로 하여 기업의 기관구성원인 자연인의 행위는 동시에 그 개인의 업무와 의사와는 구별되는 독자적인 기업 고유의 행위로 파악하거나(종속모델), 또는 개인의 위법행위는 반드시 필요하지 않고 기업자체의 조직구성상의 결함, 즉 기업의 인적·조직적 측면에서 법준수 프로그램(compliance program)이나 내부통제시스템을 정비하고 이를 적정하게 운용하는 것을 기업의 법적 의무로 부과하면서 이러한 의무의 해태를 기업의 관리감독과실로 인정하여 책임을 묻는 방법(독립모델)이 있을 수 있다.[23] 그리고 이처럼 기업을 위해 행동한 특정한 개인의 가벌적 행위를 기업의 행위로 귀속 내지 기업 그 자체로서의 행위로 인정하거나 기업시스템상의 과실을 인정하는 방식으로 기업에게 행위능력을 부여하는 것은 결코 어떠한 결정적인 이론상의 결함도 존재하기 않는다.

그러나 기업의 행위능력을 긍정한다고 해서 바로 기업이 형법전에 나타난 모든 범죄를 범할 수 있다는 것은 아님에 유의해야 한다. 특히 반윤리적인 성격이 강한 범죄행위는 기업조직체의 활동으로 그 범죄구성요건을 실현할 수 없기 때문에 이 경우 기업의 행위능력은 인정될 수 없다.

Ⅱ. 기업(법인)의 책임능력

규제적인 기업형벌의 도입을 정당화하기 위해서는 기업의 행위능력을 긍정하는 것만으로 충분하지 않다. 왜냐하면 자연인이 아닌 기업 자체에게 구성

23) 이러한 두 모델에 대해 자세한 설명은 본서 제5장 § 11 Ⅲ. 참조.

요건표지의 책임 있는 실현을 부담지울 수 있어야만, 즉 고의·과실의 행위가 존재해야만 기업의 가벌성이 긍정될 수 있기 때문이다. 이 때문에 기업이 형법적 의미에서 책임(Schuld)[24]을 부담할 수 있는지, 즉 책임능력이 있는지의 여부가 검토되어야 한다.

1. "책임 없으면 형벌 없다"의 원칙

"책임 없으면 형벌 없다"(nulla poena sine culpa)의 원칙, 즉 책임원칙에 따르면, 모든 형벌은 책임을 전제로 한다. 책임은 형벌의 근거이자 양형의 기준이며, 형벌은 책임의 정도를 초과해서는 안 된다. 이러한 책임원칙은 인간의 존엄성과 법치주의국가원칙이 도출되는 헌법적인 원칙이다.[25] 책임원칙은 형사정책의 최고 상위원칙들 중의 하나이다.[26]

그러나 책임개념은 형법에 의해 명확하게 정의되어 있지 않다. 전통적인 "심리적 책임론"(psychologische Schuldauffassung)에 따르면, 범행에 대한 행위자의 주관적·정신적 관계 속에서 책임의 본질을 찾고자 한다. 이 설은 책임개념을 심리적 사실(인식/무지, 의욕/무의욕)과 동일한 것으로 보고, 그 결과 고의와 과실을 책임종류로서 간주한다.[27] 그러나 오늘날에는 일반적으로 책임의 본질을 의사형성과 의사실행에 대한 비난가능성(Vorwerfbarkeit)이라고 보는 "규범적 책임론"(normative Schuldlehre)이 지배적인 통설로서 자리 잡고 있다.[28] 규범적 책임론에 따르면, 책임판단을 위한 준거점은 불법행위이다. 즉 책임판단에

---

24) 구성요건의 해당성과 위법성 이외에 책임은 형벌의 성립근거이자, 형벌의 한계를 정하는 범죄요소이다. 그러나 개별적 책임요소의 정확한 체계적 지위 및 그의 상호관계는 그리 간단히 설명될 수 없다. 이에 대한 여러 견해의 자세한 설명은 Jescheck, 앞의 책, 382면 이하 참조.

25) BGHSt 2, 194, 200; 18, 87, 94; 20, 264, 267; BVerfGE 6, 389, 439; 20, 323, 332 f.

26) Schroth, 앞의 책, 191면.

27) 이 책임이론은 책임의 본질적 요소를 고려하지 않았기 때문에 고의로 한 행위자의 책임이 면책적 긴급피난의 전제조건 아래서 무엇 때문에 없어지는지 그 이유를 설명할 수 없다는 비판이 제기된다(Wessels/Beulke, 앞의 책, 125면).

28) 그러나 무엇으로 책임비난을 실질적으로 근거지울 수 있는지, 비난가능성과 책임이라는 개념이 어떠한 관계 속에서 서로 위치하고 있는지 등의 개별적인 책임요소에 대해서는 견해가 나누어지고 있다. 이에 대해 자세히는 Achenbach, *Historische und dogmatische Grundlagen der strafrechtssystematischen Schuldlehre*, 1974, 19면 이하; Jescheck, 앞의 책, 378면.

의하여 행위자에게 그가 합법을 결의하여 행동을 할 수 있었으나 불법을 결의하고 위법하게 행위를 하였다는 것에 대하여 개인적인 비난이 가하여 지는 것이다.[29)]

1952년 독일연방대법원은 책임개념과 관련하여 다음과 같이 판시하고 있다: "형벌은 책임을 전제조건으로 요구한다. 책임은 다름 아닌 비난가능성이다. 책임의 반가치판단으로 행위자에게 비난되는 것은 비록 그가 법에 따라 행위하지 않고 법에 합치되게 스스로 결정하지 않았다는 데에 있다. 책임비난의 내적 기초는 인간이 윤리적으로 성숙되어 있는 한, 그리고 독일형법 제20조에서 언급된 병적인 정신장애 등으로 인해 자유로운 자기결정력의 소질이 일시적으로 마비되거나 지속적으로 손상되어 있지 않는 한, 그는 자유롭고 책임성 있게, 또한 윤리적으로 자기결정을 할 수 있기 때문에 불법을 거부하고 합법을 결의할 수 있고 자신의 행위를 법적 당위규범에 합치시키며 법적으로 금지된 것을 회피할 수 있다는 데에 있다."[30)] 이에 따르면, 책임성 있는 주체로서 비난의 수범자는 다르게 행동할 수 있을 것을 전제로 하고 있다. 그러나 규범적 책임설에 따르면, 기업(법인)에게는 자연인에게 있어서와 같은 의사가 없고 위법행위에로 나아갈 것인지의 여부를 결정할 능력도 없다. 따라서 사회·윤리적 성격을 갖는 이러한 형법적인 책임비난은 기업(법인)에게 가해질 수 없기 때문에 기업(법인)에 대한 형벌의 도입은 부인되고 있다.[31)]

2. 기업책임에 대한 견해대립

(1) 독일 판례의 입장

독일 판례는 행위능력의 문제에서와 마찬가지로 개인 형법적인 원칙들을 지지하고 있다. 이러한 점에서 사회·윤리적 책임비난이 불가능한 단체형벌 역시 부인하고 있다. 독일제국법원도 원칙적으로 단체의 책임능력을 부인했으나, 이전 조세법의 단체형벌에 대해서는 어떠한 책임 도그마틱적인 반론도 제기하

29) Welzel, *Das deutsche Strafrecht*, 11. Aufl., 1969, 138면: "행위자가 의도적으로 할 수 있는 것, 오직 그것에 대해서만 비난할 수 있을 뿐이지, 이에 반해 그가 본래 어떤 사람이냐에 대해서는 비난할 수 없다."

30) BGHSt 2, 194, 200 f.

31) R. Schmitt, 앞의 책, 106면.

지 않았다.[32] 독일연방대법원은 단지 군정법에서만 단체의 행위능력과 책임능력을 인정했으나, 원칙적으로 법인의 정범과 단체책임의 가능성을 부인했다.[33]

(2) 학설의 대립

엄격한 개인 형법이론의 지지자들은 단체의 책임능력을 형법과 질서위반법에서 부인하고 있다. 그 결과 이들은 단체질서위반금까지도 부인하고 있다. 이에 대해 오늘날 지배적인 완화된 개인 형법이론의 지지자들은 원칙적으로 단지 형법에서만 책임에 의존하는 단체제재, 특히 단체벌금을 부인한다. 반면에 이들은 책임원칙의 관점 하에서 단체질서위반금은 그 타협책으로서 인정하고 있다. 이와 달리 개인형법과는 구별되는 기업형법의 창설을 주장하는 소수의 학자들은 형법과 질서위반법에서 단체형벌 및 단체질서위반금을 책임도그마틱적인 관점 하에서 긍정하고 있다.[34]

3. 기업형법에서 책임원칙의 해소를 위한 다양한 제안들

(1) 쉬네만(Schünemann)의 견해: 법익의 긴급피난

쉬네만은 형법의 기능의 변화와 관련하여 형법은 응보형법으로부터 예방형법의 방향으로 발전하고 있다고 한다. 이러한 예방형법에서 형사제재의 법적 허용성은 더 이상 과거의 범죄행위에 대한 응보가 아닌 미래의 예방적 유용성에 따라 결정된다. 하지만 쉬네만은 형벌의 정당성의 원칙으로서 책임만을 고수하지는 않는다. 그는 형벌의 정당성의 원칙으로서 책임 이외에 법익의 긴급피난(Rechtsgüternotstand)이라는 개념을 새롭게 주장하고 있다. 즉 요구되는 법익보호가 다른 방식으로는 더 이상 보호될 수 없을 때, 위태화 된 법익의 유지가 단체에게 가해지게 될 손해보다 더 중할 때 및 이러한 종류의 법익보호가 그 밖의 법윤리적인 원칙들과 충돌되지 않을 때, 기업 또는 단체에게 그 책임과 독립한 소(訴)를 제기하는 것은 법익의 긴급피난으로서 정당화 된다고 한다.[35] 더 나아가 그는 만약 자연인이 한 기업체에서 형벌 또는 질서위반금이 부과되는

32) RGSt 5, 183; 8, 326, 333; 16, 121, 123; 28, 103, 105; 33, 261, 264; 47, 90, 91.
33) BGHSt 14, 194, 197; 12, 295, 297 ff.
34) Schroth, 앞의 책, 196면.
35) Schünemann, *Unternehmenskriminalität und Strafrecht*, 1979, 236면 이하.

범죄행위를 단지 기업의 이익을 위해 행하였다면, 그리고 이러한 행위의 저지를 위해 기업에게 요구된 감독조치가 결여되었고 불충분했다면, 기업 또는 단체에게 그 책임을 귀속시키고 독립한 형사제재를 부과하는 것은 그 정당성이 충분히 있다고 여겼다.36)

(2) 티데만(Tiedemann)의 견해: 조직의 과책

티데만은 이미 질서위반법에서 형법적인 책임요구는 점점 축소되고 있는 반면, 답책성(Verantwortlichkeit)은 더욱더 강력히 요구되고 있다는 점이 기업의 책임능력을 긍정하는 하나의 중요한 지표라고 한다. 왜냐하면 이러한 답책성은 전통적인 의미에서 인격적·윤리적 비난가능성으로 이해되는 인간의 책임에서 벗어나 사회적·법적인 범주로 지향된 광의의 의미의 책임개념으로 대치할 수 있는 가능성을 열어주기 때문이다.37) 이른바 "조직의 결함"(Organisationsfehler) 또는 "조직의 과책"(Organisationsverschulden)38)은 기업의 답책성을 근거 짓게 하고, 기업 그 자체에 대해 가할 수 있는 고유한 사회적 비난으로서 간주될 수 있다고 한다. 그러므로 만약 기업을 운영함에 있어 기관 또는 대리인이 범죄 또는 질서위반행위를 범하였다면 기업은 이에 대해 책임을 져야한다. 왜냐하면 이러한 경우 기업은 불법적인 기업운영이 아닌 정상적인 기업운영을 유지하기 위해 요구되어지는 예방조처를 충분히 이행하지 않았기 때문이다.39)

(3) 쉬로트(Schroth)의 견해: 기관책임으로서 기업책임

쉬로트 역시 다음과 같은 논거를 통해 기업의 책임능력을 긍정하고 있다. 즉 책임원칙에 기초한 답책성의 사고는 행위자의 잘못된 태도와 밀접하게 연관되어 있지만, 언제나 개별적인 인간의, 즉 조직과는 무관한 행위만을 의미하지

---

36) Schünemann, 앞의 책, 236면 이하.

37) Tiedemann, "Die "Bebußng" von Unternehmen nach dem 2. Gesetz zur Bekämpfung der Wirtschaftskriminalität", NJW 1988, 1169면 이하.

38) Otto 또한 "조직의 과책(Organisationsverschulden)"이라는 개념을 사용하고 있다. 그러나 Tiedemann의 견해와는 달리 그는 구체적으로 행동한 행위자의 확정 및 인격적 책임비난을 요구하지 않는다. 오히려 기업의 형식적인 조직상의 과책만 있으면 충분하다고 한다. 왜냐하면 기업, 기관 및 그 대리인에 의한 주의의무, 조직의무, 감독의무 및 통제의무의 침해는 여기서 중대한 비난의 핵심을 형성하기 때문이다. Otto, *Die Strafbarkeit von Unternehmen und Verbänden*, 1993, 28면 이하.

39) Tiedemann, 앞의 논문, 1172면 이하.

는 않는다. 오히려 규범 수범자로서의 기업은 인간적·사적인 개별행위뿐만 아니라 집합적인 행위방식까지도 책임을 져야 한다는 결론이 도출된다. 모든 기업의 행위는 인간의 의사형성의 결과물로서 표현되는 것이기 때문에 기업차원에서 결함 있는 집합적인 의사형성, 즉 기업책임 또한 고려될 수 있다고 한다.[40] 이러한 책임은 단지 기업을 위해 답책성 있는 행위를 한 기관의 책임 있는 역할행위에서만 나타날 수 있다. 이러한 기관책임은 독일형법 제75조(기관 및 대리인에 대한 특별규정), 질서위반법 제29조, 제30조의 규정에 의해 기업에게 고유한 책임으로서 귀속되어지지만 이렇게 이해된 기업책임은 개인과 밀접한 관련성을 맺는 기관책임과 동일시되지는 않는다. 오히려 기능적인 기관책임의 귀속으로 이해될 수 있다. 즉 이는 기능적으로 활동하는 기업대표자의 책임 있는 행위방식으로서의 기관책임을 의미할 뿐이라고 한다.[41]

(4) 하이네(Heine)의 견해: 기업경영책임으로서 기업책임

하이네는 기업의 책임능력과 관련하여 매우 흥미로운 견해를 피력하고 있다. 그의 견해에 따르면, 개인 및 단체의 갈등을 하나의 공통분모로 하여 설명하려는 모든 시도는 설득력이 없다고 한다. 따라서 예컨대 전통적인 개인형법에서 사용되고 있는 책임개념을 기업영역에 적용 하는 것은 단지 형법 도그마틱의 왜곡만을 초래할 뿐이라고 한다. 이 때문에 하이네는 개인형법 이외에 기업형법이라는 새로운 형법영역을 창설하는 것과 여기서 집합적 답책성이라는, 즉 개인형법의 책임개념과 구별되는 또 하나의 축을 발전시키는데 찬성하고 있다.[42]

개인형법에서 책임이라는 가벌성의 전제조건은 개인의 자유로운 심정결의에 기초하고 있다. 또한 기업형법에서도 구체적인 행위상황에서 결함 있는 결의와 관련성을 가질 수 있다. 예컨대 특정한 이사회의 결정은 (직접적인) 위법한 결과를 초래할 수 있다. 그러나 기업경영상 발생하는 대부분의 대형사고는 개인의 개별적인 결의에 정확하게 귀속시킬 수 없다. 오히려 이는 대부분 위험의식과 위험예방에 대한 수년간의 결함의 결과인, 즉 기업경영상의 체계적인 오

40) Schroth, 앞의 책, 209면.

41) Schroth, 앞의 책, 204면, 209면.

42) Heine, *Die strafrechtliche Verantwortlichkeit von Unternehmen*, 1995, 201면 이하.

류과정의 결과물이라 할 수 있다. 이 때문에 기업형법에서 전통적인 책임이 과연 그 개념적·내용적 의미에서 무엇을 의미하는지 적절하게 설명될 수 없다. 이로써 기업형법에서 책임개념은 법치국가에 합치하는 답책성의 원칙으로 변형된다. 즉 책임은 중대한 사회적 교란에 대한 기업의 특수한 답책성으로서 인정될 수 있다고 한다.[43]

기업에게 이러한 특별한 책임개념을 구체화할 때 무엇보다도 시간적 요소를 고려해야 한다고 한다. 왜냐하면 이는 단지 정확한 심정결의에 관한 것뿐만 아니라 집합적 결의과정에 대한 책임, 즉 일련의 시간경과에 따라 순차적으로 형성되는 기업경영상의 잘못된 결의과정에 관한 것이기 때문이다. 이러한 책임은 개인형법에서 확립된 개념인 “생활영위책임”(Lebensführungsschuld)으로부터 유추하여 만들어 낸 “기업경영책임”(Betriebsführungsschuld)으로서 표현될 수 있다.

개인형법에서 생활영위책임은 원칙적으로 책임판단의 기초로서 거부되고 있다. 왜냐하면 책임비난의 기초가 되는 불법은 금지된 것을 적극적으로 행하거나 요구된 것을 부작위하는 구체적인 행위이지 법적으로 부정되는 생활영위가 아니기 때문이다. 그러나 이와 반대로 기업형법에서는 순차적으로 진행되는 기업경영상의 잘못된 결의과정을 적절하게 바로잡는 것이 중요하고, 더 나아가 장래에 책임 있는 위험관리(risk-management)를 보증하는 것 또한 중요하다. 하이네의 견해에 따르면, 기업이 비록 처음부터 기업경영상의 전형적인 위험을 매 순간 통제할 수 있었음에도 위험예방을 불가능하게 하는 단계로 나아갔다면, 이러한 ‘기업경영책임’의 의미에서 형사책임을 져야한다고 한다. 이 때문에 만약 기업이 사업을 계획하고 투자를 함에 있어 위험한 상황을 충분히 예측하지 않고, 요구되어 지는 예방프로그램을 소홀히 한 채 평상시대로 기업경영(business as usual)을 했다면, 기업경영상의 대형사고는 책임 있는 행위로서 기업에게 귀속될 수 있다고 한다.[44]

43) Heine, 앞의 책, 265면, 307면.
44) Heine, 앞의 책, 287면.

4. 소 결

쉬네만, 티데만, 쉬로트 및 하이네 외에도 기업형법에서 고유한 기업책임을 근거 짓기 위해 다양한 견해들이 제기되고 있으나, 이들 견해는 부분적으로 현저한 차이를 나타내고 있다. 그러나 기업의 책임능력 긍정을 위한 논의를 전체적으로 살펴보면 다음의 세 가지 기본모델로 구분될 수 있다. 우선, 대다수의 견해는 귀속을 통해 매개되는 법인의 책임을 행위능력과 연계하여 설명하고자 한다(귀속모델). 다른 한편으로, 기업의 고유한 책임능력을 확립하고자 하는 시도가 증가하고 있다. 이때 "조직책임"(Organisationsschuld) 내지 "조직과책"(Organisationsverschulden) 등과 같은 개념이 새롭게 등장하고 있다(독립모델). 마지막으로, 기업형벌의 근거설정을 목적으로 기업형법의 영역에서 책임개념을 완전히 포기하고, 대신에 처벌의 예방적 유용성 또는 합목적성의 기준으로 대체하고자 하는 모델이 있다. 따라서 이러한 세 가지 모델 중에서 어떤 모델이 기업의 책임능력을 근거 짓기 위해 적합한 것인지 검토할 필요성이 있다.

첫째로, 대다수의 독일문헌에 의해 지지되고 있는 귀속모델은 기업의 책임능력을 적절하게 설명할 수 없다고 여겨진다. 왜냐하면 귀속모델에서 책임은 지극히 개인적인 사태로서 이해되어지기 때문이다. 즉 각 범죄참가자는 타인의 책임과 관계없이 각자의 책임에 따라 처벌된다고 하는 독일형법 제29조에 따라 기업 구성원의 책임은 법인의 책임으로 거의 귀속시킬 수 없다. 더욱이 귀속모델에서 요구되는 자연인의 책임과의 연결점은 기업에서 흔히 발생하는 '조직화된 무책임'의 사례들을 해소할 수 없게 한다. 결국 귀속모델로도 기업의 책임능력에 관련된 문제점들을 적절하게 해결할 수 없다.

다음으로, 단지 예방적 관점에서 기업형벌을 도입하고자 하는 모델 역시 형벌의 정당성을 확보할 수 없다고 여겨진다. 왜냐하면 예방사고를 통해 내용적으로 재구성된 책임개념은 자신의 행위에 대한 행위자의 책임이라는 전통적인 책임개념과 어떠한 연결점도 가질 수 없기 때문이다. 즉 이 모델에서 기업형벌의 적합성과 필요성은 단지 예방적 측면에서 결정될 뿐이다. 이로써 책임개념은 자신의 본래의 의미를 상실할 위험성이 있다.

마지막으로, 기업의 고유한 책임능력을 인정하는 모델(독립모델)에서는 어떻게 개인형법의 책임과 구별되는 기업의 고유한 책임을 구성할 수 있을지가 문제로 남는다. 그러나 이러한 문제는 현대사회에서 기업의 존재를 보다 자세히 살펴보면 해결될 수 있다. 즉 현대사회에서 기업은 독자적인, 기업 구성원의 단순한 총합과는 구별되는 특별한 사회적 존재로서 설명된다. 이러한 존재는 고유한 기업문화를 향유하고 있다. 현대 경영학에서는 이러한 측면을 개인의 정체성과는 명확히 구별되는 "기업의 정체성"(corporate identity)이라는 개념으로 표현하고 있다. 이러한 살아있는 유기적 조직체로서의 기업은 하나의 고유한, 아주 특별한 역동성을 나타낸다. 이러한 역동성은 –쉬네만이 이미 적절히 지적했듯이– 초개인적인 기업정신 또는 범죄적인 기업의 태도로까지 표현되고 있다. 이러한 상황과 관련하여 기업은 조직 내부에서 일련의 결의과정에 의해 발전된 범죄적 불법에 대해 스스로 책임을 져야만 한다. 또한 현대사회에서 일반인도 대부분의 기업범죄에 있어 진정 책임 있는 범죄인은 바로 기업 구성원이 아닌 기업 자체라고 여기고 있다. 결국 현대사회에서 독자적인 사회적 구성체로서의 기업에게 그가 행한 반사회적 내지 불법행위 대해 형법상의 고유한 책임능력을 인정할 수 있다.

Ⅲ. 기업(법인)의 수형능력

기업의 수형능력과 관련해서도 형벌의 목적과 기능이 기업에 대해서도 실현될 수 있는 가, 이것이 긍정된다면 어떠한 형벌이 이러한 목적 실현을 위해 적용될 수 있는 가라는 근본적인 의문이 제기되고 있다.

1. 형벌의 본질과 기업(법인)처벌

형벌의 본질이 무엇인 가는 법질서 내에서 그 기능을 도외시 한 채 논의될 수 없다. 즉 형법의 임무가 사회 공동체에서 일반국민의 평화로운 공동생활을 보호하는 것이라고 한다면 형벌은 법질서의 유지와 보호에 기여해야 한다. 이러한 형벌의 기능으로부터 형벌은 규범위반성에 대한 개인책임을 전제로 해서 부과된다는 점이 도출 된다. 이러한 입장을 바탕으로 하여 기업의 가벌성을 부인하는 독일의 다수설에 따르면 자연인과는 달리 법인에게는 행위능력과 책임능력이 부인되는 동시에 책임 있고 위법한 행위에 대한 국가의 반작용으로서의 형벌을 부과할 수 있는 어떠한 준거점도 인정되지 않는다고 한다. 그러나 이러한 다수설의 입장은 다음과 같은 이유로 점점 그 설득력을 상실해가고 있다.

우선, 규범일치적인 행위와 관련한 동기부여력이 법인에 대한 형벌에는 결여되어 있기 때문에 형벌이 법인에게 부과되는 경우에 그 본질적 의미를 획득할 수 없다고 하는 일부의 견해[45]는 설득력이 없다. 왜냐하면 법인 역시 자연인으로 구성되었기 때문에 법인으로 하여금 반사회적 내지 불법한 행위를 저지하게 하는 동기부여가능성은 여전히 존재한다. 따라서 벌금의 부과와 그에 따른 법인의 재정적 손실은 기업정책에 일정한 영향을 미칠 수 있으며, 기업에 대한 처벌은 기업에 속한 모든 개개인, 즉 대표이사, 기관 및 그 밖의 구성원에게 장래의 규범일치적인 행위와 관련하여 긍정적인 영향을 미치게 할 수 있다.[46] 이와 더불어 주주와 관련하여 기업형벌은 그들에게 기업경영에 관한 감독권과 협력권을 적절하게 사용하게 하고 장래의 합법적인 기업운영에 긍정적인 영향을 미치게 할 자극을 제공한다.[47]

다음으로, 기업은 형벌의 부과와 결합된 사회·윤리적 비난의 수범자가 될 수 없기 때문에 기업의 수형능력은 부인 된다[48]는 반론 역시 수긍할 수 없다. 왜냐하면 기업은 개인과 마찬가지로 대표이사 및 그 구성원에 의한 범죄를 저지하기 위해 필요한 모든 행위를 할 법적·윤리적인 의무를 수반하기 때문에 법적·윤리적 행위요구의 수범자로서 간주될 수 있다. 규범일치적인 행위를 하지 않았기 때문에 기업에게 가해지는 비난 역시 이러한 윤리적인 거부의 일종이다. 이 때문에 개인과 마찬가지로 기업을 공공의 사회·윤리적인 불가치판단의 영역밖에 놓아둘 수는 없다. 결국 기업에 대한 형벌의 부과는 원칙적으로 형법의 본질과 모순되지 않는다고 여겨진다.[49]

---

45) R. Schmitt, 앞의 책, 196면, 216면; Seiler, *Strafrechtliche Maßnahme als Unrechtsfolgen gegen Personenverbände*, 1967, 92면.

46) Ackermann, *Die Strafbarkeit juristischer Personen im deutschen Recht und in ausländischen Rechtsordnung*, 1984, 189면.

47) Ehrhardt, *Unternehmensdelinquenz und Unternehmensstrafe*, 1994, 201면 이하.

48) R. Schmitt, 앞의 책, 196면 참조.

49) Ehrhardt, 앞의 책, 202면.

2. 기업형벌의 목적

기업형벌이 형벌의 목적을 달성할 수 있는가의 문제와 형벌의 본질에 대한 논의는 서로 구별되어야 한다. 형벌은 사회 공동체의 보호를 위해 그 필요성과 적합성이 인정될 때에 정당화된다. 이러한 요구를 충족시키지 못하는 형벌은 국가의 불필요한, 심지어 부당한 개입으로 간주될 수 있다. 따라서 기업에 대한 형벌의 부과 역시 일반적으로 형벌에 의해 의도된 목적을 충족해야 함을 전제조건으로 하고 있다.

(1) 일반예방

형벌은 우선 일반예방(Generalprävention)의 효과를 달성해야 한다. 즉 형벌의 투입은 잠재적 범죄인에 대한 위하에 의하여 장래의 범죄를 방지하는 것(소극적 일반예방)과 법규범에 대한 준수의식과 법적 신뢰를 강화하는 것(적극적 일반예방)에 기여해야 한다.[50] 이러한 형벌의 일반예방 효과는 특히 경제범죄의 영역에서 —여기서는 경제적 인간(homo oeconomicus)으로서 합리적인 행동을 하는 행위자를 전제로 하고 있음— 특별한 의미를 갖는다.[51]

기업형벌 역시 일반예방의 효과를 달성할 수 있다는 점은 부인될 수 없다.[52] 기업형벌은 일반인, 특히 기업의 대표이사에게 국가가 특별한 형태의 범죄를 용인하기 보다는 개인범죄와 같이 동일한 결과를 갖는 형벌을 부과할 수 있음을 명료하게 보여줄 수 있다. 특히 공적인 소송절차를 이행함으로써 나타나는 공개성으로 말미암아 기업의 이미지는 치명적인 상처를 입을 수 있기 때문에 기업형벌의 일반예방 효과를 충분히 거둘 수 있다.[53]

(2) 특별예방

형벌은 일반예방의 효과 이외에도 특별예방(Spezialprävention)의 효과를 거두어야 한다. 즉 형벌은 범죄인에 대한 위하와 범죄인의 사회복귀 또는 격리를 통하여 바로 그 범죄인이 다시 죄를 범하는 것을 방지하는 데 기여해야 한다.

---

50) Maurach/Zipf, *AT*, 66면 이하.

51) 이에 대해 상세히는 BGH JZ 1975, 183면 이하 참조.

52) Ackermann, 앞의 책, 196면 이하.

53) Ehrhardt, 앞의 책, 203면 이하.

동시에 일반인을 형의 집행을 통하여 개별적인 범죄인으로부터 지속적으로 또는 잠정적으로 보호해야 한다.[54] 기업형벌 역시 이러한 특별예방의 효과를 거둘 수 있을 지의 여부에 대해 다수설은 이를 부정하고 있다.

그러나 다수설의 견해와는 달리 기업에게 개인형벌이 아닌 기업형벌을 부과함으로써 장래의 사회규범 일치적인 행위에 대한 교육적 효과를 기대할 수 있다. 이는 기업범죄의 형사책임(corporte criminal liability)을 긍정하고 있는 미국에서 명확히 나타나고 있다.[55] 예컨대 기업형벌은 기업내부의 감시의무와 통제의무를 강화하게 하고, 기업의 대표이사를 선임 할 때 특히 그의 신뢰성과 법준수성을 주목하게 한다. 또한 기업경영 및 직무수행에 관한 명확한 행위지침을 세우게 하고, 건전한 기업문화의 형성을 유도하게 함으로써 기업의 대표이사 및 기업 구성원에 의한 범죄행위가 전혀 자리를 잡을 수 없게 한다. 더 나아가 기업의 운명에 전반적인 영향을 미치는 대표이사 및 기업 구성원으로 하여금 장래에 있어 법질서위반행위를 저지하도록 하는 노력을 강화하게 한다. 이로써 기업형벌은 기업 개선(Besserung)의 효과를 충분히 거둘 수 있다.[56]

또한 기업형벌은 위험한 범죄인에 대한 일반인의 보호라는 특별예방의 또 다른 목적을 달성할 수 있다. 예컨대 활동의 자유를 제한하는 자유형의 효과는 영업정지의 효과와 일치될 수 있으며, 특히 중한 사례에 있어서는 법인의 해산[57]도 고려될 수 있다.[58] 결국 기업형벌은 특별예방의 효과를 거둘 수 없다고 하는 다수설의 견해는 더 이상 지지될 수 없다.

---

54) Maurach/Zipf, *AT*, 66면 이하.

55) Comments, “Criminal Sanction for Corporate Illegality”, The Journal of Criminal Law & Criminology, vol. 69, 1978, 44면 이하.

56) Ehrhardt, 앞의 책, 205면.

57) 법인에 대한 영업정지 및 해산 등은 형법이 인정하는 형벌이 아니므로 형벌체계에 비추어 범죄능력을 부인해야 한다는 견해(이재상, 앞의 책, 96면; 배종대, 앞의 책, 167면)도 있으나, 이는 설득력이 없다. 왜냐하면 형사제재에는 형벌만 있는 것이 아니라 보안처분도 법질서위반행위에 대한 형법적 제재이므로 형사제재 중 형벌이 아닌 보안처분을 부과한다고 해서, 이것 때문에 형벌을 과할 수 없다는 이유로 범죄능력까지 부정해야 한다는 주장은 수긍될 수 없기 때문이다.

58) Ackermann, 앞의 책, 199면.

3. 기업형벌의 종류와 내용

앞서 살펴본 바와 같이 기업에 대한 수형능력이 긍정된다고 해도 여전히 어떠한 종류와 내용의 기업형벌이 부과될 수 있는 지에 관한 문제가 남아 있다. 이러한 기업형벌의 종류와 내용과 관련하여 기업(법인)에 대해 재산형, 활동제한형, 명예형 등 다양한 형벌이 도입될 수 있을 것이다.59) 우선, 법인에게 부과할 수 있는 대표적인 형벌은 재산형(벌금, 몰수·추징)이다. 다만 형법전과 양벌규정에서도 법인에 대해 벌금형을 부과하고 있지만 소액에 불과하기 때문에 범죄억지 효과가 매우 작다. 따라서 법인에 대한 벌금형의 상한을 조정할 필요가 있다. 나아가 벌금형과 과징금의 관계설정도 문제가 된다. 과징금은 법위반행위의 반사회적 내지 반윤리성을 근간으로 하여 과해지는 형사벌과 그 취지, 성격, 목적 및 그 절차를 달리하기 때문에 하나의 위반행위에 대해 과징금과 별도로 벌금형에 처하는 것이 헌법 제13조 제1항의 이중처벌금지원칙에 반하지 않는다고 보는 것이 일반적인 견해이다. 그러나 자연범과 법정범의 구분이 모호해지고 있고, 현재의 과징금의 법적 성격이 대부분 행정제재적 성격으로 변환되어 있다는 점을 고려할 때 동일한 위반행위에 대해 과징금 이외에 벌금형을 부과하는 것은 실질적으로 '이중처벌'적 성격을 가지고 있음을 부정할 수 없다. 따라서 가능한 한 과징금과 형벌의 역할을 명확히 구별하여 이원화하는 것이 바람직하다. 그리고 기업의 규모는 매우 다양하기 때문에 현행과 같이 일률적인 벌금형을 적용할 경우 소규모의 기업의 경우 그 부담이 지나치게 과중되는 반면에 대기업의 경우 지나치게 경미하여 형벌효과를 얻기 어려우므로 독일이나 프랑스와 같은 일수벌금제의 도입을 적극 검토할 필요성이 있다.

다음으로, 법인에 대한 활동제한형의 형벌로는 법인의 해산, 영업정지, 공계약 배제, 보호관찰, 사회봉사명령 등이 있을 수 있다. 법인의 해산은 법인의 운용을 영구적으로 중단시키는 제재이다. 이것은 다른 제재의 내용과 달리 법인의 존재자체를 말살하는 것이므로 범죄행위의 중함과 더불어 법인의 존속이 사회적으로 해가 클 경우에 한하여 법인 형벌의 최후수단으로 선택되어야 할 것이다. 영업정지(또는 조업정지)는 기업이나 사업장의 활동 자체를 일시적으로

59) 이에 대해 자세한 설명은 본서 제5장 §20 참조.

중단시키는 제재이다. 위법행위는 기업의 활동에서 비롯되었으므로 기업의 활동 자체를 중단시킨다는 점에서 이는 직접적이고 강력한 제재라고 할 수 있다. 공계약 배제는 일정기간 입찰참가자격을 제한하는 것으로서 법인의 해산이나 영업정지보다는 경한 형태의 제재이다. 법인에 대한 보호관찰은 법인에 대하여 일정한 제재를 부과하고 그 준수여부를 보호관찰관이 감독하여 법인으로 하여금 '재사회화'의 측면에서 적법한 활동을 할 수 있도록 체질개선을 도모하는 형벌(보안처분)을 말한다. 법인에 대한 사회봉사명령이란 법인이 갖는 인적·물적 능력을 동원하여 사회적으로 유익한 사업을 실시하도록 명령하는 제재로서 일정한 사회기금의 납부, 실업자 고용, 도시재개발에의 참가, 유출된 오염물질의 제거활동에의 참가, 소비자보호프로그램에의 참가, 해외원조계획에의 참가 등이 있다. 그러나 이러한 법인의 해산(인·허가취소, 등록취소, 폐쇄명령 등), 영업정지, 입찰참가자격제한 등은 이미 현행법 아래에서도 행정처분으로서 인정되고 있다. 따라서 위의 활동제한형벌을 도입할 경우 기존 행정처분과의 관계를 재정립할 필요성이 있다.

마지막으로, 법인에 대한 명예형의 형벌로 공표가 있다. 공표는 법인에게는 신용의 훼손이라는 비교적 큰 타격을 입히므로 형벌제도의 하나로서 검토해 볼 여지가 있다. 법인의 신용이나 이미지는 법인의 존재가치를 결정짓는 중요한 요소로서 작용하기 때문에 범죄사실의 공표를 통해 법인의 명예와 신용을 실추시켜 제재 및 예방효과를 기대할 수 있고, 소비자에 대한 경고 기능도 달성할 수 있다. 그러나 공표제도를 법인 형벌로 도입할 경우 현재 행정조치로서 부과되는 '공표'(예컨대 소비자기본법 제80조 제2항 '시정조치를 받은 사실' 공표)와의 관계정립이 필요하고, 법인이나 자연인의 명예나 프라이버시, 기업비밀 등의 지나친 침해 위험이 있는 만큼 공표방식·내용 등에 관한 구체적인 내용이 마련되어야 한다.[60]

마찬가지로 독일에서도 기업(법인)에게 매우 광범위한 형사제재를 부과할 수 있다는 견해가 제시되고 있다. 대표적으로 하이네 교수의 견해에 따르면 비록 행정법상의 강제수단(예컨대 무허가 시설의 가동중지처분 또는 행정법규 위반행위로 인한 영업정지처분 등)으로서 이미 기업에 대한 제재가 규정되어 있지만, 이

60) 이천현, 앞의 논문, 77-81면.

러한 수단은 결코 형법적인 제재로서 간주될 수 없다고 한다. 왜냐하면 행정법은 단지 예방적인 임무를 이행할 뿐이지, 형벌에서 요구되는 억압적인 목적은 달성할 수 없기 때문이다. 즉 억압적 조처로서의 강제수단은 단지 형법에서만 규정될 수 있다고 한다.[61] 어떠한 기업형벌이 부과될 수 있을 지를 살펴보면 먼저, 기업형벌의 가장 중한 제재로서 ―개인형법의 사형 내지 무기징역형에 해당하는― 기업의 "해산"을 생각할 수 있다. 이러한 기업의 해산은 최후수단으로서 단지 극단적으로 예외적인 경우에만 적용되어야 한다. 다음으로, 자연인에 대한 자유형과 유사한 성격을 갖는 기업의 "잠정적인 재산압류"가 고려될 수 있다. 이러한 잠정적인 재산압류라는 형벌의 예로 특히 일정 기간 동안의 기업의 영업정지를 들 수 있다. 이 형벌은 무엇보다도 영업정지 기간 동안 기업으로 하여금 장래에 적절한 위험관리를 도모하게 할 수 있는 장점이 있다. 그러나 이러한 형벌 역시 단지 중한 사례의 경우에만 부과되어야 한다. 마지막으로, 전형적인 벌금형의 형태로 누적적인 또는 대체적인 "재정적 제재"를 고려할 수 있다. 이러한 재정적 제재로는 이익환수 및 원상회복 등이 있다. 이러한 종류의 형벌의 장점은 기업의 재정 상태에 비례하여 형벌을 과할 수 있다는 데 있다. 이와 동시에 기업에게 특정한 의무를 부담하게 하는 형벌을 부과 할 수도 있다. 예컨대 경영상의 "환경감사"를 받도록 하는 명령을 생각할 수 있다. 이러한 제재의 목적은 장래에 기업운영상 전형적으로 발생하는 위험을 적절한 위험규제를 통해 저지하게 하는 데 있다. 이러한 다양한 형태의 기업형벌의 부과를 통해서 기업의 의사형성과정에 긍정적인 영향을 미칠 수 있음은 분명하다.[62]

독일 행정법상 법인에 대한 행정제재

독일 행정법상 법인에 대해서 해산, 영업정지 또는 제한의 행정제재를 부과할 수 있다. 즉 한편으로, 독일 유한회사법(GmbHG) 제62조에 따르면, 법인이 위법한 결정을 하거나 대표자의 위법행동을 알고서 행하도록 내버려 둠으로써 공공의 복지를 해하였을 경우에 한정책임능

---

61) Heine, 앞의 책, 301면.

62) Ackermann, 앞의 책, 195면; Heine, 앞의 책, 301면 이하; Hirsch, *Die Frage der Straffähigkeit von Personenverbänden*, 1993, 27면; Volk, "Zur Bestrafung von Unternehmen", JZ 1993, 429면 이하 참조.

63) 박강우, "독일에서 법인의 형사책임", 한국형사법학의 새로운 지평, 박영사, 2006, 25-26면.

력을 가진 법인에 대해 해산이라는 행정제재를 부과할 수 있다. 형법상의 범죄구성요건을 충족하는 행위나 결정이 대표적인 위법행위이다. 독일 회사법(AktienG) 제396조도 감독위원회나 총회가 위법하게 행동하는 회사간부의 소환을 하지 않았을 경우에 주식회사의 해산을 명할 수 있도록 규정하고 있다. 나아가 주최고법원이나 내무장관은 결사법(VereinsG) 제3조, 제17조 제1항에 따라 유한회사나 주식회사가 헌법질서나 국제협약의 정신에 반하는 활동을 지향하거나 형법상의 국가보호규정에 위반될 경우 설립이 금지될 수 있다. 이러한 법인에 대한 해산명령은 자연인에 대한 사형과 동일한 의미를 가지며, 형법상의 제재수단이 효과가 없을 때 최후에 투입되어야 한다는 점에서 비례성원칙의 적용을 받는다.

다른 한편으로, 독일 영업법(GewO) 제35조, 음식업법(GastG) 제16조, 제17조 등에 따르면, 기업은 영업제한조치를 행정관청으로부터 받을 수 있다. 이러한 영업제한은 허가, 승인, 인가의 철회 또는 취소 등의 행정법상의 제재로 확대될 수 있다. 이러한 조치의 근거는 무엇보다 해당 영업의 불법성, 즉 범죄행위에 착수하였다든가 할 때에 내려진다. 이러한 영업제한 조치가 법인에 대한 충분한 제재조치가 될 수 있는지, 아니면 부차의 의미만을 갖는지는 논의 중에 있다. 다영업이러한 조치들은 행정법상의 제재일 뿐이며 형사적 제재는 아니라는 점은 분명하다.[63)]

Ⅳ. 기업(법인)형벌의 정당성

1. 책임 없는 기업 구성원에 대한 공동처벌(nulla poena sine culpa)?

기업형벌의 부과에 의해 기업의 구성원이 겪는 간접적인 공동의 어려움이 "책임 없으면 형벌 없다(nulla poena sine culpa)"라는 책임원칙에 반하는가에 대한 문제가 제기된다. 원칙적으로 기업형벌은 처벌과 관련을 맺고 있는 모든 사회 영역에 간접적인 영향을 미친다. 특히 기업에 경제적으로 의존하고 있는 기업 구성원은 기업형벌로 인해 심각한 타격을 입을 수 있음은 주지의 사실이다. 그러나 기업형벌을 지지하는 입장에서 보면 이러한 기업형벌의 부작용은 정당화 될 수 있다. 왜냐하면 개인형벌에 있어서도 이러한 형벌의 부작용은 형벌을 받는 자에 국한하여 나타나지 않기 때문이다. 자연인, 예컨대 특히 한 가정의 경제를 책임지고 있는 가장에 대한 형벌은 빈번히 범죄인으로부터 독립된 제3자, 예컨대 범죄인의 부인 및 자녀, 심지어 그 친인척에게까지 간접적인 영향을 미친다. 결국 처벌을 받는 자와 그의 주변 환경 사이에서 밀접한 사회적 공동관계를 맺고 있는 자에게 형벌의 부과로 발생하는 이러한 간접적인 부작용을 완전히 억제하는 것은 거의 불가능에 가깝다고 하겠다.[64)]

다른 한편으로 기업형벌의 정당성과 관련하여 기업에 대한 형사제재는 특수한 문제를 내포하고 있다는 엥기쉬(Engisch)의 주장 역시 검토할 필요성이 있다. 그에 따르면 기업에 대한 형사제재는 경제적으로 참여하고 있는 기업 구성원, 특히 주주와 관련하여 불공정한 제재라고 한다. 왜냐하면 기업에 대해 부과되어 체감할 수 있는 벌금형은 주주의 투자에 의한 수익을 실질적으로 침해하기 때문이다.[65)] 그러나 이러한 그의 주장은 설득력이 없다. 왜냐하면 기업 구성원 내지 주주는 자기 자신의 고유한 재산으로 책임을 지는 것이 아니기 때문이다. 더욱이 이들에게 발생하는 손실은 기업체의 처벌에 의해 초래되는 결과에 국한된 것이며, 이들이 겪는 경제적 어려움 역시 단지 일반적으로 "경영상의 위험"이 실현된 것뿐이다. 기업 구성원 내지 주주는 기업의 활동으로 인해 발생한 이익을 획득할 수도 있지만, 반대로 손실 역시 감수해야 한다. 이는 경제활동의 결과로서 일반적으로 받아들여지고 있는 사실이다. 따라서 기업에 대한 형사제재가 그 구성원 내지 주주에게 간접적인 영향을 미치기 때문에 불공평하다는 주장은 설득력이 없을 뿐만 아니라 "책임 없으면 형벌 없다"라는 책임원칙에도 반하는 않는다.[66)]

2. 동일 자연인의 이중처벌(ne bis in idem)?

기업형벌의 반대론자는 기업형벌의 불공평성에 대한 논거로서 기업형벌 이외에 기관의 자격으로서 행위한 개인 범죄인에게 또 다시 개인형벌이 선고된다는 점에서 이중처벌이 발생한다는 점을 제시하고 있다. 즉 유책한 개인 범죄인은 자기 자신에게 부과된 형벌 이외에 기업에 대해 선고된 제재에 의해 이중으로 처벌되기 때문에 독일 기본법 제103조 2항[67)]에서 규정하고 있는 "이중처

64) Schroth, 앞의 책, 207면.

65) Engisch, "Empfiehlt es sich, die Strafbarkeit der juristischen Person gesetzlich vorzusehen?", in: Verhandlungen des vierzigsten Deutschen Juristentages, Bd. II (Sitzungsberichte), 1954, 33면 이하.

66) Hirsch, 앞의 책, 19면 이하; Schroth, 앞의 책, 207면.

67) 독일 기본법 제103조 제2항: "누구도 일반적인 형법의 기초에서 동일한 범죄행위로 인해 거듭 처벌받지 않는다."

벌금지(ne bis in idem)"의 원칙에 모순 될 수 있다고 한다.[68]

그러나 이러한 반론은 그 설득력이 없다. 헌법상의 이중처벌금지의 원칙은 동일한 범죄인에 대해 동일한 범죄행위로 거듭 처벌하는 것을 금지함을 의미한다. 그러나 이 원칙이 재판관으로 하여금 동일한 범죄행위에 대해 2명의 서로 다른 범죄인에게 제재를 부과하는 것을 금지하는 것은 아니다. 기업에 대한 형사제재는 자연인과 기업을 각각 서로 다른 수형주체로 인정하고, 이에 따라 각자를 처벌하는 것이지 동일한 자연인을 이중으로 처벌하는 것은 아니다. 따라서 이중처벌금지의 원칙에 반하지 않는다. 앞서 상술한 바와 같이 기업의 존재는 개별적 기업 구성원의 총합이 아닌, 이들에 의해 추상화된 새로운 초인격적인 구성체로서 여겨진다. 그러므로 기업은 그 구성원의 단순한 총합과는 구별되는 동시에 독자적인 수형능력인 있는 형법상의 주체라고 할 수 있다.[69] 결국 기업형벌은 동일한 자연인에게 기업형벌과 개인형벌이 동시에 부과되는 것처럼 보이지만, 실질적으로는 기업의 이익을 위해 범한 범죄행위에 대해 독자적인 수형주체로 인정되는 기업과 자연인에게 각각 형벌이 부과되는 것이기 때문에 이중처벌금지의 원칙과 모순되는 것은 아니라고 본다.

V. 맺음말

"단체는 죄를 범하지 못한다"는 원칙에 따라 현재까지 우리나라와 독일 형법전은 기업에 대한 어떠한 형사벌도 인정하고 있지 않다. 왜냐하면 현재 우리나라와 독일 형법은 개인책임형법에 속하며, 이때 형벌 또한 자연인의 개인적인 책임을 전제로 하고 있기 때문이다. 그러나 이러한 개인책임형법을 통해서는 기업범죄에 효율적으로 대처할 수 없다. 왜냐하면 기업의 복잡한 조직구조와 명령체계로 인해 기업의 활동범위 내에서 그리고 그 자신의 이익을 위해서 행해진 범죄행위를 개별 기업 구성원에게 귀속시키거나 형사책임을 묻는 것은 거의 불가능에 가깝기 때문이다. 이로 인해 오늘날 기업범죄와 관련하여 "조직화된 무책임"이 언급되고 있다.

---

68) Hirsch, 앞의 책, 20면 이하.

69) Hirsch, 앞의 책, 15면.

기업형벌의 도입을 위한 다양한 형사정책적 필요성으로는 개인형벌의 불충분한 범죄억지력, 개인형벌의 불충분한 응보효과, 기업의 사회·경제적 중요성에 상응한 응보기대 및 조직화된 무책임의 문제해결 등이 지적될 수 있다.

기업의 가벌성을 부정하는 우리나라와 독일의 논거들은 다음과 같은 이유로 더 이상 그 설득력이 없다고 본다. 먼저, 오늘날 행위개념은 더 이상 자연적인 행위에 국한되지 않고 더욱더 규범적인 의미로 이해되고 있으며, 기업을 위해 행동한 특정한 개인의 가벌적 행위를 기업의 행위로 귀속 내지 기업 그 자체로서의 행위로 인정하거나 기업시스템상의 과실을 인정하는 방식으로 기업에게 행위능력을 부여하는 것은 결코 어떠한 결정적인 이론상의 결함도 존재하기 않는다. 둘째, 현대사회에서 단순한 기업 구성원의 총합과는 구별되는 독자적인 사회적 구성체로서의 기업은 기업조직체 내부에서 일련의 결의과정에 의해 발전된 범죄적 불법에 대해 스스로 책임을 져야만 하며, 이때 기업에 대해 제기되는 책임비난은 기업의 잘못된 경영활동과 감독소홀에 근거한 범죄적 활동에 기초하는 것이라 볼 수 있다. 따라서 기업에게 그가 행한 반사회적 내지 불법행위 대해 형법상의 고유한 책임능력을 인정할 수 있다. 셋째, 기업의 수형능력 역시 긍정된다. 왜냐하면 개인과 마치가지로 법적·윤리적 행위요구의 수범자로서 간주될 수 있는 기업을 공공의 사회·윤리적인 행위반가치·결과반가치 판단의 영역밖에 놓아 둘 수는 없기 때문이다. 기업형벌의 내용으로는 기업해산, 기업의 영업정지, 기업에 대한 보호관찰과 사회봉사명령 및 전형적인 벌금형의 형태의 재정적 제재 등을 고려할 수 있다. 마지막으로 기업에 대한 가벌성의 긍정은 형법상의 "책임 없으면 형벌 없다" 및 헌법상의 "이중처벌금지"의 원칙에도 모순되지 않는다고 본다.

따라서 기업의 가벌성을 부정하고 있는 우리나라도 경제범죄, 환경범죄 및 조직범죄와 더불어 기업범죄의 영역에서 형법의 실질적인 규범력과 그의 예방작용을 증대시키기 위해서 기업의 가벌성을 긍정하고 이에 대한 형벌을 도입할 필요성이 있다.

§ 5 현행 양벌규정의 해석과 문제점

Ⅰ. 양벌규정의 의의

1. 양벌규정의 개념

양벌규정이란 행정법상 벌칙에 채용되는 제도로서 법인의 대표자나 법인 또는 개인의 대리인·사용인 및 기타의 종업원이 위반행위를 한 때에 행위자를 처벌하는 외에 그 업무의 주체인 법인 또는 개인도 함께 처벌하는 제도이다.[1] 앞서 언급한 바와 같이 우리나라 형법은 대륙법계, 특히 독일형법의 영향을 받아 현재까지 기업(법인)의 범죄능력을 부정하고, 오직 자연인의 범죄능력만을 인정하고 있다. 하지만 이러한 기업(법인)의 범죄능력 인정여부와 무관하게 392개에 달하는 다수의 특별형법(예컨대 행정형법, 경제형법, 환경형법, 조세형법 등)에서 "법인의 대표자, 법인이나 개인의 대리인·사용인 기타 종업원이 그 법인 또는 개인의 업무에 관하여 제○○조의 위반행위를 한 때에는 행위자를 벌하는 외에 그 법인 또는 개인에 대해서도 각 해당 조의 벌금형을 과한다."는 양벌규정의 입법형식에 의해 벌금이라는 형벌의 수형능력만을 인정하고 있다.

양벌규정에서 '양벌'이라 함은 하나의 범죄행위에 대하여 자연인과 법인을 함께 처벌한다는 의미이고, '사업주', '업무주' 또는 '영업주'란 영업행위의 주체로서 자기의 계산으로 영업하는 자 또는 영업의 이익이 귀속되는 주체를 의미한다. '위반행위자'에는 대표자, 대리인, 사용인 기타 종업원 등이 있는데, 위반행위의 대부분을 차지하는 '종업원'은 사업주의 사업경영 과정에 있어서 직접 또는 간접으로 사업주의 감독통제 아래 그 사업에 종사하는 자를 말한다.[2] 그리고 사업주 스스로 고용한 사람이 아니라 사업주의 피용자가 자기의 업무보조자로서 사용하고 있는 자도 종업원이 된다.[3] '대리인'은 독립적인 관계에서 위

1) 김성돈, 형법총론(제2판), 성균관대학교출판부, 2009, 150면.
2) 대법원 1993.5.14. 선고 93도344 판결.
3) 대법원 1987.11.10. 선고 87도1213 판결.

임을 받은 대리인이 아니라 예컨대 상사지배인과 같은 종업원의 신분을 가지고 있는 자를 의미한다.[4]

이러한 양벌규정은 다음과 같은 일반적인 특징을 가지고 있다.[5] 하나는, 양벌규정은 직접적인 위반행위자와 동시에 처벌받게 되는 사업주가 법인인지 개인인지를 구별하지 않는다. 즉 정신과 육체를 가지고 있는 자연인인 개인 사업주와 달리 법인 사업주는 그 인격이 법적으로 의제된 것이라는 점에서 양자는 그 존재형태와 내용을 달리함에도 불구하고 양벌규정에 의한 형사처벌에 있어서만은 개인 사업주와 법인 사업주를 동등하게 취급하고 있다. 다른 하나는, 행정법률은 양벌규정을 규정함에 있어 먼저 벌칙의 전제가 되는 금지규범과 명령규범을 열거한 다음 이러한 규범이 위반된 경우 부과되는 벌칙에 대해 규정하고 마지막에 양벌규정을 두는 방식을 취하고 있다. 이 때 양벌규정은 법인 또는 개인 사업주에 대하여 직접적 위반행위자에게 적용되는 해당 조문의 벌금형을 부과하도록 하고 있다.

2. 양벌규정의 연혁

양벌규정의 입법례는 우리나라, 일본, 대만, 중국 등에서 찾아볼 수 있다. 그 모법은 프랑스 형법상의 타인행위에 의한 형사책임이라 하고 있다. 그리고 그에 의하면 양벌규정은 종업원이 업무와 관련하여 그 권한 내에서 행한 위반행위에 대해 대표자 등의 고의나 과실 여부를 묻지 않고 대표자 등이 행위자를 대신하여 처벌받는 전가벌규정의 부당성 때문에 이를 대체하기 위해서 일본에서 처음으로 등장한 것이라고 한다. 업무주체 처벌규정의 방식으로는 전가벌규정과 양벌규정이 있다. 전가벌규정이란 종업원의 고의 또는 과실에 의한 위반행위가 있을 때 행위자를 벌하지 아니하고 그 업무주체의 지위에 있는 자연인 또는 법인만을 벌하는 방식을 말한다. 반면에 양벌규정은 행위자인 종업원을 처벌하는 이외에 그 배후에 있는 업무주체(사업주로서 법인 또는 개인)도 처벌하는 방식이다. 오늘날에는 전자의 형식은 거의 보이지 않고 후자의 형식이 그 대부분을 차지하고 있다.[6]

---

4) 김우진, "행정형벌법규와 양벌규정", 형사판례연구 제6권, 박영사, 1998, 392면.

5) 이주희, "양벌규정의 개선입법에 관한 고찰", 한양법학 제20권 제4집, 2009, 101면.

우리나라에서 양벌규정은 1961년 제3공화국 성립 이후에 행정·경제·환경 관련 영역을 중심으로 법령정비에 의해 일반화된 입법형식으로 등장하였으며, 특히 1984년부터 법제처에서 양벌규정의 기본 유형을 정하여 상용하게 되었다고 한다.[7] 법제처의 종래 양벌규정의 기본 유형은 각 법률의 입법취지와 규율내용을 반영하여 크게 세 가지 유형으로 분류될 수 있다. 즉 ① 법인 또는 개인사업주가 사전 또는 사후에 직접행위자의 위반행위를 알고도 이를 방치·방관하거나 교사한 경우에 그 공범책임을 근거로 처벌하는 유형(구 근로기준법 제115조, 구 선원법 제148조 제2항), ② 법인이나 개인 사업주의 과실책임을 근거로 처벌하는 취지가 명시된 경우로서 종업원의 업무집행에 대한 선임·감독을 태만하지 않았음을 증명한 경우에 법인의 책임을 면제하는 유형(구 선원법 제148조 제1항 단서, 하천법 제97조 및 구 건축법 제57조), ③ 법인이나 개인 사업주의 처벌에 아무런 조건이나 면책사유를 규정하지 않은 유형(구 건축법 제81조 제1항, 구 공중위생관리법 제21조, 구 공직선거법 제260조, 구 도로교통법 등)으로 다수의 양벌규정이 여기에 해당한다.

그러나 2007년 11월 29일 헌법재판소는 '보건범죄단속에 관한 특별조치법'(1990.12.3 법률 제4293호로 개정된 것) 제6조의 양벌규정과 관련하여 "개인의 대리인·사용인 기타 종업원이 그 개인의 업무에 관하여 제5조의 위반행위를 한 때에는 행위자를 벌하는 외에 개인에 대하여도 본조의 예에 따라 처벌한다."고 규정한 부분이 형법의 기본원리인 책임주의에 반한다는 이유로 위헌결정을 내린 바 있다.[8] 법무부는 이를 계기로 ① 종업원의 범죄행위를 방지하기 위해 관리·감독의무를 다한 경우에는 법인·개인 영업주의 형사책임을 면제하고, ② 관리·감독상의 과실이 있을 뿐인 영업주에게 징역형까지 부과하는 양벌규정을 개선하여 징역형을 폐지하며, ③ 양벌규정의 적용범위를 '업무에 관한' 위반행위로 한정하여 업무와 무관한 종업원의 행위에 대하여는 영업주가 책임지지 않도록 하는 방향으로 양벌규정의 개정을 추진하였다. 그 결과 2010년 1월말 기준으로 약 110여개의 법률의 양벌규정에 대해 "다만, 법인 또는 개인이 그 위반행

6) 김용섭, "양벌규정의 문제점 및 개선방안", 행정법연구 제17호, 2007, 206면.

7) 윤장근, "양벌규정의 입법례에 관한 연구", 법제, 1994.6, 95면.

8) 헌법재판소 2007.11.29. 선고 2005헌가10 결정. 이에 결정에 대한 대표적인 평석으로는 오경식, "양벌규정에 대한 판례분석", 영남법학 제27호, 2008, 55면 이하 참조.

위를 방지하기 위하여 해당 업무에 관하여 상당한 주의와 감독을 게을리하지 아니한 경우에는 그러하지 아니하다."는 면책규정을 추가하는 방식으로 그 유형을 통일하는 개정이 이루어졌다.9)

헌법재판소의 보건범죄단속에 관한 특별조치법 제6조의 위헌 결정

[사실 관계]

피고인 甲은 피고인 강○용이 운영하는 ○○기공소의 직원으로서 치과의사면허 없이 위 기공소에서 2004. 10. 15.경부터 같은 해 10. 17.경까지 절삭기로 치아를 간 후 합금을 씌우는 등의 방법으로 7명에 대한 치과치료를 해주고 그 대가로 합계 320만 원을 교부받은 사례에서 제청법원은 치기공소장(영업주) 피고인 강○용에 관하여 보건범죄단속에 관한 특별조치법 제6조의 양벌규정이 '개인인 업주에 관하여 벌금형 이외에 무기 또는 2년 이상의 징역까지 부과하도록 한 것'은 형벌과 책임간의 비례성의 원칙에 위반된다고 하여 위헌여부의 심판을 제청하였다.

[결정 요지]

(1) 재판관 이강국, 재판관 김종대, 재판관 민형기, 재판관 목영준의 의견

이 사건 법률조항이 종업원의 업무 관련 무면허의료행위가 있으면 이에 대해 영업주가 비난받을 만한 행위가 있었는지 여부와는 관계없이 자동적으로 영업주도 처벌하도록 규정하고 있고, 그 문언상 명백한 의미와 달리 "종업원의 범죄행위에 대해 영업주의 선임·감독상의 과실(기타 영업주의 귀책사유)이 인정되는 경우"라는 요건을 추가하여 해석하는 것은 문리해석의 범위를 넘어서는 것으로서 허용될 수 없으므로, 결국 위 법률조항은 다른 사람의 범죄에 대해 그 책임 유무를 묻지 않고 형벌을 부과함으로써, 법정형에 나아가 판단할 것 없이, 형사법의 기본원리인 '책임없는 자에게 형벌을 부과할 수 없다'는 책임주의에 반한다.

(2) 재판관 이공현, 재판관 조대현, 재판관 김희옥, 재판관 송두환의 의견

일정한 범죄에 대해 형벌을 부과하는 법률조항이 정당화되기 위해서는 범죄에 대한 귀책사유를 의미하는 책임이 인정되어야 하고, 그 법정형 또한 책임의 정도에 비례하도록 규정되어야 하는데, 이 사건 법률조항은 문언상 종업원의 범죄에 아무런 귀책사유가 없는 영업주에 대해서도 그 처벌가능성을 열어두고 있을 뿐만 아니라, 가사 위 법률조항을 종업원에 대한

9) 예컨대 건설산업기본법 제98조, 건축법 제112조, 관세법 제279조 제1항, 보건범죄단속에 관한 특별조치법 제6조, 부정경쟁방지 및 영업비밀보호에 관한 법률 제19조, 산업안전보건법 제71조, 산지관리법 제56조, 식품위생법 제100조, 신용정보의 이용 및 보호에 관한 법률 제51조, 자본시장과 금융투자업에 관한 법률 제448조, 정보통신망 이용촉진 및 정보보호 등에 관한 법률 제75조, 출입국관리법 제99조의3 등.

선임·감독상의 과실 있는 영업주만을 처벌하는 규정으로 보더라도, 과실밖에 없는 영업주를 고의의 본범(종업원)과 동일하게 '무기 또는 2년 이상의 징역형'이라는 법정형으로 처벌하는 것은 그 책임의 정도에 비해 지나치게 무거운 법정형을 규정하는 것이므로, 두 가지 점을 모두 고려하면 형벌에 관한 책임원칙에 반한다. 형벌에 관한 책임주의에 반하는 것이라 하지 않을 수 없다.

이 사건 법률조항은 법정형에 나아가 판단할 것 없이 다른 사람의 범죄에 대해 그 책임 유무를 묻지 않고 형벌을 부과함으로써 형사법의 기본원리인 책임주의에 반하므로 결국 법치국가의 원리와 헌법 제10조의 취지에 위반하여 헌법에 위반된다.

이러한 현재 양벌규정은 특별형법에서 공통적인 입법형식의 하나로 자리잡고 있으며, 이제 "양벌규정은 특별형법에 관한 한 사실상 총칙규정으로서의 위치를 구축"하고 있다.[10)]

3. 양벌규정의 형사정책적 배경

양벌규정은 형법상 기본적으로 법인에 대하여는 범죄능력을 인정하지 않고 행위자인 자연인만이 범죄의 주체로서 형사책임을 진다고 하는데 대하여, 입법정책적으로 법인에 대하여는 수형능력을 인정하고 그 법률효과를 귀속시키는 이유는 다음과 같은 형사정책적 배경에 기인한 것으로 볼 수 있다.

하나는, 양별규정은 행위자와 직접 위법행위를 하지 않은 사업주(법인 또는 개인)를 함께 처벌하는 것을 목적으로 한다. 즉 사업자가 형벌법규의 주체로 규정되어 신분범을 이루고 있는 경우에 이들 신분범에 있어서 그 의무주체가 직접 위법행위를 하지 아니하고 종업원이나 대리인을 통해 위법행위를 하는 경우에 의무주체자는 직접행위자가 아니거나, 마찬가지로 실행행위자의 경우에 의무주체자가 아니라는 등의 이유로 처벌되지 않는 일이 발생하게 되는 등 처벌의 공백상태가 발생하는 것을 방지하기 위해서이다. 따라서 양벌규정은 법인에 대한 처벌필요성을 위한 형사처벌의 확장을 위한 마련된 것이다.[11)]

다른 하나는, 양벌규정은 행정상 의무이행을 강제하는 것을 목적으로 한다. 즉 형법에서는 법인의 범죄능력을 부정하는 입장이 지배적이었으나, 행정형법

---

10) 신동운, 형법총론(제7판), 법문사, 2013, 107면.

11) 신동운, 판례백선 형법총론, 경세원, 2006, 89면.

의 경우에 행정의무의 이행보장 등 입법정책상의 필요성에 의하여 직접 행위를 행하지 않은 자에 대한 형사책임을 묻을 수 있도록 행정정책상 이를 인정하고 있다. 이는 양벌규정이 없을 경우 종업원 등의 위반행위로 이익을 얻는 수혜자가 영업주이므로 장래 위반행위 방지와 예방조치를 위해 사업주인 법인이나 개인에 대하여 처벌하는 규정이 필요하다.[12]

Ⅱ. 양벌규정의 법적 성질(법인처벌의 근거)

현행법상 기업(법인)의 형사처벌은 양벌규정을 통해 이루어지고 있다. 하지만 양벌규정에 있어 법인 또는 개인 사업주의 처벌 근거가 무엇인지에 대해서는 종래 무과실책임설, 과실의제설, 과실추정설, 과실책임설, 부작위감독책임설 등의 견해가 대립되었고, 면책규정을 추가한 개정 양벌규정에 있어서도 진정과실책임을 법인처벌의 근거로 함이 명백하지만 과실책임만으로 법인처벌의 근거로 하는 것이 충분한지는 여전히 의문이다.

1. 학설의 대립

(1) 무과실책임설

양벌규정은 책임주의원칙에 대한 예외로서 행정단속의 목적을 위하여 형사정책상 무과실책임을 인정한 것이라는 견해이다.[13] 자기의 행위와 관계없이 타인의 행위에 대해 대신 형벌을 받게 된다는 의미에서 넓은 의미의 대위책임 내지 전가책임이론(轉嫁責任理論)이라고 할 수 있다. 이 견해는 형법상의 행위의 주체는 자연인에 한하며, 법적 의제에 의하여 법인의 행위능력을 인정할 수는 없다는 것을 전제로 한다. 법인의 행위능력을 부정하는 이상 고의 또는 과실을 요구한다고 하여 책임주의가 관철될 수는 없고, 또 이를 필요하다고 해석해야 할 이유도 없다고 한다. 따라서 행정형법에서 법인을 처벌하는 특별규정을 둔 것은 법인 단속과 행정목적을 달성하기 위한 정책적인 고려이며, 이 경우 법인의 책임은 무과실책임이라고 한다.

---

12) 오경식, "양벌규정에 대한 판례분석", 영남법학 제27호, 2008, 60면.

13) 배종대, 형법총론(제11판), 홍문사, 2013, 217면.

(2) 과실책임설

양벌규정은 종업원의 선임·감독에 있어서 법인의 과실책임을 인정한 것으로 해석하는 견해(즉, 자기행위책임이라는 견해)이다. 사업주는 사업의 통제자로서 종업원 등이 범죄행위를 하지 않도록 주의 감독할 의무를 부담하고 있기에 이를 태만히 한 것에 대하여 책임을 지는 것이라고 한다. 즉 법인처벌의 근거는 법인 자신의 범죄행위로 인한 자기책임으로 보는 견해이다. 이 견해는 형사처벌은 언제나 비난가능성을 전제한다고 볼 때 과실책임설이 형법의 기본원칙에 보다 충실한 해석이라고 본다. 하지만 구체적으로 과실을 어떻게 판단할 것인가에 대해서는 다시 견해가 나뉜다.

가. 과실의제설

종업원의 범죄행위가 있으면 법인의 과실은 법률상 당연히 존재하는 것으로 의제되고 반증이 허용되지 않는다고 하는 견해로, 현재 우리나라에서 이 설을 지지하는 학자는 없다.

나. 과실추정설

양벌규정을 종업원의 범죄행위가 있으면 법인에게 선임·감독상 책임이 있다는 것을 추정하는 규정이라고 해석하는 견해이다.[14] 이 견해에 따르면 법인의 과실이 추정되기 때문에 거증책임이 있는 검사가 그 과실을 입증할 필요는 없지만 법인이 그 무과실을 입증하면 과실의 추정은 깨어지고 책임을 면하게 된다고 본다. 이를 주장하는 입장에서는 과실 추정은 책임주의를 벗어나지 않으면서도 행정형법에 있어서 단속목적이라는 정책적 고려를 조화시킬 수 있는 것이라고 한다. 그러나 법인의 과실에 대한 입증곤란을 해결하기 위해 제시된 것이지만, 거증책임에 대한 소송법상의 원칙을 근거 없이 피고인에게 전환시키는 것은 부당하다는 지적이 있다.

다. 진정과실책임설

진정과실책임설은 개정 양벌규정에 의해 추가된 면책규정이 "그 위반행위를 방지하기 위하여 해당 업무에 관하여 상당한 주의와 감독을 게을리하지 아

---

14) 진계호, 형법총론(제7판), 대왕사, 2003, 127면; 손동권, 형법총론(제2개정판), 율곡출판사, 2005, 110면.

니한 경우"를 명문으로 요구하고 있으므로 종업원의 선임·감독에 대한 주의의 무위반에 기인하는 진정과실책임으로 파악하는 견해이다.[15] 즉 법인이나 개인 사업주가 사업경영에 대한 총괄책임자로서의 지위에서 종업원의 업무전반에서 발생하는 결과의 예견의무와 회피의무 위반에 기인한 과실책임이며, 이러한 법인이나 개인 사업주의 과실책임 여부에 대한 입증은 거증책임에 대한 형사소송법의 원칙에 따라 검사가 부담해야 한다고 한다.[16] 이에 대해 대부분의 감독책임이 과실범이라는데 기초하고 있으나 법인 또는 개인 사업주에게 고의가 있는 경우도 있으므로 구체적인 사정의 검토 없이 일률적으로 과실책임을 인정할 수는 없다는 비판이 있다.[17] 그러나 이러한 비판에 대해 일반적으로 과실책임의 원리라는 것은 고의·과실이 있는 경우 책임을 인정한다는 것이지 과실이 있는 경우에만 책임을 인정하고 고의가 있는 경우에는 책임을 인정하지 않는다는 의미가 아니라는 반론이 제기되고 있다.[18]

(3) 부작위감독책임설

부작위감독책임설은 기본적으로 업무활동의 지배·관리자인 법인이나 개인 사업주는 종업원의 위험발생과 결과발생의 원인을 방지해야 할 보증인지위에 있으므로 관리·감독해야 할 법인 내지 개인 사업주 자신의 작위위무 위반 때문에 책임을 부담한다는 견해이다.[19] 이 견해는 다시 '고의·과실에 의한 감독의 무불이행책임설'[20]과 '고의에 의한 행위자(본조책임) 또는 순수감독책임설'[21]로 나눌 수 있다. 전자의 견해에 따르면 법인이나 개인 사업주는 종업원의 위법행위를 고의로 방치할 수 있는데 이때에는 고의에 의한 감독의무위반이 있게 되

15) 신동운, 앞의 책, 109면; 오영근, 형법총론(2판), 박영사, 2009, 145면; 정영석, 형법총론, 법문사, 1989, 80면, 조국, "법인의 형사책임과 양벌규정의 법적 성격", 서울대 법학 제48권 제3호, 2007, 67-70면.

16) 임웅, 형법총론(제5정판), 법문사, 2013, 89면.

17) 정성근, "법인의 범죄능력 재론", 오선주교수 정년기념논문집, 2001, 17면.

18) 오영근, 앞의 책, 145면.

19) 김덕용, "법인의 범죄능력과 형벌능력", 법학연구 제10집, 2002, 348면.

20) 김성돈, 앞의 책, 153면; 김일수/서보학, 새론쓴 형법총론(제12판), 박영사, 2014, 90-91면; 임웅, 앞의 책, 90면; 이주희, "양벌규정의 개선입법에 관한 고찰", 한양법학 제20권 제4집, 2009, 160면; 정성근/박광민, 형법총론(전정판), 성균관대학교출판부, 2012, 114면.

21) 조병선, "개정 양벌규정에서의 기업의 형사책임: 과실추정설에 대한 반론", 형사정책 제21권 제1호, 2009, 362-364면.

고, 감독의무를 게을리한 데 지나지 않는 경우에는 과실의 감독의무위반이 있게 된다고 한다. 반면에 후자의 견해에 의하면 개정 양벌규정에 의해 도입된 면책규정의 표현인 '상당한 주의와 감독을 게을리한 경우'는 과실추정의 규정으로 오인될 여지가 있으나, 본조의 위반행위가 주로 추상적 위험범으로서 고의범이기 때문에 애초부터 사업주는 감독책임으로서 주의의무위반의 형태로 과실범죄를 범할 수 없고, 예컨대 산업안전보건법 제71조의 양벌규정과 같은 이른바 역적용사례의 경우는 법인이나 개인 사업주가 의무주체로서 정범(직접행위자)로 특정되는 직접행위책임(본조책임)이고, 그 외의 경우에는 사업주의 책임은 순수 감독책임이 된다고 한다. 즉 종업원의 위반행위인 추상적 위험범 내지 거동범을 방지하지 못한 (추정된) 감독책임 그 자체의 책임을 묻는 것이고, 이는 '기업의 범죄적 태도'를 표시하는 "총체적인 위반행위 방지시스템이 결여된" 고의범으로 추정되는 책임이라고 한다.

2. 판례의 동향

헌법재판소는 2007년 2005헌가10 결정을 통해 양벌규정을 무과실책임설로 이해하는 것은 형법상 책임원칙에 반하는 것이라고 비판하고, 양벌규정에 대한 법적 성격은 무엇보다 개인 사업주의 경우 종업원에 대한 선임·감독을 내용으로 하는 과실책임에 있음을 명시적으로 밝히고, 이후에도 개인 사업주뿐만 아니라 법인 사업주에 대해서도 과실책임이 요구된다는 태도를 일관되게 유지하고 있다.[22)]

22) 대표적으로 헌법재판소는 2009년 7월 30일에 청소년보호법(헌법재판소 2009.7.30. 선고 2008헌가10 결정), 사행행위 등 규정 및 처벌특례법(헌법재판소 2009.7.30. 선고 2008헌가14 결정), 의료법(헌법재판소 2009.7.30. 선고 2008헌가16 결정), (구)도로법(헌법재판소 2009.7.30. 선고 2008헌가17 결정), (구)건설산업기본법(헌법재판소 2009.7.30. 선고 2008헌가18 결정), 의료기사 등에 관한 법률(헌법재판소 2009.7.30. 선고 2008헌가24 결정) 등 6개 법률의 양벌규정에 대해서도 위헌결정을 내린바 있다. 그밖에도 헌법재판소 2010.12.28. 선고 2010헌가94 결정; 헌법재판소 2010.12.28. 선고 2010헌가73 결정; 헌법재판소 2010.11.25. 선고 2010헌가88 결정; 헌법재판소 2010.9.30. 선고 2010헌가19 결정; 헌법재판소 2010.9.30. 선고 2010헌가10 결정; 헌법재판소 2010.9.30. 선고 2010헌가3 결정; 헌법재판소 2010.9.30. 선고 2009헌가23 결정 등이 있다.

헌법재판소의 청소년보호법 제54조의 위헌 결정

영업주가 고용한 종업원 등의 업무에 관한 범법행위에 대하여 영업주도 함께 처벌하는 청소년보호법(2004.1.29. 법률 제7161호로 개정된 것) 제54조 중 "개인의 대리인·사용인 기타 종업원이 그 개인의 업무에 관하여 제51조 제8호의 위반행위를 한 때에는 그 개인에 대하여도 해당 조의 벌금형을 과한다"는 부분이 책임주의에 반하여 헌법에 위반되는지 여부가 문제되었다. 이에 대해 헌법재판소는 "형벌은 범죄에 대한 제재로서 그 본질은 법질서에 의해 부정적으로 평가된 행위에 대한 비난이다. 만약 법질서가 부정적으로 평가한 결과가 발생하였다고 하더라도 그러한 결과의 발생이 어느 누구의 잘못에 의한 것도 아니라면, 부정적인 결과가 발생하였다는 이유만으로 누군가에게 형벌을 가할 수는 없다. 이와 같이 '책임없는 자에게 형벌을 부과할 수 없다'는 형벌에 관한 책임주의는 형사법의 기본원리로서, 헌법상 법치국가의 원리에 내재하는 원리인 동시에, 헌법 제10조의 취지로부터 도출되는 원리이다. 이 사건 법률조항은 영업주가 고용한 종업원 등이 그 업무와 관련하여 위반행위를 한 경우에, 그와 같은 종업원 등의 범죄행위에 대해 영업주가 비난받을 만한 행위가 있었는지 여부와는 전혀 관계없이 종업원 등의 범죄행위가 있으면 자동적으로 영업주도 처벌하도록 규정하고 있다. 한편, 이 사건 법률조항을 '영업주가 종업원 등에 대한 선임·감독상의 주의의무를 위반한 과실 기타 영업주의 귀책사유가 있는 경우에만 처벌하도록 규정한 것'으로 해석할 수 있는지가 문제될 수 있으나, 합헌적 법률해석은 법률조항의 문언과 목적에 비추어 가능한 범위 안에서의 해석을 전제로 하는 것이므로 위와 같은 해석은 허용되지 않는다. 결국, 이 사건 법률조항은 아무런 비난받을 만한 행위를 한 바 없는 자에 대해서까지, 다른 사람의 범죄행위를 이유로 처벌하는 것으로서 형벌에 관한 책임주의에 반하므로 헌법에 위반된다."고 판시하였다(헌재 2009.7.30, 2008헌가10).

그리고 대법원은 종래 면책조항이 없는 양벌규정에 대해서는 무과실책임설,[23] 과실추정설[24] 및 과실책임설[25]로 그 입장이 혼재되어 있었으나, 면책조항이 있는 양벌규정에 대해서는 과실추정설[26]의 입장을 취하였다. 이러한 판례의 동향에 대해 무엇보다 1990년대 후반 이후에 나온 판결은 무과실책임에 근거하지 않고 진정과실책임설 내지 과실추정설에 근거하고 있으므로 이러한 방향으로 입장이 굳어져가고 있다는 평가가 내려진다.[27]

23) 대법원 1982.9.14. 선고 82도1439 판결; 대법원 1990.10.12. 선고 90도1219 판결.
24) 대법원 1982.6.22. 선고 82도777 판결; 대법원 1992.8.18. 선고 92도1395 판결.
25) 대법원 1977.5.24. 선고 77도4121 판결; 대법원 2006.2.24. 선고 2005도7673 판결.
26) 대법원 1980.3.11. 선고 80도138 판결; 대법원 1992.8.18. 선고 92도1395 판결; 대법원 2002.1.25. 선고 2001도5595 판결.
27) 박미숙/탁희성/임정호, "양벌규정의 개선방안에 관한 연구", 한국형사정책연구원, 2008,

그런데 헌법재판소가 양벌규정의 법적 성격을 과실책임설로 파악하고 있지만 그것이 진정과실책임인지, 과실추정책임인지를 분명히 밝히고 있지 않은 상태에서 종래 대법원이 특히 면책조항이 있는 양벌규정에 대해 과실추정설을 따르고 있으므로 면책규정이 추가된 개정 양벌규정에 대해서도 진정과실책임이 아닌 과실추정책임으로 판단해야 하는가라는 의문이 제기된다.[28] 이와 관련하여 최근 대법원은 "형벌의 자기책임원칙에 비추어 보면, 위반행위가 발생한 그 업무와 관련하여 법인이 상당한 주의 또는 관리감독 의무를 게을리 한 때에 한하여 (구)산업안전보건법(2007.5.17. 법률 제8475호로 개정되기 전의 것) 제71조의 양벌규정이 적용된다."[29]고 판시하고 있다. 이는 추정에 관한 명문의 규정이 없음에도 해석을 통해 과실의 추정을 인정하는 것은 형사소송의 대원칙에 반한다는 점, 종래 대법원이 면책규정이 있는 양벌규정에 대해 과실의 추정을 인정한 것과 달리 과실의 추정이란 표현을 사용하고 있지 않은 점에 비추어 보면 대법원은 면책규정이 추가된 개정 양벌규정의 법적 성격을 진정과실책임으로 파악하면서 개인은 물론이고 법인 사업주에 대한 과실 여부도 검사가 입증해야 하는 것으로 보고 있다고 이해함이 타당하다고 본다.

4. 소결: 부작위감독책임의 비교우위

생각건대 개정 양벌규정의 법적 성격을 진정과실책임설로 파악하기보다 부작위감독책임설로 이해하는 것이 보다 타당하다고 본다. 우선 의무주체 내지 규범수범자가 일반인이고 이들의 위반행위에 대해 양벌규정에 의해 법인 또는 개인 사업주를 처벌하는 양벌규정의 일반사례는 면책규정이 새롭게 추가되어 해석론상 일정부분 진정과실책임설로 파악할 여지가 있다. 무엇보다 양벌규정의 일반사례에 있어 개인 사업주가 종업원의 위반행위에 고의적으로 관여 한 경우 개인 사업주는 양벌규정이 아닌 직접행위자로서 종업원과 함께 고의범으로서 본조의 공동정범, 교사범, 방조범으로 처벌이 가능하고 과실에 의할 경우

93면.

28) 조병선 교수는 같은 의문을 제기하며 개정 양벌규정은 고의에 의한 행위자(본조책임) 또는 순수감독책임으로 파악해야 한다는 논지를 전개하고 있다. 조병선, 앞의 논문, 2009, 362면 이하 참조.

29) 대법원 2010.9.9. 선고 2008도7834 판결.

에 양벌규정을 종업원의 선임·감독상의 과실책임을 근거로 과실범을 처벌하는 예외 규정으로 이해할 수 있기 때문이다. 하지만 법인 또는 개인 사업주 자신이 직접적 위반행위자로서가 아니라 단지 종업원의 위반행위에 대해 과실이 아닌 고의로 관련된 경우에도 진정과실책임설에 따라 과실범으로 파악해야 하는지는 의문이다. 그리고 무엇보다 법인 사업주의 경우 본조책임은 일반인인 자연인만을 규범수범자로 한정하고 있어 예외적으로 양벌규정에 의해 처벌이 가능하나 그 처벌 근거를 진정과실책임설로 파악할 경우 법인 사업주가 이사회 등의 기관을 통해 종업원의 위반행위를 고의적으로 묵인한 경우에도 언제나 고의범이 아닌 과실범으로 보아야 한다는 문제가 있다. 예를 들어 무면허 의료행위를 금지한 의료법 제27조 제1항[30]의 규범수범자는 자연인인 의료인에 한정되고 법인이 이사회 등의 기관을 통해 영리를 목적으로 한 종업원의 무면허의료행위를 고의적으로 묵인 한 경우에도 고의범을 처벌하는 본조책임이 없으므로 언제나 양벌규정인 보건범죄단속에 관한 특별조치법 제6조[31]를 진정과실책임으로 이해하여 과실범으로 처벌해야 한다는 문제가 있다. 따라서 법인 또는 개인 사업주가 직접적 위반행위자로서가 아니라 종업원의 위반행위에 고의 또는 과실로 관련되어 양벌규정에 의해 처벌될 경우 그 법적 성격은 고의범 또는 과실범이 모두 포섭가능한 부작위감독책임설로 이해하는 것이 타당하다고 본다.

다음으로 양벌규정의 역적용사례에 있어 양벌규정의 법적 성질에 대해 법인 사업주가 직접행위자로 특정되는 경우에 본조책임이고, 그 외의 경우에 법인 사업주의 책임을 고의범으로 추정되는 순수감독책임으로 이해하는 견해가 있으나,[32] 역적용사례에 있어 법인은 일반사례와 달리 본조에 의해 규범수범자로 규정되어 있으므로 법인의 직접행위자로서 본조위반에 따른 책임은 주로 추

30) 의료법 제27조(무면허 의료행위 등 금지) ① 의료인이 아니면 누구든지 의료행위를 할 수 없으며 의료인도 면허된 것 이외의 의료행위를 할 수 없다. 다만, 다음 각 호의 어느 하나에 해당하는 자는 보건복지부령으로 정하는 범위에서 의료행위를 할 수 있다.

31) 보건범죄단속에 관한 특별조치법 제6조(양벌규정) 법인의 대표자나 법인 또는 개인의 대리인, 사용인, 그 밖의 종업원이 그 법인 또는 개인의 업무에 관하여 제2조, 제3조, 제4조 및 제5조의 어느 하나에 해당하는 위반행위를 하면 그 행위자를 벌하는 외에 그 법인 또는 개인을 1억원 이하의 벌금에 처한다. 다만, 법인 또는 개인이 그 위반행위를 방지하기 위하여 해당 업무에 관하여 상당한 주의와 감독을 게을리하지 아니한 경우에는 그러하지 아니하다.

32) 조병선, 앞의 논문, 2009, 362-364면.

상적 위험범으로서 고의범이며 이 경우 양벌규정은 법인의 수형능력을 인정하는 근거조항의 성격을 가질 뿐이다. 그리고 법인이 직접행위자로서가 아닌 상황에서 종업원의 위반행위에 대해 상당한 주의와 감독을 게을리 하는 경우에는 고의가 아닌 과실에 의한 경우가 대부분이며 예외적으로 고의에 의한 경우에도 양벌규정의 법적 성질은 명문의 규정이 없음에도 해석을 통해 고의의 추정을 인정하여 '의심스러운 경우에는 피고인의 이익으로'라는 원칙에 반하는 비판을 감수하기보다 여전히 거증책임을 부담하는 검사가 고의 또는 과실을 입증해야 하는 부작위감독책임으로 파악하는 것이 보다 타당하다고 본다.

마지막으로 진정과실책임설은 업무와 관련된 종업원의 위반행위가 있을 때 이에 대한 법인 또는 개인 사업주의 선임·감독상의 과실만을 문제삼을 수 있다. 하지만 부작위감독책임설에 따르면 사업주의 보증인지위는 사업주가 종업원에 대해 갖는 업무상의 명령·지시권에 기초하여 업무와 관련된 종업원의 위반행위를 방지할 의무[33]뿐만 아니라 사업주가 사업체 내에 존재하는 기계, 시설물, 설비 또는 동물 등에 의해 타인의 법익이 침해되지 않도록 물적 위험원을 감독할 보증의무로부터 발생하며,[34] 이에 따라 사업주는 인적 위험과 물적 위험을 불문하고 사업체 내에 존재하는 물적 위험원으로서 기계, 시설물 등에 대한 감독의무뿐만 아니라 업무와 관련하여 종업원의 위반행위가 발생하지 않도록 기대가능한 조치를 취할 감독의무를 인정할 수 있다는 장점이 있다.[35]

따라서 개정 양벌규정의 법적 성격과 관련하여 법인 또는 개인 사업주의 처벌의 근거를 진정과실책임이 아닌 고의 또는 과실에 의한 부작위감독책임으

33) 그러나 사업주가 사업체 내에서 업무와 관련하여 종업원에게 행사하는 명령·지시권은 단지 사실상의 강제수단에 불과하며, 이에 따라 이를 근거로 종업원에 대한 사업주의 감독의무를 근거지우기에는 불충분하다는 견해로는 Heine, *Die strafrechtliche Verantworlichkeit von Unternehmen*, 1995, 117면.

34) Roxin 교수가 적절히 지적했듯이 인적 위험과 물적 위험을 구분하는 것은 예컨대 기술적 하자가 정비소홀로 인하여 유발되거나 심각해지는 등 상호작용을 하는 경우가 대부분이고 어떠한 위험이 실현된 것이냐를 밝혀내는 것은 쉬운 일이 아니므로 별 의미가 없고, 이에 따라 사업주는 인적 위험이냐 물적 위험이냐를 불분하고 사업체 내에 존재하는 위험원으로부터 법익침해의 위험이 실현되지 않도록 그 위험원을 감독할 보증인지위를 가진다고 한다(Roxin, *Strafrecht, Allgemeiner Teil II*, 2003, § 32. Rn. 137).

35) 사업주의 부작위책임의 성립요건에 대한 상세한 설명으로는 이주희, "업무주처벌의 의미, 근거, 성립요건", 외법논집 제30집, 2008, 273면 이하 참조.

로 파악하는 것이 타당하다고 본다. 이러한 견해에서 본다면 기업(법인)의 대표이사를 포함한 기업 경영진의 책임근거 역시 종업원의 위반행위에 대해 고의 또는 과실에 의한 감독의무위반이라는 부작위감독책임에서 찾아야 한다고 본다.36)

Ⅲ. 개정 양벌규정에 따른 사업주 처벌의 요건과 수단

개정 양벌규정은 법인 또는 개인 사업주 처벌에 대하여 면책사유 등 아무런 조건을 두지 않은 종전의 양벌규정 단서에 사업주가 종업원의 위반행위를 방지하기 위해 상당한 주의 및 감독의무를 다한 경우에는 책임을 면제하는 면책규정을 두어 책임주의를 관철시키고, 개인 사업주에게 징역형을 부과하는 규정을 개정하여 징역형을 폐지함고 동시에 법인 또는 개인 사업주에 대한 처벌수단을 벌금으로 일원환하며, 사업주에게 책임을 물을 수 있는 종업원의 위반행위의 범위를 업무와 관련된 행위로 한정하여 사업주의 책임을 합리적으로 제한하고 있다. 그런데 이러한 개정 양벌규정에 따른 사업주 처벌의 요건과 수단과 관련하여 직접적 위반행위자인 종업원의 범위는 어디까지인지, 업무관련성은 어디까지 인정될 수 있는 것인지, 면책기준으로서 사업주의 주의 및 감독의무의 구체적 내용은 무엇인지 그리고 사업주 처벌의 수단으로서 벌금형이 실효성이 있는지가 문제되고 있다.37)

1. 직접적 위반행위자의 특정

(1) 직접적 위반행위자가 될 수 있는 종업원의 범위

개정 양벌규정에 따라 법인 또는 개인 사업주를 처벌하기 위해서는 직접적으로 으로 위반행위를 한 종업원이 특정되어야 하는데, 개정 양벌규정은 법령위반의 행위자가 될 수 있는 자의 범위를 '법인의 대표자, 법인 또는 개인의 대리인, 사용인 기타 종업원'으로 규정하고 있다.

---

36) 김재윤, "기업 경영진의 형사책임에 관한 연구 –산업안전보건법상 양벌규정의 문제점과 개정안을 중심으로–", 법제연구 통권 제40호, 2011, 404–410면.

37) 이에 대해 자세한 설명은 이주희, 앞의 논문, 2009, 107면 이하 참조.

대법원은 양벌규정상의 종업원의 개념을 상당히 넓게 파악하고 있다. 예컨대 대법원은 법인의 대리인, 사용인 등이 법인과의 고용계약관계 없이 사용하는 보조자도 증권거래법 제215조 제2항 소정의 "법인의 종업원"에 포함되는지 여부와 관련된 사안에서 직접 위반행위자가 될 수 있는 종업원을 사업주와 체결한 고용계약에 의해 근무하는 자로 한정하지 않고, "증권거래법 제215조 제2항(양벌규정) 소정의 법인의 종업원에는 법인과 정식의 고용계약이 체결되어 근무하는 자뿐만 아니라 법인의 대리인, 사용인 등이 자기의 보조자로서 사용하고 있으면서 직접 또는 간접으로 법인의 통제·감독하에 있는 자도 포함한다"[38] 고 보고 있다.

이처럼 위반행위를 할 수 있는 종업원의 범위를 폭넓게 파악하면 기업범죄의 일반예방효과를 강화하고 조직화된 무책임의 문제를 최소화할 수 있는 긍정적 측면이 있다. 즉 무엇보다 법인 사업주의 경우 법인의 대표자에서부터 사용인 기타 종업원에 이르기까지 법인을 위하여 활동하는 자가 위반행위를 하는 경우에 법인 사업주의 처벌이 가능함에 따라 처벌의 공백을 최소화하고 법인처벌을 통해 추구하고자 하는 일반예방효과도 강화될 수 있다. 나아가 오늘날 기업의 조칙체계에서 지배적인 분업화, 탈중심화 및 권한의 위임의 등의 현상으로 인해 법인의 대표자나 임원과 같은 고위경영진이 아닌 하급 직원에게 권한을 위임하여 법인의 책임을 회피·은폐를 시도하고자 하나, 개정 양벌규정은 고위경영진의 행위가 아니라 것을 이유로 법인의 책임을 부정하지 않고 법인에게 감독책임을 물을 수 있도록 함으로써 조직화된 무책임의 문제를 최소화할 수 있다.[39]

(2) 직접적 위반행위자의 특정과 '업무관련성'

그리고 법인 또는 개인 사업주의 처벌은 앞서 언급한 종업원의 범위에 속한 자가 행한 모든 위반행위가 아니라 사업주의 업무와 관련된 경우로 국한된다. 개정 양벌규정에서 "법인의 대표자, 법인 또는 개인의 대리인·사용인 기타 종업원이 그 법인 또는 개인의 업무에 관하여 제○조의 위반행위를 한 때에는 행위자를 벌하는 외에 그 법인 또는 개인에 대하여도 각 해당 조의 벌금형을 과

38) 대법원 1993.5.14. 선고 93도344 판결.
39) 이주희, 앞의 논문, 2009, 110면.

한다"고 하여 업무관련성을 요구하고 있기 때문이다.

이러한 업무관련성의 인정과 관련하여 객관적으로 직접적 위반행위자의 업무관련행위가 있으면 충분한 것인지 아니면 법인 또는 개인의 업무를 위하여 한다는 행위자의 주관적 의사까지 필요한 것인지 여부가 문제된다. 이와 관련하여 대법원은 "신용정보의 이용 및 보호에 관한 법률 제34조에 법인을 처벌하기 위한 요건으로서 규정한 '법인의 업무에 관하여' 행한 것으로 보기 위해서는 객관적으로 법인의 업무를 위하여 하는 것으로 인정할 수 있는 행위가 있어야 하고, 주관적으로는 피용자 등이 법인의 업무를 위하여 한다는 의사를 가지고 행위함을 요한다"[40]고 판시하여 행위자의 주관적 의사를 요구하고 있다. 하지만 대법원은 양벌규정에 의해 법인 또는 개인 사업주를 처벌하기 위해서는 객관적 외형상으로 영업주의 업무에 관한 행위이고 종업원이 그 영업주의 업무를 수행함에 있어서 위법행위를 한 것이어야 하지만, 이 때 그 위법행위의 동기가 종업원 기타 제3자의 이익을 위한 것에 불과하고 영업주의 영업에 이로운 행위가 아니라 하여도 영업주는 그 감독해태에 대한 책임을 면할 수 없다고 한다.[41] 따라서 판례에 의하면 법인 또는 개인 사업주의 처벌을 위해 필요한 업무관련성을 인정하기 위해서는 ① 행위자가 객관적 외형상으로 보아 사업주의 업무에 해당하는 행위를 하고, ② 행위자의 행위가 사업주를 위한 것이라는 주관적 의사에 의해 이루어진 것이어야 하나, ③ 행위의 동기 반드시 사업주의 이익을 위한 것일 필요는 없다고 할 수 있다.[42]

(3) '그 행위자를 벌하는 이외'의 해석

개정 양벌규정은 "법인의 대표자, 법인 또는 개인의 대리인·사용인 기타 종업원이 그 법인 또는 개인의 업무에 관하여 제○조의 위반행위를 한 때에는 행위자를 벌하는 외에 그 법인 또는 개인에 대하여도 각 해당 조의 벌금형을 과한다"라고 표현하고 있는데, 이 때 '그 행위자를 벌하는 외에'라는 문언의 해석과 관련하여 업무관련성의 충족에 의해 직접적 위반행위자가 특정되었지만 범죄성립요건의 결여 또는 인적 처벌조각사유의 존재 등으로 직접적 위반행위자

40) 대법원 2006.6.15. 선고 2004도1639 판결.

41) 대법원 1987.11.10. 선고 87도1213 판결.

42) 이주희, 앞의 논문, 2009, 111면.

가 처벌되지 않는 경우에 사업주의 처벌을 긍정할지 여부가 문제된다. 이와 관련하여 이 문언을 직접적 위반행위자의 처벌과 '상관없이' 또는 '독립하여' 사업주를 처벌하는 것으로 볼 경우에는 사업주의 처벌은 특정된 종업원의 처벌을 요건으로 하지 않게 된다. 반면에 해당 문언을 자연인 행위자의 처벌에 '부수하여' 또는 '더하여' 사업주를 처벌한다고 이해할 경우에는 종업원의 처벌이 사업주처벌의 전제요건이 될 수 있다.[43)]

생각건대 사업주는 특정된 직접적 위반행위자의 처벌과는 독립하여 처벌된다고 보는 것이 타당하다고 본다. 우선 후자의 견해에 의하면 위반행위의 행위자로 특정된 종업원이 인적 처벌조각사유의 존재 등 일정한 사유로 인하여 처벌되지 못할 경우에 사업주도 처벌할 수 없게 되어 처벌의 공백이 발생한다.[44)] 다음으로 양벌규정에 의하여 사업주를 처벌하는 근거를 진정과실책임 내지 부작위감독책임으로 파악하든 사업주의 고유한 자기책임으로 보는 한 사업주는 특정된 위반행위자의 처벌과는 독립하여 처벌되는 것으로 보아야 한다. 마지막으로 판례도 "양벌규정에 의한 영업주의 처벌은 금지위반행위자인 종업원의 처벌에 종속하는 것이 아니라 독립하여 그 자신의 종업원에 대한 선임감독상의 과실로 인하여 처벌되는 것이므로 종업원의 범죄성립이나 처벌이 영업주 처벌의 전제조건이 될 필요는 없다."[45)]고 판시하고 있다.[46)]

2. 면책기준으로서 사업주의 주의 및 감독의무

(1) 사업주의 주의 및 감독의무의 내용

개정 양벌규정은 단서에서 사업주가 종업원의 위반행위를 방지하기 위해 상당한 주의 및 감독의무를 다한 경우에는 책임을 면제하는 면책규정을 두어 헌법재판소가 요구하는 책임주의를 관철시키고 있다. 그런데 면책기준으로서 사업주의 주의 및 감독의무의 구체적 내용이 무엇인지가 문제된다. 이와 관련하여 판례는 면책규정이 있었던 종전 양벌규정에 의해 사업주가 면책되기 위해서는 일반적이고 추상적 감독을 하는 것만으로는 부족하다고 판시하고 있을

43) 박기석, "양벌규정의 문제점과 법인범죄의 새로운 구성", 형사정책 제10호, 1998, 108면.
44) 김용섭, 앞의 논문, 214면 이하.
45) 대법원 2006.2.24. 선고 2005도7673 판결.
46) 이주희, 앞의 논문, 2009, 111-112면.

뿐,[47] 면책되기 위한 상당한 주의와 감독의 내용이 무엇인지에 대해서는 밝히고 있지 않다. 이러한 주의 및 감독의무의 내용과 이행여부는 그 입증과 면책결정에 있어 중요한 의미를 갖는다. 왜냐하면 기존 대법원 판례의 태도에 따르면 이에 대한 입증책임은 검사가 아닌 사업주에게 전환되므로 사업주가 감독의무를 다하였음을 입증해야 하지만, 사업주 책임임의 근거를 부작위감독책임에서 찾을 경우에는 사업주가 감독의무를 해태하였다는 사실에 대한 입증은 여전히 소추기관인 검사의 몫으로 남기 때문이다.

가. 종업원의 행위에 대한 감독의무

사업주는 법인 또는 개인의 업무와 관련하여 종업원의 위반행위를 방지하기 위하여 종업원의 행위를 감독할 의무가 있다. 이러한 종업원의 행위에 대한 감독의무의 이행은 이미 개시된 종업원의 위반행위를 인식하여 방지하는데 기여할 수 있다.

일반적으로 종업원의 위반행위를 방지하기 위해 사업주에게 요구되는 감독의무의 내용으로 다음과 같은 것을 언급할 수 있다. 첫째, 사업주는 자신에게 속하는 업무를 담당할 종업원을 신중하고 사려 깊게 선정할 의무가 있다. 이 때 종업원이 수행할 업무가 공적 안정을 해할 위험이 높은 경우에는 사업주는 보다 엄격한 인사선정 기준을 적용하여 종업원을 선정해야 할 것이다.[48] 둘째, 사업주는 인사관리의 의무가 있다. 사업주는 종업원에게 담당하게 될 업무의 내용에 대하여 정확하게 알려주고, 해당 법률을 준수하도록 지속적으로 교육시켜야 한다. 셋째, 사업주는 종업원의 업무처리에 관하여 정기적으로 감독할 의무가 있다.[49] 이러한 정기감독을 통하여 종업원의 위반행위를 예견할 수 있었거나 또는 예견한 경우에는 그러한 위반행위의 발생을 저지하여야 한다.[50]

47) 대법원 1992.8.18. 선고 92도1395 판결: "법인이 종업원들에게 윤락행위알선을 하지 않도록 교육을 시키고, 또 입사시에 그 다짐을 받는 각서를 제출하게 하는 등 일반적이고 추상적인 감독을 하는 것만으로는 공중위생법 제45조 단서의 면책사유에 해당하지 않는다."

48) Rotberg, *OWiG*, 5 Aufl., 1975, § 130, Rn. 4.

49) Göhler, *OWiG*, 12 Aufl., 1998, § 130, Rn. 4.

50) 이주희, "업무주처벌의 의미, 근거, 성립요건", 외법논집 제30집, 2008, 281－282면.

나. 조직구성의무

사업주는 종업원에 대한 선임·감독의무 외에 종업원의 위반행위를 방지하기 위해 업무조직을 합목적이고 적절하게 구성하여야 할 조직구성의무(Organisationspflicht)가 있다.51) 이러한 사업주의 조직구성의무는 모든 조직단계에서 종업원의 위반행위를 사전에 미리 방지할 수 있는 안전조치가 취해질 수 있도록 하는데 있다. 이를 위해 사업주는 권한을 분배할 때 종업원의 위반행위를 방지하기 위한 의무를 함께 분배하여야 한다. 더욱이 사업주는 정보공개제도와 문서작성제도(Informations- und Dokumentationssystem)를 시행함으로써 종업원이 수행하는 업무처리행위의 투명성을 확보해야 한다. 이러한 조치를 통해 사업주는 업무와 관련되어 발생한 위반행위에 대한 책임귀속의 명확성을 확보하게 된다.

이러한 조직구성의무는 개인 사업주보다 법인 사업주와 관련하여 중요한 의미를 갖는다. 왜냐하면 대기업과 같은 법인의 경우 업무의 분업화, 탈중심화, 권한의 위임 그리고 결정권 분산 등으로 인하여 모든 종업원의 업무처리를 관리·감독한다는 것은 사실상 불가능할 뿐만 아니라 다수의 종업원인 수직적·수평적으로 업무처리에 관여하는 대기업의 일반적인 현상이므로 이 중에서 위반행위를 한 종업원을 특정한다는 것은 매우 어려운 일이기 때문이다. 따라서 법인은 이러한 기업의 조직적 무책임현상에 대처하고 종업원의 위반행위를 사전에 방지하기 위하여 자신의 업무조직을 합목적이고 적절하게 구성하여야 할 의무가 있다.52)

(2) 사업주의 조직구성의무의 구체적 기준

사업주가 종업원의 위반행위를 방지하기 위한 조직구성의무를 적절하게 이행하였는지 여부는 개별사례에서 구체적인 사정을 종합하여 객관적으로 판단하여야 한다. 하지만 종업원의 위반행위로 인한 사업주의 처벌과 관련하여 사업주에게 예측가능성과 법적 안정성을 보장하고 사업주의 과실을 추정하여 사업주에게 입증책임을 전환하는 기존 판례의 입장에 따라 종업원의 위반행위를

---

51) Seelmann, *Strafrecht, Allgemeiner Teil*, 2. Aufl., 2005, 161면 이하; Roxin, 앞의 책, § 32 Rn. 142.

52) 이주희, 앞의 논문, 2009, 107-108면.

방지하기 위한 주의의무를 소홀히 하지 않았음을 사업주가 입증하기 위해서는 조직구성의무의 구체적인 기준을 사업주에게 제고할 필요가 있다.

이와 관련하여 1991년 미국 연방양형지침매뉴얼(Federal Sentencing Guidelines Manual)에 의해 도입된 법준수 프로그램(Compliance Program)이 좋은 참고가 될 수 있다는 견해가 제시되고 있다.[53] 특히 2011년 4월 14일 개정·공포된 개정상법(법률 제10600호) 제542의13은 2012년 4월부터 일정 규모 이상의 상장회사는 법령을 준수하고 회사경영을 적정하게 하기 위하여 임직원이 그 직무를 수행할 때에 따라야 할 준법통제기준을 마련해야 하고 준법통제기준의 준수에 관한 업무를 담당하는 준법지원인을 1인 이상 선임해야 한다는 내용의 준법지원인제도(Compliance Officer)를 도입하고 있다.[54] 나아가 개정상법 제634조의3 양벌규정은 다른 양벌규정의 단서조항과 달리 회사가 그 종업원의 위반행위를 방지하기 위하여 해당 업무에 관하여 상당한 주의와 감독을 게을리 하지 아니한 경우의 한 예시로서 "제542조의13에 따른 의무를 성실히 이행한 경우 등", 즉 준법통제기준과 준법지원인제도를 구축하고 법준수 프로그램을 효과적으로 운영했을 경우에 사업주가 조직구성의무를 충실히 이행한 것으로 보아 사업주의 면책사유로서 고려할 수 있는 가능성을 열어두고 있다. 이에 따라 사업주인 상장회사(법인 내지 개인 사업주)가 이미 법준수 프로그램을 효과적으로 운영하고 있는 상태에서 어느 종업원이 범죄행위를 저지른 경우 사업주가 이 종업원에 대해 적절하게 감독의무를 이행했다고 판단하여 사업주에 대해 양벌규정의 면책조항을 적용하여 형벌을 면제할 수 있게 되었다.

그러나 준법지원인제도의 도입과 그에 따른 법준수 프로그램의 효과적 운영 여부를 개정상법상 양벌규정의 사업주 면책사유로서 고려하는 것은 다음과 같은 이유에서 신중을 기할 필요가 있다고 본다. 즉 개정상법상의 양벌규정을 근거로 법준수 프로그램을 연계하여 사업주의 형사책임을 면책시킬 수 있다는

53) 김용성, 앞의 논문, 226면; 김재봉, "양벌규정과 기업처벌의 근거·구조", 한양대 법학논총 제24집 제3호, 2007, 14면; 이주희, 앞의 논문, 2009, 108-109면; .

54) 개정상법상 준법지원인제도에 대한 상세한 분석으로는 박선종, "개정상법상 준법통제와 준법지원인", 저스티스 통권 124호(2011.6), 233면 이하; 정찬형, "2011년 개정상법에 따른 준법경영제도 발전방향 -집행임원 및 준법지원인을 중심으로-", 선진상사법률연구 통권 제55호(2011.7), 30면 이하 참조.

사고는 미국 연방양형지침매뉴얼(Federal Sentencing Guidelines Manual)이 양형 단계에서 기업에 대한 벌금형의 액수를 산정하는 데 있어서 기업내 법준수 프로그램의 효과적인 운영 여부를 그 감경사유로서 고려한다는 데 토대를 두고 있다. 하지만 미국 연방양형지침매뉴얼이 요구하는 기업내 법준수 프로그램의 효과적 운영 여부는 사업주의 감독의무의 해태 여부를 판단하여 면책사유로서 고려하기 위한 것이 아니라 양형단계에서 형감경을 위한 판단자료에 불과하다는 것을 간과할 측면이 있다.[55] 더욱이 법준수 프로그램을 탄생시킨 미국에서조차 그 실시 여부를 기업이 부담하는 주의의무의 내용으로 파악할 것인지 여부에 대해 이를 긍정하는 일부 판례[56]와 견해[57]도 있지만 기업이 법준수 프로그램을 실시한 것이 상당한 주의를 다한 것으로 인정되어 기업의 형사책임이 면제되지 않는다는 것이 미국 연방 법원의 태도[58]로 이해되고 있다[59]는 점을 상기할 필요가 있다.

3. 처벌수단으로서 벌금

기존의 양벌규정의 일부는 직접적 위반행위를 처벌하는 벌칙규정(본조)에서 예정하고 있는 형벌을 사업주에게 동일하게 부과하도록 함으로써 위반행위자에게 대한 처벌수단이 무엇이냐에 따라 사업주의 처벌수단이 결정되었다. 따

55) 반면에 이러한 미국의 방식을 우리나라 양벌규정에서 사업주의 감독의무와 그에 따른 면책기준으로 원용할 수 있다는 견해로는 이진국, 앞의 논문, 83-84면.

56) Holland Furnace Co. v. United States, 158 F. 2d(6th Cir. 1946). 김성규, 앞의 보고서, 68면, 각주 161)에서 재인용.

57) Pitt & Croskaufmanis, "Minimizing Corporate Civil and Criminal Liability: A Second Look at Corporate Codes of Conduct", Georgetown Law Journal Vol.78, 1990, 1647면. 김성규, 앞의 보고서, 69면, 각주 162)에서 재인용.

58) United States v. Hilton Hotels Corp., 467 F. 2d 1000(9th Cir. 1972), dert. denied, 409 U.S. 1125(1973); United States v. Twentieth Century Fox Film Corp., 882 F. 2d 656(2d Cir. 1989), dert. denied, 493 U.S. 1021(1990) 등. 김성규, 앞의 보고서, 68면, 각주 160)에서 재인용.

59) 김성규 교수는 미국 연방 법원이 법인의 형사책임 유무에 관해서 법준수 프로그램을 고려하는 데 매우 소극적인 이유로 ① 법준수 프로그램이 법인의 면책을 위한 상당한 주의의 내용으로 충분하는 않다는 점, ② 상당한 주의의 항변을 인정하는 것이 법인의 무과실책임을 인정하는 종래의 판례의 입장에 반하는 점을 지적하고 있다(김성규, 앞의 보고서, 70면).

라서 위반행위자에 대한 형벌의 종류가 징역형인 경우에는 개인 사업주에게도 징역형이 선고될 수 있었으나, 법인 사업주인 경우 징역형의 부과가 불가능하다는 문제점이 발생하였다.

이에 대해 관리·감독상의 과실이 있을 뿐인 개인 사업주에게 징역형까지 과하는 것은 과잉처벌이며 법인에 대하여 징역형의 집행은 원천적으로 불가능하기 때문에 개정 양벌규정에서는 법인 또는 개인 사업주에 대한 처벌수단을 벌금형으로 통일하였다. 그러나 사업주에 대한 벌금형에 대해서는 위반행위자인 종업원에게 부과하는 벌금형의 상한을 그대로 사업주에게 적용함으로써 기업(법인)범죄의 억지에 얼마만큼의 실효성을 달성할 수 있을지 여전히 의문시되고 있다.[60]

Ⅳ. 개정 양벌규정에 의한 사업주 처벌의 한계와 문제점

1. 책임원칙에의 위반

개정 양벌규정은 행정법상의 벌칙규정으로 규정되어 있지만 그것이 범죄와 형벌을 내용으로 하고 있는 이상 원칙적으로 형법상의 기본원칙의 하나로서 책임 없으면 형벌 없다는 책임주의원칙을 준수해야 한다.

개정 양벌규정은 이러한 책임주의원칙에 따라 법인 또는 개인 사업주 처벌의 근거를 명확히 하고자 면책규정을 추가하였다. 그러나 그 근거를 부작위감독책임이 아니라 "상당한 주의와 감독을 게을리 한 경우"로 하는 진정과실책임으로 파악함으로써 고의에 의한 경우에도 과실범의 책임을 묻게 되어 책임주의원칙에 충실하지 못하다는 문제점을 보이고 있다. 물론 개인 사업주가 종업원의 위반행위에 고의적으로 관여 한 경우에는 개인 사업주를 양벌규정이 아닌 직접행위자로서 종업원과 함께 고의범으로서 본조의 공동정범, 교사범, 방조범으로 처벌이 가능하고 과실에 의할 경우에는 양벌규정에 의해 종업원의 선임·감독상의 과실책임을 근거로 과실범을 처벌할 수 있으므로 책임주의원칙에 위배되지 않는다고 볼 여지가 있다. 그러나 법인 또는 개인 사업주 자신이 직접적

60) 이주희, 앞의 논문, 2009, 112-113면.

위반행위자로서가 아니라 단지 종업원의 위반행위에 대해 과실이 아닌 고의로 관련된 경우, 즉 종업원의 위반행위계획 내지 그 위반행위에 대해 알고도 적절한 조치를 취하지 않은 경우에도 "상당한 주의와 감독을 게을리 한 경우"에 해당하므로 법인 또는 개인 사업주에게 고의책임이 아닌 과실책임만을 인정하게 되므로 책임주의원칙에 위배된다.

그리고 개정 양벌규정에 따라 법인 또는 개인 사업주에게 감독상의 주의의무위반의 책임을 지우기 위해서는 법인 또는 개인 사업주의 업무와 관련하여 위반행위를 한 종업원이 특정되어야만 한다. 그러나 오늘날의 기업은 고도의 분업화, 탈중심화 및 권한의 위임의 등의 현상으로 인해 행위의 결과는 다수의 개별행위의 공동작용에 의해 이루어지므로 직접적 위반행위자를 특정하기 어려운 경우가 다수 발생할 수 있다. 나아가 법익침해의 결과가 사업체 내의 위험한 설비 내지 시설의 기능장애로 발생한 경우에도 감독의무의 대상자인 종업원의 행위에 해당하지 않는다. 이러한 경우에 위반행위로 인한 법익침해의 결과가 사회적으로 중대한 영향을 미침에도 불구하고 직접적 위반행위자를 특정할 수 없게 되어 누구도 책임을 지지 않게 됨으로써 이른바 조직화된 무책임의 문제를 여전히 해결할 수 없다는 문제점이 있다.[61)]

2. 개별 행정법규의 특수성 미반영

종래 양벌규정은 양벌규정의 적용대상, 부과되는 형벌규정방식, 종업원의 위반행위의 범위 그리고 면책규정의 존재여부 등에 따른 유형화가 가능할 정도로 다양하게 규정되어 있었다. 이는 개별 행정법규의 입법취지와 목적에 부합하기 위한 것이었다. 그러나 개정 양벌규정은 일률적으로 양벌규정의 형식을 통합시키고 면책조항을 추가하는 함으로써 개별 행정법규의 특수성을 전혀 반영하지 않은 문제점을 보이고 있다.

보다 구체적으로 예컨대 종전 선원법 제148조 제2항은 "선박소유자가 제1항의 규정에 의한 위반행위의 계획을 알고 그 방지에 필요한 조치를 하지 아니한 때, 위반행위를 알고도 그 시정을 위하여 필요한 조치를 하지 아니한 때 또

---

61) 같은 취지로 조명화/박광민, "양벌규정과 형사책임 －개정된 양벌규정의 문제점을 중심으로－", 숭실대 법학논총 제23집, 2010, 17－18면.

는 위반행위를 교사한 때에는 선박소유자도 행위자로서 처벌한다."고 규정함으로써 종업원의 위반행위를 알면서 필요한 조치를 취하지 않거나 이를 교사한 때 법인 또는 개인 사업주를 처벌하는 대표적인 양벌규정의 형식을 취하였다.[62] 이처럼 개정 전 선원법 제148조 제2항이 고의·공범에 대한 규정을 두어 선박소유자를 행위자와 동일하게 처벌하고자 한 이유는 바다라는 위험한 해상환경 속에서 작업이 이루어지고, 선박이라는 철물구조의 좁고 밀폐된 인위적 폐쇄공간을 생활과 작업장으로 이용하는 등 선원이 처한 노동환경의 특수성을 고려할 뿐만 아니라 선박소유자가 선원과의 관계에서의 우월적 지위를 남용한 위법행위를 방지하고자 함이었다. 따라서 개정 전 선원법 제148조 제2항의 양벌규정은 근로계약을 통해 사용종속관계에 놓여있는 종업원에 대해 지휘·명령권을 가지는 사용자가 자신의 우월한 지위를 이용하여 종업원의 위반행위계획을 알았거나 이를 방지하지 않은 경우 또는 이를 교사한 경우에는 사용자에게 고의·공범을 근거로 행위자와 동일하게 처벌하고자 한 것이다. 그러나 개정 선원법 제178조의 양벌규정[63]은 이러한 선원법의 특수성을 반영하지 않은 채 다른 행정법규의 양벌규정과 동일한 형식을 취하고 있다.[64]

3. 양벌규정의 역적용사례 문제의 불해소

(1) 의무주체가 아닌 직접행위자의 처벌

우선 개정 양벌규정은 그 동안 학계에서 논의되어 왔던 이른바 양벌규정의 역적용사례(대표적으로 개정 산업안전보건법 제71조의 양벌규정)에서 나타나는 문제점을 해결하지 않고 있다.[65] 즉 산업안전보건법 제71조의 양벌규정은 대부분

62) 같은 유형의 양벌규정으로는 (구) 근로기준법 제115조가 있다.

63) 선원법 제178조(양벌규정) 선박소유자의 대표자나 대리인, 사용인, 그 밖의 종업원이 선박소유자의 업무에 관하여 제167조부터 제170조까지, 제172조, 제173조, 제174조제1호·제2호, 제175조 또는 제177조의 위반행위를 하면 그 행위자를 벌하는 외에 그 선박소유자에게도 해당 조문의 벌금형을 과(科)한다. 다만, 선박소유자(선박소유자가 법인인 경우에는 그 대표자를, 선박소유자가 영업에 관하여 성년자와 같은 능력을 가지지 아니한 미성년자·한정치산자 또는 금치산자인 경우에는 그 법정대리인을 말한다)가 그 위반행위를 방지하기 위하여 해당 업무에 관하여 상당한 주의와 감독을 게을리하지 아니한 경우에는 그러하지 아니하다.

64) 조명화/박광민, 앞의 논문, 292–295면.

65) 산업안전보건법상 양벌규정의 전반적인 내용과 문제점의 분석으로는 이주원, "산업안전

의 행정법규상 양벌규정이 자연인을 의무주체 내지 규범수범자로서 규정하고 위반행위로 인하여 직접행위자를 처벌할 경우에 벌칙본조에 의하여 처벌함과 아울러 법인이나 개인의 사업주를 양벌규정에 의하여 함께 처벌하는 것과 달리 의무주체 내지 규범수범자를 사업주만으로 한정하고 의무주체가 아닌 직접행위자인 대리인이나 종업원의 처벌 근거와 관련된 별도의 벌칙조항을 두고 있지 않다. 그럼에도 불구하고 양벌규정을 처벌 근거로 하여 직접행위자를 처벌할 수 있는지가 문제된다.

가. 구체적 사례와 쟁점

보다 구체적인 예로 甲은 乙 주식회사의 대표이사로서 안전보건관리책임자이고, 乙 주식회사는 전기공사업 등을 목적으로 하는 법인으로서 춘천시 요선동 재건축 공사 중 전기 분야를 하도급 받은 사업주이며, 丙은 丁 주식회사가 시공하는 위 공사의 현장소장으로서 안전보건총괄책임자이고, 丁 주식회사는 주택 신축판매업 등을 목적으로 하는 법인으로서 위 공사의 사업주이자 乙 주식회사의 도급인인 바, 甲과 丙은 2006. 9. 30. 11:40경 춘천시 요선동에 있는 한신아파트 104동 지하 1층 신축공사 현장에 乙 주식회사 소속 근로자(31세)로 하여금 어두운 곳에서 식별 가능한 표식도 없이 안전난간 일부를 해체하고 덮개를 열어둔 채 조명을 켜지 않고 스피커 배선 작업을 하게 하여 위 근로자를 약 4.9미터 아래의 공동구로 추락하게 함으로써 사망에 이르게 하였다(이하 '한신아파트 사안'이라 한다).

이 사안의 쟁점은 산업안전보건법 제23조 제3항[66]의 안전조치 의무의 주체인 사업주[67] 乙과 丁 주식회사(법인)가 이를 위반하여 근로자를 사망에 이르게 한 경우에 직접위반행위를 한 개인 사업주는 벌칙조항인 산업안전보건법 제

보건법상 양벌규정에 의한 사업주와 행위자의 처벌", 고려법학 제51권, 2008, 285면 이하 참조.

66) 산업안전보건법 제23조 ③ 사업주는 작업 중 근로자가 추락할 위험이 있는 장소, 토사·구축물 등이 붕괴할 우려가 있는 장소, 물체가 떨어지거나 날아올 위험이 있는 장소, 그 밖에 작업 시 천재지변으로 인한 위험이 발생할 우려가 있는 장소에는 그 위험을 방지하기 위하여 필요한 조치를 하여야 한다.

67) 산업안전보건법 제2조 제3호에 따르면 사업주란 근로자를 사용하여 사업을 하는 자를 말한다. 즉 사업경영이익의 '실질적' 귀속주체인 영업주체로서 사업주가 법인인 경우에는 그 법인 자체, 개인인 경우에는 그 개인 자체를 말한다.

66조의2[68])에 의해, 종업원의 감독책임을 위반한 법인이나 개인 사업주는 양벌규정인 같은 법 제71조에 의해 처벌됨에는 의문이 없다. 다만 의무주체가 아닌 직접행위자 甲과 丙에 대해서도 같은 법 제71조의 "행위자를 벌하는 외에"라는 문언을 근거로 하여 처벌할 수 있는지 여부이다.

나. 학설의 대립과 판례의 태도

이와 관련하여 학계의 견해는 나뉘고 있다. 먼저, 처벌부정설은 법문이 범행의 주체를 사업주로 한정하고 있는 이상 사업주 이외의 자인 직접행위자(대리인이나 종업원)는 여기에 포함되지 않아 처벌할 수 없다고 한다.[69]) 반면 처벌긍정설(창설적 효력설)은 "행위자를 벌하는 외에"라는 문언에 근거하여 행위자를 처벌할 수 있다고 보고 있다. 그 논거로는 사업주에게만 의무규정이 있고 직접행위자에게는 의무규정이 없는 경우에 한하여 양벌규정은 직접행위자에게도 의무위반의 주체성을 확대 인정하는 규정으로 파악해야 한다는 점,[70]) 부수형법상 비록 주된 의무주체는 본인에 한정되어 있지만 그 본인을 위하여 실제 행위를 한 자도 실질적으로는 본인을 위한 행위자로서 의무를 부담하여 행위주체가 될 수 있다고 해석할 수 있다는 점[71]) 등이 제시되고 있다.

판례도 (구)건축법 사안에서 양벌규정이 위반행위의 이익귀속주체인 업무주에 대한 처벌규정임과 동시에 행위자의 처벌이라고 판시함으로써 처벌긍정설로 견해를 변경하였고,[72]) 위 한신아파트 사안에 대해서도 대법원은 "이 규정의 취지는 각 본조의 위반행위를 사업자인 법인이나 개인이 직접 하지 아니하는 경우에는 그 행위자나 사업자 쌍방을 모두 처벌하려는 데에 있으므로, 이 양벌규정에 의하여 사업자가 아닌 행위자도 사업자에 대한 각 본조의 벌칙규정의 적용 대상이 된다."[73])고 판시하여 일관된 입장을 유지하고 있다.

---

68) 산업안전보건법 제66조의2 제23조 제1항부터 제3항까지 또는 제24조 제1항을 위반하여 근로자를 사망에 이르게 한 자는 7년 이하의 징역 또는 1억 원 이하의 벌금에 처한다.

69) 김우진, "행정형벌법규와 양벌규정", 형사판례연구 제6권, 박영사, 1998, 397면 이하; 박강우, "양벌규정과 감독자 책임", 형사판례연구 제8권, 박영사, 2000, 143면 이하; 박기석, "양벌규정에 의한 판례분석", 형사정책연구소식 제33호, 1996, 33면 이하.

70) 손동권, "법인의 범죄능력과 양벌규정", 안암법학 제3집, 1995, 347면.

71) 김대휘, "양벌규정의 해석", 형사판례연구 제10권, 박영사, 2002, 29면.

72) 대법원 1999.7.15. 선고 95도2870 전원합의체 판결.

73) 대법원 2010.9.9. 선고 2008도7834 판결.

다. 소 결

생각건대 양벌규정의 본래 취지는 일반인이 규범수범자로 되어 있고 위반행위를 한 직접행위자만을 처벌할 경우에 이들을 사실상 고용한 사업주는 사실상의 이익귀속주체임에도 처벌받지 않는 불합리한 결과가 발생하여 개인 사업주는 물론이고 특히 법인의 범죄능력을 부정하는 종래 통설과 판례의 입장에 대한 예외로서 법인에 대해서도 수형능력을 인정하여 개별 행정법규의 실효성을 강화하기 위한 것이다. 이와 반대로 개별 행정법규가 의무주체의 범위를 사업주로 한정하고 직접행위자를 처벌하는 각 본조의 처벌조항을 별도로 두고 있지 않고, 나아가 기관책임(Organhaftung) 내지 대리인책임(Vertreterhaftung)을 인정하는 독일형법 제14조(타인을 위한 행위)와 같은 규정이 없음에도 불구하고 학설과 판례가 양벌규정의 해석을 통해 직접행위자 처벌이라는 창설적 효력을 인정하는 것은 문언의 가능한 범위를 넘어 피고인에게 불리한 가벌성을 확장하는 유추해석이라는 비판에서 자유로울 수 없다. 따라서 처벌부정설이 타당하다고 본다. 처벌부정설의 입장에서 보면 개정 산업안전보건법 제71조의 양벌규정은 사업주만을 의무주체로 규정한 특수성을 고려하지 않고 모든 일반인을 의무주체로 하는 일반적인 양벌규정의 조문형식을 그대로 차용함으로써 양벌규정의 역적용사례에 있어 직접행위자의 처벌 근거의 문제를 여전히 해결하지 못한 채 해석의 문제로 남겨두고 있다.

(2) 법인의 대표이사와 개인 사업주와의 불평등한 처벌

다음으로 산업안전보건법상의 양벌규정은 처벌에 있어 대기업의 대표이사와 소규모 사업장의 개인 사업주 간에 불평등한 처벌 결과를 야기할 수 있는 문제를 보이고 있다. 즉 산업안전보건법상의 양벌규정에 대해 판례의 태도와 같이 직접행위자를 처벌할 수 있는 창설적 효력을 긍정할지라도 사업주가 법인이 아닌 개인의 경우가 대부분인 소규모 사업장에서 종업원이 직접행위자로서 안전조치의무를 위반했을 경우 개인 사업주는 양벌규정에 근거하여 종업원에 대해 상당한 주의 또는 관리감독 의무를 이행하지 않는 한 감독책임으로서 벌금형의 처벌이 가능하다. 반면에 대기업 형태의 법인의 경우 대표이사는 경영전반에 걸친 조직구성권, 업무지시권, 인사권, 정보권 등을 가지고 포괄적이고 실질적인 의사결정과 정책집행을 하면서도 별도로 안전관리총괄책임자로서 공장장이나 현장소장을 두고 있으므로 직접위반행위자로서 현장소장 내지 말단 종업원 등만이 법인과 함께 처벌될 뿐 직접행위자로 인정되지 않는 한 처벌에서 제외되는 불평등을 보이고 있다.[74] 한마디로 개인 사업주는 종업원의 위반행위에 대해 선임감독상의 면책이 되지 않는 한 예외 없이 처벌되는 반면, 대기업의 대표이사는 현장소장 등 안전보건관리총괄책임자를 별도로 두고 이들과의 관계에서 직접행위자로 인정되지 않는 한 양벌규정에 의해 처벌되지 않는 불평등한 결과를 초래한다.[75]

(3) 직접행위자가 아닌 기업 경영진의 처벌 공백

마지막으로 앞의 문제와 연결된 것이지만 개인 사업주와 달리 대기업의 대표이사를 포함한 경영진은 산업안전보건법에서 규정된 안전상의 위험이 있는 작업을 하도록 직접 지시하거나 그 안전조치를 하지 않은 상태에서 작업이 이루어지고 있다는 사실을 알면서도 이를 고의적으로 방치하여 직접행위자로 인정되지 않는 한 사업주로서 법인도 아니고 직접행위자도 아니므로 처벌할 수 없는 공백이 발생한다. 실제로 위 한신아파트 사안에서도 현장소장으로서 재건축 공사의 안전보건관리에 대한 총괄책임자인 丙만이 처벌될 뿐 丙에 대한 업무지시권과 인사권을 가진 丁 주식회사의 대표이사를 포함하여 하도급업체인 乙 주식회사의 대표이사 겸 안전보건관리책임자인 甲도 "이 사건 공사가 진행된 18개월 중 3개월에 1회 정도만 도급업체인 丁 주식회사가 개최하는 안전보건협의체 회의 참석을 위하여 이 사건 사고현장을 방문하였을 뿐이고, 이 사건 사고현장의 구체적인 현장작업, 안전보호구 지급 및 안전교육 등은 모두 공소

---

74) 같은 취지로는 전형배, "산업안전보건법의 양벌규정 개정에 관한 연구 −기업 경영진의 형사책임을 중심으로−", 안암법학 제27권, 2008, 372면.

75) 다만 이러한 불평등은 개인 사업주는 법인과 대비되는 사업주로서의 책임인 반면 법인의 대표이사는 자연인으로서의 처벌이라는 점에서 책임구조에 따른 것으로 문제되지 않는다는 반론이 제기될 수 있다. 하지만 이러한 책임구조는 양벌규정이 종업원의 위반에 대해 법인과 개인 사업주를 처벌하고자 하는 기본 취지에서 비롯된 것이지만 그 처벌에 있어 법인 사업주와 개인 사업주는 사업주로서는 동등한 입장이나 처벌결과는 법인처벌과 개인처벌로 차이를 보이는 점, 법인 사업주의 경우 법인의 대표이사가 개인 사업주보다 경영전반에 걸쳐 실질적 영향력을 행사하면서도 처벌되지 않는 구조적 모순을 띠고 있다는 점은 문제점으로 지적할 수 있다.

외 1이 독자적으로 알아서 처리하였던 사실 등을 고려해 볼 때 甲이 안전조치를 하지 않은 채 피해자로 하여금 작업을 하도록 지시하였다거나 안전조치를 하지 않은 상태에서 작업이 이루어지는 것을 방치하였다고 볼 수 없어 처벌할 수 없다."[76]고 판시하여 직접행위자로서의 책임을 부정하였다. 하지만 보이지 않는 곳에서 실질적으로 경영전반에 걸친 의사결정과 정책집행을 담당하는 기업의 대표이사를 포함한 경영진에 대한 형사책임을 묻지 않은 채 현장소장이나 말단 종업원을 처벌하는 동시에 사업주인 법인에 대해 1억 원의 벌금형을 부과하는 대부분의 현행 양벌규정을 통해 기업(법인)범죄를 억제하기 위한 일반예방효과와 특별예방효과를 얼마만큼 실질적으로 달성할 수 있을지 의문이다.[77] "경미한 범죄자는 체포하고 중대한 범죄자는 놓아 준다"(Die Kleinen fängt man, die Großen lässt man laufen)[78]라는 말은 이러한 양벌규정의 문제점을 단적으로 표현하는 말이 아닐까 한다.[79]

4. 독자적인 법인형벌의 부재

개정 양벌규정은 법인 또는 개인 사업주에 대한 형벌로서 유일하게 벌금형만을 인정하고 있다. 물론 개정 양벌규정이 종전과 같이 개인 사업주에 대해 종업원의 위반행위에 대해 상당한 주의와 감독을 게을리 한 과실책임의 유무를 묻지 않은 채 직접적 위반행위자와 동일한 징역형을 부과하는 것은 책임주의원칙에 위반[80]되므로 면책규정을 두고 법인 또는 개인 사업주와 동일하게 벌금형으로 형벌을 통일한 것은 바람직한 것이라고 평가할 수 있다. 그러나 법인 사업

---

76) 대법원 2010.9.9. 선고 2008도7834 판결.

77) 같은 지적으로는 김종덕, "기업범죄에 있어서 개인의 형사책임", 법학연구 제18집, 2005, 332-333면.

78) 이는 대기업의 소위 탈중심화라는 조직구성의 원칙에 따라 책임의 조직화가 조직화된 무책임(organisierte Unverantwortlichkeit)으로 변화되고, 이를 통해 개인책임의 확정, 즉 책임의 개인적 귀속의 증명은 더욱더 어렵게 되는 현상을 표현한 것으로 현대형법의 위기에 대한 동의어로 사용되고 있다. 이에 대해 상세히는 Breuer, "Empfehlen sich Änderungen des strafrechtlicher Umweltschutzes insbesondere in Verbindung mit dem Verwaltungsrecht?", NJW 1988, 2072면 이하; Krusche, "Umweltpolitik im Spannungsfeld industrieller Interessen und gesetzgeberischer Notwendigkeiten", ZRP 1985, 303면 이하.

79) 김재윤, 앞의 논문, 2011, 399-404면.

80) 헌법재판소 2007.11.29. 선고 2005헌가10 결정.

주에 대해 부과되는 벌금형은 직접적 위반행위자인 종업원과 동일한 벌금액으로 규정되어 있어 사실상 법인 사업주에 대한 제재로서 얼마만큼 실효성이 있을지는 의문이다. 무엇보다 종업원에 비해 자산규모가 수십 조에 달하는 대기업(법인)에게 양벌규정에 의해 "그 법인 또는 개인에게 해당 조문의 벌금형"을 부과하거나,[81] 1억원 이하의 벌금형[82] 내지 자연인에 비해 약 3배까지 상향조정한 3억원 이하의 벌금형[83]이 법인 사업주에게 얼마만큼 타격이 될지는 의문이다.[84] 오히려 법인 사업주는 자연인 행위자를 기준으로 결정된 벌금액 정도는 사업활동을 하기 위한 허가료 또는 경비정도로 생각하고 기꺼이 감수하거나, 주주의 이익배당, 근로자의 임금 삭감, 상품가격의 인상 등으로 전가하려는 경향을 보이는 현실을 감안하면 장래의 범죄억지라는 일반예방적 효과를 기대할 수 없다. 따라서 개인 사업주와 법인 사업주로 이원화하여 각각에 대해 서로 다른 벌금상한액을 규정하거나, 보다 근본적으로 법인의 형사책임의 본질과 특수성에 관한 검토를 바탕으로 법인의 해산, 영업정지, 공계약 배제, 보호관찰, 사회봉사명령, 공표 등 효과적인 법인처벌수단을 새롭게 마련할 필요성이 있다.[85]

Ⅴ. 맺음말

2007년 11월 29일 헌법재판소는 보건범죄단속에 관한 특별조치법 제6조의 이른바 양벌규정에 대해 형법의 기본원리인 책임원칙에 반한다는 이유로 위헌결정을 내린 바 있다. 다수의 행정형법에서 발견되는 양벌규정은 본질적으로 직접적 위반행위자로서 종업원을 처벌하는 외에 법인 또는 개인 사업주를 함께 처벌하는 데 기여한다. 헌법재판소의 위헌결정 이후에 상당수의 양벌규정이 개정되었고, 개정되지 않는 다른 양벌규정에 대해서도 개정이 계속해서 진행 중

81) 대표적으로 약사법 제97조,
82) 대표적으로 보건범죄 단속에 관한 특별조치법 제6조
83) 예컨대 상표법 제97조(3억원 이하의 벌금), 특허법 제230조(3억원 이하의 벌금), 건설산업기본법 제98조 제1항(10억 이하의 벌금), 건축법 제112조 제1항(10억원 이하의 벌금) 등은 개인에 대하여는 각 해당 조의 벌금형을, 법인에 대하여는 자연인에 비해 약 3배가량 상향조정된 벌금형을 과하도록 하고 있다.
84) 김용섭, 앞의 논문, 220면; 이천현, 앞의 논문, 69면; 박기석, 앞의 논문, 1998, 110면 이하.
85) 이에 대해 자세한 설명은 본서 제5장 § 20 참조.

에 있다. 양벌규정 개정의 핵심 내용은 사업주의 처벌에 대한 근거로서 감독자의 과실책임을 분명하도록 면책규정을 추가하도록 하고, 사업주의 처벌수단을 벌금형으로 단일화하며, 사업주에게 책임을 물을 수 있는 범위를 사업주의 업무에 관한 종업원의 위반행위로 한정함으로써 업무와 무관한 종업원의 위반행위에 대해서는 사업주의 책임을 면하게 한 것이다.

이러한 양벌규정에 대한 개정에도 불구하고 사업주 처벌의 근거가 진정과실책임인지 부작위감독책임인지에 대한 견해가 대립되고 있다. 뿐만 아니라 개별행정법규의 특수성을 반영하지 못한 채 획일적인 양벌규정 형식으로 개정이 이루어지고 있다. 그리고 개정 양벌규정에 따르면 단지 사업주와 종업원만이 처벌될 수 있을 뿐이기 때문에 종업원의 범죄행위에 대해 기업 고위경영진, 특히 대표이사의 형사책임을 인정할 수 없다. 즉 개정 양벌규정은 산업안전보건법 제71조와 같은 양벌규정의 역적용사례의 문제를 여전히 해결하지 못하고 있다. 나아가 사업주 처벌의 유일한 수단으로 선택된 벌금형이 특히 법인 사업주에 의한 법인범죄의 예방과 관련하여 얼마만큼의 실효성이 있을지 의문이 아닐 수 없다.

따라서 개정 양벌규정은 기업(법인)범죄의 효과적 대처를 위해 여전히 불충분하므로 이러한 양벌규정의 문제를 해결할 수 있는 양벌규정의 개정방안과 더불어 보다 근본적으로 기업(법인)의 형사책임에 관한 외국의 입법례를 바탕으로 기업(법인)의 독자적 형사책임을 강구할 수 있는 방안을 모색할 필요가 있다.

Corporate Criminal Liability

제 3 장

외국에서 기업의 형사처벌

§ 6 영국에서 기업의 형사처벌

Ⅰ. 머리말

19세기 중반까지 영국의 커먼로(Common Law) 하에서는 원칙적으로 기업 등의 법인의 형사책임은 인정되지 않았다.[1] 왜냐하면 당시에는 "지옥에 떨어뜨려야 할 영혼도, 걷어찰 수 있는 육체도 없는"(no soul to be damned, no body to be kicked)[2] 법인에게 형사책임을 묻는 것은 무의미하다는 태도가 지배적이었기 때문이다.[3] 그러나 산업혁명 이후 기업 폐해의 증가, 예컨대 산업화 과정에서 철도망이 급격히 확장됨에 따라 철도회사로 인한 시민의 피해가 증가하자 기업 등의 법인에 대한 형사제재의 필요성이 제기되었고 이에 대처하기 위해 기업의 범죄 주체성을 인정하기 시작하였다. 오늘날 영국에서는 여러 우여곡절을 거친 후 원칙으로 모든 범죄에 대해 법인의 형사책임을 긍정하면서 법인의 활동으로 인한 법익침해나 의무위반에 대처하고 있다. 즉 그 하나는 법인의 대표자나 기타 구성원 개인이 범죄를 범한 경우 그들은 당연히 관련규정에 의하여 형사처벌을 받게 하는 방식이다. 예컨대 기업의 대표자가 공무원 등에게 뇌물을 제공한 경우 그는 뇌물죄로 처벌된다. 다른 하나는 법인의 구성원이 직접 범죄행위를 수행하지 아니한 경우에도 우리나라의 양벌규정과 마찬가지로 법인과 더불어 그를 처벌할 수 있도록 하는 법률을 마련하여 대처하는 방식이다. 예

---

1) Thomas J. Bernard, "The Historical Development of Corporate Criminal Liability", 22 Criminology 3, 3(1984).

2) C.M.V. Clarkson, "Kicking Corporate Bodies and Damning their Soul", 59 MLR 557, 557 (1996); Richard Card, *Card, Cross and Jones: Criminal Law* (15th ed., 2001), § 20.51.

3) 기업의 형사책임이 인정되기 어려웠던 그 밖의 이유로 ① 기업을 설립하기 위하여 국왕의 특허장(royal charter)이나 의회제정특별법(special act of Parliament)이 필요하였기 때문에 기업의 수가 많지 않았고 설령 기업행위로 인한 폐해가 있다고 하더라도 모두 권한유월(ultra vires)로 간주되었으며, ② 기업은 형체가 없기에 기소범죄(indictable offence)의 경우 신병을 확보(writs of *capias*) 한다는 것이 불가능한 것으로 인식되었고, ③ 주관적 불법구성요소(mens rea) 또한 보유할 수 없다고 판단되었기 때문이라고 한다(송기동, "영미 기업범죄 형사책임의 전개", 형사정책 제20권 제2호, 2008, 43면).

컨대 "법인이 범죄를 범하였고, 그 범죄가 경영자의 동의, 묵인 또는 과실에 의하여 범해진 것으로 입증된다면 법인만이 아니라 당해 경영자도 해당 범죄로 처벌되어야만 한다."는 형태의 형벌규정이 마련되어 있는 경우 해당 범죄에 대하여 법인과 경영자가 모두 처벌대상이 된다.[4)]

그리고 후에 상술하듯이 영국에서는 법인의 형사책임을 긍정하기 위해 엄격책임 범죄, 대위책임 및 동일성 원리가 채용되고 있다. 우선 일정한 행위만 있으면 곧 구성요건이 충족되는 범죄로서 그 성립에 주관적 불법구성요소(mens rea)가 요구되지 않는 '엄격책임 범죄'(strict liability offens)에 대해서는 곧바로 법인에 대해여 적용할 수 있다고 본다. 다음으로 본래 '대위책임'(vicarious liability)은 민사법상 고용인이 피고용인의 행위에 대하여 책임을 부담하여야 한다는 이론을 말하는데, 고용인을 법인으로 피고용인을 법인의 구성원으로 대체함으로써 이를 형사처벌의 수단으로 이용하는 귀책원리이다.[5)] 마지막으로 '동일성 원리'(identification doctrine)란 법인으로 하여금 타인인 법인 구성원의 행위에 대하여 책임을 부담하도록 하는 대위책임과 달리 법인의 상급관리자의 의사나 행위를 법인 자신의 의사나 행위와 동일시하는 방식에 의해 법인의 행위책임을 도출하는 귀책원리를 말한다. 그런데 영국에서는 1980년대 후반부터 연이은 대규모 산업재해에 대해 대응함에 있어 동일성 원리가 갖는 한계를 명확하게 인식하게 되었다. 이 때문에 최근에는 이를 극복하기 위해 새로운 귀책원리를 채용한 법인처벌입법의 제정을 위한 움직임이 본격화 되고 있으며, 이러한 움직임을 둘러싸고 찬반양론이 제기되고 있다.

따라서 이하에서는 법인의 범죄능력을 부정하는 견해가 다수설을 차지하고 있는 우리나라와 달리 기업 등의 법인의 형사책임을 광범위하게 인정하고 있는 영국의 기업의 기업처벌 법리에 대해 역사적 전개과정(Ⅱ), 동일성 원리의 내용과 한계(Ⅲ), 이를 극복을 위한 새로운 움직임(Ⅳ～Ⅵ)에 대해 검토하고자 한다. 특히 영국에서 동일성 원리의 문제점과 이를 극복하기 위해 어떠한 대책이 논의되고 있는지를 고찰하는 것은 향후 우리나라의 기업의 형사처벌론의 전

---

4) 김호기, 기업의 경제활동에 관한 형사법제 연구(Ⅱ): 주요 국가의 기업의 형사처벌 방법에 대한 연구, 한국형사정책연구원, 2010, 75면.

5) Celia Wells, *Corporations and Criminal Liability* (2th. ed., 2001), 88면 참조.

개에 있어 많은 시사점이 있으리라 본다.[6)]

Ⅱ. 영국에서 기업(법인)의 형사처벌에 대한 역사적 전개과정

19세기 중반 이후 영국에서 원칙적으로 모든 범죄에 대해 법인의 형사책임이 긍정된 이래 오늘날까지 법인에 대한 형사책임의 발전과정은 크게 ① 부작위(의무불이행)범으로부터 작위범으로 적용범위의 확대(19세기 중순까지), ② 엄격책임으로부터 대위책임으로 귀책원리의 명확화(20세기 초반), ③ 대위책임으로부터 동일성 원리에 따른 법인 자신의 고유책임(personal liability)으로 귀책원리의 다양화(20세기 중순 이후)라는 세 단계로 나눌 수 있다.[7)] 따라서 이하에서는 이러한 세 단계로 나누어 영국의 법인의 형사책임에 관한 판례의 대응의 변화를 개관하고 법인 처벌론의 발전 과정[8)]을 살펴보고자 한다.[9)]

1. 부작위범에서 작위범으로 적용범위의 확대

(1) 법인의 형사처벌의 기원

영국에서 법인에 대한 형사책임을 인정하는 움직임은 일정한 영역에서 예외를 인정하는 데서 시작되었다.[10)] 즉 17세기 무렵부터 도로의 정비 등을 게을리 한 지방 자치단체의 기관에 대해 '공적 생활방해'(public nuisance)를 야기했다고 하여 형사책임을 인정하는 움직임이 나타나게 되었다. 이 경우 공적 생활방해는 일정한 의무의 불이행이라고 하는 부작위에 의해 실행되는 것으로 이해

6) 이하의 논의는 김호기, 앞의 보고서, 75－111면; 이기헌/박기석, 법인의 형사책임에 관한 비교법적 연구, 한국형사정책연구원, 1996, 31－38면; 송기동, 앞의 논문, 50－55면; 川崎友巳, 企業の刑事責任, 成文堂, 2004, 121－145면 참조.

7) Bernard, 앞의 논문, 4면; Eliezer Lederman, "Criminal Law, Perpetrator and Corporation: Rethinking a Complex Triangle", 76 Journal of Criminal Law and Criminology 285, 288－289(1985); Celia Wells, *Corporations and Criminal Responsibility* (2d. ed., 2001), 87－99면.

8) 영국에서의 법인의 형사책임의 발전과정에 대해 상세히는 金沢文雄, "英米法における法人の刑事責任", 刑法雑誌 4巻 4号(1954), 49면 이하; 戸塚登, "英法における法人の刑事責任", 阪大法学 59－60号(1966), 154면 이하.

9) 이하 川崎友巳, 앞의 책, 122－131면.

10) Bernard, 앞의 논문, 6면.

되어 주관적 불법구성요소(mens rea)나 행위의 귀속 등이 엄격하게 요구되지 않았다. 이 때문에 법인은 자연인과 같은 범죄 성립요건을 충족할 수 있는가라는 근본적인 문제에 대해 상세한 검토가 이루어지지 않은 상태에서 법인에게 형사책임을 부과할 수 있는 것으로 보았다.[11)]

(2) Birmingham and Gloucester 철도회사 사례

더욱이 19세기에 들어서자 도로나 운하의 건설·정비 등의 공적 사업이 민간기업에게 하청이 이루어짐에 따라 부작위범에 대한 이론은 민간기업 법인에 대해서도 적용되게 되었다. 영국에서 기업 법인의 형사책임이 처음으로 인정된 것은 1842년 Birmingham and Gloucester 철도회사 사례[12)]에서였다.[13)] 본건의 개요는 Birmingham and Gloucester 철도회사가 건설한 철도에 의해 서로 떨어진 지역을 연결하는 육교를 건설하는 제정법상의 의무를 게을리 했다는 이유로 기소되었다는 것이다. 그리고 판결에서 부작위범에 대해 형사책임을 인정한다는 종래의 기준이 기업 법인에 대해에서도 적용되었다.[14)]

(3) Great North of England 철도회사 사례

그러나 Birmingham and Gloucester 철도회사 사례로 확인된 부작위의 영역에서 법인의 형사책임을 한정하는 이론은 4년 후인 Great North of England 철도회사 사례[15)]에서 변경된다. 본 사건의 개요는 다음과 같다. 피고법인인 Great North of England 철도회사는 위법하게 공공도로의 일부를 횡단하는 형태로 철도를 건설하였고, 나아가 철도의 건설 장소에 육교를 건설했지만 이것도 법률로 정해진 기준을 충족시키지 않았음을 이유로 기소되었다. 본 사건에서 Great

---

11) Bernard, 앞의 논문, 6면; Card, 앞의 책, § 20.52.

12) Queen v. Birmingham and Gloucester Railway Co. [1842] 3 QB 223.

13) 다만 영국에서 공적 생활방해에 근거하는 형사책임은 실질적으로 행정기관뿐만 아니라 그 책임자인 자연인도 동시에 기소하여 책임을 묻는 형태로 발전했다고 한다. 이 때문에 본 사건에 대해도 "지금까지의 모든 선례는 법인 내의 자연인이 포함되든가 또는 확정되어 있고, 그 사람이 기소되어야 한다"는 점이 언급되고 있다([1842] 3 QB 223).

14) 여기서 주의할 점은 위 철도회사의 육교 건설의무는 경영자 등의 자연인이 아닌 법률상 법인에게 직접 부과되고 있다는 데 있다. 따라서 영국에서 이 단계에서의 법인의 형사책임의 발전은 판례뿐만 아니라 법률의 공헌이 크다는 점이 언급되고 있다(Bernard, 앞의 논문, 7면).

15) Queen v. Great North of England Railway Co. [1846] 9 QB 315.

North of England 철도회사는 ① '부작위'(nonfeasance)와 '부당한 행위'(mis-feasance)를 구별할 필요가 있으며, ② 법인은 적극적인 행위(작위)를 할 수 없다[16]고 항변하였다.

이에 대해 법원은 첫째, 작위와 부작위의 구별은 항상 가능한 것은 아니며, 둘째, 비록 모든 범죄에 대해 작위와 부작위의 구별이 가능할지라도 이것이 일정한 범죄에 대해 법인이 유책으로 간주되고 그 밖의 경우에는 유책으로 간주되지 않는다는 이론적 근거로 될 수 없다는 두 가지 근거를 제시하여 유죄를 선고하였다. 이 판결을 계기로 영국에서는 부작위범뿐만 아니라 작위범에 대해서도 법인의 형사책임이 부과되기 시작하였다.

그리고 본 사건의 판결에서 Denman 판사는 법인에게는 "분명하게 범죄를 범하는 자의 부도덕적인 정신에 근거하여 사람 및 국민에게 내재하는 사회적 의무의 위반이 존재"[17]하는 반역죄, 중죄, 위증죄, 신체에 대한 죄 또는 도덕상 부정행위를 범할 수 없다고 하여 법인의 형사책임이 인정되는 영역의 새로운 한계를 설정하였다.[18] 즉 Denman 판사가 예시한 범죄는 mens rea를 성립요건으로 하는 것으로 법인의 형사책임이 인정되는 영역의 한계가 mens rea의 필요와 불필요에 의해 설정되어 이해되었다.

(4) 19세기 영국의 법인의 형사처벌론

19세기 이후 영국에서는 급속히 산업화와 도시화가 진전됨에 따라 사회가 복잡해지고 사회생활을 효율적으로 영위하기 위해 일정한 행동기준을 법률에 규정할 필요가 생겼다. 이 때문에 수많은 행동기준이 법률에 규정되어 이 기준에 위반했을 경우 범죄로서 형벌을 부과하기 시작하였다. 당시 영국에서는 이러한 유형의 범죄를 '공공복지범'(public welfare offence)이라고 불렀다. 이 공공복지범은 많은 경우 '엄격책임'(strict liablility)의 법리를 채용하여 효과적인 법집행을 보장하기 위해 범죄의 주관적 불법성립요소인 mens rea가 요구되지 않았다. 또한 관련 법률에 규정된 형벌도 경미한 벌금형에 지나지 않았다. 이 때문에 법인에게 mens rea의 형성능력이 있는가라는 문제를 검토할 필요 없이 법인

16) [1846] 9 QB 315, 326.
17) *Ibid.*
18) *Ibid.*

의 활동을 규제하는 행정단속 목적이 이론적 정합성에 우선되어 법인에게 형사책임을 부과할 수 있는 것으로 여겨졌다.[19]

2. 엄격책임으로부터 대위책임으로 발전

(1) Mousell Brothers社 사례

Great North of England 철도회사 사례에서는 법인의 형사책임을 인정하는 범위를 한계 짓는 기준으로서 mens rea가 필요한 범죄와 필요하지 않은 범죄라고 하는 구분이 제시되었다. 그러나 이러한 기준도 그 이전의 기준과 마찬가지로 법인에 대한 형사책임이 미치는 범위에 대해 절대적인 한계로 작용하지 못하여 새로운 문제에 직면하게 되었다. 즉 1917년 Mousell Brothers社 사례[20]에서 mens rea를 성립요건으로 하는 범죄에 대해 법인 자신이 기소되었다.

본 사건은 Mousell Brothers社의 대리인이 정규의 수송요금의 지불을 회피하기 위해 상품에 부정한 표시를 하였지만 이 범죄가 성립하기 위해서는 "요금의 지불을 면하려는 의도"라고 하는 mens rea를 필요로 하였기 때문에 이 대리인의 행위에 대해 법인의 형사책임을 물을 수 있을지가 다투어졌다. 판결에서는 입법 취지에 주목하여 해당 제정법이 법인에게 형사책임을 부담하는 것을 의도하고 있었는가라는 관점으로부터 결론이 도출되었다. 즉 "해당 법률의 조문 및 목적을 살펴보건대 입법자가 금지한 행위가 종업원에 의해 직무범위 내에서 실행되었을 때 이른바 '준범죄'(quasi-criminal) 행위에 대한 책임을 고용주에게 부담시키는 것을 입법자가 의도하고 있었다고 볼 수 있다"[21]고 판단하였다. 그리고 "그 판단이 적절하다면 법인(유한회사)과 다른 고용주 사이의 차이는 존재하지 않는다"[22]고 하여 대리인의 의도가 인정되면 mens rea를 성립요건으로 하는 범죄에 대해서도 법인 자신의 주관적 불법성립요소를 문제 삼지 않고 형사책임을 법인에게 물을 수 있다고 하는 대위책임의 법리가 인정되었다.

---

19) Bernard, 앞의 논문, 7면.

20) Mousell Brothers Limited v. London and Northwestern Railway Co. [1917] 2 KB 836.

21) [1917] 2 KB 836, 845.

22) *Ibid.*

(2) 준범죄

본 판결에서 언급되고 있는 준범죄란 형법상의 한 영역으로 인정되고 있지만, 개인의 본질적인 부정행위를 기초로 하는 자연범과는 특징을 달리하여 형사책임을 부과할 때의 조건이 시대마다의 사회 가치관에 의존하는 범죄유형이라고 한다.[23] 이 판결 이후 mens rea를 성립요건으로 하는 범죄에 대해서도 이 준범죄에 대해서는 민사상 불법행위의 영역에서 발전해 온 대위책임의 법리에 근거하여 행위자에게 mens rea가 인정되면 직접적으로 법인의 의도를 고려할 필요 없이 법인 자신에게 형사책임을 부과할 수 있는 것으로 여겨졌다.[24]

3. 대위책임으로부터 동일성 원리에 따른 법인 자신의 고유책임으로 발전

(1) 동일성 원리의 태동

법인의 형사책임을 인정하는 범위와 관련하여 부작위범으로부터 작위범으로 적용범위가 확대되었고, 더 나아가 엄격책임으로부터 대위책임으로 귀책원리가 명확화 하는 단계로 발전하였다. 그 결과 법인의 형사책임의 범위는 작위와 부작위를 불문하고 엄격책임의 적용이 인정된 영역뿐만 아니라 mens rea를 범죄 성립요건으로 하는 영역의 일부에 이르기까지 확대되었다. 다만 이 마지막 단계에서는 법인 자신의 mens rea가 검토된 것은 아니고, mens rea를 필요로 하는 범죄에 대해서는 준범죄에 한정하여 대위책임의 법리에 의해 종업원의 책임을 법인에게 전가함을 인정한 데 지나지 않았다. 그러나 이와 같이 법인의 형사책임을 인정하는 영역을 제한하는 태도는 20세기 중반에 접어들 무렵부터 점차 완화되어 갔다.[25]

우선 1944년 판결에서 내려진 ① Kent and Sussex Contractors社 사례,[26]

---

23) Wells, 앞의 책, 6–8면.

24) Griffiths v Studebakers Ltd [1924] 1 KB 102 참조.

25) 이 보다 앞선 움직임으로는 1889년 '법률의 해석에 관한 법률'(The Interpretation Act 1889)가 제정되어 법문상 반대의 해석이 없을 경우 사람(person)에는 법인 및 법인격 없는 사단이 포함되었다. 이 규정에 의해 이후의 법인의 형사책임을 긍정한 판례에 실정법상 근거가 주어지게 되었다[J.C.Smith, *Smith & Hogan Criminal Law* (10th ed., 2002), 202면]. Evans & Co, Ltd v London Country Council [1914] 3 KB 315, DC 참조.

26) D.P.P. v. Kent and Sussex Contractors Ltd. [1944] 1 KB 146.

② ICR Haulage社 사례[27] 및 ③ I·Bresler社 사례[28]라는 3개의 사례에서 mens rea를 성립요건으로 하는 범죄에 대해서도 법인에게 고유책임으로서 직접적인 형사책임(행위책임)을 물을 수 있을지가 다투어졌다.

이 가운데 ① Kent and Sussex Contractors社 사례는 차량기록의 보고서를 감독 관청에 제출함에 있어 허위의 내용을 기재한 행위에 대해 mens rea인 기망의 의도를 성립요건으로 하는 제정법상의 범죄에 해당한다고 하여 법인인 Kent and Sussex Contractors社가 기소되었다. 본 사건에서 운송부장에게 기망의 의도가 인정되었지만, 제1심은 법인은 mens rea를 성립요건으로 하는 범죄를 실행할 수 없다고 하여 법인의 형사책임을 부정하였다. 이에 대해 항소심에서는 법인은 자연인인 대리인을 통해 인식을 갖고 의도를 형성하지만, 그 대리인의 인식이나 의도가 법인에게 귀속될지 여부가 다투어지는 경우가 있으므로 법인의 형사책임을 인정하여 위 회사에 대해 유죄를 선고하였다.

② ICR Haulage社 사례는 전무이사(managing director) 외 9명이 사기를 공동 모의했음을 이유로 자연인 행위자와 함께 ICR Haulage社가 보통법상의 경죄에 해당하는 공동 모의죄로 기소되었다. 본 사건의 항소심 판결은 첫째, 법인이 기소되지 않는 범죄는 예외이며, 둘째, 본 사건에서 전무이사의 행위는 법인 자신의 행위라고 할 수 있다는 두 가지 점을 근거로 하여 법인에게 유죄를 선고하였다.

③ I·Bresler社 사례는 I·Bresler社의 비서와 판매부장(sales manager)이 회사를 기망하려는 목적으로 회사의 상품을 매각했지만 판매에 따른 양도세에 관한 보고서를 작성·제출할 때 중요 사항에 대해 허위의 기재를 하였기 때문에 기망의 의도를 성립요건으로 하는 제정법상의 범죄에 해당한다고 하여 I·Bresler社가 기소되었다. 판례는 본 사건에 대해서도 판매부장 등의 허위기재 행위를 직무범위 내라고 인정하여 법인을 기망하려는 의도로 이루어진 행위일지라도 판매부장 등이 대리인인 사실은 변하지 않다고 하여 법인의 형사책임을 인정하고 유죄를 선고하였다.

이와 같이 3개의 사례에 대한 판결은 범죄의 성립요건에 mens rea를 필요

27) Rex v. I.C.R. Haulage Ltd. [1944] 1 KB 551.

28) Moor v. I. Bresler Ltd. [1944] 2 All ER 515.

로 하는 범죄에 대해 모두 법인의 형사책임을 인정하여 법인 자신에게 유죄를 선고하였다. 이들 3개의 판결을 통해 mens rea를 성립요건으로 하는 범죄유형에 대해서도 '동일성 원리'(principle of identification)를 채용하여 법인 자신의 형사책임을 인정하는 흐름이 나타나기 시작하였다. 이 동일성 원리란 법인 내의 일정한 상급자의 mens rea와 행위를 법인 자신의 mens rea와 행위로 간주하는 방식에 의해 법인의 행위책임을 인정하는 이론을 말한다.[29] 이 이론은 고살죄(manslaughter)의 적용이 부정된 1927년 Cory Bros社 판결[30]에 대한 비판으로 등장했으나,[31] 실제 판례에서 연이어 채용됨으로써 이론적으로는 법인의 형사책임을 인정하는 범죄유형을 비약적으로 확대하는 효과를 가져왔다.

(2) Tesco Supermarkets社 사례

이와 같이 법인 자신의 행위책임을 인정하려고 하는 이론구성은 1971년의 Tesco Supermarkets社 사례[32]에 대한 귀족원(House of Lords) 판결에서 판례상 명확하게 채용되었다. 본 사건의 개요는 Tesco Supermarkets社의 Northwich지점에서 종업원과 지점장의 실수에 의해 상품이 실제의 가격보다 저가로 판매되고 있다는 취지의 표시가 행해졌다는 이유로 1968 상품판매기재법(The Trade Description Act 1968) 위반으로 기소되었다는 것이다. 그러나 1968 상품판매기재법은 위반행위를 '타인'(another person)이 실행할 것과 위반의 방지를 위해 합리적인 예방대처 방법을 강구하여 상당한 주의를 다하고 있었음을 항변으로 인정하고 있었다. 이 때문에 본 사건의 쟁점으로 ① 지점장이 타인에 해당하는지 여부, ② Tesco Supermarkets社에 상당한 주의의 항변이 인정될 수 있는가의 두 가지 점이 다투어졌다.

판결에서는 mens rea를 성립요건으로 하는 범죄의 경우 법인에게 유죄를 선고하기 위해서는 관리자(controlling officer)가 mens rea를 가졌음을 증명해야 하며, 동일성 원리에 따른 판단이 내려져야 함을 언급하였다. 이에 따라 수백에 이르는 지점의 지점장은 법인의 관리운영에 대한 실질적 권한이 없어

29) Smith, 앞의 책, 202면; Card, 앞의 책, § 20.52.
30) Cory Bros Ltd [1927] 1 KB 810.
31) C.R.N. Winn, "The Criminal Responsibility of Corporations", 3 Cambridge Law Journal 398, 398-415(1927).
32) Tesco Supermarkets Ltd. v. Nattrass [1972] AC 153.

법인과 동일시 할 수 없으므로 '타인'에 해당함을 인정하였다. 그러나 Tesco Supermarkets社가 정기적인 감사를 실시하여 위반방지에 유효한 시스템을 적절히 운용하고 있어 상당한 주의의 항변이 인정되어 무죄가 선고되었다.

본 사건에서는 법인의 형사책임에 대해 유죄가 선고되지는 않았지만, Lead 판사는 다음과 같이 판시하여 동일성 원리를 대위책임과 명확하게 구별하고 그 타당성에 대해 언급하였다.

> "사람은 인식이나 의도를 가지거나, 또는 과실을 이루는 주관을 가지고 스스로의 의사를 실행하는 손발을 가지고 있다. 그러나 법인은 마음과 손발을 가지고 있지 않다. 따라서 법인은 사람이 아니기 때문에 언제나 자연인을 매개해서만 행위를 하게 된다. 이 경우 행위자는 자기 자신의 이익을 위해 이야기 하거나, 또는 행위를 하는 것은 아니다. 그는 법인으로서 행위하고, 그 행위에 직결하는 주관은 바로 법인의 주관이다. 이 경우에 법인이 대위책임을 부담하는지 여부는 문제되지 않는다. 그는 종업원으로서 행위를 한 것이 아니며, 대표자도, 대리인도, 또는 수임자도 아니다. 그는 어디까지나 법인의 구현자이며, 또는 그의 적절한 직무범위 내에서 법인의 외적인 인격(persona)을 개입시켜 듣고, 이야기한 데 지나지 않는다. 따라서 그의 주관은 곧 법인의 주관이다. 그것이 유죄에 해당하는 주관이면, 죄의 책임은 법인의 책임이 된다."[33]

(3) 동일시되는 자연인의 범위

이 판결 이후 판례는 법인에게 동일시에 근거하여 형사책임을 묻는 판시를 반복해 왔다. 이렇게 축적되어 온 동일성 원리의 기준과 관련하여 법인과 동일시되는 자연인의 범위는 법인의 기관에만 한정되지 않는다. 어느 정도의 지위까지 동일시될 수 있는가는 기본적으로 해당 법인의 내규나 정관 등을 참고로 한 후 개별 사례마다 판단이 달라질 수 있으나,[34] 적어도 업무상의 권한이 전부[35] 또는 일부[36] 위임된 사람은 법인의 '수족'이 아니라 '두뇌'에 해당하여[37]

---

33) [1972] AC 153, 170.

34) Michael J. Allen, *Textbook on Criminal Law* (6th ed., 2001), 245면.

35) Lennard's Carrying Co Ltd v. Asiatic Peroleum Co Ltd [1915] AC 705, HL.

36) Worthy v. Gordon Plant (Services) Ltd [1989] RTR 7 n, DC.

37) 법인과 동일시 가능한 사람을 법인의 '두뇌'에 해당하는 사람이라고 표현하고, 동일시가

'법인의 구현화'(embodiment of the company),[38] '관리하는 정신과 의사'(directing mind and will)를 가지고 있다고 하여[39] 법인과 동일시될 수 있다고 간주되었다.

한편, 법인의 '수족'에 지나지 않아 동일시가 되지 않는다고 본 구체적인 예로는 다음과 같다:[40] ① 슈퍼마켓의 800개 이상에 달하는 지점 중 1개 점포의 지점장,[41] ② 자동차 렌트 회사의 자동차 정비사,[42] ③ 채석장에서 대형 트럭의 적재량을 측정하기 위한 계측기 담당자,[43] ④ 인허가에 근거하는 상품 수송용의 차량의 운행에 대한 수송 관리책임자,[44] ⑤ 대형 여객선의 선장,[45] ⑤ 항공기 부문의 유럽지역 담당 판매부장.[46]

(4) 법인의 귀책원리의 현재

오늘날 영국에서 법인에게 형사책임을 부과하기 위해 이용되고 있는 귀책원리는 거의 확립된 상태이다. 즉 현재 영국에서는 원칙으로서 법인의 형사책임을 폭넓게 긍정하는 입장을 바탕으로,[47] 다음의 두 개의 기준을 토대로 하여 실제 문제에 대응하고 있다. 첫째, 공공복지범 또는 준범죄로 불리는 범죄유형과 관련하여 행위자의 mens rea를 성립요건으로 하지 않는 엄격책임의 범죄 및 mens rea를 성립요건으로 하는 범죄 모두에 대해 대위책임의 법리를 적용한다.[48] 둘째, 형사범을 중심으로 한 그 밖의 mens rea를 성립요건으로 하는 범죄

불가능한 사람을 법인의 '수족'이라고 표현하는 예가 여러 곳에서 발견된다(Michael Jefferson, *Criminal Law* (5th ed., 2001), 233면; Card, 앞의 책, § 20.55).

38) Essendon Engineering Co Ltd v. Maile [1982] RTR 260, [1982J Crim LR 510.

39) Lennard's Carrying Co Ltd v. Asistic Petroleum Co Ltd [1915] AC 705.

40) Jefferson, 앞의 책, 234면; Card, 앞의 책, § 20.55; Smith, 앞의 책, 203면.

41) Tesco Supermarkets Ltd. v. Nattrass [1972] AC 153.

42) Magna Plant Ltd v. Mitchell [1966] Crim LR 394, DC.

43) John Henshall (Quarries), Ltd v. Harvey [1965J 2 QB 233, [1965] All ER 725, [1965] 2 WLR 758.

44) *Ibid.*; Redhead Freight Ltd *v*. Shulman [1989] RTR 1, DC.

45) P & O European Ferries (Dover) Ltd (1991) 93 Cr App R 72.

46) R v. Redfern and Dunlop Ltd. (Aircraft Division) [1993] Crim LR 43.

47) 따라서 현재 영국에서는 이론상 다음의 두 개의 유형에 대해 예외적으로 법인의 형사책임을 부정하고 있다: ① 강간죄·위증죄 등 성질상 법인에 의해서는 범할 수 없는 범죄, ② 모살죄 등 법원이 선고할 수 있는 형벌이 자유형에 한정되는 경우(Card, 앞의 책, § 20.51).

48) 준범죄에 대해 대위책임에 의한 기업의 형사책임을 인정한 최근의 판결로는 Associated Octrel Ltd [1996] 4 All ER 846, [1996] 1 WLR 1543, HL. 또한 British Steel plc [1995] 1 WLR 1356, CA; Gateway Foodmarkets Ltd [1997] 3 All ER 78, CA 참조.

에 대해서는 동일성 원리를 적용하여 법인의 행위책임을 묻는다.49) 나아가 교사, 방조 및 미수는 보통법상의 범죄로서 그 성립에 mens rea가 요구되기 때문에,50) 상급관리자에 의한 이와 같은 행위에 대해 대위책임을 적용하여 법인을 처벌하는 것은 불가능하다고 여겨져 왔다.51) 반면에 동일성 원리에 의하면 법인의 교사, 방조 및 미수를 처벌하는 것이 가능하다.52)

또한 이와 같이 대위책임과 동일성 원리에 의한 행위책임이라는 두 가지 종류의 기준을 사용하여 법인의 형사책임의 문제에 대응하는 영국의 태도는 법률위원회에 의해 1972년, 1985년, 1989년 각각 공표된 'Working Paper 제44호',53) '법률위원회 보고서 제143호',54) '법률위원회 보고서 제177호'55)에서 제시된 형법전초안의 법인의 형사책임에 관한 규정에서도 그대로 나타났다.

이상으로 영국에서 세 단계로 구별된 법인의 형사책임의 발전과정을 살펴보았다. 영국에서는 법인의 형사책임을 긍정하여 그 활동을 규제해야 한다는 현실적인 필요성의 관점이 법인의 형사책임을 적극적으로 묻는 강력한 추진력으로 작용하였다.56) 그러나 다른 한편에서는 법인의 형사책임이 무한정으로 확대되는 것을 막기 위해 개인의 주관적 불법구성요소로서 mens rea와 행위를 전제로 하는 전통적인 형법의 기본구조가 그 억제력으로 계속해서 기능하고 있다.57) 나아가 법인 처벌의 필요성과 형법의 기본구조의 유지에 대한 상호 조화

49) 동일성 원리에 의해 기업의 형사책임을 인정한 최근의 판결로는 J F Alford Transport Ltd [1997] 2 Cr App R 326, 331.

50) Smith, 앞의 책, 200면.

51) 교사에 대해서는 Ferguson v. Weaving [1951] 1 KB 814, [1951] 1 All ER 412. 또한 Thomas v. Lindop [1950] 1 All ER 966; John Henshall (Quarries) Ltd v. Harvey [1965] 2 KB 599 참조. 그리고 미수에 대해서는 Gardner v. Akeroyd [1952] 2 QB 743, [1952] 2 All ER 306 참조.

52) Robert Millar (Contractors) Ltd [1970] 2 QB 54.

53) The Law Commission, "Second Programme, Codification of the Criminal Law: General Principles, Criminal Liability of Corporations", Working Paper No 44 (1972), § 25－32.

54) The Law Commission, "Criminal Law: Codification of the Criminal Law", Law Com No 143 (1985), § 11.1－11.20.

55) The Law Commission, "A Criminal Code for England and Wales", Law Com No.177 (1989), § 9.47－9.50 and § 10.1－10.25.

56) Great North of England 철도회사 판결에서 Denman 판사는 법인의 형사책임을 실질적인 필요성의 관점에서 긍정하고 있다([1846] 9 QB 315, 327).

57) D. Husak은 법철학적인 관점에서 형사책임을 묻기 위해서는 행위(act)의 존재가 필요하

를 꽤하는 가운데 오늘날까지 법인의 형사책임을 인정하기 위한 다양한 이론들이 제시되고 있다.[58]

Ⅲ. 동일성 원리의 내용과 한계

1. 동일성 원리의 내용

(1) 동일성 원리의 의의

동일성 원리란 대위책임이 법인으로 하여금 타인인 구성원의 행위에 대하여 책임을 부담하도록 하는 것과는 달리, 일정한 구성원의 범죄행위를 곧 법인의 범죄행위로 간주함으로써 법인의 형사책임을 인정하려고 하는 원리를 말한다. 동일성 원리는 법인의 구성원을 두뇌에 해당하는 자와 수족에 해당하는 자로 구분하고, 타인의 지시를 받지 않고 독자적인 판단에 따라 행동하는 법인의 상급관리자(directing mind)의 귀책사유와 행위는 곧바로 법인의 귀책사유와 행위에 해당한다고 본다. 따라서 법인의 상급관리자의 범죄행위가 있으면 법인도 곧 그에 대하여 형사책임을 부담하여야 한다고 말한다.[59]

이러한 동일성 원리를 적용함에 있어서는 다음과 같은 두 가지의 판단이 중요하다고 한다. 그 하나는 행위자가 법인의 상급관리자에 해당하는가 아니면 단순한 종업원이나 대리인에 불과한가의 구분이다. 수족에 해당하는 구성원의 범죄행위에 대하여서는 동일성 원리가 적용되지 않기 때문에 그러한 자의 범죄행위에 대해서는 법인은 단지 경우에 따라 대위책임의 형태로 형사책임을 부담하게 될 뿐이다. 다른 하나는 동일성 원리를 적용함에 있어서는 법인과 동일시되는 상급관리자의 범위를 법인의 정책을 결정할 수 있는 최고위층에 한정할 것인가, 아니면 직접적으로 업무를 수행하는 자에 대한 선임·감독권한을 보유한 자에까지 확대할 것인가의 문제이다. 이와 관련하여 영국 법원은 동일성 원

고, 법인에 대해서도 형사책임을 부과할 수 있는 것은 행위자가 법인의 활동을 통제할 수 있는 경우로 한정되어야 하므로 대위책임은 폐지되어야 한다는 견해를 제시하고 있다 [Douglas Husak, "Does Criminal Liability Require an Act", Philosophy and the Criminal Law (Antony Duff ed., 1998), 81면].

58) Andrew Ashworth, *Principle of Criminal Law* (3d ed., 1995), 117면.

59) 김호기, 앞의 보고서, 88면.

리를 적용함에 있어 법인과 동일시되는 상급관리자가 최고위층에 한정되는 것으로 이해하였으며, 이와 같은 동일시되는 자연인의 제한은 동일성 원리의 적용가능성을 심각하게 제한하는 결과를 가져오게 되었다.[60] 후술하듯이 이러한 영국 법원의 동일성 원리에 대한 제한적 적용은 법인살인법이 탄생하는 배경이 되었다.[61]

(2) 동일성 원리의 적용요건

가. 상급관리자의 확정

동일성 원리가 현실에서 사용하기 위하여서는 먼저 법인의 구성원 중에서 누가 법인과 동일시할 수 있는 상급관리자에 해당하는가의 문제가 해결되어야만 한다. 법인과 동일시될 수 있는 상급관리자와 그렇지 아니한 단순한 구성원을 구별하는 기준을 제시한 대표적인 판결로는 앞서 살펴본 Tesco Supermarkets社 판결이 제시되고 있다.

나. 상급관리자의 행위가 범죄의 객관적 불법구성요소로서 위법행위(actus reus)를 충족시킬 것

동일성 원리에 의하여 법인에 대하여 형사책임을 묻기 위하여서는 상급관리자가 행한 범죄행위가 직무수행 중에 발생한 것이어야 하며 또한 그에게 부여된 직무범위 내에서 이루어졌어야만 한다.

다. 상급관리자가 범죄의 주관적 불법구성요소(mens rea)를 충족시킬 것

일단 기업과 동일시할 수 있는 상급관리자가 누구이며, 그가 범죄의 객관적 불법구성요소를 실현한 것으로 판단된다면, 그 다음으로는 당해 상급관자가 범죄의 주관적 불법구성요소를 충족시키는가를 검토하여야 한다.[62]

2. 동일성 원리의 문제점

1940년대 중반 동일성 원리의 도입을 통해 영국에서는 이론상 광범위한 영역에서 법인의 형사책임을 물을 수 있게 되었다. 그러나 이러한 동일성 원리에

60) David Ormerod, *Smith and Hogan Criminal Law* (12th. ed., 2008), 249면.
61) 김호기, 앞의 보고서, 89면.
62) 김호기, 앞의 보고서, 89-92면.

대해서는 종래부터 다양한 문제점이 지적되어 왔다. 동일성 원리의 주된 문제점은 크게 다음의 일곱 가지 점으로 요약할 수 있다: ① 법인과 동일시 가능한 관리자의 범위가 불명확하다.[63] ② 대규모 기업 법인에 대해서는 일정한 권한을 가지는 사람이 조직 편성상 비교적 하위에 위치하게 되어 법인과 동일시 할 수 없다.[64] ③ 대규모 기업 법인의 복잡한 조직구조에서 동일시해야 할 자연인을 특정하기가 곤란하다.[65] ④ 일정한 관리자의 행위를 한편으로 행위자 자신의 직접 책임이라고 이해하면서 다른 한편으로 법인의 직접 책임이라고 이해하는 데에 대한 이론적인 설명이 없다.[66] ⑤ 기업 법인의 활동방침의 결정은 어느 특정한 개인을 통해서만 이루어지지 않는다는 기업 현실을 무시하고 있다.[67] ⑥ 자연인 행위자의 특정을 요구하는 한 진정한 의미에서 법인 고유의 책임을 근거 짓는 것으로 이해되지 않는다.[68] ⑦ 동일시에 의한 한정은 형사정책적인 법인의 형사책임의 요구와 합치하지 않는다.[69]

이러한 동일성 원리의 문제점 때문에 현실에서 동일성 원리를 적용하여 법인의 형사책임을 인정하는 것은 예외적인 경우에만 가능하였다고 한다. 예컨대 영국에서는 1992년부터 2005년 사이에 산업재해와 관련되어 법인이 '중과실에

---

63) L. H. Leigh. "The Criminal Liability of Corporations and Other Groups: A Comparative View", 80 Michigan Law Review 1508, 1514-1515(1982).

64) J. Gobert는 동일성 원리의 문제점과 관련하여 "가장 필요로 한 사례에서는 별로 효과가 없고, 별로 필요로 하지 않는 사례에서는 가장 효과가 있다"고 평가하고 있다. James Gobert, "Corporate Criminality: Four Models of Fault", 14 Legal Study 393, 401(1994); Michael Jefferson, "Recent Developments in Corporate Criminal Responsibility", 16 Company Lawyer 146, 147(1995); Marise Cremona & Jonathan Herring, *Criminal Law* (2d ed., 1998), § 6.5.

65) John Andrews, "Reform in the Law of Corporate Liability", Crim LR 91, 91(1973); William Wilson, *Criminal Law* (1998), § 7.13; Allen, 앞의 책, 246면; C.M.V. Clarkson, *Understanding Criminal Law* (3d ed., 2001), 145면; Jefferson, 앞의 책, 237면.

66) Lederman, 앞의 논문, 296-305면.

67) Clarkson, 앞의 논문, 561면.

68) Brent Fisse, "Reconstructing Corporate Criminal Law: Deterrence, Retribution, Fault, and Sanctions", 56 Southern California Law Review 1141, 1187(1983).

69) Brent Fisse, "Consumer Protection and Corporate Criminal Responsibility: A Critique of Tesco Supermarkets Ltd. v. Nattrass", 4 Adelade Law Review 113, 123-129(1971); Celia Wells, "The Decline and Rise of English Murder: Corporate Crime and Individual Responsibility", Crim LR 788, 799-801(1988).

의한 고살죄'(manslaughter by gross negligence)[70]로 기소된 숫자가 34건이지만, 그 중에서 단지 6건에 대하여서만 유죄판결이 내려졌으며, 그것도 모두 일인기업이나 중소기업을 상대로 한 사건이었고, 대기업에 대하여 살인죄를 이유로 한 유죄판결이 내려진 경우는 없다고 한다.[71] 그리고 이로 인하여 동일성 원리는 기업활동으로 인한 법익침해가 급증하는 현실에 대처하기에 적합하지 않다는 비판을 받게 되었다.[72]

이러한 문제가 해결되지 않고 그대로 방치되고 있는 가운데 1980년대 후반 하나의 사건을 계기로 동일성 원리의 적용의 한계가 구체적으로 밝혀졌다. 그리고 이에 따라 법인의 형사책임에 대한 논의에 있어 새로운 움직임도 찾아볼 수 있다. 따라서 이하에서는 이러한 새로운 동향을 고찰함으로써 현재 영국의 법인에 대한 형사책임의 문제점과 향후의 전개를 검토하고자 한다.[73]

2. 법인의 형사책임의 실질적 한계

(1) P&O European Ferries社 사례

동일성 원리의 문제점이 여전히 해소되지 않는 가운데 종래부터 지적되어 온 법인에 대한 형사책임에의 대응의 한계를 분명히 드러내는 동시에 새로운 문제점이 나타난 것은 P&O European Ferries社 사례이다.[74] 본 사건은 1987년 3월 6일 오후 7시 P&O European Ferries社 소유의 여객선 Herald of Free Enterprise호가 벨기에의 쩨브뤼게(Zeebrugge)항구을 떠나 영국의 도버(Dover)항으로 출하였으나, 뱃머리 부분에 위치한 차량 승강구를 연 채로 출항하여 항구에서 그리 멀지 않은 곳에서 침수·침몰하여 총 459명의 승객 중 193명이 사망

70) 우리나라의 법률용어 사용법에 의하면 중과실에 의하여 살인죄를 범하는 것은 불가능하며, 중과실에 의하여서는 단지 과실치사죄만이 성립할 수 있을 뿐이다. 그러나 종래 manslaughter를 고살죄 내지 살인죄로 번역하여 왔음을 고려하여 이하에서는 이를 '고살죄'로 번역한다.

71) Home Office, "Corporate Manslaughter: The Government's Draft Bill for Reform", Cm 6497, 8(2005).

72) 김호기, 앞의 보고서, 98면.

73) 이하 川崎友巳, 앞의 책, 132-135면.

74) P&O European Ferries社 사례에 대해 상세한 설명으로는 奥村正雄, イギリス刑事法の動向, 成文堂, 1996, 224면 이하 참조.

하고 4명이 실종된 사안이다. 이때 차량 승강구의 개폐를 임무로 하는 부갑판장(assistant bosun)은 선실 침실에서 취침 중이었으며, 차량 승강구의 개폐 확인의 책임자인 항해장(chief officer)도 그 확인을 게을리 하였다. 또한 함교에서 선장에 의해 차량 승강구의 개폐를 확인하는 방법도 없었던 것으로 들어나 위 Ferries社의 전체적인 안전관리체계가 문제로 여겨졌다.

본 사건에 대해 검시관(Coroner)은 ① 승무원 개개인의 형사책임을 특정할 수 없으며, ② 현행법상 법인은 고살죄로 기소될 수 없다는 이유를 근거로 본 사건에 대해 피해자의 사망 원인을 범죄에 의한 것이라고 할 수 없다는 결론을 내렸다. 그러나 이 결론과 반대로 검시배심은 "피해자는 불법으로 살해되었다"고 평결을 내림으로써 피해자의 유족들이 검시법원의 결정의 타당성에 대해 합의법정에서의 심사를 요구하였다. 이를 수용한 합의법정은 법인을 고살죄로 기소하는 것은 가능하다고 하여 검시관의 판단의 잘못을 지적하였으나, ① 법인의 mens rea와 객관적 불법구성요소(actus reus)는 피고법인 또는 피고인의 것이 아니면 안 되고, ② 피고법인의 상급관리자에게 대해 중대한 과실의 존재는 입증되지 않았음을 이유로 피해자 유족의 소(訴)를 기각하였다.[75]

이러한 일련의 사건 경과에 대해 사회적으로 높은 관심이 모아져 1990년 검찰청은 7명의 관계자(이 중 적어도 2명이 법인과 동일시 가능한 상급관리자이다[76])와 함께 P&O European Ferries社를 고살죄[77]로 기소하였다. 그러나 형사법원의 판결에서 사건 관계 7인 가운데 5명은 침몰에 관해 '무모'(recklessness)라는 mens rea를 가지지 않는다는 판단이 내려졌고, 무모의 존재가 인정된 부갑판장과 항해장에 대해서도 그들에게만 고살죄의 형사책임 묻는 데에 그 타당성이 의문이 제기되며,[78] 단지 2명에 대해서만 공판을 유지하는 것은 공공의 이익에 합치되지 않는다는 검찰청의 판단에 의해 공소는 취하되었다.[79] 그 결과

---

75) R v. H M Coroner for East Kent, ex parte Spooner (1989) 88 Cr. App.R. 10, 16.

76) Wells, 앞의 책, 109면.

77) 영국에서는 본 사건 이외에 Cory Bros社 사례(Cory Bros Ltd [1927] 1 KB 810)와 Northern Strip Mining 건설사 사례(Northern Strip Mining Construction Co Ltd, The Times, 2, 3 and 5 February 1965)의 2건의 사례에 대해 법인이 고살죄로 기소되었다. 하지만 모두 법인의 형사책임은 인정되지 않았다.

78) The Times, 20 October 1990.

79) The Times, 20 October 1990; David Bergman, "Recklessness in the Boardroom", 140 NLJ

본 사건은 최종적으로 법인의 형사책임을 묻지 않고 종결되었다.

(2) P&O European Ferries社 판결에 대한 비판

본 사건의 소송의 경과와 관련하여 영국 형법에서 법인에 대해서도 고살죄가 적용될 수 있다는 취지의 판시[80]에 대해 일정한 평가가 나타나고 있다. 그러나 기업의 안전관리시스템에 문제점이 있음이 밝혀졌음에도 불구하고 최종적으로 어느 누구의 형사책임도 물을 수 없었다는 결론에 대해 학계나 실무계로부터 여러 비판이 제기되었다. 그 비판은 크게 다음의 두 가지로 나눌 수 있다.[81]

첫째, 고살죄의 mens rea인 '무모' 내용의 이해에 문제가 있다. 본 사건에서 적용 여부가 문제된 고살죄는 몇 개의 유형으로 분류되는바, 특히 법인은 '중과실에 의한 치사죄'(manslauter by gross negligence)와 '불법행위에 의한 고살죄(manslaughter by an unlawful act)라는 두 개의 형태의 고살죄가 실행가능하다고 이해되고 있다. 이 가운데 본 사건에서는 전자에 의해 P&O European Ferries社가 기소되었다.[82] 특히 여기서 고살죄의 mens rea로서 무모의 증명을 어떤 기준에 의해 실시할지 문제되었다.

고살죄(manslaughter)의 유형[83]

① 불법행위에 의한 치사죄(manslaughter by an unlawful act)

행위자가 살해의 의도는 없었으나 의도적으로 불법한 행위를 하였고, 이로 인하여 타인이 사망한 경우에 성립한다. 예컨대 우리 형법상의 "...치사죄"가 일반적으로 이 유형의 범죄에 해당한다. 다만 커먼로상의 불법한 행위에 의한 살인죄와 우리 형법상 ...치사죄가 서로 반드시 일치하는 것은 결코 아님에 유의할 필요가 있다.

② 주관적 경솔함에 의한 치사죄(manslaughter by subjective recklessness)

행위자가 자신의 행위로 인하여 타인이 사망할 개연성이 있음을 인식하고 있음에도 불구하

1496, 1496(1990); David Buries, "The Criminal Liability of Corporations", 141 NLJ 609, 609(1991),

80) P & O European Ferries (Dover) Ltd (1991) 93 Cr App R 72.

81) 이 밖에도 이번의 무죄 판결을 포함하여 법인의 상급관리자에 대해 형사책임을 부과한 사례가 거의 없어 이러한 사건에 대한 경찰의 수사마저도 무의미하게 된다는 비판이 제기되고 있다(Bergman, 앞의 논문, 1496면).

82) Wells, 앞의 책, 107－111면.

고 그러한 위험을 감수하고 행위한 결과 타인이 사망한 경우에 성립한다. 주관적인 경솔함에 의한 고살죄가 사용되는 경우는 그다지 많지 않다. 왜냐하면 이 범죄가 성립하는 경우에는 다른 두 유형의 고살죄의 요건도 충족되는 경우가 많고, 그러한 경우에는 다른 두 유형의 고살죄가 주로 사용되기 때문이다.

③ 중과실에 의한 고살죄(manslaughter by gross negligence)

중과실에 의한 고살죄는 행위자의 중대한 부주의나 무능력으로 인하여 사망의 결과가 발생한 경우 성립한다. 중과실에 의한 고살죄가 성립하는 전형적인 사례는 의사, 경찰, 선장 등과 같이 주로 전문기술을 요하는 직업에 종사하는 자 내지 특수한 주의의무를 부담하는 자가 그들에게 기대되는 주의의무 기준을 충족시키지 못하여 사망의 결과가 발생한 경우이다. 물론 일반인도 예컨대, 사냥이나 운전 등 법적으로 허용된 행위를 하던 도중 충분히 주의를 기울이지 아니하여서 타인이 사망한 경우에는 본죄의 적용대상이 될 수 있다. 커먼로의 발전과정에서 이 범죄는 중과실과 경솔함(recklessness)을 동의어로 보는 경향으로 인하여 경솔함에 의한 살인죄로 불리기도 하였다.

구체적으로 페리 선원이 신중하였을 경우에 통상 "뱃머리 부분의 차량 승강구를 연 채로 출항함으로써 명확히 중대한 위험이 존재함을 인식"하였는지 여부를 증명할 때 명확성의 법률상의 정의가 무엇인지 주목을 끌게 되었다.[84] 이와 관련하여 종래부터 과실과 동일하게 일반적으로 예견가능성을 증명하면 무모가 인정된다는 견해와 "완전히 명백할 정도" 또는 "눈앞에 나타날 정도" 등의 증명이 필요하다는 견해가 대립하였다.[85] 본 사건의 수석판사인 Turner 법관은 후자의 견해에 동의하여 "피고인의 해당 행위시의 주관을 같은 행위에 종사하고 있는 합리적이고 신중한 사람의 인식과 비교할 경우 피고인에게는 위험의 인식이 현저하게 부족했다"고 판시하여 무모가 존재함을 부정하였다. 이 때문에 이와 같이 무모의 내용을 이해할 경우에 무모가 존재함을 입증한다는 것은 사실상 불가능하게 된다는 비판의 목소리가 높아졌다.

둘째, 법인의 형사책임을 물을 경우 위법행위를 행한 법인 내의 상급관리

83) 김호기, 앞의 보고서, 100면.

84) 영국의 판례는 ① 위험이 동반함을 인식하면서 더욱 더 행위를 계속하는 경우, ② 행위자가 위험이 있음을 배려하지 않았던 경우라는 두 개의 주관적 상황의 경우에 무모의 존재를 인정하고 있다[Caldwell (1982) AC 576.]. 이 가운데 본 사건에서는 ②의 인정이 가능한지 여부가 다투어졌다(Wells, 앞의 책, 109면).

85) D.J. Birch, "The Foresight Saga: The Biggest Mistake of All", Crim LR 4, 4－18(1988).

자의 특정을 전제로 함은 법인의 형사책임에 대한 판단에 있어 적절하지 않다.[86] 사고 후 행해진 영국 운수성의 조사에 따르면, ① 승무원의 근무 체제가 장시간이었다는 점, ② 차량 승강구를 연 채로의 항해가 사고 이전에도 있었다는 점, ③ 함교에서 문의 개폐를 확인하는 라이트가 필요하다고 여긴 복수의 선장이 있었다는 점 등이 밝혀졌다.[87] 그럼에도 불구하고 법인의 형사책임이 부정된 이유는 동일성 원리에 따라 동일시가 가능한 특정 자연인이 존재하지 않았기 때문이다. 이 때문에 동일성 원리에 대한 비판이 높아졌다. 이처럼 본 사건을 둘러싼 다양한 비판은 법인의 형사책임을 논할 때에 공통적으로 지적되고 있다. 나아가 동일성 원리를 포함하여 현재 실제로 적용되고 있는 귀책원리로는 계속 확대하고 있는 기업 법인의 활동을 통제하기 위한 수단으로서 형법을 효과적으로 활용할 수 없다는 목소리가 높아지고 있다.

(3) 집합체의 원리

그런 가운데 법인의 형사책임을 묻기 위한 새로운 귀책원리로서 법인 전체의 형사책임을 인정하기 위해 복수의 상급관리자의 실수나 과실을 결합하는 방식에 의해 법인의 mens rea의 존재를 긍정하는 '집합체의 원리'(principle of ag-gregation)[88]를 지지하는 견해가 제기되었다.[89] 집합체의 원리는 P&O European Ferries社의 합의법정에서 명확하게 부정됨으로써[90] 현행 판례에 의해 채택될 가능성은 없다. 왜냐하면 동일성 원리를 채용하는 한 법인에 대하여 형사책임을 묻기 위해서는 특정한 상급관리자 개인에 대하여 범죄의 객관적 불법구성요

---

86) Bergman, 앞의 논문, 1496면; Stewart Field & Nico Jörg, "Corporate Liability and Manslaughter: Should we be going Dutch", Crim LR 156, 160-161(1991); Wells, 앞의 책, 154-160면; A. McColgan, "The Law Commission Consultation Document on Involuntary Manslaughter-Heralding Corporate Liability", Crim LR 547, 548-549(1994).

87) Department of Transport, M.V. Herald of Free Enterprise: Report of the Court No. 8074.

88) 집합체의 원리는 지금까지 영국의 판례에서 부정되어 왔다[R v. H. M Coroner for East Kent, ex. p. Spooner and Others (1989), 88 Cr. App. R. 10, 16].

89) Field & Jörg, 앞의 논문, 161면; Wells, 앞의 책, 155-156면. 이에 대해 집합체의 원리에 의문을 제기하는 견해로는 G. R. Sullivan, "Expressing Corporate Guilt", Oxford Journal of Legal Studies 281, 287(1995); A Hainsworth, "The Case for Establishing Independent Schemes of Corporate and Individual Fault in the Criminal Law", 65 Journal or Criminal Law 420, 423-424(2001).

90) R v. H M Coroner for East Kent, ex p Spooner and Others (1989) 88 Cr. App. R. 10, 16.

소와 mens rea가 모두 충족됨이 확인되어야만 하기 때문이다. 다만 동일성 원리를 전제로 하면서도 현행의 법인 처벌시스템의 한계가 밝혀짐에 따라 이러한 한계를 극복하고 대기업을 중심으로 한 조직체의 본질을 고려한 새로운 귀책원리로서 그 지지가 확대되고 있다고 한다.

Ⅳ. 영국 법률위원회의 제안

1. 과실치사죄의 개정과 법인의 형사책임

(1) 동일성 원리의 유지

앞서 살펴본 바와 같이 영국에서는 Tesco Supermarkets社 사례에서 귀족원(House of Lords) 판결이 동일성 원리를 채용한 이후 어느 정도 확립되어 가던 법인의 형사책임의 귀책원리에 대해[91] 새로운 입법을 모색하는 움직임이 1990년대 중반부터 활발해지고 있다. 특히 법률위원회가 1994년에 「형법－비고의살인죄(involuntary manslaughter)」[92]라는 제목을 붙인 제안서(consaltation paper)를, 계속해서 1996년에는 이 제안서에 대한 각계의 의견도 수렴하여 「형법전의 입법화－비고의살인죄」[93]라는 제목을 붙인 보고서를 발간하였다. 이처럼 고살죄의 구성을 큰 폭으로 변경하는 제안서는 사회적으로 많은 주목을 끌었다. 그리고 이와 같은 제안서를 통해 동일성 원리에 의해 법인의 형사책임을 묻는 현행의 귀책원리의 극복을 도모할 수 있었다. 구체적인 내용은 다음과 같다.

우선 지금까지 문제점으로 많이 지적되어 온 비고의살인죄라는 범죄유형을 전면적으로 폐지하는 한편, 새롭게 '무모고살죄'(reckless manslaughter)와 '중대한 부주의에 의한 고살죄'(gross carelessness manslaughter)라는 두 개의 새로운 살인죄 유형의 신설을 제안하고, 이들 두 종류의 새로운 살인죄의 유형을 법인에 대해서도 적용할 수 있도록 하였다. 이들 두 종류의 살인죄에는 동일성 원리

---

91) Michael Jefferson, "Corporate Criminal Liability in the 1990s", 64 Journal of Criminal Law 106, 106(2000).

92) 특히 법인의 형사책임과의 관계에 대해서는 Law Commission, "Involuntary Manslaughter: A Consultation Paper", Law Com. Consultation Paper No. 135 (1994), § 4.1－4.45.

93) 특히 법인의 형사책임과의 관계에 대해서는 Law Commission, "Legislating the Criminal Code: Involuntary Manslaughter", Law Com. No 237 (1996), § 8.1－8.77.

가 적용되어 법인의 상급관리자가 '무모고살죄' 또는 '중대한 부주의에 의한 고살죄'를 직무범위 내에서 실행했을 경우 법인에게도 그 책임이 귀속되어 법인 자체가 형사책임을 부담하게 된다.[94)]

(2) 법인살인죄의 신설

그러나 이러한 동일성 원리를 전제로 한 법인의 형사책임에서는 법인 관리 시스템의 미비나 조직 구조상의 결함에 기인하는 산업재해에 대한 형사책임을 법인 자신에게 묻는 것이 곤란하게 된다. 이에 법률위원회는 이러한 문제점을 해결하기 위해 법인에게 적용되는 살인죄의 유형인 '법인살인죄'(corporate killing)[95)]의 신설을 제안하였다.[96)]

보고서에 의하면 법인살인죄는 다음의 요건을 충족하는 경우에 성립한다: ① 법인에게 사망의 결과와 인과관계가 있는 관리상의 과실이 존재해야 한다. 이는 작위·부작위를 불문하고 법인의 활동을 관리 또는 조직화함에 있어 법인의 활동에 종사하는 종업원 또는 그 활동으로부터 영향을 받는 사람의 위생과 안전이 확보되지 않은 경우를 말한다. ② 관리상의 과실이 해당 상황 하에 있던 법인에게 합리적으로 기대될 수 있는 행위의 기준에 크게 못 미쳐야 한다.

이러한 법인살인죄는 중대한 부주의에 의한 고살죄의 기본구조를 토대로 한 것이다. 다만 법률위원회는 법인의 본질을 고려하여 명확한 위험의 존재와 그 인식 가능성이라고 하는 mens rea를 제외하는 한편, 법인의 활동에 의해 영향을 받는 사람의 위생과 안전의 확보에 관한 과실(관리상의 과실)이라는 객관적 요건을 부여하였다.[97)] 이 제안은 동일성 원리에 있어 상급관리자와 같은 법인

94) Law Commission, 앞의 보고서 (1996), § 8.77.

95) 우리나라에서는 지금까지 관행적으로 "Corporate Manslaughter", "Corporate Homicide", "Corporate Killing" 등을 기업살인으로 번역되고 있다. 그러나 이러한 용어는 법인살인으로 번역하는 것이 보다 정확한 번역에 해당한다는 견해가 제시되고 있다. 영국의 "Corporate Manslaughter and Corporate Homicide Act 2007"은 명문의 규정을 통하여 당해 법률이 단지 영리를 목적으로 하는 기업에 대하여서만이 아니라 법인격을 가진 단체에 대하여 일반적으로 적용된다는 것을 밝히고 있기 때문이라고 한다(김호기, 앞의 보고서, 113면). 그러나 본서에서는 기업범죄를 보다 강조할 경우에는 '기업살인'으로 그밖에는 '법인살인'으로 혼용하여 사용하고자 한다.

96) Law Commission, 앞의 보고서 (1996), § 8.1–8.35.

97) 여기서 말하는 "위생 및 안전의 확보에 관한 과실"은 1974년 노동안전위생법 제2조 및 제3조의 것보다 중대한 위반을 의미한다는 견해로는 Mark Stallworthy, "Rationalising the

내의 자연인과는 달리 확실히 법인 자신의 형사책임을 묻는 방식이라고 이해되고 있다.

2. '법인살인죄' 도입의 제안이 갖는 의의

이러한 법률위원회에 의한 법인살인죄의 제안에 대해 성립요건의 불명확성[98]이나 실효성[99] 등의 관점에서 의문이 제기되고 있다. 그러나 그러한 사실을 인정하더라도 이때 제기되고 있는 문제는 매우 중요하다. 1980년대 중반 이후 잇따르는 산업재해에 있어 법인의 관리시스템의 미비나 조직 구조상의 결함이 심각한 법익침해를 가져오는 것으로 밝혀지고 있다. 이러한 산업재해는 결코 회피할 수 없는 사고(천재지변)는 아니지만 법인의 상급관리자의 과실에 의해 발생했다고도 평가할 수 없기 때문에 법인에게 고살죄의 형사책임을 물을 수 없다.

이러한 동일성 원리의 한계가 명확하게 인식되는 한편, 개별적으로 과실의 성립요건을 충족시키지 못하는 법인 내의 복수의 자연인의 주관을 합하여 법인의 과실을 도출하는 '집합체의 원리' 역시 책임주의의 관철로 인해 판례에 수용되지 않는다면 과연 어떻게 사회적 요청에 부응하는 법인처벌을 실현할 수 있을까라는 의문이 제기되었다. 이러한 의문에 대해 법률위원회은 '대담하고 혁신적인'(daring and innovatory)[100] 제안을 통해 이러한 물음에 대해 하나의 구체적인 해답을 제시하였다는 긍정적 평가[101]가 내려지고 있다.[102]

Law of Manslaughter and Dabbling in Corporate Crime", 61 Journal of Criminal Law 324, 335(1997).

98) Celia Wells, "Law Commission on Involuntary Manslaughter: (2) The Corporate Manslaughter Proposals Pragmatism, Paradox and Peninurity", Crim LR 545, 553(1996); Celia Wells, "Corporate Killing", 147 NLJ 1467, 1468(1997); Ann Ridley & Louise Dunford, "Corporate Killing–Legislating for Unlawful Death?", 26 Industrial Law Journal 99, 108–110 (1997); P.R. Glazebrook, "A Better Way of Convicting Businesses of Avoidable Deaths and Injuries", 61 Cambridge Law]ounal, 405, 409–412(2002).

99) Paul Matthews, "Involuntary Manslaughter: A View from the Coroner's Court", 60 Journal of Criminal Law 189, 199(1996); Ridley & Dunford, 앞의 논문, 111–112면; Glazebrook, 앞의 논문, 412–413면.

100) Wells, 앞의 논문 (1996), 545면.

101) 이와 같이 법률위원회의 제안에 대해 긍정적인 견해로는 C.M.V. Clarksin, "Context and Culpability in Involuntary Manslaughter: Principle or Instinct?", Rethinking English Homicide

Ⅴ. 1990년대의 조용한 개혁

1980년대 후반 이후 영국에서는 '법인살인죄'의 신설을 둘러싼 논의가 활발히 전개되어 사회적으로도 많은 주목을 불러일으켰지만 오늘날까지 구체적인 개선책으로서 결실을 맺지는 못하였다. 그러나 법인살인죄의 도입 논의에도 불구하고 기업범죄가 감소하는 경향은 찾아볼 수 없으며, 유효한 방법을 강구할 필요성은 더욱 더 커져갈 뿐이었다. 이러한 상황에서 법인의 형사책임에 관한 영국 판례의 태도는 1990년대 이후 일련의 변화의 조짐을 보이고 있다. 이러한 판례의 태도 변화는 크게 ① 대위책임의 법리를 적용하는 범위의 확대, ② 동일성 원리 하에서 법인과 동일시되는 자연인의 범위의 확대라는 두 가지 움직임으로 나눌 수 있다. 이러한 두 개의 움직임은 기업살인을 둘러싼 논의의 저변에서 조용히 진행되고 있어 이른바 '조용한 개혁'(quiet revolution)이라고 평가[103] 되고 있다고 한다.[104]

1. 대위책임의 법리의 적용범위 확대

(1) Tesco Stores社 사례

우선 대위책임의 법리를 적용하는 범위의 확대는 1993년 Tesco Stores社 판결[105]에서 나타났다. 본 사건의 사실의 개요는 다음과 같다. 1984년 비디오 녹음법(The Video Recording Act 1984) 제11조 제1항에 따르면 판매에 연령 제한이 있는 비디오에 대해 구입자가 허가 연령에 이르지 않았음을 인식한 경우에 판매가 금지되었다. 그런데 Tesco Stores社의 런던 시내 한 지점에서 18세 미만의 사람에게 판매가 금지되어 있는 비디오테이프를 14세 소년에게 판매했다는 이유로 Tesco Stores社가 기소되었다. 그런데 동법은 제11조 제2항b는 ① 구입자가 허가 연령에 이르지 않았음을 인식하지 못하였는지, 또는 ② 구입자가 허가

Law (Andrew Ashworth & Barry Mitchell eds., 2000) 133, 152－153면.

102) 川崎友巳, 앞의 책, 135－137면.

103) Celia Wells, "A Quiet Revolution in Corporate Liability for Crime", 145 NLJ 1326, 1326－1327(1995).

104) 이하 川崎友巳, 앞의 책, 137－140면.

105) Tesco Stores Ltd v. Brent LBC [1993] 2 All ER 718.

연령에 이르지 않았음을 믿을 합리적인 사유가 없었음을 항변사유로 인정하고 있었다. 이에 Tesco Stores社는 동일성 원리를 전제로 하였을 경우 실제로 비디오를 판매한 종업원은 구입자가 18세 미만이었음을 인식할 만한 합리적인 사유를 갖고 있었지만, 위 회사와 동일시할 수 있는 지위에 있지 않은 반면, 동일시가 가능한 관리직원은 구입자의 연령을 인식할 수 없었다고 하여 무죄를 주장하였다. 이에 대해 고등법원 여왕좌부(Queen's Bench)의 Staughton 판사는 "대규모 기업 법인의 관리직에 있는 사람이 실제로 녹화 비디오테이프의 구입자의 연령에 관해 인식이나 정보를 갖고 있어야 함을 상정하는 것은 현실적이지 않고, 동법 제11조 제2항b의 적절한 해석으로서 기업 법인과 그 관리 아래에서 실제로 비디오테이프를 판매하고 있던 종업원을 서로 구별할 없다."고 판시하여,[106] Tesco Stores社의 주장을 배척하고 유죄를 선고하였다.

본 판결은 1984년 비디오 녹음법 제11조 제1항에 따른 범죄성립에 상급관리자의 인식을 필요로 한 이유는 동조를 제정한 의의가 없어지기 때문에 이러한 사태를 회피하기 위해 동일성 원리를 채용하지 않고 Tesco Stores社의 대위책임을 인정한 것이라고 이해되고 있다.[107] 본 사건의 판단은 동일성 원리를 귀족원(The House of Lord)이 채용한 1971년 Tesco Supermarkets社 사례[108]와 동일한 피고법인에 의해 당시와 같은 상품판매에 관련한 규제 법규 위반의 사안임에도 불구하고 대위책임의 법리를 적용한 것이다. 그러나 본래 동일성 원리가 채용되게 된 최대의 요인은 대위책임의 법리의 사용을 가능한 제한하는 데에 있었다. 그럼에도 불구하고 본 사건에서는 대위책임의 법리의 적용범위를 확대하는 방향으로 선회하였다. 이 때문에 이 판례는 법인에게 형사책임을 부과하는 필요성이 높아져 지금까지 동일성 원리를 적용하고 있던 범죄유형에 대해서도 대위책임의 법리를 적용하기 시작하였다는 평가가 내려질 수 있다고 한다.[109]

---

106) [1993] 2 All ER 718, 718.

107) Celia Wells, "Corporate Liability and Consummer Protection : Tesco v. Nattrass Revisited", 57 MLR 817, 819(1994).

108) Tesco Supermarkets Ltd. v. Nattrass [1972] AC 153.

109) Mark Stailworthy, "Rationalising the Law of Manslaughter and Dabbling in Corporate Crime", 61 Journal of Criminal Law 324, 339-341(1997).

(2) 그 밖의 다른 사례

이와 같은 판례의 경향은 다른 하급심 판결에서도 보인다. 예를 들어 British Steel社 사례[110]에서는 이 회사가 1974년 노동안전위생법 제3조가 규정한 안전 확보 의무에 위반했다는 이유로 기소되었다. 동법 제3조에 따르면 사업주는 합리적이고 실현 가능한 범위에서 자기 또는 타인의 건강 또는 안전에 대해 위험에 처하지 않는 형태로 사업을 실시할 의무가 있다. 그런데 British Steel社는 실제 현장에서 일하는 종업원이 합리적인 형태로 사업을 실시하지 않았다고 하더라도 이들을 위 회사와 동일시할 수 없으며, 동일시할 수 있는 상급관리자는 안전의 확보를 위해 합리적인 형태로 사업을 실시하고 있었음을 주장하였다. 이에 대해 항소법원은 위 회사의 항변을 인정하지 않고 유죄를 선고하였다.[111]

또한 Alfred McAlpine Homes East社 사례[112]에서는 현장책임자와 작업원 2명이 1991년 수원법 제85조 제1항에 위반하여 하천에 시멘트를 유출시켰다는 이유로 사업주인 Alfred McAlpine Homes East社가 기소되었다. 원심에서는 현장책임자와 작업원에게 과실이 없기 때문에 동일성 원리에 따르면 법인 자신에게도 형사책임을 부과할 수 없다고 하여 무죄가 선고되었다. 이에 대해 상고심인 합의법정은 공해법의 입법목적에 비추어 보면 동법을 유효하게 운용할 수 있는 유일한 방법은 대위책임을 채용하는 것이라고 판시하여,[113] 위 회사에 대해 유죄를 선고하였다.[114]

2. 동일성 원리의 적용범위의 확대

한편, 동일성 원리 아래에서 법인과 동일시되는 자연인의 범위확대는 1995년 Meridian社 사례에 볼 수 있다.[115] 본 사건의 개요는 다음과 같다. 홍콩의 대

110) R v. British Steel plc [1995] 1 WLR 1356.

111) [1995] WLR 1356, 1363.

112) National Rivers Authority v. Alfred McAlpine Homes East [1994] Crim LR 760.

113) [1994] Crim LR 760, 761.

114) 고살죄를 포함하여 대위책임의 법리의 적용범위를 확장함으로써 기업의 처벌범위의 적정화를 도모해야 한다는 견해로는 G. R. Sullivan, "The Attribution of Culpability to Limited Companies", 55 Cambridge Law Journal 516, 517−524, 531−532 and 543−546(1996).

115) Meridian Global Funds Management Asia Ltd v. Securities Commission [1995] 3 WLR 412: 3 All ER 918.

기업 투자회사인 Meridian Global Funds Management Asia社에서 투자 부문을 담당하는 2명의 직원이 자신들의 권한을 부당하게 이용하여 뉴질랜드 기업의 경영권 획득을 위해 그 기업의 주식을 대량으로 매입하였다. 그러나 1988년 뉴질랜드 수정증권거래법 제20조 제3항과 제4항에 따르면 스스로가 주식을 공개하고 있는 회사의 주주임을 인식하고 있는 사람 및 인식해야 할 입장에 있는 사람이 주식거래를 할 경우 해당 회사와 증권거래소에 이를 고지할 의무를 지우고 있었다. 이 때문에 이를 게을리 한 2명의 직원들로 인해 Meridian社가 기소되었다. 본 사건에서는 투자 부문의 담당직원 2명의 인식이 Meridian社에 귀속할 수 있을지가 쟁점이 되었다. 원심인 뉴질랜드 상소법원은 담당직원 2명의 인식이 Meridian社에 귀속됨을 긍정하여 위 회사에게 유죄를 선고하였다. 이에 대해 Meridian社는 수정증권거래법을 위반한 담당직원 2명은 위 회사와 동일시할 정도의 지위에 있지 않으며, 해당 위반행위는 권한을 부당하게 이용한 것뿐이어서 "법인을 관리하는 정신과 의사"가 2명에게는 없다는 이유를 들어 추밀원에 상고하였다.

이에 대해 추밀원 법률위원회의 Hoffmann 판사는 투자 담당직원의 인식을 Meridian社에 귀속하는 것이 가능한지 여부는 자연인 행위자의 형식적인 법인 내에서의 지위나 "법인을 관리하는 정신과 의사"의 유무에 의해 판단하는 것이 아니라 해당 법규의 문언, 취지 및 정책을 고려한 해석으로부터 도출될 수 있으며, 본 사건의 경우 법인의 활동에 대한 권한을 가지는 사람의 인식이 곧 법인의 인식임을 판시하여 Meridian社를 유죄로 선고한 뉴질랜드 상소법원의 판결을 지지하고 위 회사의 상고를 기각하였다.

본 판결은 지금까지 동일성 원리 아래에서 관리직원의 주관적인 측면을 법인에게 귀속시킬 경우에 이를 한정하기 위해 이용되어 온 법인 내의 형식적인 지위나 "관리하는 정신과 의사"가 있었는지 여부를 검토하는 종래의 형식적인 기준[116)]을 채용하지 않고, 해당 법률의 문언이나 목적을 고려하여 실질적인 관점으로부터 귀속의 여부를 검토했다는 데 의의가 있다. 이러한 새로운 관점에 따르면 종래보다 자연인 행위자의 주관을 법인에게 귀속시킬 가능성이 확대될 수 있음이 예상된다. 이 때문에 영국 국내의 판결이 아님에도 불구하고 본 판결

116) [1972] AC 153, 170 F-G.

에 대해 법인에게 형사책임을 부과할 필요성이 높아지고 있다는 점을 고려한 판례의 새로운 움직임으로서 평가되고 있다.117)

Ⅵ. 기업살인을 둘러싼 최근의 논의전개

법률위원회에 의한 기업살인죄의 제안이 큰 반향을 불러일으켜 그 시비를 둘러싸고 논의가 계속 되는 한편, '조용한 개혁'은 종래의 문제점을 극복하기 위한 현실적인 해결책을 제시한 것처럼 보였다.118) 그러나 실제로는 동일성 원리를 유지하는 한 해결할 수 없는 문제가 여전히 존재하였고, 1990년대 중반 이후 오늘날까지 영국에서는 이러한 문제를 한층 더 심화시킨 사건이 연달아 발생하였다. 이러한 사건은 모두 기업살인과 관련하여 기업에게 고살죄를 적용할 수 있는지 여부가 쟁점이 된 사례들이다.119)

1. 법인에게 고살죄의 적용

(1) Kite and OLL社 사례

1994년 12월 Kite and OLL社 사례 판결120)은 영국에서는 처음으로 법인에 대해 고살죄를 적용하여 유죄를 선고하였다. 본 사건의 개요는 다음과 같다. 피고법인인 OLL社가 주최하는 야외레저 프로그램에 참가한 학생 4명이 라임만(Lyme Bay)에서 카누 체험 중 전복사고에 의해 사망하였다. 사고 후 안전관리의 미비가 차례차례로 표면화되면서 업무집행이사(Peter Kite)와 함께 OLL社 자신이 고살죄로 기소되었다. Winchester 형사법원은 양자 모두에게 고살죄에 대해 유죄로 인정하여 업무집행이사에게 3년의 구금형, OLL社에게 6만 파운드의 벌금형을 선고하였다.

그 후 1996년 9월 Jackson Transport社 사례121)와 Roy Boweles Transport社

117) Smith, 앞의 책, 188면; Clarkson, 앞의 논문, 565－566면.

118) 영국의 기업살인에 대해 자세한 설명은 제4장 § 12 Ⅲ. 참조.

119) 이하 川崎友巳, 앞의 책, 140－143면.

120) R v. Kite and OLL Ltd, The Times, 9 December 1994.

121) R v. Jackson Transport (Ossett) Ltd, reported in Health and Safety at Work November 1996, 4면.

사례[122]에 대해도 법인이 고살죄로 유죄를 선고받았다. 전자는 Jackson Transport 社의 종업원이 탱크로리의 탱크 내부를 청소하던 중 탱크 내부에 잔류하고 있던 유독 화학물질을 흡입하여 사망한 사안이며, 후자는 Roy Boweles Transport 社의 트레일러 운전기사가 7중 추돌 교통사고를 일으켜 2명의 사망자를 낸 사안이다. 두 사안에서도 기업 법인의 안전관리에 중대한 문제점이 존재하여 그러한 문제점을 상급관리자가 파악하고 있어야 했거나, 파악해야 할 경우였다. 이 때문에 동일성 원리에 의해 법인도 고살죄로 유죄를 선고받았다.

(2) Great Western Trains社 사례

한편, 1999년 7월 Great Western Trains社 사례에서는 법인에게 고살죄의 적용이 부정되었다. 본 사건의 개요는 다음과 같다. 스완지(Swansea)로부터 런던 패딩톤(Londen Paddington)으로 달리고 있던 Great Western Trains社의 고속열차가 런던의 서부 Southall 선로를 횡단하고 있던 화물열차와 충돌하는 사고를 냈고, 그 결과 승객 7명이 사망, 151명이 부상을 입었다. 사고 후 조사에서 고속열차의 기관사는 주의신호를 2회에 걸쳐서 간과하였음이 판명되었다. 또한 이러한 충돌사고를 방지하기 위한 자동경보장치(Automatic Warning System)나 자동열차보호장치(Automatic Train Protection System)도 여러 인위적인 실수가 겹쳐진 결과 작동하지 않았다. 그러나 이러한 안전관리 시스템상의 과실은 이사 등 위 회사의 상급관리자의 형사책임에 직결된 것은 아니었다. 이에 검찰은 상급관리자를 기소하지 않고 Great Western Trains社만을 기소하였다.

중앙형사법원은 위 회사에 대해 1974년 노동안전위생법(Health and Safety at Work etc. Act 1974) 제3조 제1항의 죄를 적용하여 유죄를 선고하고 150만 파운드의 벌금형을 선고했지만, 고살죄에 대해서는 ① 범의(guilty mind)에 대한 입증은 중대한 과실에 의한 고살죄로 유죄를 선고하기 위한 전제조건이며, ② 법인을 기소할 경우 법인과 동일시 가능한 자연인의 죄책을 매개로 해서만 유죄를 선고할 수 있다는 논거를 제시하여 무죄를 선고하였다.[123]

그리고 법무부 장관(Attorney General)은 이 판결에 대해 불복하여 항소법원

122) Roy Bowles Transport Ltd, The Times, 11 December 1999.

123) Attorney General's Reference (No.2 of 1999) [2000] 3 All ER 182, 183. 또한 J. Uff, *The Southall Rail Accident Inquiry Report* (2000), 88-94면 참조.

형사부(Criminal Division of The Court of Appeal)에 항소를 제기하였다. 이에 항소법원은 자연인에게는 '중과실에 의한 고살죄'(gross negligence manslaughter)의 성립요건으로서 정신상태의 증명을 필요로 하지 않은 Adomako 사례[124]를 근거로 할 경우에 법인에게 유죄를 선고하기 위해 반드시 상급관리자의 기소를 필요로 하는 것은 아님을 일차적으로 인정하였다. 그러나 해당 기업 법인의 경영방침이 충돌사고와 직결된 적정한 경보시스템이 부족했다는 사실을 증명하면 충분하다는 주장에 대해 로즈(Rose) 판사는 중대한 과실에 의한 고살죄는 피고인의 정신상태에 관한 증거가 없더라도 객관적인 주의의무 위반만으로 피고인에게 유죄를 선고할 수 있을 뿐이므로,[125] 피고인이 법인인 경우 법인과 동일시 가능한 자연인의 '중과실'이라고 평가 가능한 행위가 없으면 보통법상 법인에게 고살죄를 적용하여 유죄를 선고할 수 없다고 판시하여,[126] 중앙형사법원의 무죄 판단을 지지하였다.

2. 기업살인을 둘러싼 최근 동향의 의미

(1) 동일성 원리의 한계의 재확인

Kite and OLL社 사례, Jackson Transport社 사례 및 Roy Boweles Transport 社 사례에서 판례는 고살죄에 대한 법인의 형사책임을 긍정하고 있다. 그러나 이러한 판결이 가지는 의의는 그리 크지 않다. 3개의 사례에서 법인에게 고살죄를 적용하여 유죄를 선고한 커다란 이유는 세 건 모두 비교적 기업 법인의 조직규모가 작으며, 법인과 동일시 가능한 상급관리자의 mens rea나 객관적 불법구성요소로소 위법행위(actus reus)를 인정하기 쉬웠기 때문이다.[127]

한편, 기업 규모가 큰 Great Western Trains社 사례에서는 기업 등 법인의 안전관리시스템의 미비가 분명함에도 불구하고 동일시 가능한 자연인의 과실을 특정할 수 없어 법인의 형사책임을 물을 수 없었다. 즉 이러한 구체적인 판례를 통해 현행 영국 형법상 현실적으로 법인이 고살죄로 기소되는 경우 위법행위자와 동일시가 용이한 소규모 법인에 한정될 가능성이 높음이 한층 더 명확해지

124) R v. Adomako [1995] 1 AC 171.
125) [2000] 3 All ER 182, 186.
126) *Ibid.* 191.
127) Clarkson, 앞의 논문, 561면; Card, 앞의 책, § 20.60.

고 있다. 영국에서는 이러한 문제점을 극복하기 위해 대규모 기업 등 법인에 대해서도 적절히 살인죄의 형사책임을 묻기 위한 방안으로 법률위원회에 의해 '기업살인죄'의 입법화가 제안되었다.

(2) 영국 정부의 대응

영국 정부는 2000년 「비고의살죄에 관한 법률개정: 정부 제안」을 발표하여 기본적으로 1996년 법률위원회에 의한 입법 제안에 따른 형태로 '기업살인죄'를 신설하는 방안을 제시하였다(다만, 1974년 노동안전위생법과 동일하게 적용대상[범죄의 주체]를 법인격 없는 단체에까지 확대한 점이나,[128] 법인의 이사에게 형사책임을 물을 가능성을 인정한 점[129]은 1996년 법률위원회에 의한 제안과 다르다).[130] 이 입법 제안에 대해 많은 비판이 제기되었으나,[131] 그 후 2006년 영국 정부는 기업살인죄를 입법하기 위한 법안을 제출하였으며, 이 법안은 많은 토의를 거쳐 입법화된 후 2008년 4월 6일 시행되게 되었다. 영국에서 시행된 기업살인법의 공식적인 명칭은 "Corporate Manslaughter and Corporate Homicide Act 2007"이다. 이러한 기업살인법에 대해서도 여러 측면에서 문제점이 제기되고 있으나, 많은 시민의 생명을 빼앗는 산업재해를 방지하기 위한 유효하고 적절한 대처 방법을 찾아낼 수 이상 기업살인죄의 입법화를 요구하는 목소리[132]를 계속해서

---

128) Home Office, *Reforming the Law on Involuntary Manslaughter: the Goverment's Proposals* (2000), § 3.2.

129) *Ibid.* § 3.4.

130) News, "DPP Backs Campaign for 'Corporate Killing' Law", 144 Solicitors Journal 433, 433(2000); Michael Elliker, "Health & Safety update", 144 Solicitors Journal 777, 777－778(2000); David Wenham, "Recent Developments in Corporate Homicide", 29 Industrial Law Journal 378, 381－385(2000); Michael Allen, "Health and Safety Update", 145 Solocitors Journal 1105, 1105(2001).

131) News, "Corporate Killing Plans 'Laudable But Flawed'", 144 Solocitors Journal 1111, 1111 (2000).

132) Comment, "Hobson's choice", Solicitors Journal, 14 January 6, 6(2000); News, "Dismore Calls for New Offence of 'Corporate Homicide'", 144 Solocitours Journal 407, 407(2000); Lucy Hickman, "Corporate Killing Reform", 151 NLJ 912, 912(200l); Helen Walker, "Criminalising Companies－Will Corporate Killing Make a Difference", 151 NLJ 1494, 1494－1495(2001); Patrick Allen, "Corporate Manslaughter", 146 Solicitor Journal 698, 698(2002); News, "No－Go for Corporate Killing Law", 146 Solicitors Journal 1047, 1047(2002).

무시하기는 어려웠으며,[133] 이러한 요구를 적극적으로 반영한 결과가 바로 영국의 기업살인법리이라 본다.

Ⅶ. 맺음말

영국은 법인의 형사책임의 인정이 가능한 엄격책임의 범죄나 준범죄에 한정하지 않고 모든 범죄에 대해 법인의 형사책임을 묻기 위한 법리로서 법인의 '두뇌'라고 평가할 수 있을 정도의 권한을 가지는 사람의 mens rea와 객관적 불법구성요소로서 위법행위(actus reus)를 법인 자신의 그것과 동일시 하는 동일성 원리가 채용되고 있다. 이러한 동일성 원리는 영국에서 법인의 형사처벌의 필요성과 전통적인 형법의 여러 원리와의 조화를 꾀한다는 관점에 의해 폭넓게 지지를 받아 왔다. 그러나 동일성 원리는 오늘날 커다란 문제에 직면하고 있다. 즉 법인의 활동에 의해 발생하는 법익침해에는 행위자가 말단종업원인 경우, 복수의 종업원의 실수가 중첩된 경우, 관리시스템의 미비나 조직 구조상의 결함 등에 의해 어느 특정개인에게 귀속시킬 수 없는 경우 등 동일시 가능한 자연인이 관여하고 있지 않는 사례가 다수 있다. 이러한 사례에 대해서는 동일시 가능한 자연인을 특정할 수 없는 이상 현행의 법인 처벌시스템에 의해 법인의 형사책임을 묻는 것이 불가능하다. 하지만 이 경우 법인이 그 사회적인 영향력에 걸맞은 법적 책임을 지지 않게 되어 부당하다는 인식이 무엇보다 '기업살인'을 둘러싼 구체적인 사안의 처리를 계기로 급속히 퍼져가고 있다.

이에 영국에서는 이러한 종래의 동일성 원리가 갖고 있는 문제점을 개선하기 위한 움직임이 활발히 전개되고 있다. 보다 구체적으로 첫째, 특정 개인의 과실이 아니라 복수의 과실에 초점을 맞추어 법인의 mens rea를 긍정하는 집합체의 원리가 제안되고 있다. 둘째, 대위책임의 법리의 적용범위를 확대하는 움직임이 나타나고 있다. 셋째, 동일시 가능한 자연인의 요건을 완화하여 그 적용

---

133) S. Trotter는 회사법을 개정하여 안전관리에 관하여 결정권을 가지는 '안전관리이사'(safety director)의 설치를 의무화하거나, 안전성에 관한 라이센스 제도를 도입할 것을 제안하였다[Stephanie Trotter, "Safety and Profit", 149 NLJ 1279, 1279(1999); Stephanie Trotter, "The Padding ton Rail Crash", 149 NLJ 1505, at 1505(1999); Stephanie Trotter, "Corporate Manslaughter", 150 NLJ 454, 455(2000)].

범위를 확장하는 움직임이 있다. 넷째, 새롭게 객관적인 주의의무 위반만을 요건으로 하여 법인의 형사책임을 묻는 방안의 도입이 제안되고 있다. 이러한 움직임은 서로 배타적인 관계에 있지 않고, 동시에 병행적으로 진행되고 있음에 유의할 필요가 있다. 하지만 이러한 각각의 움직임은 그 영향력, 전통적인 형법의 여러 원리와의 정합성, 범용성에 있어 크게 다르다고 한다. 즉 둘째, 셋째의 움직임은 현실적으로 채용되고 있는 데에서도 분명하게 나타나듯이 현행 시스템에 대한 미세한 조정으로서 형법의 여러 원리와의 정합성은 인정되기 쉽지만 범용성은 낮고 영향력 역시 작다. 반면 네 번째 제안은 새로운 귀책원리의 도입인 만큼 영향력은 크겠지만 전통적인 형법 원리와의 충돌은 클 수밖에 없다. 이는 영국 법률위원회에 의한 제4의 제안에 대해 가장 비판이 많이 제기되고 있다는 사실에서도 알 수 있다.

그러나 영국에서 기업범죄가 계속해서 증가하고 있고, 원칙으로서 동일성 원리와 예외로서 대위책임에 의한 대응이 한계에 이르고 있다는 인식이 넓게 공유되고 있다. "조금 더 많은 법인 자체를 처벌함으로써 조금 더 많은 법인의 영혼을 지옥에 떨어뜨릴 경우 종업원의 생명과 안전을 보다 더 확보할 수 있고, 공중이나 환경에 중대한 위험을 처하게 하는 활동을 하고 있는 법인에게 조금 더 많은 양심을 환기시키는 자극이 될 것이다"[134]는 주장에 대한 반론은 거의 찾아 볼 수 없다고 한다. 따라서 현재 기업(법인)의 형사처벌 시스템을 개선하기 위해 향후 전개될 내용에 더욱더 주목할 필요가 있다고 한다.[135]

---

134) Clarkson, 앞의 논문, 572면.
135) 川崎友巳, 앞의 책, 144-145면.

§ 7 미국에서 기업의 형사처벌

Ⅰ. 머리말

미국에서 기업 등의 법인의 형사처벌의 발전과정을 살펴보면 귀책원리와 그 적용범위라는 측면에서 영국과 여러 공통점이 있음이 자주 지적되어 왔다.1) 즉 전통적인 형법의 여러 원칙들을 존중하면서도 영국과 마찬가지로 현실에 맞은 대응을 모색하였다. 그러나 1940년대 이후 미국 연방법원 차원에서는 주관적 불법구성요소(mens rea)를 성립요건으로 하는 범죄유형에 대해에서도 대위책임의 법리를 채택하여 적극적으로 법인의 형사책임을 묻는 다는 점에서 동일성 원리를 채용하여 처벌범위의 한정을 도모한 영국과 구별된다. 여기서 왜 미국은 영국과 다른 길을 걷기 시작했는가라는 의문이 제기된다. 그 요인을 찾는 것은 향후 법인의 형사처벌의 본질을 검토하는데 있어 많은 시사점을 얻을 수 있으리라 본다. 그리고 미국은 연방과 주라는 이중의 법률 적용영역이 있기 때문에 법인의 형사처벌과 관련해서도 연방과 주라는 두 차원에서 발전이 이루어졌다. 더욱이 각주 마다 법인의 형사책임에 대한 대응이 상이하므로 이러한 주 차원의 법인의 형사처벌의 발전 경향을 주목하는 것이 미국의 법인의 형사처벌의 상황을 정확하게 이해하는 데 있어 빼 놓을 수 없는 부분이다.

더욱이 연방 차원에서는 대위책임의 법리를 채택하여 다양한 범죄유형에 대해 법인의 형사책임을 물을 가능성을 인정해 왔다. 하지만 이러한 종래의 귀책원리를 통해서는 적절히 대응할 수 없는 여러 사례가 존재한다는 점이 명확하게 의식됨에 따라 판례와 학설은 이러한 문제점을 극복하기 위해 현재까지도 여러 시행착오를 반복해 오고 있다. 그리고 미국에서는 항상 대기업 형태의 법인에 대해 어떻게 효과적인 형사규제를 실현할 수 있는지가 중점연구 과제로 인식되어 왔다. 이와 관련하여 지난 10년 동안 자연인에게는 결코 귀속시킬 수

---

1) Eliezer Lederman, “Criminal Law, Perpetrator and Corporation: Rethinking a Complex Triangle”, 76 J. CRIM.L. & CRIMlNOLOGY 285, 288(1985).

없는 기업 조직체의 실태를 근거로 한 귀책원리가 계속적으로 모색되고 있다.

따라서 이하에서는 우선, 판례를 중심으로 미국에서 기업 등의 법인의 형사책임의 역사적 전개를 3단계로 나누어 그 발전과정을 살펴보고(Ⅱ), 다음으로 주 차원에서 법인의 형사책임에 대한 대응을 크게 4개의 유형화를 시도하여 검토하고자 한다(Ⅲ). 나아가 연방 차원의 판례에서 대위책임의 법리적용이 어떠한 문제가 있는지를 고찰하고(Ⅳ), 이러한 문제점을 극복하기 위해 최근 미국에서 제시되고 있는 기업 등의 법인의 형사책임에 대한 새로운 귀책모델론을 간략히 소개하고자 한다(Ⅴ). 특히 현재 미국에서는 법인의 형사책임 무용론이 제기되기도 하지만, 최근에는 기업이 컴플라이언스 프로그램을 실시하고 있었을 경우에 상당한 주의의 항변을 인정하는 컴플라이언스 프로그램 모델이 크게 주목받고 있다. 이는 2011년 상법개정을 통해 도입된 우리나라의 준법지원인제도와 관련하여 향후 우리나라의 기업의 형사처벌과 관련한 논의에 많은 시사점을 줄 수 있을 것으로 본다.[2)]

Ⅱ. 미국에서 기업(법인)의 형사처벌에 대한 역사적 전개과정

1. 부작위범에서 작위범으로 발전

(1) 부작위범에 대한 법인의 형사책임

영국과 마찬가지로 미국에서도 커먼로 하에서는 기업의 형사책임이 인정되지 않았다. 예를 들어 블랙스톤(Blackstone)은 주석서에서 “단체는 그 능력과 관련하여 범죄를 저지를 수 없다”[3)]고 설명하였으며, 이러한 설명은 미국에서도 동일하였다. 단체에게 형사책임을 물을 수 없는 이유로는 ① 단체는 가공의 실체로서 개인이 아니라는 점, ② 단체가 형법적인 고의를 가질 수 있다고 입증하는데 도덕적인 문제가 있다는 점, ③ 단체가 그 정관에 기재하지 아니한 행위에

2) 이하의 논의는 김호기, 기업의 경제활동에 관한 형사법제 연구(Ⅱ): 주요 국가의 기업의 형사처벌 방법에 대한 연구, 한국형사정책연구원, 2010, 15−28면; 이기헌/박기석, 법인의 형사책임에 관한 비교법적 연구, 한국형사정책연구원, 1996, 38−50면; 송기동, “영미 기업범죄 형사책임의 전개”, 형사정책 제20권 제2호, 2008, 44−50면; 川崎友巳, 企業の刑事責任, 成文堂, 2004, 156−197면 참조.

3) Blackstone, *Commentaries on the Law of England*, 1. Bd., 464(1765).

대하여 형사책임을 진다고 법원이 판단하기는 어렵다는 점, ④ 형사소송법에 따르면 피고인은 법정에 출석해야 하는데 단체를 출석시킬 수는 없다는 점 등[4]이 제시되었다.[5]

그러나 미국에서 법인의 형사책임은 도로나 운하의 보수 등을 게을리 했다고 하는 '공적 생활방해'(public nuisance)의 범위 내에서 부작위범에 대해 예외를 인정하는 것으로부터 시작되었다. 예를 들어 법인이 공적 생활방해의 부작위범에 대해 유죄가 선고된 대표적인 사례로 Albany회사 사건[6]을 언급할 수 있다. 본 사건의 개요는 뉴욕 허드슨 강의 내륙만 청소의무를 게을리 하여 오염을 발생시켰다는 이유로 Albany회사가 기소되었다는 것이다. 이에 대한 판결은 종래부터 인정되어 온 부작위범에 대한 법인의 형사책임을 긍정한 점과 법인의 형사책임의 유무를 판단함에 있어 공익성과 구제의 필요성에 중점을 둔 점에 주목할 가치가 있다.[7] 미국에서 이와 같이 공적 생활방해에 대해 법인의 형사책임을 묻는 움직임은 이미 영국보다 1세기 이상 빠른 18세기 초부터 찾아볼 수 있다. 그 요인으로 ① 공공사업의 민간 기업에의 이전이 영국보다 조기에 진행되고 있었다는 점, ② 미국은 영국과 달리 법인을 기소할 경우 동시에 특정의 자연인을 기소하는 것을 필요로 하지 않았다는 점 등이 지적되고 있다.[8]

(2) 작위범에 대한 법인의 형사책임

그러나 미국의 판례는 영국에서 작위범에 대한 법인의 형사책임이 긍정되고 나서 불과 6년 후인 1852년에 Morris & Essex 철도회사 사례[9]에 있어 작위범에 대한 법인의 형사책임을 긍정하였다. 본 사건의 개요는 공공도로에 건축물을 건설하여 철도 차량으로 하여금 도로를 차단하였다는 이유로 Morris & Essex 철도회사가 기소되었다는 것이다. 이 판결에서는 설립취지서에 기록되지 않은

---

4) Richard D. Hartley, *Corporate Crime : a reference handbook*, ABC-Clio, Inc, 2008, 15면.

5) 김호기, 앞의 보고서, 18-19면.

6) People v. Corporation of Albany, 11 Wend. 539 (N.Y.Sup. Ct. 1834).

7) Kathleen F. Brickey, "Corporate Criminal Accountability: A Brief History and an Observation", 60 WASH.U.L.Q. 393, 406(1982).

8) Thomas J. Bernard, "The Historical Development of Corporate Criminal Liability", 22 CRIMINOLOGY 3, 6-7(1984).

9) State v. Morris and Essex Railroad Co., (1852) 23N.J.L.360.

행위에 대해서도 이익을 얻고 있는 법인 자신이 책임을 져야 함을 근거로 Morris & Essex 철도회사에 대해 유죄가 선고되었다.[10] 즉 이 판결에서는 유죄선고의 근거로 ① 불법행위에 대한 민사책임이 법인에 대해 이미 오래전부터 인정되고 있다는 점에 비춰어 보면 형사책임만을 부정할 이유가 없으며, ② 공적 생활방해에 대한 소추의 주된 목적이 방해의 제거를 강제하는 데 있다는 두 가지 점이 제시되었다.

이 판결에서는 시기적인 점 이외에 내용적으로도 다음의 두 가지 점에서 영국과 유사한 전개를 보이고 있다. 그 하나는 작위와 부작위를 엄격하게 구별하는 것은 불가능하고 비논리적이라는 점을 근거로 법인의 형사책임에 대한 범위를 확대하는 계기를 마련할 수 있었다.[11] 다른 하나는 판결요지에서 "법인은 그 성질상 반역죄, 중죄 또는 실행에 악의(malus animus)를 수반하는 그 밖의 범죄에 대해 유죄가 선고될 수 없다."[12]고 언급되어 새로운 법인의 형사책임의 한계로서 mens rea를 성립요건으로 하는 범죄를 실행할 수 없다는 기준이 등장하였다.

또한, 2년 후에 Proprietors of New Bedford Bridge 사례[13]에 대해서도 동일한 취지의 판결이 선고되었다. 본 사건에서 법인은 하천에 위법하게 철교를 건설하여 선박의 항해를 방해하였다는 이유로 기소되었다. 이에 대해 피고법인은 "법인은 부당한 행위를 하였다는 이유로 기소될 수 없다"고 하여 무죄를 주장하였다. 그러나 판결은 지금까지의 전제는 법인이 설립된 수가 적었고 영향력이나 목적도 한정되어 있었던 시대에 만들어진 것으로서 근본적으로 수정할 필요가 있음을 언급하면서 피고법인에 대해 유죄를 선고하였다.[14]

이러한 판결을 통해 미국에서 법인의 형사책임은 부작위범뿐만 아니라 작위범에서도 적용되었다. 더욱이 부작위범으로부터 작위범으로 적용범위의 확대는 공적 생활방해의 테두리를 넘은 다양한 형태의 범죄유형에도 긍정되어 갔다.[15] 이렇듯 법인의 형사책임에 대한 적용범위가 공적 생활방해 이외의 범죄

---

10) *Ibid.* 367.
11) *Ibid.* 371; Bernard, 앞의 논문, 8면.
12) 23 N.J.L. 360, 362.
13) Commonwealth v. Proprietors of New Bedford Bridge, 68 Mass. 339 (1854).
14) *Ibid.* 345.
15) 예를 들어 일요일 휴업법 위반[State v. Baltimore and O.R.R., 15 W.Va. 362 (1879)], 고

유형에까지 확대된 배경에는 법인의 형사처벌에 대한 강한 사회적 요청이 있었다고 본다.[16]

2. 엄격책임으로부터 대위책임으로 발전

(1) New York Central & Hudson River 철도회사 사례

법인의 형사책임의 범위가 확대되어 가는 가운데도 법인은 mens rea를 성립요건으로 하는 범죄를 실행할 수 없다고 하는 기준은 계속해서 유지되고 있었다. 여기에는 법인은 가공의 존재이므로 mens rea를 형성할 수 없는 법인에게 그러한 범죄유형에 대해 형사책임을 인정할 수 없다는 사고뿐만 아니라 그러한 범죄는 법인의 설립 목적과 인정된 권한을 넘어서고 있어 법인에게 형사책임을 부과하는 것은 타당하지 않다는 사고가 더욱 뿌리 깊게 반영되어 있었다고 한다.[17] 그러나 19세기말에 법원은 mens rea를 성립요건으로 하는 범죄 가운데 일정한 범위 내에서 법인의 형사책임을 인정하는 흐름이 나타나기 시작하였다. 즉 법원은 '특별한 의도'(special intent)를 필요로 하는 범죄와 '일반적 의도'(general intent)만을 필요로 하는 범죄를 구별하여 후자에 대해서는 법인에게도 형사책임을 부과함이 가능하다는 인식이 나타나기 시작하였다.[18]

이러한 방향성이 명확하게 승인된 것은 1908년 New York Central & Hudson River 철도회사 사건[19]에 대한 연방대법원의 판결에서 이다. 본 사건의 개요는 철도수송과 관련하여 리베이트(rebate)의 제공을 금지한 1907년 엘킨스법(Elkins Act) 제1조에 위반하여 New York Central & Hudson River 철도회사의 종업원이 설탕제조 공장에 뇌물을 제공하였다는 이유로 동 철도회사가 기소되었다는 것이다. 이에 대해 New York Central & Hudson River 철도회사에서는 종업원의 행위에 대해 법인의 대위책임을 인정한 엘킨스 법 제1조는 위헌이며, 법인에게 벌금을 부과하는 것은 아무런 관련이 없는 주주를 처벌하는 것이므로

금리의 대가청구[State v. First Nat'l Bank, 2S.D. 568, 51 N.W. 587 (1892)] 등을 언급할 수 있다.

16) 川崎友巳, 앞의 책, 157－159면.

17) Brickey, 앞의 논문, 411면.

18) *Ibid.* 411면.

19) New York Central & Hudson River Railroad Co. v. United States 212 U.S.481 (1909).

적정절차의 원칙(due press of law)에도 반한다는 주장을 하였다.[20] 그러나 판결에서는 법 또는 공공정책의 차원에서는 의회가 그러한 책임을 수송회사에 부과할 수 없다고 생각하는 어떠한 근거도 찾아낼 수 없다고 하여 유죄를 선고하였다.

이 판결에서도 그 이전의 판결과 동일하게 법인의 형사처벌에 대한 사회적 필요성의 관점을 비중 있게 다룬 현실적인 판단이 중요하게 자리 잡고 있다. 즉 판결 이유로서 다음의 네 가지 점이 언급되고 있다: ① 영리거래의 대부분이 법인에 의해 행해지고 있는 사실을 간과할 수 없다.[21] ② 법인은 범죄를 행할 수 없다는 낡은 관념에 사로잡힌다면 입법자는 법인의 위법행위를 통제하기 위한 유일하고도 효과적인 수단을 잃게 된다.[22] ③ 법인이 자신의 권한을 부여한 대리인의 의도와 목적으로부터 법인 자신을 유책한 것으로 파악하는 방식을 통해 영리거래를 통제할 수 없다고 한다면 법인에의 대응으로서는 후퇴를 의미한다.[23] ④ 법인이 행할 수 없는 범죄가 존재함이 인정된다고 할지라도 본 사안에서 문제가 되는 범죄는 엘킨스 법이라고 하는 제정법에 따라 일정한 목적을 위해 금지된 범죄에 속한다. 이 때문에 이러한 유형의 범죄는 이론적으로는 물론 정책적으로도 권한범위 내에서 행위를 한 대리인의 범죄행위에 대해 법인에게 책임을 묻을 수 있다.[24] 이 판결 이후에 일반적인 의도를 요건으로 하는 범죄에 대해 법인의 형사책임을 인정하는 판례의 대부분은 본 사건의 판결요지를 빈번하게 인용하게 되었다.[25]

(2) 자연인의 mens rea를 법인의 mens rea로 간주

mens rea를 성립요건으로 하는 범죄에 대해 법인의 형사책임을 인정하는 흐름이 나타나면서 이러한 경향은 급속하게 강해져 갔다. 즉 이미 일반적인 의도를 성립요건으로 하는 범죄에 머무르지 않고 법원모욕죄,[26] 연방과 주의 반

---

20) Brickey, 앞의 논문, 413면.

21) 212 U.S. 481, 495.

22) *Ibid.* 496.

23) *Ibid.* 496.

24) *Ibid.* 494.

25) 한편, 본 판결이 대위책임의 법리를 형법상의 일반 원칙으로서 넓게 인정한 것은 아니다는 지적도 존재한다[Note, “Corporate Criminal Liability for Acts in Violation of Company Policy”, 50 GEO.L.J. 547, 551 (1962)].

26) Telegram Newspaper Co. v. Commonwealth, 172 Mass. 294, 52 N.E.445 (1899).

트러스트법 위반의 공동모의죄[27] 등 특별한 의도를 성립요건으로 하는 범죄에 대해서도 점진적으로 법인의 형사책임을 인정하게 되었다. 그 결과 법인의 형사책임의 적용범위는 비약적인 확대를 보였다.[28] 이러한 mens rea를 성립요건으로 하는 범죄에 대해 법인의 형사책임을 물을 즈음 법인의 대리인이나 종업원 등의 위법행위자가 mens rea를 가지는 것으로 충분하다고 생각할 수 있었다. 이러한 법인의 형사책임을 부과하는 요건으로서의 자연인 행위자의 mens rea는 '법인 mens rea'(corporate mens rea)로 불리어 졌고, 이후 법인의 귀책원리의 발전과 함께 변용을 이루어져 왔다.[29]

요컨대, 1908년 이후 미국에서는 대위책임의 법리를 광범위하게 채택하여 New York Central & Hudson River 철도회사 사건에서 판시한 ① 자연인 행위자가 대리인 또는 종업원일 것, ② 위법행위가 직무 또는 권한의 범위 내일 것, ③ 범죄행위가 법인의 이익을 가져오기 위해 행해졌을 것이라는 요건이 충족될 경우 법인의 형사책임이 인정되었다. 그리고 법인의 대리인이나 종업원이 mens rea를 충족하는 경우에 mens rea를 성립요건으로 하는 범죄에 대해서도 대위책임의 법리에 근거하여 법인 자신의 형사책임을 묻는 것이 가능한 것으로 여겨졌다. 이와 같이 법인 mens rea라고 하는 새로운 개념을 고안하면서까지 mens rea를 성립요건으로 하는 범죄유형에 대해 본래 mens rea를 형성할 수 없는 법인의 형사책임을 지우려고 한 배경에는 "법원이 그러한 유형의 범죄에 대해 법

27) United States v. MacAndrews and Forbes Co., 149 F. 823 (C.C.S.D.N.Y. 1906); Chicago, Wilmington and Vermilion Coal Co. v. People, 214 Ⅲ.421, 73 N.E. 770 (1905).

28) 이 밖에도 사정을 알면서 고의로 일으킨 교통방해[State v. White, 96 Mo. App. 34, 69 S. W.684 (1902)], 외설물의 우송[United States v. New York Herald Co., 159 F. 296 (C.C.S.D.N.Y. (1907)], 파산재산의 은닉공모[United States v. Young and Holland Co., 170 F. 110 (C.C.R.I. (1909)], 스파이활동 방지법 위반[United States v. American Socialist Society, 260 F. 885 (S.D.N.Y. (1919)], 고살[United States v. Van Schaick, 134 F. 592 (C.C.S.D.N.Y. (1904)] 등의 범죄에 대해 법인을 그 주체로서 인정했다(Brickey, 앞의 논문, 415면).

29) Peter French, *COLLECTIVE AND CORPORATE RESPONSIBILITY* (1984), 31－47면; Richard S. Gruner, *CORPORATE CRIME AND SENTENCING* (1994), § 3.4.2 and § 4.1－2; Pamela Bucy, "Corporate Ethos: A Standard for Imposing Corporate Criminal Liability", 75 MINN. L. REV 1095, 1121－1148(1991); Brent Fisse, "Reconstructing Corporate Criminal Law: Deterrence, Retribution, Fault, and Sanctions", 56 S. CAL L. REV. 1141, 1197－1201(1983); V. S. Khanna, "Is the Notion of Corporate Fault a Faulty Notion?: The Case of Corporate Mens Rea", 79 B.U.L. Rev. 355, 362(1999).

인의 형사책임을 물을 수 없는 데 강한 위기감을 갖고 있었다"[30]고 하는 사정이 있었다고 한다.[31]

3. 대위책임으로부터 동일성 원리에 따른 법인 자신의 고유책임으로 발전

(1) 대위책임의 한계

이와 같이 대위책임의 법리를 원칙으로 한 법인의 형사책임은 연방 판례에서 현재까지 답습되고 있으며, 광범위한 범죄유형에 대해 그 적용이 인정되고 있다. 그러나 한편으로 대위책임의 법리를 형법의 영역에서 넓게 적용하는 데 대하여 형법의 기본원칙인 책임주의의 관점에서 용인될 수 없다는 엄격한 비판이 항상 제기되어 왔다. 또한, 앞서 살펴 본 바와 같이 영국에서는 1940년대 이후 판례가 동일성 원리를 채택하여 법인의 직접적인 형사책임(행위책임)을 인정하는 움직임이 나타났으며, 법인의 형사책임의 부과의 필요성과 형법의 기본원칙과의 조화를 도모해 오고 있다.[32] 이러한 대위책임의 법리에 대한 비판이나 영국의 움직임을 계기로 미국에서도 1962년에 미국 법률협회(American Law Institute)에 의해 제정된 모범형법전(Model Penal Code)에서 동일성 원리가 채택되게 되었다.

(2) 모범형법전의 법인처벌 규정

모범형법전은 법인의 형사책임에 대해 ① 보통법상의 범죄에 대한 동일성 원리에 근거한 책임, ② mens rea를 성립요건으로 하는 범죄에 대한 대위책임,[33] ③ 엄격책임의 범죄에 대한 대위책임,[34] ④ 제정법상의 작위의무의 위반에 대한 책임이라는 4가지 다른 접근방식을 채택하였다. 그 구체적인 법문은 다

30) Khanna, 앞의 논문, 360−377면.

31) 川崎友巳, 앞의 책, 159−161면.

32) John C. Coffee, Jr., "Corporate Criminal Responsibility", ENCYCLOPEDIA OF CRIME AND JUSTICE (Sanford H. Kadish ed., 1983), 255면.

33) 이러한 접근방식은 반트러스트법 위반이나 증권법 위반 등에 있어 법인의 형사제재를 과하는 입법의사가 명확하고, mens rea를 성립요건으로 하는 범죄 유형을 대상으로 한다.

34) 이러한 접근방식은 mens rea가 불필요한 엄격책임의 범죄의 경우에 사용된다. 이러한 범죄유형의 경우에 반대의 입법의사가 명확하지 않을 때 대위책임의 법리에 의해 법인에게 형사책임을 부과하는 것이 의도되고 있다고 본다[Model Penal Code, § 2.07(2)].

음과 같다.[35)]

〈모범형법전 제2.07조 법인, 법인격 없는 단체 및 자신의 작위행위 또는 행위를 할 의무를 지는 사람의 책임〉

(1) 다음의 각 호에 해당하는 경우에 법인은 실행한 범죄에 대해 기소될 수 있다.

(a) 그 범죄가 질서위반 행위일 때, 또는 그 범죄가 본 법전 이외의 제정법으로 규정되어 법인의 형사책임을 부과하는 입법 취지가 명확하고, 행위가 법인의 대리인에 의해, 법인을 위하여 직무범위 또는 고용계약의 범위 내에서 이루어졌을 때. 다만, 그러한 범죄를 정한 법률이 법인의 형사책임으로 하는 대표자의 행위의 범위 또는 사정을 규정하고 있는 경우에는 그 규정을 적용한다.

(b) 적극적 이행(affirmative performance)을 내용으로 하는 특별한 의무가 법률에 의해 법인에 부과되어 그 불이행이라고 하는 부작위가 범죄로 여겨질 때.

(c) 이사회가 그 범죄를 허가, 요구, 명령, 수행 또는 경솔하게 용인했을 때. 또는 법인을 위해 행위 하는 상급관리자(high managerial agent)가 그 직무권한 또는 고용계약의 범위 내에서 이러한 행위를 했을 때.

(2) 범죄의 실행에 대해 절대적 책임(absolute liability)을 부과하고 있을 때, 반대의 취지가 명확한 경우를 제외하고 법인의 형사책임을 부과함이 입법 취지인 것으로 간주한다.

(3) 다음의 각 호에 해당하는 경우에 법인격 없는 단체는 실행한 범죄에 대해 기소될 수 있다.

(a) 해당 범죄가 본 법전 이외의 제정법으로 규정되어 법인격이 없는 단체에 형사책임을 부과하는 취지가 명확하고, 행위가 단체의 대리인에 의해 단체를 위해서 직무범위 또는 고용계약의 범위 내에서 이루어졌을 때.

(b) 적극적 이행을 내용으로 하는 특별한 의무가 법률에 의해서 단체에 부과되어 그 불이행이라고 하는 부작위가 범죄로 여겨질 때.

(4) 본 조에서 사용하는 용어의 의미는 다음의 각호에 정하는 바와 같다.

(a) '법인'(corporation)은 정부의 시책의 실시로 인하여 정부 기관에 의해 또는 정부 기관으로서 구성된 조직을 포함하지 않는다.

(b) '대리인'(agent)이란 이사(director), 임원(officer), 사용인(servant), 종업원(employee) 또는 그 외의 법인 또는 단체를 위해 행위를 하는 권한이 부여된 사람을 의미한다. 법인격이 없는 단체에 대해서는 그 구성원을 포함한다.

(c) '상급관리자'란 법인 또는 법인격 없는 단체의 임원, 동업자 관계에서의 동업자 또는 행위가 법인 또는 단체의 방침을 대표하는 사람으로 간주함이 상당하다고 할 정도로 중요한 직무 권한을 가지는 법인 또는 단체의 그 외의 대리인을 의미한다.

---

35) 모범형법전의 법인의 형사책임에 관한 조문을 번역함에 있어서는 藤木英雄, アメリカ法律協会模範刑法典(法務省刑事局, 1962), 刑事基本法改正資料 8号(1964), 27면 이하 참조.

> (5) 엄격책임이 부과되는 범죄를 제외하고 제1항 (a) 또는 제3항 (a)에 해당하는 범죄의 실행에 대해 법인 또는 법인격 없는 단체가 기소되었을 경우에 그 범죄의 내용이 되는 사항에 대해 감독책임을 가지는 상급관리자에 의해 범죄의 실행을 방지하기 위한 상당한 주의가 충분히 기울여졌다고 하는 취지를 피고인이 증거의 우월성에 의해 증명했을 때는 이를 항변으로 인정한다. 다만 그 범죄를 정한 입법 취지에 명확하게 반하는 경우에 이 규정을 적용하지 않는다.
>
> (6) (a) 사람이 법인 또는 법인격 없는 단체의 이름으로 또는 법인 또는 법인격이 없는 단체를 위해 실행한 경우 또는 실행시킨 행위에 대해서는 자기 자신 또는 자기를 위해서 행위를 했을 경우와 동일한 법적 책임을 진다.
>
> (b) 법률이 법인 또는 법인격 없는 단체에 대해 작위의무를 부과하고 있는 경우에 그 의무의 이행에 대해 일차적 책임을 지는 법인 또는 단체의 대리인은 무모함(reckless)에 의해 작위의무를 게을리 했을 경우 그 의무를 법률이 자기에게 부과하고 있었을 경우와 동일한 법적 책임을 진다.
>
> (c) 법인 또는 법인격 없는 단체의 행위에 대한 법적 책임을 근거로 유죄가 인정된 사람에 대해서는 자연인이 당해 등급의 범죄에 대해 유죄를 선고받았을 경우에 부과되어지는 형벌을 명한다.

이 가운데 동일성 원리는 법인의 형사책임을 묻는다는 입법목적이 명확하지 않고 mens rea를 성립요건으로 하는 범죄, 즉 보통법상 범죄에 대해 채택되었다. 여기에서는 범죄가 이사회 또는 상급관리직원에 의해 실행, 위임 또는 무모하게 묵인되었을 경우에 법인에게 형사책임을 부과할 수 있다고 규정되었다. 즉 모범형법전은 이러한 형태의 범죄에 대해 동일성 원리를 채택하여 법인을 기소하기 위해 대리인 또는 상급관리직원과 같은 높은 지위에 있는 사람의 직접적인 관여의 증명을 요구하는 방식으로 법인의 형사책임의 범위를 한정하였다.36)

모범형법전은 그 후 미국 주 차원의 형법전 편찬 작업에 커다란 영향을 주었다. 따라서 1940년대 이후 미국이 영국과 다른 독자적인 전개를 보인 배경을 찾기 위해서는 연방 차원이 아닌 주 차원에서 법인의 형사책임의 문제를 어떻게 대응하여 왔는지를 살펴볼 필요가 있다.37)

---

36) Model Penal Code, § 2.07(1)(c).

37) 川崎友巳, 앞의 책, 161－164면.

Ⅲ. 주 차원에서 기업(법인)의 형사책임에 대한 대응

현재 미국에서는 개인적 법익에 대한 범죄를 중심으로 한 보통법상의 범죄에 대해 원칙으로서 각 주가 일차적인 단속 권한을 가지고 있다. 이 때문에 미국에서 법인의 귀책원리를 고찰하는 경우 연방과 함께 주 차원의 동향에도 관심을 기울일 필요가 있다. 더욱이 미국에서는 50개 주와 콜롬비아 특별구(워싱턴 D.C)가 각각 독립한 법률 적용영역을 구성하여 독자적인 형법을 가지고 있으므로 그 특징을 일률적으로 논할 수 없다. 따라서 이하에서는 각 주와 콜롬비아 특별구가 법인의 형사책임을 묻기 위해 채택하고 있는 귀책원리에 대해 일정한 유형화를 시도하여 검토하고자 한다.

현재 미국의 8개 주에 대해서는 제정법과 발간된 판례집을 살펴볼 때 법인의 형사책임의 문제를 어떻게 취급하는지가 분명하지 않지만,[38] 명확하게 법인의 형사책임을 부정하는 주는 존재하지 않는다. 그리고 이들 8개 주를 제외한 42개 주와 콜롬비아 특별구에서 법인의 형사책임을 묻기 위해 채택하고 있는 귀책원리를 정리하면 대략 ① 연방과 같은 대위책임의 법리를 채택하는 주, ② 종업원의 범죄행위와 직무상의 권한과의 관련성을 하나의 기준으로 채택하는 주, ③ 모범형법전의 규정을 채택하는 주, ④ 그 밖의 기준을 채택하는 주라는 4개의 유형으로 분류할 수 있다.[39] 따라서 이하에서는 이 4개 유형에 대해 개별적으로 검토하고자 한다.[40]

1. 대위책임의 법리형

(1) 연방 차원과의 공통점

캘리포니아, 캔자스, 미시간, 미시시피, 네브라스카, 뉴햄프셔, 노스캐롤라이나, 오클라호마, 로드아일랜드, 사우스다코타, 테네시, 버지니아, 웨스트버지니아 및 위스콘신의 14개 주와 콜롬비아 특별구는 법인의 형사책임을 판단할 때 연방 차원과 같이 대위책임의 법리를 채택하고 있다. 이러한 주에서는 고살

38) 법인의 형사책임을 어떠한 기준으로부터 판단할지가 분명하지 않은 주는 앨라배마, 코네티컷, 메릴랜드, 네바다, 뉴멕시코, 사우스캐롤라이나, 버몬트 및 와이오밍의 8개 주이다.

39) Gruner, 앞의 책, § 7.1－7.7.

40) 이하 川崎友巳, 앞의 책, 164－170면.

죄,[41] 중절도(grand theft),[42] 사기(false pretenses)[43] 등 mens rea를 성립요건으로 하는 보통법상의 범죄에 대해서도 대위책임의 법리에 근거하여 법인의 형사책임의 유무를 검토하고 있어 그 적용범위는 매우 넓다고 말할 수 있다.

(2) 연방 차원과의 차이점

그러나 이러한 주가 실제로 대위책임의 법리를 적용할 때의 요건은 연방 판례와 다소 다르다. 연방 차원과 주 차원과의 중요한 성립요건의 차이로 종업원이 위법행위를 법인의 이익을 위해 행하였다는 증명이 요구되지 않은 주가 존재한다는 점을 언급할 수 있다. 예를 들어, 인디애나 주에서 법인은 그 대리인이 스스로의 권한의 범위 내에서 범죄를 행하였을 때 유죄로 간주되는 취지의 규정이 있다.[44] 따라서 규정만으로 보면 법인의 이익을 도모하려는 의도가 대리인에게 있었는지, 또는 법인이 실제로 이익을 얻었는지에 대한 증명은 필요하지 않게 된다. 다만 현실에서는 대위책임의 법리를 적용함에 있어 주 판례가 성립요건을 추가함으로써 적용범위의 무제한적인 확대를 막고 있어 연방 차원에서의 성립요건과 비교할 때 그만큼 큰 차이는 볼 수 없다는 지적도 있다.[45]

2. 행위와 권한의 관련성 기준형

(1) 행위와 권한의 관련성 기준

매사추세츠 주 및 플로리다 주에서는 행위와 권한의 관련성에 주목한 기준이 이용되고 있다. 이 기준은 종업원의 행위와 의도의 존재를 전제로 하여 법인의 형사책임을 묻는다는 점에서 볼 때 대위책임의 법리와 유사하다. 그러나 형사책임의 귀속을 한정하는 조건으로서 종업원의 범죄행위와 직무상의 권한의 관련성을 요구하는 점이 다르다.[46]

---

41) State v. Lehigh Valley R. Co., 103 A. 685 (N.J. 1917); Granite Constr. Co. v. Superior Ct., 197 Cal. Rptr. 3 (Cal. App. 1983).

42) W. T. Grant Co. v. Superior Ct., 100 Cal. Rptr. 179 (Cal. App. 1972).

43) State v. Ice & Fuel Co., 70 A. 1 (R.I. 1908).

44) Ind. Code § 35-41-2-3(a).

45) Gruner, 앞의 책, § 7.2.

46) 이 기준은 1918년의 United States v. Nearing [252 F. 223 (S. D. N.Y. (1918)]에 기초를 둔 것으로 연방법원에 의해서 제시되었다(Gruner, 앞의 책, § 7.3.).

예를 들어, 매사추세츠 주 최고 법원은 1971년의 Beneficial Finance社 사건[47]에서 이 기준의 채택을 명확히 선언하였다. 본 사건의 개요는 다음과 같다. 본 사건의 피고법인인 Beneficial Finance社를 포함한 복수의 법인의 종업원 등은 입찰에 있어 우대조치 등을 목적으로 공공기관에게 금전을 공여하였다. 이 때문에 증뢰 및 증뢰에 대한 공동 모의에 의해 종업원과 함께 같은 회사가 기소되었다. 본 사건이 발생한 시점에서 매사추세츠 주에는 종업원의 범죄행위에 대한 법인의 형사책임을 정한 명문 규정이 존재하지 않았다. 그리고 Beneficial Finance社는 증뢰와 관계된 종업원의 대부분이 법인 내부에서의 지위가 높지 않은 사람들이며, 본 사건을 보통법상의 범죄에 대해 상급관리직원의 관여를 성립요건으로 하는 모범형법전의 기준을 적용시킬지라도 법인을 유죄로 할 수 없다고 하여 무죄를 주장하였다. 이에 대해 같은 주 최고 법원은 모범형법전의 규정으로는 법인의 형사책임을 인정하는 범위가 너무 협소하다는 이유를 들어 그 기준의 채택을 거부하였다. 그리고 "대리인이 범죄를 실행하기 위해 특정한 법인의 활동이나 계획을 실시하기로 하고, 법인을 위해 활동하는 충분한 권한과 책임을 가지는 지위에 오를 수 있던 사정"[48]이 나타나면 법인의 형사책임이 인정된다고 하는 '행위와 권한의 관련성'(kindship of the act to authority)[49]이라는 기준에 근거하여 Beneficial Finance社에 대해 유죄를 선고하였다.

(2) 행위와 권한의 관련성 기준의 특징

이러한 기준의 특징은 해당 법인의 활동에 대해 대리인이 어떠한 권한을 가지고 있었는가 하는 사실에 주목하는 점에 있다. 또한, 판례는 권한의 범위와 더불어 범죄행위를 함에 있어 법인의 자금의 이용범위, 이용형태 및 대리인에 대한 법인의 감시체계를 고려사항에 넣을 것을 요구하였다.[50] 즉 법인은 종업원이 법인의 자금과 위임된 기회를 사용하여 법인 내부의 지위를 이용하여 위법행위를 실행하였다는 데 책임을 지지 않으면 안 된다는 것이다. 이러한 기준 아래에서는 법인의 경영자는 위임하는 종업원을 신중하게 선임하고 위임의 범

47) Commonwealth v. Beneficial Finance Co., 275 N.E. 2d 33 (Mass. 1971), cert. denied, 407 U.S. 914 (1972).

48) *Ibid.* 86.

49) *Ibid.* 86.

50) *Ibid.* 86.

위를 적절히 확정하여 종업원을 감시하게 된다고 한다. 따라서 이러한 기준을 채택함으로써 법인의 형사책임을 묻는 목적의 하나로 언급되는 범죄예방이라는 동기부여가 발생한다는 긍정적인 평가가 내려지기도 한다고 한다.[51)]

3. 모범형법전형

(1) 모범형법전형의 개요

알래스카, 애리조나, 아칸소, 하와이, 아이다호, 일리노이, 인디애나, 아이오와, 콜로라도, 델라웨어, 조지아, 켄터키, 메인, 미네소타, 미주리, 몬태나, 뉴저지, 뉴욕, 노스다코타, 오하이오, 오리건, 펜실베이니아, 텍사스, 유타 및 워싱턴의 25개 주에서는 모범형법전의 법인의 형사책임에 관한 규정이 받아들여졌다. 앞서 언급한 바와 같이 모범형법전에서는 법인의 형사책임에 관해 ① 동일성 원리에 근거한 보통법상의 범죄에 대한 형사책임, ② mens rea를 성립요건으로 하는 범죄에 대한 대위책임, ③ 엄격책임의 범죄에 대한 대위책임, ④ 제정법상의 작위의무 위반에 대한 책임이라는 4개의 다른 유형이 규정되어 있다. 다만, 이러한 규정은 종전까지 판례상 인정되어 온 광범위한 법인의 형사책임에 대해 제동을 거는 것을 목적으로 하고 있었기 때문에 그 적용에 있어 전체적으로 엄격한 성립요건에 근거할 것을 요구하였다.

(2) 모범형법전과의 차이점

그러나 이러한 모범형법전의 태도는 현실적이지 못하다는 평가가 내려지고 있어 규정의 세부사항에 대해 각 주마다 수정이 이루어졌다. 또한, 그러한 규정에 대한 판례상의 해석도 각 주마다 차이를 보인다. 그 가운데에서도 동일성 원리에 근거하는 형사책임과 mens rea를 성립요건으로 하는 범죄에 대한 대위책임의 규정과 관련하여 많은 주에서 모범형법전에서 규정한 성립요건에 중요한 수정이 가해지고 있는데, 두 가지 사항을 언급하면 다음과 같다.

그 하나는 모범형법전이 규정한 동일성 원리에서는 법인과의 동일시가 가능한 행위자를 '이사회' 또는 '상급관리직원'이라고 규정하고 있다.[52)] 그러나 현실을 보면 대기업 형태의 법인에서는 법인의 활동과 관련된 권한이 분산되어

51) Gruner, 앞의 책, § 7.3.

52) Model Penal Code § 2.07(1)(c).

있기 때문에 일상 업무의 대부분은 보다 하위의 관리직원에 의해 운영되고 있다. 이 때문에 법인과 동일시가 가능한 상급관리직원이 위법행위에 관여한다는 것은 매우 드문 일이다. 이에 동일성 원리의 적용이 예정되어 있는 보통법상의 범죄에 대해 법인의 형사책임을 인정하는 것이 곤란해진다. 그러므로 동일성 원리를 채택하는 주의 상당수는 상급관리직원의 정의를 확대하여 일정한 하위의 관리직원을 포함하는 규정을 두고 있다.[53]

다른 하나는 mens rea를 성립요건으로 하는 범죄에 대한 대위책임의 적용범위와 관련하여 많은 주에서 수정이 가해지고 있다. 모범형법전은 법인의 형사책임을 부과하는 것이 법규상 명확한 경우에 대위책임이 적용되는 범위를 한정하고 있다.[54] 그러나 이러한 한정에 대해 적용범위가 과도하게 제약된다는 비판이 제기되고 있었다. 이 밖에도 '법규상 명확'하다고 할 수 있는 경우가 애매하다는 지적도 볼 수 있다. 이 때문에 각 주의 형법전에는 대위책임의 적용범위의 제한을 가하지 않는,[55] 또는 모든 경죄에 대해 적용을 인정하는[56] 등의 수정을 가하는 경우가 적지 않다. 그리고 모범형법전은 mens rea를 성립요건으로 하는 범죄에 대한 대위책임과 관련하여 상당한 주의의 항변을 인정하고 있다. 그러나 이와 관련해서도 적극적인 법인처벌을 요구하는 사회적 요청에 반하는 것이므로 많은 주에서 이러한 항변을 인정하지 않고 있다.

4. 그 외의 유형

(1) 루이지애나 주의 대응

루이지애나 주는 판례상 법인의 형사책임의 판단기준으로서 모범형법전의 동일성 원리를 채택하고 있다.[57] 그러나 한편으로 모범형법전에 규정된 다른 3개 유형의 법인의 형사책임의 기준은 인정하지 않고 있다.[58] 또한, 동일성 원리

53) 예를 들어 상급관리자의 범위를 일정한 하위관리직원에게까지 확대한 주(州)로는 오리건 주의 규정을 언급할 수 있다.

54) Model Penal Code § 2.07(1)(a).

55) Ga. Code Ann. § 16－2－22(a)(1); Kan. Stat. Ann. § 21－3206(1); Me. Rev. Stat. Ann. tit. 17－ A, § 60(1)(B); N. J. Stat. Ann. § 2C:2 -7(a)(l).

56) Ariz. Rev. Stat. Ann. § 13－305(A)(3); Ark. Code Ann. § 5－2－502(a)(3)(A).

57) State v. Champman Dodge Center, Inc., 428 So. 2d 413 (La. 1983).

58) *Ibid.* 416.

에 대해서도 동일시 가능한 자연인을 이사회나 일정한 상급관리직원으로 한정하고 있다.[59]

이와 같이 루이지애나 주에서 법인의 형사책임을 부과함에 있어 소극적인 자세가 취해지는 배경으로는 프랑스의 식민지 시대 이래로 대륙법의 영향이 존재하기 때문이라고 한다.[60]

(2) 캘리포니아 주의 법인 형사책임법

한편, 캘리포니아 주는 연방 차원과 같은 대위책임을 채택함과 동시에 특정의 영역에서 취할 수 있는 다른 기준을 채택하여 폭넓게 법인의 형사책임을 묻고 있다. 즉 캘리포니아 주에서는 1989년 법인 형사책임법(Corporate Criminal Liability Act of 1989)[61]을 제정하여 법인에게 직장에서 위험의 발견, 보고 및 제거의 의무를 부과하고 있다.[62] 그리고 일정한 업무와 관계되는 관리직원이 직장에서의 중대한 위험의 가능성을 인식한 경우 인식 후 15일 이내에 위험성의 경감 또는 공공기관에의 위험성의 보고 및 종업원에게의 위험의 고지를 게을리 하였을 경우에 관리직원과 함께 법인에게도 형사책임을 부과하는 취지의 규정을 두고 있다.[63]

이와 같이 캘리포니아 주가 노동안전이라고 하는 특정의 영역에 대해 보다 완화된 성립요건에 근거하여 법인의 형사책임의 부과를 단행한 배경으로는 구체적인 사건을 통해 피해자의 손해의 중대성을 고려하고, 합리적인 피해자보호의 수단이 지금까지 존재하지 않다는 사정을 반영한 결과라고 한다. 이 때문에 법인 형사책임법에 의해 관리직원의 안전관리에 대한 의식 향상과 적절한 대응을 촉구함을 목표로 하고 있다고 한다.[64]

5. 소결: 주 차원에서 기업의 형사책임에 대한 대응

주 차원에서 법인의 형사책임에 대한 문제의 대응은 규제의 대상이 되는

59) *Ibid.* 417.
60) 428 So. 2d 413, 419 (La. 1983).
61) Calif. Penal Code § 387 (55).
62) *Ibid.* § 387(b)(4).
63) *Ibid.* § 387(b)(4).
64) Gruner, 앞의 책, § 7.5.

범죄유형에 보통법상의 범죄가 포함되는 것에서부터 연방 차원 이상으로 책임주의를 바탕으로 한 형법상의 원칙을 배려할 것을 요구하고 있다. 그러나 현실에서는 법인에 대한 고살죄의 적용과 관련하여 몇몇 주에서 찾아볼 수 있듯이,[65] 주 차원에서도 대체로 적극적인 제세를 취하고 있다. 이러한 적극적 자세는 법인의 형사책임을 판단할 때에 적용되는 기준을 보아도 알 수 있다. 미국에서는 각 주마다 다양한 기준이 받아들여지고 있지만, 이때에도 법인의 형사책임을 적극적으로 인정하기 위해 성립요건을 완화하는 등 역사적인 발전과정의 연장선상에서 법인의 형사책임을 부과하는 필요성을 전면에 내세운 대응에 주목할 필요가 있다.

이러한 경향은 동일성 원리와 관련하여 무엇보다 현저히 나타나고 있다. 지금까지 모범형법전을 기초하여 형법을 제정한 주의 수는 25개 주에 달한다. 그러나 연방 차원과 같은 법인처벌에 적극적인 자세는 주 차원에서도 깊게 각인되어 있기 때문에 동일성 원리가 미국의 형사시스템을 효과적으로 억제하는 데에 이르지 못하고 있다. 반대로 모범형법전을 참고로 한 주의 대부분이 동일성 원리의 성립요건을 완화하여 광범위하게 기업의 형사책임을 물을 수 있도록 하는 규정의 수정이 취해지고 있다. 결국 법인의 형사책임과 관련하여 모범형법전 2.07조 (1)항 (c)호가 규정하는 동일시이론을 원형으로 채택한 주로는 하와이, 켄터키, 뉴저지, 펜실베이니아, 텍사스, 유타 및 루이지애나의 7주에 지나지 않는다.

Ⅳ. 연방 차원에서 대위책임의 법리에 대한 현대적 동향

1. 대위책임의 법리에 대한 비판

18세기 이후 미국에서는 법인의 형사책임을 적극적으로 긍정하는 입장이 유지되어 왔다. 그리고 이러한 입장은 1950년대 이후 연방 차원에서 New York Central & Hudson River 철도회사 사례에서 나타난 바와 같이 대위책임의 성립요건을 한층 완화하는 형태로 전개되어 왔다. 다만, 이와 같이 적극적으로 추진

65) 미국에서는 법인에게 고살죄를 인정하여 유죄로 한 사례가 많이 존재한다.

되어 온 법인의 형사책임을 묻는 방향으로의 대응은 1970년대 이후 강한 비판에 직면하기에 이르렀다. 나아가 그러한 비판에 대처하기 위해 판례도 몇몇 대응을 시도한 바 있다.

(1) 성립요건 완화에 대한 비판

그 가운데 하나의 비판은 과연 더욱더 완화되어 가는 대위책임의 법리의 성립요건이 형사책임을 부과하기 위한 합리적인 근거가 될 수 있는가 하는 점이다. 무엇보다 상당한 주의의 항변을 인정하지 않고 대위책임의 법리를 적용하여 법인의 형사책임을 묻는 것은 결과책임을 묻는 것과 동일하고 책임주의의 관점에서도 문제가 있다. 뿐만 아니라 기업 법인의 범죄예방을 위해 취해질 수 있는 대처에 의욕을 사라지게 한다는 주장은 비교적 오래전부터 주장되어 왔다. 이 때문에 1970년대 이후 대위책임의 법리를 적용하기 위한 완화된 성립요건에 제한을 가함을 목표로 하는 판례가 산발적으로 등장하게 되었다.

(2) 현행법제의 한계

한편, 이와 같이 완화된 성립요건 하에서 적극적으로 법인의 형사책임을 묻고 있는 미국에서조차 실제로 기업범죄에 대해 적정한 대응이 이루어지고 있지 않다는 인식이 여전히 강하게 남아 있다. 즉 기업조직이 대규모화하여 그 활동이 복잡화함에 따라 위법행위자를 특정하는 것이 곤란한 사례가 존재함이 속속 밝혀지고 있다. 이러한 사례에 대해 현행의 대위책임의 법리에서는 법인의 형사책임을 물을 수 없는 가능성이 여전히 존재한다. 그러나 이러한 사례에서 법인의 형사책임을 물을 수 없는 경우에 형사규제의 필요성이 가장 높은 대기업의 위법활동에 대해 형사법을 적용할 수 없게 되어 타당하지 못하다. 이것이 대위책임의 법리에 근거한 연방 차원의 법인 처벌에 대한 두 번째의 비판이다. 이 때문에 연방 차원의 판례는 대위책임의 법리를 전제하면서도 위법행위자의 특정이 곤란한 사례에 대해 일정 정도 법인의 형사책임을 묻는 접근을 모색하게 되었다고 한다.[66)]

(3) 의회 입법권의 침해

대위책임을 인정하는 선구적인 판례인 New York Central & Hudson River

---

66) 川崎友巳, 앞의 책, 170－171면.

Railroad v. United States 사건에서 적용여부가 문제가 되었던 엘킨스 법은 종업원의 행위에 대한 기업의 책임을 명시하고 있었다. 그러므로 연방대법원의 판결은 실제로는 미연방헌법이 보장하고 있는 기업의 형사책임에 관한 의회의 법률제정권을 확인하고 있다고 볼 수 있다. 그러나 그 이후의 미국 연방대법원 및 연방항소법원의 판결들은 기업의 형사책임에 관한 명문규정이 없는 경우에도 선례로 이 판결을 인용하고 있기 때문에 결과적으로 헌법이 보장하고 있는 의회의 권한을 침해하고 있다는 비판이 제기되고 있다.[67)]

2. 적용범위의 확대와 그 한정

(1) '직무범위'의 확대

New York Central & Hudson River 철도회사 사례의 대위책임의 기준에 따라 법인의 형사책임을 인정하기 위해서는 우선 종업원의 위법행위가 직무범위 내에서 실행되었음을 증명할 필요가 있다. 불법행위의 영역에서의 전통적인 정의에 따르면 직무범위란 "본인이 명시 또는 묵시적으로 위임한 행위, 또는 그 행위에 유사 혹은 부수한 행위"로 제한되고 있었다.[68)] 그러나 하급심 판결 중에는 1970년경부터 직무범위를 그것보다 넓게 해석하여 실질적으로 종업원이 업무에 관련된 활동을 하던 중에 범죄를 실행한 것을 의미하는 것으로 해석하는 태도가 나타났다.[69)] 따라서 이러한 판결에 따르면 비록 상위자에 의해 위법행위가 명확하게 금지되고 있어 범죄예방을 위해 법인 측이 성실하게 노력하였다고 하더라도 범죄가 발생하였을 경우에 그 범죄행위는 직무범위 내라고 판단할 가능성이 있다.

이러한 취지가 명확하게 나타난 판례로는 1972년 Hilton Hotel社 사례[70)]의 항소심 판결을 언급할 수 있다. 본 사건의 개요는 다음과 같다. 오리건 주 포트

---

67) United States v. Uonia Management S. A., 555 F.3d 303 (2d Cir. 2009) 사건의 피고인 측의 이러한 주장에 관하여 Kathleen F. Brickey, *Corporate and White Collar Crime 2010* (4. Edit., Aspen Pub, 2009), 16면.

68) "Developments in the Law— Corporate Crime: Regulating Corporate Behavior through Criminal Sanctions" [hereinafter Developments in the Law] (1979), 92 HARV. L. REV. 1227, 1249.

69) *Ibid.* 1249.

70) United States v. Hilton Hotels Corp., 467 F.2d 1000 (9th Cir. 1972), cert denied, 409 U.S. 1125 (1973).

랜드의 Hilton Hotel과 레스토랑과 관련 납품업자는 콘도미니엄 유치를 위한 단체를 설립했다. 이 때 호텔 측은 납품업자에게 단체의 활동자금의 기부를 요구하고 그 승낙여부에 따라 이후의 거래에 있어 차별적인 취급하겠다는 결정을 통보하였다. 그러나 검찰은 이러한 행위가 공동보이콧에 해당하여 당시 기업담합에 의한 가격조작 등의 금지를 내용으로 하는 셔먼법(Sherman Act) 제1조에 반한다고 하여 그러한 결정에 참가하였던 Hilton Hotel社를 기소하였다.

Hilton Hotel社는 두 가지 근거, 즉 ① 동 회사의 방침에 따르면 가격, 품질 및 서비스만을 고려하여 납품업자를 선정하도록 규정되어 있으며, ② 지배인 등이 구입을 담당하는 매니저에 대해 보이콧에의 참가를 금지했지만 구입을 담당하는 매니저는 이것을 무시하였음을 제시하여 그러한 결정에 참가한 담당 매니저의 행위가 직무범위를 일탈하고 있으므로 Hilton Hotel社의 대위책임은 인정될 수 없다고 주장하였다.

이에 대해 제9순회구 연방항소법원은 "일반적 기준으로 볼 때 비록 법인의 방침과 명시적인 명령에 위반하였다고 하더라도 셔먼법에 따르면 직무범위 내에서 대리인의 행위에 대해 법인은 책임이 있다."[71]고 판시하여 대위책임의 법리의 적용을 인정하였다. 이러한 판결에 따르면 법인은 종업원이 범죄행위를 하면 그에 따른 결과책임을 지는 것과 동일하게 된다. 이 때문에 학설은 상당한 주의의 항변을 인정하지 않으면 법인의 범죄예방 활동은 활성화될 수 없다는 비판이 제기되었다.[72]

(2) '법인의 이익을 위한 의도'의 완화

New York Central & Hudson River 철도회사 사례에서 제시된 대위책임의 성립요건은 종업원이 법인의 이익을 위한 의도로 범죄행위를 할 것을 요구하고 있다. 그러나 오늘날 실제로 법인이 이익을 얻지 않은 경우에도 법인의 형사책임을 인정하는 경우가 있다. 따라서 이 경우 법인은 스스로가 실제로 이익을 얻지 않았음을 근거로 한 항변은 인정받지 못한다.[73]

---

71) United States v. Hilton Hotels Corp., 467 F.2d 1000, 1007 (9th Cir. 1972).

72) Michael E. Tigar, "It Does the Crime But Not the Time; Corporate Criminal Liability in Federal Law", 17 AM. J. CRIM. LAW 211, 227－229(1990).

73) United States v. Carter. 311 F. 2d 934, 942 (6th Cir. 1963), cert. denied, 373 U.S. 915 (1963).

(3) 성립요건 완화의 한정의 시도

최근 이러한 '직무범위'와 '법인의 이익을 위한 의도'라는 두 개의 성립요건을 완화시키는 데에 제동을 거는 방법으로 법인의 '컴플라이언스 프로그램'(compliance program)의 존재 여부나 그의 효율적인 운용 여부를 형사책임의 인정여부 있어 고려하려는 움직임이 커다란 주목을 받고 있다.

컴플라이언스 프로그램이란 "기업마다 자발적으로 실시하는 법령준수를 위한 체계적인 대처"를 의미한다.[74] 즉 기업 법인이 조직 내부의 위법행위를 예방·발견하기 위해 엄격한 법령준수 프로그램을 운용하였음에도 불구하고 종업원이 이에 반하여 위법행위를 실시했을 경우에 '직무범위 내' 또는 '법인의 이익을 위해'라는 성립요건과 무관하게 법인에게 형사책임을 부과할 수 없다는 것이다.

예를 들어 1979년 Beusch 사례[75]에 대해 제9순회구 연방항소법원은 법인이 실시하고 있던 컴플라이언스 프로그램과 종업원에게 한 지시내용을 고려할 것을 인정한 제1심의 판결내용을 지지하였다.[76] 또한 1983년 Basic 건설사 사례[77]에서 제4순회구 연방항소법원은 법인이 반트러스트법을 충실히 준수하도록 하는 컴플라이언스 프로그램을 증거로 채택하는 것을 인정한 제1심의 판단을 지지하였다. 이러한 경우에 그러한 증거가 '법인의 이익을 위해'라는 성립요건의 판단에 있어 유리하게 작용될 수 있음이 분명하게 기술되었다. 그러나 현재까지 항소법원의 판례와 같이 컴플라이언스 프로그램을 적극적으로 고려하자는 견해는 여전히 소수설에 머물고 있다.[78] 그 배경에는 몇몇 요인이 중복적으로 작용하고 있지만 무엇보다 다음의 세 가지 점이 중요하다고 본다.

첫째, '법인의 이익을 위해'와 컴플라이언스 프로그램 간의 이론적인 관계가 여전히 불명확하며, 컴플라이언스 프로그램의 실시가 법인에게 불리하게 작용하는 경우도 생각할 수 있다. 예를 들어, 법인이 컴플라이언스 프로그램을 마

74) Gruner, 앞의 책, § 14.1－14.5.

75) United States v. Beusch 596 F. 2d 878 (9th Cir. 1979).

76) *Ibid.*

77) United States v. Basic Construction Co. 711F. 2d 570 (4th Cir.1983).

78) Robert E. Bloch, "Compliance Programs and Criminal Antitrust Litigation: A Prosecutor's Perspective", 57 ANTITRUST L.J. 223, 223(1988).

련했다는 사실은 법인에게 종업원의 위반행위가 이미 예견 가능했음을 의미한다고 이해될 가능성마저 있다.[79)]

둘째, 변호인 측이 컴플라이언스 프로그램을 법인의 범죄 의도를 부정하는 근거로서 이용함을 허용하는 것은 대위책임의 법리에 커다란 영향을 줄 수 있다. 왜냐하면 그와 같은 항변을 인정함은 종래 종업원의 범죄에 대해 무과실전가책임을 인정하는 것으로 이해되어 온 대위책임의 법리를 뿌리째 뒤집는 것과 다름없기 때문이다.[80)]

마지막으로, 컴플라이언스 프로그램의 존재를 법인의 형사책임 유무의 판단에 있어 고려해야 할 경우에 법인의 형사책임을 묻는 것이 더욱더 어려워진다는 결과도 빼놓을 수 없다.[81)] 법인의 형사책임을 적극적으로 묻겠다는 태도가 미국에서 기업범죄 대책의 커다란 지주의 하나로 언급된다. 그러한 지주를 약화시키는 것은 기업범죄 대책을 위한 형사정책으로 마이너스 효과가 크다고 생각되고 있다.

종래 미국은 법인의 형사책임을 처벌의 필요성의 관점으로부터 도출하여 적극적으로 인정해 오고 있으며, 그러한 방향성은 이 경우에도 관철되고 있다고 본다. 이 때문에 법인이 컴플라이언스 프로그램을 실행하였다는 사실은 현재 기소재량이나 양형의 시점에서 고려되는 정도에 머무르고 있다.[82)] 즉 양형 단계에서 컴플라이언스 프로그램의 존재를 벌금형의 경감 사유로서 도입하는 것이 1991년 제정된 '조직체에 대한 연방 양형 가이드라인'(Federal Sentencing Guidelines for Organizations)에서 명확하게 규정되었다. 이를 계기로 학설은 컴플라이언스 프로그램을 적정하게 운용하였을 경우에 법인에게 상당한 주의의 항변을 인정해야 한다는 견해가 유력화하게 제시되고 있다. 이러한 흐름을 근

79) Charles J. Walsh and Alissa Pyrich, "Corporate Compliance Programs as a Defense to Criminal Liability: Can a Corporation Save Its Soul?", 47 RUTGERS L. REV. 605, 665–666(1995).

80) 컴플라이언스 프로그램을 '법인의 의도'를 인정함에 있어 고려해야 한다는 주장이 이루어지는 계기가 된 것은 1978년의 Gypsum社 사례에 대한 연방대법원 판결에서 이다[United States v. Gypsum Co. 438 U. S. 422 (1978)].

81) Richard J. Favretto, "A Prosecutor's Perspective on the Gypsum Opinion", 49 ANTITRUST L.J. 1127, 1131(1980).

82) 이에 대한 자세한 설명은 본서 제5장 § 18 참조.

거로 하면 컴플라이언스 프로그램과 법인의 형사책임을 둘러싼 향후의 논의에 더욱 주목할 필요가 있다고 본다.[83)]

3. 행위자 특정이라는 성립요건의 완화

(1) 자연인 행위자 특정의 완화

한편, 대위책임의 법리에 따라 법인의 형사책임을 부과하는 성립요건으로 요구하는 자연인 행위자인 법인의 대리인 또는 종업원의 특정과 관련해서도 이를 완화하는 경향이 나타나고 있다. 즉 위법행위자의 특정이 곤란한 사례에 있어 법인의 형사책임을 인정하기 위한 연방법원의 시도의 하나로 동일한 범죄에 대해 대리인이 불기소 또는 무죄로 선고되는 경우에도 법인을 유죄로 선고할 수 있다는 판결이 등장하였다.[84)] 또한, 법인의 형사책임을 인정하기 위해 대리인 중 "누군가"에 의해 범죄행위가 실행되었음을 증명하면 충분하다는 판례도 찾아볼 수 있다.[85)] 더욱이 복수의 대리인의 행위가 각기 다른 범죄성립요건의 일부분을 이루고 있어 이를 결합하여 1개의 범죄를 성립시킴으로써 법인을 유죄로 하는 접근방식도 이러한 경향을 나타내는 단적인 예로 보인다.[86)] 이때 법인은 종업원인 자연인의 집합체로서 파악되고 있다. 이러한 판례에 의해 대위책임의 법리에 따라 성립요건의 하나로 이해되어온 자연인 행위자의 특정이 불필요한 것으로 여겨져 법인의 형사책임의 인정이 더욱 손쉽게 되어가고 있다.[87)]

(2) 법인 mens rea의 완화

그리고 몇몇 연방법원의 판례는 mens rea를 성립요건으로 하는 범죄에 대해 법인의 형사책임을 묻기 위해 요구되는 법인의 이사, 대리인 또는 종업원의 mens rea(법인 mens rea)는 그러한 자연인 행위자의 범죄 의도가 증명되지 않는 경우에도 충족될 수 있다고 판시하고 있다.[88)] 즉 비록 범죄 의도를 형성하는 충

---

83) 川崎友巳, 앞의 책, 171－174면.

84) Magnoliia Motor and Logging Co. v. United States, 264 F, 2d 950, 953 (9th Cir, 1959), cert. denied, 361 U.S.815 (1959).

85) United States v. American Stevedores, Inc., 310 F. 2d 47, 48 (2d Cir. 1962).

86) Developments in the Law, *supra* note 68, at 1248; Lederman, *supra* note 1, at 305.

87) Developments in the Law, *supra* note 68, at 1248.

분한 정보를 1명의 종업원이 인식하고 있지 않아도 복수의 종업원의 단편적인 정보를 모음으로써 전체적으로 1개의 범죄 의도를 형성하는 데 충분한 인식(집단인식: collective knowledge)의 존재가 인정될 경우 법인 mens rea를 긍정하여 mens rea를 성립요건으로 하는 범죄에 대해 법인의 형사책임을 부과하는 것이 가능하게 되었다.[89)]

집단인식론(collective knowledge doctrine)[90)]

원칙적으로 미국 법원은 종업원이 업무행위 중 취득한 지식은 모두 기업의 인식으로 귀속된다고 판단하였다. 따라서 미국 판례에 의하면 종업원이 분명하게 인지하고 행한 불법행위에 대하여는 종업원의 주관적 불법구성요소(mens rea)를 그대로 기업에게 전가하여 기업이 불법행위를 지득하고 있었다고 인정하는 것이 가능하다. 하지만 특정 상황에서 일부 종업원의 지득한 단편적인 사실만으로 발생한 기업범죄에 대하여 100% 기업이 범죄행위에 관하여 충분히 인식하고 있었다고 판단하기는 쉽지 않다. 특히 다양한 계층구조와 보고체계를 가지고 있는 대기업일수록 1인의 종업원의 지식을 그대로 기업의 인식으로 귀속시키는 것은 무리가 있다고 할 수 있다. 그래서 이를 극복하기 위해 새롭게 제시된 이론이 집단인식론이다(collective knowledge doctrine; 영국에서는 aggregation doctrine이라고 불린다). 이는 종업원 개개인의 주관적 불법구성요소(mens rea)가 또는 여러 명의 종업원이 각각 조금씩의 mens rea를 가지고 있지만 발생한 범죄에 대하여 하나의 완전한 범죄에 대한 인식으로 인정하기 어려울 때에도 기업에게 mens rea를 인정하기 위해 등장한 이론이다.

당초 이러한 집단인식론은 주간 통상법(Interstate Commerce Act) 제322조 위반에 한정하여 사용되고 있었다고 한다.[91)] 그러나 대규모의 복잡한 조직구조로 구성된 오늘날의 법인 조직에 대해 적정한 형사책임을 묻기 위해 이러한 이론을 폭넓게 채택할 필요성이 인정되어 mens rea를 성립요건으로 하는 다양한 범죄에 대해 집단인식의 존재를 근거로 하여 법인의 형사책임이 부과되게 되었다.

---

88) Gruner, 앞의 책, § 4.1－4.7; Khanna, 앞의 논문, 360－377면.

89) 동일한 문제에 대한 관심은 영국에서도 볼 수 있다.

90) 송기동, 앞의 논문, 48면.

91) Anthony Ragozino, "Replacing the Collective Knowledge Doctrine with a Better Theory for Establishing Corporate Mens Rea: The Duty Stratification Approach", 24 Sw.U. L.REV. 423, 429(1995).

(3) TIME-DC社 사례

집단인식이 긍정된 대표적인 사례로 1974년의 TIME-DC社 사례[92]를 언급할 수 있다. 본 사건의 개요는 다음과 같다. 연방 고속도로 관리규칙은 운전자의 운전능력이 저하되고 있는 경우 자동차의 운전을 금지하고 있었다. 이 때문에 운송업을 경영하는 피고법인인 TIME-DC社는 종업원인 운전자가 질병이 의심될 경우 의사의 진단에 의하여 질병이 확인되면 휴가의 제공을 허용한다는 규정을 마련하였다. 그러나 이 규정을 종업원에게 충분히 주지하지 않은 결과 질병으로 인하여 운전능력이 저하되고 있던 종업원이 질병을 사유로 결근계를 제출할 경우 불이익을 당할 것을 두려워하여 근무당번 표에 근무를 기재하여 운송용 트럭으로 고속도로를 주행하였다. 이 때문에 TIME DC社는 연방 고속도로 관리규칙 위반이라는 경죄로 기소되었다. TIME-DC社는 회사가 운전자가 질병을 앓고 있었음에도 운전을 했다는 인식이 없었고, 이에 따라 연방 고속도로 관리규칙을 위반한다는 인식을 가지고 위반한 것임을 이유로 무죄를 주장했다. 이에 대해 워싱턴 특별구 연방지방법원은 TIME-DC社 내에서 질병에 의한 결근의 연락을 받은 사람과 근무표에 근무를 기재한 사람이 있는 한 비록 양자가 다른 사람이었다고 해도 법인에게는 연방 규칙 위반의 인식이 있었다고 인정할 수 있다고 판단하여 TIME-DC社에게 유죄를 선고하였다.

(4) New England Bank 사례

같은 취지의 판결이 중죄의 성립여부가 쟁점이 된 1987년의 New England Bank 사례[93]에서도 내려졌다. 본 사건에서는 한 고객이 소액의 수표를 수차례 사용하여 총액이 1만 달러가 넘었음에도 피고법인인 New England Bank가 이러한 총액 1만 달러 이상의 거래를 보고하지 않았기 때문에 1만 달러 이상의 거래에 대한 보고의무를 부과한 '통화거래보고법'(Currency Transaction Reporting Act) 위반을 이유로 중죄로 기소되었다. 이에 대해 New England Bank는 해당거래의 모든 내용을 파악하고 있던 사람이 없었고, 범죄 인식을 가지지 않았음을 논거로 무죄를 주장하였다. 제1심인 매사추세츠 연방지방법원은 배심원에게 설시함

92) United States v. T.I.M.E.- D.C., Inc., 381 F. Supp. 730, 738 (W.D. Va. 1974).

93) United States v. Bank of New England, N.A, 821 F.2d 844 (lst Cir. 1987) cert. denied, 484 U.S.943, 108 S.Ct. 328, 98 L.Ed.2d 356 (1987).

에 있어 "Bank를 1개의 시스템이라고 볼 수 있어 종업원 전원의 총체가 Bank의 인식이다"고 판시하여 이를 근거로 New England Bank에게 유죄의 평결이 내려졌다. 이 설시의 적절성 여부의 판단과 관련하여 항소심인 제1순회구 연방항소법원은 법인의 형사책임을 인정함에 있어 집단인식의 적용을 인정한 설시는 적절하다고 판시하면서 다음과 같이 말하였다. "법인은 실제로는 보다 작은 구성단위에 의해 운영되기 때문에 법인 전체의 인식은 세부 구성단위로 분할되고 구체적인 의무도 세분화되게 된다."[94] 따라서 1개의 부서나 한 개인은 법인의 다른 구성단위의 활동을 파악할 수 없다. 이에 "Bank는 다른 모든 대기업과 유사하게 구조상 세분화되어 있어 그 형사책임을 인정함에 있어 집단인식의 설시는 적절할 뿐만 아니라 필요하다."[95]

(5) 연방법원 판례의 한계

이러한 범죄의 실행 행위자를 특정하지 않고 기업의 형사책임을 인정하는 접근방식에 대해 많은 비판이 제기되고 있다. 우선, 대리인을 불기소 또는 무죄로 하면서 법인에게만 형사책임을 부담시킨다는 점과 관련하여 이러한 방법은 안이한 사법거래를 초래한다는 비판이 가해지고 있다.[96] 또한, 다른 행위자의 범죄구성요소의 결합에 대해서도 실제 행위자의 일부로서의 행위와 mens rea의 동시 존재를 요구하는 것은 책임주의 원칙에 반한다고 한다.[97] 더욱이 "집단인식의 이론은 mens rea의 원칙에 반하여 법인의 과도한 의인화 경향을 형법에 수용하는 것이다.", "이미 대위책임의 법리로부터 괴리된 것이다."[98]라는 등의 비판이 존재한다. 그러나 연방법원 판례는 종래 대위책임의 법리가 전제하고 있던 위법행위자의 특정이라고 하는 요건을 완화함으로써 적극적으로 법인의 형사책임을 묻을 수 있는 방법을 만들어 냈다는 점을 중요시하고 있을 뿐 집단인식의 이론을 적극 수용한 것은 아니라고 본다.[99]

이에 대해 최근의 학설은 이러한 행위자 특정이라는 성립요건의 완화에 의

94) *Ibid.* 856; Ellen S. Podgor, *WHITE COLLAR CRIME IN A NUTSHELL* (1993), 45－46면.
95) 821 F.2d 844, 855 (1st Cir. 1987).
96) Lederman, 앞의 논문, 317면.
97) *Ibid.* 307면.
98) *Ibid.* 306면.
99) *Ibid.* 305－306면.

해서도 해결되지 않는 문제점이 존재한다는 지적이 있고, 이를 계기로 새로운 법인의 형사책임의 귀책원리를 모색하는 움직임이 활발해지고 있다. 즉 집단인식론에 의해 위법행위자의 특정을 필요로 하지 않는 접근방식을 채택했다고 하여도 대위책임의 법리를 전제로 하는 한 법인의 형사책임을 인정하기 위해서는 법인 내의 위법행위자의 존재가 전제되어야 하므로 집단인식론은 이 요건을 최대한 완화한 것에 지나지 않는다. 그러나 자연인의 매개라는 전제를 유지하면서 위법행위자의 특정을 필요로 하지 않는다는 접근방식은 책임주의에 반한다는 비판이 제기되고 있다. 또한, 법인의 활동과 관련하여 법익침해가 발생했을 경우 그 원인이 대리인이나 종업원의 위법행위가 아니고 법인의 안전관리 시스템의 미비나 조직 구조상의 결함에 기인하는 사례가 있지만, 이러한 사례에 대해 현재의 대위책임의 법리에서는 비록 집단인식론을 채택했다고 하더라도 법인의 형사책임을 물을 수 없는 가능성이 여전히 남아있어 타당하지 않다고 여겨지고 있다. 더욱이 현재의 연방법원 판례에 따르면 법인은 안전관리 시스템을 정비하여도 종업원이 저지른 단 한 번의 위법행위에 대해서도 형사책임이 부과될 수 있다는 점에서 법인의 범죄예방의 의욕을 저해시킨다는 비판이 제기되고 있다.[100] 종래의 법인의 형사책임론은 자연인을 대상으로 구축되어 온 형법상의 여러 원칙을 법인에게 적용시키려고 한 나머지 자연인과 법인의 공통점에만 관심이 집중되어 법인의 실태가 적절히 반영되어 있지 않는 문제가 있다고 한다.[101]

Ⅴ. 새로운 귀책모델론의 등장

1. 새로운 귀책모델의 모색

(1) 새로운 귀책원리의 등장

이러한 종래 연방법원 판례에 대한 비판을 근거로 학설상 법인의 형사책임의 귀책원리 가운데 법인 고유의 성질, 특히 조직체로서의 성질을 고려하려는 시도가 유력하게 제시되고 있다.[102] 무엇보다 이러한 새로운 귀책모델의 시도

100) Ragozino, 앞의 논문, 439－441면.

101) 川崎友巳, 앞의 책, 174－178면.

는 다양한 내용이 포함되어 있어 반드시 1개의 모델만으로 해석될 수 없다. 하지만 현재 단계에서도 법인 조직 내의 위법행위자의 특정을 전제하지 않고 법인 고유의 성질을 고려한다는 점에서 공통점이 발견된다. 기업의 형사책임과 관련된 이러한 새로운 귀책모델을 고찰하는 것은 향후 법인의 형사책임론이 새로운 단계로 발전하는 데 있어 많은 시사점을 줄 수 있을 것으로 본다. 따라서 이하에서는 대위책임의 법리의 극복을 목표로 미국에서 제시되고 있는 새로운 법인의 귀책모델 가운데 주요한 것을 살펴보고자 한다.[103)]

(2) 예방적 법인과실 모델

대위책임의 법리의 문제점을 근거로 하여 제시된 새로운 법인의 귀책모델 가운데 비교적 오래전부터 주장되어 온 것이 '예방적 법인과실'(proactive corporate fault) 모델이다. 예방적 법인과실 모델은 무과실 전가책임을 부과하는 대위책임의 법리에 의해서는 범죄의 억제와 적정한 응보라는 현대형법의 주요 목적을 달성하지 못하고, 법인의 형사책임을 묻는 데에도 한계가 있음을 지적한다.[104)] 이 때문에 대위책임의 법리를 전제하면서도 법인이 활동방침이나 활동내용에 있어 범죄의 발생을 예방하기 위한 합리적인 노력을 충분히 하였음을 증명할 경우 법인에게 과실이 없다고 판단하여 형사책임을 귀속하지 않는 모델이 제안되었다.[105)] 여기서 말하는 합리적인 노력의 입증은 범죄의 발생을 막기 위한 예방책의 실시와 범죄의 실행을 금지하는 명확하고 설득력이 있는 의사의 표명을 의미한다. 보다 구체적으로 예방적 과실의 존재가 부정되어 상당한 주의의 항변이 인정되기 위해서는 법인의 이사나 경영책임자가 외부감사, 법령준수보고서의 작성 및 정기적인 내부적 평가의 실시 등에 적극적으로 임하지 않으면 안 된다고 한다. 예방적 법인과실 모델에서는 이러한 법인의 활동내용이나 절차의 합리성으로부터 법인 고유의 과실의 존재여부를 도출하는 데 주목적을 두고 있다.[106)]

---

102) 기업 고유의 성질을 고려한 새로운 귀책모델에 대해 상세히는 青木紀博, "アメリカにおける法人責任論の試み", 産大法学 30巻 3·4号 (1997), 1면 이하 참조.

103) 이하 川崎友巳, 앞의 책, 178－186면.

104) Developments in the Law, 앞의 논문, 1253면.

105) *Ibid.* 1257－1258면.

106) *Ibid.* 1257－1258면.

예방적 법인과실 모델은 1979년에 제안된 이래 그 후의 새로운 법인의 귀책모델을 둘러싼 활발한 논의를 유발하는 단서가 되었다. 이에 예방적 법인과실 모델은 지금도 여전히 일정한 의미를 가지고 있다.[107] 그러나 이 모델을 실제로 도입하려면 예방적 법인과실을 입증하는 검찰의 부담이 너무나 커 법인의 형사책임을 묻는 것이 사실상 어려운 것이 아닌가라는 의문이 제기되어 온 것도 사실이다.[108]

(3) 응답적 법인과실 모델

이러한 예방적 법인과실 모델이 갖는 문제점의 극복을 목표로 하여 주장된 모델이 '응답적 법인과실'(reactive corporate fault) 모델이다. 이 모델은 법인의 mens rea는 명시 또는 묵시의 활동방침에 의해 나타나고 있다고 한다. 이와 같이 조직적인 활동방침에 의해 나타난 법인의 mens rea는 '전략적 mens rea'(strategic mens rea)로 불려 법인의 이사나 상급관리자에게 환원할 수 없는 법인 고유의 정신상태로서 파악된다. 그리고 법인의 범죄에 대한 대응이 법인의 활동방침에 반영되고 있으므로 그 대응이 불충분함에 의해 전략적 mens rea의 존재가 인정되어 법인에 대한 비난가능성의 기초가 마련된다고 한다.[109] 그러나 예방적 법인과실 모델은 실제 행위자의 행위가 실행되기 이전 또는 실행된 시점에서 법인의 활동방침을 검찰이 입증하는 것은 매우 어렵고, 현실적으로도 그 실효성이 부족하다는 비판이 가능하다. 나아가 법인에 대한 비난가능성은 실제 행위자의 행위가 실행 후의 사정과도 관련을 맺고 있다는 데 주목하여 실제 행위자의 행위가 실행되기 전에 범죄를 예방하기 위한 여러 조치로부터 도출되는 '예방적 법인 mens rea'(proactive corporate mens rea)뿐만 아니라, 해당 범죄가 발생한 후에 실시된 재범방지 노력으로부터 도출되는 '응답적 법인 mens rea'(reactive corporate mens rea)에 의해서도 법인의 비난가능성의 기초가 마련될 수 있다.[110]

---

107) 예방적 법인과실 모델을 지지하는 견해로는 Larry May, "Vicarious Agency and Corporate Responsibility", 43 PHIL. STUD. 69, 78(1983).

108) Brent Fisse, "Restructure Corporate Criminal Law: Deterrence. Retribution, Fault and Sanctions", 56 S. CAL. REV. 1141, 1191(1983).

109) *Ibid.* 1190, 1198면.

110) *Ibid.* 1200면.

응답적 법인과실 모델은 종래 연방법원 판례가 대위책임의 법리 아래에서 법인의 무과실 전가책임을 부과하면서도 양형상의 경감사유로 고려해 온 범죄 발생 후의 재발방지를 위한 법인의 대처를 하나의 책임요소로 인정한 것이다.[111] 범죄발생 후의 법인의 대응이라는 가시적인 요소로부터 법인의 mens rea를 도출함으로써 그 입증이 비교적 용이하다고 할 수 있다. 이 때문에 이 모델이 도입될 경우 법인의 형사책임의 귀속은 비약적으로 활발해질 것으로 예상된다. 그러나 이러한 응답적 법인과실 모델에 대해서는 강한 비판이 제기되어 왔다. 즉 실제 행위자의 행위와 동시에 존재할 필요가 있는 mens rea를 범죄 종료 후의 법인의 대응으로부터 도출하는 것은 사후고의를 인정하는 것이기 때문에 타당하지 않다고 한다.[112]

(4) 법인 정신(ethos) 모델

법인의 조직구조에 주목하여 법인의 형사책임의 도출을 시도한 새로운 귀책모델로 '법인 정신'(corporate ethos) 모델을 들 수 있다. 이 모델은 법인에게는 법인 조직 내의 자연인과는 별개의, 그리고 법인 그 자체의 정체성(identity)로서의 정신(ethos)이 존재함을 전제로 한다. 그리고 그러한 정신(ethos)이 종업원의 위법행위를 촉진하는 작용을 하였을 경우에 법인의 형사책임을 물을 필요가 있다고 한다. 법인 정신(ethos)의 내용에 대해서는 범죄예방 조치[113]나 위법행위가 발생한 후 구제 노력[114]뿐만 아니라, 조직구조, 활동방침, 법령준수를 위한 조치[115] 등 여러 종류의 요소를 종합적으로 고려한 결과 법인의 위법행위를 촉진하는 정신(ethos)의 존재가 지속적으로 인정되는 경우 범죄 의도가 있는 것으로 보아 법인은 형사책임을 긍정한다. 반면에 그러한 정신(ethos)의 존재가 인정되지 않을 경우 범죄 의도가 없다고 보아 형사책임이 부정된다고 본다.[116] 이 모델의 핵심은 법인이 위법행위를 대하는 태도에 있다. 이에 따라 위법행위를

---

111) *Ibid.* 1196면.

112) Andrew Ashworth, *PRINCIPLES OF CRIMINAL LAW* (3d ed., 1999), 122면.

113) Pamela A. Bucy, "Corporate Ethos: A Standard for Imposing Corporate Criminal Liability", 75 MINN. L. REV 1095, 1161-1162(1991).

114) *Ibid.* 1182면.

115) *Ibid.* 1182-1183면.

116) *Ibid.* 1123-1124, 1182면.

행한 법인 내의 자연인(대표자, 대리인 또는 종업원)의 특정은 법인 정신(ethos) 모델에서 성립요건이 아니다.[117)]

분명 자연인을 매개로 하지 않고 법인 그 자체의 mens rea를 도출함에 있어 위법행위의 발생 이전에 그 예방을 위해 법인이 어떠한 조처들을 취하고 있었는지, 또 위법행위의 발생 후 법인이 피해자의 구제와 재발방지를 위해 어떠한 조처들을 취하였는지 뿐만 아니라, 법인의 조직구조, 활동방침, 법령준수를 위한 조치 등의 종합적 고려를 통해 법인의 규범의식을 분명히 하여 그 결여에 대해 법적 비난을 가하는 법인 정신(ethos) 모델은 일정 정도 설득력을 가지고 있다. 그러나 이 모델에 대해서는 법인의 범죄 의도를 입증하려고 한 시도는 높게 평가할 수 있으나, 실제로 이러한 모델을 운용함에 있어 위법행위를 촉진하는 정신(ethos)의 유무를 판단하는 기준이 반드시 명확하지 않고 어떠한 점을 판단 자료로 해야 하는지에 대해서도 불분명하다는 비판이 제기되고 있다.[118)]

(5) 구축적 법인책임 모델

'구축적 법인책임'(constructive corporate liability) 모델은 법인의 형사책임을 도출하기 위해 법인의 조직구조, 활동방침, 의사결정 과정 등을 고려한다는 점에서 법인 정신(ethos) 모델과 공통점이 있다. 이러한 법인 고유의 요소를 고려함으로써 법인의 실태에 알맞은 귀책모델을 설계할 수 있다는 주장도 두 모델의 공통된 문제의식이라고 할 수 있다. 그러나 법인 정신(ethos) 모델에서는 mens rea의 요소인 정신 상태(state of mind)와의 대응관계가 분명하지 않으나, 이를 명확하게 함으로써 법인 고유의 mens rea의 확립을 꾀한 것이 구축적 법인책임 모델이다.[119)]

구축적 법인책임 모델에 따르면 법인의 형사책임을 도출하기 위해서는 법인의 위법행위의 존재가 전제로 여겨지기 때문에 그 존재를 확정하는 것이 구축적 법인책임의 문제로 간주된다. 이때 법인의 위법행위의 존재는 법인의 조직규모, 조직구조, 의사결정 과정 등을 판단자료로 하여 법인 조직 내의 자연인의 위법행위를 법인 자신에게 귀속하는 것이 합리적인가 아닌가라는 관점에

117) *Ibid.* 1129면.

118) Ragozino, 앞의 논문, 443－444면.

119) William S. Laufer, "Corporate Bodies and Guilty Minds", 43 EMORY L.J. 647, 671(1994).

의해 판단한다. 여기서 위법행위자와 법인의 관계가 견고할 경우에 법인의 위법행위를 인정하는 것이 용이하게 된다.[120] 이에 대해 구축적 법인책임은 해당 기업이 ① 목적(purpose), ② 인식(knowledge), ③ 무모(recklessness), ④ 과실(negligence)이라는 현행 미국형법의 mens rea의 요소인 정신상태를 행위시에 가지고 있었는지가 검토된다. 윤리적·법적 책임에 있어 비난가능성의 기초가 되는 정신상태의 존재는 필수요건이며, 피고인이 법인의 경우에도 자연인과 마찬가지로 요구된다고 한다.[121] 다만, 목적, 인식, 무모, 과실이라고 하는 네 개의 요소는 순수한 주관적인 기준에 의해 도출될 필요는 없다. 법인의 경우에 동일한 규모나 구조를 가지는 평균적으로 이성적인 법인조직이라면 해당 상황 아래에서 법익침해의 위험성을 인식했는가라는 관점으로부터의 검토가 중요하며, 이러한 검토로도 충분하다고 한다.[122]

보다 구체적으로 정신상태의 네 개의 요소는 다음과 같이 도출된다고 한다.[123] 첫째, 목적은 일정한 예견 가능한 결과를 야기한다는 내심의 의사를 가지고 행위를 하는 경우이기 때문에 (i) 명시적 혹은 묵시적으로, 또는 업무를 개입시키고 위법행위를 촉진·장려하는 활동방침 또는 활동내용, (ii) 법령위반을 결재 또는 시인하는 조치, (iii) 위법행위의 명시적 또는 묵시적인 결재, 시인, 동의 또는 지시 자체가 증거가 된다. 둘째, 인식은 해당 행위가 일정한 결과를 가져온다는 것을 인식하고 있는 것을 말한다. 이러한 인식은 여러 정황증거들에 의해 동일한 조직규모나 조직구조의 기업이라면 일반적으로 그 행위의 성질을 인식하고 있었다고 말할 수 있는가라는 관점에 의해 인정된다. 셋째, 무모는 피고인에 의한 위험의 무시가 일반적인 평균인이라면 준수하였을 행위기준으로부터 크게 일탈하고 있는 것을 말한다. 통상 일반적인 법인이라면 해당 상황 아래에서 어느 정도의 위험인식이 가능했는가라는 관점에 의해 인정된다. 넷째, 과실은 인식해야할 실질적인 위험을 부주의로 창출한 경우를 말한다. 이 때문에 해당 상황 아래에서 평균적인 법인에게 기대되는 주의기준으로부터 일탈하였는지 여부의 관점에 의해 인정된다.

---

120) *Ibid.* 686－689면.
121) *Ibid.* 699－702면.
122) *Ibid.* 702－705면.
123) *Ibid.* 715－724면.

이와 같이 구축적 법인책임 모델은 법인의 정신상태를 도출함에 있어 법인 고유의 성질을 고려할 뿐 법인 조직 내의 자연인을 매개하지 않는다. 또한, 평균적인 법인을 기준으로 함으로써 객관적으로 법인의 mens rea의 확정을 시도한다. 이러한 접근방식에 대해 법인의 형사책임이 법령위반이 아닌 일정한 기준위반에 대한 책임으로 변경된다는 비판이 제기되지만, 이에 대해서는 정신상태의 합리적인 추정은 자연인의 의도(고의)를 인정함에 있어서도 행해지고 있어 실질적인 차이가 없다는 반론이 제기되고 있다.[124)]

(6) 삼면 구조 모델

'삼면 구조'(Three Prong Framework) 모델은 법인에게 형사책임을 부과하는 이유로 법인의 시스템 그 자체가 범죄행위를 조장하는 경우가 있음을 지적한다.[125)] 즉 다수의 사례에서 법인은 대리인이나 종업원 등의 위법행위자와 함께 기소되어 형사책임이 부과되지만, 양자의 형사책임은 동일한 범죄 의도의 존재를 전제로 하여 도출되고 있음에도 불구하고 위법행위자나 법인 어느 한편의 형사책임만을 부정하는 판결이 내려지는 경우가 있음을 지적하면서 법인의 활동을 완벽하게 자연인에게 환원하는 것은 불가능한 것이라고 본다.[126)] 이러한 전제에서 삼면 구조 모델은 기업의 실태를 근거로 ① 법인의 활동실태나 활동방침이 법령에 위반하고 있는지 아닌지, ② 법인의 활동실태나 활동방침을 통해 법인의 대리인의 법령위반을 야기하는 것이 합리적으로 예견가능한지 아닌지, ③ 법인이 대리인에 의한 법령위반을 받아들이고 있는지 아닌지라는 세 가지 측면에서 법인의 형사책임의 기본 틀을 구성할 것을 제안한다.[127)]

이러한 주장은 법인의 조직구조의 복잡함과 그 내부에 속한 자연인의 책임분담의 불명확성을 언급하는 조직체이론(organizational theory)에서도 입증되고 있다고 본다.[128)] 그리고 기업 고유의 성질로서 세 가지 측면에 주목한 점도 일정 정도 설득력을 가지고 있다. 그러나 이러한 삼면 구조 모델에 대해서도 이를

---

124) *Ibid.* 712−715면.

125) Ann Foerschler, "Corporate Criminal Intent: Toward a Better Understanding of Corporate Misconduct", 78 CAL. L. REv. 1287, 1289(1990).

126) *Ibid.* 1290−1291, 1298−1299면.

127) *Ibid.* 1306−1311면.

128) *Ibid.* 1299−1303면.

구체적으로 적용하여 법인의 형사책임을 인정함이 용이하지 않고, 이에 따라 법인의 형사책임을 물을 가능성이 저하되는 것은 아닌가라는 비판이 제기되고 있다.[129)]

(7) 컴플라이언스 프로그램 모델

지금까지 살펴본 귀책모델은 자연인을 매개로 하지 않고 법인 고유의 성질을 고려한다는 점에서 종래의 대위책임의 법리가 내포하고 있던 본질적인 문제점을 극복하려 했다는 점에서 높게 평가할 수 있다. 그러나 한편으로 그러한 새로운 귀책모델의 대부분이 현실적으로 도입 가능한 단계에 이르고 있는지에 대해서는 의문이 제기된다. 이러한 모델들이 언급하고 있는 그 기준이나 판단자료 등에 있어 여전히 불명확한 측면을 가지고 있음을 부정할 수 없다. 이에 반해 실제로 도입 가능한 명확한 기준이나 판단자료를 제시하고 있는 것이 '컴플라이언스 프로그램'(compliance program) 모델이다.

이 모델은 대위책임의 법리를 전제로 하면서도 비록 법인의 활동과 관련하여 위법행위가 실행되었다고 하더라도 해당 법인이 컴플라이언스 프로그램을 적정하게 운용하고 있었을 경우에 상당한 주의의 항변을 인정하여 무과실 면책을 해야 한다고 말한다.[130)] 앞서 언급한 바와 같이, 컴플라이언스 프로그램이란 "기업마다 자발적으로 실시되는 법령을 준수하기 위한 체계적인 대응"을 말한다. 구체적으로 그 내용은 ① 법령준수 매뉴얼의 작성과 운용, ② 법령준수를 위한 사람(즉 준법감시인)과 조직의 정비, ③ 위반행위자가 발각되었을 경우의 처리 절차 등이다. 컴플라이언스 프로그램 모델은 상당한 주의의 항변을 인정한다는 점에서 오래전부터 책임주의원칙에 반한다는 비판을 받아 온 대위책임의 법리의 문제점을 극복할 수 있다고 한다.[131)] 그리고 상당한 주의의 내용을 컴플라이언스 프로그램으로 하는 것은 법인 고유의 성질을 고려해야 한다는 최근의 학설상의 요청에도 부응할 수 있다고 한다.

법인이 컴플라이언스 프로그램을 적정하게 실시하고 있었음에도 불구하고 그 대리인 등에 의해 위법행위가 실행되었을 경우 이 위법행위에 대한 형사책

---

129) Ragozino, 앞의 논문, 444면.
130) Walsh & Pyrich, 앞의 논문, 605면.
131) *Ibid.* 677면.

임을 법인에 전가하는 방식은 분명히 문제가 있다. 또한, 컴플라이언스 프로그램의 실시가 상당한 주의의 항변이 될 수 있다면 법인으로 하여금 자발적으로 컴플라이언스 프로그램을 도입하게 하는 강력한 유인책도 된다.[132] 미국에서는 잇따르는 기업범죄에 대한 반성의 일환으로서 컴플라이언스 프로그램이 기업법인에게 빠르게 도입되고 있다. 이러한 점을 고려할 때 컴플라이언스 프로그램을 법인 고유의 주의의무라고 파악하여 이를 적정하게 실시하고 있었을 경우에 무과실 면책을 인정하는 아이디어는 다른 귀책모델에 비해 실현 가능성이 높다고 본다.[133]

더욱이 이러한 귀책모델은 최근 판례나 제정 법률이 컴플라이언스 프로그램을 고려하여 법적 효과를 인정하기 시작함으로써 단순한 이론에 머무르지 않고 실천적인 의의를 갖추고 있다. 예를 들어 하급심 판결 가운데는 컴플라이언스 프로그램을 실시하고 있었음에도 불구하고 종업원이 위법행위를 실시했을 경우 그 종업원의 행위는 "법인의 이익을 위하여" 또는 "직무범위 내"라고 말할 수 없기 때문에 대위책임의 성립요건을 충족하고 있지 못하여 법인의 형사책임을 부정한 판례가 있다.[134] 또한, 연방 사법부는 반트러스트법[135]이나 환경법[136]의 영역에서 컴플라이언스 프로그램을 실시하고 있던 사실이 위법행위가 발생하였을 경우에 해당 법인을 기소할 것인지 아닌지를 결정하기 위한 요소로서 작용할 수 있다는 취지의 성명(statement)을 공표하고 있다.[137] 그리고 1991

132) *Ibid.* 678-681면.

133) 컴플라이언스 프로그램 모델을 지지하는 견해로는 Ragozino, 앞의 논문, 449-472면; Gruner, 앞의 책, § 6.1-6.7.

134) United States v. Willi Beusch and Deak & Company of California, Inc., 596 F. 2d 871 (9th Cir. 1979); United States v. Basic Construction Co. 711F. 2d 570 (4th Cir.) cert. denied, 464 U.S. 956 (1983).

135) Antitrust Division, U.S. Dep't of Justice, Corporate Leniency Policy (Aug. 10, 1993), 328 Trade Reg. 20,649 (1994).

136) U.S. DEP'T OF JUSTICE, FACTORS IN DECISIONS ON CRIMINAL PROSECUTIONS FOR ENVIRONMENT VIOLATIONS IN THE CONTEXT OF SIGNIFICANT VOLUNTARY COMPLIANCE OR DISCLOSURE EFFORTS BY THE VIOLATOR, reprinted in 21 ENVTL. L. REP. (ENVTL L. LNST.) 35, 399 (July 1, 1991).

137) Steven M. Morgan & Allison K. Obermann, "Perils of the Profession: Responsible Corporate Officer Doctrine May Facilitate a Dramatic Increase in Criminal Prosecutions of Environmental Offenders" (1991), 45 Sw.L.J. 1199, at 1215.

년에 도입된 '조직체에 대한 연방 양형 가이드라인'에서는 컴플라이언스 프로그램을 실시하고 있던 사실이 벌금액의 경감 사유로 되어 있다.[138]

다만, 이러한 가운데도 연방법원은 컴플라이언스 프로그램을 법인 고유의 주의의무의 내용으로 하여 이를 실시하고 있었을 경우에 무과실 면책을 인정해야 한다는 학설상의 유력한 주장을 완고하게 거부하고 있는 점은 흥미롭다. 여기에는 법인의 범죄활동의 효과적인 단속을 위해서는 대위책임의 법리의 아래에서 법인에게 무과실 전가책임을 부과할 필요가 있다는 연방판례의 일관한 태도가 엿보인다.

2. 새로운 귀책모델론의 평가

(1) 새로운 귀책모델론의 의의

법인 고유의 성질에 주목한 새로운 법인 귀책모델론이 등장함에 따라 미국에서 법인의 형사책임에 대한 논의는 근본적인 재검토가 요구되었다. 종래 법인의 형사책임은 자연인을 매개로 하여 도출함이 당연한 전제였으며, 그러한 전제 아래서 효과적으로 법인의 형사책임을 묻기 위해 다양한 견해가 제시되고 있었다. 그러나 새로운 귀책모델론은 그러한 종래의 다양한 견해가 전제로 한 자연인을 매개하여 법인의 형사책임을 도출하는 접근방식의 본질적인 문제점을 지적하고 이를 극복하는 것이 오늘날 법인의 형사책임론의 과제로 여겼다. 즉 최근 미국에서는 법인 고유의 성질을 어떠한 방법으로든 귀책원리에 도입하여 구체적으로 어떠한 측면을 요건으로 하는 것이 타당한가라는 문제에 대한 논의가 활발하게 전개되고 있다. 그리고 이러한 논의는 다른 나라의 논의에도 영향을 미치고 있다. 즉 이러한 법인 고유의 성질을 고려한 귀책모델은 영국, 호주, 독일, 스위스 등에서도 주장되고 있다.

다만, 앞서 살펴본 바와 같이 이러한 새로운 귀책모델론은 반드시 같은 방향을 목표로 하는 것은 아니며, 구체적으로 법인의 어떠한 측면을 고려해야할 것인가라는 점에 대해서도 여전히 불명확한 점이 남아 있다. 이러한 측면을 고려할 때 새로운 귀책모델론이 종래의 법인의 형사책임론에 대한 안티테제에 머

---

138) UNITED STATES SENTENCING COMMISSION, U.S. SENTENCJNG GUIDELINES MANUAL § 8C2.5(f) (1998).

무른다는 평가도 전적으로 틀린 것은 아니라고 본다.

(2) 컴플라이언스 프로그램 모델에의 기대

그러나 새로운 귀책모델론 가운데에서도 컴플라이언스 프로그램 모델은 법인이 면책되기 위해 이행해야 할 상당한 주의의 내용을 상당히 구체성을 가지고 제시하고 있다고 본다. 그리고 컴플라이언스 프로그램을 적절히 실시하고 있었다는 사실은 기업에 대한 벌금형의 경감사유나 기소유예의 사유로서 실제로 고려되고 있어 무과실 면책의 사유로서의 법적 효과를 부여하여도 이론상 문제는 적다고 본다.

연방 차원에서는 오랫동안 대위책임의 법리가 채택되어 법인의 무과실 전가책임이 귀속되어 왔다. 그러나 이러한 기업의 범죄활동의 효과적인 규제의 필요성을 우선한 판례의 태도에 대해서는 책임주의 원칙에 반하다는 비판이 강하게 제기되어 왔다. 더욱이 최근에는 자연인 행위자를 특정할 수 없는 사례가 많아 법인 고유의 성질을 고려할 필요성이 인정되고 있다. 이러한 사정을 근거로 하면 미국 연방 차원에서 컴플라이언스 프로그램 모델이 실제로 도입되는 날도 그리 멀지 않았을지도 모른다.

Ⅵ. 맺음말

미국 판례는 영국과 마찬가지로 광범위한 범죄유형에 대해 법인의 형사책임을 인정하여 왔다. 무엇보다 1940년대 이후 미국에서는 동일성 원리의 채택에 소극적인 자세가 취해져 영국 이상으로 법인처벌의 필요성을 중시한 대응이 이루어져 왔다. 이렇게 법인의 형사책임을 적극적으로 인정하는 경향은 연방 차원과 주 차원의 양쪽 모두에서 찾아 볼 수 있으나, 특히 연방 차원에서 광범위하게 대위책임의 법리의 적용을 인정하고 있다. 따라서 법인의 형사책임의 발전 과정에 있어 미국과 영국과의 차이점은 영국은 최종적으로 형법의 기본원칙(특히 주관적 책임의 원칙)과의 조화를 도모하여 법인이 정범으로서 형사책임을 부담하는 이론적 근거를 제공하기 위해 동일성 원리를 채택하여 그 적용범위를 한정하는 방법을 선택한 반면, 미국은 동일성 원리의 적용에 소극적 자세를 관철한 데 있다. 그리고 미국에서 이러한 자세가 관철되어 온 주된 요인은 법인의 범죄활동의 실태에 입각하여 법인에게 형사책임을 묻을 필요성을 보다 중요시한 데 있다.[139)]

한편, 미국에서 동일성 원리를 채택하지 않는 방법을 선택한 판례는 1940년 무렵부터 대위책임을 적용할 때의 성립요건을 한층 완화하는 방향으로 발전하여 왔다. 이 때문에 법인의 형사책임은 보다 쉽게 인정되었다. 예를 들어 자연인 행위자의 특정은 필요하지 않고, 법인 내의 누군가가 위법행위를 실시했던 것이 분명하다면 법인의 형사책임은 인정된다는 판례 등이 그 전형이다. 그러나 이러한 판례의 태도에 대해 형사책임을 묻는 성립요건으로서 충분하지 못하고, 책임주의 원칙에 반한다는 비판이 계속해서 제기되었다. 또한, 1980년대 후반부터 이러한 대위책임의 성립요건의 완화에 의해 대기업 형태의 법인이 내포하는 '시스템'이나 '조직구조'라는 자연인에게 환원할 수 없는 성질을 전혀 고려하지 않는다는 지적도 유력하게 제기되었다. 그리고 최근에는 기업이 컴플라이언스 프로그램을 실시하였을 경우에 상당한 주의의 항변을 인정하는 컴플라이언스 프로그램 모델이 주목받고 있다. 실제로 몇몇 순회구 연방법원에서는 법인이 컴플라이언스 프로그램을 실시하고 있었음을 근거로 법인의 형사책임을 부정하는 판결이 내려지고 있다. 지금까지 미국에서 법인의 형사책임을 한정하기 위한 제안된 여러 귀책모델은 거의 판례에 영향을 주고 있지 않지만, 컴플라이언스 프로그램 모델만큼은 판례에 의해 관심을 가지고 검토·수용되고 있다.[140)]

그리고 미국에서 법인의 형사책임론을 설명할 경우 지금까지 살펴본 판례나 학설의 전개 이외에도 간과할 수 없는 움직임이 있는바, 법인의 형사책임 무용론이다. 이러한 법인의 형사책임 무용론에 따르면 다수설과 동일하게 법인의 범죄능력을 부정하지는 않지만, 기업에게 형사제재를 부과해도 억제효과를 기

139) L. H. Leigh, "The Criminal Liability of Corporations and Other Groups: A Comparative View", 80 MICH. L. REV. 1508, 1518(1982).

140) 이에 대해 지금까지 미국에서의 법인의 귀책원리의 발전은 너무 편의주의적이고, 경험적인 근거가 부족하다는 비판으로는 Gilbert Geis & Joseph F. DiMento, "Empirical Evidence and the Legal Doctrine of Corporate Criminal liability", 29 AM.J. CRIM.L. 341, 341–375(2002).

대할 수 없는 이상 기업의 형사책임을 묻는 것은 의미가 없다고 한다. 특히, 오늘날과 같이 '비형사적 제재'(civil sanction)가 다양하게 존재하고 있는 이상 기업에게 형사책임을 부과함으로써 얻어지는 의미는 약하다고 한다.[141] 미국에서 이러한 주장은 1960년대 등장하여[142] 일정한 관심을 끈 후 일정한 지지를 계속해서 얻고 있다.[143] 그러나 그럼에도 불구하고 이러한 견해가 다수설이 되지 않는 이유도 분명히 있다. 즉 법인의 형사책임을 묻는 목적을 범죄억제에만 한정한다는 데에 본래부터 의견의 일치가 존재하지 않으며, 그러한 형사제재의 억제효과를 부정하는 결론도 오늘까지 실제로 증명되지 않기 때문이다.[144] 다만, 법인의 형사책임 무용론은 기업범죄에의 법적인 대응을 검토함에 있어 형법상 역할의 한계를 지적하여 보다 효과적인 법인처벌 시스템을 구축할 것을 요구하는 경종으로서 기능하고 있다고 본다.[145]

---

141) V.S. Khanna, "Corporate Criminal Liability: What Purpose Does It Serve?", 109 HARV. L. REV. 1477, 1492－1534(1996); Daniel R. Fischel & Alan O. Sykes, "Corporate Crime", 25 J. LEGAL STUD. 319, 321－322(1996).

142) Sanford H. Kadish, "Some Observations on the Use of Criminal Sanctions in Enforcing Economic Regulations", 30 U. CHI. L. REV. 423, 435(1963).

143) Developments in the Law, *supra* note 68, at 1365－1375.

144) 법인의 형사책임무용론에 반대하는 최근의 문헌으로는 Lawrence Friedman, "In Defense of Corporate Criminal Liability", 23 HARV. J. L. & P4 POL'Y 833, 833－858(2000).

145) 川崎友巳, 앞의 책, 186－188면.

§ 8 독일에서 기업의 형사처벌

Ⅰ. 머리말

우리나라의 형법전이나 형법학은 독일로부터 커다란 영향을 받아오고 있음을 부인할 수 없다. 이는 기업(법인)의 형사책임론과 관련한 논의에서도 예외가 아니다. 다수의 행정법상 양벌규정을 통해 법인처벌 규정이 존재함에도 오랫동안 법인의 범죄능력을 부정하는 견해가 독일과 마찬가지로 여전히 통설인 위치를 차지하고 있기 때문이다.[1] 그러나 최근 독일에서도 기업 활동의 효과적인 규제의 필요성이 제기됨에 따라 형사법에도 그 역할을 일정 정도 담당할 것을 요구하고 있다. 특히 유럽 경제권의 통일을 이룬 유럽연합(EU)은 오늘날 독일을 포함한 가맹국 내에서 기업 활동의 법적 규제의 기본적 입장에 대해 동일한 보조를 취할 것을 요구함에 따라 그 일환으로 법인처벌 제도의 정비의 필요성이 높아지고 있다. 이 때문에 1990년대 이후의 독일에서는 법인처벌을 둘러싼 논의가 급속히 활발해져 법인의 범죄능력을 긍정하는 입장과 부정하는 입장 모두로부터 기업 활동의 형사규제의 기본적 입장에 대해 주목할 만한 견해가 제시되고 있다.

독일의 영향을 강하게 받아 법인의 범죄능력 부정론이 통설적 입장을 차지하고 있는 우리나라의 기업(법인)의 형사책임론에 있어 이러한 독일의 관련 논의를 고찰하는 의의는 크다. 따라서 이하에서는 우선 독일이 법인의 범죄능력을 부정하기에 이른 역사적 전개과정을 개관하고(Ⅱ), 질서위반법과 EC경제법 및 Hessen 주정부 초안을 중심으로 독일의 법인처벌 제도의 현상을 살펴보고자 한다(Ⅲ). 나아가 기업(법인)의 형사책임 인정여부를 둘러싸고 펼쳐진 1990년대 이후 독일의 학설을 고찰하고, 법인의 범죄능력 부정설에는 어떠한 문제점이 있는지, 그러한 문제점을 극복하기 위해 어떤 노력을 하고 있는지를 검토하고자 한다(Ⅳ).[2]

---

1) 이에 대해 자세한 설명은 본서 제2장 § 3 참조.

Ⅱ. 독일에서 기업(법인)의 형사책임론의 역사적 전개

1. 20세기까지의 전개

(1) 근대 이전

대륙법계에서는 "단체는 죄를 범하지 못한다"(societas delinquere non pot-est)라는 법언이 빈번히 인용되고 있듯이,[3] 오늘날 독일에서 법인의 형사책임은 여전히 부정되고 있다. 그러나 형사책임의 대상을 자연인으로 한정한다는 귀결은 독일을 포함한 대륙법계 형법에서 반드시 일치된 귀결이라고 말할 수 없다. 분명히 법인이라는 개념 그 자체를 알지 못했던 로마법에서는 그러한 명제가 들어맞았을 것이나,[4] 역사를 거슬러 올라가면 다양한 사실로부터 이와 다른 결론을 도출할 수 있다.

예를 들어 11세기말 이후 대두한 '주석학파'(Glossatoren)에 의해 법인 등의 인적 집합체(Korporation)에 대한 형사소송의 가능성이 검토되었고, 캐논 법학자 등은 그 구성원과는 동일하지 않은 universitas라는 개념을 고안하여 이에 대해 '성찬정지처분'(聖餐停止處分)을 가할 수 있는가 하는 문제에 대해 논의를 전개하였다. 그리고 후기주석학파는 인적 집합체의 수형능력을 긍정하여 캐논 법학자의 다수도 1245년 프랑스 리옹 교회회의에서 로마 교황 인노첸시오 4세(Innocentius PP. IV: 재위 1243~1254)가 내린 "universitas에는 책임능력이 없고, 성찬정지처분의 대상의 능력도 인정받지 못한다"라는 결론에 반하여 universitas의 수형능력을 긍정하였다. 이러한 태도는 로마법의 계수에 있어 독일로 이어졌다. 그 결과

---

2) 이하의 논의는 김재윤, "법인의 형사처벌에 관한 유럽국가의 입법동향", 법제연구 통권 제36호, 2009, 275-277면; 김호기, 기업의 경제활동에 관한 형사법제 연구(Ⅱ): 주요 국가의 기업의 형사처벌 방법에 대한 연구, 한국형사정책연구원, 2010, 129-196면; 이기헌/박기석, 법인의 형사책임에 관한 비교법적 연구, 한국형사정책연구원, 1996, 53-73면; 川崎友巳, 企業の刑事責任, 成文堂, 2004, 156-197면 참조.

3) Karl Siegert, "Haftung für fremde Schuld im Steuer- und Wirtschaftsstrafrecht", NJW 1953, 528면; Klaus Tiedemann, "Die strafrechtliche Vertreter- und Unternehmenshaftung", NJW 1986, 1842면; Hans-Heinrich Jescheck, *Lehrbuch des Strafrechts Allgemeiner Teil*, 4. Aufl., 1988, § 23 VI, 204면.

4) Richard Busch, *Grundfragen der strafrechtlichen Verantwortlichkeit der Verbände*, 1933, 39면.

독일에서도 18세기까지 지방자치단체나 길드 등의 단체에 대해 형벌이 인정되었다.[5]

(2) 19세기 이후의 전개

독일에서 법인의 범죄능력을 부정하는 견해가 강하게 제기된 것은 19세기 무렵부터이다. 그 원인으로 군주의 권력이 증대됨에 따라 법인 등의 단체의 활동이 억제되고 형벌을 과하는 정치적·현실적인 필요성이 낮아졌음이 언급되고 있다.[6] 또한, 이론적으로는 형벌을 도의적 비난으로 이해하는 칸트의 영향도 빼놓을 수 없다.[7] 그 이후 도의적 비난의 대상이 충분될 수 있는 자연인만이 형법의 수범자로서 인정된다는 견해가 지배적 견해로 자리 잡았다. 이 때문에 20세기에 들어설 무렵 독일에서는 법인에 대한 형사제재를 정한 법규는 불과 몇 개 밖에 남지 않게 되었다.

따라서 이하에서는 부정설이 지배적으로 자리 잡게 된 후 20세기 독일에서 기업(법인)의 형사책임의 역사적 전개를 개관하고자 한다. 나아가 20세기 독일에서 기업(법인)의 형사책임론의 전환점은 제2차 세계대전의 종결에 있었다고 여겨지므로,[8] 제2차 세계대전의 전후로 나누어 검토하고자 한다.

2. 제2차 세계대전 종결까지의 전개

20세기 독일에서 기업(법인)의 형사책임의 역사적 변천을 거슬러 올라가다 보면 1919년 제정된 '제국조세기본법'(Reichsabgabeneordnung, RAO) 제393조의 규정에 이르게 된다.[9] 여기에서는 법인의 업무를 수행함에 있어 조세위반행위

5) Ernst Heinitz, "Empfiehlt es sich, die Strafbarkeit der juristischen Person gesetzlich vorzusehen?", in: Verhandlungen des 40. OJT Bd. 1, 1953, 68면; Karl Engisch, "Empfiehlt es sich, die Strafbarkeit der juristischen Person gesetzlich vorzusehen?", in: Verhandlungen des 40. OJT Bd. 2, 1954, E7면; Hans-Heinrich Jescheck, "Die strafrechtliche Verantwortlichkeit der Personenverbände", ZStW 65, 1953, 210면; Hans Joachim Hirsch, Die Frage der Straffähigkeit von Personenverbänden, 1993, 7면.

6) Hirsch, 앞의 책, 16면. Matthias Korte, *Juristische Person und strafrechtliche Verantwortung,* 1991, 11면.

7) Hirsch, 앞의 책, 16면.

8) Korte, 앞의 책, 13면.

9) RGBI. 1993.

를 했을 경우에 직접 법인에 대해 형벌을 부과할 수 있는 취지의 규정이 있었다. 또한, 당시에는 법인의 형사책임을 묻기 위해 자연인의 형사책임을 확정할 필요가 없었다고 여겨졌다. 그러나 이 규정에 대해 제정 당초 어떠한 근거를 기초로 하여 기업(법인)의 형사책임을 인정하고 있는지가 불명확하다는 비판이 제기되었다.[10] 또한 범죄구성요건이 행위자의 책임의 확정을 요구할 경우에 이 규정은 적용되지 못했기 때문에 실제 적용범위는 크게 제한되고 있었다. 나아가 1939년 7월 제국조세기본법이 개정되어 제396조 제5항의 책임의 추정에 근거하여 법인처벌을 인정한 추정구성요건(Vermutungstatbestand)의 규정이 삭제되었기 때문에,[11] 그 후 제393조의 적용범위는 더욱 좁아지게 되었다.

이밖에도 법인처벌로서 다음의 두 개의 형태가 한정된 영역에서 인정되고 있었다. 첫째, 기관의 위반에 대해 대위책임(stellvertretende Haftung)을 근거로 법인에게 질서벌이 부과되고 있었다. 둘째, 단체의 기관에게 벌금형이 부과되었을 경우에 그 집행에 있어 법인에게 보완적 책임이 부과되어 간접적인 형사제재가 가해지고 있었다. 전자의 예로는 1923년 카르텔령 제17조, 1938년 외환관리령 제39조 제1항 및 1938년 외환관리법 제74조의 규정을 언급할 수 있다.[12] 또한, 후자의 예로 제국조세기본법 제416조 및 제417조의 규정을 언급할 수 있다.[13] 하지만 당시의 학설에 따르면 이러한 규정은 법인의 사업주에게 적용되는 형벌법규이며, 독일형법의 근간을 이루는 사회윤리적 책임개념 및 형벌개념과 서로 부합하지 않다고 하여 부정적인 태도를 취하고 있었다. 이 때문에 이러한 법인처벌 규정은 실질적으로 법인 조직의 감독과 기관의 관리를 촉진하고자 한 '가중된 행정명령'(verschärfter Verwaltungsbefehl)에 지나지 않는다고 이해되고 있었다.[14] 따라서 개략적으로 말하면 독일에서는 제2차 세계대전 종결까지 기업(법인)의 형사책임의 문제에 대해 전반적으로 소극적인 태도를 취하여 있어

---

10) Anne Ehrhardt, *Unternehmensdelinquenz und Unternehmensstrafe: Sanktionen gegen juristische Personen nach deutschen und US-amerikanishem Recht*, 1994, 30면.

11) RGBI. 1181.

12) Klaus Tiedemann, "Strafbarkeit und Bußgeldhaftung von juristischen Personen und ihren Organen", in: Old Ways and New Needs in Criminal Legislation, hrsg. von Albin Eser/Jonatan Thormundsson, 1989, 161면 이하.

13) Tiedemann, 앞의 논문, 160면 이하; Korte, 앞의 책, 13면.

14) BT-Dr. V/1269, S. 57.

그만큼 중요한 의의는 인정되지 않았다고 말할 수 있다. 그 요인으로 ① 영국과 달리 산업화가 대규모 피해를 가져올 정도는 발달하지 않았다는 점, ② 기업 등의 법인의 사회적 영향력이 오늘날의 정도로 크지 않았다는 점, ③ 독일이 전체주의 국가로서의 틀을 유지했기 때문에 법인이 국가권력의 직접적 지배 아래에 있었다는 점 등이 언급되고 있다.[15)]

3. 제2차 세계대전 후의 전개

이러한 종전까지의 법인의 형사책임에 관한 소극적인 태도를 바꾸어 법인에 대한 형사책임의 인정 가능성과 필요성에 대해 독일형법상 새로운 논의가 전개되는 계기를 마련한 것은 영미법상의 원칙에 근거하여 제정된 '점령형법'(Besatzungsstratrechts)의 규정이었다.[16)] 특히 점령법제 아래에서 카르텔법 및 외환법에서는 자연인과 동일하게 법인에 대해서도 형사제재를 부과하는 것이 예정되어 있었다. 즉 미국점령지역에서 카르텔 형법의 기본이 된 군정법 제56호(Millitärreigierungsgesetz, MRG) 제7조 제12호는 카르텔해체법에 위반한 행위를 행한 모든 자(any person)에 대해 벌금형을 부과하고 있었다. 동법 제5조 제9호a에서의 person이라는 문언은 "모든 자연인 및 인적 결합체, 단체, 회사 및 정부기관을 포함한 모든 공사법사의 법인"이라고 명확히 정의되었기 때문에 동법 제7조 제12호가 법인도 그 대상으로 하는 것은 분명했다. 이러한 법적 상황에서 비교적 조기에 카르텔위반행위에 대한 재판권을 행사하게 된 독일법원은 법인에 대해서도 벌금형을 부과하게 되었지만, 전체적으로 볼 때 법원은 동조의 적용에 상당히 소극적이었다고 한다.[17)] 이 때문에 점령형법 제정 당초 이미 카르텔법 등에서 이러한 규정이 독일에 있고 효력을 가지는지가 문제로 여겨졌다.

이와 관련하여 독일연방법원(Bundesgerichtshof)은 1953년 이른바 '철강사업자 소송'(Stahlhändlerprozess)의 판결[18)]에서 한정적이었지만 법인의 형사책임을 인정하는 판단을 내렸다. 본 사건에서는 베를린 외환법에 근거하는 외환조약위반에 대해 법인의 형사책임이 인정되는지 여부가 쟁점으로 다루어졌다. 원심

15) Korte, 앞의 책, 13면.
16) Tiedemann, 앞의 논문, 161면 이하; Korte, 앞의 책, 13면.
17) R. Schmitt, *Strafrechtliche Maßnahmen gegen Verbände*, 1958, 73면.
18) BGHSt 5, 28 (Urt.v. 27. 10. 1953).

인 프라이부르크 고등지방법원(Oberlandesgericht Freiburg)은 법인의 형사책임을 부정하여 무죄를 선고하였다.[19] 이에 대해 독일연방법원은 ① 법인을 위해서 행동하는 자연인의 행위는 법인에게 귀속이 가능하다는 점, ② 불법이득의 회수라고 하는 합목적적인 고려도 필요하다는 점, ③ 벌금과 과태료의 성질상 차이를 발견할 수 없다는 점을 근거로 법인의 형사책임을 긍정하여 벌금형을 선고하였다.[20]

그러나 본 판결은 당시 실제로 시행되고 있던 점령법의 구속력을 승인하여 법인처벌을 인정한 데 지나지 않았다.[21] 또한, 독일연방법원은 이 판결에서 법인에 대한 형벌의 부과는 독일형법과 상호 일치하지 않으며, 독일법에서 발전한 사회윤리적 책임개념 및 형벌개념에 적합하지 않다는 취지의 판단을 내렸다.[22] 더욱이 독일연방법원은 다른 사례에 있어 일반적으로 법인에 대한 형벌은 인정되지 않음을 확인하고 있어,[23] 1954년 파리협정에 의해 독일이 주권을 회복하여 점령법이 모두 폐지된 이후에 판례는 법인의 형사책임을 기본적으로 인정하지 않는다고 여겨진다.

한편, 독일 민사소송법 제890조에 근거하는 질서금(Ordnungsgeld)을 법인에게 부과하는 데 대한 합헌성이 다투어졌다. 이에 대해 독일연방헌법재판소는 법인의 형사처벌은 독일법과 아무런 관련이 없는 것이 아니고, 법적 주체가 법인일 경우에 형법상 원칙은 기본적으로 제외되지 않는다고 판결하였다.[24] 이 판결은 법인의 형사책임을 긍정하는 근거로서 자주 인용된다. 하지만 독일연방헌법재판소는 이 판결에서도 법인에 대한 형벌이 전정 무엇인지에 대한 견해를 피력한 것은 아니고, 헌법상의 문제에 대해서도 여전히 해소되어 있지 않다고 보고 있다.[25]

다른 한편으로, 제2차 세계대전 후 경제영역을 중심으로 광범위하게 기업

---

19) LG Berlin, JR 1953, 345 (Urt.v. 3. 11. 1952).
20) BGHSt. 5, 28 (32).
21) BGRSt. 5, 28 (32).
22) BGRSt. 5, 28 (32).
23) 예컨대 BGRSt 3, 130 (132) (Urt.v. 11. 7. 1952)
24) BVerfGE 20, 323 (335) (Urt.v. 25. 10. 1966).
25) Korte, 앞의 책, 18면.

(법인)의 영향력이 커져 이에 대한 법적 대응의 필요성이 높아졌다. 이 때문에 독일에서는 형법의 기본원칙과 조화를 도모하면서도 법인의 활동을 규제하기 위해 제재 규정을 포함한 법제를 정비하는 길을 선택하였다. 즉 독일에서는 기업 등의 법인에 대한 제재로서 범죄(Straftat)에 대한 형벌(Strafe)은 아니지만 윤리적으로 무채무색인 질서위반행위(Ordnungswidrigkeit)에 대해 질서벌(Ordnungsstrafe)[26]을 부과하는 방식으로 대처하여 형법 해석상의 문제를 회피하고자 하였다.[27] 이때 사용된 질서위반의 개념은 종래 형사범죄에서의 불법의 특징인 법익침해와 윤리에 근거한 형사책임이 결여된 '행정상의 불복종'이라고 이해하여 이러한 형사범죄와 질서위반의 실질적인 차이점을 근거로 법인에 대한 제재가 규정되었다. 그리고 1969년 10월 이러한 질서위반행위를 규제하기 위한 입법의 통일화를 위하여 '질서위반법'(Ordnungswidrigkeitengesetz)이 제정되었다.

또한, 1960년대 이후 유럽에서는 EC(EU) 통합의 움직임 속에서 경제질서의 통일을 목표로 하여 그 일환으로 EC권내에서의 경제활동을 규제하는 조약 및 법규가 제정되어 갔다. 이 가운데에는 기업(사업자: Unternehmen)을 대상으로 한 과태료(Geldbuße)를 부과하는 규정도 존재한다. 따라서 현재 독일에서는 기업활동을 규제하기 위해 국내법인 질서위반법과 EC법이라고 하는 다른 두 개의 법규가 적용되고 있다. 따라서 이하에서는 질서위반법과 EC법에서 기업(법인)의 형사책임과 이에 대한 제재가 어떻게 규정되고 있는지를 검토하고자 한다.[28]

---

26) 법인에 대한 제재 방법으로는 질서위반금 외에도 해산(Auflösung), 활동제한(Tätigkeits-beschränkungen), 추징(Verfall), 몰수(Einziehung)를 일정한 조건 아래에서 부과하는 것이 현행법에서 인정되고 있다[Korte, 앞의 책, 13면; Ehrhardt, 앞의 책, 37면].

27) 이러한 질서위반행위에 대한 질서위반금 제도는 제도를 도입할 당시보다 강한 비판이 제기되고 있다. 그 비판의 중심에 범죄와 질서위반행위와의 차이는 질적인 것이 아니고 정도의 문제라고 한다. 즉 이 견해에 따르면 ① 질서위반행위는 경미한 범죄이며 범죄와 질적 차이는 없으며, ② 질서위반의 책임도 부주의에 대한 비난이며 형법과 동일하고, ③ 질서위반금은 벌금과 명칭 이외 아무런 차이가 없다는 비판이 제기되었다(Hans Welzel, "Der Verbotsirrtum im Nebenstrafrecht", JZ, 1956, 241면).

28) 川崎友巳, 앞의 책, 86-90면.

Ⅲ. 질서위반법, EC법의 법리 및 Hessen 주정부 초안

1. 질서위반법

(1) 1968년 질서위반법

1968년 질서위반법은 제26조에서 법인 등의 단체에 대한 처벌규정을 두었다.[29] 여기서 법인에 대한 질서위반금은 자연인 행위자에 대한 형사소송 또는 질서위반금 부과 절차(Bußgeldverfahren)와 구별되는 비독립적인 절차로서 부과되는 취지가 규정되었다. 또한 법인에 대한 제재는 가치중립적인 '부수효과'(Nebenforge)로서 자리매김 되었다. 즉 1968년 질서위반법은 자연인이 위법행위를 하였을 경우에 법인에게 질서위반금의 부과를 인정하면서도 그와 동시에 법인 고유의 행위라고 파악하는 이론에 대해 부정적인 입장을 취하였다.[30] 또한 질서위반법이 법인의 형사책임을 부정하여 질서위반금을 윤리적인 색채를 갖지 않는 부수효과로 파악함으로써 자연인과 동시에 법인에게 질서위반금을 부과하여도 일사부재리의 원칙이나 이중처벌의 문제와 충돌하지 않는다는 이론적 근거를 마련할 수 있었다.[31] 그러나 이러한 근거는 반드시 충분한 설득력을 갖는 것은 아니기 때문에 1968년 질서위반법에 대해 다음과 같은 문제점이 지속적으로 제기되었다: ① 제26조는 단체에 대한 질서위반금의 부과요건으로서 '관련행위'(Anknupfungstat)와 관련하여 대표권을 가지는 기관 등의 범죄 또는 질서위반행위로 한정했기 때문에, 기관에 해당하지 않는 사람에게 실질적인 권한이 부여되었을 경우에 본 조항을 적용할 수 없다. ② 실제 수사에 있어 법인에게 질서위반금 부과의 전제가 되는 구체적인 개인 행위자를 특정할 수 없는 경우가 많다. ③ 부수효과라고 이름을 붙이고 있지만 질서위반금 부과의 이론적 근거가 부족하다는 문제점이 여전히 극복되지 않고 있으며, 오히려 명칭의 차이만을 근거로 해서 제약을 없애는 것은 '상표사기'(Etikettenschwindels)와 다르지

---

29) BGBl. 481.

30) Hans-Jürgen Schroth, "Der Regelungsgehalt des 2. Gesetzes zur Bekämpfung der Wirtschaftskriminalität im Bereich des Ordnungswidrigkeitenrechts", wistra 1986, 162면 이하.

31) Ekkehard Müller, *Die Stellung der juristischen Personen im Ordnungswidrigkeitenrecht*, 1985, 45면.

않다.[32] 또한, 이러한 문제를 극복하기 위해 법인의 '관리적 분야'(Leitungsbereich)에서 활동하는 모든 자연인의 행위까지 '관련행위'의 범위를 확대하거나,[33] 특정이 어려운 자연인 행위자의 책임의 입증을 완화하여 간부 가운데 누군가가 행위를 하였음이 확정되면 충분하다[34]는 등이 제안되었다. 더욱이 1975년에는 질서위반법이 개정되어 제26조 규정은 제30조로 옮겨졌지만 그 내용의 실질적인 변경은 가해지지 않았기 때문에 법인 제재규정의 개정은 초미의 과제로서 폭넓게 인식되었다.

(2) 1986년과 1994년의 개정

그리고 1986년에 시행된 제2차 경제범죄대처법은 우선적으로 나타난 문제점의 해결책을 제안 받고 실체형법 및 절차법의 개정과 동시에 법인에 대한 과태료를 규정한 질서위반법 제30조의 개정을 아울러 진행하여 법인에 대한 제재의 적정화 및 확대를 도모하였다. 제2차 경제범죄대책법에 따른 질서위반법 제30조의 주된 개정 내용은 다음과 같다.

첫째, 과태료 최고 금액이 인상되었다. 질서위반법 제30조는 제2항에 대한 질서위반금의 최고 금액을 10배로 인상하여 고의의 범죄행위인 경우에 100만 마르크 이하, 과실의 범죄행위인 경우에 50만 마르크 이하의 질서위반금을 법인에게 부과하도록 규정하였다.

둘째, 법인에 대한 독립적인 질서위반금 부과절차의 가능성이 확대되었다. 즉 같은 조 제4항은 자연인 행위자의 범죄행위 또는 질서위반행위에 대한 형사소송 내지 질서위반금 부과절차가 개시되지 않거나 중단된 경우 또는 자연인에 대한 형벌이 면제된 경우에도 법인에게 질서위반금의 부과가 가능하도록 하였다.

셋째, '부수효과'라는 문언을 삭제하였다.[35] 가치중립성과 절차의 비독립성을 나타내기 위해 사용된 '부수적 행위'라는 문언도 실제적·절차적 이유로 삭제

---

32) Ulrich Weber, "Konzeption und Grundsatze des Wirtschaftsstrafrechts(einsch1ießlich Verbraucherschutz)", ZStW 96, 1984, 414면; Jescheck, 앞의 책, § 23 V2, 205면 이하.

33) BT-Drucks. 10/5058, 36; Tiedemann, 앞의 논문, 169면 이하.

34) Weber, 앞의 논문, 483면; Peter Cramer, *Karlsruher Kommentar zum Gesetz über Ordnungswidrigkeiten*, 1989, § 30 Rn. 18.

35) Jescheck, 앞의 책, 181면 이하.

하였다.[36] 이와 관련하여 정부초안이유서에 따르면 당해 개정으로 법인에 대한 질서위반금의 제재가 내용적으로도 수정된 것인가에 대해 언급하고 있지 않으나, 법인에 대한 질서위반금 부과의 법적 성질에 차이를 가져왔다는 견해가 있다. 이 견해에 의하면 이 문언의 삭제로 인해 법인 등이 규범의 직접적 수범자가 될 수 있고, 법인 등에 대한 질서위반금은 기업 등의 범죄 및 질서위반행위에 대한 법률효과와는 독립된 법률효과가 되며, 법인에 대한 질서위반금은 몰수나 추징과 같은 부가형이 아닌 주형이 되었다고 한다. 이러한 부수효과라는 명칭의 삭제로 질서위반법 제30조는 타인의 행위를 법인 자신의 행위로서 귀속시키기 위한 법률상의 귀속규범이라고 해석하는데 지장이 없게 되었다고 한다. 즉 정범이 될 수 있는가의 여부는 귀속의 문제인데 개정을 통해 법인에 대해 정범성을 인정할 수 있게 되었다는 것이다. 나아가 책임에 관해서는 위법행위의 방지에 필요한 조치를 태만히 한 조직의 흠결이 법인범죄의 책임성으로 인정될 수 있다고 한다. 이와 같은 책임원리는 원인에 있어 자유로운 행위, 명정상태의 범죄행위, 독일 구형법 하의 소년감독의무위반(독일 구형법 제143조)의 책임구조와 같다고 한다. 단체에 대한 질서위반금의 기초로서의 조직체의 책임은 선행책임(Vorverschulden)으로서 감독, 통제, 조직처분의 의무위반이라고 한다. 다만, 질서위반법상의 책임요건은 형법상의 책임요건에 비해 완화되어 인격적·윤리적 과오로서 이해되는 책임이 아닌, 사회적·법적 규범위반을 책임으로 파악하는 '답책성'(Verantwortlichkeit) 개념을 지향하고 있다는 점에서 책임인정의 범위가 넓혀져 있다고 한다.[37]

그리고 질서위반법 제30조는 1994년에 재차 개정되었다. 그 개정 배경으로 1986년 개정 당시에는 제기하기 어려웠던 문제점이 있었다는 점, EC통합에 따라 국내법의 정비가 필요하게 된 점 등이 언급되고 있다. 구체적으로는 1986년 개정을 통해 손을 댈 수 없었던 '관련행위'의 범위를 확대함으로써 '관련행위'의 주체가 대표권을 가지는 기관으로부터 실질적인 권한을 가지는 사람에게까지 넓어지게 되었다.

---

36) Schroth, 앞의 책, 180면 이하.

37) Tiedemann, "Die Bebußung von Unternehmen nach dem 2. Gesetz zur Bekämpfung der Wirtschaftskriminalität", NJW 1988, 1172면 이하.

(3) 질서위반법의 현재

이러한 개정 과정을 거친 현행 독일 질서위반법 제30조의 규정은 다음과 같다.[38)]

〈제30조 법인 및 사단에 대한 질서위반금〉

(1) 누구든지

1. 법인의 대표권을 가지는 기관 또는 그 기관의 구성원으로서
2. 권리능력 없는 사단의 이사회 또는 그 이사회의 구성원으로서
3. 인적 상사회사의 대표권을 가지는 사원으로서
4. 법인 또는 2, 3에서 언급된 인적 단체의 포괄적 전권수인자로서 또는 지도적 지위에 있는 업무대리인 혹은 행위대리권자로서
5. 법인 또는 2, 3에서 언급된 인적 단체의 사업체 또는 기업을 경영함에 있어 지도적 지위에서 기업 활동의 감독 또는 그 밖의 통제권한의 수행에 대해 책임을 지는 기타의 자로서

범죄행위 또는 질서위반행위를 행하여 법인 또는 인적 단체에 관련된 의무를 침해하거나 또는 법인 또는 인적 단체가 이득을 얻거나 또는 이득을 얻음이 분명한 경우에 이러한 법인 또는 인적 단체에 대해 질서위반금을 부과할 수 있다.

(2) 질서위반금의 액수는 다음과 같다.

1. 고의의 범죄행위의 경우 100만 유로 이하
2. 과실에 의한 범죄행위의 경우 50만 유로 이하

질서위반행위의 경우 질서위반금의 최고 금액은 해당 질서위반에 대해 정해져 있는 질서위반금의 최고 금액으로 한다. 제2문은 해당 질서위반에 대해 정해져 있는 질서위반금의 초고 금액이 제1문에 따른 최고 금액을 초과할 경우에 범죄행위와 질서위반행위가 동시에 행해진 사례로 제2문이 적용된다.

(3) 제17조제4항 및 제18조를 준용한다.

(4) 범죄행위 또는 질서위반행위에 근거하는 형사소송 또는 질서위반금 절차가 개시되지 않거나 이 절차가 중지되어 또는 형벌이 면제되는 경우에서 질서위반금은 이를 독립해 과할 수 있다. 법률을 통해 규정할 수 있는 경우 질서위반금은 그러한 경우에도 이를 독립해 과할 수 있다. 다만 범죄행위 또는 질서위반행위가 법적 이유에 의해 소추할 수 없을 경우에는 예외로 하나 제33조 제1항 제2문은 그대로 적용한다.

(5) 법인 또는 인적 단체에 대한 질서위반금의 확정은 동일한 행위를 근거하여 이들에 대해 형법 제73조, 제73a조 또는 본법 제29조에 의한 추징을 배제한다.

---

38) 독일 질서위반법 제30조의 법적 성질, 적용요건, 법인 등에 대한 질서위반금의 부과, 질서위반금의 상한액 및 산정방법 등에 대해 상세히는 김호기, 앞의 보고서, 149－175면 참조.

이상과 같은 질서위반법의 개정을 통해 독일에서 법인처벌의 문제에 대한 대응이 적절히 이루어지고 있는지는 여전히 의문이다. 왜냐하면 개정의 목적을 달성했다고 말하기가 어렵고 전체적으로 부정적인 평가가 지배적이기 때문이다. 이와 관련하여 우선 질서위반금의 한도액의 인상에 대해 여전히 불충분하다는 비판이 제기되고 있다.[39] 또한, '부수적 효과'의 문언의 삭제에 대해서도 그에 따라 어떠한 내용적인 변화가 초래되었는지가 여전히 불명확하며, 반대로 '부수적 효과'라는 문언을 그대로 둠으로써 일시적이나마 감추어져 있던 책임주의, 이중처벌의 금지 또는 일사부재리의 문제를 재연시키게 되었다고 본다.[40] 더욱이 인과관계 증명의 완화나 감독의무의 범위의 확대 등 종래부터 개정의 필요성이 지적되었던 사항에 대해서는 아무런 개정도 이루어지지 않아 실질적인 효과에 대해 부정적인 견해가 나타나고 있다.[41] 즉 질서위반법 제30조는 기업범죄 억제의 효과로서 불충분함과 동시에 이론적으로 불명확한 존재로서 한층 더 깊이 있는 검토가 요구된다고 보고 있다.[42]

2. EC법에 따른 기업처벌

(1) EC경쟁법

독일을 포함한 EC(EU) 가맹국에서는 EC권내에서의 경제질서의 통일을 도모하기 위해 수많은 경제활동 규제법규를 EC각료 이사회 및 EC위원회를 통해 정립하여 왔다.[43] 그 중에서도 가맹국간 통상에 영향을 주는 카르텔행위를 규제한 1957년의 EEC(유럽경제공동체) 조약 제85조 및 제86조는 오로지 기업 등의 사업자를 대상으로 규정되고 있기 때문에 주목할 필요가 있다.

1962년 EC이사회규칙 제17호 제15조 제2항은 EEC 조약 제85조 및 제86조를 고의 또는 과실에 의해 위반한 '사업자'(Untemehmen) 또는 '사업자 단체'(Unternehmensvereingungen)에 대해 1,000 유로 이상 100만 유로 이하 또는 위반

39) Korte, 앞의 책, 30면 이하.

40) Schroth, 앞의 책, 163면

41) Schroth. 앞의 책, 164면; Ellen Schlüchter, *Zweites Gesetz zur Bekämpfung der Wirtschaftskriminalität*, 1987, 182면.

42) Tiedemann, 앞의 논문, 170면 이하.

43) 최근 EC에 있어 경쟁법의 동향에 대해 상세히는 村上政博, EC競争法(第2版), 弘文堂, 2001 참조.

사업자의 전년도 매상액 10% 이하 가운데 큰 쪽을 질서위반금으로 EC위원회가 부과할 수 있다는 취지를 규정하고 있다. 한편, 자연인에 대해서는 EC위원회에게 질서위반금이나 구금을 부과할 권한이 주어지지 않았다. 또한 사업자와 사업자 단체는 동 규칙 하에서 규범의 수범자, 권리와 의무의 담당자, 협정의 당사자로서 인정되고 있다.[44] 즉 동 규칙은 사업자 및 사업자 단체를 법적으로 독립된 권리주체와 행위주체로서 인정한 것이다. 나아가 동 규칙은 그 적용범위를 사업자로 한정한 것으로 볼 때 동조 위반을 진정신분범의 일종으로 파악할 수 있다.[45] 이 때문에 사업자라고 하는 신분이 중요한 의미를 갖는다. 그렇지만 본 규칙에서 사업자의 특성으로 인해 경제생활에의 관여를 필요로 하지만 영리의 목적까지 요구하지는 않는다. 따라서 공적 기관, 스포츠 및 문화단체, 공적 사업체도 EEC 조약 제85조 및 제86조의 구성요건의 주체에 포함된다.

여기서 말하는 '사업자'는 법인격과는 별도로 공통의 지배 하에서 경제활동을 영위하는 통일체를 의미한다. 이 때문에 공통의 지배 하에 있는 모회사, 자회사 및 관련 회사는 단일한 사업자로 간주된다. 이러한 광범위한 사업자의 개념을 통해 동 규칙은 소규모 점포로부터 대기업까지를 포함하여 제85조 및 제86조의 광범위한 적용을 가능하게 한다고 보고 있다.[46]

또한, 사업자에게 책임을 귀속시키기 위한 요건으로 자연인 행위자는 법정대리인이나 기관으로 한정되지 않고 폭넓게 자신의 권한 범위 내에서 기업을 위해 행위를 한 종업원이 포함된다.[47] 따라서 종업원이 권한을 일탈하여 행위를 했을 경우에 한하여 사업자는 책임을 회피할 수 있다. 이와 같이 비교적 완화된 요건을 근거로 하여 사업자에게 제재를 부과할 수 있도록 한 데에는 EC경쟁법을 제정할 당시 미국의 독점금지법인 셔먼법(Sherman Act)을 모범으로 하여 실질적으로 대위책임의 법리를 채용하였기 때문이다.[48] 따라서 EC경쟁법의 적

---

44) Gerhard Dannecker/Jutta Fischer－Fritsch, *Das EG－Kartellrecht in der Bußgeldpraxis*, 1989, 253면.

45) Klaus Tiedemann, "Der Allgemeine Teil des europäischen supranationalen Strafrechts", in: Bd. Ⅱ, 1985, 1419면.

46) Dannecker/Fischer－Fritsch, 앞의 책, 254면.

47) Dannecker/Fischer－Fritsch, 앞의 책, 258면 이하; Ehrhardt, 앞의 책, 40면 이하.

48) Tiedemann, 앞의 논문, 1842면.

용범위는 독일의 질서위반법 제30조보다 넓다.[49] 이와 같이 EC경쟁법이 폭넓은 적용범위를 규정한 배경에는 경제활동이 보다 국제화됨에 따라 국제적인 경제질서의 통일이라고 하는 관점과 아울러 미국에서 기업 활동을 적극적으로 규제하는 태도에 보조를 맞출 필요성이 존재했기 때문이라고 한다.

(2) 유럽이사회 권고

국경을 초월하여 유럽 전체라는 차원에서 기업처벌의 움직임은 1988년 유럽이사회의 각료 위원회에 의해 「기업 활동의 수행 중에 실시된 법인격을 가진 기업의 책임에 관한 권고」[50]가 채택됨으로써 한층 더 가속화 되었다. 동 권고의 구체적인 내용은 다음과 같다.

이하의 권고는 그 적용외인 기업의 민사책임에 관한 현행 제도와는 별도로 업무를 수행함에 있어 실행된 범죄의 책임을 묻기 위한 수단의 구축을 촉진하기 위해 기획되었다.

본 권고는 법인격을 갖는 공공 및 민간 기업에 대해 그 경제활동의 수행에 관련된 경우에 한하여 적용된다.

Ⅰ. 책 임

1. 기업은 범죄와 기업의 목적 사이의 관련성이 인정되지 않는 경우에도 업무를 수행을 함에 있어 실행된 범죄에 대해 책임을 물을 수 있다.

2. 기업은 범죄를 구성하는 작위 또는 부작위를 한 자연인을 특정할 수 있는지 아닌지에 관계없이 책임을 물을 수 있다.

3. 기업의 책임을 묻기 위해서는 특히 다음 사항을 유의해야 한다.

a. 범죄의 성질, 기업의 책임의 무게, 사회에 미친 결과 및 재범방지의 필요성이 요구될 경우에 기업에 대해 형사책임과 형사제재를 적용한다.

b. 특히 위반자를 범죄자로서 취급할 필요성이 인정되지 않는 위법행위에 대해서는 행정기관에 의해 부과되

---

49) Dannecker/Fischer-Fritsch, 앞의 책, 260면 이하; Bernd Schünemann, "Die Strafbarkeit der juristischen Personen aus deutscher und europäischer Sicht", in: Bausteine des europäishen Wirtschaftsstrafrechts, hrsg. von Bernd Schünemann/Carlos Suárez González, 1994, 291면 이하.

50) Empfehlung des Europarates Nr. R (88) 18 zur Verantwortlichkeit von Unternehmen mit eigener Rechtspersönlichkeit für Zuwiderhandlungen, die in der Ausübung ihrer Geschäftstätigkeit begangen worden sind.

는 제재 및 사법감독과 같은 형사 이외의 책임과 제재의 제도를 적용한다.

4. 기업은 그 경영자가 범죄에 관여하지 않고 범죄의 발생을 방지하기 위해 필요한 모든 방법을 강구하고 있었을 경우에 면책되어야 한다.

5. 기업에게 책임을 부과하였다고 하여 범죄에 관여한 자연인을 면책해서는 안 된다. 특히 감독권한을 가지는 사람은 범죄로 연결된 의무위반에 대해 책임을 물어야 한다.

II. 제재

6. 기업에게 부과되어지는 적절한 제재를 정할 경우에 재범방지 및 범죄 피해자에게 손해의 배상이라는 처벌 이외의 목적도 특별한 주의가 기울여져야 한다.

7. 기업에게 적용할 적절한 제재 및 처분의 도입을 고려해야 한다. 이 경우에 다음의 것이 포함된다.

- 경고, 견책, 서약서의 제출
- 제재를 면제한 유죄의 선고
- 벌금 또는 그 외의 금전적 제재
- 범죄의 실행에 이용된 것 또는 위법활동에 의해 취득한 수익의 몰수
- 일정한 활동의 금지, 특히 공공사업으로부터의 배제
- 재정상 우대조치 및 보조로부터의 배제
- 상품 또는 기업 활동에 대한 광고의 금지
- 인허가의 취소
- 경영자의 해임
- 사법기관에 의한 임시의 경영 감독자의 임명
- 기업의 폐쇄
- 기업의 해산
- 피해자에게 손해배상 및 (또는) 피해변상
- 원상회복
- 제재 또는 처분을 과하는 판결의 공표

이러한 제재 및 처분은 단독 또는 병과하거나, 집행유예를 선고하거나, 주된 명령으로서 또는 부수적인 명령으로서 채용할 수 있다.

8. 해당 사업에 대해 어떠한 제재 또는 처분을 적용할지 여부를 결정할 경우에 특히 금전적인 성질의 제재 또는 처분에 대해서는 필요에 따라서 기업이 위법활동으로부터 취득한 경제적 이익을 산정하여 고려해야 한다.

9. 계속된 범죄 또는 재범의 방지를 위해 필요한 경우에 제재 또는 처분의 집행을 확보할 필요가 있을 때 관할기관은 가처분의 적용을 고려해야 한다.

10. 관할기관이 기업에 대해 이전 과하여진 제재 또는 처분을 충분히 인식하여 결정할 수 있도록 모든 제재 또는 처분을 범죄기록에 등록하는 등록부를 마련할 것을 고려해야 한다.

이 권고는 사회와 개인의 양쪽 모두에 대해 커다란 피해를 야기한 기업범죄에 대해 기업의 조직구조가 더욱 더 복잡하게 됨에 따라 기업 내의 개인에게 적절한 법적 책임을 물어 제재를 가하는 것이 곤란한 사례가 다수 존재함을 근거로 하여 기업 자신의 책임을 묻는 방식에 의해 재범의 예방과 손해의 회복을 도모하기 위한 것이다. 이 때문에 이 권고는 기업의 목적과의 관련성의 유무나 자연인 행위자를 특정할 수 있는지 여부와 관계없이 기업 활동 중 실행된 범죄에 대해 폭넓게 기업의 책임을 묻고 있다. 책임의 성질로는 형사책임을 명시적으로 요구하는 한편, 비형사적인 제재라는 선택사항도 열거되고 있다. 다른 한편으로, 범죄방지를 위해 경영자등이 필요한 조치를 강구하였을 경우에 기업을 면책하는 여지를 인정하고 있다. 덧붙여 기업책임과 개인책임은 상호 배타적 관계에 있지 않음을 강조하고 있다.

오늘날 유럽이사회는 유럽공동체에서 최고의 의사결정기관으로서 기능하고 있다. 따라서 이러한 권고는 독일에서 법인처벌의 근본적 태도에 커다란 영향을 미치고 있다. 물론 이 권고는 법인처벌을 인정하지 않은 회원국이 존재함을 근거로 해서 형벌 이외의 제재 방법을 채택하는 여지를 인정하고 있다. 그러나 다른 회원국이 형사책임을 묻기 위해 실시하고 있는 재판절차나나 형벌로서 채택하고 있는 제재 방법을 명칭만 다른 것으로 운용할 경우 이른바 '상표사기'라는 비난을 받을 가능성이 높다. 독일에서는 이러한 인식이 확대되어 1990년대 무렵부터 법인처벌에 관한 논의가 활발히 전개되고 있다고 한다.[51]

3. Hessen 주정부 초안

1990년대 이후 독일에서 기업형벌의 도입을 위한 대표적 입법활동으로 1997년 8월 Hessen 주정부가 제안한 입법초안을 주목할 필요가 있다.[52] Hessen 주정부 초안(이하 '초안'이라함)에 따르면 독일형법 총칙편 제3장(범죄에 대한 법률효과)에서 제76조의b 이하의 조항을 제8절로 새롭게 규정하고 있다.[53] Hessen

51) 川崎友巳, 앞의 책, 90-97면.

52) 이에 대한 비판으로는 Hamm, "Auch das noch: Strafrecht für Verbände!", NJW 1998, 662면 이하.

53) Diskussionsentwurf des Landes Hessen, der Gegenstand der 68. Justizministerkonferenz am 11./12. 8. 1997 in Saarbrücken war.

주정부 초안 제76조의b 제1항[54]은 법인과 인적 단체의 형사책임을 명백히 긍정하고 있다. 즉 단체형벌과 단체해산의 법적 제도를 새롭게 규정하고 있으며, 일정한 전제조건을 충족할 때에 형사제재가 부과될 수 있다고 한다. 이러한 단체형벌은 독립된 소송절차 또는 서로 결합된 소송절차에서 부과될 수 있다(초안 제76조의b 제2항 제1문). 법률효과로는 단체형벌에 있어서는 단체벌금과 단체해산을, 단체처분에 있어서는 지시사항의 명령 및 강제감독의 용인 등을 규정하고 있다(초안 제76조의c). 또한, 단체형벌과 단체처분은 서로 병과해서 부과될 수 있다(초안 제76조의d). 단체벌금은 독일형법 제40조의 일수벌금원칙에 따라 정해지며, 이때 1일수의 벌금정액은 10만 마르크까지 부과될 수 있다(초안 제76조의e). 그리고 초안 제76조의f 내지 제76조의h에서는 이러한 법률효과에 대해 보다 상세히 규정하고 있다. 단체해산의 형태에서 단체벌금의 부과는 단지 법인 또는 인적 단체의 설립목적과 활동이 범죄행위에 지향된 경우에 한해서 허용된다(초안 제76조의f). 지시사항(요구 또는 금지)으로 명해지는 처분에 대해서도 상세히 규정하고 있다. 즉 지시의 경과기간은 최대 2년까지로 제한된다. 지시사항이 이행되지 않을 경우 1백만 마르크의 과태료(Ordnungsgeld)가 부과될 수 있다(초안 제76조의g). 또한, 지시사항만으로는 충분하지 않다고 판단될 경우 법인 또는 인적 단체를 운영함에 있어 계속적인 범죄행위를 예방하기 위하여 강제감독이 명해져야 한다(초안 제76조의h 제2항). 법인 또는 인적 단체가 강제감독의 관리 하에 있는 기간은 5년을 초과해서는 안 된다(제76조의h 제1항).[55]

이러한 Hessen 주정부의 입법초안과는 별도로 1998년 1월 15일 당시 야당이었던 독일 사회민주당(SPD)은 대정부 질문에서 법인 및 인적 단체가 그 책임을 져야하는 범죄에 대해 지금까지의 형법으로는 효과적으로 대처할 수 없다는 취지의 견해를 피력하였다.[56] 또한, 1998년 6월 17일−18일 개최된 제69회 법무장관회의에서 " … 법인에 대한 제재가능성은 효율적으로 개선될 필요성이 있

54) Hessen 주정부 초안 제76조의b ① 법인 또는 인적 단체(권리능력 없는 사단 또는 인적 회사)를 운영함에 있어 법인 또는 인적 단체가 부담해야 하는 의무위반에 의해 범죄행위가 범하여진 경우에 단체형벌이 부과되며, 행위자가 그 직무를 수행함에 있어 행한 경우에 단체처분이 부과된다.

55) Wegner, "Strafrecht für Verbände? Es wird kommen!", ZRP 1999, 186면 이하.

56) BT−Dr 13/9682.

다"라고 결정하였다.[57] 그 결과 형사제재체계의 개혁을 위한 위원회가 설치되었고, 2000년 3월에 최종보고서를 제출하였다. 그러나 이 최종보고서는 전통적인 형법의 영역에서 일반적인 기업형벌의 도입은 원칙적으로 부인된다는 견해를 최종결론으로 채택하였다. 또한 위원회는 법인의 형사책임에 대한 형사정책적 필요성에 대해서도 논의하였으나, 다수에 의해 이를 부인하는 결론에 도달하였다. 왜냐하면 이른바 '조직화된 무책임'(organisierte Unverantwortlichkeit)은 결코 일반적인 현상이 아니기 때문에 진정한 제재의 결함은 단지 개별적인 사례에서만 존재한다는 것을 그 논거로 제시하였다. 나아가 위원회는 현행의 질서위반법 제30조, 제130조에 의해 기업을 제재하는 데 충분하다는 결론을 다수의 견해[58]로 채택하였다.[59]

Ⅳ. 독일에서 기업(법인)의 형사책임에 관한 학설의 동향

1. 종래 학설의 상황

(1) 범죄능력 부정설의 우세

앞서 언급한 바와 같이 오늘날 독일에서는 학설상 법인의 형사책임에 대해 부정설이 통설이다. 부정설의 근거는 다음과 같다.[60]

첫째, 법인에게는 책임능력이 결여하고 있다. 독일형법은 책임원리 및 답책성 원리에 근거한 형사책임을 전제로 한다. 또한 오늘날 규범적 책임론 하에서 형사책임은 의사형성 및 의사활동에 대한 비난가능성으로 정의되고 있다.

---

57) Beschloss der 69. Justizministerkonferenz v. 17./18. 6. 1998, Tagesordnungspunkt II. 3.

58) Abschlussbericht, März 2000 (Hrsg. Vom Bundesministerium der Justiz), S. 199 ff.

59) 김재윤, 앞의 논문, 276－277면.

60) Richard Lange, "Zur Strafbarkeit von Personenverbänden", in: JZ 1952, 262면; Heinitz, a앞의 논문, 67면; Engisch, 앞의 논문, E3면; Fritz Hartung, "Empfiehlt es sich, die Strafbarkeit der juristischen Person gesetzlich vorzusehen?", in: Verhandlungen des 40. DJT Bd. 2, 1953, E43면; Dietrich Lang－Hinrichsen, "Verbandsunrecht. Zugleich ein Beitrag zur Lehre von den Ordnungswidrigkeiten", in: Festschrift für H. Mayer, hrsg. von F. Geerds/W. Naucke, 1966, 53면; Walter Seiler, *Strafrechtliche Maßnahmen gegen Personen verbände*, 1967, 96면; Eberhard Schmidhäuser, *Strafrecht Allgemeiner Teil*, 2, Aufl., 1975, 175면 이하; Reinhart Maurach/Heinz Zipf, *Strafrecht Allgemeiner Teil, Teilband 1*, 8. Aufl., 1992, 187면 이하; Claus Roxin, *Strafrecht Allgemeiner Teil Bd. I*, 3 Aufl., 1997, 208면 이하.

따라서 이러한 비난은 답책성을 가지는 자연인에게서만 형성될 수 있다고 여겨져 책임비난을 가할 수 없는 법인의 형사책임은 부정될 수밖에 없다.[61]

둘째, 법인에게는 형법상 의미의 행위능력이 결여하고 있다. 법인은 그 기관을 통해 인공적(künstlich)인 행위는 가능하지만 여기에는 자연적·형법적인 의미에서 행위능력이 결여되어 있다고 본다. 또한 행위능력은 책임비난의 최소 조건이기도 하여 책임비난이 여기에서도 재차 인용되어져 법인의 형사책임이 부정된다.[62]

셋째, 형사정책적으로 법인처벌의 필요성이 없다. 이는 형법의 겸억성을 전제로 하여 현행법상 행정처분으로서 집행되고 있는 몰수, 추징 등의 제재가 이미 있으며, 법인의 위법행위에 대한 대응으로 충분하다고 본다.[63]

넷째, 법인에게는 수형능력이 존재하지 않는다. 즉 법인에 대해서는 자유형을 과할 수 없으며, 형벌의 기능이 충분히 발휘되지 않는다고 본다.[64] 이 밖에도 법인처벌은 결과적으로 책임이 전혀 없는 종업원이나 주주에게 전가된다는 점이나, 자연인 행위자와 법인이 동일한 행위를 근거로 처벌됨은 이중처벌의 금지에 반하는 점도 지적된다.[65]

(2) 법인의 범죄능력 긍정설의 유력화(조직책임의 주장)

이렇게 종래부터 주장된 법인처벌 부정설에 대해 1970년대 중반부터 기업활동이 더욱 증대함에 따라 법인처벌에 대한 긍정설의 입장도 늘어나고 있다.[66] 종래 Franz von Liszt[67]나 M.E. Mayer[68]의 학파를 계승한 J. Baumann 등

61) Jescheck, 앞의 책, § 23 V1, 204면; Maurach/Zipf, 앞의 책, 187면 이하; Roxin, 앞의 책, 208면; Cramer/Heine, in: Schönke/Schröder, 2001, Vor § 25, Rn. 119.

62) Jescheck, 앞의 책, § 23, 181면; Korte, 앞의 책, 15면.

63) Jescheck, 앞의 책, § 23, 181면; Korte, 앞의 책, 16면.

64) Jescheck, 앞의 책, § 23, 181면; Korte, 앞의 책, 16면.

65) Korte, 앞의 책, 16면; Hirsch, 앞의 책, 19면 이하.

66) Kraus Tiedemann, *Wirtschaftsstrafrecht und Wirtschaftskriminalität, Bd.1, Allgemeiner Teil*, 1976, 204면 이하; Tiedemann, 앞의 논문, 157면 이하; Tiedemann, "Strafrechtsdogmatische und kriminalpolitische Grundfragen der Unternehmenskriminalität", wistra 1982, 49면 이하; Bruni Ackermann, *Die Strafbarkeit juristischer Personen im deutschen Recht und in ausländischen Rechtsordnungen*, 1984, 186면 이하; Ekkehard Müller, *Die Stellung der juristischen Person im Ordnungswidrigkeitenrecht*, 1985, 19면 이하.

67) Franz von Liszt, *Lehrbuch des Deutschen Strafrechts*, 22 Aufl., 1919, § 28 I 2.

68) Max Ernst Mayer, *Der Allgemeine Teil des Deutschen Strafrechts*, 1915, 96면 이하.

의 소수 지지자에 의해 주장된 긍정설은 형법상 책임을 사회적 책임이라고 파악함으로써 법인의 책임능력을 인정하였다.[69] 나아가 B. Schünemann 등에 의해 주장된 '조직책임'(Organisationsverschulden)의 개념은 종래와 다른 접근방식으로서 최근에 대두되고 있는 법인처벌 긍정설 가운데 선구적 견해라고 평가할 수 있어 주목할 필요가 있다.[70]

B. Schünemann은 기업에게 형벌을 부과하는 이상 그 정당화를 위해서는 책임 원리가 타당해야 하지만, 기업에 대해 이를 바라는 것은 불가능함을 솔직하게 인정한다. 하지만 일정한 경우 '법익긴급피난'(Präventionsnotstand)의 상황이 인정됨을 근거로 기업에 대한 형벌의 정당화를 시도하고 있다.[71] 즉 자연인만을 염두에 둔 전통적인 '개인형법'의 토대 하에서는 기업 내의 실행 행위자를 특정하기가 불가능하기 때문에 기업범죄에 대해 누구의 형사책임도 묻지 못함으로써 법익보호에 공헌할 수 없는 사례가 있다. 또한, 본래 기업범죄의 근원적인 문제를 개인의 행위가 아니라 '단체의 범죄적인 태도'에서 찾아야 할 경우도 적지 않다고 한다.[72] 형법이 법익보호를 위한 최후수단이며, 형벌의 부과에 따른 예방효과가 기대됨은 말할 필요도 없지만, 기업범죄의 경우 예방효과가 약해져 법익침해의 위험성이 높아지고 있다. 이에 B. Schünemann은 기업에게 형벌을 과하는 것 이외에 법익보호의 수단이 없으며, 다른 법윤리적 제원칙에 저촉하지 않는 한 법익긴급피난으로서 기업에게 형벌을 과하는 것이 정당화 된다고 주장한다.[73] 이러한 조직책임은 법인 자체에 초점을 맞춘 고유의 책임으로서 오늘날 이 견해에 의하면 책임비난은 책임능력의 전제가 되는 답책성을 사전 예방행위의 부적절함이나 결여에서 찾는 것으로 법인에 대해서도 이를 인정함이 가능하고, 행위능력도 기관 등 법인을 대표하는 일정한 자연인의 행위에 환원하는 방식에 의해 인정이 가능하다고 한다.

---

69) Jürgen Baumann, *Strafrecht, Allgemeiner Teil*, 7. Aufl., 1975, 198면.

70) Bernd Schünemann, *Unternehmenskriminalität und Strafrecht*, 1979, 249면; Tiedemann, 앞의 논문, 170면 이하.

71) Schünemann, 앞의 책, 236면.

72) Bernd Schünemann, "Ist ene direkte strafrechtliche Haftung von Wirtschaftsunternehmen zulässig und erfolderlich", in: The Taiwan/ROC Chapter, International Association of Penal Law (AIDP), International Conference on Environmental Criminal Law, 1992, 437면 이하.

73) Schünemann, 앞의 책, 236면 이하.

B. Schünemann의 이론을 지지하는 K. Tiedemann은 법인의 활동영역의 확대 등을 배경으로 종래 행정종속적인 대응으로는 불충분하다는 인식에서 출발하여 형벌의 주요한 목적은 법인에게 벌금 등의 부과에 의해도 달성이 가능함을 강조한다.[74] 덧붙여 K. Tiedemann에 의하면 개정된 질서위반법 제30조의 해석으로서 법인에 대한 질서위반금은 질서위반행위에 대한 진정한 '주된 효과'(Hauptfolge)이라고 이해되어 법인 자신을 규범의 수범자로서 간주하는 것이 가능해졌다고 본다.[75]

2. 법인의 형사책임 긍정설의 활성화

이와 같이 1980년대까지 독일에서 법인처벌론은 법인의 범죄능력 부정설이 통설로서 확고한 지위를 유지하였다. 다만, 일부에서 긍정설을 주장하는 견해도 제시되었으나, 큰 변화의 움직임은 나타나지 않는 상황이었다. 이 때문에 학설상 이 문제에 대한 관심 자체가 그리 높지 않았다. 그런데 1990년대 무렵 독일에서는 법인처벌에 관한 논의가 활발히 전개되고 있다. 그 배경으로 ① 경제범죄나 환경범죄가 심각해짐에 따라 기업 등의 법인처벌과 효과적인 대책의 필요성이 높아졌다는 점, ② 유럽의 통합이 진행되어 법인에게 제재의 강화를 요구하는 유럽평의회의 권고가 제시된 점 등이 지적되고 있다.[76]

이러한 1990년대 논의 가운데 눈에 띄는 특징 하나가 법인의 범죄능력을 긍정하여 형사책임을 물어야 한다는 주장을 많이 볼 수 있다는 점이다.

(1) Hirsch의 견해

예를 들어 H. Hirsch는 법인의 범죄능력을 긍정하는 입장을 명확히 하여 오늘날의 과제는 법인의 범죄능력의 유무가 아니라 법인에게 형사책임을 부과하기 위한 요건은 무엇인가를 논하는데 있다고 한다.[77] 구체적으로 ① 법인의

74) Tiedemann, 앞의 논문, 170면 이하.

75) Tiedemann, 앞의 논문, 170면 이하.

76) 川口浩一, "企業の腐敗防止と刑事責任 －最近のドイツの動向を中心に－", 奈良法学会雑誌10巻3 · 4号(1998), 83면.

77) Hans Joachim Hirsch, "Strafrecht als Mittel zur Bekämpfung neuer Kriminalitätsformen", in: Neue Strafrechtsentwicklungen im deutch－japanischen Vergleich, hrsg von Hans－ Heiner Kühne/Koichi Miyazawa, 1995, 24면.

행위능력, ② 법인의 책임능력, ③ 법인의 수형능력에 대한 검토를 통해 이를 모두를 긍정한다. 첫째, 법인의 행위능력과 관련하여 법인은 사회적 또는 법질서상의 의무의 수범자이며, 법인 자신에게 부과된 규범의 명령을 완수할 수 없었을 경우에 의무위반을 범한 것이라고 한다. 그리고 법인이 대외적인 활동을 실시하고 기관이 법인을 대표하는 점을 고려하여 기관인 자연인의 행위가 법인의 행위이라고 주장한다.[78] 둘째, 책임능력과 관련하여 오늘날과 같게 이미 단체도 윤리적으로 무관계한 존재가 아니라 도덕적 규범에 밀접하게 결합되어 있으므로 지배적 견해인 "책임비난의 대상은 도덕상의 인격과 결합된 자연인에 대해서만 가할 수 있다"는 전제는 더 이상 유지될 수 없음을 지적한다. 더욱이 질서위반에 대한 제재는 "가치 중립적"임을 이유로 현행법상 인정되고 있지만 윤리적인 가치를 동반하지 않는 비난가능성이라는 생각 자체가 형용모순에 빠져 있어 질서위반에 대한 제재를 인정하는 이상 형사책임을 부정하는 것은 타당하지 않다고 한다.[79] 셋째, 수형능력과 관련하여 일반예방·특별예방의 효과는 법인에 대해서도 기대할 수 있으며, 응보의 관점으로부터도 책임에 상당한 처벌이 요구될 수 있다고 한다. 더욱이 형벌의 감수능력은 대표자나 종업원으로 구성되는 법인의 경우 내부에서 반작용으로서 기능할 수 있으므로 법인의 수형능력을 긍정할 수 있다고 한다.[80]

이러한 고찰을 근거로 Hirsch는 법인의 기관에 의한 행위는 법인의 목적에 한정되지 않고 폭넓게 법인 자신의 행위로 귀속되어[81] 그 행위에 의해 법익침해가 야기되었을 경우에 재산형 이외에도 활동제한이나 해산 등의 형사제재를 과해야 한다는 결론을 도출하고 있다.[82]

(2) Ehrhardt의 견해

A. Ehrhardt는 미국이나 영국과의 비교법적 검토를 근거로 하여 Hirsch의 견해에 대해 보충을 시도하고 있다. 즉 Ehrhardt는 우선 현행법상 질서위반법

78) Hirsch, 앞의 책, 10면 이하.
79) Hirsch, 앞의 책, 12면 이하.
80) Hirsch, 앞의 책, 16면 이하.
81) Hirsch, 앞의 책, 23면 이하.
82) Hirsch, 앞의 책, 27면.

제30조에 따라 과태료, 행정처분으로서의 추징, 몰수, 해산 등이 단체에 대한 제재로서 존재하고 있음을 지적한다.[83] 또한, 독일에서는 학설상 법인의 행위능력, 책임능력, 수형능력이 부정되어 왔지만 기업범죄의 효과적인 규제의 관점에서 볼 때 최근에는 이러한 종래의 지배적인 견해에 비판이 가해지고 있다는 분석을 하고 있다.[84] 통설은 도덕적으로 중립적인 비난과 사회윤리적인 비난이 서로 다르다는 점을 근거로 질서위반법상의 제재와 형법상의 제재(형벌)의 차이를 요구하고 있으나, 이는 설득력이 부족하여 양법의 통일적인 원리에 따른 해결을 도모함이 필요하다고 한다.[85] 그리고 개인의 행위를 근거로 한 수사의 어려움과 개인처벌만을 강조할 경우 기업범죄의 억지라는 동기형성이 불충분하다는 데에서 법인처벌의 근거를 찾고자 한다.[86]

더욱이 Ehrhardt는 법인은 규범의 수범자이며, 사회윤리 위반에 대한 비난의 대상으로 충분할 수 있다는 점을 강조한다. 그 근거로 ① 모든 법적 의무는 도의상 의무를 바탕으로 하고 있다는 점, ② 집단적 인격은 비난이 가능하다는 점, ③ 독일민법 제138조도 공서양속에 반하는 법인의 거래의 가능성을 인정하고 있다는 점이라는 세 가지를 언급하고 있다.[87] 즉 현행 독일형법에서는 분명히 개인책임만이 승인되고 있지만 이로로부터 단체를 형법의 수범자로 인정할 수 있다는 점에 배제되는 것은 아니며, 질서위반법 제30조와 같이 법인도 개인과 동일하게 일정한 요건을 충족하였을 경우에 책임을 부담할 의무를 가지고 있음을 지적한다.[88] 그리고 이밖에도 개인과 동일하게 법인에게도 범죄적인 태도를 취하지 않고 활동하기 위한 기본적 토대를 구축할 의무뿐만 아니라 법인을 위해 활동하는 사람에게 규범에 합치한 태도를 취하도록 할 의무가 도출될 수 있다고 한다. 다만, 법인은 자연인을 매개로 해서만 형법상 의미 있는 행위를 실시할 수 있으므로 법인의 대표자의 태도만이 단체 제재에 대한 귀속의 대상일 뿐이라고 한다. 이렇게 하여 법인은 자신의 실수를 근거로 하여 유책적으

83) Ehrhardt, 앞의 책, 31면.
84) Ehrhardt, 앞의 책, 42면 이하.
85) Ehrhardt, 앞의 책, 66면.
86) Ehrhardt, 앞의 책, 159면 이하.
87) Ehrhardt, 앞의 책, 190면 이하.
88) Ehrhardt, 앞의 책, 195면.

로 여겨진다고 한다.[89]

이러한 사고를 기초로 Ehrhardt는 기업처벌의 구체적인 요건과 관련하여 대표자에 의한 '관련행위'(Anknüpfungstat)의 필요성을 이끌어내고 있다. 따라서 보다 하위의 종업원에 의해 범죄가 실행되었을 경우에 범죄행위를 회피할 수 없었던 사유가 권한을 가지는 기관에게 책임이 있다고 하는 전제 하에서만 단체처벌이 인정된다고 한다.[90] 다른 한편으로, Ehrhardt는 실제로 위반행위를 실행한 하위의 종업원의 특정을 엄격하게 요구하지 않고 "전체적으로 유책한 행위를 했다"는 것을 확정하면 충분하다고 한다.[91]

(3) Schroth의 견해

H-J. Schroth는 현행법상 기업이 윤리적인 규범위반에 대해 형법적으로 답책적인가 또는 어떻게 답책적으로 될 수 있는가 하는 점에서부터 검토를 시작한다. 그리고 기업도 규범의 명령을 이해할 수 있어 규범상 의무를 이행할 수 있음을 근거로,[92] 기업이 전체적으로 규범의 수범자라는 결론을 도출한다.[93] 더욱이 기업은 신분범의 수범자에게도 질서위반법 제30조와 동일하게 일반적 규범의 수범자가 될 수 있다고 한다.[94]

이러한 전제 아래 Schroth는 우선 기업이 범죄 일반 및 개별의 범죄에 대해 가벌적 또는 질서위반금의 부과가 가능한 명령 및 금지의 수범자가 될 수 있는지, 그리고 현행법상 기업형법상의 구성요건이 존재하는지 여부의 증명을 시도한다. 즉 Schroth는 ① 경쟁제한방지법의 질서위반 규정,[95] ② 독일연방광업법의 벌칙 규정,[96] ③ 주(州) 출판법의 벌칙 규정[97]의 영역에서 금지나 명령이 기업(사업자)에게 부과된 구성요건을 검토하였다. 나아가 형법전에서의 기업형법상의 구성요건을 검토하고 이러한 구성요건에서 기업형법적인 특징을 많이 찾

89) Ehrhardt, 앞의 책, 195면.
90) Ehrhardt, 앞의 책, 231면.
91) Ehrhardt, 앞의 책, 243면.
92) Hans-Jüngen Schroth, *Untemehmen als Normadressaten und Sanktionssubjekte*, 1993, 22면.
93) Schroth, 앞의 책, 4면.
94) Schroth, 앞의 책, 37, 48면.
95) Schroth, 앞의 책, 50면 이하.
96) Schroth, 앞의 책, 65면 이하.
97) Schroth, 앞의 책, 77면 이하.

아낼 수 있음을 지적하고 있다. 보다 구체적으로 Schroth에 의하면 기업이 규범의 수범자인지 여부와 관련하여 ① 기업에게 특별한 규범을 내용으로 하여 기업이 유일한 규범의 수범자인 그룹(일종의 신분범으로 이 그룹의 모든 구성요건이 기업형법의 일부라고 함), ② 기업과 개인에게 적용되는 특별한 의무를 규범으로 하는 그룹, ③ 모든 사람을 규범의 대상으로 하여 이에 기업이나 기업 단체가 포함되는 그룹이라는 세 개의 구성요건 그룹으로 구분을 시도하고 있다. Schroth는 이러한 구성요건은 행위명령이 기업이나 기업 단체로 향해지고 있는 한 기업형법의 일부라고 주장한다. 그리고 이러한 기업형법적 구성요건에 대해 규범의 수범자에게 기업을 포함하여 개인에 대한 규제와 조화를 도모하는 것이 중요하다고 한다.

다음으로, Schroth는 법인의 범죄능력과 관련한 문제를 검토한다. 이와 관련하여 역사상, 법인의 성질상, 헌법상, 사법상, 단체 처벌을 완전하게 부정하는 근거는 찾아낼 수 없다고 하여,[98] 법인의 (파생적) 행위능력을 인정할 수 있으며,[99] 법인의 책임능력에 대해서도 긍정한다.[100] 이러한 결론은 기업에게 행위능력이 인정되고 기업에 대해 법적 의무가 부과되어 결과적으로 책임비난을 동반하는 작위의무를 게을리 하는 일이 있다는 점으로 연결된다. 즉 Schroth에 의하면 책임의 대상이 되는 범위는 일반예방효과와 특별예방효과에 있어 중요한 역할을 수행한다고 한다.[101] Schroth는 평균적 가능성에 초점을 맞춘다는 의미의 "책임비난의 일반인 기준화"가 당연히 최종적으로는 개인의 범위에서도 전면에 등장함을 지적한다.[102] 다만, 여기서 기업의 책임으로서 상정된 것은 '조직책임'(Organisationsschuld)임을 강조한다.[103]

마지막으로, 이러한 주장을 근거로 Schroth는 형법전의 개정안을 제시한다. 그 결론은 형법전 제75조와 질서위반법 제29조, 제30조의 조화에 귀착하고 있다. 즉 Schroth는 다음과 같이 제14조a를 제안한다: "기업의 경영자, 기관, 수탁자가 기업 내의 직무상 권한을 행사하여 범죄를 실행하고 그 범죄에 의해 기업

98) Schroth, 앞의 책, 171면.
99) Schroth, 앞의 책, 173면 이하.
100) Schroth, 앞의 책, 191면 이하.
101) Schroth, 앞의 책, 199면.
102) Schroth, 앞의 책, 200면.
103) Schroth, 앞의 책, 203면 이하.

의 의무를 위반했을 경우 기업은 가벌적이다."[104]

(4) 그 외의 긍정설

한편, 부작위범적인 구성으로 법인에게 형벌을 부과함을 주장한 학자로 S. Lütolf를 언급할 수 있다. Lütolf는 법인 자신의 조직책임에 의해 법인의 가벌성의 정당화를 도출하고 있다.[105] 즉 법인이 범죄적인 경영을 기초로 위험회피의무와 감독의무에 위반하여 법익위태화를 초래하고(보증인적 지위의 존재), 하자있는 위험관리가 원인이 되어(실행 가능한 작위의무의 불이행), 기업에 의한 전형적인 위험을 야기했을(결과의 야기) 경우에 법인의 형사책임을 인정하여 형벌을 과하는 것이 허용된다고 한다.[106] Lütolf는 이러한 책임의 확정에 있어 법인의 기관이 법인 자신의 이익을 도모하기 위해 일종의 방패역할을 하였는지 여부를 검토할 필요가 있다고 한다. 즉 기관이 자신의 이익만을 도모한 경우이거나 기관 등에 의해 저지하는 것이 불가능한 경우에 그 기관의 행위와 법인의 조직책임 간의 인과관계가 인정되지 않아 개인적인 책임만이 문제된다고 한다.[107] 또한, 법인이 책임을 지는 것은 조직책임에서 기인한 것으로 관련 행위자의 특정은 법인처벌의 성립요건으로 파악하지 않는다.[108]

그리고 K. Volk는 법인에게 형사책임을 귀속하기 위해 개인의 범주를 넘어선 독자적인 행위개념을 창설하여 불법이나 책임이라는 법적인 개념의 내용도 쇄신 할 필요가 있다고 한다.[109]

3. '제3의 길'의 제시

최근 주목해야 할 경향으로 '제3의 길'의 대두를 빼놓을 수 없다. 이는 종래와 같이 기업(법인)의 형사책임을 부정하여 그 처벌에 대해 소극적인 태도를 취할 경우 기업 활동의 법적 규제를 충분히 할 수 없지만 그렇다고 해서 기업(법인)을 자연인과 같은 형법의 수범자로 해석하는 것도 주저하는 입장으로부터

104) Schroth, 앞의 책, 233면.

105) Sandra Lütolf, *Strafbarkeit der juristischen Person*, 1997, 348면.

106) Lütolf, 앞의 책, 350면.

107) Lütolf, 앞의 책, 349면.

108) Lütolf, 앞의 책, 361면.

109) Klaus Volk, "Strafrecht und Wirtschaftskriminalität", JZ 1982, 429면 이하.

제시된 견해로 법인에 대한 책임과 제재는 긍정하지만, 형사법상의 그것과는 명확하게 구별하고자 한다.

(1) Stratenwerth의 견해

Stratenwerth는 법인에 대해 형벌이 아닌 보안처분을 부과할 것을 주장하여 그 전제로서 법인의 형사책임을 지지한다. 그 근거로 Stratenwerth는 기업 가운데 권한이 분배되어 의사결정이 하위 종업원에게 위임되어 결과적으로 외부에서 위해작용이 미쳤음에도 불구하고 공동정범의 요건인 "상호 인식하고 의욕된 공동행위"를 인정할 수 있는 경우가 많음을 언급한다.[110] 또한, 그러한 종업원 중에서 자연인 행위자를 특정했다고 해도 많은 경우에 그 종업원의 고의를 입증하기는 불가능에 가깝다는 점도 지적한다.[111]

이와 같이 개인의 책임을 묻는 것이 어려운 이상 기업 활동의 법적 규제로서 기업의 책임을 묻는 것이 필요하다고 한다. 그러나 도의적인 인격을 갖지 않는 기업에 대해 형법상의 책임을 물어 형벌을 과하는 것은 오늘날 형법의 전제에 반한다. 이와 같이 형사책임과 조화할 수 없는 기업의 성질이 분명한 이상 그 규제는 다른 방법으로 실현되지 않으면 안 된다. 하지만 Stratenwerth는 그 다른 방법으로서 상정된 행정법상의 규제가 그 성질과 효과적인 측면을 고려할 때 기업의 규제를 단독으로 담당할 수 있는 것은 아니라고 평가한다.[112] 이에 Stratenwerth는 장래의 규범의 준수를 목적으로 하는 특별예방효과 뿐만 아니라 일반예방효과도 거둘 수 있는 형법상 보안처분을 부과하기 위한 책임을 기업에게 인정해야 한다고 한다.[113]

(2) Heine의 견해

한편, G. Heine는 형법에서의 '제2의 축'(zweite Spur)로서 개인형법과 대응한 구조를 가지지만 이와 독립적인 기업형법(단체형법) 이론의 구축에 의한 단체처벌을 주장한다. 우선 Heine는 환경형법에서 종래 인정되어 온 귀책원리에

---

110) Günther Stratenwerth, "Strafrechtliche Unternehmenshaftung?", in: FS－R.Schmitt, hrsg. von K. Geppert/J.Bohnert/R.Rengier, 1992, 300면 이하.

111) Stratenwerth, 앞의 논문, 300면.

112) Stratenwerth, 앞의 논문, 307면.

113) Stratenwerth, 앞의 논문, 302면.

대한 위화감의 원인이 어디에 있는지를 해명하고 그 극복을 위해 새로운 대안을 찾아내고자 하였다.[114] 이때 개인형법의 기업형법으로의 단순한 확장은 종래 인정되어 온 귀책원리의 부당한 확대로 연결된다는 점을 간과해서는 안 된다고 한다.[115]

Heine는 기업 내에서 권한분배가 더욱 세밀하게 이루어짐에 따라 공동정범 등을 인정하여 개인의 책임을 묻기가 어렵다는 점을 논의의 출발점으로 삼고 있다.[116] 그리고 이러한 어려움이 있음에도 기업처벌의 필요성만을 강조하여 기업처벌을 인정하면 핵심형법에 있어서도 형벌을 과하기 위한 요건이 완화될 우려가 있다고 한다.[117] 한편, 복잡한 조직구조나 권한의 분산 등 오늘날 대기업에 볼 수 있는 특징은 종래 개인에 대한 귀책의 학설로는 짐작할 수 없는 사정이라는 점도 지적한다.[118]

이에 따라 Heine는 개인형법과는 다른 목적적 지향에서 접근하여 기업이 위험한 설비의 설치나 운용에 따른 위험을 잠재화할 의무가 있음을 근거로 하여 기업에게 이를 위해 필요한 조치를 강구할 특별한 기업책임이 발생한다고 한다.[119] 이러한 책임은 기업에 의해 초래되는 전형적인 위험이 존재하고, 그 위험관리(risk management)에 미비점이 인정되었기 때문에 위험 실현의 가능성이 높아지거나 위험이 실현되었을 경우에 인정된다.[120] 즉 기업은 위험관리에 의해 자기 자신이 야기시킬 수 있는 위험에 의해 사회적 혼란을 가져오지 않게 할 책임이 부과되어 있다고 한다. Heine에 의하면 이때 중요한 것은 기업 내의 자연인의 행위가 아니고 시스템에 의해 창출된 위험이다.[121] 또한, Heine는 이러한 책임과 관련하여 기업에 가해지는 제재에 대해서도 고유의 체계화를 도모해야 함을 주장하여, 구체적으로 기업폐쇄, 기업보호관찰(probation), 재산형, 환경감사 등의 도입을 제안하였다.[122]

---

114) Günter Heine, *Die strafrechtliche Verantwortlichkeit von Untemehmen*, 1995, 21면.
115) Heine, 앞의 책, 23면.
116) Heine, 앞의 책, 29면 이하.
117) Heine, 앞의 책, 29면 이하, 149면 이하.
118) Heine, 앞의 책, 23면.
119) Heine, 앞의 책, 253면.
120) Heine, 앞의 책, 253면.
121) Heine, 앞의 책, 253면.

더욱이 Heine는 이러한 위험관리의 미비나 기업에 의해 초래되는 전형적인 위험의 창출을 요건으로 한 기업형법과는 별도로 감독관청의 명령의 불복종에 대해 질서위반금을 중심으로 한 제재를 가하는 것을 염두에 둔 기업체에 대한 질서위반법의 신설을 제안하고 있다.[123)]

(3) 그 외의 견해

H. Alwart는 형법의 기본원리와의 정합성을 중요시 하여 법인 등의 단체에 대해 형벌 이외 방법에 따른 처벌을 지지한다. 이때 형벌을 부과할 수 없게 하는 단체의 조직구조가 문제로 여겨진다. 이와 관련하여 Alwart는 단체 내에서 어느 누구도 범죄를 실행하지 않았는지, 또는 누가 범죄를 실행했는지를 증명할 수 없는 사례에 대해 보충적으로나마 단체처벌을 인정한다.[124)] 다만, 그 배후에도 개인의 귀책근거를 유지하기 위한 시도가 여전히 존재한다.[125)]

C. Schwinge도 질서위반법 제30조에서 규정된 단체 질서위반금을 근거로 하여 형벌과 처분 사이에 자리매김 되는 중간적인 제재인 '제3의 길'을 실시해야 한다고 한다.[126)] Schwinge에 의하면 제재에는 주관적 제재와 객관적 제재가 있는바, 이 중 주관적 제재란 형법상 중요한 행위를 실시한 사람의 의사에 대해 두 번 다시 범죄를 실시하지 않게 하는 제재를 의미한다. 반면 객관적 제재는 위험한 물건의 위법한 사용이나 특정의 상황의 위법한 이용의 저지를 목적으로 사물을 대상으로 가해지는 제재를 말한다고 한다.[127)] Schwinge에 의하면 기업에게는 고유의 의사가 존재하지 않고 구성원을 매개하여 간접적으로 동기를 형성하므로 주관적 제재를 기업에 부과할 수 없으나, 객관적 제재는 우려되고 있는 범죄의 객관적인 조건을 배제하려는 것이기 때문에 하자 있는 기업조직으로부터 창출된 위험에 대해 부과할 수 있다고 한다.[128)]

---

122) Heine, 앞의 책, 302면 이하.

123) Heine, 앞의 책, 298면.

124) Heiner Alwart, "Strafrechtliche Haftung des Unternehmens－vom Unternehmenstäter zum Täterunternehmen". ZStW 105(1993), 768면 이하.

125) Alwart, 앞의 논문, 772면.

126) Christina Schwinge, *Strafrechtlich Sanktion gegenüber Unternehmen im Bereich des Unweltstrafrechts*, 1996, 142면.

127) Schwinge, 앞의 책, 143면.

128) Schwinge, 앞의 책, 143면 이하.

4. 소극설의 반론

이와 같이 최근 독일에서 기업(법인)의 형사책임론에 대한 관심이 높아진 이유는 기업(법인) 자신에게 책임을 인정하고 제재를 가하려는 주장이 활발히 전개된 데서 기인한다. 그러나 이러한 상황에 대해 기업(법인)에게 형사책임이나 제재를 부정하는 전통적 견해가 쇠퇴한 것은 아니다. 새로운 주장에 대한 반론을 포함하여 법인 자체에 대한 제재를 가하는 방향성에 소극적인 견해도 유력하게 제기되고 있다.

(1) Otto의 견해

H. Otto는 기업이나 단체에 대한 제재를 '경제감독권상의 처분'(wirt-schaftsaufsichtsrechtliche Maßnahme)으로서만 실시해야 한다고 주장한다. Otto에 의하면 이 처분은 책임형법, 보안처분법, 행정형법, 질서위반법으로부터 결별된 처분으로 이해되고 있다.[129] 법인이나 인적 단체의 책임을 인정하고 제재를 가할 것을 주장하는 최근의 견해 대부분은 '조직화된 무책임'을 전제로 하고 있는데, Otto는 이를 부정하고 기본적으로 법인이나 인적 단체의 구성원이나 대표자인 자연인의 형사책임을 묻는 방식을 지지한다.[130]

그리고 Otto는 기업이나 인적 단체 등의 법적 책임의 귀속 가능성에 대해 깊이 있는 검토를 하고 있다. 이때 일반예방이나 특별예방효과와 결합된 책임개념을 근거로 하여 단체에게 책임을 귀속하는 방법을 부정하고,[131] 사회적 책임개념을 자연인 이외의 귀책의 전제조건이라고 파악한다.[132] 또한, 기업은 그 구성원이나 기관을 매개시킴으로써 동기의 형성이 가능하고 입법적으로 책임을 기업에 귀책시키는 것도 가능함을 인정한다.[133]

Otto는 이러한 전제 하에서 법인의 제재로서 두 개의 가능성에 대해 검토를 하고 있다. 하나는 Schünemann의 조직책임이며, 다른 하나는 '경제감독권상의 처분'이다. 이 가운데 전자에 대해서는 헌법상의 의문을 제기하면서 이를 부

129) Harro Otto, *Die Strafbarkeit von Unternehmen und Verbänden*, 1993, 25면.
130) Otto, 앞의 책, 7면 이하.
131) Otto, 앞의 책, 18면 이하.
132) Otto, 앞의 책, 17면 이하.
133) Otto, 앞의 책, 21면 이하.

정한다.[134] 한편, 후자는 책임원리가 적용되는 영역으로부터 완전하게 분리된 처분으로서 이해되는 것으로 기업이나 단체에도 적용이 가능하다고 한다.[135] 또한, 이러한 처분은 EC법의 질서위반금이 나타내듯이 형벌과 유사한 효과를 발휘하고 형법상, 절차법상 권리보호를 도모할 수 있으므로 부정적 요소가 존재하지 않는다고 한다.[136]

(2) Freier의 견해

최근 인적 단체 등의 제재론에 있어 가장 철저한 단체답귀성의 부정설을 전개하고 있는 학자는 F.v. Freier이다. Freier는 우선 관련행위의 존재(즉 자연인 행위자의 확정)를 전제로 단체에게 제재를 과하는 모델에 대한 검토를 바탕으로 단체 그 자체에는 '자연의 의사'가 결여되어 있기 때문에 이를 규범의 수범자로 인정할 수 없으며, 이에 따라 단체의 처벌은 도의적 책임을 전제로 한 자연인에 대한 처벌 근거와 조화될 수 없음을 지적한다.[137] 또한, 단체 고유의 처벌모델에 대해 형법적으로 부차적인 기업시스템과 무책임자의 처벌을 정리하여 고찰함으로써 단체제재는 자연인에 대한 형벌과는 그 성질을 달리하여 제재의 목적상 '억제'를 요구하는 이상 결국 형법상 주관적 구성요건인 고의와는 아무런 관련을 맺을 수 없고, 반대로 '조직적인 무책임'에 대해서는 억제효과가 전혀 보장되지 않는다는 비판적 견해를 제시하고 있다.[138] 즉 기업에게 책임을 물어 제재를 과하는 것을 지지하는 견해는 모두가 그 필요성만을 강조할 뿐 이론적 근거를 충분히 제시하지 않다는 결론에 이르고 있다. 오히려 Freier는 기업에 대한 제재가 문제점을 더 크게 야기한다고 본다. 예를 들어 기업에 대한 형벌의 효과가 주주 등 제3자에게 미치는 파급효과(spillover)는 형법상 허용될 수 없다고 한다.[139] Freier에 의하면 이러한 문제는 질서위반법이 규정하는 단체 질서위반금에서도 발생한다고 한다.[140]

---

134) Otto, 앞의 책, 25면.

135) Otto, 앞의 책, 27면 이하.

136) Otto, 앞의 책, 28면.

137) F. v. Freier, *Kritik der Verbandsstrafe*, 1998, 55면 이하.

138) Freier, 앞의 책, 183면 이하.

139) Freier, 앞의 책, 244면.

140) Freier, 앞의 책, 211면 이하.

다른 한편으로, Freier는 기업범죄의 중대성이나 심각성을 긍정하여 이에 대해 어떠한 방법을 강구할 필요가 있음을 인정한다. 때문에 단체 내의 자연인의 책임을 물을 가능성을 검토함이 적합하다고 여기지만,[141] 말단 종업원에 대해 기업 활동시에 발생한 법익침해의 책임을 묻는 것도 타당하지 않다고 한다.[142]

Freier는 이러한 검토를 근거로 최종적으로 '피혁보호분무기 사건'(Lederspray Fall) 판결에서 나타났듯이 사용자 등의 자연인의 감독책임을 폭넓게 인정하는 방안이 기업범죄의 대책으로서 가장 적절하고 합리적인 결론임을 주장한다.[143]

5. 학설의 전망

지금까지 살펴본 바와 같이 오늘날 독일에서 법인처벌을 둘러싼 학설은 형사책임 긍정설과 형사책임 부정설이 첨예하게 대립하고 있으며, 부정설의 내부에서도 형벌 이외의 제재를 적극적으로 지지하는 견해와 법인의 대표자 등의 자연인의 처벌을 지향하는 견해로 나누어진다.

최근 두 견해 모두에서 적극적으로 자신들의 견해의 이론적 근거에 대한 충실화를 꾀하고 있다. 하지만 질서위반법 제30조에 의한 현행 법인처벌 시스템 하에서는 기업범죄에 대해 적정한 규제는 어렵고, 특히 기업범죄에 있어 위반행위자를 특정하기 곤란하거나 특정할 수 없는 사례에 대해 어떠한 방법이든 강구할 필요성이 높다는 문제의식을 전제로 하고 있다는 점은 거의 공통되고 있다. 그리고 그 개선책으로 ① 법인의 대표자 등을 법인 자체와 동일시함으로써 법인의 행위나 책임의 존재를 긍정하는 접근방식, ② 위반행위자를 매개로 하지 않고 위험관리 시스템의 미비 등에 의해 법인의 책임을 도출하려는 접근방식, ③ 대표자 등의 개인의 감독책임을 확대함으로써 법인의 책임을 부정하는 접근방식이 제시되고 있다. 다만, 주의를 필요로 하는 것은 이 가운데 ①이나 ②의 접근방식을 지지하는 견해에서도 그 책임을 형사책임과 동일한 것으로 이해하는 것과 형사책임과는 다른 책임으로 이해하는 것으로 나뉘고 있으며,

141) Freier, 앞의 책, 262면 이하.

142) Freier, 앞의 책, 247면.

143) Freier, 앞의 책, 262면 이하, 326면.

③을 지지하는 접근방식도 법인의 형사책임을 부정하는 견해라고 결론 내리기 어려운 견해도 있다.

이와 같이 독일에서는 기업(법인)의 형사책임을 둘러싸고 학설상 격렬한 논쟁이 전개되고 있다. 특히 형벌 또는 그 외의 제재에 의한 법인처벌의 적극적 입장을 제시하는 견해가 활발히 전개되고 있다. 특히 기업범죄 가운데 위반행위자를 특정하기 곤란하거나 특정할 수 없는 사례에 대해 어떠한 방법이든 강구할 필요성이 높다는 문제의식을 전제로 위반행위자를 매개로 하지 않고 위험관리 시스템의 미비 등에 의해 법인의 책임을 도출하려는 접근방식의 유력화에 주목할 필요가 있다. 이러한 접근방식의 유력화는 개인과는 이질적인 '조직체'로서의 성질을 고려할 필요성을 인정한 데서 기인한 것이다. 이 때문에 오늘날 종래와 같이 법인을 대상으로 하는 것이 아니라 직접적으로 '기업'(Unternehmen),[144] '단체'(Verband), '조직'(Organisation)의 처벌의 필요성이나 형사책임을 논하는 움직임도 활발해지고 있다고 한다.[145]

Ⅴ. 맺음말

독일에서 법인의 범죄능력을 인정하여 형사책임을 부과하는 것은 "루비콘강을 건너는 것"으로 여겨지고 있다.[146] 더욱이 최근 유력화되고 있는 자연인을 매개로 하지 않고 기업(법인)의 형사책임을 묻는 견해 등은 실제로 입법상 실현될 수 없다고도 본다. 그런데 독일의 이웃나라인 스위스에서 2002년 9월과 12월에 상원과 하원에서 의결되어 2003년 4월 국민투표를 거쳐 정식으로 시행된 스위스 개정형법은 제102조에서 '기업의 책임'(Verantwortlichkeit des Unternehmens)에 관한 명문 규정을 두고 있다. 더욱이 이 규정에서는 기업경영에 의해 범죄를 했지만 그 범죄를 특정의 개인에게 귀속시킬 수 없을 경우에 기업 자신에게 질서위반금을 과할 수 있도록 규정하고 있다.[147] 이 규정에 대해 형법이론상은 물

144) Tiedemann, 앞의 논문 (1986), 1842면.
145) 川崎友巳, 앞의 책, 97-110면.
146) Freier, 앞의 책, 15면.
147) Schweizerisches Strafgesetzbuch Art 102 (Änderung vom 13. Dezember 2002). 이에 대해 자세한 설명은 본서 제3장 § 10 Ⅱ. 2. 이하 참조.

론이고 그 유효성의 측면에서 여러 비판이 제기되고 있다.[148] 그러나 종래 형법학의 영역에서 독일과 밀접한 관계를 유지하여 발전을 이룩해 온 스위스에서 자연인을 매개로 하지 않는 기업의 책임을 인정한 의의는 크다고 본다.

한편, 기업(법인)의 형사책임을 둘러싼 학설의 최근 동향은 종래와 크게 양상을 달리하고 있다. 특히 법인의 범죄능력 부정설이 법인처벌의 부정이나 소극적 입장과 반드시 결합되지 않고, 오히려 비형사적 제재에 의해 관련 행위자를 특정할 수 없는 경우에도 기업(법인)을 처벌해야 한다는 견해가 제기되고 있음에 주목할 필요가 있다. 더욱이 기업처벌을 완전하게 부정하는 Freier도 기업범죄에 대한 형사법상의 대책의 필요성을 인정하여 감독책임의 요건을 완화하여 적극적으로 관리자 등의 처벌을 지지하고 있다는 점은 시사하는 바가 크다. 이러한 법인의 범죄능력 부정설의 변화는 법인의 범죄능력 부정설이 여전히 다수설을 입장을 차지하는 우리나라의 기업 형사책임론에 있어 충분히 고려할 가치가 크다고 본다.[149]

148) Kurt Zeelmann, "Unternehmensstrafbarkeit: Ursachen, Paradoxien und Folgen, Wirtschaft und Strafrecht", in: Festschrift für Niklaus Schmid, hrsg von Jürg−Beat Ackermann/ Andreas Donatsch/Jüorg Rehberg, 2001, 169면 이하.

149) 川崎友巳, 앞의 책, 111−112면.

§ 9 일본에서 기업의 형사처벌

Ⅰ. 머리말

일본에서 기업의 형사처벌은 법인처벌 규정에 의해 실시되고 있다. 그런데 이 법인처벌 규정을 둘러싼 해석론과 관련하여 오래전부터 두 개의 문제에 대한 합리적 설명이 요구되어 왔다. 하나는 법인의 범죄능력의 문제이며, 다른 하나는 법인처벌의 근거가 무엇인가라는 문제이다. 이 두 문제는 서로 다른 문제가 아니라 상호관계를 맺고 있다. 즉 법인의 범죄능력을 인정할 경우 법인처벌의 근거는 법인 자신의 행위책임을 묻는 것으로 해석되는데 반하여, 법인의 범죄능력을 부정할 경우 법인처벌은 있을 수 없다고 이해하는 것이 가장 자연스러운 귀결이 될 것이다. 그러나 일본의 판례와 학설은 우리나라와 마찬가지로 오랫동안 그 어느 쪽의 입장도 채택하지 않고 법인의 범죄능력을 부정하면서도 법인처벌 규정의 존재를 인정하여 그 근거를 법인 자신의 행위책임 이외에서 요구하는 제3의 길을 걸어왔다.

이와 같이 모순된 해석을 취해 온 배경에는 일본 고유의 사정이 존재한다. 즉 구미제국의 형법학을 모범으로 하여 일본에서도 형법학이 뿌리를 내리기 시작하였는바, 구형법전을 대신하여 현행 형법전이 시행된 1907년(明治 40) 이전부터 이미 행정단속상의 요청을 받아들여 법인처벌 규정이 존재하고 있었다. 이 때문에 독일형법학의 영향을 받아 법인의 범죄능력을 부정하는 견해가 통설화된 이후에도 실제로 존재하는 법인처벌 규정을 합리적으로 설명할 필요성이 제기되었다. 이에 일본에서는 법인의 범죄능력을 부정하는 한편, 법인의 수형능력만을 인정하여 법인처벌의 근거로서 종업원의 위반행위의 책임이 사업주인 법인에게 전가된 것(이른바 '타인의 행위에 대신한 책임')이라고 해석되어 왔다.

그 후 일본의 법인처벌 규정은 양벌규정에 의해 통일되어 법인의 범죄능력에 관해 긍정설이 유력화시 되고 있다. 그러나 이러한 환경의 변화에도 불구하고 법인처벌론이 내포하고 있는 모순이 완전히 해소되지 않은 채 현재에 이르고 있다. 이 때문에 법인처벌 규정의 해석과 관련하여 다양한 '왜곡'이 발생하고 있다. 특히 이 '왜곡'은 법인의 형사책임의 성질이나 오늘날 통설로 되어 가고 있는 과실책임설에 따른 법인의 주의의무의 내용을 상세하게 검토할 경우 더욱 더 분명하게 드러난다. 이러한 '왜곡'은 현행 일본의 법인처벌 규정 해석의 본질적인 문제점과도 깊게 관련되어 있으므로 간과할 수 없다.

따라서 이하에서는 일본 기업처벌론이 취하고 있는 근본적인 태도가 무엇인지를 중심으로 현행 법인처벌 규정 해석의 내용과 문제점, 그리고 이러한 문제점을 극복하기 위해 제기된 입법론을 살펴보고자 한다. 보다 구체적으로 법인의 형사책임의 성질과 법인의 주의의무의 내용에 초점을 맞추어 법인처벌 규정과 그 해석의 역사적 발전과정을 입법, 판례, 학설이라고 하는 세 개의 관점으로 나누어 검토하고자 한다(Ⅱ, Ⅲ, Ⅳ). 그리고 이를 바탕으로 하여 오늘의 법인처벌 규정 해석이 어떠한 문제점을 갖고 있는지(Ⅴ), 이를 극복하기 위해 제기된 입법론에 대해 검토하고자 한다(Ⅵ).[1)]

Ⅱ. 법인 처벌론의 입법론적 발전과정

1. 대벌규정의 채용

(1) 법인처벌 규정의 탄생

앞서 언급한 바와 같이, 일본에서 최초의 법인처벌 규정은 현행 형법전이 시행된 1907년 이전부터 존재하고 있었다. 즉 1900년에 제정된 '법인의 조세 및 연초전매사범에 관한 법률'(明治 33년 법률 제52호)은 "법인의 대표자 또는 고용 기타 종업원이 법인의 업무에 관하여 조세 및 연초전매에 관한 법률을 위반한 경우에 각 법률에 규정된 벌금을 법인에게 적용한다. 단, 그 법률에 관하여 벌금, 과료 이하의 형에 처하여야 할 것을 규정한 때에는 법인을 300엔 이하의 벌금에 처한다."라고 규정하여 대표자나 종업원이 법인의 업무에 관련하여 위반행위를 하였을 경우에 법인만을 처벌하는 '대벌규정'(이른바 '轉嫁罰規定')을 채용하였다.[2)]

1) 이하의 논의는 이기헌/박기석, 법인의 형사책임에 관한 비교법적 연구, 한국형사정책연구원, 1996, 75－93면; 川崎友巳, 企業の刑事責任, 成文堂, 2004, 25－49면 참조.

2) '법인의 조세 및 연초전매사범에 관한 법률'의 제정 이전에도 극히 예외적이지만 법인처벌

당초 국회에 제출된 동법의 정부안은 법인의 범죄능력이 없음을 근거로 업무와 관련하여 대표자나 종업원 등에 의해 위반행위를 했을 경우에 원칙적으로 대표자(대표자가 복수의 경우에는 그 전원)를 처벌하는 규정을 채용하고 있었다.[3] 또한 동법이 성립할 때까지 귀족원과 중의원의 심의과정에서 법인의 범죄능력을 부정하는 입장에 입각하여 법인처벌에 반대하는 견해도 제기되었다.[4] 그러나 최종적으로 위반방지를 위해 불법이득을 법인으로부터 징수할 필요성이 인정된다는 점, 사업주가 자연인의 경우에 형벌을 과함에 반해 법인의 경우에 행정벌을 과할 경우 법의 권위가 상실될 수 있다는 점, 법인에게 자유형을 과할 수 없지만 벌금형을 과하는 것은 가능하다는 점 등을 이유로 법인처벌 규정이 마련되었다.[5]

(2) 1900년 이후의 전개

이후 법인의 활동을 형사법상 효과적으로 규제하기 위해 자주 '법인의 조세 및 연초전매사범에 관한 법률의 준용'이라는 조항이 설치되거나, 동법과 동일하게 법인의 대표자나 종업원의 위반행위에 대해 법인만이 처벌된다고 하는 '대벌규정'이 채용되었다.[6] 예를 들어 전자의 예로 보험업법(明治 33년 법률 제69호) 제100조의2, 광업법(明治 38년 법률 제45호) 제106조, 어업법(明治 43년 법률 제58호) 제65조, 매약법(大正 3년 법률 제14호) 제19조 등을 언급할 수 있다. 반면, 후자의 예로 전신법(明治 33년 법률 제59호) 제42조, 독극물영업단속규칙(明治 33년 내무성령 제5호) 제20조, 도장법(明治 39년 법률 제32호) 제16조, 중앙도매시장법(大正 12년 법률 제33호) 제25조 등을 언급할 수 있다.[7]

을 명시한 규정이 존재하였다. 예를 들어 明治 9년에 개정된 국립은행조례 제110조(明治9年太政官布告52号)가 대표적이다. 이에 대해 자세히는 田中利幸, "法人犯罪と両罰規定", 中山研一ほか編, 現代刑法講座第1巻 · 刑法の基礎理論, 1977, 272면.

3) 大日本帝国語会誌刊行会編, 大日本帝国議会誌 · 第5巻, 大日本帝国議会誌刊行会, 1927, 6면.

4) 大日本帝国語会誌刊行会編, 앞의 책, 169면.

5) 大日本帝国語会誌刊行会編, 앞의 책, 169면.

6) 字津呂英雄, "法人処罰のあり方", 石原一彦ほか編, 現代刑罰法大系1 －現代社会における刑罰の理論, 日本評論社, 1984, 183면.

7) 勝本勘三郎, 刑法要論(総則), 有斐閣, 1913, 110면 이하; 池田克, "特別刑法に於ける犯罪主体と刑罰主体の異なる場合の帰納的観察", 司法資料 189号(1934), 243면 이하 참조.

2. 대벌규정으로부터 양벌규정으로 개정

(1) 양벌규정의 등장

그러나 그 후 大正(다이쇼)말기부터 昭和(쇼와)초기에 제정된 입법에서 법인처벌 규정은 자취를 감추어 사업주가 법인의 경우에 법인을 대신하여 대표자에게 벌칙을 적용하는 취지의 규정이 채용되었다. 이러한 규정이 채용된 이유는 분명하지 않지만 법인의 범죄능력을 부정하는 대심원 판례의 입장과 일치를 꾀한 것이 주된 요인의 하나라고 여겨진다.8) 그러나 앞서 '법인의 조세 및 연초전매사범에 관한 법률'의 법안심리에서도 논해진 바와 같이 대표자를 처벌하는 것만으로는 법인의 불법이익을 환수하는 데 미흡하고, 범죄방지에 있어서도 효과를 거둘 수 없다. 또한 대표자가 관여하지 않은 위반행위에 대해 대표자를 처벌하는 것도 타당하지 않다. 이러한 문제점이 인식되어 행정단속의 목적을 달성하기 위해 오히려 법인과 함께 위반행위자 자신에게도 형벌을 과해야 한다는 지적이 학설에서 유력하게 제시되었다.9) 그리고 소화시대를 맞이한 일본에서는 금융공황이나 제2차 세계대전을 맞이하여 경제통제법령이 강화되어 법인처벌의 필요가 급속히 높아지게 되었다.10) 이러한 동향과 함께 1932년 資本逃避放支法(昭和 7년 법률 제17호, 이 법은 후에 개정되어 '外換管理法'이 되었다) 이후 법인의 업무와 관련하여 대표자나 종업원이 위반행위를 하였을 경우에 그 행위자와 함께 법인 사업주도 처벌한다는 양벌규정이 다수 법정화 되었다.11)

이러한 양벌규정이라는 형식은 이미 19세기말 기에르케(Gierke)에 의해 제창된 것으로,12) 앞서 언급한 明治 33년 법률 제52호의 심의에서도 의제에 올랐으며, Mestre,13) Hafter14) 등 법인의 범죄능력 긍정론자에 의해 일관되게 주장되

8) 田中利幸, 앞의 논문, 277면.

9) 久禮田益喜, 日本刑法総論, 厳松堂, 1925, 107면; 泉二新熊, "現行法ト他人ノ行為ニ因ル刑罰制裁", 法学志林 11巻 4号(1909), 31면 이하.

10) 高橋勝好, "両罰規定における業務主体処罰の原由(上)", 警察研究 29巻 7号(1958), 21면.

11) 양벌규정이 채용된 법규의 상세한 내용에 대해서는 八木胖, 法人の犯罪能力 ―業務主処罰規定を中心に, 良書普及会, 1948, 10면 이하.

12) Gierke, *Genossenschaftstheorie und die deutsche Rechtsprechung*, 768면 이하.

13) Mestre, *Les personnes morales et le problème de leur responsabilité pénale*, 280면.

14) Hafter, *Die Delikts und Straffähigkeit der Personnenverbände*, 1903, 103면 이하.

어온 것을 받아드려 일본에서는 勝本,[15] 牧野,[16] 泉二[17] 등에 의해 주장되었다. 그러나 이러한 양벌규정은 자연인 행위자의 처벌을 단순히 법인에게 무과실 전가하는 것이 아니라 자연인 행위자의 처벌 외에 법인도 처벌한다는 점에서 무과실 전가라는 비판은 일단 모면하게 되었으나, 여기에도 ① 이론상으로는 법인의 형사책임을 부정하면서 실정법에 의해 법인을 처벌할 수 있는 근거가 무엇인가라는 점, ② 자연인 행위자를 처벌하는 외에 또 법인을 처벌하는 것은 이중처벌이 아닌가하는 점, ③ 자연인 행위자의 범죄행위만 성립하면 법인은 자동적으로 더불어 처벌되는 것인가, 아니면 법인 자신의 과실이 필요한 것인가하는 점, ④ 자연인 행위자 및 행위가 반드시 특정되어야 하는가라는 점 등의 문제가 제기되었다고 한다.[18]

(2) 법인처벌 규정을 둘러싼 제2차 세계대전 이후 동향

양벌규정에 의한 법인처벌은 전후(戰後)의 입법에서도 계속해서 채용되었다. 당초 양벌규정의 규정 형식은 다양하여 적용상 몇몇 혼란을 불러 일으켰다. 예를 들어 전후 한때 양벌규정에서 사업주의 무과실 면책을 규정한 단서가 채용되었던 적이 있었다. 이 때문에 종전까지 단서 조항이 없는 양벌규정과 어떠한 근거에서 구별되는지를 설명할 필요가 생겼다. 그러나 그에 대한 합리적 기준을 찾을 수 없었기 때문에 단서 조항의 유무와 관계없이 양벌규정상 사업주의 책임에 대해서는 무과실 면책이 인정됨으로써 단서는 그 취지를 명확하게 할 뿐이라는 견해나, 단서가 존재하는 경우에 무과실 면책이 인정되는 반면에 단서가 없는 경우에는 무과실 면책은 인정받지 못한다는 견해가 제기되었다.[19]

---

15) 勝本, 刑法講話, 76면.

16) 牧野英一, 日本刑法上卷, 昭和 21, 78면.

17) 泉二新熊, 刑法學硏究, 615면.

18) 이기헌/박기석, 앞의 보고서, 76-77면.

19) 양벌규정은 사업주의 처벌에 대해 무과실 면책의 문언을 규정하고 있는 것과 그렇지 않은 것 이외에 현재 ① 사업주에게 벌금 이외의 제재를 과하는 규정이 있는 것과 없는 것, ② 법인격 없는 사단, 재단 등에도 사업주 책임을 부과하고 있는 것과 부과하지 않는 것, ③ 위반행위의 기본이 되는 의무의 수범자가 일정한 신분자로 한정되어 있는 것과 그렇지 않는 것과 같은 유형이 존재한다. 이러한 상위가 실제의 양벌규정의 운용을 복잡하고 곤란하게 하였음을 부정할 수 없다는 견해로는 棚町祥吉, "業務主体の刑事責任", 警察学論集 28巻 3号(1975), 2면 이하; 東条伸一郎, "企業犯罪と両罰規定", 法律のひろば 29巻 4号(1976), 4면 이하; 土本武司, 過失犯の研究 -現代的課題の理論と実務, 成文堂, 1986,

그리고 종업원이 위반행위자의 경우에 종업원과 법인뿐만 아니라 법인의 대표자에게도 형벌을 적용한다는 삼벌규정이 주목을 받았다.[20] 그리고 소화 40년대에는 형법개정 작업이 활발해져 그 중 양벌규정의 개선이나 새로운 법인처벌 규정의 도입 등이 검토 과제로 됨으로써 법인처벌의 입법론이 활발히 전개되었다.[21] 즉 형법개정 초안을 작성함에 있어 이를 검토해 온 법제심의회는 초안 가운데 법인처벌 규정은 마련하지 않고 계속 검토해야 할 사항으로 남겨두었다. 이에 따라 법무성 형사국은 "현대적 요청에 적합한 형법개정을 고려할 경우에 법인처벌에 관한 규정을 형법에 도입할지 여부와는 별도로 형법개정의 일환으로서 법인처벌의 문제를 검토할 필요가 있다고 본다. 다만, 법인처벌은 법인의 범죄능력의 유무나 형법상의 책임주의와의 관계, 법인을 처벌하는 범죄의 유형, 처벌의 요건, 처벌의 내용을 어떻게 해야 하는지 등 복잡하고 어려운 문제를 다수 포함하고 있으므로 더 깊이 있는 검토를 계속할 필요가 있다."[22]고 하여 법인처벌의 문제를 계속하여 검토해 갈 것을 분명히 하였다.

이에 법무성은 1975년 2월 형사국에 법인처벌에 관한 검토소위원회를 설치하여 이 문제에 관한 논의를 계속하였고, 이를 토대로 제1차 검토 결과(동년 6월)[23]와 제2차 검토 결과를 제출하였다. 그리고 이 결과를 토대로 법인처벌에 관한 입법론이 소위원회의 구성원들에 의해 전개되어 학계에서 주목을 끌었다.[24]

그러나 양벌규정의 규정 형식은 점차 정형화되어 삼벌규정을 채용한 법령

154면 이하 참조.

20) 삼벌규정으로는 노동기준법 제121조 제2항, 선원법 제135조 등이 있다(八木胖, 앞의 책, 131면; 田中利幸, 앞의 논문, 280면 이하).

21) 당시 입법론의 필요성을 정면으로 논한 것으로는 藤木英雄, "法人に刑事責任がありうるか", 季刊現代経済 14号(1974), 162면 이하; 藤木英雄, "法人の犯罪法人の処分行為", 平場安治博士還暦祝賀 · 現代の刑事法学(上), 有斐閣, 1977, 49면 이하; 板倉宏, 企業犯罪の理論と現実, 有斐閣, 1975, 20면 이하; 板倉宏, "企業組織体責任論と法人処罰", 刑法雑誌 23巻 1 · 2号(1979), 108면 이하 참조.

22) 法務省刑事局編, 刑法全面改正の検討結果とその解説, 大蔵省出版局, 1976, 74면.

23) 調査解説, "法人処罰のあり方", 検察月報 29号(1976), 1면 이하 참조.

24) 飯田英男, "法人処罰に關する立法上の問題", ジュリスト 672号(1978), 81면 이하; 藤永幸治, "法人処罰に關する立法上の諸問題", 刑法雑誌 23巻1 · 2号(1979), 131면 이하; 大谷實, "法人処罰の在り方(一)", 同志社法学 43巻 2号(1991), 16면 이하 참조.

도 현실적으로 소수에 머물렀다. 그리고 입법론도 당시 초미의 과제인 공해죄법(昭和 45년 법률 제142호)이 형법전으로부터 독립하여 제정된 다음에는 형법개정 논쟁에 매몰되어 결론이 도출되지 않은 채 서서히 잊혀져 갔다. 이렇게 하여 양벌규정은 결과적으로 "안정된 지위를 유지하게 되었다."[25] 그리고 2003년말 기준으로 양벌규정이 있는 법령의 수는 570개에 달하여, 벌칙이 부과되는 법령 전체 가운데 3분의 2를 차지하고 있다고 한다.[26]

Ⅲ. 법인처벌에 관한 판례의 동향

1. 법인의 형사책임의 성질

(1) 무과실 전가책임

대심원의 판례를 보면 일본에서 법인의 범죄능력은 명확하게 부정되고 있음을 알 수 있다.[27] 이 때문에 대심원은 한편으로 법인의 범죄능력을 부정하면서, 다른 한편으로 실제 존재하는 법인처벌 규정이 있으므로 법인의 형사책임의 성질을 합리적으로 설명할 필요가 있었다. 이에 대심원은 우선 대벌규정에 대해 사업주처벌의 형사책임의 성질을 무과실 전가책임으로 파악하였다.

예를 들어 大判大正 12년 2월 27일[28]은 거래소법 제32조의6에 따른 대벌규정에 대해 사업주의 의사의 유무를 불문하고 업무에 관한 종업원의 위반행위에 대해 당연히 사업주에게 죄책을 부과하는 취지라고 판시하였다. 大判昭和 13년 3월 4일[29]의 판결도 같은 취지로 판시되었다. 이들 두 개의 판결은 모두 자연인 사업주에 관한 것이지만 법인 사업주의 형사책임의 성질에 대해 다음의 판례와 같이 무과실 전가책임으로 이해하였다. 우선, 大判昭和 10년 11월 25일[30]은 법

25) 田中利幸, 앞의 논문, 279면.
26) 川崎友巳, 앞의 책, 26－29면
27) 대심원 판례는 大判明治 36年 7月 3日(刑録 9巻, 1202면)이 법인의 대표자가 법인명의로 무고문서를 제출한 사안에 대해 법인에게 무고죄의 적용을 부정한 한 이래 일관되게 법인의 범죄능력을 부정해 왔다.
28) 刑集 2巻, 134면.
29) 新聞 4248号, 13면.
30) 刑集 14巻, 1217면.

인처벌 규정이 존재하지 않는 저축은행법 제18조 위반의 죄에 대해 법인에게 형벌의 적용을 부정하였다. 본 판결에서는 법인처벌은 종업원의 위반행위에 대해 형벌을 법인에게 적용하는 취지라는 이해가 나타났다. 또한, 大判大正 13년 4월 12일[31]은 법인의 종업원이 자동차단속령에 위반한 사안과 관련하여 벌칙을 법인에게 적용하기 위해 법인이 선임·감독에 대한 상당한 주의를 기울였는지 여부는 묻지 않는다고 판시하였다.

이러한 대심원의 태도는 양벌규정이 등장한 후에도 변하지 않았다. 예를 들어 국가 총동원법 제48조에 대해 大判昭和 16년 12월 18일[32]은 종업원의 위반행위에 대해 사업주가 처벌되는 경우에 사업주의 행위나 의사는 어떠한 개입도 요구되지 않는다고 판시하였고, 大判昭和 17년 9월 16일[33]은 대리인이 업무에 관련하여 위반행위를 실행했을 경우에 사업주의 고의·과실이 있는지 여부를 불문하고 항상 형사책임을 부담한다고 판시하였다.

(2) 과실책임설

이와 같이 대심원 판례는 법인의 형사책임의 성질을 대표자나 종업원의 위반행위에 대해 법인에게 무과실 전가책임을 부과한 것으로 책임주의의 원칙의 예외이라고 이해하였다. 이러한 판례의 입장은 당시의 학설에 의해서도 폭넓게 지지를 받고 있었지만 경제통제법규가 강화되는 가운데 양벌규정이 급증하면서 법인처벌 규정을 책임주의원칙의 예외로서 평가하는 것 자체에 무리가 발생하기 시작하였다.[34] 이 때문에 학설에서는 昭和 10년대 중반에 종업원에 대한 사업주 자신의 선임·감독상의 주의의무에 위반한 과실책임이라는 견해가 제기되어,[35] 폭넓은 지지를 얻어갔다.[36]

그리고 앞서 언급한 바와 같이, 입법 단계에서도 양벌규정에 상당한 주의

31) 刑集 17巻, 305면.

32) 刑集 20巻 709면.

33) 刑集 21巻 417면.

34) 大判昭和 15年 9月 21日(新聞 4629号, 3면)은 법인처벌의 근거를 무과실 전가책임으로 이해하면서 동시에 책임주의 원칙과의 조화를 도모하기 위해 양벌규정에 의한 법인처벌을 “행정처분과 같은 보안처분”이라는 견해를 제시하였다.

35) 美濃部達吉, “経済事犯の刑事責任に就いて (一)”, 法学協会雑誌 61巻 7号(1943), 17면 이하.

36) 이에 대해 상세히는 아래 Ⅳ. 2. 참조.

를 다하였음을 증명하였을 경우에 면책을 단서로서 규정한 것이 나타났다.[37] 더욱이 제2차 세계대전 후의 판례·학설에서 지금까지 형법 운용에 대한 반성을 근거로 해서 일본 헌법아래에서 "책임주의의 관철을 도모"[38]하게 되었다. 이러한 동향을 배경으로 일본 최고재판소는 1957년(昭和 32)과 1965년(昭和 40)의 판결에서 종래의 견해를 변경하기에 이르렀다.[39]

우선, 最大判昭和 32년 11월 27일[40]은 당시의 입장세법 위반의 사안과 관련하여 다음과 같이 판시하여 명문상 무과실 면책규정의 존부에 관계없이 자연인 사업주의 형사책임의 성질을 과실추정설로 파악하였다.[41] "동조는 사업주인 사람의 「대리인, 사용인 기타 종업원」이 입장세를 포탈하는 행위에 대해 사업주로서 그와 같은 행위자 등의 선임·감독 및 그 밖의 위법행위를 방지하기 위해 필요한 주의를 다하지 않은 과실의 존재를 추정한 규정으로 이해되며, 따라서 사업주에게 그와 같은 주의를 다하였음이 증명되지 않는 이상 사업주도 형사책임을 면할 수 없다고 법률의 취지를 이해함이 상당하다."

그리고 最判昭和 40년 3월 26일[42]은 종업원이 법인의 업무에 관해 당시의 외환법 제27조 제1항 제3호 후단, 제30조 제3호에 위반했다고 하여 법인 사업주가 기소된 사안에서 다음과 같이 판시하여 사업주가 법인의 경우에도 과실추정설을 채용하였다. "사업주가 사람인 경우의 양벌규정에 대해서는 그 대리인, 사용인 그 밖의 종업원의 위반행위에 대해 사업주에게 그와 같은 행위자 등의 선임·감독 및 그 밖의 위반행위를 방지하기 위해 필요한 주의를 다하지 않은 과실의 존재를 추정한 것이며, 사업주에게 그와 같은 주의를 다하였음이 증명되지 않는 이상 사업주도 형사책임을 면할 수 없다고 법률의 취지를 이해함이 상

---

37) 이에 대해 상세히는 아래 Ⅳ. 2. 참조.

38) 三井誠, "責任主義", 三井誠·町野朔·中森喜彦, 刑法のあゆみ, 有斐閣, 1978, 81면; 大谷實, 刑法講義総論(新版), 成文堂, 2000, 327면.

39) 하급심 판결로는 昭和 32년 판결보다 이전인 福岡高宮崎支判昭和 28年 7月 8日(高等裁判所刑事判決特報 26号, 112면)이 있다.

40) 刑集 11巻 12号, 3113면.

41) 본 판결에 따라 사업주의 책임의 성질을 과실추정설이라고 판단한 판결로는 最判昭和 33年 2月 7日(刑集 12巻 2号, 117면), 最判昭和 37年 3月 16日(裁判集刑 141号, 503면), 最判昭和 38年 2月 26日(刑集 17巻 1号, 15면)이 있다.

42) 刑集 19巻 2号, 83면.

당하다는 것은 이미 당 재판소 이전의 판례(중략)가 설시한 바와 같이 그와 같은 법률의 취지는 본건과 같이 사업주가 법인(주식회사)이어서 행위자가 그 대표자가 아닌 종업원인 경우에도 당연히 적용된다."

(3) 법인 사업주의 형사책임의 성질에 관한 판례의 상황

最判昭和 40년 3월 26일에 의해 법인 사업주의 경우에도 과실추정설을 채용하게 되었다. 그러나 본 판결에서 판시한 법인 사업주의 형사책임의 성질에 대해 여전히 몇 가지 불명확한 점이 남아 있었다. 첫째, 본 판결이 채용한 과실추정설은 법인의 범죄능력에 대해 종래의 판례의 입장을 변경하여 긍정설에 입각해서 법인 자신의 과실책임을 인정한 것인지, 아니면 법인의 범죄능력에 대해서는 종래와 같이 부정설을 유지하면서 법인의 대표자의 과실책임을 법인에 전가함을 의미하는 것인지가 분명하지 않다. 둘째, 最判昭和 40년 3월 26일에서는 종업원이 위반행위를 하였을 경우에 법인 사업주의 책임이 문제되었지만 법인의 대표자가 위반행위를 하였을 경우에는 법인처벌은 어떻게 근거가 되는지가 분명하지 않다.[43] 이와 같이 판례의 태도에는 불명확한 점이 남아있어 후술하는 바와 같이 학설의 대립이 존속하게 되었다.

2. 법인의 주의의무

(1) 대심원의 주요 판례

오늘날 일본의 판례는 양벌규정에 있어 법인 사업주의 형사책임의 성질에 대해 과실추정설을 채용하고 있다. 이러한 판례의 태도에 따르면 어떠한 주의를 얼마나 기울이면 사업주가 면책되는 것인지 의문이다.[44] 이 점을 분명히 하기 위해 이하에서는 자연인의 경우를 포함하여 사업주의 주의의무의 내용에 대한 판례의 동향을 살펴보고자 한다.

大判昭和 3년 3월 20일[45]은 비단실의 제조·판매를 업으로 하는 법인의 종

---

43) 이에 대해 자세한 설명은 東條伸一郎, "両罰規定適用上の若干の問題点", 研修 408号(1982), 70면; 松原久利, "現行の法人処罰の在り方とその理論上の問題", 同志社法学 42巻 4号(1990), 105면; 青木紀博, "現行の法人処罰の在り方とその実務上の問題点", 京都学園法学 3号(1994), 55면 이하 참조.

44) 田中利幸, "企業体の刑事責任", 西原春夫ほか編, 判例刑法研究1 −刑法の基礎·構成要件·刑罰, 有斐閣, 1980, 189면 이하.

업원이 잠사업법 제39조 제2항을 위반하여 누에의 육성시에 필요한 위생조치를 게을리 하였음을 이유로 동법 제44조(단서에 "상당한 주의를 기울인 경우에 그러하지 아니 한다"는 무과실 면책을 인정하는 대벌규정)에 의해 법인 자신이 기소된 사안인데, 이 사안에서 면책이 인정되기 위해서는 일반적·추상적인 주의·감독으로는 부족하다고 하여 "상당한 주의"의 기준이 무엇인지를 분명히 하였다. 즉 본 사건에 대해 피고법인은 위반행위를 방지하기 위해 ① 엄격한 인선, ② 준수사항의 게시, ③ 강습회, ④ 계고 등을 실시하고 있었지만 이러한 조치는 여전히 추상적인 주의·감독의 정도로 밖에 인정되지 않는다고 판단하였다.

(2) 무과실 면책을 부정한 전후의 하급심 판례

大判昭和 3년 3월 20일의 태도는 전후의 하급심의 판례에서 "거의 답습되고, 발전하여"[46] 많은 사안에 있어 엄격한 기준에 따라 사업주의 무과실 면책이 부정되어 왔다. 전후의 하급심에서 사업주의 무과실 면책의 인정 여부가 문제된 사안은 주로 노동기준법 제121조 제1항 단서 및 제2항의 무과실 면책의 인정 여부이다. 즉 사업주가 "위반의 방지에 필요한 조치" 및 "위반의 방지·시정에 필요한 조치"를 강구했음이 인정되는지 아닌지 여부가 다루어 졌다.

예를 들어 佐賀家判昭和 24년 8월 22일[47]은 노동기준법 구 제64조에 위반하여 18세 미만의 사람에게 갱내노동을 시켰다고 하여 사업주가 동법 제121조 제2항에 의해 기소된 사안인데, 사업주의 면책이 인정되기 위해서는 "단지 일반적으로 위반행위를 하지 않게 주의를 주었을 뿐만 아니라 특히 해당 사항에 대해 구체적인 지시를 내려 위반방지에 노력하였음을 요한다."[48]라고 판시하였다.

또한, 大阪高判昭和 25년 11월 25일[49]은 노동기준법 구 제62조 제1항에 위반하여 18세 미만의 여자에게 시간외 노동을 실시하게 했다고 하여 동법 제121조 제1항에 의해 사업주가 기소된 사안인데, 사업주의 면책을 위해서는 "단지 일반적·추상적으로 노동기준법 제○조의 위반을 방지하라는 정도의 주의로는

---

45) 刑集 7巻 186면.
46) 田中利幸, 앞의 논문, 202면.
47) 労働基準判例集第 1集, 310면.
48) 労働基準判例集第 1集, 310면.
49) 労働基準判例集第 1集, 307면.

부족하다."[50]고 판시하였다. 마찬가지로 東京高判昭和 48년 2월 19일[51]은 노동기준법 구 제62조 제1항에 위반하여 18세 미만의 사람에게 심야영업을 하게 하였다고 해서 동법 제121조 재1항에 의해 사업주가 기소된 사안인데, 사업주의 면책을 위해서는 "연소자의 심야사용의 금지와 관련하여 단지 일반적·추상적으로 주의를 주는 정도로는 부족하고, 특히 그 금지와 관된 적극적·구체적인 지시를 내리어 위반방지에 노력함을 필요로 한다."[52]고 판시하여 대표자 등 간부가 연소자를 심야에 사용하지 않을 의향만으로는 면책요건을 충족시킬 수 없다고 판시하였다.

그밖에도 사업주의 구체적인 조치에 대해 깊이 있는 검토를 한 판례로는 ① 노동기준법 구 제32조 제1항 위반(시간외 노동)의 사안에 대해 노동기준법에 위반한 시간외 노동에 종사시켜서는 안 된다는 취지의 주의문을 각 직장의 입구에 붙인 것만으로는 여전히 위반방지에 필요한 조치라고 할 수 없다고 한 판결(甲府地判昭和 26년 3월 14일),[53] ② 노동기준법 구 제24조 제2항 위반(임금체불)의 사안에 대해 단지 여러 금융권에 방문하여 문의하는 것만으로는 체불방지를 위한 최선의 조치를 취했다고는 말하기 어렵다고 한 판결(東京高判昭和 25년 12월 19일),[54] ③ 노동기준법 구 제32조 제1항 위반(시간외 노동)의 사안에 대해 대표이사가 아들에게 주의를 준 정도로는 부족하다고 한 판결(木津簡判昭和 25년 3월 6일),[55] ④ 노동기준법 구 제62조 제1항 위반(18세 미만의 여자의 심야영업)의 사안에 대해 상당한 경력, 사회경험을 가지는 사람을 채용하여 감독업무에 담당하게 하였다고 하여 감독의무를 다하였다고 말할 수 없다고 한 판결(大阪高判昭和 41년 9월 29일)[56] 등이 있다.

다른 한편으로, 노동기준법 이외의 사안과 관련해서는 長崎簡昭和 40년 2월 3일[57]은 선박직원법 제18조 제1항에 위반하여 항만준설작업 시에 작업선의

50) 労働基準判例集第 1集, 307면.
51) 判例タイムズ 302号(1974), 310면.
52) 判例タイムズ 302号(1974), 310면.
53) 労働基準判例集第 1集, 311면.
54) 労働基準判例集第 1集, 315면.
55) 労働基準判例集第 1集, 312면.
56) 最刑集 21巻 9号, 1228면.
57) 下級裁判所刑事裁判例集 7巻 2号, 137면.

선장으로서 법정자격이 없는 사람을 탑승하게 했다고 하여 법인 사업주가 기소된 사안에 대해 위반방지를 위해서는 선장에 대해 선박의 사용을 한 번 금지한 것만으로는 부족하고 ① 선박의 계선줄(Mooring line)에 자물쇠를 채운다, ② 수시로 선박을 감시한다, ③ 보관상황을 정기적으로 보고시킨다, ④ 위반행위의 금지를 종업원에게 충분히 주의시킨다, ⑤ 사실이 판명되었을 경우에 사실을 조사하여 무자격자의 승선을 방지한다라는 조치를 취할 필요가 있었다고 판시하여 사업주의 면책을 부정하였다.

또한 福岡高昭和 45년 2월 13일[58]은 광산보안법 제6조 제2항에 위반하여 발파작업에 종사할 자격이 없는 사람에게 야간의 인접광구와 동시 발파라는 위험한 작업을 실시하게 했다고 하여 사업주가 기소된 사안에 대해 ① 보안규정이 정해져 보안위원회가 설치되어 있었던 점, ② 조명이나 구명 밧줄의 설비가 있었던 점, ③ 인접 광구와 상호 발파협정을 체결하고 있었던 점, ④ 채광 노동자의 교육훈련을 수시로 실시하고 있었던 점을 인정했으나, 보안규정에 야간의 발파나 동시발파에 관한 규정이 존재하지 않고, 기존 규정도 충분히 준수되어 있지 않았던 점, 조명이 필요한 시간대에 사용되어 있지 않았던 점 등을 근거로 면책을 인정하지 않았다.

(3) 무과실 면책을 인정한 하급심 판결

지금까지 살펴본 판결은 사업주의 무과실 면책을 부정한 판례이다. 이와 반대로 종래의 판례의 기준에 따라 사업주의 면책을 인정한 것으로는 다음의 판결이 있다.

우선, 大阪地昭和 24년 7월 15일[59]은 노동기준법 구 제60조 제2항에 위반하여 18세 미만의 사람에게 시간외 노동을 실시하게 했다는 사안에 대해 ① 노동기준법 시행 전에 전국의 공장에 노동기준법 준비위원회를 설치하여 위반방지의 대책을 강구하고 있었다는 점, ② 전국의 공장장·인사과장을 모아 동법의 설명회를 실시하였다는 점, ③ 동법 시행후 사장명의의 회람문서를 전국의 공장에 시달하여 그 보급에 철저를 꾀하였다는 점, ④ 공장에서는 각 부서의 대표를 모아 지도교육을 실시하였다는 점, ⑤ 종업원의 숙소나 휴식장소에 동법의

58) 判例時報 605号(1970), 99면.
59) 労刑集 4号, 511면.

요약문을 게시하여 그 보급에 철저를 기하였다는 점, ⑥ 월 2회의 과장회의에서 인사과장에게 동법의 주요내용을 설명하였다는 점 등의 위반방지 조치가 실시되었던 사실을 인정하여 법인 사업주의 면책을 인정하였다.

그리고 大阪地昭和 24년 8월 2일[60]은 노동기준법 구 제56조 제1항에 위반하여 취업 최저연령인 15세 미만의 사람을 고용하였다고 하여 동법 제121조 제2항에 의해 사업주가 기소된 사안에 대해 위법행위의 방지·시정에 필요한 조치를 강구하였는지 여부의 판정은 "지도감독의 의무를 다하였는가라는 측면에서 결정"되어야 하며, 그 의무의 범위나 정도는 "해당 사업에 있어 관련 기구나 직제가 어떻게 정해져 있는지, 그리고 그 기구나 직제에 따라 사업주가 어떠한 직책을 맡았는가 하는 관점에서 각각의 경우에 따라 구체적으로 이를 정하지 않으면 안 된다."라는 기준을 제시하였다. 그리고 이 기준에 근거하여 본건 사안을 검토한 결과 ① 사업주는 주로 대외적 사업을 담당하고 노무관계는 공장장의 책임 하에 전적으로 노무주임에게 위임되어 있었다는 점, ② 노무주임에게는 부서 구성원 가운데 가장 학력이 높고, 노무관련의 일의 경험자를 배치하고 있었다는 점, ③ 사업주가 노무주임 등에 대해 법규를 주지시키고 실수를 일으키지 않도록 주의케 하였다는 점, ④ 과거 위반이 발각된 후 즉시 제한연령 미만의 노동자를 해고하는 절차를 밟은 적이 있었다는 점, ⑤ 공장장 등에게 재차 방지·시정 조치에 대해 주의를 주어 공장장으로부터 위반을 완전하게 제거했다고 하는 대답을 얻고 있었다는 점 등을 인정하여 사업주의 면책을 인정하였다.

더욱이 高松高判昭和 46년 11월 9일[61]은 점포신축공사의 철골의 조립작업 중에 크레인 차의 조작을 잘못하여 현장 상공의 고압전선을 건드려 종업원 1명이 감전에 의해 사망하고, 2명이 화상을 입어 공사의 하청을 맡은 법인 철공업자가 노동기준법 구 제42조(위해방지조치) 위반으로 기소된 사안에 대해 무과실 면책이 인정되기 위해서는 "사업주가 단지 일반적·추상적으로 위반방지의 주의, 경고를 한 것만으로 충분하지 않고 위반행위의 발생을 유효하게 방지할 정도로 상당히 구체적인 조치를 강구함이 요구되는 것으로 이해되어야 한다."고 판시하여 종래의 판례의 기준을 지지함과 아울러 "상당히 구체적인 조치라 함은 해당

60) 刑事裁判資料 55号, 511면.
61) 判例タイムズ 275号(1972), 291면.

사업소의 기구, 직제를 포함하여 해당 사업의 종류, 성질, 사업운영의 실상 등 당시의 구체적 상황에 의해 결정해야함이 상당하다."는 입장을 분명히 하였다. 그리고 같은 입장에서 본 사안을 검토한 결과 ① 위해방지조치를 전력회사에 의뢰함으로써 원청에 강하게 의존하고 있었다는 점, ② 피고인과 원청 상호간에 있어 방호조치는 원청 측의 책임 아래 강구토록 함이 관례화되고 있었다는 점, ③ 원청으로부터 방호조치를 강구하는 확약을 얻고 있었다는 점 등을 인정하여 "위반방지에 필요한 조치를 취하였음을 인정하는 것이 상당하다."고 판시하였다.

(4) 법인 사업주의 주의의무에 관한 판례의 상황

이상의 판례의 분석을 통해 면책의 요건이 되는 사업주의 주의의무가 무엇인지에 대한 명확하고 구체적 기준을 밝혀내기는 어렵다. 다만, 판례는 양벌규정에 대해 사업주가 면책되기 위한 주의의무의 내용으로 단지 일반적·추상적인 주의로는 부족하고, 특히 그 금지에 대해 적극적·구체적으로 위반방지에 노력할 것을 요구하고 있음을 알 수 있다. 개별 사안을 종합하여 검토하면 지금까지의 하급심 판결에서 법인 사업주로서 면책이 인정된 것은 ① 법인의 대표자가 신뢰할 가치가 있는 위치의 사람으로부터 위반이 존재하지 않는다는 확인을 얻고 있었을 경우, 또는 ② 조직으로서 다중적이고 매우 면밀한 방지조치를 강구하고 있었을 경우로 한정되어 있다고 본다.

그리고 주의의무의 정도에 대해서도 상당히 고도의 주의의무를 다할 것을 요구하고 있다. 이처럼 판례가 설정하고 있는 주의의무가 사업주에게 얼마나 높은 정도의 요구인가에 대해서는 양벌규정을 적용함에 있어 昭和 32년 이후 과실추정이 부정되는 사례가 거의 존재하지 않는 것으로부터 알 수 있다. 이 때문에 판례의 태도에 대해 실질적으로는 사업주에게 무과실 책임을 묻는 것과 동일하다는 비판[62]이 가해지고 있다고 한다.[63]

---

62) 小島建彦, "両罰規定における法人処罰と従業者処罰の関係", 刑法雑誌 23巻 1·2号(1979), 122면; 西国典之, "団体と刑事罰", 基本法学2 －団体, 岩波書店, 1983, 275면 이하; 宇津呂英雄, 앞의 논문, 197면; 東條伸一郎, "両罰規定", 伊藤榮樹·小野慶三·荘子邦雄編, 注釈特別刑法第 1巻, 立花書房, 1985, 241면; 垣口克彦, "法人処罰の問題性 －法人処罰論の現状と課題", 阪南論集社会科学編 22巻 3号, 1987, 8면; 伊東研祐, "法人の刑事責任", 芝原邦爾ほか編, 刑法理論の現代的展開·総論Ⅱ, 日本評論社, 1990, 126면; 松原久利, 앞의 논문, 104면 이하; 青木紀博, 앞의 논문, 58면 이하.

63) 川崎友巳, 앞의 책, 29－36면.

Ⅳ. 법인처벌에 관한 학설의 전개

1. 법인의 형사책임의 성질

(1) 明治·大正期의 학설

일본에서는 1970년대 중반까지 학설상 법인의 범죄능력 부정설이 다수를 차지하고 있었다. 이와 같이 법인의 범죄능력 부정설이 압도적으로 우위인 상황은 明治시대부터 계속 되어 온 것이다.[64] 이 때문에 판례와 동일하게 학설에서도 일찍이 법인의 범죄능력을 부정하면서 실제로 존재하는 법인처벌 규정에서의 법인 사업주의 형사책임의 성질을 설명할 필요성이 제기되었다.

明治·大正期의 학설은 법인의 형사책임의 성질을 "타인의 행위에 대신하는 책임", 즉 무과실 전가책임으로 이해하고 있었다. 이 점은 판례와 동일하다. 이에 법인에게 부당한 이익을 남기지 않도록 하기 위해,[65] 또는 일반예방의 관점에서,[66] 법인을 처벌할 필요가 있다고 하여 법인의 범죄능력은 인정받지 못하지만 수형능력은 인정된다고 한다. 즉 법인처벌은 범죄주체와 수형주체가 동

---

64) 당시 법인의 범죄능력을 부정하고 있던 견해로는 富井政章, 刑法論綱, 岡島書店, 1889, 112면; 江木衷, 現行刑法原論巻之二, 有斐閣, 1892, 12면; 岡田朝太郎, 日本刑法論, 有斐閣, 1894, 111면 이하; 古賀廉造, 刑法新論, 和仏法律学校, 1898, 302면; 牧野英一, "法人ノ刑事責任ト其代表者ノ刑事責任", 法学志林 10巻 3号(1908), 24면; 牧野英一, 日本刑法上巻総論, 有斐閣, 1916, 103면; 泉二新熊, "大審院判例の趨勢(二)犯罪の主体(法人ノ犯罪能力)", 法学協会雑誌 24巻(1906), 167면 이하; 泉二新熊, 앞의 논문, 9면; 泉二新熊, 日本刑法論, 有斐閣(訂正增補改版 18版), 1914, 157면 이하; 大場茂 馬, 刑法総論下巻, 中央大学, 1913, 609면; 岡田庄作, 刑法原論(総論), 明治大学出版部(增訂 第16版), 1923, 111면 이하, 久禮国益喜, 앞의 책, 106면 등 다수가 있다.
반면, 明治·大正期의 학설에 있어 법인의 범죄능력을 긍정하여 민법학의 입장으로부터 법인의 본질로서 실재설을 주장한 견해로는 松本烝, "法人ノ能力ヲ論ス", 法学志林 7巻 2号(1905), 13면 이하; F.v. Liszt의 주장을 기초로 하여 입법론으로서 법인의 행위능력을 인정한 견해로는 小鴨博, "法人ハ犯罪ノ主体タルコト可能ナリヤ", 法典質疑問答第八編·刑法·国際公法·国際私法全, 有斐閣, 1910/信山社, 復刻版, 1994, 21면; 小鴨博, 新刑法論, 清水害庖, 1910, 158면 이하; 입법론으로는 勝本勘三郎, 앞의 책, 110면; 山岡萬之助, "刑法原理", 清水書店(訂正增補第 161版), 1924, 10면; 久禮田益喜, 刑法学概説(改訂 4版), 厳松重, 1934, 173면 이하 등이 있다.

65) 宮本英脩, 刑法学粋, 弘文堂, 1931, 174면; 瀧川幸辰, 犯罪論序説, 交友堂, 1938, 27면 이하.

66) 牧野英一, "人格なき社団と刑事責任", 警察研究 15巻 1号(1944), 14면 이하.

일함을 요구하는 형법의 일반원칙의 예외라고 생각되었다.[67]

그런데 당초의 학설은 법인의 범죄능력에 관한 귀결을 법인의 본질로부터 도출하고 있었다.[68] 여기서 법인의 본질을 법률상의 의제라고 파악하는 법인의제설에 따르면 법인은 적법한 목적의 범위 내에서만 존재하여 범죄의 성립요건인 자연적인 의사를 갖지 않기 때문에 범죄능력이 없다는 결론에 도달하였다. 그리고 법인본질을 기관의 의사나 행위를 통해 표상되는 실재라고 파악하는 법인실재설에 따르면 법인의 의사나 행위를 관념할 수 있는 이상 법인에게는 민법상의 불법행위능력뿐만 아니라 범죄능력도 존재한다는 결론에 이른다고 설명되었다.[69] 이 경우 법인의제설에서는 법인의 형사책임의 성질을 대표자나 종업원의 위반행위에 대한 무과실 전가책임으로 이해한 반면, 법인실재설에서는 법인의 형사책임의 성질을 법인의 기관의 고의·과실로부터 도출된 법인 자신의 고의·과실 행위책임으로 이해하게 된다고 본다. 그리고 당시의 학설은 법인의제설을 지지하여 법인의 범죄능력을 부정하였다.

그러나 大正 말기가 되면 법인의 범죄능력의 유무를 법인의 본질론이 아닌 행위론이나 형사책임의 본질 등 범죄성립의 기본적 요건과의 관계로부터 도출하고자 하는 견해가 점차 제기되었다.[70] 이러한 견해가 제기된 배경으로 일본 민법의 학설상 법인실재설이 통설화되었기 때문에 법인의 본질론이 법인의 범죄능력 부정설과 직접 결합되지 않게 되었고, 더욱이 독일에서 Binding나 Beling 등이 법인의 행위능력이나 형사책임의 본질과 조화를 이루지 않음을 근거로 하여 법인의 범죄능력 부정설을 전개한 것 등에 영향을 받았기 때문이다.[71]

67) 이와 같이 무과실 전가책임을 지지하는 견해로는 勝本勘三郎, 앞의 책, 110면; 宮本英脩, 刑法大綱, 1930, 35면.

68) 牧野英一, 앞의 논문, 22면 이하.

69) 岡田朝太郎, 앞의 책, 112면 이하; 泉二新熊, 앞의 논문, 5면 이하; 勝本勘三郎, 앞의 책, 107면 이하; 岡田庄作, 앞의 책, 109면 이하; 久禮田益喜, 앞의 책, 104면 이하; 牧野英一, 앞의 책, 38면 이하; 安平政吉, 日本刑法總論, 厳松堂, 1944, 256면 이하 등이 있다.

70) 山岡高之助, 앞의 책, 104면; 宮本英脩, 刑法学粋, 弘文堂, 1931, 172면 이하; 瀧川幸辰, 앞의 책, 21면 이하; 泉英一, 刑法要論(総論), 厳松堂, 1940, 75면; 小野清一郎, 新訂刑法講義総論, 有斐閣, 1948, 96면; 井上正治, 刑法学(総則), 朝倉, 1951, 44면.

71) 독일 학설의 일본에의 영향에 대해서는 金澤文雄, "法人処罰について(1)", 政経論叢 6巻 1号(1956), 169면 이하.

(2) 昭和期의 전개

昭和期를 맞이하여 법인처벌의 형식이 대벌규정으로부터 양벌규정으로 바뀐 이후에도 학설상 법인의 형사책임의 성질을 무과실 전가책임으로 이해하는 입장이 통설이었다.[72] 그러나 앞서 언급한 바와 같이, 법인의 범죄능력 부정설을 기본적 범죄 성립요건과의 관계로부터 도출하는 견해가 증가함에 따라 사업주의 형사책임의 성질을 무과실 전가책임과 이해할 경우 책임주의에 반한다는 비판이 지속적으로 제기되었다.[73] 이에 따라 책임주의의 원칙을 존중하는 입장에서 양벌규정의 법인 사업주의 형사책임의 성질을 과실책임으로 이해하는 견해가 제기되었다.

이 견해는 법인 사업주의 형사책임의 성질을 위반행위를 실시한 종업원에 대한 법인 자신의 선임·감독상의 과실이라고 파악하는 것으로, ① 법인 사업주의 과실은 의제된 것이며, 법인에게 면책은 허용되지 않는다고 하는 과실의제설,[74] ② 법인 사업주의 과실은 행정단속상의 필요성으로부터 추정되고 있어 법인이 무과실을 입증하면 면책된다고 이해하는 과실추정설,[75] ③ 법인 사업주의 과실도 통상의 과실과 동일하게 검찰에 의해서 입증될 필요가 있다고 하는 순과실설[76]이라는 세 개의 학설로 다시 나뉜다. 이 중 과실추정설이 책임주의

72) 瀧川幸辰, 앞의 책, 23면 이하.

73) 佐伯千仭, 刑法総論, 弘文堂, 1944, 132면; 団藤重光, "いはゆる代罰·両罰規定に関する一考察", 法律時報 16巻 12号(1944), 575면; 八木胖, 앞의 책, 80면 이하; 草野豹一郎, "法人の処罰に関する一考察", 刑法雑誌 1巻 1号(1950), 42면 참조. 책임주의와 합치하지 않는다고 하여 양벌규정의 위헌·무효를 주장하는 견해로는 定塚道雄, "代罰責任·法人の犯罪能力", 日本刑法学会編, 刑法講座(3)責任, 有斐閣, 1963, 174－185면.

74) 田中二郎, "経済統制罰に関する法律上の諸問題 －判例を中心とする経済統制罰の研究", 法学協会雑誌 60巻 3号(1942), 449면; 植松正, 再訂刑法概論I 総論, 1974, 123면.

75) 佐伯千仭, "経済犯罪の理論", 大隅建一郎·佐伯千仭編, 新法学の課題:国防閨家と法秩序, 日本評論社, 1942, 302면 이하; 大谷英一, "両罰規定に関する 一考察", 法と政治 1巻 3·4号(1950), 47면 이하; 八木併胖, 앞의 책, 134면; 八木併胖, "法人の処罰と業務主体過失推定規定", 法学新報 58巻 3号(1951), 67면.

76) 飯塚敏夫, "従業員の価格違反と事業主の責任", 日本法学 9巻 2号(1943), 133면; 순과실설을 지지하는 지금까지의 견해로는 本田忠治/澤登佳人, "法人の刑事責任", 中京法学 1巻 2号(1966), 112면; 神山敏雄, "両罰規定と業務主の責任", 法学セミナー 227号(1974), 85면; 三井誠, "法人処罰における法人の行為と過失", 刑法雑誌 23巻 1·2号(1979), 151면; 三井誠, "挙証責任と推定(2)", 法学教室 217号(1998), 109면; 斉藤信治, 刑法総論, 有斐閣(第3版), 1998, 60면; 曽根威彦, 刑法総論(第3版), 弘文堂掌, 2000, 71면; 林幹人, 刑法総論, 東

의 원칙과 행정단속 목적의 달성이라고 하는 양벌규정에서 요구되는 두 개의 요청을 상호 조화시키고 있다고 보아 전후에도 지지를 확대하여 통설적 지위를 차지하였다.[77]

다만, 과실책임설의 통설화는 법인의 범죄능력 긍정설의 유력화로 직결되지 않았다는 데 유의할 필요가 있다. 과실책임설은 법인의 범죄능력 긍정설뿐만 아니라 부정설로부터도 지지를 받았기 때문이다. 즉 긍정설에서는 법인이 그 기관을 통해 의사를 가지고 행위함을 근거로 종업원의 위반행위에 대한 기관의 감독상의 과실이 법인 자신의 감독상의 과실이라고 이해되어져 왔다.[78] 반면에, 부정설에서는 법인은 의사나 육체를 갖지 않으므로 법인 자신의 과실은 관념상 존재할 수 없지만 법인에게 무과실 전가책임을 부과할 경우 법인과 기관의 관계를 고려하여 종업원의 위반행위에 대해 기관에게 감독상의 과실이 인정됨을 요건으로 이해하였기 때문이다.[79] 종래의 무과실 전가책임설은 종업원의 위반행위만 존재하면 곧바로 법인의 형사책임을 긍정하는 견해로 이해되었으나, 오늘날에는 기관의 과실책임의 존재를 전제로 하여 법인에게 형사책임을 부과하는 견해로 변용이 이루어졌다. 이것이 법인의 범죄능력 부정설이 지지하는 '과실책임설'이다.

이와 같이 무과실 전가책임설이 변용된 주된 요인으로, ① 昭和 20년대에 명문으로 무과실 면책규정을 마련한 양벌규정이 증가하였지만 종래의 무과실 전가책임설에서는 이런 유형의 양벌규정을 법인 사업주에게 적용할 경우에 설명이 곤란해 졌다는 점, ② 판례도 昭和 32년과 昭和 40년의 최고재판소 판결에서 과실추정설을 채용함을 명확하게 했기 때문에 이와의 조화를 도모할 필요가 있었다는 점, ③ 종래의 무과실 전가책임이 처벌을 부당하게 확대한다는 비판

京大学出版会, 2000, 88면.

77) 中森喜彦, "法人の刑事責任", Law School 51号(1982), 31면.

78) 平場安治, 刑法総論講義, 有信堂, 1956, 55면 이하.

79) 법인의 범죄능력을 부정하여 과실추정설을 지지하는 견해로는 東條伸一郎, "企業犯罪と両罰規定", 法律のひろば 29巻 4号(1976), 7면; 永井敏雄, "事業者処罰の法理と法人処罰の法理", 警察学研究 31巻 6号(1978), 116면. 이에 대해 대표자의 선임·감독상의 과실의 존재를 전제로 하여 무과실 전가책임을 지지하는 견해로는 津曲蔵之丞, "労働法におけるいわゆる両罰規定と使用者の責任", 労働法 14号(1959), 77면 이하; 棚町祥吉, "業務主体の刑事責任", 警察学論集 28 巻 3号(1975), 2면.

을 받고 있었기 때문에 어떠한 형태로든 형사책임을 한정할 것이 요구되고 있었다는 점 등의 세 가지 측면을 언급할 수 있다. 이와 같이 과실책임설이 법인의 범죄능력을 긍정하는지 부정하는지와 관계없이 지지를 받음으로써 昭和 40년의 최고재판소 판결에 대한 이해도 서로 나뉘는 결과가 초래되었다.

2. 법인의 주의의무

(1) 법인의 주의의무의 현상과 문제점

오늘날 학설상 양벌규정에 있어 법인의 형사책임의 성질은 종업원에 대한 선임·감독상의 과실책임으로 이해하는 입장이 광범위한 지지를 얻고 있다. 특히 통상 종업원이 업무상 범하는 행위는 법인의 선임·감독에 근거하는 행위라는 점에 비추어 볼 때 종업원의 위반행위에 대해서는 법인의 과실이 추정된다는 과실추정설이 통설적 입장이다. 이러한 법인의 주의의무의 내용에 대해 학설상 "일반적·추상적인 주의로는 부족하고, 특히 그 금지에 대해 적극적·구체적으로 위반방지에 노력함이 필요하다."고 하는 판례의 입장이 폭넓게 지지를 얻고 있다. 예를 들어 법인의 주의의무의 내용을 "업무 전반에 걸쳐 모든 위반행위를 없게 하거나 주의감독의 의무, 바꾸어 말하면 전체 종업원 등이 일체의 위반행위를 하지 않도록 만전의 주의감독을 행할 의무"[80]라거나, 또는 과실의 추정이 깨어지는 것은 "그것이 불가항력에 근거한"[81] 경우, 또는 "감독이 전혀 불가능한"[82] 경우라는 견해 등은 법인에게 매우 높은 주의의무를 부과한 판례의 태도와 같은 입장을 취한 것으로 볼 수 있다.[83]

그러나 이와 같이 법인에게 요구되는 주의의무는 평균적인 일반인이 준수 가능한 주의의무를 전제로 한 형법상의 통상의 과실과는 성질이 전혀 다른 극히 고도의 주의의무가 되어 버린다.[84] 앞서 언급한 바와 같이, 법인의 형사책임은 일반적으로 대표자의 과실을 동일시 또는 전가한 것이라고 해석되고 있지만 오늘날 대규모 기업에 있어 대표자가 말단 종업원의 감독까지 스스로 행하는

80) 八木胖, 앞의 책, 84면.
81) 美濃部達吉, 앞의 논문, 30면.
82) 福田平, 行政刑法(新版), 有斐閣, 1978, 73면.
83) 伊東研祐, 앞의 논문, 125면.
84) 鈴木義男, "両罰規定による法人の刑事責任の根拠", 研修 211号(1966), 63면.

것은 불가능하다. 또한, 종업원의 선임에 관한 과실은 종업원의 위반행위와 상당히 멀리 떨어져 있어 매우 추상적이며, 이러한 점에 대해 적극적·구체적으로 위반방지에 노력하는 경우도 현실에 있어 생각할 수 없다.[85] 더욱이 판례가 채용하는 과실추정설이 말하듯이 이 과실이 추정된다면 감독과실과 종업원의 위반행위 사이의 인과관계까지도 증명이 불필요해져 종업원의 위반행위는 객관적 처벌조건과 동일하다는 지적마저 존재한다.[86] 이러한 지적과 같이 과실추정설이 인과관계의 특정도 모두 불요로 하는 취지라면 "이는 책임주의에 반할 뿐만 아니라 죄형법정주의에도 반한다"[87]고 할 수 있다.

면책의 요건으로서 사업주로 하여금 적극적·구체적인 주의를 다하도록 요구하는 오늘날 통설적인 입장에 따르면 양벌규정에 있어 법인의 과실책임의 추정을 뒤집는 것은 거의 불가능에 가깝다. 과실추정은 단순한 픽션에 지나지 않고 실질적으로 무과실책임이라 해도 과언이 아니다.[88] 이 때문에 이러한 현상을 무비판적으로 추인하는 것은 과실책임설의 근거 그 자체가 무너질지도 모른다는 불안감마저 나타나고 있다.[89] 이와 같이 과실추정설이 형해화 하고 있는 현상을 극복하기 위해 학설상 두 개의 유력한 견해가 제기되고 있다. 그 하나가 대표자의 과실을 요건으로 하지 않는 종래의 무과실 전가책임설로의 회귀이며, 다른 하나가 주의의무의 내용을 실질화 하는 것이다.[90]

(2) 종래 무과실 전가책임설로의 회귀

우선 종래 무과실 전가책임설로의 회귀는 주로 검찰 측에서 주장되어 왔다. 그 계기는 昭和 32년 대법정판결에서 下飯坂 판사의 보충의견의 요구에서 비롯된다. 즉 검찰 측은 이러한 보충의견의 요구에 대해 현대의 사업의 성질상 "종업원이 해당 업무에 관해 행한 사실상의 행위는 동시에 사업주 자신의 행위

85) 神山敏雄, 앞의 논문, 86면 이하; 中森喜彦, 앞의 논문, 3면; 鈴木義男, 앞의 논문, 63면; 垣口克彦, 앞의 논문, 8면.

86) 鈴木義男, 앞의 논문, 64면.

87) 西田典之, 앞의 논문, 267면.

88) 青木紀博, 앞의 논문, 58면.

89) 江口三角, "判批", 刑法判例百選I 総論(第4版), 有斐閣, 1997, 10면.

90) 伊東研祐, 앞의 논문, 125면 이하; 松原久利, 앞의 논문, 104면 이하; 青木紀博, 앞의 논문, 58면 이하.

로 간주되어 전혀 방해받지 않는다."라고 하는 "사업 그 자체"의 성격에 주목하여 양벌규정에 있어 사업주의 책임도 사업의 성격 그 자체로부터 당연하게 사업주에게 귀속되지 않으면 안 되기 때문에 종업원의 위반행위의 존재만을 구성요건으로 하는 사업주 독자적인 책임이 있으므로 이러한 무과실 전가책임은 헌법상 부정되지 않다는 견해를 제시하였다.[91]

대표자의 선임·감독상의 과실책임의 존재를 전제로 하지 않는 종래 무과실 전가책임설로의 회귀를 지지하는 입장은 거의 과실의 추정이 깨어지지 않은 판례의 태도가 이러한 견해를 반영한 것으로 이해할 수 있다고 하여 행정단속목적의 실효성을 확보하여 범죄의 억제효과를 높이기 위해서는 종래 무과실 전가책임설이 적절하고 가장 현실에 적합한 견해라고 한다.[92] 그러나 행정단속목적의 실효성을 확보하기 위해 책임주의와의 조화를 도모한 과실추정설을 파기할 경우 책임주의를 경시하게 될 것이다. 이러한 비판이 다수 제기되어 종래 무과실 전가책임설로의 회귀는 문제 제기로서의 임팩트는 가해졌지만 지지를 확대하는 데에는 이르지 못하였다.[93]

(3) 주의의무의 내용의 실질화

이에 대해 책임주의도 배려하면서 현재의 문제점의 극복을 목표로 하는 것이 주의의무의 내용의 실질화를 도모하는 견해이다. 이 견해는 과실추정설이 형해화 하고 있는 원인을 대규모화·복잡화가 나아가고 있는 기업 법인의 실태를 무시하고 있으며, 법인 과실의 전제로서 대표자에게 말단 종업원의 위반행위를 방지하기 위한 직접적인 선임·감독상의 주의의무를 요구하고 있다는 점에서 찾는다. 대규모 기업 법인에 대해 대표자 개인이 그러한 주의의무를 직접적으로 행할 것을 요구함은 거의 불가능에 가깝다. 이 때문에 일단 위반행위가 발생하면 결국 법인의 형사책임을 무과실 책임에서 찾는 것과 다르지 않는 상황이 발생한다.

이에 주의의무의 실질화를 도모하는 견해는 법인이 면책되기 위한 주의의

91) 刑集 11巻 13号, 3118면 이하.

92) 高橋勝好, 앞의 논문, 45면 이하; 永井敏雄, 앞의 논문, 117면 이하; 棚町祥吉, 앞의 논문, 10면 이하; 土本武司, 앞의 책, 170면 이하; 中野次雄, "業務主処罰規定についての覚書", 刑事法と裁判の諸問題, 成文堂, 1987, 23면.

93) 伊東研祐, 앞의 논문, 123면 이하.

무를 평균적인 대표자가 준수하도록 기대되는 범위로 한정하는 한편, 주의의무는 대표자가 직접 이행할 필요는 없고 제도·조직을 통해 이행하면 충분하다고 하며, 그 구체적 내용을 "위반행위를 방지, 감독하기 위한 제도상 내지 조직상의 조치의무와 이 조치가 유효하게 기능하도록 주시, 감독하는 조치의무"[94]로 이해해야 한다고 주장한다.[95] 다만, 이 견해는 한편으로 행정단속 목적의 실효성의 확보도 배려하여 "감독 과실의 내용을 위반행위 방지를 위한 관리통제조직의 불비까지 확장"[96]하는 것은 물론, 다른 한편으로 "특정의 개별적·구체적인 위반행위의 예견 가능성을 전제로 하는 주의의무가 아닌 해당 업무의 성질 등으로부터 일반적·추상적으로 예견될 수 있는 위반행위의 방지를 위한 조직제도적 조치의무를 부과하려는 것이며, 전통적인 과실 개념을 다소 느슨하게 하는 것"[97]이라고 이해되고 있다. 이 견해는 최근 지지를 확대하고 있지만 행정단속상의 필요성을 근거로 전통적인 과실 개념을 느슨하게 하는 것이 타당한지 여부에 대해 비판이 제기되고 있다.[98]

한편, 이 견해에서 한 걸음 더 발전하여 "반드시 대표자에 의해 위반행위의 방지조치를 직접적으로 강구할 필요는 없고, 시스템으로서의 방지작용이 갖추어져 있으면 충분하다"[99]고 하여 주의의무의 내용을 자연인에 대한 것과는 다른 성질로서 구성할 가능성이 존재한다는 견해도 있다고 한다.[100]

Ⅴ. 현행 법인처벌 규정 해석론의 문제점

1. 법인의 형사책임의 인정 과정

(1) 법인의 형사책임의 인정 과정의 개요

현행 일본법상 법인처벌을 인정할 때 대부분의 경우 양벌규정이 채용되고

94) 香械敏麿, 行政罰則と経営者の責任, 帝国地方行政学会, 1971, 128면 이하.

95) 鈴木義男, "両罰規定と事業主の違反防止義務", 臼井滋夫ほか 刑法判例研究 Ⅲ, 大学書房, 1975, 299면 이하; 西田典之, 앞의 논문, 267면; 伊東研祐, 앞의 논문, 126면.

96) 西田典之, 앞의 논문, 276면.

97) 伊東研祐, 앞의 논문, 125면 이하.

98) 小島武彦, 앞의 논문, 123면; 垣口克彦, 앞의 논문, 8면.

99) 田中利幸, 앞의 논문, 205면.

100) 川崎友巳, 앞의 책, 36－42면.

있다. 이 양벌규정을 통해 법인의 형사책임을 인정하는 과정(process)은 법인의 범죄능력 긍정설과 부정설이 서로 다르다. 그러나 어느 한 견해를 따르더라도 종업원이 위반행위를 실행했을 경우와 법인의 대표자가 위반행위를 실행했을 경우로 나누어 설명된다.

첫째, 법인의 범죄능력을 긍정하는 견해를 따를 경우 종업원이 위반행위를 실행했을 경우 법인의 형사책임은 다음의 과정에 따라 인정된다.[101] ① 위반행위를 실행한 종업원을 특정한다. ② 종업원의 위반행위에 대해 선임·감독상의 주의의무를 가지는 대표자를 특정한다. ③ 대표자의 선임·감독상의 과실을 인정한다(과실추정설에서는 대표자가 충분히 주의를 다하였음을 반증하지 않는 한 그 과실이 추정된다). ④ 대표자의 과실을 법인의 과실과 동일시한다. ⑤ 종업원의 행위책임과 법인의 선임·감독상의 책임을 묻는다. 반면에, 대표자가 위반행위를 실행했을 경우 법인의 형사책임은 다음의 과정에 따라 인정된다. ① 대표자의 고의·과실에 의한 위반행위를 특정한다. ② 대표자의 고의·과실 책임을 법인의 고의·과실 책임과 동일시한다. ③ 대표자의 행위책임과 법인의 행위책임을 묻는다.

둘째, 법인의 범죄능력을 부정하는 견해를 따를 경우 종업원이 위반행위를 실행했을 경우 법인의 형사책임은 다음의 과정에 따라 인정되게 된다.[102] ① 위반행위를 실행한 종업원을 특정한다. ② 종업원의 위반행위에 대해 선임·감독상의 주의의무를 가지는 대표자를 특정한다. ③ 대표자의 선임·감독상의 과실을 인정한다. ④ 대표자의 과실을 법인에게 전가한다. ⑤ 종업원의 행위책임과 법인의 무과실 전가책임을 묻는다. 반면에, 대표자가 위반행위를 실행했을 경우 법인의 형사책임은 다음의 과정에 따라 인정되게 된다. ① 대표자의 고의·과실에 의한 위반행위를 특정한다. ② 대표자의 고의·과실책임을 법인에 전가한다. ③ 대표자의 위책임과 법인의 무과실 전가책임을 묻는다.

결과적으로 법인의 범죄능력 긍정설과 부정설의 인정 과정은 그다지 다르지 않음을 알 수 있다. 양설의 대표적 차이는 대표자의 책임을 법인의 책임으로

---

101) 伊東研祐, 앞의 논문, 128면; 八木胖, 業務主処罰規定の研究, 酒井書店, 1955, 131면 이하.

102) 福田平, 行政刑法(新版), 有斐閣, 1978, 112면 이하.

동일시하는지, 그렇지 않으면 법인에게 무과실 전가하는가에 한정된다. 따라서 실제의 양벌규정의 운용에 있어 결론에서 차이는 생기지 않는다. 최근 현행 양벌규정의 존재를 전제로 하는 한 법인의 범죄능력에 대해 논할 실익은 적다는 견해가 제기되는 것도 이러한 사실에 주목한 귀결이라고 할 수 있다.[103)]

(2) 법인의 형사책임의 인정 과정의 문제점

그러나 법인의 형사책임의 인정을 둘러싼 두 개의 견해와 관련하여 공통된 본질적인 문제점이 존재한다. 앞서 언급한 바와 같이, 법인의 범죄능력 긍정설과 부정설은 모두 법인의 형사책임의 인정 과정을 종업원이 위반행위를 실행했을 경우와 대표자가 위반행위를 실행했을 경우로 나누어 생각한다. 그리고 종업원이 위반행위를 실행했을 경우에 대표자의 선임·감독상의 과실이 법인의 과실과 동일시 된 것에 의해, 또는 법인에게 전가된 것에 의해 대표자의 형사책임은 묻지 않는 것으로 이해되고 있다. 반면에, 대표자가 위반행위자였을 경우에 대표자의 고의·과실이 법인의 고의·과실과 동일시되어, 또는 법인에게 전가되어도 대표자의 형사책임은 묻게 된다.[104)] 물론 대표자가 위반행위를 실행했을 경우 법인은 스스로의 고의·과실에 의한 "행위책임"을 묻는 데 대해 종업원이 위반행위를 했을 경우 감독책임을 묻는 것과 비교하여 상대적으로 형사책임이 가볍다는 설명이 있다. 그러나 "감독책임"도 대표자의 선임·감독상의 과실행위의 책임을 문제로 하는 것이기 때문에 그 의미에서는 "행위책임"과 다르지 않다. 이 때문에 동일시나 무과실 전가를 통해 대표자의 형사책임을 인정함에 있어 두 개의 다른 효과를 가져 오는 이유를 도출할 수 없다. 그렇다면 무엇 때문에 법인의 형사책임과 동일시하거나 전가했을 경우에 대표자의 형사책임을 묻게 되거나, 묻지 않게 되는 경우가 발생하는지 의문이다.[105)]

하지만 이러한 문제점이 존재한다고 하여 종업원이 위반행위를 실행했을

---

103) 中森喜彦, 앞의 논문, 35면; 青木紀博, 앞의 논문, 56면.

104) 岩井宜子, "公害犯罪における法人処罰", 藤木英雄編, 公害犯罪と企業責任, 弘文堂, 1975, 202면; 垣口克彦, 앞의 논문, 8면.

105) 八木胖 박사는 기관의 일정한 행위가 법인의 행위가 된다는 전제 아래 "대표기관의 직접적인 위반행위가 있는 경우 법인과 대표자 모두를, 또한 종업원의 위반행위가 있는 경우 법인과 대표자, 종업원 3자를 각각 범죄자로서 이를 함이 이론상 정당하다"고 주장한다(八木胖, 앞의 책, 131면 이하).

경우에 종업원과 법인뿐만이 아니라 대표자도 처벌하는 것은 양벌규정과 별도로 삼벌규정이 존재하는 의의가 사라진다.[106] 또한, 대표자가 위반행위를 실행했을 경우에 법인만을 처벌한 것은 양벌규정의 "행위자를 처벌하는 것 이외에"라는 문언을 합리적으로 설명할 수 없게 되고 대벌규정으로부터 양벌규정으로 이행한 과거의 발전경과를 무시하게도 된다. 양벌규정에 대해서는 종업원이 위반행위를 실행했을 경우에 종업원과 법인이 처벌되지만 대표자가 위반행위를 실행했을 경우에 대표자와 법인이 처벌된다고 하는 결론 자체는 타당하다. 따라서 문제는 그 인정 과정에 있다고 본다.

이 인정 과정의 문제는 대표자의 형사책임을 전제로서 법인의 형사책임을 인정하는 데에서 발생한다. 분명히 지금까지 "과실이 있는지 없는지 여부를 누구를 기준으로 결정할지에 대해 사업주가 자연인일 경우에는 그 사람, 법인일 경우에는 대표자를 기준으로 결정한다"[107]고 이해되어 왔다. 판례에서도 "「법인」을 처벌 할 수 있는지 아닌지 여부를 결정할 경우에 「법인 대표자」가 「위반방지 조치의무」를 이행하였는지 여부라는 구체적·실질적 판단이 무엇보다 중요시 된다"[108]는 점을 고려하고 있다. 또한, 법령 가운데에는 노동기준법 제121조 제1항과 같이 이 점을 명문화하는 것도 있다. 그러나 그러한 전제를 따르는 한 앞서 언급한 양벌규정 해석의 본질적인 문제점은 해소할 수 없다. 그렇다고 해서 대표자의 선임·감독상의 과실을 요건으로 하지 않는 종래의 무과실 전가책임설로 회귀하다면 인정 과정이 초래하는 문제점은 해소할 수 있어도 책임주의에 반함은 물론 판례의 입장과도 정합성이 없고, 처벌범위를 부당하게 확대하는 결과를 낳는다.

오늘날 거의 통설적 입장이 되어 가고 있는 법인의 범죄능력을 긍정할 경우 대표자의 주의의무와는 별도로 법인의 성질을 고려하여 법인 고유의 주의의무를 전제로 함은 가능하다. 양벌규정의 합리적인 해석을 위해서는 법인의 선

---

106) 입법론으로 이 입장을 주장하는 견해로는 八木胖, 앞의 책, 131면 이하; 藤木英雄, 刑法講義総論, 弘文堂, 1975, 113면 이하; 田中利幸, 앞의 논문, 280면 이하.

107) 古田佑紀, "第八条[総則の適用]", 大塚仁ほか編, 大コンメンタール刑法·第1巻, 青林書院, 1991, 117면; 町野朔, 刑法総論講義案I(第2版), 信山社, 1995, 126면 참조.

108) 荘子邦雄, "両罰規定", 伊藤營樹·小野慶二·荘子邦雄編, 注釈特別刑法 第4巻 －労動法·文教法編, 立花書房, 1988, 43면.

임·감독상의 과실의 인정과 대표자의 선임·감독상의 과실의 인정을 완전하게 분리할 필요가 있다.[109)]

2. 법인의 주의의무의 내용과 정도

(1) 양벌규정에 있어 법인의 주의의무의 문제점과 그 극복

앞서 언급한 바와 같이, 오늘날의 판례와 통설은 양벌규정에 있어 법인의 형사책임의 성질을 종업원의 위반행위에 대한 선임·감독상의 과실이라고 이해하고 있다. 그리고 종업원이 업무상 범하는 행위는 통상 법인의 선임·감독에 근거하는 행위라는 점을 근거로 종업원의 위반행위에 대해서는 법인의 과실이 추정된다고 하는 과실추정설이 행정단속 목적과 책임주의의 요청의 조화를 배려한 견해로서 폭넓게 지지를 받고 있다.

그러나 양벌규정의 실제의 운용에 있어 법인이 주의의무를 다하고 있었다고 하여 면책되는 사례는 거의 찾아볼 수 없다. 이러한 운용의 실태는 지금까지 법인 사업주로 대해 개별적으로 극히 고도의 주의의무가 요구되고 있음을 반영한 결과라고 본다. 이는 실질적으로 법인 사업주에게 무과실책임을 부과하고 것과 동일하다. 하지만 법인에 대해서도 현실적으로 무과실 면책의 가능성을 보장해야 한다. 이러한 관점에서 책임주의의 원칙으로부터 과실추정설을 유지하면서도 최근 유력하게 제시되고 있는 견해와 같이 법인에 대한 주의의무의 내용을 실제로 법인 사업주가 실시 가능한 것으로 한정하는 한편, 주의의무의 내용을 "위반행위를 방지, 감독하기 위한 제도상 내지 조직상의 조치의무와 이 조치가 유효하게 기능하도록 주시, 감독하는 조치의무"라고 이해하고, 현실의 기업 조직의 실태에 맞게 고치는 것이 타당하다고 본다.

(2) 실태에 맞은 법인의 주의의무에 대한 의문

다만, 법인의 형사책임의 인정 과정에 있어 대표자의 과실의 존재를 전제로 한 현재의 방법을 유지한 채 과연 그러한 기업 조직의 실태에 맞은 법인의 주의의무를 채용하는 것이 타당한지 여부에 대해서는 여전히 의문이 남는다. 앞서 기술한 바와 같이, 법인의 형사책임의 인정 과정에 있어 종업원의 위반행

109) 현행의 양벌규정 해석론의 문제점의 해결책에 대해서는 沼野輝彦, "両罰規定の解釈 －法人の犯罪能力を肯定する立場からの試論", 日本法学 55巻 1号(1989), 124면 이하.

위에 대해 법인의 선임·감독상의 과실을 인정하기 위해서는 대표자의 과실을 인정하여 이를 법인에게 귀속하는 방법이 이용되고 있다. 따라서 주의의무의 내용을 위반행위를 방지·감독하는 제도상·조직상의 조치의무와 그 주시·감독의무로 했을 경우 법인의 과실을 인정하기 위해서는 우선 그러한 의무를 대표자가 이행하고 있었는지 여부를 판단하여야 한다. 대표자에게 그러한 실질적인 주의의무를 부과하기 위해서는 특정의 개별적·구체적인 위반행위에 대한 예견 가능성이 아니고, 당해 업무의 성질 등으로부터 일반적·추상적 예견 가능성을 전제로 하게 되어 결과적으로 전통적인 과실 개념보다 완화된 주의의무를 설정하게 됨을 의미한다. 그러나 무과실 책임에 가까운 실무의 운용실태를 근거로 그러한 예견 가능성의 완화를 인정하는 것이 허용될 수 있을 지는 의문이다. 그리고 이것이 책임주의와의 조화를 배려한 것이라고 할 수 있는지도 의문이다.

그리고 과연 실질적인 문제로서 대표자에게 실효성이 있는 위반행위의 방지조치를 실시하여 그 효과를 주시하는 능력을 기대할 수 있을지도 의문이다. 예를 들어 의무위반의 방지조치로서 단지 윤리강령 등을 채택하여 법인의 방침으로 두게 할뿐이라면 이는 대표자에게 실행 가능한 일이다. 그러나 이것만으로 종업원의 위반행위를 방지하는 조치로 충분하지 않다고 본다. 역시 위반행위의 방지를 위해서는 보다 구체적으로 ① 종업원에게 있어 용이하게 이해할 수 있는 행동기준의 마련, ② 그러한 행동기준의 이해를 철저히 하기 위한 여러 시책의 실시, ③ 위반행위 발생시의 처리절차의 명문화와 운용, ④ 이러한 대책을 실시하기 위한 책임자의 확정 등이 요구될 것이다. "공해죄를 예를 들면 보안설비의 하나로서 사고의 경보장치가 충분히 유지·관리되고 있어 경보가 울렸을 경우 담당자가 취해야 할 조치에 대해 합리적인 기준이 마련되어 있고, 이를 위한 필요한 훈련을 이행하고 있다"[110]라든지, "탈세 등의 경우에 무과실 면책은 생각하기 어렵지만 사무적 감독기구의 완비, 법령 준수에 관한 종업원 교육의 철저"[111] 등을 고려할 수 있다. 아마도 대기업에서 말단 종업원의 위반행위가 발생했을 경우 이러한 의무를 대표자 개인이 이행하고 있었는지를 판단한다면 무과실 면책이 인정되는 것은 우선적으로 있을 수 없다. 결국 그렇다면 과

110) 藤木英雄, 行政刑法, 学陽書房, 1976, 51면.
111) 藤木英雄, 앞의 책, 51면.

실추정설의 형해화의 문제를 해소하는 것으로는 해결되지 않을 것이다.

주의의무의 실질화를 지지하는 견해 중에는 “법인조직 내에 독립성이 강한 하부조직(지부, 사업부, 공장 등)이 있는 경우에는 이러한 조직 관리자의 행위도 그것이 법인으로서의 정책 결정에 기본적인 영향을 미친 한 법인에게 귀속시킬 방향을 입법론 차원에서 뿐만 아니라 해석론 차원에서도 검토해야 한다”[112]는 주장을 찾아볼 수 있는 것은 이러한 의문점을 고려한 결과라 보인다.

그러나 비록 일정한 조직 관리자의 과실책임에 대해서도 법인에게 귀속시킨다고 해도 기업 조직체로서의 성질을 가진 법인과 자연인 사이의 간격을 완전하게 메꿀 수 없다. ‘시스템’이나 ‘조직 구조’라는 기업 조직체의 성질은 그 활동 가운데 발생한 위반행위의 책임을 개개의 자연인에게 환원시킬 수 없고 관리 시스템의 미비나 조직 구조상의 결함에서 찾을 수밖에 없는 경우가 있다. 특히 대기업에서는 그 성질이 현저하게 나타난다.

본래 주의의무의 실질화를 도모하는 견해는 과실추정이 형해화 하고 있는 양벌규정 해석의 문제점을 극복하고자 하였다. 그러나 이 견해도 대표자 개인의 주의능력을 전제로 하는 한 행정단속 목적의 달성이 어려워 주의의무를 일반의 과실보다 완화하지 않을 수 없는 문제가 있다.

3. 현행 법인처벌 규정 해석론의 한계

현재의 양벌규정의 해석은 법인의 범죄능력을 인정할지 여부와 관계없이 다음과 같은 본질적인 문제를 가지고 있다. 첫째, 종래의 법인의 형사책임의 인정 과정에서는 위반행위자가 종업원의 경우에 법인과 종업원의 형사책임이 인정되고 대표자는 면책되는데 반해, 위반행위자가 대표자의 경우에 법인과 함께 대표자의 형사책임도 인정된다는 현행의 양벌규정 해석의 결론을 합리적으로 설명할 수 없다. 둘째, 오늘날의 판례 및 통설이 지지하는 과실책임설의 경우 법인의 주의의무의 내용이 명확하지 않고, 또한 실질적으로 책임주의에 따른 양벌규정의 운용이 이루어지고 있지 않다.

이러한 문제가 발생하고 원인은 입법의 발전과정을 되돌아보면 분명히 알 수 있다. 즉 본래 양벌규정은 위반행위자가 대표자인지, 종업원지에 관계없이

112) 酉田典之, 앞의 논문, 276면.

그 위반행위자의 형사책임을 묻는 것과 동시에 사업주인 법인에도 무과실 전가책임을 부과하려는 취지였다. 그러나 그 후 무과실 전가책임설에 대해서는 책임주의에 반한다는 강력한 비판이 제기되었다. 이에 따라 이러한 비판에 대응하기 위해 양벌규정을 해석함에 있어 전통적인 형법이론의 범위 내에서 합리적인 설명을 가하려고 시도한 것이 현재의 과실책임설이다. 이러한 시도의 결과는 언뜻 보기에 책임주의와 조화를 이루면서 양벌규정의 해석이 가능하게 된 것처럼 보였다. 그러나 현실에서는 행정 단속상의 필요성으로 인해 법인에 대해 적극적으로 형사책임을 부과함을 목적으로 하는 양벌규정의 입법 취지와 책임주의의 요청에 부응하기 위해 후에 형성된 과실 책임설의 사이에 메꿀 수 없는 간격이 생겨 커다란 '왜곡'이 발생하게 되었다.

특히 커다란 '왜곡'이 발생하게 된 원인으로 과실책임설이 법인의 형사책임을 대표자의 형사책임으로부터 도출하려고 한 점을 언급할 수 있다. 전통적인 형법이론은 자연인을 대상으로 하여 구성되었기 때문에 법인의 형사책임도 이 기본토대 안에서 설명이 시도되어 대표자의 형사책임이 법인의 형사책임의 전제로 여겨졌다. 그러나 양벌규정은 이러한 전제 하에서 입법화되지 않았고, 현실적으로도 법인에게는 자연인의 존재를 전제로 하여 파악할 수 없는 고유한 성질이 존재한다. 기업 법인이 대규모화 되어감에 따라 자연인의 존재를 전제로 하는 이와 같은 이해와는 더욱 더 거리가 멀어져 가고 있다. 이에 따라 결과적으로 현행 법인처벌 규정의 해석에 있어 앞서 언급한 문제를 나타나게 되었다고 한다.[113)]

Ⅵ. 법인처벌의 입법론

1. 삼벌규정 일원화설

기존의 법인처벌 규정이 갖고 있는 문제점을 극복하기 위해 제기된 새로운 입법론으로 현행 양벌규정을 삼벌규정으로 일원화하는 방안이 제안되고 있다.[114)] 삼벌규정이란 법인의 업무에 관련하여 위반행위가 있었을 경우에 자연

113) 川崎友巳, 앞의 책, 42－49면.

114) 대표적으로 田中利幸, "法人處罰と兩罰規定", 山中研一 외 3인편, 現代刑法講座 第1卷

인 행위자나 법인 사업주와 함께 법인의 대표자도 처벌하는 규정을 말한다. 이러한 삼벌규정은 이미 일본에서 노동기준법 제121조, 선원법 제153조, 직업안정법 제67조, 선박직원안정법 제69조에서 채용되고 있지만 이를 보다 광범위하게 이용할 것이 요청되고 있다. 다만, 삼벌규정의 제안에는 여러 근거가 제시되고 있으나, 그 주장자에 따라 그 비중에 있어 차이가 있을 뿐이다.

예를 들어 현행 향벌규정 해석론의 법적 효과의 모순을 중시하는 입장에서는 "직접적인 범죄의 사실행위를 법인의 종업원이 하는 경우에 법인의 대표자가 기관으로서 그 업무 전반에 있어 일체의 위반행위가 없도록 할 주의감독의 의무를 게을리 한 과실범을 범한 것으로, 이것이 법인의 기관의 행위로서 법인의 범죄, 보다 정확히는 법인의 과실범이 된다."는 전제 아래에서 "종업원의 위반행위가 있을 경우 법인과 대표자와 종업원의 삼자를 각각 범죄자로 처벌하는 것은 이론상 정당하고 단속에 있어서도 효과적이다."라는 견해가 제시되었다.[115]

또한, 기업범죄의 방지와 관련하여 그 합목적성을 중시하는 입장에서는 다음과 같은 견해를 제시하고 있다. 즉 "법인의 위법행위를 방지하려면 한층 더 경영의 수뇌자인 법인의 대표자에 대한 형사책임의 추궁이 필요하다. 그 하나의 수단으로서 법인의 대표자가 위법행위가 이루어지고 있는 사정을 알면서 이를 용인하여 시정조치를 강구하지 않았을 경우 실제 행위자와 함께 처벌하는 취지의 규정을 마련하는 방식을 고려할 수 있다. 이 경우 대표자의 행위는 실질상 실무 담당자와 공범(공동정범·교사·방조) 내지 실무 담당자를 매개로 하는 간접정범에 해당할 것이지만 이를 증명하는 것이 어려운 경우, 예를 들어 실무 담당자의 상사에 대해 현장의 판단에 일임한다는 애매한 지시가 있었다는 취지의 증거가 존재할 뿐이어서 공범임을 입증할 수 없는 곤란성을 완화하기 위해 제반 사정을 알고 위법행위를 용인·방치했다고 하는 것, 더 나아가 손쉽게 그러한 사정을 파악했음에도 불구하고 시정조치를 취하지 않은 특별한 유형인 삼벌규정을 마련함이 합목적적이다."[116]라고 한다.

-刑法の 基礎理論, 成文堂, 1980, 280면; 原玉味, "法人處罰の 規定形式", 西原春夫 외 2인편, 형법학 I (總論の重要問題 I), 有斐閣, 1978, 153면.

115) 八木胖, 法人の犯罪能力, 良書普及会, 1948, 134면 이하.

116) 藤木英雄, 刑法講義総論, 弘文堂, 1975, 113면 이하.

그러나 이러한 삼벌규정에 대해서는 안이하게 처벌범위를 양벌에서 삼벌로 넓혀 형벌의 위하력을 강하게 행사하려는 것은 실태론적·형법이론적으로 신중을 기해야 한다거나,[117] 대표자 처벌규정은 법인의 범죄능력 부정론과의 저촉을 피하고 있지만 법규위반행위로부터 불법한 이익을 얻게 하지 않는 것이 단속목적이라고 본다면 법인 사업주처벌형식보다 우수하다고 볼 수 없다[118]는 비판이 제기되고 있다.[119]

2. 기업조직체책임론

기업조직체책임론은 독자적인 법인의 형사책임을 구성하려는 이론이다.[120] 이 이론에 의하면 첫째, 위반행위자가 특정되지 않더라도 각 담당자의 객관적인 행위의 전체를 법인의 행위로서 파악하여 전체를 법인의 행위로 파악한다. 둘째, 법인의 행위로 귀속되는 자연인 행위자의 범위가 대표기관이나 상층부의 관리직원에 한정되지 않는다. 대표자를 비롯하여 말단의 종업에 이르는 모든 법인 내의 업무 담당자의 행위가 법인의 행위로 파악된다. 다만, 법인의 행위로 귀속되지 않는 경우는 대표기관 이외의 자기의 개인적 이익을 위하거나, 법인의 의사결정에 반하여 행위한 경우이다. 이 경우에도 대표자가 위반행위의 방지를 위해 필요한 주의의무를 다하지 않은 경우에는 법인의 과실책임이 인정된다.[121] 기업조직체책임론에 따르면, "법인은 개개의 구성원을 넘은 사회적 실재이며, 그 조직체로서의 활동이 있다는 것은 전법률적인 사회적 현실"[122]이라는 점을 근거로 대표자의 행위는 물론, 상급관리자나 말단 종업원의 행위도 기업체의 조직활동을 분담하는 것인 한 기업체 그 자체의 행위로서 파악되어야 한다고 한다.[123]

이러한 이론을 채용하는 구체적인 장점으로 ① 말단 종업자의 위반행위에

117) 宇律呂英雄, "法人處罰のあり方", 現代刑罰法大系 I, 1984, 194면.
118) 田中利幸, 앞의 논문, 277면.
119) 이기헌/박기석, 앞의 보고서, 90-92면; 川崎友巳, 앞의 책, 70-71면.
120) 板倉宏, "企業体と刑事責任-企業組織體責任論の 提唱", 刑法雜誌 第19卷 1/2号, 22면.
121) 板倉宏, 現代社會と新しい刑法理論, 1980, 45면.
122) 板倉宏, "企業体と刑事責任", 企業犯罪の理論と現実, 有斐閣, 1975, 24면.
123) 板倉宏, "企業組織体責任論と法人処罰", 刑法雑誌 23巻 1·2号(1980) 108면 이하.

대해 기업의 행위책임을 물을 수 있다는 점, ② 가벌적 위법성이론이나 신뢰의 원칙의 적용을 통해 조직활동 분담자의 어느 누구에게도 가벌적 위법행위가 인정되지 않더라도 기업체의 조직활동은 가벌적이라고 할 수 있다는 점, ③ 조직활동 분담자의 교체 등에 의해 고의 행위자를 특정할 수 없는 사례에서도 기업체의 조직활동을 실태에 입각하여 전일체적으로 파악하여 가벌적이라고 할 수 있다는 점, ④ 1개의 기업 내에서의 복수의 공장활동이 함께 유해한 결과를 야기 했을 경우(예를 들어 3개의 공장에서 아황산 가스를 배출했기 때문에 주민들이 갑자기 호흡곤란을 호소한 경우 종래라면 각 공장으로부터 배출된 가스에 의해서는 천식의 원인이 될 수 없다고 하여 각 공장 담당자의 배출행위와 피해의 인과관계가 부정될 경우)에 기업의 책임이 추궁당하지 않는 불합리한 결과를 초래하지 않는다는 점, ⑤ 기업체 간의 동시범이나 공범의 성립이 가능하다는 점, ⑥ 조직활동을 분담하는 각각의 개인의 행위와 피해 사이의 인과과정이 불명하여도 기업체의 조직활동과 피해의 인과관계는 확정할 수 있다는 점 등을 언급할 있다.[124)]

더욱이 기본적으로는 기업조직체 책임론을 지지하는 입장에서 그 근거로서 다음과 같은 견해도 나타나고 있다. 즉 기업처벌 입법론에 대해서는 "(기업의 조직활동에 의한) '과실' 그 자체를 객관적으로 파악하여 '행위책임'과는 다른 귀책원리를 고려함을 통해 '객관적 책임'으로서 법인의 형사책임을 파악해 가는 방향을 지향해야 할 것으로 본다."[125)] 나아가 "법인은 그 목적의 범위 내에서 사회적으로 활동함으로써 그 존재 및 활동이 용서되고 있다. 그리고 사회도 법인이 그 목적의 범위 내에서 다른 회사의 권리 내지 법익을 침해하지 않게 활동할 것이라는 신뢰를 법인에 대해 갖고 있다고 볼 수 있다. 그렇다면 법인이 그 활동을 함에 있어 법익을 침해하는 결과를 발생시켰을 경우에 사회의 신뢰를 배반한 데 대한 비난, 즉 '신뢰책임'에 근거하는 사회적 비난을 법인 자체가 받는다고 이해할 수 있다."[126)]고 한다.[127)]

---

124) 板倉宏, 앞의 논문, 1975, 36면 이하.
125) 神例康博, "企業の刑事責任に関する法理について", 刑法雑誌 36巻 2号(1997), 98면.
126) 神例康博, 앞의 논문, 100면.
127) 이기헌/박기석, 앞의 보고서, 88−90면; 川崎友巳, 앞의 책, 73−74면.

§ 10 그 밖의 외국에서 기업의 형사처벌: 프랑스, 스위스, 네덜란드, 오스트리아 등

Ⅰ. 머리말

대륙법계는 '단체는 죄를 범하지 못한다'는 법언에 따라 법인의 형사책임을 부인하는 것이 오랜 전통으로 이어져 왔다. 그러나 법인의 사회적 책임이 무엇보다 강조되는 현 시점에서는 법인의 형사책임을 긍정하여 기업형벌을 도입하는 방향으로 선회하고 있다.[1] 프랑스, 스위스, 및 오스트리아가 대표적이다.[2] 다만, 유럽 각국이 법인처벌을 긍정한다고 할지라도 입법유형, 행위주체 등의 구성요건표지, 기업형벌의 종류 등은 각국의 법률문화의 차이로 인해 상당한 상이점을 보이고 있다.

따라서 이하에서는 전통적으로 법인의 범죄능력을 부정한 유럽 대륙법계 국가들이 최근 법인범죄의 억제를 위하여 어떠한 입법적 노력을 하고 있는지를 비교법적 시각에서 검토하고자 한다. 이는 우리나라에서 기업의 형사처벌에 대한 입법화를 시도함에 그 방식은 어떠해야 하고, 나아가 어떠한 점들을 검토해야 하는지에 대해 많은 시사점을 줄 수 있기 때문이다.[3]

---

1) 유럽 대륙법계 국가와는 달리 영미법계에서는 기업의 형사책임을 인정하고 있다. 즉 영국은 기업 자체와 동일성을 인정할 수 있는 범주의 종업원의 행위만 기업에게 형사책임을 귀속시키는 '동일성이론'(Identification doctrin)으로, 미국은 일정한 조건 아래 모든 종업원의 행위를 기업에 귀속시키는 '대위책임론'(Vicarious liability)으로 각자 고유의 기업범죄의 형사책임 법리를 발전시켜 왔다. 이에 대한 상세한 분석으로는 본서 제3장 § 6, § 7; 송기동, "영미 기업범죄 형사책임의 전개", 형사정책 제20권 제2호, 2008, 41면 이하 참조.

2) 기업형벌의 도입과 관련한 자세한 비교법적 분석으로는 Ackermann, *Die Strafbarkeit juristischer Personen im deutschen Recht und in ausländischen Rechtsordnung*, 1984, 75면 이하; Eidam, *Straftäter Unternehmen*, 1997, 30면 이하; Heine, *Die strafrechtliche Verantwortlichkeit von Unternehmen*, 1995, 213면 이하; Schroth, *Unternehmen als Normadressaten und Sanktionsobjekt*, 1993, 140면 이하; Schwinge, *Strafrechtliche Sanktionen gegenüber Unternehmen im Bereich des Umweltstrafrechts*, 1996, 26면 이하 참조.

3) 이하의 논의는 김재윤, "법인의 형사처벌에 관한 유럽국가의 입법동향", 법제연구 통권 제36호, 2009, 277−289면.

Ⅱ. 법인처벌에 관한 주요 대륙법계 국가의 입법동향

1. 프랑스

프랑스는 1810년 나폴레옹 형법 이후로 형법전에 법인처벌의 규정을 두지 않고 있었다. 그러나 법인에 대한 처벌의 필요성이 점차 증가함으로써 1978년 이후 '단체는 죄를 범하지 못한다'라는 원칙을 포기하고 법인의 형사책임을 도입하기 위한 논의가 활발히 진행되었으며, 그 결과 다수의 형법초안들이 제안되었다.[4] 마침내 1992년 12월 23일에 제정되어 1994년 3월 1일부터 시행되고 있는 프랑스 신형법 제121-2조[5]는 법인의 형사책임을 명문으로 규정하였다.[6]

신형법 제121-2조 제1항에 따른 법인의 형사책임은 신형법 제121-1조가 "누구든지 자기의 행위 이외의 행위에 대하여는 형사상 책임이 없다."고 규정하고 있으므로 명백히 정범과 독자적인 자기책임으로 인정된다. 그리고 동조의 범죄행위는 '법인의 이익을 위하여' 행해져야 한다. 그러나 1978년 형법초안에서는 이와 달리 '기업의 이름으로'(im Namen) 또는 '집합적 이익으로'(im kollektiven Interesse)라는 용어를 사용하였다. 1978년 형법초안에서 집합적 이익이 무엇을 의미하는지에 관하여 그 동안 견해대립이 있었으나, 이와 관련한 다소 어려운 규정해석의 문제는 이러한 새로운 개념의 사용에 의해 일정 부분 해소되었다. 그리고 신형법 제121-2조 제1항이 선택한 이와 같은 용어의 의미는 적

---

4) 프랑스의 법인의 형사처벌에 대한 상세한 분석으로 김호기, 기업의 경제활동에 관한 형사법제 연구(Ⅱ): 주요 국가의 기업의 형사처벌 방법에 대한 연구, 한국형사정책연구원, 2010, 199-241면.

5) 프랑스 신형법 제121-2조 ① 국가를 제외한 법인은 제121-4조 내지 제121-7조(정범, 미수, 공범처벌 및 공범의 규정: 필자 주)의 구별에 따라 법인의 기관 또는 대표가 법인의 이익을 위하여 행한 범죄에 관하여 형사상 책임이 있다.
② 전항의 규정에도 불구하고 지방자치단체 및 그 연합기구는 위임협약의 대상이 되는 공공서비스 제공(예컨대 대중교통수단의 운영, 물의 공급, 학교급식의 공급 등: 필자 주)의 업무수행 중에 이루어진 범죄에 관하여만 형사상 책임이 있다.
③ 법인의 형사책임은 제121-3조 제4항 규정의 유보 하에 동일한 사실에 대하여 정범 또는 공범이 되는 자연인의 형사책임을 배제하지는 아니한다.

6) 프랑스 신형법 제121-2조에 관한 상세한 설명으로는 Zieschang, "Die strafrechtliche Verantwortlichkeit juristischer Personen im französischen Recht – Modellcharakter für Deutschland?", ZStW 115(2003), 117면 이하 참조.

극적인 내용형성의 방식에 의해서 보다 소극적인 내용소거의 방식에 의해 더 명확해진다. 이에 따라 자연인이 그의 독자적인 책임으로 범한 행위에 대해 법인의 가벌성은 명백히 부정된다. 더욱이 다수견해에 따르면 '법인의 이익을 위하여'라는 행위표지의 요구는 법인에 의해 추구된 집합적 이익을 단지 내부적으로 연결시킴으로써 그에 대한 입증곤란을 해소하게 한다. 따라서 입증과정은 현저히 경감된다.[7)]

한편, 신형법 제121-2조 제1항은 그 구성요건표지의 광범위성으로 인해 생명과 신체는 물론이고 소유권과 재산에 대한 범죄행위, 그리고 고의와 과실의 위반행위에 이르기까지 서로 상이한 범죄유형을 포섭할 수 있다.[8)] 나아가 신형법 제121-2조 제1항의 법문에 따르면 법인은 고유한 과실행위(Fehlverhalten)와 같이 자신의 기관 또는 대표의 위반행위에 귀속될 수 있어야 한다. 따라서 법인의 기관 또는 대표를 제외한 그 밖의 구성원의 과실행위에 대한 법인의 형사책임은 원칙적으로 부정된다. 다만, 감독의무위반으로 인한 범죄행위에 대해서는 그러하지 아니한다. 그 결과 종업원의 위반행위가 있다고 하더라도 그러한 범죄가 종업원의 선임·감독의무라는 주의의무의 준수에 의해 회피될 수 있었을 경우 법인은 형사책임을 면한다.[9)] 하지만 이때 감독의무위반과 위반행위 사이의 인과관계 입증은 요구되지 않는다. 오히려 종업원에 의해 불법행위가 행해질 경우 감독의무위반이 있는 것으로 추정된다. 그러나 법인의 기관이 문제되는 책임의 범위가 완전히 위임되고, 법인의 조직구조상 어떠한 감독 가능성도 없다는 점을 입증하면 종업원의 불법행위로부터 형사책임을 면할 수 있다.[10)]

이러한 특별한 경우를 제외하고 법인은 단지 자신의 기관과 대표에 대해서만 책임을 진다. 법인의 대표에는 법률상의 대표뿐만 아니라 대리권이 수여된

---

7) Delmas-Marty, "Die Strafbarkeit juristischer Personen nach dem neuen französischen Code Pénal", in: Bausteine des europäischen Wirtschaftsstrafrechts, Madrid-Symposium für Klaus Tiedemann, 1994, 306면.

8) 프랑스 신형법 각칙에는 예컨대 매춘영업(제225-5조 내지 10조), 사생활 침해(제226-1조 내지 5조)와 같이 법인을 처벌하는 여러 범죄를 규정하고 있다. 프랑스 신형법 각칙상 법인처벌 규정의 상세목록에 대해서는 정성근, "법인의 범죄능력 재고", 유일당 오선주교수 정년기념논문집, 2001, 6면 각주 5) 참고.

9) Heine, 앞의 책, 223, 388면.

10) Heine, 앞의 책, 224면.

법인의 대표를 포함한다. 법인의 집행기관이 아니라 법인의 대표로서 자신의 대표권한을 넘어서 행위 한 경우 다수견해에 따르면 법인은 형사책임이 면제되지 아니한다. 왜냐하면 그렇지 않으면 중대한 가벌성의 흠결이 발생하기 때문이다.[11]

그리고 실질적인 집행권한을 자진 자가 법인의 가벌성으로부터 면제될 수 있을지 여부가 논란이 되고 있다. 몇몇 학자는 이를 부인하는데, 기업을 '범죄행위자라기보다 오히려 희생자'로 간주하기 때문이다. 이와 달리 다른 학자는 이러한 경우에 실질적 대표는 뒤에 숨어 있고 허수아비 대표가 빈번히 언급되는 상황에서 가벌성의 흠결이 발생하는 것을 막기 위해 기업형벌이 부과될 수 있다고 한다. 그리고 프랑스 판례 역시 법률상 그리고 실질적 대표에 대해 같은 입장을 취하고 있다. 하지만 판례는 이미 기업의 양해하의 행위로 간주될 수 있는 암묵적인 임명행위가 있었을 것임을 최소한 요구한다.[12]

이와 관련하여 행정적인 기업운영과 기술적인 기업운영과의 구별은 커다란 의미를 얻는다. 즉 행정적인 기업대표는 진정한 결정권한을 가진 자이고 자신의 작위 또는 부작위에 의해 기업의 가벌성을 발생시킨다. 반면, 기술적인 기업대표는 단순한 결정권한을 가진 자로 대리인에 불과하여, 기업 내에서 그의 위반행위는 법인이 아닌 자기 자신의 고유한 형사책임이 문제될 뿐이다.[13]

나아가 신형법 제131－37조, 제131－38조, 제131－39조는 법인에 대한 형벌과 특별형벌을 규정하고 있는데, 이는 법인의 수형능력을 인정함과 동시에 법인의 독자적인 행위능력과 책임능력 또한 명백히 긍정하는 것으로 이해할 수 있다. 보다 구체적으로 신형법 제131－38조에 따르면 법인에 대한 벌금은 자연인에 대한 벌금의 5배까지 선고할 수 있다. 예컨대 과실치사죄의 경우에 자연인에 대한 벌금은 30만 프랑 이하이다. 따라서 법인에 대해서는 150만 프랑 이하의 벌금이 선고될 수 있다. 재범의 경우에 10배까지의 벌금이 가중될 수 있다. 이러한 벌금 이외에도 신형법은 법인의 해산, 영업활동이나 사회활동의 포괄적 또는 부분적인 수행의 금지, 영업소의 폐쇄, 공계약 배제, 기업자금 공모금지 등

11) Delmas－Marty, 앞의 논문, 308면.
12) Delmas－Marty, 앞의 논문, 308면.
13) Delmas－Marty, 앞의 논문, 309면.

다양한 특별형벌을 규정하고 있다.[14)]

2. 스위스

스위스에서 기업의 형사책임은 다른 대륙법계 국가와 마찬가지로 행정법 및 세법을 제외하고는 인정되지 않았다.[15)] 그러나 1991년 3월 11일 스위스 정부는 돈세탁과 조직범죄에 대한 대처의 범위 내에서 기업에 대한 형사책임을 긍정하는 법률안을 고시하였다.[16)] 이 법률안 제100조 이하에 따르면 기업의 기관 또는 준기관(기업을 실질적으로 운영하거나 기업의 운영에 있어 독자적인 결정권한을 행사하는 자)이 영업행위와 관련하여 중죄 또는 경죄로서 형벌이 부과되는 범죄행위를 범했을 경우에 기업에 대한 형사책임을 인정하고 있다. 특히 이 법률안 제100조 제1호에 따르면 "앞서 언급한 기관 또는 준기관중 누구에 의해 범죄행위가 발생했는지를 확정할 수 없을 때 또는 형벌이 부과되는 법률상의 의무위반이 기업조직의 하자로 인해 어느 특정인에게 귀속될 수 없을 때"에도 기업에 대한 제재가 부과될 수 있다. 이때 기업에 대한 제재는 불법에 대한 형벌이 아니라, 부수형벌로 이해되는 기업의 영업정지 또는 기업폐쇄가 부과될 뿐이다. 왜냐하면 개인책임을 전제로 하는 형벌은 기업에 대해 결코 고려될 수 없기 때문이다. 그러나 1991년의 이 법률안은 다양한 침해적 조치로 인해 기업의 자유에 대한 중대한 침해와 기업의 과잉범죄화를 초래할 수 있다는 경제단체의 강력한 반대로 폐기되고 말았다.[17)]

기업의 형사처벌 문제는 1998년 스위스 형법총칙의 전면개정 과정에서 다시 논의되었다. 그 결과 1998년 스위스 형법 전면개정안은 제102조 제1항에 "기업경영으로 범죄를 범하고 이 범죄가 기업의 하자 있는 조직으로 인하여 어느 특정인에게 귀속될 수 없는 경우에 기업은 최고 5백만 스위스 프랑으로 처벌된다."고 규정하여 '기업의 부수적 책임'(subsidiäre Unternehmensverantwortlichkeit)을 인정하였다. 나아가 1999년 州대표의회(상원, Ständerat)는 형법개정안 제102조 제1항의2에서 "부정부패(스위스 형법 제322조의3, 제322조의5, 제322조의7), 범

14) Delmas–Marty, 앞의 논문, 305면; 정성근, 앞의 논문, 4면 이하.

15) Stratenwerth, *Schweizerisches Strafrecht, Allgemeiner Teil I*, 1982, 129면.

16) Botschaft vom 12. Juni 1989 (BBl 1989 II 1061), VE Art. 100quarter StGB, 159 ff.

17) Eidam, 앞의 책, 48면 이하; Heine, 앞의 책, 229면 이하.

죄조직(스위스 형법 제260조의3), 그리고 돈세탁(스위스 형법 제305조의2)이라는 범죄행위가 있고 이러한 범죄행위를 막기 위해 필요하고도 기대가능한 모든 조직적 예방조치를 취하지 않았다는 데 대해 기업을 비난할 수 있는 경우에 기업은 자연인의 처벌과 상관없이 처벌된다."고 규정함으로써 기업의 부수적 책임과 구별되는 '기업 고유의 독자적 책임'(originäre Unternehmensverantwortlichkeit) 규정을 마련하였다. 그리고 연방정부는 2002년 6월 26일 테러자금조달억제를 위한 국제협약 및 폭탄테러억제를 위한 국제협약 가입을 계기로 앞서 언급한 형법개정안을 토대로 한 형법개정안을 연방의회에 제출하였고,[18] 연방의회는 2002년 12월 13일 이를 의결하였다. 2003년 10월 1일부터 효력이 발생된 스위스 개정 형법은 기업의 가벌성에 관하여 제102조[19]에서 명확히 규정함으로 그 동안 기업에 대해 부수형법에서 행정형벌인 벌금으로 처벌하던 방식에서 벗어나 형법전에서 기업을 처벌할 수 있는 법적 근거를 마련하였다.[20]

스위스 형법 제102조와 관련하여 무엇보다 주목할 점은 동조 제1항이 그 동안 기업처벌의 난점으로 지적되어 왔던 소위 '조직화된 무책임'(organisierte

---

18) BBl 2002 IV 5390, 5455 ff.

19) 스위스 형법 제102조 가벌성(Strafbarkeit) ① 기업(내)에서 기업목적과 관련된 영업업무의 수행으로 중죄(Verbrechen) 또는 경죄(Vergehen)가 행해지고, 이 행위가 하자있는 기업조직으로 인하여 특정한 자연인에게 귀속될 수 없는 경우에 이러한 중죄와 경죄는 기업에게 귀속된다. 이 경우 기업은 최고 5백만 스위스 프랑으로 처벌된다.
② 관련된 범죄행위가 제260조의3(범죄조직), 제260조의5(테러자금조달), 제305조의2(돈세탁), 제322조의3(부정부패), 제322조의5(부정부패) 또는 제322조의7(부정부패) 또는 부정경쟁방지를 위한 1986년 12월 19일 연방법률 제4a조 제1항에 해당할 때에는 법인은 자연인의 가벌성과 상관없이 처벌된다. 이 경우 이러한 범죄행위의 억제를 위해 필요하고 기대가능한 모든 사전적 예방조치를 취하지 않았다는 데 대해 기업을 비난할 수 있어야 한다.
③ 법원은 특히 행위의 정도, 조직의 하자와 발생한 손해의 정도 그리고 기업의 경제적 이행능력에 따라 벌금액을 산정한다.
④ 다음 각호는 동 조항에서 의미하는 기업으로 본다.
a. 사법상 법인
b. 자치단체를 제외한 공법상 법인
c. 회사
d. 개인회사
http://www.admin.ch/ch/d/sr/311_0/a102.html (2015.3.11. 검색)

20) 스위스 형법상 기업처벌 규정의 입법과정에 대한 상세한 설명으로는 이주희, "스위스 형법상의 기업책임", 법학논총 제23집 제3호(하), 2006, 128-130면 참조.

Unverantwortlichkeit)의 문제를 입법적으로 해결하고 있다는 것이다. 즉 개인주의 형법이론에 의해서는 오늘날 기업의 조직체계에서 지배적인 분업화, 탈중심화 및 권한의 위임 등의 현상으로 인해 형법상 중요한 결과가 발생하였음에도 범죄행위를 행한 자연인을 구체적으로 특정할 수 없는 경우가 빈번하여 그 누구에게도 책임을 물을 수 없는 부당한 결론에 도달하곤 하였다. 그러나 동조 제1항은 기업목적과 관련된 영업업무의 수행으로 중죄 또는 경죄가 행해지고, 이 행위가 기업조직의 하자(예컨대 불분명한 권한위임관계, 인사권한을 비롯한 조직구조의 결여, 인사기록의 부재 등)로 인하여 기업의 특정한 구성원에게 귀속될 수 없는 경우에 기업의 부수적 책임을 인정함으로써 조직화된 무책임의 문제를 해결할 실마리를 제공하고 있다.[21)]

3. 네덜란드

네덜란드에서 법인의 가벌성은 우선적으로 부수형법에서 규율하고 있다. 대표적으로 1951년의 네덜란드 경제형법전(niederländisches Wirtschaftsstrafgesetz) 제15조에 따르면 법인에 의해 또는 법인의 구성원에 의해 경제범죄행위가 행해진 경우에 법인에 대한 형사소추와 제재가 가능하다. 이때 법인의 구성원으로서 법인을 위해 행위 한 자는 업무관계 내에서 활동하였으면 족하고, 법인의 내부에서 그의 지위에 따라 좌우되는 것은 아니다. 따라서 단순한 말단 종업원에서부터 이사진에 이르기까지 모든 법인의 구성원은 형사책임을 부담할 수 있다. 각각의 개별적인 개인의 행위가 어떠한 범죄행위도 근거지울 수 없지만 다수의 상호작용에 의해 모든 구성요건표지가 충족될 경우에는 동법 제15조 제2항에 따라 기업에게 책임을 물을 수 있다.[22)] 다만, 이러한 사정으로 법인에 대한 가벌성을 긍정하는 판결을 내릴 경우에 합목적성을 최우선적으로 고려해야 한다. 즉 경제범죄행위가 대부분 다수에 의해 행해지며, 경제관련 법령위반에 대해

---

21) 스위스 형법 제102조의 구성요건과 관련한 주요한 쟁점들(예컨대 기업의 개념과 범위, 원인제공 범죄행위, 조직의 하자 등)에 대해서는 Pieth, “Die strafrechtliche Verantwortung des Unternehmens”, ZStR 121 (2003), 359면; Schmid, “Einige Aspeckte der Strafbarkeit des Unternehmens nach dem neuen Allgemeinen Teil des Schweizerischen Strafgesetzbuchs”, in: FS für Forstmoser zum 60. Geburtstag, 2003, 768면; 이주희, 앞의 논문, 132－137면 참조.

22) Ackermann, 앞의 책, 171면.

개별적 개인책임을 입증하기가 매우 곤란하다는 사정을 고려하여 최종적으로 법인이 형사법적 결과의 규범수범자가 되어야 한다는 것이다. 기업에게 직접적으로 부과되는 형벌은 업체 상호간 경쟁의 보호와 법적인 일반조건의 이행을 보증하기 위하여 가능하다. 법인의 형사처벌을 위하여 최종적으로 배후조정자가 직접적으로 관련되어야 한다.[23)]

1976년 이래로 법인의 가벌성은 네덜란드 형법전에도 규정되어 있다. 네덜란드 형법 제51조 제1항에 따르면 자연인과 법인은 범죄행위를 할 수 있다. 이때 네덜란드 경제형법 제15조의 규정과 유사하게 기업체 종업원의 총체적 구성요건표지의 실현이 요구되지는 않는다. 오히려 행위가담자에게 주관적 요소가 입증될 경우에 고의에 의한 범죄행위라는 가정으로 충분하다. 나아가 법인은 감독의무의 위반에 의해 행해진 범죄행위에 대해서도 책임을 부담한다.[24)]

형사소추와 그에 따른 제재는 네덜란드 형법 제51조 제2항에 따라 자연인 또는 법인, 그리고 양자 모두에 대해 부과할 수 있다. 법원은 형량의 선택에 있어 서로 다른 가능성을 가진다. 법인의 경우에 형량은 자연인에 대한 형량보다 상향될 수 있다. 동시에 형벌이 부과되는 기업은 권리와 이익(예컨대, 조세경감 또는 보조금지급)의 박탈에서부터 영업면허의 박탈까지 부과할 수 있다.[25)]

4. 오스트리아

오스트리아 형법은 이론과 실무에 있어 개인형법의 원칙에 근거하고 있으며, 현재까지 법인에 대한 형사소추를 부정하고 있다.[26)] 그러나 스위스 형법과 유사하게 기업 또는 단체는 행위자로서 기관에 대해 부과된 벌금에 대해 빈번히 책임을 진다. 특히 1989년의 형법개정을 통해 도입된 이익환수의 가능성은 형벌 및 질서위반금이 아닌 독자적 형태의 법률효과로서 이해된다. 입법자가 이러한 종류의 기업제재를 신설하고자 할 때, “개인책임을 전제로 하는 형벌은

23) Ackermann, 앞의 책, 171면.

24) Eidam, *Industrie–Straf–Rechtsschutzversicherung. Kommentar zu den Sonderbedingungen*, 1994, Rn. 1.1.37.

25) Heine/Waling, “Die Durchsetzung des Umweltstrafrechts in den Niederlanden”, JR 1989, 402면 이하, 408면 이하.

26) Kienapfel, *Österreichisches Strafrecht, Allgemeiner Teil*, 3. Aufl., 1985, 77면 이하, 154면 이하; Triffterer, *Österreichisches Strafrecht, Allgemeiner Teil*, 1985, 107면.

기업에 대해 결코 고려될 수 없다"라는 원칙이 결정적인 역할을 하였다.

이러한 원칙에 따라 오스트리아 형법 제20조의a 제3항 제1문은 기업의 가벌성과 관련하여 다음과 같이 규정하고 있다: "기업이 주요한 구성원의 가벌적 행위에 의해 1백만 실링을 초과하는 범위 내에서 불법적 이익을 얻었거나 기업 소유주가 적어도 중과실에 의해 가벌적 행위에 기여하였을 경우에 법원은 기업 소유주에게 불법이익과 동일한 금액을 반환할 것을 선고할 수 있다. 만약 기업이 법인 또는 상법상의 인적 회사의 소유로 되어있다면, 적어도 중과실에 의해 기여하게 된 가벌적 범죄행위에 대한 비난은 제2항의 의미에 따라 단지 회사의 경영을 위해 임명된 자에 대해서만 가해진다."[27)]

이와 같이 오스트리아는 기업형벌을 형법전으로 도입하는 것은 포기하였으나, 2006년 1월 1일부터 시행되는 '단체책임법'(Verbandsverantwortlichkeitsgesetz, VbVG)[28)]라는 특별법을 통해 단체에 대한 형사책임을 인정하고 있다. 이 법률은 단체형벌에 대한 형사제재를 위해 형법적 일반규정과 특별규정뿐만 아니라 소송법적 절차규정도 포함하고 있다. 이 법률 제3조에 따르면, 단체는 의사결정권자 또는 종업원의 범죄행위가 단체의 이익을 위하여 이루어진 경우 또는 범죄행위에 의해 이 단체 자체에게 부과된 의무들이 위반된 경우 책임을 진다. 이러한 경우 단체에게는 일수로 계산되는 단체질서위반금(Verbandsgeldbusse), 조건부 내지 부분조건부 단체질서위반금의 유예, 지시 등을 부과할 수 있다(동법 제4조 내지 제8조).[29)]

5. 그 밖의 유럽 국가

벨기에는 과거 기업형벌의 도입을 거부해 왔으나, 1999년 5월 4일 법률에 의해 벨기에 형법 제5조 및 제7조에 법인의 가벌성에 관한 규정을 마련하였다. 즉 벨기에 형법 제5조 제1항에 따르면, 법인 또는 법인과 동일한 지위에 있는 조직은 법인의 목적의 실현 또는 법인의 이익의 보호와 필요불가분하게 연결된 모든 법률위반, 나아가 법인이 법인의 이익을 위해 범한 사실상의 증거가 존재

27) Eidam, *Straftäter Unternehmen*, 48면; Heine, 앞의 책, 216면; Schroth, 앞의 책, 154면.

28) BGBl I 151/2005 in der Fassung BGBl I 112/2007.
법률전문은 http://www.sbg.ac.at/ver/links/bgbl/2005a151.pdf에서 검색 가능

29) Rogall, *Karlsruher Kommentar zum OWiG*, 3. Aufl., 2006, Rn. 241.

하는 위반행위에 대해 형사책임을 진다.[30)]

덴마크는 단지 부수형법에서 약 200개에 달하는 특별규정에 의해 단체의 가벌성을 긍정해 왔다. 그러나 1996년에 덴마크 형법전의 총칙(덴마크 형법 제25조 내지 제27조)에서 단체의 가벌성을 마침내 새롭게 규정하였다. 덴마크 형법 제26조 제1항에 따르면, 모든 법인은 원칙적으로 범죄능력이 인정된다. 1인 회사의 경우에는 그 크기와 조직이 법인과 비교할 수 있을 정도에 한하여 범죄능력이 인정된다(덴마크 형법 제26조 제2항). 법인은 법인의 활동에 있어 행한 고유한 법률위반에 대해, 그리고 범죄행위를 초래하게 한 조직상의 결함에 대해 책임을 진다. 그리고 법인은 종업원의 위반행위를 고유한 책임으로 귀속할 수 있어야 한다(덴마크 형법 제27조 제1항). 다만, 공법상의 법인은 그 행위가 자연인의 행위 또는 사법상 조직된 법인의 행위와 기능적으로 일치한다는 조건 하에서 형벌이 부과될 수 있다(덴마크 형법 제27조 제2항). 덴마크 형법은 법인에게 부과할 수 있는 유일한 제재로 벌금만을 규정하고 있지만 법인처벌과 별도로 기관 행위자에 대해 제재의 부과를 할 수 있다.[31)]

이탈리아는 현재까지 '단체는 죄를 범하지 못한다'는 법언을 유지하고 있으며, 일정한 단체 구성원에 대한 벌금 또는 질서위반금을 부과함으로써 단체에 대한 보충적 책임만을 인정하고 있다. 다만, 최근 법인의 답책성에 관한 특별법을 도입하여 법인범죄에 대처하고 있다.[32)] 이 특별법은 총칙과 각칙으로 나뉘어 법인의 답책성에 관한 특별 규범을 규정하는 한편, 고유한 소송절차를 포함하고 있다. 이에 따르면, 법인은 법인의 이익을 위하여 경영자, 지도적 임원 또는 구성원에 의해 행하여진 특정한 범죄행위(예컨대 수뢰, 부정처사 수뢰, 뇌물공여, 부정처사를 위한 뇌물공여, 사기, 횡령)에 대해 처벌된다. 제재로는 벌금과 특정한 금지가 부과된다. 다만, 법인이 내부에서 범죄의 방지를 위해 적합한 내부통제시스템을 갖출 경우에 법인에 형사책임은 부과되지 않는다.[33)]

폴란드는 2003년 11월 28일 법인의 형사상 답책성을 실정법뿐만 아니라 소송법적 측면에서 규정한 법인의 답책성에 관한 법률을 시행하였다.[34)] 이에 따

30) Rogall, 앞의 책, Rn. 234.
31) Rogall, 앞의 책, Rn. 235.
32) 2001년 6월 8일의 법인, 회사 및 권리능력 없는 사단의 행정법상의 답책성에 관한 법률
33) Rogall, 앞의 책, Rn. 238.

르면, 자연인이 법인의 이름으로 또는 법인의 이익을 위해 행위하고, 범죄행위에 따라 법인의 이익을 증가시킴으로써 자연인에 대한 최종적인 유죄선고가 이루어진 경우에 법인의 가벌성이 긍정된다. 법률은 법인에 대해 책임을 물을 수 있는 범죄행위의 목록을 포함하고 있다. 이러한 범죄행위에 대해서는 법인의 세금부과 이전의 이익과 비용에 초점이 맞추어진 질서위반금으로 처벌된다. 그 밖에도 예컨대 보조금 청구의 금지, 공적 계약체결의 금지, 또는 주요 활동 내지 부수 활동의 금지와 같은 부수형벌의 부과가 가능하다.[35)]

스웨덴은 현재까지 법인의 독자적인 가벌성을 인정하지 않고 있다. 다만, 스웨덴 형법 제36장 제7조에 따르면, 법인은 법인 구성원의 업무상의 위반행위를 야기하게 된 감독의무위반에 대해 책임을 부담하며, 이 경우 유일한 부수효과로서 벌금을 부과할 수 있을 뿐이다.[36)]

스페인도 현재까지 법인에 대한 형사책임을 부인하고 있으나, 법인에게 그 구성원의 행위에 대해 보충적인 민사상 책임만을 긍정하고 있다. 그러나 스페인의 다수견해는 형사정책적 필요성을 이유로 법인에 대한 일정한 형사상 처분의 도입에 찬성하고 있다. 이때 다수견해는 개인행위자에 대한 전통적인 범죄체계를 유지하고자 하지만 보안처분 또는 부수효과의 형태로 기업형벌을 고려할 수 있다고 한다.[37)]

Ⅲ. 맺음말: 비교법적 검토

앞서 언급한 주요 유럽 대륙법계 국가의 법인처벌에 관한 입법동향을 바탕으로 각국의 공통점과 상이점을 살펴보기로 한다.

우선, 법인처벌을 긍정하는 입법화에 있어 그 입법유형은 다음과 같이 크게 세 가지 유형으로 분류할 수 있다.[38)] 첫 번째 입법유형은 프랑스, 스위스, 네

---

34) 이에 대해 상세히는 Weigend/Namyslowska－Gabrysiak, “Die strafrechtliche Verantwortlichkeit juristischer Personen im polnischen Recht”, ZStW 116 (2004), 541면.

35) Rogall, 앞의 책, Rn. 242.

36) Rogall, 앞의 책, Rn. 243.

37) Eidam, *Straftäter Unternehmen*, 50면; Rogall, 앞의 책, Rn. 245.

38) 기업형벌의 도입이라는 관점에서 이러한 입법형태의 구분에 대해서는 Delmas－Marty,

덜란드, 벨기에 및 덴마크와 같이 형법전 내지 부수형법에서 법인의 범죄능력을 전면적으로 긍정하고 벌금만을, 또는 벌금을 포함한 다양한 법인형벌을 인정하는 유형이다. 두 번째 입법유형은 독일과 같이 형법전에서는 법인의 범죄능력을 부정하고 질서위반법이라는 부수형법에서 부수형벌로서 법인에 대한 질서위반금을 부과하는 유형이다. 다만, 이 경우 형법전에서 법인이 범죄행위로 취득한 불법이익에 대한 환수의 가능성은 열어두고 있다. 세 번째 입법유형은 오스트리아, 이탈리아 및 폴란드에서와 같이 형법전에서는 법인의 범죄능력을 전면 부정하지만 법인의 형사책임을 인정하는 독자적인 특별법을 제정하여 법인범죄에 대처하는 입법유형이다.

다음으로, 법인의 범죄능력을 인정하는 입법유형에 있어서도 그 세부적인 구성요건표지와 관련하여 대표적으로 두 가지 상이점을 발견할 수 있다. 하나는 법인처벌의 행위주체가 다르다는 것이다. 즉 독일, 프랑스, 네덜란드 및 오스트리아는 '법인'(또는 '인적 단체'를 포함하여)을 행위주체로 명시하고 있으나, 스위스는 사법상의 법인, 자치단체를 제외한 공법상 법인, 회사, 개인회사를 포괄하여 '기업'(Unternehmen)[39]을 그 주체로 하고 있다. 다른 하나는 기업형법에서 빈번히 문제가 되고 있는 소위 '조직화된 무책임'에 관하여 형사처벌의 가능성을 열어두고 있는가에 대해서도 각국의 입법례는 차이를 보이고 있다. 즉 독일과 프랑스는 이에 대한 명확한 조항이 없지만 스위스 형법은 제102조 제1항에서 조직의 하자로 인하여 특정인에게 귀속될 수 없는 경우에도 기업처벌을 긍정하는 기업의 부수적 책임을 긍정하고 있다. 네덜란드 역시 경제형법 제15조 제2항에 따라 각각의 개별적인 개인의 행위가 어떠한 범죄행위도 근거지울 수 없지만 다수의 상호작용에 의해 모든 구성요건표지가 충족될 경우에 기업에게

"Rapport general, Colloque International de Freiburg 20.−23.9.1982", RIDP 1983, 47면 이하 참조. 특히 정성근 교수는 환경범죄와 관련한 기업체처벌의 입법례를 7가지 유형으로 보다 상세히 구분하고 있다(정성근, "환경범죄규제에 관한 비교법적 고찰", 성균관법학 제9호, 1998, 153면 이하 참조).

39) 스위스 형법 제102조 제1항의 기업은 "영업 업무"를 수행해야 하므로 주식회사, 공기업, 반관반민의 주식회사, 합명회사, 합자회자 등이 포함될 수 있으나, 영업 업무를 수행하지 않는 여가선용 또는 문화활동을 위해 설립된 사단법인, 재단법인, 정당, 자선단체 등은 스위스 형법상 기업에서 제외된다. 그리고 상수도 및 전력을 공급하는 국영공기업, 국영운송기업, 국·공립학교 및 병원 등도 기업에 해당하지 않는다(이주희, 앞의 논문, 132면 참조).

책임을 물을 수 있다.

마지막으로, 유럽 각국의 입법례에서 법인형벌의 종류에 관하여 다양한 스펙트럼이 존재하고 있음을 알 수 있다. 즉 독일은 법인처벌과 관련하여 형벌의 성격보다는 행정처분으로 인식되는 질서위반금이 부과될 뿐임에 반하여 프랑스 신형법은 벌금이라는 전통적인 형벌뿐만 아니라 법인의 해산, 영업활동이나 사회활동의 영구적 또는 5년 이하의 직접 또는 간접적 수행의 금지, 사법감시, 영업소의 폐쇄, 공계약 배제, 기업자금 공모금지 등(신형법 제131－39조) 다양한 형태의 특별형벌을 부과할 수 있다.

Corporate Criminal Liability

제 4 장

기업의 형사처벌의 근거, 범위 및 입법방안

§ 11 기업의 형사처벌의 근거

Ⅰ. 머리말

앞장에서는 기업 형사책임의 기초, 기업(법인)의 범죄능력, 기업(법인)의 가벌성, 현행 양벌규정의 해석과 문제점을 살펴보고, 이러한 문제점의 극복을 위해 영국, 미국, 독일, 일본 및 그 밖의 유럽국가의 법인처벌의 동향에 대해 비교법적인 검토를 하였다.

지금까지의 고찰을 통해 현행 기업처벌 시스템에는 몇 가지 본질적인 문제점이 있음을 알 수 있었다. 그 중에서도 무엇보다 자연인을 매개로 하여 기업의 형사책임을 도출하는 접근방식(종속모델)[1]을 채택하고 있기 때문에 기업의 '시스템' 결함이나 '조직구조'의 미비라는 자연인에게 환원시킬 수 없는 원인에 의해 법익침해가 야기되었을 경우 이를 기업에게 귀속시킬 수 있는 방법이 없다는 문제점이 가장 크다고 본다. 이러한 문제점의 극복을 위해 현행의 법인처벌 규정인 양벌규정의 해석을 새롭게 하는 것만으로 충분히 극복할 수 없다고 본다. 이 때문에 기업의 형사처벌의 근거를 살펴봄과 동시에 이로부터 도출되는 새로운 귀책원리를 확립할 필요성이 있다고 본다. 최근 이러한 문제의식은 법인처벌에 적극적인 미국이나 영국뿐만 아니라 법인의 범죄능력을 부정하고 있는 독일에서도 강하게 인식되고 있다. 앞서 살펴보았듯이 외국의 여러 나라에서는 근대형법의 여러 원칙과의 정합성에 유의하면서도 기업(법인)의 고유 성질을 고려한 새로운 귀책원리를 도입할 필요성이 강하게 제기되고 있다.

따라서 이하에서는 지금까지의 논의를 토대로 기업의 처벌근거를 어디에서 찾아야 하는지를 검토하고(Ⅱ), 이로부터 도출되는 기업의 형사책임의 두 가지 귀책원리인 동일성 원리에 기초한 행위책임과 기업시스템 과실책임의 내용과 그 요건에 대해 살펴보고자 한다(Ⅲ). 나아가 이를 바탕으로 기업 내부 시스

1) 기업의 형사처벌의 구조에 관한 종속모델과 독립모델에 대해 상세히는 김재봉, "양벌규정과 기업처벌의 근거, 구조", 한양대학교 법학논총 제24집 제3호, 2007, 37면 이하 참조.

템의 미비나 조직구조상 결함에 기인한 법익침해가 발생한 경우에 기업이 '시스템으로서의 법령준수 체제의 정비와 그 적정한 운용'이라는 스스로에게 부과된 주의의무를 게을리 했음을 이유로 기업시스템 과실책임을 인정함이 바람직함을 결론으로 도출하고자 한다(Ⅳ).[2)]

Ⅱ. 기업에게 고유한 형사처벌의 근거

1. 개인처벌의 한계

우선, 기업에게는 자연인의 경우와 다른 처벌근거가 존재할 수 있다고 본다. 즉 앞서 살펴본 바와 같이 미국, 영국, 독일 등에 있어 오늘날 기업처벌의 문제가 주목을 끌고 있는 요인의 하나는 기업범죄에 의한 피해의 중대성에 있다. 이와 같이 기업 활동이 다양한 법익에 대해 중대한 침해를 야기할 가능성이 있음은 우리나라에서도 폭넓게 인정되고 있다. 또한, 이러한 법익침해에 대해 일정한 경우 형법상 적정한 대응이 필요하다는 점에 대해서도 이론이 없을 정도로 인정되고 있다. 그러나 문제는 형법상 적정한 대응을 강구함에 있어 그 법익침해에 대한 책임을 기업 그 자체에게 귀속시켜야 하는지, 아니면 기업 내의 자연인에게 귀속시키는 것으로 충분한지에 있다고 본다.

이와 관련하여 기업(법인)의 범죄능력을 부인하면서 기업 활동에 의해 야기된 법익침해의 결과에 대해 해당 활동의 담당자나 관리책임자 등의 자연인을 처벌함으로써 충분하다는 견해가 오래전부터 주장되어 왔다.[3)] 이러한 견해에 따르면 손쉽게 기업의 형사책임을 인정하는 것은 다분히 정서적이고 진정한 책임자인 자연인을 숨겨버리게 되는 위험성이 있다고 하다.[4)] 그러나 지금까지의 고찰을 통해 알 수 있듯이 기업범죄 중에는 자연인에게 책임을 귀속시키는 것이 부적절한 사례가 다수 있다.

---

2) 이하의 논의는 권수진, 기업의 경제활동에 관한 형사법제연구(Ⅱ): 기업처벌론, 한국형사정책연구원, 2010, 120−125면; 川崎友巳, 企業の刑事責任, 成文堂, 2004, 198−217면 참조.

3) 이에 대해 자세한 설명은 본서 제2장 § 3 Ⅰ. 1. 참조.

4) 대표적으로 松宮孝明, 刑法総論講義(第2版), 成文堂, 54면 이하.

첫째, 기업범죄와 관련하여 자연인만을 처벌하는 것이 불합리한 사례가 있다. 즉 기업범죄의 특징의 하나는 법익침해를 야기한 기업 활동이 복잡한 조직구조 안에서 활동하는 다수의 자연인에 의해 이루어지고 있다는 데 있다. 이 때문에 한 사람 한 사람의 자연인은 기업 활동의 전체를 이해할 필요도 없이 그 중 일부분만을 담당하고 있을 뿐이다. 따라서 많은 경우 개개의 자연인에게는 스스로의 행위가 초래하는 법익침해의 결과를 구체적으로 예견하는 것이 불가능하다.[5] 그럼에도 불구하고 기업 활동에 의해 초래된 중대한 법익침해의 책임을 한 개인에게만 모두 귀속시킬 경우 이는 매우 불합리한 결론이 아닐 수 없다.[6] 더욱이 이러한 기업 활동에 의해 야기된 법익침해를 단순한 사고로 취급하는 것도 기업범죄에 대한 엄격한 법적 대응을 요구하는 사회적 요청과 너무나 동떨어진 것이다. 또한, 기업범죄에 대해 적절히 대응해야 할 형법의 역할을 포기하는 것이기도 하다. 앞서 언급한 바와 같이, 현재 우리나라뿐만 아니라 독일에서 전개되고 있는 법인처벌 부정설은 확실히 이러한 딜레마를 극복할 수 없다고 본다.

물론, 기업 활동에 의해 법익침해가 발생했을 경우 그 모든 책임을 기업 그 자체에게만 부과하여 이에 관여한 종업원이나 이사 등의 개인책임을 묻는 것을 부정하는 것 역시 타당하지 않다. 즉 기업범죄는 때때로 헤아릴 수 없을 정도로 커다란 피해를 초래하기 때문에 이러한 경우 개인의 형사책임을 묻는 것만으로는 사회적인 평가로서 그 피해에 알맞은 책임을 물었다고 할 수 없다. 그러므로 이 경우 기업 활동에 의한 법익침해에 직접적으로 관여한 개인과 더불어 기업 그 자체의 형사책임을 인정할 필요가 분명히 있다.

둘째, 자연인의 처벌이 불가능한 사례가 있다. 최근 미국이나 영국의 기업처벌론으로부터 분명히 드러난 바와 같이 기업범죄의 피해는 기업 내의 자연인에게 직접적으로 기인하는 경우뿐만 아니라 관리시스템의 미비나 조직구조상의 결함을 원인으로 하는 경우가 있다.[7] 이러한 경우에 그 책임을 자연인에게 묻

---

5) 三井誠, “予見可能性”, 藤木英雄編, 過失犯 −新旧過失論争−, 学陽書房, 1975, 129면 이하; 大谷實, “企業犯罪と法人処罰”, 刑法解釈論集II, 成文堂, 1990, 11면 이하.

6) 藤木英雄, “企業災害と法人の刑事責任”, 罪と罰 6巻 4号(1970), 17면; 米田泰邦, “企業組織体責任論と行為論”, 行為論と刑法理論, 成文堂, 1989, 171면 이하.

7) 藤木英雄, “法人に刑事責任はありうるか”, 季刊現代経済 14号(1974), 163면 이하.

는 것은 불가능하다. 하지만 이러한 관리시스템의 미비나 조직구조상의 결함에 대해 형법상 책임을 어느 누구에게도 묻지 않을 경우 역시 기업범죄의 처벌에 대한 사회적 요청에 적절히 부응할 수 없게 된다. 이러한 경우에도 일반시민은 기업 그 자체의 형사책임이 인정되어야 한다고 생각한다.[8)]

2. 기업 조직구조의 '복잡성'

기업 활동의 사회적인 영향력은 기업의 조직구조, 인적·물적 규모, 영속성 등의 특징으로 인해 그 구성원인 자연인 전체를 합한 것보다 크다. 기업범죄에 의한 피해의 중대성은 이러한 기업의 특징에 기인한다. 바꾸어 말하면 기업은 단순한 자연인의 집합을 뛰어넘는 '복잡성'(complexity)을 겸비하고 있다.[9)]

이러한 기업의 특징을 무시하고 그 책임을 개개의 자연인에게만 환원시키는 것은 기업범죄의 본질을 오인하게 할 수 있다. 이와 관련하여 기업의 형사책임을 긍정하는 견해에 따르면 기업 자신의 행위라는 관념이 제시되어 왔다. 그러나 문제는 왜 기업 활동을 기업의 구성원인 개인의 행위로서가 아니라 기업 자신의 행위로 간주해야 하는가에 있는바, 이 때 그 근거를 기업의 '복잡성'에서 찾을 수 있다고 본다. 왜냐하면 기업 그 자신이 기업범죄의 형사책임을 적절히 질 수 있는 경우가 많이 발생하고 있기 때문이다.

기업범죄에 의해 초래되는 법익침해는 기업 내의 개개 자연인의 능력에 알맞은 주의의무를 다하는 것만으로는 부족하고 개개의 자연인에게 환원할 수 없는 '시스템'이나 '조직구조'를 정비함으로써 방지할 수 있다. 따라서 기업의 범죄능력을 긍정하여 범죄의 주체가 될 수 있음을 인정하는 이상 스스로의 활동 가운데 발생하는 법익침해를 방지하기 위한 주의의무는 기업 자신에게 부과되어야 한다. 그리고 그 내용은 기업 자신의 능력에 따라 '시스템'이나 '조직구조'를 정비하는 일이 포함되어 설정됨이 바람직하다고 본다.

미국이나 영국에서는 기업 자신에게 형사책임이 부과되어야 할 사회적 필

---

8) 吉岡一男, "企業の犯罪と責任", 法学論叢 140巻 5·6号(1997), 101면 이하.

9) 영국의 기업범죄 연구가인 C. Wells는 기업의 중요한 특징으로 "그 규모, 복잡성, 영속성 등의 성질에 의해 구성원인 자연인의 총합 이상의 존재가 된다."고 하여, 그 성질을 "2+2=5"라고 표현하고 있다(Celia Wells, *Corporation and Criminal Responsibility*, 1993, 88-90면).

요성이 있음을 솔직히 인정하여 형법의 기본원리와 조화를 꾀하면서 이를 긍정해 왔다. 이와 같이 기업 활동의 규제가 형사법의 영역에 있어서도 필요하다는 상황은 무엇보다 대기업을 중심으로 경제활동이 이루어지고 우리나라에서 역시 마찬가지이다. 또한, 오늘날 기업의 형사책임을 인정하기 위해 전통적인 형법의 기본원리에 일정한 수정을 가할 필요가 있다는 점에 대해서는 폭넓게 의견의 일치를 얻고 있다고 본다.

종래 기업의 형사처벌을 적극적으로 인정하는 입장은 그 근거를 기업이 자연인과 같은 법적·사회적 실체이라는 점에서 찾았다. 즉 기업이 자연인과 마찬가지로 "의사가 있어 그 의사에 근거하여 해당 유해한 사태를 회피할 수 있었다는 데서 책임의 본질"[10]을 찾아 이를 근거로 하여 기업에게 형사책임을 부과하여 처벌한다고 하였다. 이 견해는 기업과 자연인에 대해 그 법적인 의미에서 동질성을 강조하여 자연인을 대상으로 만들어진 형법의 기본 원칙을 기업에게도 동일하게 적용함을 목표로 하고 있다. 즉 기업에 대한 형사책임이나 기업처벌의 문제가 법적인 의미에서 권리·의무관계의 주체인 "人"으로 간주할 수 있는 존재(법인)에 대한 형사책임이나 처벌의 가능성으로 논해져 온 까닭은 이러한 생각을 전제로 하였기 때문이다. 그러나 최근 미국이나 영국뿐만 아니라 독일에서도 이와 같이 기업과 자연인과의 동질성을 강조하는 것만으로는 불충분하고 자연인과는 본질적으로 다른 '시스템'이나 '조직구조'로서 기업의 고유한 성질도 고려할 필요가 인정되고 있다. 우리나라에서도 이러한 기업의 고유한 성질을 고려하여 기업 자체를 처벌하는 근거를 종래의 기업 활동에 대한 형법상의 규제의 필요성이나 법적·사회적 실체로서의 기업의 본질뿐만 아니라 기업 내의 자연인에게 환원시킬 수 없는 기업의 '복잡성'에서 찾아야 한다고 본다.[11]

---

10) 大谷實, "法人処罰の在り方(二·完) － 将来の立法の選択肢", 同志社法学 43巻 3号(1991), 4면.

11) 川崎友巳, 앞의 책, 201－204면.

Ⅲ. 기업의 형사처벌의 근거로서 두 개의 귀책원리

1. 동일성 원리에 근거하는 행위책임

(1) 자연인을 매개로 한 접근방식(종속모델)

가. 기업의 행위책임

기업(법인)의 범죄능력을 인정함을 전제로 했을 경우 기업에게 스스로의 범죄행위에 대한 형사책임을 묻는 것이 당연한 귀결이 아닐 수 없다. 더욱이 책임주의의 원칙을 전제로 하는 한 기업에 대해서도 고의·과실행위에 대한 책임이 그 처벌근거가 된다는 점에 변화가 없다. 그렇다면 자연인이 아닌 기업의 고의·과실을 어떻게 인정할 수 있는가 의문이 제기된다. 이와 관련하여 범죄능력을 둘러싼 논의에서 언급한 바와 같이 우선적으로 동일성 원리에 따라 기업과 동일시 가능한 사람의 의사와 행위를 매개로 하여 기업 자신의 의사와 행위를 인정하여 그 형사책임을 묻는 방식, 즉 기업 내부의 일정 행위자의 고의·과실행위를 기업 자신의 고의·과실행위로 동일시하여 기업의 형사책임을 인정하는 방식(종속모델)이 법적인 이론구성의 측면에서 타당하다고 본다.[12)]

나. 종업원의 위법행위에 대한 기업(법인)의 부작위감독책임

동일성 원리에 근거한 행위책임과 더불어 기업의 형사책의 또 다른 근거로 업무와 관련된 자연인의 위법행위에 대한 기업의 선임·감독상의 과실책임을 고려할 수 있다는 견해가 제시되고 있다. 즉 기업의 종업원이 위법행위를 함에 있어 기업 자신은 그 종업원의 위법행위에 대한 선임·감독상의 과실이 있는 경우에 기업은 그 종업원의 업무와 관련된 위법행위에 대하여 감독과실책임을 근거로 형사책임을 물을 수 있어야 한다고 한다.[13)]

그러나 업무와 관련된 종업원의 위법행위에 대해 기업(법인)의 선임·감독상의 과실책임으로 파악하기 보다는 다음과 같은 두 가지 이유에서 부작위감독책임으로 이해하는 것이 보다 타당하다고 본다.[14)] 그 하나는, 기업(법인) 자신이 직접적 위반행위자로서가 아니라 단지 종업원의 위반행위에 대해 과실이 아닌

---

12) 권수진, 앞의 보고서, 121면; 川崎友巳, 앞의 책, 206면.

13) 권수진 앞의 보고서, 123면.

14) 이에 대해 자세한 설명은 본서 제2장 § 5 Ⅱ. 4. 참조.

고의로 관련된 경우에도 선임·감독상의 과실책임으로 이해하여 과실범으로 처벌해야 하는지 의문이다. 그 보다는 기업(법인)이 직접적 위반행위자로서가 아니라 종업원의 위반행위에 고의 또는 과실로 관련되어 형사처벌이 인정될 경우 그 근거는 고의범 또는 과실범이 모두 포섭가능한 부작위감독책임으로 이해하는 함이 타당하다고 본다.

다른 하나는, 기업의 선임·감독상의 과실책임설은 업무와 관련된 종업원의 위반행위가 있을 때 이에 대한 법인 또는 개인 사업주의 선임·감독상의 과실만을 문제삼을 수 있다. 하지만 부작위감독책임설에 따르면 사업주인 기업(법인)의 보증인지위는 사업주가 종업원에 대해 갖는 업무상의 명령·지시권에 기초하여 업무와 관련된 종업원의 위반행위를 방지할 의무뿐만 아니라 사업주가 사업체 내에 존재하는 기계, 시설물, 설비 또는 동물 등에 의해 타인의 법익이 침해되지 않도록 물적 위험원을 감독할 보증의무로부터 발생하며, 이에 따라 사업주는 인적 위험과 물적 위험을 불문하고 사업체 내에 존재하는 물적 위험원으로서 기계, 시설물 등에 대한 감독의무뿐만 아니라 업무와 관련하여 종업원의 위반행위가 발생하지 않도록 기대가능한 조치를 취할 감독의무를 인정할 수 있다는 장점이 있다.

따라서 업무와 관련된 종업원의 위반행위에 대해 기업(법인)의 형사처벌의 또 다른 근거는 선임·감독상의 과실책임이 아닌 고의 또는 과실에 의한 부작위감독책임으로 파악하는 것이 타당하다고 본다. 이러한 견해에서 본다면 기업(법인)의 대표이사를 포함한 기업 경영진의 책임근거 역시 종업원의 위반행위에 대해 고의 또는 과실에 의한 감독의무위반이라는 부작위감독책임에서 찾아야 한다고 본다.15)

(2) 동일성 원리의 요건

가. 동일시되는 자연인의 범위

그렇다면 어떠한 요건이 갖추어질 경우 기업 자신의 범죄행위라고 평가하여 그 범죄행위에 대해 책임을 묻는 것이 인정되는지 검토가 요구된다. 이와 관련하여 동일성 원리에 근거하는 기업의 행위책임의 성립요건은 다음과 같다.

15) 김재윤, “기업 경영진의 형사책임에 관한 연구 –산업안전보건법상 양벌규정의 문제점과 개정안을 중심으로–”, 법제연구 통권 제40호, 2011, 404–410면.

첫째, 기업과 동일시되는 자연인의 범위와 관련하여 기업의 대표자의 의사나 행위는 민법상 기업(법인) 자신의 의사나 행위로 이해되고 있으므로 대표자의 책임을 기업 자신의 책임으로 파악해야 함에 의문의 여지가 없다. 다만 여기서 문제는 대표자 이외의 상급관리자(이사, 사실상 이사, 집행임원 및 대표집행임원 등)가 위법행위를 한 경우나 위법행위자를 특정할 수 없는 경우에 대해 동일성 원리 아래에서 기업에게 형법상의 비난을 가할 수 있는가에 귀착된다.

이와 관련하여 우선, 법적으로 대표자 이외에는 법인 사업주에게 고용되어 있는 종업원이고 타인이라는 점, 상급관리자가 대표자로부터 실질적인 권한을 부여받아 위법행위에 가담한 경우에는 대표자와 공동정범 또는 간접정범으로서 파악하는 것이 가능한 점, 법인의 감독과실을 긍정하는 경우 감독의 객체가 감독의 주체가 되고, 고의와 과실이 병존한다는 모순된 상황을 낳게 된다는 점 등에서 기업(법인)과 동일시 가능한 자의 범위를 대표자 이외의 상급관리자에게까지 확장하는 것은 타당하지 않다는 견해가 제시되고 있다.[16]

그러나 복잡하고 계층적으로 조직화된 기업이라는 특성을 고려하면 대표자 이외의 경영진 등 상급관리자까지로 기업과 동일시 가능한 행위자의 범위를 확대함이 타당하다고 본다. 왜냐하면 오늘날 대표자 1인에 의한 기업은 극히 예외적이고, 대다수의 기업은 다수의 구성원으로 이루어져 있어, 결과적으로 기업의 위법행위도 기업의 1인에 의해서 이루어지는 경우는 매우 드물기 때문이다. 오히려 기업의 위법행위는 대표자 이외의 일정단계에 속하는 경영진이나 이사회 등의 결정에 의해 이루어지는 경우가 대부분이다. 이에 따라 기업의 대표자 및 대표자 이외의 상급관지자의 고의·과실을 기업 자체의 고의·과실로 판단해야 한다.[17]

다른 한편으로 위법행위자를 특정할 수 없는 경우에 대해서는 동일시해야 할 자의 존재를 특정할 수 없는 이상 그 의사나 행위를 인정할 수 없다. 미국에서는 공동정범의 법리를 넘어 복수의 자연인의 단편적인 인식이나 행위를 집합시키는 방식으로 기업으로서의 하나의 인식이나 행위를 인정하여 그 책임을 기업에게 인정하는 이른바 '집합적 인식론'이나 '집합체의 원리'가 채용되고 있으

16) 川崎友巳, 앞의 책, 207－208면.
17) 권수진, 앞의 보고서 122면.

며, 영국에서도 이러한 이론을 지지하는 견해가 유력화되고 있음은 앞서 살펴보았다. 그러나 한편으로, 이러한 법리는 책임주의의 관점에서 문제가 있으며, 동일성 원리에 의해 허용되는 범위를 일탈하고 있다는 강한 비판도 존재한다. 따라서 동일성 원리에 근거하여 기업의 행위책임을 묻는 접근방식에서는 위법행위자가 특정할 수 없는 경우 기업의 형사책임도 물을 수 없다고 본다.[18)]

나. 권한과의 관련성

둘째, 기업과 동일시되는 행위의 범위가 확정되어야 한다. 즉 대표자나 상급관리자의 행위 가운데 어떠한 범위의 행위가 기업 자신의 행위로 동일시되는지 검토가 요구된다.

이와 관련하여 대표자나 상급관리자의 명시적인 권한의 범위 내에서 실시된 행위가 포함됨은 당연하지만, 그밖에도 동일시 가능한 행위가 존재하는지 의문이다. 기업(법인)의 활동범위가 반드시 정관에 의해 엄격하게 구속되지 않으며, 여러 영역에 걸쳐 있어 그러한 활동이 법적으로 보호되고 있는 현상을 고려하면 기업 활동의 방향성을 결정하는 의사결정과 관련하여 대표자나 상급관리자에게 주어진 재량은 형식적인 범위를 넘어 광범위하다고 이해함이 현실에 입각한 생각이다. 하지만 그렇다고 하여 대표자나 상급관리자의 일상생활에 대해서도 이를 기업과 동일시해서는 안 될 것이다. 즉 대표자나 상급관리자에게 권한으로서 명시적으로 인정된 범위가 아니더라도 그러한 권한과 관련성이 있는 행위에 대해 이를 기업의 행위로 동일시할 여지가 인정될 뿐이다. 다만, 어디까지가 권한과 관련성이 인정되는 행위인가라는 구체적인 판단은 개별 사안에 따라 실질적으로 내려져야 한다고 본다.[19)]

다. 기업의 이익을 위한 목적

셋째, 주관적인 측면에서도 검토가 필요하다. 왜냐하면 대표자나 상급관리자가 기업이 아닌 자기 자신이나 제3자의 이익만을 위하여 또는 기업에게 손해를 끼치는 것을 기도하여 기업을 방패삼아 자기의 권한과 관련된 범죄를 행하였을 경우까지 이를 기업 자신의 범죄로 파악하여 기업에게 형사책임을 묻는

---

18) 川崎友巳, 앞의 책, 208면.
19) 大谷實, 앞의 논문, 6면 이하.

것이 타당한지 의문이 남기 때문이다. 극단적인 예를 들자면 스스로가 대표를 맡아 자신의 이익을 위해 기업에 대해 횡령이나 배임행위를 한 경우까지도 기업의 형사책임을 묻는다면 이것이 과연 적정한 기업처벌을 도모하는 것이라고 말할 수 없다고 본다. 이와 관련하여 영국의 1989년 통일형법전 초안에는 "관리직원이 법인에게 위해를 가하거나, 자기 혹은 타인에 의해 가해진 위해를 은닉하려는 의도를 가지고 행위할 경우에 '직무의 범위 내'에 포함되지 않는다"고 규정하고 있으며, 미국의 연방 차원에서도 법인에게 대위책임을 인정하는 요건으로 "법인에 이익을 주기 위하여"를 포함시킨 것도 이러한 인식에 근거한 것이라고 볼 수 있다.

이러한 의미에서 적어도 대표자나 상급관리자가 범죄를 행하였을 경우에 그 주된 목적이 기업의 이익을 도모하려는 의도가 존재하였을 때 대표자나 상급관리자와 기업의 행위를 동일시하는 요건이 될 수 있을 것이다. 이러한 목적은 대표자나 상급관리자 자신 또는 제3자의 이익을 도모하는 목적과 병존했을 경우에도 인정될 수 있으며, 양적으로 어느 쪽이 더 큰 비중을 차지했는가는 최소한 범죄의 성립여부에 영향을 미치지 않는다. 여기서 중요한 것은 형식상 법인과 동일시되는 지위에 있는 대표자나 상급관리자의 권한과 관련된 행위 가운데 예외적으로 동일시되지 않는 소극적인 요건이 무엇인지 명확한 선을 그을 수 있는가에 있다고 본다.[20)]

요컨대, 동일성 원리에 기초하여 기업의 형사책임을 묻기 위해서는 ① 대표자나 상급관리자에 의해, ② 기업 활동을 함에 있어 그 권한 내 또는 권과 관련성이 인정되는 범위 내에서, ③ 기업의 이익을 위하여 행위를 하여야 한다.

(3) 이중처벌의 금지

가. 동일성 원리와 이중처벌의 금지

이상과 같이 기업의 대표자나 상급관리자가 그 권한과 관련하여 기업의 이익을 위하여 저지른 행위는 기업 자신의 행위와 동일시되어 기업의 형사책임을 물을 수 있다. 그러나 기업의 행위와 동일시되었다고 하여 대표자나 상급관리자 자신이 면책됨을 의미하지는 않는다. 이에 따라 스스로 저지른 행위에 대해

---

20) 川崎友巳, 앞의 책, 208-209면.

개인으로서 형사책임의 부담을 인정함이 타당하다고 본다. 하지만 이와 같이 동일성 원리에 근거하여 대표자나 상급관리자의 행위를 법인 자신의 행위라고 평가하면서도, 동시에 대표자나 상급관리자의 행위로도 평가하여 그 행위책임을 묻는 데 전혀 문제가 없는 것은 아니다. 왜냐하면 이중처벌의 금지에 해당하는 것은 아닌지 의문이 제기될 수 있기 때문이다.

이와 관련하여 "이중처벌의 금지는 동일한 행위에 대해 동일한 주체를 거듭 처벌함을 의미하는 것이나, 이 경우에는 기관인 자연인과 법인과는 주체로서 다른 것이기 때문에 행위를 동일시하여도 이중처벌의 문제는 발생하지 않는다."[21]는 견해가 폭넓게 지지를 받고 있다. 분명히 인격을 달리하는 법인과 대표자나 상급관리자의 형사책임을 동시에 묻는 것은 이중처벌이 회피하려는 본래의 "이중의 위험"이란 장면과 상이하다. 따라서 동일성 원리에 근거한 대표자나 상급관리자와 기업의 처벌은 헌법 제13조 제1항이 보장하는 이중처벌의 금지에 해당하지 않는다고 본다.

나. 동일성 원리와 행위의 이중평가

그러나 이러한 설명에 의해 모든 문제가 해결되는 것은 아니다. 왜냐하면 ① 어떤 한 행위를 법인의 행위와 대표자나 상급관리자의 행위로 이중으로 평가한다는 점, ② 그 결과 전체적으로 범죄의 중함에 상회하는 책임을 물을 위험이 생긴다는 점에 대해서도 검토가 필요하기 때문이다. 이러한 문제는 영국이나 미국에 있어 동일성 원리의 문제점이라고 지적되어 오고 있다.

우선, 첫 번째 문제점과 관련하여 대표자나 상급관리자의 행위를 대표자나 상급관리자 자신의 행위로서 평가하면서도 동시에 기업의 행위로서 파악하는 데 문제가 있는 것인지 의문이다. 물론 자연인의 경우 어떤 사람의 행위로서 이미 평가된 것을 다른 사람의 행위로 또 다시 평가하는 것은 허용되지 않는다. 그러나 기업은 자연인과는 달리 대표자나 상급관리자의 의사결정에 근거하여 행위를 하는 법적인 행위주체이다. 자연인을 매개로 하여 법인의 의사나 행위가 인정되는 이상 이러한 이중평가는 당연한 귀결이라고 보인다. 이를 부정하

21) 西国典之, "団体と刑事罰", 岩波講座·基本法学2－団体, 岩波書庖, 1983, 271면; 小島和夫, "両罰規定をめぐる若干の問題", 立法と調査 82号(1977), 24면; 大谷實, 앞의 논문, 10면.

는 것은 기업의 범죄능력을 부정함을 의미하며, 이러한 기업의 범죄능력 부정설의 문제점에 대해서는 이미 언급한 바와 같다.

다음으로, 두 번째 문제점과 관련하여 어떤 행위에 대해 법인과 대표자나 상급관리자의 형사책임을 물을 경우 그 전체의 합이 범죄의 무게에 비례한 책임을 양적으로 상회하는 경우라면 책임주의에 반한다고 하지 않을 수 없다. 그러나 그 전체의 합이 범죄의 무게에 비례한 양의 범위 내이면서 그 책임을 법인과 대표자나 상급관리자가 분담한다면 행위의 이중평가는 책임주의의 관점에서도 허용된다고 본다.22)

2. 기업시스템 과실책임

(1) 기업의 고유한 성질을 고려한 접근방식(독립모델)

가. 자연인을 매개로 접근방식(종속모델)의 한계

한편, 기업 내의 자연인에게 환원시킬 수 없는 기업의 '복잡성'이라는 처벌근거을 토대로 자연인을 매개로 하지 않는 독자적인 귀책원리를 마련할 필요가 있다고 본다. 왜냐하면 우리나라와 같이 무엇보다 대기업이 중심되는 시장경제의 발전과 이에 따른 기업조직의 거대화·조직화·복잡화에 의해 기업범죄가 초래하는 피해가 심각화되고 있기 때문에 이러한 심각한 기업범죄에 대한 형사책임을 기업의 대표자 등을 매개로 도출하는 데 한계가 있음이 강하게 의식되고 있어 이와 다른 접근방식의 마련이 요구되고 있기 때문이다.

보다 구체적으로 다수의 자연인이 관여하여 전체적으로 커다란 성과를 거두고 있는 대기업의 활동 가운데는 ① 기업과 동일시 가능한 지위의 사람이 관여하고 있지 않는 경우, ② 기업과 동일시 가능한 지위의 사람이 관여하였다고 해도 행위자를 특정할 수 없는 경우가 다수 있다. 더욱이 ③ 기업과 동일시 가능한 대표자, 대표자 이외의 경영진 및 중간관리자의 개인의 능력으로는 모든 말단 종업원이 위법행위를 하고 있는 않은지 여부를 구체적으로 관리감독하는 것이 불가능한 경우, 그리고 ④ 기업 내부의 개개인에게는 환원시킬 수 없는 '시스템'이나 '조직구조'의 결함 그 자체가 중대한 법익침해로 연결되는 경우도 있을 수 있다. 앞서 설명한 동일성 원리와 같은 자연인을 매개로 한 접근방식

22) 川崎友巳, 앞의 책, 209－211면.

(종속모델)으로는 이러한 경우에 대해 법인의 형사책임을 묻는 것이 불가능하다.

(2) 기업시스템 과실

그러나 위법행위자를 특정할 수 없는 경우나 대표자나 상급관리자의 능력으로는 법익침해를 회피하는 것이 불가능한 경우에도 기업의 규모나 자산규모를 고려할 경우 인적인 측면과 조직구조 측면의 양쪽 모두에서 주위를 기울여 법령준수를 위해 내부통제 시스템을 정비하고 이를 적정하게 운용함으로써 충분히 회피할 가능성도 있다. 앞서 검토한 미국이나 영국의 법인처벌의 동향과 마찬가지로 일본에서도 오늘날과 기업범죄에 대한 효율적인 대응책의 하나로 사회적 실재로서 활동하는 기업에 대해 이러한 시스템의 적정한 정비와 운용을 법적 의무로 부과해야 한다는 견해가 지지를 얻고 있다고 한다.[23] 더욱이 그러한 의무는 기업이 기업 자체로서 다해야 할 주의의무로서 자리 매김되어 대표자나 상급관리자의 주의의무를 매개로 하지 않고 도출되어야 한다고 본다. 이와 같이 기업의 주의의무를 대표자나 상급관리자의 주의의무와 구별하여 기업의 시스템으로서 범죄방지체제를 충분히 정비하여 그 방지체제의 구체적 활동을 철저히 실시하도록 함으로써 기업에 대해 그 규모, 조직구조, 업무내용 등에 알맞은 주의의무를 부과하는 것이 가능하다. 그리고 이러한 주의의무를 다하지 않아 종업원에 의해 위법행위가 실행되어 법익침해가 발생했을 경우 기업의 시스템 측면에 대한 관리감독 과실책임, 즉 '기업시스템 과실책임'을 물을 수 있다고 본다.

이러한 기업시스템 과실책임의 도입을 전제로 했을 경우 여기에서의 주의능력의 기준은 동일한 규모의 기업으로 하여 주의의무의 내용이나 정도도 동일한 규모의 평균적인 기업에게 준수를 기대할 수 있는 것으로 파악함이 가능하므로 통상의 과실 개념보다 완화한 것은 아니다.

또한, 이러한 생각은 결국 기업과 동일시 가능한 대표자나 상급관리자의 주의의무의 내용을 '내부통제 시스템의 정비와 그 적정한 운용'이라고 해석하는 것과 다름없다는 지적도 있지만,[24] 개인의 능력을 넘은 주의의무를 내용으로

---

23) 藤木英雄, 앞의 논문, 170면; 田中利幸, "企業体の刑事責任", 西原春夫ほか編, 判例刑法研究1, 有斐閣, 1980, 205면; 林幹人, 刑法総論, 東京大学出版会, 2000, 89면.

24) 松原久利, "法人の刑事責任 －自然人を媒介としたアプローチー", 刑法雑誌 41巻 1号(2001),

하면서도 또 다시 대표자나 상급관리자라고 하는 자연인의 과실을 매개로 하여 기업의 과실을 도출할 경우 자연인을 매개로 한 의미가 상실될 뿐만 아니라 자연인에 대한 과실책임에 피드백 효과를 미치는 것이 우려된다는 점도 문제라 여겨진다.[25]

(2) 기업시스템 과실의 내용

가. 주의의무의 내용으로서의 법준수 프로그램

다만, 기업의 주의의무를 대표자의 주의의무와 완전하게 분리하는 한편, 그 내용을 '내부통제 시스템의 정비와 그 적정한 운용'으로서 기업의 고유한 성질에 적합한 것으로 해석하여 그 주의의무의 내용을 "위반행위의 여러 형태에 따라 선차만별이며 일률적으로 말할 수 없다."[26]는 채로 두는 것은 무과실 면책이 되기 위해 기업이 해야 할 활동 내용을 불명확하게 함으로써 모처럼 기업에 대해 그 성질을 고려한 고유의 주의의무를 부과하여 위반행위의 방지를 촉구한 효과가 희미해져 버리는 결과를 낳을 수 있다. 따라서 대상이 되는 법령에 따라 그 내용이 서로 다른 것은 어쩌면 당연할 수 있지만, 가능한 한 주의의무의 내용을 구체화, 정형화 하여 기업에게 제시해야만 그 실행을 기대할 수 있으며, 그 의무를 게을리 한 데 대한 비난도 합리성을 확보할 수 있다고 본다. 더욱이 실제로 양벌규정의 운용에 있어서도 법인에 의한 무과실의 입증 또는 검사의 과실 입증을 용이하게 하거나 촉진하게 할 수도 있다.[27]

이때 주목할 필요가 있는 미국의 기업처벌 입법례에서 소개한 '법준수 프로그램'이다. 법준수 프로그램은 기업이 그 활동에 있어 규제를 받는 법령을 준수하기 위해 자발적으로 실시하는 시책이지만 그 내용은 확실히 인적 측면과 조직구조의 측면 양쪽 모두에 주위를 기울여 법령준수를 위한 내부통제 시스템이라고 평가할 수 있다. 그렇다면 이 법준수 프로그램의 실시를 기업 고유의 주의의무의 내용으로 볼 수 있다고 본다.

39면 이하.

25) 川崎友巳, 앞의 책, 211-212면.

26) 藤木英雄, 行政刑法, 学陽書房, 1976, 51면.

27) 伊東研祐, "判批", 行政判例百選 I (第2版), 有斐閣, 1987, 228면.

나. 과실의 추정

또한, 기업시스템 과실책임의 존부를 판단함에 있어 과실추정을 채용하는 것이 효과적이고 타당하다고 본다. 즉 기업의 종업원이 업무에 관해 위반행위를 하였을 경우 그러한 행위는 통상 기업의 선임·감독에 근거하는 행위라고 생각할 수 있기 때문에 기업의 선임·감독상의 과실책임이 추정되어야 한다. 이러한 과실추정에 대해 책임주의에 반한다는 비판도 있지만 검사가 복잡한 기업의 조직구조 내에서 법준수 프로그램이 적정하게 기능하고 있었는지 아닌지를 판단하는 것은 용이하지 않고, 기업에 있어서도 주의의무로서 요구되는 내용이 법준수 프로그램의 실시인 것이 명확한 이상 과실이 없음을 입증하는 데 대한 부담은 그리 크지 않다고 본다.

따라서 기업이 법준수 프로그램을 적정하게 실시하였음을 입증하여 기업시스템을 통해 충분히 종업원의 위법행위의 방지에 필요한 주의의무를 다하고 있었음이 인정될 경우 기업에 대한 과실의 추정이 깨어져 무과실 면책이 인정된다고 본다.[28]

Ⅳ. 맺음말

지금까지의 검토를 정리하면, 기업처벌의 근거로 기업 내부의 일정한 지위에 있는 대표자나 상급관리자(이사, 사실상 이사, 집행임원 및 대표집행임원 등)의 위법행위를 기업 자신의 위법행위로 동일시 가능한 경우에는 동일성 원리에 기초하여 기업의 형사책임을 인정하고, 기업 자신의 행위로 동일시 가능한 자 이외 종업원에 의한 위법행위에 대하여는 기업의 종업원에 대한 선임·감독상의 과실책임이 아닌 고의 또는 과실에 의한 부작위감독책임을 들어 기업의 형사책임을 인정한다. 그리고 위의 두 가지 근거에 의하여서도 기업의 형사책임을 인정할 수 없고, 기업내부의 어느 특정한 구성원에게 귀책시킬 수 없는 기업 내부시스템의 미비나 조직구조상 결함에 기인한 법익침해가 발생한 경우에 기업이 '시스템으로서의 법령준수 체제의 정비와 그 적정한 운용'이라는 스스로에게 부

28) 川崎友巳, 앞의 책, 211-215면.

과된 주의의무를 게을리 했음을 이유로 기업시스템 과실책임을 인정함이 바람직하다고 본다.

그러나 이러한 두 가지 종류의 관리감독 과실이 병존하는 것은 결코 모순이 아니다. 왜냐하면 두 개의 관리감독 과실에 의해 기업에 의한 법익침해의 위험을 방지 가능해지기 때문이다. 다만, 두 가지 관리감독 과실 가운데 어느 것이 주된 역할을 담당할지는 기업의 규모에 따라 다르게 될 것이다. 즉 극히 소수의 종업원에 의해 운영되고 있는 영세기업은 대표자 개인의 능력범위 내에서 법령준수를 확보하기 위한 관리감독이 가능한 경우가 많기 때문에 법령준수를 위한 '시스템의 정비와 그 적정한 운용'을 도모할 필요성이 적다고 본다. 반면, 여러 곳에 공장이나 지점을 두고서 다수의 종업원이 종사하는 대기업은 대표자 개인의 능력범위 내에서 관리감독 가능한 경우는 극히 보기 드물고 대부분의 경우 '시스템으로서의 법령준수 체제의 정비와 그 적정한 운용'을 도모할 필요가 있다고 본다.[29]

29) 권수진, 앞의 보고서, 125면; 川崎友巳, 앞의 책, 214－215면.

§ 12 대형재해와 기업살인죄*

Ⅰ. 머리말

2014년 11월 11일 광주지방법원 201호 법정의 방청석에선 "차라리 다 풀어 줘라"라는 외침이 터져 나왔다. 광주지방법원 제11형사부의 재판장이 2014년 4월 16일 전라남도 진도군 조도면 부근 해상에서 여객선 세월호가 침몰하여 승선자 중 304명이 사망·실종되는 참사의 책임을 물어 기소된 선장 이모씨에게 징역 36년, 기관장 박모씨에게 징역 30년, 다른 승무원 13명에 대해서는 징역 5년 내지 20년을 선고했기 때문이다.[1] 한국사회를 커다란 슬픔과 분노에 잠기게 한 세월호 참사에 대한 제1심 판결의 형량이 일반국민들, 특히 피해자 유가족들의 기대에 턱없이 못 미쳤기 때문이라 여겨진다. 더욱이 검찰이 기소한 살인죄 혐의, 수난구호법 위반, 특정범죄가중처벌법(도주선박의 선장 또는 승무원에 대한 가중처벌) 위반 혐의 등에 대해 재판부가 무죄를 선고하여 실망감은 더욱 컸으리라 본다. 제1심 재판부는 선장 등 4명이 자신들의 행위로 승객들이 사망에 이를 수도 있다는 가능성을 인식한 것을 넘어 용인하는 내심의 의사까지 있었다고 보기에 부족하고 증거도 없다고 판단하였고, 수난구호법 위반과 특정범죄가중처벌법 위반은 조난된 선박 자체에는 적용될 수 없다고 본 것이다. 이러한 쟁점 사항에 대해서는 향후 제2심 재판부는 물론이고 형법학자 사이에 다양한 견해들이 제시될 것으로 예상된다.

그런데 세월호 제1심 판결과 관련하여 필자의 관심을 끄는 것은 다름 아닌 재판부가 청해진해운에게 해양환경관리법 위반죄를 물어 벌금 1천만원을 선고한 대목에 있다. 과연 청해진해운이란 기업[2]은 304명의 고귀한 생명을 빼앗아

---

* 이 글은 김재윤, "영국의 기업과실치사법에 대한 고찰과 시사점", 형사정책연구 제25권 제4호(2014.12), 181−218면에 게재된 것으로 최근의 논의까지를 반영하여 수정·보완한 것임.

1) 광주지방법원 2014.11.11. 선고 2014고합180, 2014고합384(병합) 판결.

2) 주식회사 청해진해운은 해상여객 및 화물운송업 등을 목적으로 1999.2.24. 설립된 법인으로, 세월호 침몰 사고의 책임을 물어 2014년 5월 12일자로 해양수산부로부터 인천~

간 세월호 참사에 아무런 형사책임이 없는 것인가, 이러한 엄청난 참사가 발생했음에도 불구하고 해당 기업에게 해양환경관리법상 양벌규정에 따른 기름유출의 과실책임만을 물어 1천만원의 벌금만을 선고하는 것이 형사정의(Criminal Justice)에 부합하는 판결인가 묻지 않을 수 없기 때문이다. 세월호 참사가 발생한 이후 검찰과 언론은 물론이고 국민은 의도했던 의도하지 않았던 간에 세월호 참사의 책임을 승객을 구조하지 않고 탈출한 선장과 선원, 그리고 청해진해운의 불법행위를 조장한 유병언 전 회장 개인에게만 관심을 가졌다. 하지만 세월호 참사의 책임은 이들 개인에게만 있지 않고 청해진해운이란 기업 자체에도 있음을 간과해서는 안 된다. 청해진해운이란 기업은 자신의 이윤을 늘리기 위해 선박에 대한 무리한 증개축을 하고, 평형수를 덜어내고 화물 적재량을 늘려 과적 운행을 관행적으로 일삼았음은 물론, 대다수 선원을 비정규직으로 고용하고 안전교육을 위해 지출한 비용이 소화훈련 세 번과 교육비 54만원이 전부였을 정도로 소홀히 하는 등 청해진해운의 여러 불법행위가 세월호 침몰의 또 다른 중대한 원인으로 작용하였기 때문이다.[3)] 그럼에도 불구하고 검찰은 승객 304명을 구조하지 아니하고 탈출한 세월호 선장과 선원 등 15명과 청해진해운의 실소유자로 알려졌던[4)] 유병언 전 회장과 그 자녀들에 대한 수사에 함몰된 나머지 세월호 참사의 직접적 책임이 있는 청해진해운이란 기업 자체에 대한 형사책임을 묻고자 하는 수사 활동을 전혀 펼치지 않았다. 세월호 제1심 재판에

제주 항로의 연안여객선 운송 면허를 취소당하였으며, 같은 해 5월 19일 1차 부도 처리되었다.

3) 다만 검찰은 2014년 11월 6일 광주지법 형사 13부(임정엽 부장판사) 심리로 열린 청해진해운 관계자 등 11명에 대한 결심공판에서 청해진해운 김한식(71) 대표이사에게 업무상배임죄, 업무상과실치사상의 혐의로 징역 15년과 벌금 200만원을, 해무이사 안모(60) 씨에게는 징역 6년에 벌금 20만원, 추징금 5570만원을, 상무 김모 씨에게는 금고 5년에 벌금 200만원을, 물류팀장 남모 씨와 물류팀 차장 김모 씨에게는 금고 4년 6월에 벌금 200만원을, 박모 해무팀장에게는 금고 5년에 벌금 200만원을 각각 구형하였다(광주드림 2014년 11월 6일자 기사 참조. http://www.gjdream.com/v2/print_form.html?news_type =201&no=460690 2014.11.17. 최종검색).

4) 그러나 최근 언론사들은 유병언 전 회장이 청해진해운의 실소유주라는 보도에 대해 "유병언 전 회장은 세월호 선사인 청해진해운의 주식은 물론 청해진해운의 대주주인 천해지, 천해지의 대주주인 아이원아이홀딩스의 주식을 전혀 소유하지 않았으므로 실소유주가 아님이 확인되었다"라는 언론조정중재위원회 조정에 따라 정정보도문을 게재하고 있다(대표적으로 위클리오늘 2014.11.17. 정정보도문: http://www.weeklytoday.com/news/ articleView.html?idxno=27935 2014.11.17. 최종검색).

서 청해진해운에게 선고된 1천만원이란 벌금도 승객사망에 대한 책임이 아니라 해양환경관리법 제130조(양벌규정) 본문, 제127조 제2호, 제22조 제1항에 따른 과실로 선박으로부터 기름을 배출한 데에 대한 책임에 지나지 않는다.[5] 즉 세월호 제1심 재판에서 검찰이 승객사망에 대한 혐의로 청해진해운을 기소하지 않자 법원은 형사소송법상 '불고불리의 원칙(nemo iudex sine actore)'에 따라 이 기업에 대해 승객사망에 대한 어떠한 책임도 물을 수 없는 한계를 노출하고 말았다. 이는 세월호 참사의 진정한 범죄자는 선장과 선원이 아니라 청해진해운이란 기업임에도 불구하고 형법상 기업(법인)의 범죄능력을 부정하고 있어 개별 행정법규에서 행위자 이외에 법인을 처벌하는 양벌규정이 없는 경우 기업(법인)의 형사책임을 물을 수 없는 우리나라 형사법제에 의해 진정한 범죄자인 기업은 기소조차 못하는 사법실패를 보였음을 의미한다. 기업(법인)의 범죄능력을 부인하는 현재의 형사법제가 전면적으로 개혁되지 않는 한 앞으로 제2, 제3의 세월호 참사가 일어난다고 해도 해당 기업은 기소되지 않아 아무런 형사책임을 지지 않거나, 양벌규정에 의해 1억원 이하의 벌금이 선고되는 참담한 결과가 반복될 수밖에 없다.

그러나 세월호 참사가 우리나라가 아닌 영국에서 발생했다면 정반대의 결과가 나올 것이다. 영국에서는 수년간 논의 끝에 2007년 7월 '기업과실치사 및 기업살인법'(Corporate Manslaughter and Corporate Homicide Act 2007: 이하 '2007년 기업과실치사법'이라 한다)[6]이 제정되어 2008년 4월 6일부터 시행되고 있기

---

5) 해양환경관리법 제22조(오염물질의 배출금지 등) ① 누구든지 선박으로부터 오염물질을 해양에 배출하여서는 아니 된다. 다만, 다음 각 호의 경우에는 그러하지 아니하다.
제127조(벌칙) 다음 각 호의 어느 하나에 해당하는 자는 3년 이하의 징역 또는 3천만원 이하의 벌금에 처한다.
2. 과실로 제22조제1항 및 제2항의 규정을 위반하여 선박 또는 해양시설로부터 기름을 배출한 자
제130조(양벌규정) 법인의 대표자나 법인 또는 개인의 대리인, 사용인, 그 밖의 종업원이 그 법인 또는 개인의 업무에 관하여 제126조부터 제129조까지의 어느 하나에 해당하는 위반행위를 하면 그 행위자를 벌하는 외에 그 법인 또는 개인에게도 해당 조문의 벌금형을 과(科)한다. 다만, 법인 또는 개인이 그 위반행위를 방지하기 위하여 해당 업무에 관하여 상당한 주의와 감독을 게을리 하지 아니한 경우에는 그러하지 아니하다.

6) 우리나라에서는 지금까지 관행적으로 "Corporate Manslaughter", "Corporate Homicide", "Corporate Killing" 등을 '기업살인'으로 번역하고 있다. 그러나 이러한 용어는 '법인살인'으로 번역하는 것이 보다 정확한 번역에 해당한다는 견해가 제시되고 있다. 영국의 "Corporate

때문이다. 이 법률은 기업, 경찰조직을 포함한 일정한 공공기관, 조합(partnership), 경영자협회 등 단체(organisation)의 업무와 관련된 모든 근로자 및 공중의 안전조치를 하지 않아 사망사고가 발생할 경우 기업의 형사책임을 강하게 물을 수 있도록 하고 있다. 영국의 2007년 기업과실치사법을 청해진해운에게 적용할 경우 법원은 청해진해운에게 304명의 승객사망에 대한 형사책임을 직접적으로 물어 적어도 연매출액의 10%의 벌금, 공표명령, 구제명령 등을 선고할 수 있다. 사람의 생명은 영국인인가 한국인인가를 불문하고 언제나 존엄한 가치를 가지는데 다수의 생명을 잃게 한 기업에 대해 형사법제가 다르다는 이유로 너무나 상이한 결론이 내려진다는 것은 생명존중을 최고의 헌법적 가치로 규정한 헌법국가에서 용인되기 어렵다고 본다.

따라서 이하에서는 세월호 참사를 계기로 다수의 사상자를 발생시킨 대형재해(산업재해 포함)에 대해 관련 행위자를 처벌함과 동시에 기업에 대해서도 독자적인 형사책임을 인정할 수 있는 방안에 대해 고찰하고자 한다. 이를 위해 영미의 기업살인에는 구체적으로 어떠한 사례가 있는지, 그리고 영미에서는 기업살인에 대해 기업의 형사책임을 물을 경우 어떠한 문제점이 제기되었고 그러한 문제점을 어떻게 극복 내지 극복하려고 시도하였는지를 살펴보고자 한다(Ⅱ, Ⅲ). 나아가 세월호 참사 이후 대형재해에 대한 형사처벌을 강화하기 위해 우리나라에서 제안되고 있는 입법적 노력의 내용과 문제점을 검토하고자 한다(Ⅳ). 이러한 논의를 바탕으로 영국의 2007년 기업과실치법과 같은 특별법의 형태가 아니라 형법상 기업(법인)의 범죄능력을 전면적으로 인정하는 형사입법상 개혁이 필요함을 결론으로 도출하고자 한다(Ⅴ).

Manslaughter and Corporate Homicide Act 2007"은 명문의 규정을 통하여 당해 법률이 단지 영리를 목적으로 하는 기업에 대하여서만이 아니라 법인격을 가진 단체에 대하여 일반적으로 적용된다는 것을 밝히고 있기 때문이라고 한다(김호기, 기업의 경제활동에 관한 형사법제 연구(Ⅱ): 주요 국가의 기업의 형사처벌 방법에 대한 연구, 한국형사정책연구원, 2010, 113면). 그리고 영국의 2007년 법률상 'Manslaughter'는 사망재해가 발생하였으나 그 발생을 '의도하지 않은' 범죄를 대상으로 하기 때문에 우리 형법 개념으로 '살인'보다 '과실치사'로 번역하는 것이 보다 정확하다고 본다. 이에 이 글에서는 영국의 2007년 법률은 '기업과실치사법'으로 약칭하고, 그밖에는 기업범죄에 의한 생명침해를 보다 강조한다는 의미에서 '기업살인'이란 용어를 사용하고자 한다.

Ⅱ. 미국의 기업살인[7)]

1. 미국의 '살인죄'로서 기업살인

(1) 미국의 기업살인

미국에서는 1980년 전후부터 기업범죄의 중대성이 크게 부각되었고 그 일환으로 '기업살인'의 문제에 많은 관심을 갖게 되었다. 이때 기업활동이 경제범죄뿐만 아니라 시민의 생명에 위험을 미치는 범죄에도 영향을 미치게 되어 이러한 위험한 기업활동에 대한 엄격한 법적 대응이 요구되었다. 이러한 요구는 형법의 영역에서도 예외가 아니어서 기업 등 법인에 대한 살인죄의 적용 여부가 주목받게 되었다.

그러나 미국 판례는 이러한 사회적 관심이 높아지기 이전인 19세기 중반부터 법인에 대한 살인죄의 적용을 계속하여 검토해 왔다. 그 가운데는 주로 ① 법인은 범죄의 주체에 포함되는가, ② 법인은 주관적 불법구성요소인 mens rea를 형성할 수 있는가, ③ 법인에게 형벌을 부과할 수 있는가라는 법인의 형사책임에 관한 기본적인 쟁점이 살인죄에도 적용될 수 있는가 여부에 대해 검토가 이루어져 왔다. 그리고 이러한 쟁점은 오늘날의 판례에서도 계속해서 검토가 되고 있다.

이와 같은 기본적인 쟁점이 오늘날까지 계속해서 판례에서 논의되는 하나의 요인으로 미국에서는 연방과 각 주가 상호 독립한 사법권을 가지고 있기 때문에 주 마다보면 선례가 많지 않음에 기인한다. 또한 미국에서는 1960년대 후반부터 각 주에서 형법전의 개정·입법화가 연방차원에서 권유되어 왔기 때문에 그 이전의 선례에는 구속력이 없는 경우가 있다는 점도 또 다른 요인으로 언급할 수 있다.

(2) 미국의 '살인죄'

우선 미국의 살인죄(homicide)는 영국의 보통법상 분류에 따라 모살죄(murder)와 고살죄(manslaughter)[8)]로 나눌 수 있다.[9)] 이 가운데 전자의 모살죄란

---

7) 이하 川崎友巳, 企業の刑事責任, 成文堂, 2004, 322－341면을 중심으로 요약·정리한 것임.

8) 이하 manslaughter를 번역함에 있어 종래 corporate manslaughter를 '기업고살죄'가 아니라 '기업살인죄'로 번역하고 있음을 고려하여 고살죄 대신 '살인죄' 내지 '고살죄(살인죄)'라는 용어를 혼용하여 사용하고자 한다.

9) Lloyd L. Weinreb, "Homicide: Legal Aspects", in: ENCYCLOPEDIA OF CRIME AND JOSTICE

'계획적으로'(deliberate), 즉 ① 타인을 살해하려는 의도, ② 타인에게 중대한 상해를 입히려는 의도, 또는 ③ 타인의 생명에 대한 극도의 무모함이라는 mens rea를 가지고 타인을 사망에 이르게 함을 말한다. 이에 반해 후자의 고살죄(살인죄)는 모살죄 중에서 면책사유가 인정되는 것으로 '고의살인죄'(voluntary man-slaughter)와 의도하지 않고(not intentional) 사람을 사망에 이르게 하는 '비고의살인죄'(involuntary manslaughter)가 있다. 그러나 미국에서는 오늘날까지 살인죄의 정의를 명확히 하기 위해 또는 법정형을 한정하기 위해(특히 사형의 적용범위를 한정하기 위해) 용어나 규정 방법을 변경하여 모살죄와 살인죄라는 유형 이외에 살인죄가 세분화되어 왔다. 이 때문에 현재는 각 주마다 살인죄의 유형에 있어 차이가 있지만 많은 주에서 모살죄를 제1급(타인을 살해할 계획, 예비·음모 또는 의도가 인정되었을 경우, 모살 이외의 중죄에 의해 타인을 사망에 이르게 했을 경우(중죄모살))와 제2급(제1급에 해당하지 않는 경우)으로 나누어 전자인 제1급 모살죄에 대해서만 사형 등 무거운 형벌의 적용을 인정하고 있다.[10] 또한 주에 따라서는 미국법률가협회(American Law Institute)가 1962년 편찬한 모범형법전을 모방하여 살인죄 가운데 보다 가벼운 유형을 부과하는 '과실치사죄'(negligent homicide)로 구별하는 경우도 있다.[11] 그 밖에도 자동차 사고 등을 고려하여 특별한 유형의 살인죄를 제정하고 있는 주도 많다.[12]

이 가운데 모살죄에 대해서는 각 주 모두가 벌금형 등 기업에게 적용 가능한 형벌을 규정하지 않았던 관계로 지금까지 법인과 관련된 판례는 찾기 어렵다. 이에 따라 미국 판례에서 기업 등의 법인에 대한 살인죄의 적용 여부는 대체로 고살죄로서의 살인죄, 과실치사죄 및 특별한 유형의 살인죄에 대해 검토되어 왔다. 따라서 법인에 대한 살인죄의 적용에 관한 주요한 미국 판례의 동향

(Sanford H. Kadish ed. 1983), 855-857면; WAYNE R. LAFAVE & AUSTIN W. SCOTT, JR., *CRIMINAL LAW* (2d ed. 1986), 605-607면; SUE TITUS REID, *CRIMINAL LAW* (3rd ed. 1995), 149-152면.

10) Weinreb, 앞의 논문, 861-862면; LAFAVE & SCOTT, 앞의 책, 642-648면; JOHN M. SCHEB & JOHN M, SCHEB Ⅱ, *CRIMINAL LAW AND PROCEDURE* (2nd ed. 1994), 123-126면; REID, 앞의 책, 166-168면.

11) Weinreb, 앞의 논문 864면; JOSHUA DRESSLER, *CASES AND MATERIALS ON CRIMINAL LAW* (1994), 194-239면; REID, 앞의 책, 182면.

12) Weinreb, 앞의 논문, 864면; SCHEB & SCHEB Ⅱ, 앞의 책, 129면.

을 기업살인에 대한 관심이 높아지기 이전인 1970년대까지와 1980년대 이후로 나누어 살펴보면 다음과 같다.

2. 미국의 기업살인에 대한 형법상 대응

미국에서 기업 등 법인에 대한 살인죄 적용 여부가 다투어진 최초의 판례는 19세기 중반에 등장하였다. 하지만 이 판례는 예외적인 것으로 법인에 대한 살인죄의 적용의 문제가 주목받은 것은 20세기 초반부터라고 할 수 있다. 앞서 언급한 것처럼 이러한 20세기 미국 판례에서 법인에 대한 살인죄의 적용은 주로 ① 법인이 살인죄의 주체가 될 수 있는가(법인의 범죄능력), ② 법인이 살인죄의 mens rea를 형성할 수 있는가(법인의 mens rea 형성능력), ③ 법인에게 살인죄의 법정형을 부과할 수 있는가(법인의 수형능력)이라는 세 가지 논점을 중심으로 논해져 왔다.[13] 따라서 이하에서는 이러한 세 가지 논점을 중심으로 미국의 기업살인을 둘러싼 판례의 동향을 검토하고자 한다.

(1) 제1기: 1970년대까지

가. B·C&M 철도회사 사례

미국에서 법인에 대한 살인죄의 적용 여부가 다투어진 최조의 판례는 1855년 뉴햄프셔주의 B·C&M철도회사 사례[14]이다. 본 사건은 B·C&M철도회사 종업원의 부주의로 시민이 사망하여 위 회사가 "과실행위에 의한 사망의 야기를 이유로 제정법상의 범죄"로 기소되었다. 그리고 법원은 공공의 안전에 대해 중대한 피해를 끼칠 수 있는 기업 법인의 잠재적 능력에 주목하여 법인은 사용자책임이나 부수적 책임에 의해 유죄가 인정된다고 판시하였다.[15] 이 판례는 mens rea를 성립요건으로 하는 범죄에 대해 법인의 형사책임을 인정하지 않았던 당시의 미국 판례의 흐름과는 다른 특이한 것이나, 이 문제에 대한 19세기의

13) Nora Uehlein, "Corporation's Criminal Liability for Homicide", 45 ALR 4th 1021, 1021–1036면. 또한 J.A. Connelly, "Corporation's Criminal Liability for Homicide", 83 ALR 2d 1117, 1117–1121면 참조.

14) B., C.&M. Railroad v State, 32 N.H. 215 (1855). 본 판결을 언급한 문헌으로 William J. Maakestad, "A Historical Survey of Corporate Homicide in the United States: Could It Be Prosecuted in Illinois?" (1981), 69 ILLINOIS BAR J. 772, 774면.

15) 32 N.H. 216.

판례 동향을 상징하는 판례로 평가할 수 없다고 한다. 그러나 이 판례가 갖는 중요한 의의로 ① 법인은 공공의 안전에 대해 중대한 위험을 가져올 수 있으므로, 그러한 위험을 현실에서 실제로 야기했을 경우 중한 법적 제재를 부과해야 한다는 사회적 요구를 인정하고자 했던 당시의 형사사법의 태도가 나타나고 있다는 점, ② 살인죄를 포함하여 법인에 대한 형사책임의 법리의 발전에 있어 향후 철도사고에 관한 판례가 이룩한 중요한 역할을 예시하고 있다는 점이 지적되고 있다.[16)]

나. Van Schaick 사례

20세기에 들어선 후 최초로 법인에 대한 살인죄의 적용이 문제된 것은 1904년 뉴욕 연방지방법원에서 다룬 Van Schaick 판결[17)]이다. 본 사건의 개요는 다음과 같다. 니커보커 증기선회사(Knickerbocker Steamship Company)가 소유하는 증기선 제너럴 스로컴(Genenral Slocum)호가 1904년 6월 15일 뉴욕 시내 이스트 강(East River)을 롱아일랜드 사운드 방면으로 운행하던 중 램프실에서 화재가 발생하여 침몰하였다. 그런데 증기선에는 구명정이 충분히 갖추어져 있지 않아 1,021명 승객 전원이 익사하였다. 이 때문에 Knickerbocker 증기선회사가 살인죄의 정범으로, 선장 Van Schaick와 같은 회사 이사 등이 살인죄의 방조와 교사로 기소되었다. 본 사건의 소송에서 우선 법인의 mens rea 형성능력에 대해 다투어졌다. 피고인 등은 법적 존재인 법인이 살인죄의 mens rea를 가질 수 없으므로 법인이 살인죄로 기소될 수 없고, 이에 따라 이사가 그 방조나 교사로 기소될 수도 없다고 주장하였다. 이에 대해 뉴욕 연방지방법원은 본 사건의 범죄는 제정법상 의무위반의 결과로 발생한 것으로 그 성립에 사람을 사망에 이르게 하는 악의나 의도는 요구되지 않는다고 판시하여 피고인 등의 항변을 배척하였다.[18)]

또한 법인의 수형능력에 관해 뉴욕 연방지방법원은 당시 연방법에는 살인죄의 법정형으로 벌금형이 규정되어 있지 않았는데, 이를 살인죄의 기소로부터 법인을 면제하는 입법자의 의사로 간주해서는 안 되고, "법의 흠결"로 이해해야

---

16) Maakestad, 앞의 논문, 774면.

17) United States v. Van Schaick, 134 F 592 (2d Cir. 1904).

18) *Ibid.* 602.

한다고 판시하였다.[19] 그리고 이러한 입법자의 과실에 의해 법인이 살인죄의 정범이 될 수 없다는 이유로 법인의 이사 등을 살인죄의 방조와 교사로 기소할 수 없다는 결론은 본 사건에 대한 사회적 평가에 반한다고 하여 Knickerbocker 증기선회사의 이사 등에 대해 살인죄의 방조와 교사에 대해 유죄를 선고하였다.

이 판례는 피해의 중대성을 고려하여 범죄의 성립에 주관적 불법구성요소(mens rea)와 객관적 불법구성요소(actus reus)를 요건으로 하는 형법의 책임주의의 원칙이나 입법자 의사보다 법인의 형사처벌에 대한 사회적 요구를 중요시한 판결로 이해되고 있다.[20] 그러나 이 판결의 선고이후 미국연방 차원에서는 살인죄를 규정하는 법률이 거의 폐지되어 각 주에 그 권한이 옮겨졌다. 따라서 Van Schaick 사례는 그 후의 판례에 직접적으로 커다란 영향을 줄 수 없었다고 한다.[21]

다. Rochester R&L회사 사례

주 차원에서 법인에 대한 살인죄의 적용이 문제가 된 판례로는 1909년 뉴욕주의 Rochester R&L회사 사례[22]가 있다. 본 사건의 개요는 다음과 같다. Rochester R&L회사의 종업원이 피해자의 주택에서 석유 히터를 설치할 때 충분한 주의를 기울이지 않아 히터를 사용하던 중 연기가 건물 내에 스며들어 이를 흡입한 피해자가 사망하였다. 이로 인해 Rochester R&L회사가 제2급 살인죄로 기소되었다. 이에 대해 Rochester R&L회사는 법인의 범죄능력을 쟁점으로 하여 범죄의 성질상 법인이 살인죄를 실행할 수 없다고 주장하고 '정식기소장에 대한 법적 근거결여의 항변'(demurrer to indictment)을 제기하였다. 뉴욕주 항소법원은 이에 대해 New York Central & Hudson River 철도회사 사례를 인용하여 "일정한 살인죄의 규정은 법인에게 적용이 가능하고, 법인은 사람의 생명을 침해하는 다양한 부작위 및 부당한 행위에 대해 형법상 책임이 인정될 가능성이 있

---

19) *Ibid.*

20) Glenn A. Clark, "Corporate Homicide: A New Assault on Corporate Decisionmaking" (1979), 54 NOTRE DAME LAW. 911, 913면; Nicolette Parisi, "Theories of Corporate CriminalLiability: or Corporations Don't Commit Crimes, People Commit Crimes", in: CORPORATIONS AS CRIMINALS (Ellen Hochstedler ed. 1984), 41, 56면.

21) William J. Maakestad, "Corporate Homicide" (1990), 140 N LJ 356, 356면.

22) Rochester Railroad & Light Co., 195 NY 102, 88 NE 22 (1909).

다”[23]고 하면서도 당시 뉴욕주 형법 제179조가 살인죄를 “작위이든 부작위이든 타인의 행위에 의해 자연인을 사망에 이르게 하는 것”이라고 정의하고 있어, 여기서 말하는 타인이란 “다른 자연인”을 의미한다고 하여 이러한 정의 아래에서는 법인에게 살인죄가 적용되지 않는다고 판시하여 말해 Rochester R&L회사의 항변을 인정하였다.[24]

그리고 법인의 mens rea 형성능력에 대해 Rochester R&L회사 사례에서는 법인이 범죄의도를 요건으로 하는 범죄에 대해 형법상 책임이 인정될 수 없다는 Rochester R&L회사의 항변을 배척[25]함으로써 간접적이기는 하지만 일반론으로서 법인에게 mens rea의 형성능력이 있음을 인정하였다고 볼 수 있다.

라. Illinois Central 철도회사 사례

1913년 켄터키주의 Illinois Central 철도회사 사례[26]에서는 법인의 범죄능력과 수형능력의 문제가 쟁점이 되었다. 본 사건의 개요는 다음과 같다. Illinois Central 철도회사의 종업원인 기관사가 기차를 무리한 속도로 주행시켰는데 이러한 과속의 원인으로 다른 기차와 충돌하여 충돌된 기차의 승객 1명이 사망하였고, 이로 인해 Illinois Central 철도회사가 비고의살인죄로 기소되었다. 우선, 법인의 범죄능력에 대해 켄터키주 항소법원은 켄터키주 제정법에서는 범죄의 주체를 나타내는 ‘∼한 자’(person)라는 용어의 정의에 법인이 포함됨을 인정하면서 켄터키주에는 살인죄에 관한 제정법상 규정이 없기 때문에 보통법상 살인죄의 정의를 인용하여 “비고의살인이란 어느 자연인이 다른 자연인을 사망에 이르게 하는 것으로 법인은 이 정의에 포함되지 않는다.”[27]고 판시하였다.

또한, 수형능력과 관련하여 비고의살죄를 포함하여 살인죄에 대해 구금형이 적용됨을 근거로 법인은 살인죄 등 생명·신체에 대한 범죄에 대해 기소되지 않는다고 결론을 내려,[28] Illinois Central 철도회사에 대한 공소를 기각했다. 그러나 이 판례는 제정법의 규정이 변경(즉 살인죄의 주체에 법인이 포함되고 벌금형

23) *Ibid*, 107, 88 NE 24.

24) *Ibid.*

25) *Ibid.*

26) Commonwealth v. Illinois Central Railroad Co., 152 Ky 320, 153 S W 459 (1913).

27) *Ibid.* 324, 1535 W 461.

28) *Ibid.*

이 법정형으로 규정됨)되면서 법인에게 살인죄를 적용함이 가능하다고 인정하였다.[29]

마. Lehigh Valley 철도회사 사례

1917년 뉴저지주의 Lehigh Valley 철도회사 사례[30]에서는 법인의 범죄능력과 수형능력의 문제가 검토되었다. 본 사건의 개요는 Lehigh Valley 철도회사가 열차 사고를 야기하여 승객의 사망에 대해 비고의살인죄로 기소되었다는 것이다. 이에 대해 Lehigh Valley 철도회사는 법인에게는 비고의살인죄를 적용하지 못하고, 형벌을 부과할 수도 없다고 주장하면서 정식기소장에 대한 법적 근거 결여의 항변을 제기하였다. 뉴저지주 최고법원은 우선 법인의 범죄능력에 대해 범죄의 성질, 법정형, 범죄의 성립요건이 방해가 되지 않을 경우 법인 자신이 그러한 범죄를 실행할 수 있으므로 법인에게 형사책임을 부과해야 한다고 판시하였다. 그리고 법인에게 형사책임을 부과할 수 없는 범죄의 구체적인 예로 위증죄, 국가반역죄, 모살죄 및 성립요건으로서 부도덕한 의도 또는 악의(malus animas)를 필요로 하는 범죄를 제시하였다.[31] 이에 따라 본 사건의 쟁점은 살인죄가 법인에게 형사책임을 부과할 수 없는 범죄에 포함되는지 여부에 모아졌다. 이와 관련하여 뉴저지주 최고법원은 법인을 살인죄의 주체로서 인정하지 않았던 Rochester R&L회사 사례와 Illinois Central 철도회사 사례를 참고하였다. 그리고 이러한 사례에 대해 법인에게 살인죄에 대한 범죄능력이 부정된 이유를 "어느 자연인이 다른 자연인을 사망에 이르게 하는 것"이라는 살인죄의 전통적인 정의에서 찾았다. 이때 뉴저지주 최고법원은 이 전통적인 살인죄의 정의를 사용하지 않고 "살인죄는 어떤 자가 사망에 이르게 하는 것으로 이때 사망은 스스로에 의해 또는 타인(another person)에 의해 초래될 수 있다"고 하는 보다 유연한 정의를 채용함으로써 법인을 살인죄의 주체로 인정함이 가능하다는 결론을 도출하였다.[32]

또한, 법인의 수형능력과 관련하여 법인은 그 성질상 실행불가능한 범죄와

---

29) *Ibid.* 328, 153 SW 463.

30) State v Lehigh Valley Railroad Co., 90 N.J.L. 372, 103 A. 685 (1917).

31) *Ibid.* 373, 103 A. 685.

32) *Ibid.* 375, 103 A. 686.

벌금형을 법정형으로 규정하고 있지 않는 범죄에 대해서는 기소되지 않으나, 살인죄는 구금형과의 선택형으로 벌금형을 규정하고 있으므로 살인죄로 기소할 수 있다고 판시하였다.[33]

뉴저지주 최고법원은 이러한 검토 결과를 토대로 Lehigh Valley 철도회사의 정식기소장에 대한 법적 근거결여의 항변을 기각하고 본 사건을 사실심에 회부하였다. 이러한 본 판결에 대해서는 지금까지의 판례보다 한발 더 나아가 살인죄의 정의를 변경하는 등 법인의 형사책임을 적극적으로 인정하는 자세를 나타내고 있을뿐더러 법인에 대한 엄격한 대응을 요구하는 사회적 요구에 부응하는 판례라는 평가가 내려지고 있다.[34]

바. Peoples 천연가스회사 사례

1954년 펜실베니아주의 Peoples 천연가스회사 사례[35]에서는 법인의 범죄능력과 수형능력에 대해 검토되었다. 본 사건에서는 비고의살인죄로 기소된 Peoples 천연가스회사는 법인은 비고의살인죄의 주체가 될 수 없으며, 펜실베니아주 형법이 비고의살인죄에 대해 구금형과 벌금형을 규정하고 있으므로 벌금형만 부과되는 법인에게는 비고의살인죄가 적용되지 않는다는 이유로 공소기각에 해당함을 주장하였다. 이에 대해 펜실베니아주 항소법원은 우선 법인의 범죄능력에 대해 보통법상의 정의에 따르면 비고의살인죄는 "어떤 자가 다른 사람을 의도하지 않고 사망에 이르게 하는 것"이지만, 여기서 말하는 "어떤 자"란 "어떤 자연인"을 의미하는 것으로 법인은 이에 포함되지 않는다고 판시하여 Peoples 천연가스회사의 주장을 받아들였다.[36] 다만 입법적 조치에 의해 법인을 살인죄의 주체에 포함시킬 가능성에 대해서는 부정하지 않았다.[37] 한편, 법인의 수형능력과 관련하여 법인에게는 벌금형을 부과할 수 있으므로 이에 관한 Peoples 천연가스회사의 주장에는 근거가 없다고 결론지었다.[38]

---

33) *Ibid.*

34) Clark, 앞의 논문, 915−916면; Maakestad, 앞의 논문, 774면.

35) Commonwealth v. Peoples Natural Gas Co., 102 Pittsb. Leg. J. 348 (1954).

36) *Ibid.* 350.

37) *Ibid.* 349.

38) *Ibid.*

사. Pacific Powder회사 사례

1961년 오리건주의 Pacific Powder회사 사례[39]에서도 법인의 범죄능력은 부정되었다. 본 사건의 개요는 다음과 같다. Pacific Powder회사의 종업원이 같은 회사 소유의 트럭에 다이나마이트 등을 적재한 상태로 목조 건축물에 인접한 공공도로에 주차를 하고 있었다. 그런데 그 목조 건축물에 화재가 발생하였고, 이에 대해 충분한 주의를 기울이지 않은 이유로 트럭에 쌓여 있던 다이너마이트에 불이 옮겨 붙어 폭발하였고 우연히 지나가던 보행자가 사망하였다. 이로 인해 Pacific Powder회사가 비고의살인죄로 기소되었다. 이에 대해 오리건주 최고법원은 다음과 같은 이유에서 법인에 대한 비고의살인죄의 적용을 부정하였다. 즉 당시 오리건주의 제정법에서는 해당 범죄 규정의 문언과 문맥에서 다른 해석을 요구하지 않는 한 범죄의 주체를 나타내는 '~한 자'(person)란 용어에 자연인과 함께 법인도 포함된다고 규정되어 있었으나, 살인죄에 구금형만이 규정되어 있는 점을 고려하면 살인죄의 주체인 '~한 자'에 법인은 포함되지 않으며, 이에 따라 법인에게 비고의살인죄를 적용할 수 없다는 것이다.[40]

또한, 본 사건의 판결에서는 '인공적인 사람'(artificial person)인 법인에게 적용할 수 없는 사형과 구금형만이 규정되어 있다는 사실은 입법자가 그 범죄에 대해 법인을 유죄로 할 의사가 없음을 표명한 것으로 법인의 수형능력에 대해서도 부정하였다.[41]

(2) 제2기: 1980년대 이후

가. Ebsco Services회사 사례

미국 판례의 대부분은 1960년대까지 법인에게 살인죄의 적용을 부정하였다. 그러나 이러한 판례의 태도는 기업범죄에 대한 사회적 관심이 점차 높아졌던 1970년대 중반 이후부터 변화하기 시작하였다. 예를 들어 1974년 뉴욕주의 Ebsco Services회사 사례[42]에서는 법인의 범죄능력이 명확하게 인정되었다. 본 사건의 개요는 다음과 같다. Ebsco Services회사가 이스트 강(East River)의 강바

39) State v Pacific Powder Co., 360 P. 2d 530, 83 ALR 2d 1111 (1961).
40) *Ibid.* 532, 83 ALR 2d 1115.
41) *Ibid.* 532, 83 ALR 2d 1116.
42) People v Ebasco Services Inc., 77 Misc. 2d 784; 354 N.Y.S. 2d 807 (1974).

닥 기초공사를 실시할 때 하수를 막는 임시 물 막음 보의 건설하청을 받았다. 그러나 물 막음 보가 붕괴하여 막고 있던 하수가 흘러들어 강바닥에서 기초공사를 하고 있던 작업인부 2명이 사망하였다. 이로 인해 Ebsco Services회사가 '과실치사죄'(negligent homicide)로 기소되었다. Ebsco Services회사는 뉴욕주의 선례인 Rochester R&L회사 사례를 근거로 제시하면서 살인죄로 법인을 기소할 수 없다고 주장하였다. 이에 대해 뉴욕주 고등법원은 다음과 같이 이유로 Ebsco Services회사의 주장을 받아들이지 않았다. 즉 과실치사죄는 뉴욕주 형법 제125.10조에서 "형법상 과실에 의해 타인(another person)을 사망에 이르게 한 자는 어느 누구든(any person) 형법상 과실치사죄를 실행한 것이다"고 규정되고 있다. 한편, 동법 제125.05조는 살인죄의 규정에서 '∼한 자'와 관련하여 피해자의 경우 "출생하여 생존하고 있는 자연인"이라고 정의하고 있지만, 행위주체와 관련하여 이와 같은 정의는 존재하지 않는다. 즉 과실치사죄의 주체에 대해 자연인으로 한정되지 않음은 분명하다. 또한 이러한 규정은 Rochester R&L회사 사례 이후에 개정됨으로써 과실치사죄의 주체로서 법인을 배제하는 입법자의 의사를 도출해 낼 수 없다. 따라서 현재는 법인을 과실치사죄로 기소할 수 있다.[43)]

Ebsco Services회사 사례에 있어 뉴욕주 고등법원의 판결은 같은 주의 선례인 Rochester R&L회사 사례와 정반대로 살인죄에 대해 법인의 형사책임을 적극적으로 긍정하였다. 따라서 본 판결은 기업살인에 대한 관심이 높아져 법인에게 살인죄를 적극적으로 적용해 나간 1980년대 이후의 판례 동향의 시발점이 되었다고 평가할 수 있다.

나. Mcilwain School Bus Lines회사 사례

Ebsco Services회사 사례에서 나타나듯이 법인에게 살인죄의 적용을 적극적으로 긍정하는 태도는 기업범죄에 대한 관심이 높아진 1980년 전후부터 보다 자주 나타난다. 우선, 1979년 펜실베니아주의 Mcilwain School Bus Lines회사 사례[44)]는 더욱 더 적극적으로 법인의 범죄능력을 긍정하였다. 본 사건의 개요는 다음과 같다. Mcilwain School Bus Lines회사의 종업원이 운전하는 같은 회사 소

43) *Ibid.* 786−787, 354 N.Y.S. 2d 811.

44) Commonwealth v Mcilwain School Bus Lines Inc., 423 A2d 413 (1980).

유의 통학버스가 버스로부터 하차 후 그 앞을 횡단하려고 한 아이를 치어 사망에 이르게 하였다. 이로 인해 Mcilwain School Bus Lines회사가 '차량에 의한 살인죄'(homicide by a vehicle)로 기소되었다. 위 회사는 차량에 의한 살인죄를 규정하고 있는 제정법은 차량에 관한 지식을 가진 자에게만 적용되므로 그러한 지식을 가질 수 없는 법인에는 적용되지 않는다고 주장하였다. 이에 대해 제1심인 펜실베니아주 지방법원은 법인에 대한 기소는 불충분하다고 판시하였으나, 원심인 같은 주 항소법원은 제1심의 판단은 잘못된 것으로 법인은 기소를 면할 수 없다는 결론에 이르렀다. 그리고 같은 주 최고법원은 제정법이 규정하는 차량에 의한 살인죄상의 "의도하지 않고 다른 사람의 사망을 야기 한 자" 가운데는 자연인, 회사, 조합(partnership), 사단 등을 포함한다고 판시하였다.[45)]

Mcilwain School Bus Lines회사는 법인의 수형능력에 대해서도 적극적인 판단을 내렸다. 즉 Mcilwain School Bus Lines회사는 펜실베니아주 형법상 차량에 의한 살인죄의 법정형으로 5년 이하의 구금형을 규정하고 있으므로 동법의 적용을 받는 것은 구금형을 과할 수 있는 자연인에게 한정된다고 주장하였으나, 이에 대해 펜실베니아 최고법원은 ① 펜실베니아주 형법에는 구금형과 아울러 제1급 경죄에 대해 1만 달러 이하의 벌금형을 정하고 있으며, ② 같은 주의 판례는 법인이 법정형으로 구금형과 벌금형이 규정되어 있는 범죄로 기소되었을 경우 법원이 적절하다고 판단하면 법인에게 벌금형만을 부과할 수 있다고 판시하고 있다는 점을 근거로 하여 Mcilwain School Bus Lines회사의 주장을 배척하였다.[46)]

다. Fortner LP가스회사 사례

1980년 켄터키주의 Fortner LP가스회사 사례[47)]에서도 법인이 살인죄의 주체가 됨을 긍정하여 법인의 형사책임을 인정하였다. 본 사건의 개요는 다음과 같다. Fortner LP가스회사 소유의 트럭이 도로를 횡단하려고 뛰쳐나온 2명의 아이와 충돌하여 그 중 1명을 사망시켰다. 이로 인해 Fortner LP가스회사가 제2급 살인죄로 기소되었다. 원심은 같은 주의 선례인 1913년 Illinois Central 철도회사

45) *Ibid.* 425.

46) *Ibid.* 426.

47) Commonwealth v Fortner LP Gas Co., 610 SW2d 941 (1980).

사례를 근거로 법인은 살인죄의 주체가 될 수 없다고 판시하여 Fortner LP가스 회사의 항변을 인정하였다. 그러나 같은 주 항소법원은 Illinois Central 철도회사 사례 이후 제정법이 개정되어 새로운 규정 하에서는 살인죄의 주체를 나타내는 '~한 자'(person)에는 법인도 포함되므로 법인을 살인죄의 주체로 인정함은 가능하다고 판시하였다.[48)]

또한, 본 사건 판결에서는 법인의 수형능력에 대해서도 새로운 규정 하에서는 살인죄의 법정형으로 벌금형이 규정되어 있으므로 법인을 살인죄로 기소함은 가능하다고 판시하였다.[49)]

라. Granite 건설회사 사례

1983년 캘리포니아주의 Granite 건설회사 사례[50)]에서는 법인의 범죄능력, mens rea 형성능력 및 수형능력의 세 가지 쟁점에 대해 검토되었다. 본 사건의 개요는 다음과 같다. Granite 건설회사는 발전소의 건설하청을 받고 있었지만, 건설공사 중 사고로 7명의 작업원이 사망하였다. 이로 인해 Granite 건설회사가 살인죄로 기소되었다. 위 회사는 ① 캘리포니아주 형법에서 살인죄를 규정한 제192조는 범죄의 주체를 나타내는 용어로 법인을 포함하는 것으로 해석되는 '~한 자'(person)를 사용하고 있지 않는데, 이는 동조의 범죄의 주체에 법인이 포함되지 않음을 의미하며, ② 법인은 경제활동을 실시하는 성질상 재산범죄로 기소됨은 생각할 수 있지만, 살인죄 등 생명·신체에 대한 죄로 기소되지 않는다는 두 가지 점을 근거로 기소의 무효를 주장하였다. 이에 대해 캘리포니아주 고등법원은 다음의 근거를 기초로 하여 Granite 건설회사의 주장을 배척하였다. 즉 첫째, 현행 형법 제192조가 범죄의 주체를 나타내는 용어로서 '~한 자'를 사용하고 있지 않다고 하더라도 현행 주 형법 제7조상 '~한 자'(person)에는 자연인과 함께 기업도 포함한다고 정의하는 한편, 동법 제26조에서 아동, 심신상실자 및 사실의 착오에 의해 mens rea가 결여된 자를 제외하고 범죄를 실행한 자에게는 책임이 있다고 규정하고 있다. 따라서 개개의 조문에 '~한 자'라는 용어

48) *Ibid.* 942.

49) *Ibid.* 943.

50) Granite Construction Co. v Superior Court, 149 Cal ApD 3d 465, 197 Cal Rptr 3, 45 ALR 4th 1011 (1983).

가 사용되고 있는지 여부로 법인의 형사책임 인정여부를 구별하는 것은 의미가 없다. 둘째, 동법은 법인에게 적절한 형벌인 벌금형을 살인죄에서 규정하고 있다. 셋째, 종업원의 안전관리를 위한 경비를 삭감하는 등 법인은 간접적인 경제적 이익에 동기를 부여하여 생명 및 신체에 대한 범죄를 실행하는 경우가 있다. 따라서 법인의 형사책임을 재산범죄로 한정하는 것은 적절하지 않다.[51)]

또한 Granite 건설회사 사례는 법인의 mens rea 형성능력에 대해서도 긍정하였다. Granite 건설회사는 항소를 제기함에 있어 살인죄는 mens rea를 성립요건으로 하는 범죄로 mens rea를 형성할 능력이 없는 법인에게 살인죄를 적용하기 위해서는 특별한 입법적 조치가 필요함을 주장하였다. 이에 대해 캘리포니아주 고등법원은 다음의 두 가지 점을 근거로 하여 Granite 건설회사의 주장을 배척하여 항소를 기각하였다. 즉 첫째, 법인은 기관에 의해 의도를 형성할 수 있는데 무모함(recklessness)으로 인해 범죄를 실행할 수 있다. 둘째, 이와 같이 법인에게 형사책임을 부과하기 위한 법리는 같은 주의 판례에 의해 이미 확립된 것으로 새롭게 특별법을 제정할 필요가 없다.[52)]

그리고 수형능력에 관해 Granite 건설회사는 캘리포니아주 형법전 제193조가 살인죄에 대한 법정형으로 구금형만을 규정하고 있음을 근거로 살인죄에 대해 법인의 기소를 상정하고 있지 않다고 주장하였다. 이에 대해 캘리포니아주 고등법원은 제193조에는 벌금형이 규정되어 있지 않지만 동법 제672조에 따르면 "구금형을 부과할 수 있는 범죄에 대해 유죄를 선고할 경우 벌금형이 규정되어 있지 않으면 구금형과 아울러 경죄에 대해서는 500달러 이하, 중죄에 대해서는 5,000달러 이하의 벌금을 부과할 수 있다"고 규정하고 있으므로 법인에게 부과할 적정한 형벌이 규정되고 있다고 판시하여 Granite 건설회사의 주장을 배척하였다.[53)]

마. Vaughan & Sons회사 사례

1987년 텍사스주의 Vaughan & Sons회사 사례[54)]에서는 법인의 범죄능력이

---

51) *Ibid,* 467, 197 Cal Rptr 5, 45 ALR 4th 1013.

52) *Ibid,* 468, 197 Cal Rptr 5, 45 ALR 4th 1014－1015.

53) *Ibid,* 469－470, 197 Cal Rptr 6, 45 ALR 4th 1015－1016.

54) Vaughan and Sons, Inc. v The Stale of Texas, 737 S.W. 2d 805 (1987).

검토되었다. 본 사건의 개요는 다음과 같다. Vaughan & Sons회사의 종업원이 위 회사 소유의 자동차로 충돌사고를 일으켜 2명을 사망에 이르게 하였다. 이로 인해 Vaughan & Sons회사가 과실치사죄로 기소되었다. 위 회사는 법인을 비롯한 인공적·법적 존재의 기소에 관한 형법 규정은 살인죄의 유형에는 미치지 않는다고 주장하면서 기소의 철회를 주장하였다. 원심인 텍사스주 항소법원은 법인은 일정한 제정법상의 범죄에 대해 기소되지만 과실치사를 포함한 일정한 등급의 살인죄에 대해서는 의도, 인식 또는 무모라는 mens rea를 가진 자만이 기소된다고 하여 이러한 mens rea를 형성할 수 없는 법인은 과실치사죄로 유죄가 될 수 없다고 판시하였다. 이에 대해 같은 주 형사항소법원은 다음과 같은 근거에 기초하여 원판결을 파기하고 법인에게 과실치사죄로 유죄로 한 사실심을 지지하였다. 즉 첫째, 1974년 형법전 개정전에는 텍사스주에서 법인의 형사책임은 한정적으로 인정되지 않았지만 현재 형법전 하에서는 폭넓게 법인의 형사책임이 인정되게 되었다. 둘째, 텍사스주 형법전의 일반적인 정의에 관한 규정에 따르면 범죄의 주체를 나타내는 '~한 자'(person)에는 법인이 포함된다고 여겨지고 있으므로 과실치사죄는 '~한 자'에 의해 실행된 것으로 법인은 살인죄의 주체가 될 수 있다.[55]

바. General Dymamics Land Systems회사 사례

1989년 미시간주의 General Dymamics Land Systems회사 사례[56]에서도 법인의 범죄능력을 긍정하였다. 본 사건의 개요는 다음과 같다. 대기업 군수업체인 General Dymamics Land Systems회사의 종업원인 피해자는 거의 완성된 전차를 다음의 제조공정에 보내기 위해 스스로 운전을 하여 이동하는 작업을 실시하고 있었다. 이 때 이전 공정의 전차내부 청소에 사용된 세제인 탄화수소를 흡입함으로써 심장에 부정맥을 일으켜 사망하였다. 이로 인해 General Dymamics Land Systems회사가 살인죄로 기소되었다. 위 회사는 미시간주에는 살인죄의 제정법 규정이 존재하지 않으며, 보통법상 살인죄의 정의에 따르면 그 주체가 자연인에게 한정되어 있음을 주장하였다. 제1심은 General Dymamics Land

55) *Ibid.* 814.

56) People v General Dynamics Land Systems, Inc., 175 Mich App 701, 438 NW2d 359 (1989).

Systems회사의 주장을 인정하여 "법인은 살인죄의 정범으로서 '~한 자'(person)는 아니다"는 판단을 내렸다. 그러나 미시간주 항소법원은 형법전은 반대의 취지가 명확하지 않은 한 '~한 자'나 '피고인' 또는 이들과 동의어에 법인을 포함한다고 정의하고 있다고 판시하여 제정법상 규정이 없는 살인죄에 대해서도 법인은 충분히 정범이 될 수 있다는 결론을 내렸다.[57]

사. Film Recovery System회사 사례

1990년 일리노이주의 Film Recovery System회사 사례[58]에서는 법인의 mens rea 형성능력에 대해 보다 상세한 검토가 이루어졌다. 본 사건의 개요는 다음과 같다. 사용이 끝난 사진 필름으로부터 은을 채취하는 업무를 실시하고 있던 Film Recovery System회사의 공장에서 작업 공정(필름으로부터 화학반응에 의한 은의 분리)으로 사용되고 있던 시안화합물(청산가리)에 의한 중독에 의해 위 회사의 종업원이 사망하였다. 시안화합물은 극약이며, 그 사용에 충분한 주의가 필요함에도 불구하고, 위 회사의 공장에서는 방호복의 사용이나 공장의 환기 등의 안전대책을 충분히 실시하지 않았다. 이 때문에 위 회사의 사장 등 3명의 대리인이 모살죄로 기소됨과 동시에 Film Recovery System회사와 위 회사의 관련 회사인 Metallic Marketing System회사가 살인죄로 기소되었다.[59] 제1심인 일리노이주 순회법원은 피고인 등이 시안화합물의 위험성을 인식하면서 종업원을 위험한 상황에 방치해 왔었다는 이유로 3명의 대리인을 모살죄로, 두 회사를 살인죄로 유죄를 선고하였다. 이에 대해 피고인 등은 일리노이주가 채용하고 있는 동일시원리 하에서 법인과 그 대리인에게 상호 배척관계에 있는 mens rea를 요건으로 하는 살인죄와 모살죄를 적용한 것은 상호 모순된 판결이라고 주장하면서 제1심의 파기·환송을 요구하는 항소를 제기하였다. 이에 대해 일리노이주 항소법원은 한편으로 상급관리자가 성립요건인 정상적인 정신 상태에서 범죄를 실행하여 그 행위가 직무범위 내일 경우에 언제나 법인은 형법상 유책하다고 판시하였다.[60] 다른 한편으로 피고인의 주장에 대해서는 피고 법인의 형사책임

---

57) *Ibid.* 702, 438 NW 2d 805 (1987).

58) People v Steven O'Neil el aI., 194 Ⅲ. App. 3d 79, 550 NE 2d 1090 (1990).

59) 550 NE. 2d 1090 (1990).

60) *Ibid.* 1091.

의 판단 근거를 모살죄로 기소된 피고인 이외의 상급관리자에게서 찾아낼 수 없는 경우 종업원을 사망시킨 사실에 대해 법인에게 비고의살인죄를 적용하는 동시에 상급관리자에게도 모살죄를 적용하는 것은 모순된다고 판시하여 피고인의 주장을 받아들여 법인에 대한 비고의살죄의 성립을 부정하였다.61) 다만 이 판결은 법인 또는 그 대리인인 자연인 가운데 어느 한편만 형사책임을 묻기 어려운 상황에서 대리인의 과실이 너무나 명확하여 이를 간과할 수 없기 때문에 이들에게 형사책임의 부과를 우선시한 것으로 법인의 형사책임이 이론적으로 부정된 것은 아니라고 한다.62)

아. Sabine Consolidated회사 사례

1991년 텍사스주의 Sabine Consolidated회사 사례63)에서는 법인의 범죄능력이 문제되었다. 본 사건의 개요는 다음과 같다. Sabine Consolidated회사는 터널공사를 하청받았으나, 공사중 터널의 붕괴사고가 발생하여 터널 안에서 작업중인 위 회사 근로자 2명이 사망하였다. 이때 Sabine Consolidated회사는 지주목을 설치하는 등의 안전조치에 충분한 주의를 다하지 않았다는 이유로 과실치사죄로 기소되었다. 위 회사는 법인은 과실치사죄의 주체에 포함되지 않으므로 기소될 수 없다고 주장하였다. 이에 대해 텍사스주 항소법원은 1987년 Vaughan & Sons회사 사례의 형사항소법원의 판결을 인용하여 법인은 과실치사죄의 주체에 포함되어 있으므로 과실치사죄로 법인을 기소함은 적절하다고 판시하였다.64)

자. Sea House Ranch회사 사례

1994년 캘리포니아주의 Sea House Ranch회사 사례65)에서는 법인의 mens

---

61) *Ibid.* 1098.

62) Film Recovery System회사 사례는 제1심의 당시부터 형사사법이 기업의 형사책임에 대해 적극적인 자세를 태도를 나타낸 것으로서 주목받고 있었다[R. Gibons,"Illegal Aliens Picked for Cyarlide work, bookkeeper testifies" (1985), CHICAGO TRIBUNE, April 24 1, 1면; Kathleen F. Brickey, "Death in the Workplace: Corporate Liability for Criminal Homicide" (1987), 2 NOTRE DAME J.L. ETHICS & PUB POL'Y 753, 753－790면; Note, "Getting Away with Murder: Federal OSHA preemption of State Criminal Prosecutions for Industrial Accidents" (1987), 101 HARV. L. REV. 535, 535－554면].

63) Sabine Consolidated Inc. v The State of Texas, 816 S.W. 2d 784 (1991).

64) *Ibid.* 789.

rea 형성능력이 검토되었다. 본 사건의 개요는 다음과 같다. Sea House Ranch회사의 목장에서 위 회사 소유의 말 8마리가 울타리를 넘어 도망갔다. 그러나 위 회사는 이에 대해 적절한 대책을 강구하지 않고 방치한 결과 말들이 인접해 있는 고속도로에 들어가 그 중 1마리가 통행 중인 자동차와 충돌하여 동승자를 사망에 이르게 하였다. 이로 인해 Sea House Ranch회사가 비고의살인죄로 기소되었다. 위 회사는 말이 도망갈 수 있을 정도로 울타리 상태를 방치하여 '형법상 과실'을 구성할지라도 법인에게 비고의살죄를 성립시킬 수 없다고 주장하였다.[66]. 이에 대해 캘리포니아 주 최고법원은 "법인은 스스로 대리인을 개입시켜 의도를 형성하여 무모하게 범죄를 실행할 수 있다. 비고의살인죄의 책임을 부과하기 위해 이사나 대리인의 형법상 과실을 기업에게 귀속할 수 있다."[67]고 판시하였다. 그리고 과거에도 말이 울타리를 넘어 도망쳤던 일이 있으므로 울타리가 부식하여 약해져 있음을 인식하면서 방치한 위 회사 이사의 과실을 Sea House Ranch회사에 귀속시켜 위 회사에 대해 비고의살인죄의 성립을 인정하였다.

3. 미국에서 기업살인의 동향

(1) 판례의 대응의 변화

지금까지 살펴본 바와 같이 법인에게 살인죄의 적용에 관한 미국 판례의 역사는 1970년대 중반을 기점으로 하여 크게 전환되었다. 즉 1970년대 전반까지(제1기)는 법인에 대해 살인죄를 적용함에 신중한 태도를 취했음에 반해, 1970년대 중반부터(제2기) 이를 적극적으로 긍정하고 있다.[68] 따라서 이하에서는 이러한 판례의 태도 변화가 무엇을 의미하는지를 이해하기 위해 각 쟁점별로 나누어 판례의 태도 변화를 살펴보고자 한다.

가. 법인의 범죄능력

법인의 범죄능력과 관련하여 이 문제가 처음보다 판례의 가장 중점적인 쟁

---

65) House Ranch v Superior Court, 24 Cal App 4th 446, 30 Cal Rptr 2d 681 (1994).

66) *Ibid.* 453. 30 Cal Rptr 2d 685.

67) *Ibid.* 456. 30 Cal Rptr 2d 687.

68) Maakestad, 앞의 논문, 356면.

점으로 계속 다루어져 왔다.[69] 이 가운데 제1기의 판례에서는 보통법상 살인죄의 정의가 범죄의 주체를 '자연인'(humanbeing)로 한정하고 있었음을 근거로 법인에게 살인죄의 적용을 부정하는 판례가 많았다. 다만 이러한 판례에 대해서도 일반론으로 입법적인 조치에 의해 살인죄의 주체에 법인이 포함됨을 규정할 경우 법인에게 살인죄를 적용함이 가능하다는 입장을 표명하는 것이 다수 있었다. 따라서 범죄의 성질상 법인은 살인죄를 실행할 수 없으며, 그에 따라 살인죄에 대한 법인의 범죄능력을 완전하게 부정하는 판례는 그리 많지 않았음에 주목할 필요가 있다.

그 후 제2기에 들어서면서 살인죄를 포함한 많은 범죄의 주체로서 '~한 자'(person)에 법인이 포함된다는 취지를 규정한 제정법이 도입되었고 살인죄에 대해 법인의 범죄능력을 부정하는 판례는 찾아 볼 수 없게 되었다.[70] 현재는 입법과 판례에서 원칙적으로 법인을 살인죄의 주체에 포함시키고 있다.

나. 법인의 mens rea 형성능력

다음으로 법인의 mens rea 형성능력과 관련하여 이 문제가 법인에게 살인죄를 적용하기 위해 가장 커다란 장해요인이라고 생각되지만 이를 쟁점으로 다룬 판례가 그리 많지는 않다. 더욱이 이 문제를 검토한 판례는 제1기 단계에서부터 법인에게 살인죄의 mens rea를 형성하는 능력을 인정하거나, 법인의 경우 범죄의 성립요건으로 mens rea의 형성능력은 필요하지 않는 것으로 보아 왔다. 이와 같이 법인의 mens rea 형성능력이 판례상으로 심하게 대립한 쟁점이 되지 않았던 것은 다음과 같은 이유에서 이다. 우선 법적 존재인 법인 그 자체에 mens rea를 형성하는 능력이 없다고 인정하는 것은 법인이 mens rea를 성립요건으로 하는 모든 범죄를 실행할 수 없음을 의미한다. 그러나 미국에서는 법인의 경제활동의 효과적 규제를 위해 그러한 범죄유형에 대해서도 법인 그 자체에 형사책임을 인정하고 형벌을 부과할 필요가 있다는 사회적 의견의 일치가

69) Parisi, 앞의 논문, 57면.

70) Clark, 앞의 논문, 913-924면; Victoria Lynn Swigert & Ronald A. Farrell, "Corporate Homicide: Definitional Processes in the Creation of Deviance" (1980-1981), 15 LAW & SOCIETY REV. 161, 165-166면; Douglas S. Anderson, "Corporate Homicide The Stark Realities of Artificial Beings and Legal Fictions" (1981), 8 PEPPERDINE L. REV. 367, 404면.

존재한다. 이 때문에 미국형법에 있어 자연인의 형사책임을 인정하는데 mens rea의 확정이 성립요건인 범죄에 대해서도 법인의 형사책임을 물을 경우 자연인과의 공통성보다 법인 고유의 특성에 주목하여 그 특성에서 책임의 귀속요건을 채용하여 왔다.

구체적으로 미국 연방판례는 법인의 형사책임을 판단하는 기준으로 대위책임의 법리를 채용하여 왔다. 다만 개별 주 차원에서는 대위책임과는 다른 다양한 기준이 채용되었지만 점차 그 요건이 완화되어 실질적으로 대위책임의 법리와 큰 차이가 사려졌다. 그리고 이러한 기준 하에서 살인죄를 법인에게 적용할 경우 이사나 종업원 등 자연인 행위자의 mens rea만이 성립요건으로 알려졌다(이를 '법인 mens rea'라고 부른다). 따라서 실체가 없는 법인 그 자체에 대해 자연인과 같은 mens rea를 형성하는 능력의 존재 여부를 논하는 것이 필요하다고 생각되지 않고 있다.[71)]

다. 법인의 수형능력

마지막으로 법인의 수형능력과 관련해서는 제1기의 판례에서 많이 검토되었다. 이는 당시 살인죄의 규정이 법정형으로 벌금형을 두지 않았기 때문에 이를 근거로 하여 법인에게 살인죄를 적용하는 것이 타당한지 여부가 검토된 데 기인한다. 이 때문에 살인죄의 법정형으로 벌금형이 명시된 제2기에는 수형능력을 쟁점으로 하는 판례는 감소하고 있다.[72)] 다만 수형능력에 관한 판례의 태도는 종래부터 일관되어 오고 있음에 주의할 필요가 있다. 즉 법정형으로 벌금형이 없던 제1기의 단계에서는 "벌금형이 규정되어 있을 경우 법인에게 살인죄를 적용할 수 있지만 규정되어 있지 않기 때문에 이를 적용할 수 없다"는 태도를 취했지만 벌금형이 규정된 제2기 이후에는 "벌금형이 규정되어 있기 때문에 법인에게 살인죄를 적용할 수 있다"는 태도를 일관되게 유지하고 있다.

(2) 판례 변화의 배경과 시사점

오늘날 미국 판례는 법인에게 일정한 살인죄를 적용함에 이론상 문제가 있

---

71) Anderson, 앞의 논문, 394－398면; Nancy Frank, "Unintended Murder and Corporate Risk Taking: Defining the Concept of Justifiability" (1988), 16 J. CRIM. JUST. 17, 17－24면.

72) Anderson, 앞의 논문, 398－399면.

다고 볼 수 없다.[73] 이처럼 1970년대 중반부터 판례의 태도에 변화가 나타난 요인은 다양한 관점에서 설명될 수 있으나, 무엇보다 다음의 다섯 가지를 언급할 수 있다.

첫째, 1980년경부터 미국에서 기업범죄에 관한 연구가 활발하게 진행되었다. 이러한 연구를 통해 기업범죄의 중대성이 강조되었고 형법에서도 엄격한 대응을 요구하는 견해가 급속히 증가하였다.[74]

둘째, 기업범죄 연구와 더불어 소비자운동의 확대나 언론에 의한 기업범죄에 관한 보도를 통해 기업의 부정한 활동에 대한 사회적 관심이 높아졌다.[75] 그리고 소비자나 일반 시민의 생명·신체에 중대한 위험이 미칠 가능성이 급속히 증가하고 있다는 점이 점차 사회 전체에 인식되게 되었다. 이 때문에 그러한 위험을 발생시킨 기업에 대해 형사제재를 포함하여 엄격한 대응을 요구하는 소리가 사회적으로 높아졌다. 그 대표적인 예로 1979년 인디애나주의 Ford 자동차회사 사례[76]는 결과적으로 보면 Ford 회사에게 형사책임을 묻지 않았지만 기업의 부정한 활동에 대한 사회적 관심을 높이게 된 상징적인 사례였다고 말할 수 있다.

---

73) Clark, 앞의 논문, 917면; Maakestad, 앞의 논문, 775면.

74) Leonard Orland, "Reflections on Corporate Crime: Law in Search of Theory and Scholarship" (1980), 17 AM. CRIM. L. R. 501, 501－520면; MARSHALL B. CLINARD & PETER C. YEAGER, *ILLEGAL CORPORATE BEHAVIOR* (1979); MARSHALL B. CUNARD & PETER C. YEAGER, *CORPORATE CRIME* (1980) 참조.

75) Irwin Ross, "How Lawless Are Big Companies" (1980), 102 FORTUNE 56, 56－72면; Swigert & Farrell, 앞의 논문, 169－177면; Jack Katz, "The Social Movement against White Collar Crime", in: CRIMINOLOGY REVIEW YEARBOOK VOL. 2 (E. Bittner & S. Messinger eds. 1980), 161－184면.

76) 구체적으로 Ford 자동차 회사 사례란 Ford사가 제조·판매한 Pinto 자동차의 구조상의 결함으로 인해 경미한 충돌사고로 자동차가 화염에 쌓여 운전자와 동승자가 사망한 사안을 말하는데. 이 사고로 Ford 자동차 회사가 고살죄로 기소되었다. 피고 기업인 Ford 회사는 사고 발생의 이전부터 Pinto 차의 구조상 결함과 화재의 위험을 인식하고 있었다. 더욱이 이를 원인으로 한 사고에 있어 피해자에 대한 손해배상액의 추정치를 계산하고 있었다. 그리고 이 손해배상액을 결함 부분인 연료탱크의 설계변경과 수리에 소요되는 비용과 비교한 것이 소송에서 밝혀졌다. 즉 Ford 회사는 Pinto 차의 사고에 의해 연간 180명의 사망자와 180명의 부상자가 발생했을 경우 Ford 회사의 손해배상 청구액수를 495만 달러라고 예측하고, 이를 회피하기 위해 결함 부분의 수리에 필요한 1억 3,700만 달러(1대당 11달러×판매한 차의 대수 약 1,250만대)를 지출하는 것은 무의미라고 판단했다고 한다(State v Ford Motor Co., No. 5324 (Indiana Super. Ct., filed Sept. 13, 1978).

셋째, 기업살인을 비롯한 기업범죄는 개인에게 형사책임을 묻기 곤란한 경우가 많음을 인식하게 되었다. 생명·신체에 중대한 위험을 미치는 기업활동에 대해 형법상 효과적으로 규제하는 방안의 하나로 기업의 이사 등에게 형사책임을 부과하는 방법을 고려할 수 있다. 그러나 실제로 개인적 차원에서 기업활동의 전부에 대해 인식하는 것은 불가능하고 기업 내의 개인에게 형사책임을 묻기가 어렵다. 이 때문에 기업범죄에 대한 엄격한 대응을 바라는 사회적 요청에 부응하기 위해 기업 자체에 형사책임을 부과하는 방법이 선택되었다.[77)]

넷째, 형법전의 제정이나 개정을 통해 제정법의 규정상 기업 등의 법인에게 형사 책임을 부과하기 위한 장해가 제거되었다. 1962년 모범형법전이 공표되어 법인의 형사책임이 폭넓은 범죄 유형에서 인정되었다. 이 때문에 이후 모범형법전을 기본으로 형법전의 제정이나 개정을 실시한 주에서는 법인에게 살인죄를 적용함에 있어 이론적 장벽에 부딪히는 일이 없게 되었다.

다섯째, 법인에게 적용 가능한 법정형의 정비가 이루어졌다. 1980년대 이후 연방과 개별 주 모두 양형과 관련한 법제를 재검토하여 양형지침의 마련이 요구되었다. 이때 양형지침에서는 과잉 구금의 완화를 주목적으로 하여 다양한 범죄에 대해 벌금형이 법정화되었다. 한편, 피해배상명령, 보호관찰, 사회봉사명령 등 벌금형 이외에도 기업에 대해 적용 가능한 형사제재가 마련되어 수형능력의 관점에서 볼때 기업 등의 법인에게 살인죄의 적용을 위한 장해가 사라졌다.

미국에서는 법인이 이후에 민사재판에서 불리한 상황에 처하게 됨을 염려하여 항변도 유죄 인정도 하지 않는 '불항쟁의 답변'(nolo contendere)을 행하거나 개인 피고인의 기소를 철회함을 조건으로 법인 자신에 대해 유죄를 인정하는 유죄협상에 응하는 사례가 많다고 한다. 따라서 앞서 소개한 판례 이외에도 법인에 대한 살인죄의 적용 여부가 다투어진 판례가 많이 존재한다. 그러나 대다수의 판례가 법인에게 살인죄의 적용을 부인하고 있다는 사실은 변하지 않고 있다. 그럼에도 불구하고 법인에게 살인죄의 적용을 인정하는 판례의 증가가 의미하는 바는 크다. 즉 이러한 판례는 ① 기업에 대해 스스로의 활동에 수반하여 개인의 생명의 침해에 대한 '위험관리'(risk management)의 필요성을 환기시

77) Anderson, 앞의 논문, 404－409면.

키고 있으며, ② 기업범죄의 중대성에 대해 경종을 울리며, ③ 기업범죄에 대한 형사법의 엄격한 태도를 나타내고 있기 때문이다. 현재 미국에서는 기업에 의해 자발적으로 법준수 프로그램이 마련되고 있지만 이러한 움직임을 촉진하기 위해서도 형사법에 있어 기업살인에 대한 엄격한 대응은 향후에도 지속될 것으로 판단된다.

Ⅲ. 영국의 기업살인

1. 영국의 '살인죄'로서 기업살인

미국에서는 1980년대 전반에 기업 등의 법인에게 살인죄의 적용과 관련된 주요한 논점에 대해 일정한 결론에 도달함으로써 법인에게 살인죄의 적용을 긍정하는 판례가 누적되어 갔다. 이에 반해 영국에서는 1980년대 후반부터 기업살인에 관한 사례가 사회적으로 높은 관심을 불러일으키게 되어 형법상 대응에 대한 논의가 활발히 전개되었다. 그러한 최근의 움직임은 미국의 경우와 달리 전개되고 있다.

현재 영국형법에서는 살인죄로서 ① 모살죄(murder), ② 고살죄(manslaughter) 및 ③ 특별유형의 살인죄가 규정되어 있다. 이 가운데 모살죄는 미국과 동일하게 법정형으로서 구금형만을 정하고 있기 때문에 법인에 대해 적용할 수 없는 것으로 해석되고 있다.[78] 또한 특별유형의 살인죄란 구체적으로 어머니에 의한 영아살해, 위험한 자동차의 운전 이외의 방식에 의한 사망의 야기, 음주·약물 사용을 원인으로 한 부주의한 운전 이외의 방식에 의한 사망의 야기 등 일정한 신분을 가지는 사람만이 실행 가능한 범죄를 말하는 것으로,[79] 법인에게는 실행 불가능한 범죄로 여겨지고 있다.[80] 따라서 영국에서 기업살인에 대한 대응을 둘러싼 논의는 주로 고살죄(살인죄)를 중심으로 전개되고 있다.

---

78) Richard Card, *Card, Cross and Jones Criminal Law* (15th ed., 2001), § 20.51; John Smith, *Smith and Hogan Criminal Law* (10th ed., 2002), 201면.

79) 十河太朗, "イギリスにおける『共犯と身分』に関する一考察", 同志社法学 47巻 6号(1996), 245면 이하.

80) *Rex v I.C.R. Haulage Ltd.* [1944] 1 KB 551.

영국 판례는 19세기 중반부터 법인의 형사책임을 긍정하여 그 범위를 점차 확대하여 왔다. 그러한 판례 가운데에는 법인에 대해 살인죄의 적용을 검토한 판례도 있다. 기업살인에 대한 영국의 판례의 동향은 ① 살인죄에 대해 법인의 형사책임을 부정하던 부정기(20세기 초반), ② 동일성 원리를 채용함으로써 이론상 고살죄(살인죄)에 대해 법인의 형사책임을 긍정한 요람기(1940~1980년대 전반), ③ 종래와 비교하여 법인에 대해 살인죄를 적극적으로 적용하는 방향으로 기울고 있는 발전기(1980년대 후반 이후)라는 세 시기로 나누어 파악할 수 있다. 더욱이 1990년대 이후 영국에서는 법인에 대해 살인죄를 적극적으로 적용하기 위해 법인의 형사책임에 관한 법리의 근본적인 변경이 모색되고 있다. 따라서 이하에서는 기업살인에 관한 영국의 판례의 동향을 세 시기로 나누어 검토하고자 한다.

2. 2007년 기업과실치사법 이전 기업살인을 둘러싼 영국의 판례의 동향

(1) 부정기: 20세기 초반

가. 기업살인의 부정

19세기 중반까지 영국에서 살인죄는 자연인에 의해서만 실행 가능한 범죄로 간주되었다.[81] 그 근거로는 대체로 ① 살인죄 등의 정식기소를 필요로 하는 범죄를 심리하는 순회재판소(circuit court)에서는 피고인 자신이 법정에 출정할 것이 요구되었다는 점, ② 당시 판례는 법인이 실행 불가능한 범죄로서 중죄를 인정하고 있어 살인죄는 이에 포함되어 있었다는 점, ③ 당시 영국에서는 사람의 생명의 침해를 야기한 무생물(inanimate)이나 동물은 기소되지 않는 한편, 속죄를 위한 몰수에 관한 법률에 근거하여 신에게 공물로서 이용하기 위해 왕에 의한 몰수의 대상으로 간주되었기 때문에 살인죄의 주체를 자연인으로 한정할 필요가 있었다는 점[82]을 언급할 수 있다. 이러한 근거 가운데 ①과②는 기업의

81) J. Smith에 의하면 17세기부터 19세기까지 많은 저서가 살인죄를 "자연인에 의해서 자연인을 살해하는 것(the killing of a human being by a human being)"라고 정의하고 있었다고 한다. 예를 들어 Edward Coke, *Institutes of the Law of England* (1601), 47면; Fitzjames Stephen, *Digest of the Criminal Law* (1st ed., 1877), Art. 218; *Halsbury's of the Criminal Law* (1st ed., 1909), 590면 등을 들 수 있다(John Smith, "Comment on R v P.&O. European Ferries (Dover) Ltd.", [1991] CrimLR 697, 698면).

82) Smith, 앞의 논문, 701－702면.

형사책임을 부정하던 당시의 일반적 사정을 반영한 것이고, ③은 기업에게 살인죄의 형사책임을 인정하는지 아닌지의 문제라는 고유한 사정이었다고 한다.

그러나 이러한 사정은 19세기 중반부터 서서히 변화되었다. 우선 1846년에는 속죄를 위한 몰수에 관한 법률이 폐지되었고, 1925년에는 형사재판법 제33조에 의해 순회재판소에서의 법정대리인의 출정이 인정됨으로써 앞의 ①과③의 문제가 해소되었다. 다만 이 시기의 판례는 여전히 "기업은 그 성질상 살인죄를 실행할 수 없다"[83]는 입장을 견지하고 있었다.[84]

나. Cory Bros社 사례

영국에서 이러한 판례의 입장이 명확하게 드러난 것은 처음으로 법인을 살인죄로 기소한 1927년 Cory Bros社 사례[85]에서였다. 본 사건의 개요는 다음과 같다. 자사의 노동자가 탄광파업을 함에 따라 피고인인 Cory Bros社의 이사회는 파업기간 중 석탄 저장고의 도난방지를 위해 발전소 주변에 철조망을 설치하고 이에 전류를 흐르게 하였다. 그로부터 몇 시간이 경과한 후 이러한 사정을 모르던 임시직 광부가 철조망을 건드려 감전사를 하였다. 이에 대해 철조망을 설치한 3명의 기술자와 함께 Cory Bros社 자신이 살인죄와 1861년 신체에 대한 범죄에 관한 법률 제31조의 '대인용 함정을 설치한 죄'로 기소되었다. 그러나 순회재판소는 선례에 따르면 "중죄나 사람의 생명 및 신체에 대한 침해를 수반하는 경죄에 대해 법인의 기소가 있을 수 없는 것은 명백하다."[86]고 판시하여 살인죄에 대한 법인의 기소를 부정하였다.

본 판결은 실질적으로 기업(법인)의 기관인 이사회가 철조망을 설치하여 전류를 흐르도록 결정하였음에도 불구하고 그 지시에 따른 종업원만이 기소되는 부당한 결과가 초래되어 커다란 비판을 받게 되었다.[87] 즉 이사회의 결정은 개개의 이사의 의사를 넘어 법인 자신의 의사이기 때문에 법인 그 자체의 결정으로 간주되어야 한다는 비판이다.[88] 이러한 비판은 단지 법인에 대한 살인죄

83) Queen v Great North of England Railway Co. [1846] 9 QB 315, 326 참조.

84) 川崎友巳, 앞의 책, 347-348면.

85) R v Cory Bros. Ltd. [1927] 1 KB 810. 그리고 사실의 개요에 대해 보다 자세히는 The Times, 11 January 1927 and 1 March 1927 참조.

86) [1927] 1 KB 810, 817.

87) Celia Wells, *Corporations and Criminal Responsibility* (1993), 101면.

의 문제에 머무르지 않고 1944년 판례가 동일시원리를 채용함에 있어 커다란 영향을 주었다고 여겨진다.[89]

(2) 요람기: 1940년대부터 1980년대 전반까지

영국은 1944년부터 판례를 통해 '동일성 원리(principle of identification)'[90]가 채용되기 시작하였다. 이에 의해 주관적 불법구성요건(mens rea)을 성립요건으로 하는 범죄에 대해서도 기업에게 형사책임을 묻는 것이 가능해졌다. 여기에는 당연히 살인죄도 포함된다고 보았고, 이렇게 하여 이론적으로는 기업에게도 살인죄에 대해 형사책임을 물을 수 있다는 이해가 일반적으로 인정되었다.

이러한 변화는 영국에 있어 기업에게 살인죄의 적용이 문제가 된 1965년 Northern Star Mining 건설사 사례[91]에서 보다 명확하게 나타났다. 본 사건의 개요는 다음과 같다. 피고 기업인 Northern Star Mining 건설사는 노후화한 철교의 해체공사를 하청 받았지만 해체작업 중 철교가 붕괴하여 지시에 따라 작업을 진행하던 용접기사가 익사하였다. 이에 대해 Northern Star Mining 건설사가 살인죄로 기소되었다. 본 사건에서 최종적으로 Northern Star Mining 건설사는 무죄가 선고되었다. 그러나 법정변호사뿐만 아니라 법관도 살인죄로 해당 기업의 기소가 가능하다는 점에 어떠한 의문을 가지지 않았으며, 피고인의 변호인도 기업을 살인죄로 기소할 수 있다는 전제 하에서 변호를 실시했다고 여겨진다.[92] 이와 같이 판례는 이론적으로 기업에 대해 살인죄의 형사책임을 부과하는 것은 가능하다는 태도를 취하게 되었다.

---

88) C.R.N. Winn, "The Criminal Responsibility of Corporations", 3 Cam.LJ 398, 406−410(1929).

89) 戸塚登, "英法における法人の刑事責任", 阪大法学 59 · 60号(1966), 170면 이하.

90) 동일성 원리란 일정한 법인 구성원의 범죄행위를 곧 법인의 범죄행위로 간주함으로써 법인의 형사책임을 인정하는 이론을 말한다. 이 이론에 따르면 법인의 구성원을 두뇌에 해당하는 자와 수족에 해당하는 자로 나누고, 타인의 지시를 받지 않고 독자적인 판단에 따라 행동하는 법인의 경영진(directing mind)의 귀책사유와 행위는 곧바로 법인의 귀책사유와 행위에 해당한다고 본다. 따라서 경영진의 범죄행위가 있으면 법인도 곧 그에 대하여 형사책임을 부담하여야 한다고 한다(Richard Card, *Card, Cross and Jones: Criminal Law* (15th ed., 2001), § 20.52; J.C.Smith, *Smith & Hogan Criminal Law* (10th ed., 2002), 202면; 김호기, 앞의 보고서, 88면).

91) Northern Star Mining Construction Co. Ltd., The Times, 1 February 1965, 2−3, 5면.

92) The Times, 1 February 1965, 2면. 그리고 Law Commission, *Legislating the Criminal Code: Involuntary Manslaughter* (1996), Law Com No 237, § 6.41.

이렇게 하여 1940년대 이후 이론적으로는 기업에게 살인죄의 형사책임을 부과하는 것이 가능하다고 생각되었다. 그러나 실제로 그 적용 여부가 재판에서 다투어졌던 Northern Star Mining 건설사 사례 이후 20년 이상 그와 같은 사례는 더 이상 없었다. 이와 같이 Northern Star Mining 건설사 사례 이후 기업살인에 대한 대응과 관련된 눈에 띄는 움직임이 없었던 이유로 ① 기업에게 살인죄를 부과하려는 사회적인 요구가 높지 않았다는 점, ② 기업에게 살인죄의 형사책임을 부과함이 이론상 가능해도 실제로 적용하려면 많은 부담을 느끼는 실무관계자가 많았다는 점 등[93]이 지적되고 있다.[94]

(3) 발전기: 1980년대 후반 이후

가. 발전기 도래의 배경

이와 같이 1980년대 중반까지 영국에서는 기업에게 살인죄의 적용은 이론상 문제에 지나지 않고 실제로 적용된 예는 없었다. 그 때문에 이 문제에 대한 사회적인 관심도 낮았다. 그러나 1980년대 후반 이러한 상황이 변화하여 기업에게 살인죄의 적용 여부가 주목을 끌게 되었다. 이러한 상황의 변화의 요인으로 다음의 두 가지 점이 언급될 수 있다.

첫째, 1980년대 후반 기업의 과실로 발생한 대규모 '공공재해'가 연이어 발생함에 따라 많은 인명이 사망하거나 부상을 입게 되어 기업의 형사책임에 대한 사회적 관심이 매우 높아지게 되었다. 예를 들어 1987년 지하철 King's Cross역 화재사고로 31명이 사망, 1988년 북해 Piper Alpha 유정굴착기지 폭파사고로 167명이 사망, 그리고 1989년 Thames강에서 레저보트와 준설선의 충돌사고로 레저보트 승객 51명이 사망하였다. 사고 후의 조사에 따르면 이러한 재해는 회피 불가능한 천재지변이 아니라 관리자의 과실이나 안전관리시스템의 미비 등이 중첩되어 발생하였음이 지적되었다. 그러나 King's Cross역 화재사고에 대해서는 어떠한 형사소추도 이루어지 않았다. 또한 Piper Alpha 유정굴착기지 폭파사고에서도 기업의 형사책임을 묻지 않았다. 더욱이 1989년 Thames강 레저보트의 충돌사고에서도 검찰청장의 명령에 의해 기업에 대한 기소는 중지되었다.

---

93) Celia Wells, "Law Commission on Involuntary Manslaughter: (2) The Corporate Manslaughter Proposals: Pragmatism, Paradox and Peninsurity", [1996] CrimLR 545, 546면.

94) 川崎友巳, 앞의 책, 348-349면.

이러한 일련의 대응을 배경으로 영국에서는 기업이 관련된 대규모 공공재해에 대해 기업의 형사책임의 문제를 다루어야 한다는 사회적 요구가 급속히 높아지게 되었다.[95)]

둘째, 노동현장에서 산업재해의 심각한 실태가 밝혀졌다.[96)] 예를 들어 영국 산업안전보건위원회(Health and Safety Commission)의 연간보고서에 의하면 영국에서 1983년부터 10년간 5,774명이 근로 중에 사망하였고, 1992/1993년도에는 1년간 379명이 사망하였다고 한다. 또한 같은 해에 직장 내에서 중대한 상해를 입은 사람은 28,924명이었다고 한다.[97)] 게다가 다양한 직업상의 질병으로 인해 사망하는 사람은 영국 국내만으로도 매년 약 1만 명에 달한다는 추산도 있다고 한다.[98)] 이러한 수치는 일반적인 예측을 훨씬 웃도는 것으로 산업안전보건위원회의 보고서는 그 대부분이 기업의 적절한 산업안전보건 관리의 실시에 의해 회피 가능했음을 지적하고 있다.[99)] 그리고 이 중 1972년 산업안전보건법(Health and Safety at Work etc. Act 1974)[100)] 위반으로 산업안전보건청에 의해 기소된 사안은 40%에 달하나, 기소된 대부분은 약식기소 절차가 이용되어 낮은 벌금에 의해 처리되었다.[101)]

이러한 종래의 대응에는 사회적인 요구와의 사이에 커다란 격차가 있는 것으로 노동현장에서 산업재해의 원인이 된 기업의 관리 소홀을 단순히 1972년 산업안전보건법상의 의무 위반으로 파악하여 산업안전보건청에 의해 단속하는 것은 불충분하며, 살인죄라는 무거운 범죄로 파악함으로써 검찰이 단속하여 그

95) David Bergman, "A Killing in the Boardroom" (1990), 3 New Statement and Society 15, 15－16면; Celia Wells, *Negotiating Tragedy : Law and Disasters* (1995), 157－182면.

96) Celia Wells, *Corporations and Criminal Responsibility* (1993), 40－41면; C.M.V. Clarkson & H.M. Keating, *Criminal Law : Text and Materials* (5th ed., 2003), 247－248면; C.M.V. Clarkson, "Kicking Corporate Bodies and Damning Their Souls" (1996), 59 MLR 557, 558면.

97) C.M.V. Clarkson, *Criminal Law : Text and Marerials* (3d ed., 1994), 558면.

98) David Bergman, *Deaths at Work: Accidents or Corporate Crime* (1991), 3면.

99) Health and Safety Executive, *Blackspot Construction : A Study of Five Years' Fatal Accidents in the Building and Civil Engineering Industries* 4 (1988).

100) 이에 대한 상세히 설명하고 있는 국내문헌으로 전형배, "영국 산업안전보건 체계의 시사점", 노동법논총 제20집, 2010, 349면 이하 참조.

101) Bergman, 앞의 책, 35면.

책임을 기업에게 물을 필요가 있다는 견해가 다수 제기되었다.[102]

나. P&O European Ferries社 사례

이러한 상황 속에서 기업살인에 대한 영국 형사법의 대응을 재검토하는 전환기가 되는 상징적인 사건이 발생하였다. P&O European Ferries社 사례[103]가 그것이다. 본 사건은 1987년 3월 6일 오후 7시 P&O European Ferries社 소유의 여객선 Herald of Free Enterprise호가 벨기에의 제브뤼헤(Zeebrugge) 항구를 떠나 영국의 도버(Dover)항으로 출하였으나, 뱃머리 부분에 위치한 선수문을 연 채로 출항하여 항구에서 그리 멀지 않은 곳에서 침수·침몰하여 총 459명의 승객 중 193명이 사망하고 4명이 실종된 사안이다. 사고의 직접적 원인은 선수문의 개폐를 임무로 하는 부갑판장(assistant bosun)이 선실 침실에서 취침 중이었으며, 선수문의 개폐 확인의 책임자인 일등항해사(chief officer)도 그 확인을 게을리 한데 있었지만, 진정한 원인은 Ferries社의 전체적인 안전관리체계가 미흡한 데 있었다. 즉 함교에서 선장에 의해 선수문의 개폐를 확인하는 방법도 없었고, 선수문의 개폐 등을 확인하는 절차에 대한 감독이 이루어지지 않았으며, 선원들에게 고지하는 안전 정책이 미흡하였기 때문이다. 이 때문에 선원이나 위 Ferries社의 이사들과 함께 P&O European Ferries社 자신에 대해서도 살인죄의 적용 여부가 문제되었다.

본 사건의 조사를 담당한 검시관(Coroner)은 "본 사건은 자연인에 대해 살인죄를 논하는 사례는 아니고, 기업에 대해 살인죄로 기소할 수 없다"고 결론을 내렸다. 하지만 배심원단은 사망원인을 심문하여 이러한 결론을 무시하고 본 사건이 불법인 죽음(unlawful death)을 야기한 사례라는 평결에 이르렀다. 이 때문에 유족들에 의해 검시관의 결정에 대한 불복신청이 제기되었다. 법원은 기업도 살인죄에 대해 유죄가 인정될 수 있지만 본 사건에서는 동일시 가능한 상급관리자에게 살인죄의 mens rea를 인정할 수 없다는 이유로 검시관의 결정을 지지하여 유족들에 의한 불복신청의 제기를 기각하였다.

그러나 이러한 일련의 소송 경과에 대해 사회적으로 높은 관심이 모아져 1990년 검찰청은 7명의 관계자(이 중 적어도 2명이 법인과 동일시 가능한 관리자이

102) Wells, 앞의 책, 5–8면.

103) P&O European Ferries (Dover) Ltd. Case (1991) 93 Cr. App.R. 72, 73.

다[104])와 함께 P&O European Ferries社를 살인죄로 기소하였다. 이 사건을 담당한 제1심 법원(예심법원)의 Turner J. 판사는 영국 형법은 기업에 대해서도 살인죄를 적용하는 취지를 명확하게 설시하고 있지만,[105] 최종적으로 기업과 동일시 가능한 사람 가운데 여객선의 출항 당시 “명확하고 중대한 위험”에 대한 인식 가능성이라고 하는 살인죄의 mens rea를 충족하는 사람이 없음을 이유로 5명의 이사나 선원 등에 대해 무죄를 선고하였다. 나아가 검찰청은 남는 2명의 선원(부갑판장과 항해장)에 대해서만 기소하는 것은 공공의 이익이 없다고 하여 최종적으로 모든 기소를 취하하였다. 그 결과 P&O European Ferries社에게 아무런 형사책임을 묻지 않은 채 본 사건은 종결되었다.

P&O European Ferries社 사례는 공적 기관의 사고조사에 의해 위 회사의 안전 관리시스템에 문제점이 있음이 밝혀졌음에도 불구하고 최종적으로는 형사책임을 누구에게도 물을 수 없다는 결론에 대해 당시 영국 판례의 한계를 나타내는 대표적인 판결로서 여러 비판이 제기되었다. 즉 기업의 규모가 커짐에 따라 상급관리자가 기업 활동에 수반하는 생명의 위험을 인식하는 데에 많은 곤란을 겪게 하고, 설사 상급관리자가 기업 활동에 수반하는 생명의 위험을 인식하였다고 하더라도 이를 검찰이 입증하기에는 넘을 수 없는 증거 장벽이 놓여 있다. 이는 현실에서 대규모 인명사고를 발생시키고 있는 대기업에 대해 형사책임을 묻는 것이 불가능하게 됨을 의미한다. 문제는 있지만 아무도 처벌받는 사람은 없게 된 것이다. 때문에 P&O European Ferries社 사례에서는 기업과 동일시 가능한 복수의 상급관리자의 실수나 과실을 결합하는 방식에 의해 기업의 mens rea를 인정하는 ‘집합체의 원리(principle of aggregation)’가 검찰로부터 주장되었으나, 법원은 이를 받아들이지 않았다.[106][107]

104) Wells, 앞의 책, 69면.

105) (1991) 93 Cr. App.R. 72.

106) Stanley and Others 19 October 1990 (CCC No 900160) unreported transcript, 8G－9C; Law Commission, *Criminal Law: Involuntary Manslaughter* (1994), Law Commission Consultation Paper No 135, § 4.31－4.37; H.M. Coroner for East Kent, ex p Spooner (1989), 88 Cr App RIO, 16.

107) 川崎友巳, 앞의 책, 349－352면.

3. 법률위원회의 제안

(1) 영국 법률위원회

기업 등의 법인의 형사책임을 적절히 묻기 위한 새로운 제안으로서 가장 주목받고 있는 것은 영국 법률위원회(Law Commission)의 제안서 제135호 「형법 - 비고의살인죄」(1994)와 이 제안서에 대한 각계의 의견을 수렴하여 공표된 보고서 제237호 「형법전의 입법화 - 비고의살인죄」(1996년)이다. 영국 법률위원회는 형법의 법전화를 위해서 다양한 제안을 하였고 그러한 제안의 하나로 1996년 살인죄의 한 유형인 '비고의살인죄'(involuntary manslaughter)의 개념의 변경을 제안했다. 그리고 이 보고서는 주요한 주제의 하나로서 법인에 대한 새로운 형태의 살인죄의 신설을 포함시켰다. 이하에서는 법률위원회의 최종적인 견해인 「형법전의 입법화 - 비고의살인죄」를 중심으로 그 제안의 내용에 대해 검토하고자 한다.

(2) 비고의살인죄의 개정

가. 현행의 비고의살인죄의 개요

현재 영국형법에서는 살인죄로 모살죄(murder), 고살죄(manslaughter) 및 특정 상황 아래에서 사망의 결과를 야기한 죄가 규정되어 있다.[108] 이 중 모살죄는 '예모적 악의'(malice aforethought)를 가지고 불법하게 사망의 결과를 야기한 행위 가운데 피해자에 의한 도발, 심신미약, 심중에 실패한 생존 등의 감형사유가 존재하지 않는 경우를 말한다.[109] 여기서 말하는 예모적 악의란 "타인을 불법하게 살해하려는 의도 또는 타인의 신체에 중대한 상해의 결과를 야기하려는 의도"라고 설명된다.[110] 살인죄는 사망의 결과를 야기한 불법행위 가운데 모살죄를 제외한 모든 경우를 말하며, 일반적으로 '고의살인죄'(voluntary manslaughter)와 '비고의살인죄'(involuntary manslaughter)의 2개의 유형으로 나눌 수 있다. 이 중 고의살인죄는 일반적으로 범죄자가 타인을 불법하게 살해하려는 의도 또는

108) Andrew Ashworth, *Principles of Criminal Law* (3d ed., 1999), 263-317면; Card, 앞의 책, § 7.1-7.91.

109) Card, 앞의 책, § 7.24.

110) Card, 앞의 책, § 7.26.

상해의 결과를 야기하려는 의도를 가지고 범행에 이르렀지만 앞서 언급한 것 같은 감형사유가 있기 때문에 모살죄의 책임이 경감되는 경우를 말한다. 이에 대해 비고의살인죄는 범죄자가 사망 또는 상해의 결과를 야기하려는 의도를 가지지 않고 불법행위를 실행했지만 사망의 결과발생이 ① 타인에게 상해의 결과를 야기할 가능성이 적지만 존재하는 행위(불법행위에 의한 치사죄[unlawful act manslaughter])[111]인가,[112] 혹은 ② 중과실 행위(중과실에 의한 치사죄[gross negligence manslaughter])에 기인하기 때문에 형법상 비난에 적합한 경우를 가리킨다.[113]

나. 비고의살인죄의 문제점

이와 같이 비고의살인죄는 매우 광의의 개념으로 종래부터 모살죄와 경계에 있는 행위와 단순한 부주의에 의한 행위를 동일한 차원에서 다루는 것은 부적절하며, 양형에 있어서도 부당한 결론을 초래할 수 있다는 비판이 제기되어 왔다.[114] 또한 판례상 불법행위에 의한 치사죄에 대해서는 행위자가 스스로 실행한 불법행위에 의해 일정한 침해를 야기할 위험성이 있음에 대해 예견 가능하면 행위자 본인이 ① 사망의 결과를 의도하고 있지 않는 경우, ② 사망의 결과를 예견하지 않았던 경우, ③ 합리적 일반인의 관점에서 보아도 사망의 결과의 예견가능성이 없는 경우에 성립한다고 여겨져 이러한 예견가능성이 없는 행위에까지 형법상 책임을 부과하는 것은 용서되지 않는다는 비판이 제기되었다.[115] 더욱이 최근 판례는 '중과실에 의한 치사죄'와 관련하여 사망의 결과와 인과관계가 인정되는 행위에 대해 "타인에게 상해의 결과를 야기하는 명확하고 중대한 위험"이 존재하면 행위자가 그 위험을 예견하지 않고 단지 배려가 결여된 경우에도 이 범죄의 주관적 불법구성요소인 mens rea를 충족하는 것[116]으로

111) 우리나라의 법률용어 사용법에 의하면 (중)과실에 의하여 고살죄(살인죄)를 범하는 것은 불가능하며, (중)과실에 의하여서는 단지 과실치사죄만이 성립할 수 있을 뿐이다. 따라서 종래 manslaughter를 고살죄 내지 살인죄로 번역하여 왔음에도 불구하고 (중)과실에 의한 경우에 국한하여 이를 '치사죄'로 번역한다.

112) Law Commission, 앞의 보고서, § 2.3－2.8.

113) *Ibid.* § 2.8－ 2.16.

114) Law Commission, 앞의 보고서, § 1.5, § 5.2－5.5.

115) Law Commission, 앞의 보고서 § 3.5, § 3.6.

116) Seymour [1983] 2All ER 1058, 1064.

간주하기 때문에 이러한 완만한 요건은 살인죄라는 무거운 비난이 가해지는 범죄에는 적당하지 않다는 비판이 제기되었다.

(3) 법률위원회의 제안

가. 새로운 살인죄로서 '무모치사죄'와 '중대한 부주의에 의한 치사죄'

앞서 언급한 바와 같이 비고의살인죄의 문제점을 해소하기 위해 법률위원회는 지금까지의 비고의살인죄를 전면적으로 폐지하는 한편, 새롭게 '무모치사죄'(reckless manslaughter)와 '중대한 부주의에 의한 치사죄'(gross carelessness manslaughter)라는 2개의 새로운 유형의 살인죄를 신설할 것을 제안하여 이를 위한 초안을 마련하였다.

이 중 '무모치사죄'는 사망 또는 상해의 결과를 야기하는 위험이 있는 행위를 할 것을 불합리하게 의식적으로 결정하고 그 행위의 결과 타인을 사망에 이르게 했을 경우에 성립한다.[117] 이에 대해 '중대한 부주의에 의한 치사죄'는 ① 사망 또는 상해의 결과를 야기하는 명확한 위험을 수반하는 행위일 것, 다만 행위자는 그 위험을 현실적으로 인식하고 있을 필요는 없고 인식 가능성이 있으면 족할 것, ② 그러한 행위가 모든 상황 하에서 행위자에게 기대되는 행위의 적절함에 크게 못 미치던지, 또는 타인에게 불법한 상해의 결과를 야기할 것을 의도하든지, 행위자가 타인에게 불법한 상해의 결과를 야기하는지 여부에 있어 무모하였을 것, ③ 결과적으로 사망의 결과를 야기할 것[118]이라는 세 가지 요건에 해당하는 경우에 성립한다.

나. 새로운 살인죄와 법인의 형사책임

법률위원회는 이들 두 종류의 새로운 유형의 살인죄는 법인에게도 적용된다고 한다.[119]. 이때에도 기본적으로는 영국의 판례가 mens rea를 성립요건으로 하는 범죄에 대해 채용하고 있는 동일시원리가 적용된다. 따라서 법인의 이사, 대리인 또는 상급관리자 등 법인 내에서 일정한 지위에 있는 자연인 행위자가 '무모치사죄' 또는 '중대한 부주의에 의한 치사죄'를 직무의 범위 내에서 실

117) Law Commission, 앞의 보고서, § 5.6－5.16.

118) *Ibid.* § 5.17－5.52.

119) *Ibid.* § 137－139.

행했을 경우에 법인에게 그 책임이 귀속되어 법인 자체가 형사책임을 부담하게 된다.[120)]

다. 법인살인죄(corporate killing)

그러나 이러한 동일시원리를 전제로 한 법인의 형사책임에서는 P&O European Ferries社 사례 표면화된 문제점을 여전해 해결할 수 없다. 즉 1980년대 후반에 발생한 대규모 기업재해에서 분명히 나타나듯이 대기업에 대해 그 관리시스템의 미비나 조직구조상 결함이 있다하더라도 기업 법인과 동일시 할 수 있는 지위의 자연인이 사망의 결과를 야기한 기업활동의 위험성 모두를 예견할 수 없기 때문에 동일시원리의 하에서 법인에게 형사책임의 부과는 불가능하게 된다. 법률위원회는 이러한 문제를 해결하기 위해 법인에게 적용되는 살인죄의 유형으로 '법인살인죄'(corporate killing)[121)]의 신설을 제안했다.[122)] 법률위원회가 제안한 '비고의살인죄 법률 초안'(Bill of Involuntary Homicide Act 1995) 가운데 법인살인죄를 규정한 제4조는 다음과 같다.[123)]

> 제4조 ① 법인은 다음의 경우 법인살인죄(corporate killing)를 범한 것으로 본다.
> (a) 법인에 의한 관리상 과실이 타인의 사망의 결과의 원인 또는 원인의 하나인 경우
> (b) 그 과실이 그러한 상황에 처한 법인에게 합리적으로 기대될 수 있는 행위를 크게 밑도는 경우
> ② 전항과 관련하여
> (a) 법인의 활동을 관리 또는 조직화하는 방법에 의해 법인의 활동에 종사하는 종업원 또는 그 활동으로부터 영향을 받는 자의 위생 및 안전이 확보되어 있지 않을 경우에 법인에게 관리상 과실이 존재한다.
> (b) 그러한 과실은 직접적인 원인이 자연인의 작위 또는 부작위에 의한 것임이 명확하지 않은 경우라 할지

120) *Ibid.* § 8.77.

121) 우리나라에서는 지금까지 관행적으로 "Corporate Manslaughter", "Corporate Homicide", "Corporate Killing" 등을 '기업살인'으로 번역되고 있다. 그러나 이러한 용어는 '법인살인'으로 번역하는 것이 보다 정확한 번역에 해당한다는 견해가 제시되고 있다. 영국의 "Corporate Manslaughter and Corporate Homicide Act 2007"은 명문의 규정을 통하여 당해 법률이 단지 영리를 목적으로 하는 기업에 대하여서만이 아니라 법인격을 가진 단체에 대하여 일반적으로 적용된다는 것을 밝히고 있기 때문이라고 한다(김호기, 앞의 보고서, 113면). 그러나 본서에는 기업범죄를 보다 강조할 경우에는 '기업살인'으로 그밖에는 '법인살인'으로 혼용하여 사용하고자 한다.

122) *Ibid.* § 8.1–8.35.

123) *Ibid.*

라도 사망의 결과의 원인이라고 여겨질 수 있다.

③ 본조의 범죄를 범한 법인은 정식기소에 의한 유죄판결로 벌금을 지불할 책임이 있다.

④ 자연인은 사망의 결과에 관해 본조 이외의 범죄로 유죄를 선고받은 경우에도 본조 범죄의 교사, 방조, 조언, 유치에 대해 유죄를 선고할 수 있는 것으로 본다.

⑤ 본조는 법인이 제1조 및 제2조의 죄로 유죄가 됨을 배제하는 것은 아니다.

⑥ 본조는 사망의 결과를 야기한 상해를 잉글랜드 및 웨일즈 영역 이외에 다음의 장소에서 적용된다.

(a) 연합왕국에 인접한 영해

(b) 연합왕국 국적의 여객선 및 수송선

(c) 1982년 민간항공산업법 제92조 규정에 의해 연합왕국의 통제 하에 있는 항공기

(d) 1982년 석유 및 가스(사업)에 관한 법률 제22조 제1항의 추밀원령(원해에서의 활동에 관한 형사사법 관할권)이 적용되는 장소

⑦ 전조 (b) 및 (c)와 관련하여 여객선, 수송선 또는 항공기 내에서 발생한 상해는 선박 내 및 항공기 내에 없는 사람에 의해 발생한 상해 및 여객선, 수송선 및 항공기의 조난 또는 그 외의 사고의 결과로 발생한 상해를 포함하는 것으로 본다.

⑧ 본조에서의 법인은 설립된 장소에 관계없이 모든 법인이 포함된다. 다만 단독 법인은 이에 포함되지 않는다.

보고서에 의하면 법인살인죄는 다음의 요건에 해당하는 경우에 성립한다. 즉 ① 법인에게 사망의 결과와 인과관계가 있는 관리상 과실이 존재해야 한다. 이는 작위·부작위를 불문하고 법인의 활동을 관리 또는 조직화함에 있어 법인의 활동에 종사하는 종업원 또는 그 활동으로부터 영향을 받는 사람의 위생 및 안전을 확보되지 않은 경우를 말한다. ② 관리상 과실이 해당 상황 하에 있던 법인에게 합리적으로 기대될 수 있는 행위의 기준에 크게 못 미쳐야 한다.

이러한 법인살인죄는 중대한 부주의에 의한 치사죄의 기본구조를 토대로 한 것이다. 다만 법률위원회는 법인의 본질을 고려하여 명확한 위험의 존재와 그 인식 가능성이라고 하는 mens rea를 제외한 한편, 법인의 활동에 의해 영향을 받는 사람의 위생과 안전의 확보에 관한 과실(관리상의 과실)이라는 객관적 요건을 부여하였다.[124] 이 제안은 동일성 원리에 있어 상급관리자와 같은 법인

124) 여기서 말하는 "위생 및 안전의 확보에 관한 과실"은 1974년 노동안전위생법 제2조 및 제3조의 것보다 중대한 위반을 의미한다는 견해로는 Mark Stallworthy, "Rationalising the Law of Manslaughter and Dabbling in Corporate Crime", 61 Journal of Criminal Law 324, 335(1997).

내의 자연인과는 달리 확실히 법인 자신의 형사책임을 묻는 방식이라고 이해되고 있다.

라. 법인살인죄에 대한 반응

이러한 법률위원회에 의한 법인살인죄의 제안에 대해 사회적인 요청에 부합하는 것으로 법인의 실태에 적절한 이론구성이라고 하여 지지하는 견해가 있는 반면,[125] 다음과 같은 비판도 제기되고 있다고 한다. 즉 ① 법인살인죄의 신설은 법인의 이사나 상급관리자 등 사망의 결과에 책임이 있는 자연인도 처벌해야 한다는 사회적 법감정에 부합하지 않고,[126] ② 법인에게 형사책임을 부과하기 위해 그 조직구조나 관리시스템의 세부적 사항에 대해 수사를 요구함은 물적·인적인 측면에서 검찰의 능력을 넘어 서는 것으로 현실성이 부족하고,[127] ③ 관리시스템의 미비나 조직구조상 결함을 원인으로 한 법인의 형사책임을 법인살인죄의 경우로 한정하는 근거가 불명확하며,[128] ④ 법인살인죄의 성립요건이 불명확하다[129]는 것이다.

4. 2007년 기업살인법 제정 이전의 기업살인 사례

한편, 영국 정부는 이러한 비판에도 불구하고 기업살인을 둘러싼 대처의 한계가 더욱 두드러지게 나타나는 사건이 잇따르자 기업살인죄의 도입에 적극적인 자세를 취하기 시작하고 있다.[130] 즉 2007년 기업살인법 제정 이전에 살인죄에 대해 법인의 형사책임을 인정하는 사례가 등장했지만 이때의 피고 법인은 법인의 경영자와 동일시 가능한 소규모 법인으로 한정되고 있다. 따라서 이하

---

125) Law Commission, 앞의 보고서, § 7.7.

126) *Ibid.* § 5.35; A. McColgan, "The Law Commission Consultation Document on Involuntary Manslaughter – Heralding Corporate liability?", Crim LR 547, 551(1994); Paul Matthews, "Involuntary Manslaughter: A View from the Coroner's Court", 60 Journal of Criminal Law 189, 198(1996); David Bergman, "Weak on Crime – Weak on Cause on Crime", 147 NLJ 1652, 1652 and 1665(1997).

127) Matthews, 앞의 논문, 199면.

128) Wells, 앞의 논문, 553면.

129) *Ibid.* 552–553면.

130) Celia Wells, "CorporateKilling", 147 NLJ 1467, 1467(1997); Michael Elliker & Caroline Coulsey, "Health and Safety Update", 141 SJ 1177, 1178(1997).

에서는 이러한 문제점이 명확하게 나타난 구체적인 사례를 살펴보고자 한다.

(1) 고살죄(살인죄)에 대한 법인의 형사책임을 긍정한 사례

가. Kite & OLL社 사례

1994년 12월 Kite & OLL社 사례 판결[131]은 영국에서 처음으로 법인에게 살인죄를 적용하여 유죄를 선고했다. 본 사건의 개요는 다음과 같다. 피고 법인인 OLL社가 주최하는 야외레저 프로그램에 참가한 학생 4명이 라임만(Lyme Bay)에서 카누 체험 중 전복사고에 의해 사망하였다. 피해자 4명을 포함한 참가자는 카누를 타기 전 불과 1시간 수영장에서 강습을 받았을 뿐이고, 현장 강사도 충분한 경험이 없는 사람이었다. 그리고 체험 당일 구명장비도 충분히 마련되지 않은 채 악천후 속에서 실시되었다. 게다가 레저 시설에서 근무하는 본래 강사가 OLL社의 업무집행이사에게 사고 발생 전에 안전관리의 미비를 편지로 경고하여 업무집행이사가 레저 시설의 위험성을 인식하고 있었던 것으로 사건 후 밝혀졌다. 이 때문에 업무집행이사와 함께 OLL社 자신이 살인죄로 기소되었다. 이에 대해 Winchester 형사법원은 양자 모두에게 살인죄에 대해 유죄를 인정하여 업무집행이사에게 3년의 구금형, OLL社에게 6만 파운드의 벌금형을 선고하였다.

나. Jackson Transport社 사례

다음으로, 법인에게 살인죄로 유죄를 인정한 사례는 1996년 9월 Jackson Transport社 사례 판결[132]이다. 본 사건의 개요는 Jackson Transport社의 종업원이 탱크로리의 탱크 내부를 청소하던 중 탱크 내부에 잔류하고 있던 유독 화학물질을 흡입하여 사망한 사안이다. 사고 후 조사를 통해 Jackson Transport社의 관리체제, 훈련체제 및 방호 장비의 준비체제가 불충분했던 것으로 밝혀져 같은 회사의 이사와 함께 Jackson Transport社가 기소되었다. 이에 대해 Bradford 형사법원은 이사에게 1년의 구금형과 1,500 파운드의 벌금형, Jackson Transport

---

131) R v Kite and OLL Ltd, The Times, 9 December 1994. 그리고 이밖에 본 사안을 다루는 문헌으로는 Gary Slapper, “A Corporate Killing”, 144 NLJ 1735, 1735(1994); Celia Wells, *Corporation and Criminal Responsibility* (2d ed., 2001), 115면.

132) R v Jackson Transport (Ossett) Ltd, reported in Health and Safety at Work November 1996, 4면.

社에게 2만 2,000 파운드의 벌금형을 선고하였다.

다. Roy Boweles Transport社 사례

1999년 12월 Roy Boweles Transport社 사례[133]에서도 법인이 살인죄로 유죄를 선고받았다. 본건의 개요는 다음과 같다. Roy Boweles Transport社의 운전기사가 7중 추돌 교통사고를 일으켜 2명의 사망자를 냈다. 사건 후 수사에 의해 사고 원인이 트레일러 운전기사의 졸음운전에 있으며, 더욱이 운전기사는 사고 당일을 포함해 자주 적절한 휴식 시간을 갖지 않고 60시간 이상의 장시간 근무를 했던 것으로 밝혀졌다. 또한 운전 시간을 기록한 운행기록계(tachograph)는 제출되지 않고, 트레일러의 운전석에 방치되어 있었다. 게다가 운전기사는 경찰의 검문으로 제시가 요구되었을 경우에 실제보다 적은 주행 시간을 나타내기 위해 2개 운행기록계를 트레일러에 장착하고 있었다. 장시간 근무를 하였던 운전기사 자신은 위험운전치사죄로 유죄가 인정되어 30개월의 구금형과 2년간의 면허자격 제한이 선고되었다. 이와 별도로 안전한 근무체제의 확립을 게을리한 이사 2명과 Roy Boweles Transport社가 살인죄로 기소되었다. 이에 대해 Old Bailey 형사법원은 이사는 운전기사의 근무시간이 안전성을 확보할 수 없을 만큼 장시간에 걸쳐서 있었음을 알 필요가 있었다고 하여 이사 2명에게 집행유예 2년의 구금형(15개월과 12개월)을 선고함과 동시에 Roy Boweles Transport社에 대해서도 유죄를 선고하였다.

(2) Great Western Trains社 사례

이들 3건과 같은 시기에 발생한 기업재해이지만 다른 결론에 도달한 것이 1999년 7월 Great Western Trains社 사례이다.

가. 사실의 개요

본 사건의 개요는 다음과 같다. 스완지(Swansea)로부터 런던 패딩톤(Londen Paddington)으로 달리고 있던 Great Western Trains社의 고속열차가 런던의 서부 Southall 선로를 횡단하고 있던 화물열차와 충돌하는 사고를 냈고, 그 결과 승객 7명이 사망, 151명이 부상을 입었다는 것이다. 사고 후 조사에서 고속열차의 기관사는 주의신호를 2회에 걸쳐서 간과하였음이 판명되었다. 또한, 이러한 충돌

133) Roy Bowles Transport Ltd, The Times, 11 December 1999.

사고를 방지하기 위한 자동경보장치(Automatic Warning System)나 자동열차보호장치(Automatic Train Protection System)도 여러 인위적인 실수가 겹쳐진 결과 작동하지 않았다. 그러나 이러한 안전관리 시스템상의 과실은 이사 등 위 회사의 상급관리자의 형사책임에 직결된 것은 아니었다. 이에 본 사건에 대해 검찰청은 상급관리자를 기소하지 않고 Great Western Trains社만을 기소하였다.

나. 소송의 경과

이에 중앙형사법원은 위 회사에 대해 1974년 노동안전위생법(Health and Safety at Work etc. Act 1974) 제3조 제1항의 죄를 적용하여 유죄를 선고하고 150만 파운드의 벌금형을 선고했지만, 살인죄에 대해서는 ① 범의(guilty mind)에 대한 입증은 중대한 과실에 의한 살인죄로 유죄를 선고하기 위한 전제조건이며, ② 법인을 기소할 경우 법인과 동일시 가능한 자연인의 죄책을 매개로 해서만 유죄를 선고할 수 있다는 논거를 제시하여 무죄를 선고하였다.[134]

이 때문에 법무부 장관(Attorney General)은 자연인에 대한 '중과실에 의한 살인죄'의 성립요건으로서 정신상태의 증명을 필요로 한지 않은 Adomako 사례[135]를 근거로 할 경우 법인에게 유죄를 인정하기 위해 반드시 상급관리자의 기소를 필요로 하는 것은 아니고, 해당 기업(법인)의 경영방침이 충돌사고에 직결한 적정한 경보시스템이 부족하다는 사실을 증명하면 충분하다고 주장하여 항소법원 형사부에 항소를 요구하였다. 이에 대해 항소법원 형사부는 중과실에 의한 살인죄는 피고인의 정신상태에 관한 증거가 없어도 객관적인 주의의무 위반이 인정될 경우 피고인에게 유죄를 선고할 수 있을 뿐이므로,[136] 피고인이 법인의 경우 법인과 동일시 가능한 자연인의 '형법상 중과실'이라고 평가 가능한 행위가 없으면 보통법상 법인에게 살인죄를 적용하여 유죄를 선고할 수 없다고 판시하여,[137] 중앙 형사법원의 무죄 판단을 지지하였다.

---

134) Attorney General's Reference (No.2 of 1999), [2000] 3 All ER 182, 183. 또한 J. Uff, *The Southall Rail Accident Inquiry Report* (2000), 88－94면 참조.

135) [1995] 1 AC 171.

136) [2000] 3 All ER 182, 186.

137) *Ibid.* 191.

(3) 동일성 원리의 한계의 재확인

앞서 살펴본 Kite and OLL社 사례, Jackson Transport社 사례 및 Roy Boweles Transport社는 살인죄에 대한 법인의 형사책임을 긍정하는 판례의 태도를 분명히 한 것으로 중요한 의의가 있다. 그러나 이러한 판결이 가지는 의의는 그리 크지 않다. 3개의 사례에서 법인에게 살인죄를 적용하여 유죄를 선고한 커다란 이유는 세 건 모두 비교적 기업(법인)의 조직규모가 작으며, 법인과 동일시 가능한 상급관리자의 mens rea나 위법행위(actus reus)를 인정하기 쉬웠기 때문이다.[138] 한편, 기업 규모가 큰 Great Western Trains社 사례에서는 기업(법인)의 안전관리시스템의 미비가 분명함에도 불구하고 동일시 가능한 자연인의 과실을 특정할 수 없어 법인의 형사책임을 물을 수 없었다. 즉 이러한 구체적인 판례를 통해 영국 형법상 현실적으로 법인이 살인죄로 기소되는 경우는 위법행위자와 동일시가 용이한 소규모 법인에 한정될 가능성이 높음이 한층 더 명확해지고 있다. 영국에서는 이러한 문제점을 극복하기 위해 대규모 기업 법인에 대해서도 적절히 살인죄의 형사책임을 묻기 위한 방안으로 법률위원회에 의해 '기업살인죄'의 입법화가 제안되었다.

5. 2007년 기업살인법 제정 배경과 주요 내용

(1) 2007년 기업살인법 제정 배경

영국 정부는 2000년 「비고의살죄에 관한 법률개정: 정부 제안」을 발표하여 기본적으로 1996년 법률위원회에 의한 입법 제안에 따른 형태로 '기업살인죄'를 신설하는 방안을 제시하였다(다만, 1974년 노동안전위생법과 동일하게 적용대상[범죄의 주체]를 법인격 없는 단체에까지 확대한 점[139]이나 법인의 이사에게 형사책임을 물을 가능성을 인정한 점[140]은 1996년 법률위원회에 의한 제안과 다르다).[141] 이

138) Michael J. Allen, *Textbook on Criminal Law* (3rd ed., 1995), 2013; Clarkson, 앞의 책, 561면; Card, 앞의 책, § 20.60.

139) Home Office, *Reforming the Law on Involuntary Manslaughter: the Goverment's Proposals* (2000), § 3.2.

140) *Ibid.* § 3.4.

141) News, "DPP Backs Campaign for 'Corporate Killing' Law", 144 Solicitors Journal 433, 433(2000); Michael Elliker, "Health & Safety update", 144 Solicitors Journal 777, 777−778(2000); David Wenham, "Recent Developments in Corporate Homicide", 29

입법 제안에 대해 많은 비판이 제기되었으나,142) 그 후 2006년 영국 정부는 기업살인죄를 입법하기 위한 법안을 제출하였으며, 이 법안은 많은 토의를 거쳐 입법화된 후 2008년 4월 6일부터 시행되게 되었다. 영국에서 시행된 기업살인법의 공식적인 명칭은 "Corporate Manslaughter and Corporate Homicide Act 2007"이다. 이러한 기업살인법에 대해서도 여러 측면에서 문제점이 제기되고 있으나, 많은 시민의 생명을 빼앗는 산업재해를 방지하기 위한 유효하고 적절한 대처 방법을 찾아낼 수 이상 기업살인죄의 입법화를 요구하는 목소리143)를 계속해서 무시하기는 어려웠으며,144) 이러한 요구를 적극적으로 반영한 결과가 바로 영국의 기업살인 법리이라 본다.

(2) 2007년 기업과실치사법의 주요 내용

영국에서는 다수의 사상자를 발생시킨 산업재해에 대해 동일성 원리의 한계로 인하여 기업에게 형사책임을 묻는 것이 불가능한 문제를 극복하기 위해 그간 많은 논의를 거쳐 2007년 기업살인법이 제정되어 2008년 4월 6일부터 시행되고 있다. 이 법률의 주요 내용을 살펴보면 다음과 같다.145)

이 법률 제1조는 "기업 등의 운영 내지 조직방법(the way in which its ac-tivities are managed and organised)의 실패로 인하여 사망의 결과가 발생하고, 그

Industrial Law Journal 378, 381-385(2000); Michael Allen, "Health and Safety Update", 145 Solocitors Journal 1105, 1105(2001).

142) News, "Corporate Killing Plans 'Laudable But Flawed'", 144 Solocitors Journal 1111, 1111 (2000).

143) Comment, "Hobson's choice", Solicitors Journal, 14 January 6, 6 (2000); News, "Dismore Calls for New Offence of 'Corporate Homicide'", 144 Solocitours Journal 407, 407(2000); Lucy Hickman, "Corporate Killing Reform", 151 NLJ 912, 912(2001); Helen Walker, "Criminalising Companies-Will Corporate Killing Make a Difference", 151 NLJ 1494, 1494-1495(2001); Patrick Allen, "Corporate Manslaughter", 146 Solicitor Journal 698, 698(2002); News, "No-Go for Corporate Killing Law", 146 Solicitors Journal 1047, 1047(2002).

144) S. Trotter는 회사법을 개정하여 안전관리에 관하여 결정권을 가지는 '안전관리이사'(safety director)의 설치를 의무화하거나, 안전성에 관한 라이센스 제도를 도입할 것을 제안하였다[Stephanie Trotter, "Safety and Profit", 149 NLJ 1279, 1279(1999); Stephanie Trotter, "The Padding ton Rail Crash", 149 NLJ 1505, 1505(1999); Stephanie Trotter, "Corporate Manslaughter", 150 NLJ 454, 455(2000)].

145) 이하 김호기, 앞의 보고서, 114-125면.

러한 운영방법의 실패가 상급관리자에 의한 것으로서 당해 기업이 사망한 자에 대하여 부담하는 주의의무에 대한 중대한 위반이 있는 경우에 기업과실치사죄가 성립한다"고 규정하고 있다. 우선 기업과실치사죄를 범할 수 있는 행위주체는 기업 등의 단체(organisation)로 제한된다. 이때 단체의 의미는 제1조 제2항에 설명되어 있다. 이에 따르면 기업은 당연히 기업과실치사죄의 주체인 단체에 포함된다. 나아가 경찰조직(police force)은 물론이고 동 법률에 첨부된 목록 1(Schedule 1)에서 열거된 공공기관 역시 기업과실치사죄의 주체가 될 수 있다. 그밖에도 조합(partnership), 노동조합(trade union)과 경영자협회(employers' as-sociation) 역시 그들이 사용자로서의 지위를 가지는 한 기업과실치사죄의 주체가 될 수 있다. 경찰조직, 조합, 노동조합 등의 보다 정확한 의미는 제25조에 정의되어 있다.[146)]

둘째, 기업 등이 피해자에 대하여 주의의무를 부담하여야 한다. 즉 기업과실치사죄가 성립하기 위하여서는 운영실패를 의미하는 운영 내지 조직방법의 실패가 기업이 사망한 자에 대하여 부담하는 주의의무에 대한 중대한 위반으로 평가될 수 있어야만 한다. 이때 주의의무란 제2조 제1항에서 예시된 것들 중의 어느 하나에 해당하는 것으로, 민법의 과실법(law of negligence)에 의하여 당해 기업에게 부과되는 것을 의미한다.

셋째, 2007년 기업과실치사법은 기업과실치사죄의 성립요건으로 상급관리자에 의한 당해 기업 등의 운영실패가 있을 것을 요구한다. 성립요건으로서 중과실 대신 운영실패를 요구하는 것은 물론 동일성 원리가 가지는 한계를 극복하기 위한 것이다. 즉 동일성 원리에 따르면 기업 등을 중과실에 의한 살인죄로 처벌하기 위해서는 기업과 동일시할 수 있는, 즉 어느 특정한 상급관리자에게 중과실이 인정되어야만 한다. 그러나 특히 규모가 큰 기업의 경우 상급관리자에 대하여 중과실이 인정될 여지는 거의 없으며, 따라서 동일성 원리를 적용하

146) 따라서 노동계에서 2007년 기업과실치법을 외국 입법례로 소개하면서 산업재해를 방지하기 위한 입법 활동으로서 현행 산업안전보건법에 대한 특별법으로서 '기업살인죄' 법률안을 도입하자는 주장은 이 법률의 여러 행위주체 가운데 기업만을 강조한 입장이라 볼 수 있다(대표적으로 이태경, "기업살인법 다시 주목받다 —외국사례로 본 법의 필요성", 계간 노동과 건강, 2012년 봄호 참조. http://laborhealth.or.kr/30600 2014.11.20. 최종 검색).

여 기업을 중과실에 의한 살인죄로 처벌하는 것 역시 사실상 거의 불가능하였다. 이와 같은 난점을 극복하기 위해 2007년 기업과실치사법은 중과실 대신 운영실패라는 요건을 요구하고 있다. 이때 운영실패란 사고의 직접적인 원인이 된 행위자의 귀책사유와는 전혀 다른 개념으로, 기업의 내부에 적절한 안전관리 시스템이 마련되어 있는가 내지 기업이 위험을 적절히 관리할 수 있도록 운영되고 있는가의 여부 등에 의해 판단된다. 그리고 운영실패가 인정되는가를 확인하기 위해서는 사고 당시의 상황뿐만 아니라 당해 기업의 운영방법에 관한 사항들을 추가적으로 고려해야 한다. 나아가 2007년 기업과실치사법은 운영실패가 상급관리자에 의한 것이어야 한다고 규정한다. 상급관리자란 기업 활동 전반 내지 중요한 부분이 어떻게 운영되고 조직되어야 하는가에 대한 판단을 함에 있어 중요한 역할을 수행하거나, 기업 활동 전반 내지 중요한 부분을 직접 운영하거나, 그것을 조직함에 있어 중요한 역할을 수행하는 자를 의미한다(동 법률 제1조 제4항(c)). 그러나 이와 같이 법률이 운영실패가 상급경영자에 의한 것이어야 한다는 점을 요구하고 있는 데 대해 비판이 제기되고 있다. 상급관리자가 아니라 하위관리자의 운영실패에 의하여 사망의 결과가 발생하였음을 이유로, 또는 상급관리자로부터 위임을 받은 대리인의 행위에 의하여 그러한 사망의 결과가 발생하였음을 이유로 당해 기업이 형사책임으로부터 면책될 수 있는 여지가 발생하기 때문이다.

넷째, 기업과실치사죄가 성립하기 위해서는 상급관리자의 운영실패로 인하여 당해 기업 등이 피해자에 대하여 부담하는 주의의무에 대한 위반이 발생해야 한다. 그리고 이러한 주의의무의 위반은 중대한 것이어야 한다. 주의의무에 대한 중대한 위반이란 의무의 이행정도가 당해 행위상황에서 기업 등에 대하여 합리적으로 기대 가능한 정도에 훨씬 밑도는 경우를 의미한다(동 법률 제1조 제4항(b)).

다섯째, 기업과실치사죄가 성립하기 위해서는 반드시 사망의 결과가 발생해야 한다. 즉 상해의 결과가 발생한 것만으로는 부족하다. 그러나 사망자가 반드시 기업 등의 구성원이어야 하는 것은 아니다. 기업이 주의의무를 부담하는 자라면 제3자가 사망한 경우에도 기업과실치사죄가 성립할 수 있다. 예컨대 입법을 추진하는 계기가 된 사건들에서처럼, 또 세월호 참사처럼 열차나 선박 등의 운행으로 승객이나 행인이 사망한 경우에도 기업과실치사죄가 성립할 수 있다.

여섯째, 사망의 결과는 주의의무 위반으로 인하여 발생한 것이어야 한다. 즉 주의의무 위반과 사망 사이에는 인과관계가 존재해야 하는데, 그 판단은 인과관계 판단을 위하여 사용되는 일반 원칙에 따른다.

마지막으로, 이러한 기업과실치사죄의 성립요건이 충족되면 상한 없는 벌금, 구제명령(remedial orders), 위반사실의 공표명령(publicity orders)으로 처벌될 수 있다. 우선, 기업과실치사죄가 인정되는 경우 해당 기업은 벌금형을 선고받게 된다. 벌금의 상한에는 제한이 없다(동 법률 제1조 제6항). 중요한 점은 벌금의 비용이 보험에 의해 충당될 수 없다는 점이다. 이러한 위험은 법에서 보험이 안 되는 것으로 간주된다. 공공정책상의 이유로 형사벌금의 위험을 보증하기 위한 목적의 보험계약은 무효이고 시행할 수 없다. 기업에게 부과된 벌금이 엄청나게 큰 액수일 경우 조직체가 해산되는 결과를 초래할 수 있다.[147] 다음으로, 법원은 제1조가 규정하는 주의의무에 대한 중대한 위반행위, 그 위반행위로 인하여 발생한 것으로 보이는 사항으로서 사망의 결과를 야기한 원인으로 생각되는 문제, 위 위반행위를 야기한 것으로 보이는 기업의 정책, 시스템 또는 관행의 문제점으로서 보건 및 안전과 관련된 것을 구제하기 위한 구체적인 조치를 취하도록 요구하는 명령을 내릴 수 있다(제9조 제1항). 이러한 구제명령은 운영실패가 재판 기간 내에 구제되지 않은 경우와 그러한 실패가 "충분히 특정한 목적을 가지고 시행될 수 있는" 경우에 유용하다.[148] 구제명령을 이행하지 않은 경우 상한 없는 벌금형으로 처벌할 수 있다.[149] 끝으로, 법원은 유죄판결을 받은 기업에 대하여 기업과실치사죄로 유죄판결을 받았다는 사실, 범죄사실에 관한 상세한 사항, 부과된 벌금액수, 구제명령을 받은 경우 그에 대한 사항 등을 공표할 것을 명할 수 있다(제10조). 이 공표명령을 이행하지 않은 경우에도 상한 없는 벌금형으로 처벌할 수 있다. 이러한 구제명령과 공표명령은 기업과실치사

147) Sarah Field/Lucy Jones, "Five Years On: The Impact of the Corporate Manslaughter and Corporate Homicide Act 2007—lus ç change?" (2013), International Company and Commercial Law Review 239, 242면.

148) Sentencing Guidelines Council (SGC), "Corporate Manslaughter and Health and Safety offences causing death", 2010, § 35.

149) Sarah Field/Lucy Jones, 앞의 논문, 242면.

의 소송에서만 유용하며 제지와 징벌적 효과를 목적으로 한다고 한다.[150)]

6. 2007년 기업과실치사법의 적용 사례와 평가

(1) 2007년 기업과실치사법의 적용 사례

영국에서 매년 평균 196명의 근로자가 사망에 이르는 치명적인 부상을 입고 있음에도 불구하고 영국 정부의 규제영향평가는 2007년 기업과실치사법에 의해 성공적 기소가 10건에서 13건 이상에 달하지 않을 것으로 예측하였다.[151)] 실제로 2008년 4월 6일 2007년 기업과실치사법이 시행된 이래 사업장에서 사망의 결과로 104건이 기소되었으나(대부분은 1974년 산업안전보건법 위반), 이 법률에 의해 단지 3건만이 유죄로 선고되었다.[152)]

보다 구체적으로 살펴보면, 2011년 2월 17일 Cotswold Geotechnical Holdings (CGH)는 영국에서 2007년 기업과실치사죄법에 의한 기업과실치사죄로 유죄가 선고된 최초의 기업이다.[153)] 사건의 개요는 다음과 같다. 2008년 9월 27세의 젊은 지질학자인 Alexander Wright는 작업 중 3.8미터 아래 구덩이에서 지반침하로 질식사했다. 이 젊은 청년이 2년 반 동안 일했던 CGH는 1992년 건강 및 안전에 관한 내부지침에서 1.2미터 보다 더 깊은 구덩이의 경우 말뚝 또는 지지대가 사용되어야 한다고 밝히고 있었음에도 불구하고 이 내부지침을 사망한 젊은 학자에게는 적용하지 않았다. 그리고 누군가가 굴속에서 작업을 한다면 한 사람은 지상에서 감시를 해야 함에도 불구하고 사고 당시 자리를 지키지 않았고, 사고 후에도 구조 등의 적절한 조치를 취하지 않았음이 밝혀졌다.[154)] 이 판결에서 사업장의 시스템이 “전체적으로 불필요하게 위험한 것”으로 판명되었기 때문에 해당 기업에게 385,000 파운드(연매출액의 250%, 한화 약 6억7천3백만 원)의

---

150) *Ibid.* 242면.

151) Home Office, *Corporate Manslaughter and Corporate Homicide: A Regulatory Impact Assessment of the Government's Bill* (London: Home Office, 2006).

152) 이하 Sarah Field/Lucy Jones, 앞의 논문, 241-242면.

153) Peter Eaton 대표이사(61세)도 중과실치사죄로 기소되었으나, P. Eaton에 대한 기소는 그의 건강상 이유로 소송이 진행되지 않았으며, Cotswold Geotechnical Holdings만이 유일한 피고인으로 남았다.

154) 이에 대해 자세히는 http://www.cps.gov.uk/news/latest_news/107_11/ 참조(2014.11.20. 최종검색).

벌금이 선고되었다. 피고 기업의 벌금과 유죄선고에 대한 항소장은 항소법원에 의해 기각되었다.155)

두 번째로 기업과실치사죄로 유죄가 선고된 기업은 북아일랜드에 위치한 JMW Farms Ltd이다. 2010년 11월 15일 JMW Farms 회사가 운영하는 돼지사육농장에서 일하던 근로자 Robert Wilson이 지게차(forklift)의 지게가 올라가면서 그 위에서 떨어진 금속 쓰레기통에 맞아 사망하였음을 이유로 2007년 기업과실치사법 위반으로 기소되었고, 2012년 5월 Belfast's Langanside 지방법원은 JMW Farms 회사에 대해 유죄답변(guilty pleas)을 고려하여 187,500 파운드(연매출액 1백만파운드, 한화 약 3억2천8백만 원)의 벌금을 선고하였다.156)

2008년 5월 29일 회사의 작업장 지붕에 물이 새어 틈이 있는지 살펴보기 위해 올라간 근로자 Stephen Berry가 취약한 지붕채광창(fragile roof panel) 속으로 떨어져 사망한 사안으로 2012년 7월 3일 Lion Steel Ltd가 영국에서 세 번째로 기업과실치사죄에 대해 유죄가 선고되었다.157) 흥미로운 것은 이 기업은 앞서 언급한 다른 두 기업과 달리 중간 규모의 기업이었기 때문에 2007년 기업과실치사법에서 "상급관리자"와 "기업 활동의 전체 또는 상당 부분의 실제적 관리 또는 구성"이 무엇을 의미하는지가 명료하게 될 것이라는 희망을 갖게 하였다는 점이다. 그러나 이에 대해 어떠한 것도 분명하게 밝혀지지 않았으며, 검찰이 이 기업에 대해 2007년 기업과실치사죄법과 1974년 산업안전보건법 위반(제2조와 제33조), 2005년 사업장 고공안전규정(Work at Height Regulations 2005) 위반으로 각각 기소하였음에도 불구하고 재판에서 판사가 잠시나마 기업과실치사죄를 검토했을 뿐 재판은 기업에 대해서는 1974년 산업안전보건법 위반죄로, 3명의 이사들(directors)에 대해서는 보통법상 중과실치사죄와 1974년 산업안전보건법 위반죄로 진행되었다. 재판도중 배심원심리전의 판사결정('half-time' submission of no case to answer)을 통해 이사 1명은 1974년 산업안전보건법과 중과

155) Cotswold Geotechnical Holdings [2011] EWCA Crim 1137; [2012] 1 Cr. App. R. (S.) 26.

156) R v JMW Farms [2012], Belfast Crown Court, NICC 17. 이에 대해 자세히는 http://www.pannone.com/media-centre/blog/health-and-safety-blog/jmw-farms-northern-ireland-corporation-guilty-of-corporate 참조(2014.11.20. 최종검색).

157) 이에 대해 자세히는 http://www.bbc.co.uk/news/uk-england-manchester-13993270 참조(2014.11.20. 최종검색).

실치사죄에 대해 무죄로, 또 다른 1명은 중과실치사죄에 대해 무죄가 인정되었고, 산업안전보건법 위반에 대해서는 여전히 기소상태였다. 위 결정 이후 피고인과 검찰 사이에 유죄답변(guilty pleas) 협상이 진행되었다. 그 결과 Lion Steel 회사가 기업과실치사에 대한 혐의를 인정하는 조건으로 이사들에 대한 나머지 기소는 모두 취하(dropped)되었다. 판사는 혐의를 인정한 점, 회사가 142명을 고용하고 있는 점 등을 고려하여 600,000 파운드 벌금을 20% 감액하여 480,000 파운드(한화 약 8억4천만 원) 벌금형을 선고하였다.[158)]

(2) 2007년 기업과실치사법에 대한 평가

2007년 기업과실치사법은 기업의 과실로 발생한 대규모 '공공재해'는 물론이고 산업안전보건 규제를 위반하여 근로자가 사망에 이른 경우 기업에게 형사책임을 물을 수 있도록 함으로써 기업이 재해예방과 산업안전보건 관련 법을 위반하지 않도록 유도하는 상당한 범죄억지력을 발휘하는 데에 기여할 것으로 평가되고 있다.[159)] 뿐만 아니라 이 법률은 기업의 과실로 다수의 사망자가 발생하였음에도 책임이 큰 것으로 여겨지는 기업들이 법의 심판을 제대로 받지 않아 법에 대한 국민의 신뢰가 무너졌고, 산업안전보건 규제가 통제력을 발휘할 수 있는 수단으로서 적합성이나 실효성이 떨어졌는데, 이러한 부정적 인식을 변화시킬 수 있는 제도적 장치를 마련함으로써 낙수효과(trikle-down effect)를 통해 안전기준의 개선을 촉진할 것으로 기대되고 있다.[160)] 이에 J. Gobert는 "기업과실치사법은 기업 과실의 독특한 성격과 기업의 성질을 이해하려는 정부의 가장 진지한 시도라는 점에서 주목할 만하다"고 긍정적으로 평가하고 있다.[161)] 실제로 2012년에는 63건의 새로운 기업과실치사 소송이 개시되어, 2011년의 45건과 비교할 때 분위기가 바뀌고 있음을 알 수 있다.[162)]

---

158) 이에 대해 자세히는 http://www.lawgazette.co.uk/in-practice/practice-points/corporate-manslaughter 참조(2014.11.20. 최종검색).

159) Law Commission(1996), Report 237.

160) N. Gunningham and R. Johnstone, *Regulating Workplace Safety: Systems and Sanctions*, Oxford: University Press(1999).

161) J. Gobert, "Corporate Killing at Home and Abroad: Reflections on the Government's Proposals" (2002), Law Quarterly Review 118, 72-97, 74면.

162) P. Almond/R. Arthur, "업무상 사망에 대한 사용자의 형사책임: 영국 사례", 국제노동브리프 2013년 10월호, 44-45면, 53면.

그러나 2007년 기업과실치사법에 대한 이러한 긍정적 평가와 달리 이 법률에는 여러 한계가 있으며, 이러한 한계는 앞서 언급한 3건의 최근 승소 건에서 잘 드러난다고 하여 부정적 평가도 내려지고 있다. 우선 첫 번째 문제로 2007년 기업과실치사법이 기업의 과실에 근거하여 발생한 공공재해, 산업재해에 의한 인명피해에 대해 다시 새롭게 초점을 두고 있는 것은 사실이나, 위 3건의 소송 모두에서 관련 이사에 대한 개인적 책임을 다투는 대신 기업책임만을 묻고 있어 기업의 정책을 개발하고 우선순위 및 가치를 결정한 상급관리자들에게 책임을 지우는 것을 막고 있는 것은 문제라고 한다.[163] 두 번째 문제로는 Lion Steel 사건에서 분명히 드러났듯이 동법에서 사용하는 상급관리자라는 집단의 범위에 대한 개념적 불명확성이 계속해서 제기되고 있다는 점이다. 복잡한 경영구조로 이루어진 대기업의 경우 상급관리자의 여러 주의의무들을 구분하기 위한 분명한 경계를 설정하기가 불가능하며, 심지어 안전 관련 주의의무가 하위 직원들에게로 이전되는 경우에도 그로 인해 상급관리자의 책임이 면제될 수 없는 특정한 상황들도 분명히 존재한다. 세 번째 문제로는 기업과실치사 관련 소송의 결과는 전혀 급진적이지 않음을 지적할 수 있다. Cotswold Geotechnical Holdings와 JMW Farms 회사는 1인 이사가 운영하는 소기업이었음 고려할 때, 이들 회사에 대한 기소는 2007년 기업과실치사법 제정 이전의 법리와 법률에 의해서도 충분히 유죄판결을 성공적으로 얻어낼 가능성이 충분히 높기 때문이다.[164] 그리고 이들 두 회사와 달리 Lion Steel 회사가 중견기업이긴 하지만 이 회사의 유죄답변 협상에 따른 혐의 인정으로 상급관리자의 요건이 재판과정에서 실제로 심사되지 않은 한계를 갖는다. 이에 D. McClusky는 "진정한 의미에서 신설된 2007년 기업과실치사법에 대한 테스트는 안전보건 절차를 이행하였다고 이미 주장하는 복수의 이사들이 있는 대기업이 기소되는 경우에 이루어질 것이다"[165]라고 보고 있다.[166]

163) J. Gobert, "The Corporate Manslaughter and Corporate Homicide Act 2007 – Thirteen Years in the Making but was it Worth the Wait?" (2008), Modern Law Review 71(3), 418면.

164) N. Cavanagh, "Corporate Criminal Liability: an Assessment of the Models of Fault" (2011), Journal of Criminal Law 75(5), 414–440면.

165) D. McCluskey, "Legal Update: Corporate Manslaughter" (2011.3), Law Society Gazette, 16–17면.

166) P. Almond/R. Arthur, 앞의 논문, 53–55면.

Ⅳ. 대형재해에 대한 형사처벌 강화를 위한 입법적 노력

세월호 참사와 같은 대형재해는 물론이고 사업장에서 다수의 근로자가 사망하는 산업재해[167]를 예방하기 위한 수단으로서 형사법적 대응방식은 기존에 존재하는 범죄에 대한 형량을 대폭 상향하는 방식, 관련 행위자를 처벌하기 위한 새로운 범죄를 특별법 형식으로 마련하는 방식, 그리고 이 두 방식을 혼합하는 방식을 고려할 수 있다. 2014년 6월 5일 법무부가 입법 예고한 '다중인명피해범죄의 경합범 가중에 관한 특례법안'(이하 '다중인명피해범죄 특례법안'이라 한다)은 특례법안이라는 명칭을 붙이고 있으나, 기존의 유기형의 상한을 100년까지 상향한다는 점에서 첫 번째 대응방식으로 볼 수 있고, 2014년 11월 3일 대검찰청이 법무부에 제출한 '기업책임법(가칭)' 도입 계획은 특별법 형식으로 기업경영진이 관리하는 주요 사업이 대형 인명사고 피해를 냈을 경우 기업 자체의 형사처벌이 가능하도록 한다는 점에서 두 번째 대응방식이라 여겨진다. 나아가 2013년 4월 24일 국회 도서관 대회의실에서 개최된 산재사망 처벌 및 원청 책임강화법 개정 방안 토론회에서 발제자로 참석한 강문대 변호사가 제안한 가칭 '산업재해범죄의 단속 및 가중처벌 등에 관한 법률'은 산업안전보건 사고가 발생하여 사망자가 2명 이상 발생한 경우 5년 이상의 징역에 처하는 등의 새로운 범죄를 신설하고 기존 사업주의 책임과 관련하여 양벌규정에 따른 벌금을 10억원으로 상향하고 있다는 점에서 혼합방식으로 볼 수 있다. 세월호 참사와 같이 기업의 과실로 발생한 대형재해와 개인 차원이 아닌 정부기관 차원에서 제안된 내용에 논의의 초점을 맞추고자 앞의 다중인명피해범죄 특례법안과 기업책임법(가칭) 도입 계획의 주요내용과 문제점에 대해서만 살펴보고자 한다.[168]

---

167) 고용노동부가 발표한 최근 5년간 산업재해 사망자 수를 보면 2009년 1,916명, 2010년 1,931명, 2011년 1,860명, 2012년 1,864명, 2013년 1,929명이며, 2013년 한해만 보더라도 하루에 5.3명의 근로자가 일터로 나갔다가 산업재해로 사망하여 집으로 돌아오지 못하고 있다(e-나라지표 홈페이지 http://www.index.go.kr/potal/main/EachDtlPageDetail. do?idx_cd=1514 참조. 2014.11.21. 최종검색).

168) 다만 강문대 변호사가 제안한 입법안에 대한 상세한 내용은 강문대, "산재사망사고의 처벌 실태 및 특별법 제정 방안", 산업사망 처벌 및 원청 책임강화법 개정 방안 토론회 자료집, 2013, 34-43면 참조. 이 입법안에 대한 문제점으로 지적으로는 김가람, "산재사망 특별법 제정, 산재사고는 범죄라는 사회적 여론에 기여할 것", 산업사망 처벌 및 원청 책임강화법 개정 방안 토론회 자료집, 2013, 120-125면 참조.

1. 개인처벌 강화: '다중인명피해범죄의 경합범 가중에 관한 특례법' 제정안

(1) 제안 배경과 주요내용

법무부는 다중인명피해범죄 특례법안에서 "세월호 침몰 사건과 같이, 과거 다수인의 생명 침해결과를 야기한 중대범죄가 반복적으로 발생하였음에도, 책임에 상응하는 엄정한 처벌이 이루어지지 못하여왔음"을 지적하면서, "다수 피해자의 생명을 침해한 범죄는 그 불법 및 책임이 매우 심각하므로 이에 대한 엄정한 처벌이 가능하도록 경합범 규정 및 유기형의 상한 등의 개정이 절실함"을 제안 배경으로 설명하고 있다. 나아가 이 특례법안이 시행되면 "다중인명피해범죄에 대해 피해 규모나 죄질, 국민 법감정에 맞는 엄중한 처벌이 가능해지고, 생명을 위협하는 범죄를 방지하여 국민이 안전하게 생활할 수 있는 사회를 만드는데 기여할 것으로 기대"된다고 언급하고 있다.[169)]

다중인명피해범죄 특례법안의 주요내용을 살펴보면 이 특례법안에서 "다중인명피해범죄란 고의 또는 과실로 2인 이상 사망의 결과를 야기한 범죄"를 말하는 것으로(동 특례법안 제2조), "선장, 기장 등의 과실로 선박 또는 항공기가 침몰, 추락하여 수백 명이 사망한 경우는 물론, 폭탄을 던져 수십 명을 살해하거나 수회에 걸쳐 다수를 죽인 연쇄살인범의 경우도 포함"한다. 그리고 다중인명피해범죄의 경우 원칙적으로 각 죄에 정한 형의 장기 또는 다액을 합산하여 가중 처벌(단, 사형, 무기형 제외)하여 "최대 100년"의 유기징역 또는 유기금고의 선고가 가능하도록 유기형을 상향하는 한편(동 특례법안 제4조, 제5조, 제6조), 법률상 감경의 경우 사형은 무기 또는 50년 이상 100년 이하의 징역 또는 금고로, 무기징역 또는 무기금고는 30년 이상 100년 이하의 징역 또는 금고로 강화하고(동 특례법안 제7조), 무기형에 대한 가석방 요건을 현행 "20년"에서 "40년"으로 강화(동 특례법안 제8조)하여 규정하고 있다.[170)]

(2) 문제점

다중인명피해범죄 특례법안은 법안 자체에 내포된 형법 이론상 문제는 물

169) 법무부, "법무부,「다중인명피해범죄의 경합범 가중에 관한 특례법안」입법예고", 2014.6.3. 법무부 보도자료 1-2면.

170) 법무부, 앞의 보도자료, 2-3면.

론이고 이 법안이 기대하고 있는 대형재난 예방에 실질적으로 기여할 수 있을지 의문이 든다. 첫째, 다중인명피해범죄 특례법안은 다중인명피해범죄를 "고의 또는 과실로 2인 이상 사망의 결과를 야기한 범죄"로 규정하고 있는데, 이 정의 규정에 따르면 예컨대 연쇄살인범인이 3명을 살해한 경우, 강도강간범이 부녀 4명을 강간 후 치사에 이르게 한 경우, 택시운전 기사가 졸음운전을 하여 중앙선을 침범, 마주오던 고속버스와 충돌하여 승객 5명이 사망하고 수십 명이 부당을 당한 경우, 작업현장에서 인화성 가스가 폭발하여 4명이 사망한 경우(2011년 12월 세진중공업 폭발사건) 등 2명 이상의 사망의 결과가 발생한 모든 사건이 다중인명피해범죄가 되어 이 특례법안의 적용대상이 된다. 그런데 과연 이러한 사건들이 다중인명피해범죄로 분류되어야 하는 것인지, 법문 그대로 다중인명피해범죄로 보아 최장 100년까지의 형벌로 위협하는 것이 21세기 문명국가에서 합리적 이성에 토대를 둔 법안인지 일차적으로 묻지 않을 수 없다. 둘째, 형법은 행위불법과 결과불법이란 측면에서 고의범과 과실범을 엄격히 구별하고 그에 따른 형벌도 상이하게 규정하고 있으나, 이 특별법안은 양자를 하나로 묶어 접근하고 있다. 고의적으로 항공기에 폭발물을 설치하여 승객 300여명 전원을 사망케 한 어느 테러범에게 이 특례법안을 적용하여 90년의 유기징역을 선고할 경우 그가 처음부터 다수의 승객을 살해할 의도로 행위를 하였고, 이로 인하여 중대한 위험이 창출되었으며, 그 위험이 현실화되어 다수의 승객이 사망하였음을 고려할 때 상대적으로 행위불법과 결과불법이 가중된 결과로 볼 수 있다. 그러나 다중인명피해가 발생하다는 결과만 동일할 뿐 그에 대한 미필적 고의가 없는 과실범을 고의범과 같은 선상에 올려놓고 가중처벌하는 것은 타당하지 않다. 왜냐하면 앞선 예의 항공기 테러범과 달리 선박의 침몰, 항공기의 추락 등과 같은 대형재난은 주로 사회적·기술적 시스템의 위험관리 실패로 인하여 야기된 경우가 대부분인데, 시스템의 붕괴로 인하여 발생하는 위험은 고의범과 같이 어느 특정한 개인이 의도하여 창출하는 위험과 비교하여 볼 때 위험창출 과정이나 위험지배 구조가 서로 전혀 다르기 때문이다.[171] 셋째, 다중인명피해범죄 특례법안은 김호기 교수가 적절히 지적한 바와 같이 직접적으로 재난발생

---

171) 김호기, "재난발생의 직접적인 원인야기자에 대한 중한 형의 부과를 통한 재난예방 가능성", 형사정책연구 제25권 제3호, 2014, 102면.

의 원인을 제공한 자를 중하게 처벌함으로써 다수인명피해가 발생하는 재난을 예방할 수 있을 것을 기대하고 있으나, 이러한 특정 개인에 대한 형벌강화 방식으로 재난예방 효과를 성공적으로 거둘 수 있을지 의문이라고 한다.[172] 세월호 선장과 선원 등 15명과 같이 "재난발생의 직접적 원인을 제공한 개인을 형사처벌하거나, 그에게 부과되는 형을 가중한다고 하여도 이를 통하여 재난을 예방하는 효과는 거의 발생하지 않거나, 지극히 제한된 범위 내에서만 발생하게 될 것이라고 예측"할 수 있는데, "대형재난은 당해 재난을 방지하기 위하여 설치된 방벽 모두가 실패한 경우에, 즉 시스템의 위험관리 그 자체가 실패한 경우에 비로소 현실화하게 되는 것이기에, 어느 특정한 영역에 대하여서만 지배가능성을 보유한 개인에게 시스템 위험관리 실패에 대한 모든 책임을 부담"시키는 것이 아니라 실패한 위험관리체계의 개선이라는 측면에서 접근하는 것이 재난예방에 더 효과적이기 때문이라고 한다.[173] 마지막으로, 다중인명피해범죄 특례법안은 다중인명피해를 야기한 대형재난의 책임을 오직 행위자 개인책임으로만 돌리고 있으나, 세월호 참사에서 보듯이 대형재난의 직·간접적인 원인제공은 기업에게도 있음에도 불구하고 기업에 대해서는 면책권을 주는 문제를 보고 있다. 구체적으로 세월호 참사의 경우 해당 기업인 청해진해운은 제한연령을 초과한 오래된 선박의 수입 운행, 안전을 고려하지 아니한 선박 구조의 무단 증·개축, 기업의 이윤추구에 함몰된 나머지 관행화된 과적운행, 구명장비의 결함 여부에 대한 부실한 관리감독, 인명구조와 관련된 미흡한 안전교육과 훈련 등 참사의 직·간접적인 원인된 여러 행위를 하였음에도 다중인명피해범죄 특례법안에 따르면 청해진해운에게 아무런 형사책임을 물을 수 없다. 이는 진정한 거대 범죄자는 놓아 둔 채 힘없는 작은 범죄자만 엄벌하는 우를 범하는 것은 아닌가 한다. 영국에서 2007년 기업과실치사법을 왜 제정했는지 다시금 돌아볼 필요가 있다.

2. 기업처벌 인정: 대검찰청의 '기업책임법(가칭)' 도입 계획

(1) 도입의 배경과 주요내용

정부도 기업의 과실로 인하여 대형재난이 발생했음에도 불구하고 기업 자

172) 김호기, 앞의 논문, 108면 이하 참조.

173) 김호기, 앞의 논문, 108, 118면.

체에 대해 양벌규정에 따른 책임 이외에 어떠한 형사책임도 물을 수 없다는 문제점을 인식하여 '기업책임법(가칭)'을 도입하겠다고 발표하였다. 즉 대검찰청은 2014년 11월 3일 세월호 참사와 같은 대형재난이 발생했을 때 기업에게 형사책임을 묻는 기업책임법(가칭)의 도입을 검토하여 그 결과를 법무부에 제출하고 형사법학회 등에 기업책임법 도입 및 추진과 관련한 연구용역을 의뢰하였다고 밝혔다.[174] 대검찰청은 "기업의 이윤추구활동 과정에서 발생한 대형안전사고로 인한 국가적·사회적 피해가 심각한 상황에 비추어, 사고를 유발하는 기업에 대한 처벌이 필요"하고, 이에 따라 "기업 자체에 독립된 형사책임을 인정하는 법제의 도입에 대한 논의가 필요"함을 제안 배경으로 설명하고 있다. 나아가 "영국의 기업과실치사법은 기업의 경영진에 의해 관리되는 활동으로 인해 발생한 사상의 결과를 기업 자체의 책임으로 인정하는 것으로서, 사회적 파급력이 심각한 기업의 대형안전사고를 통제할 수 있다는 점에 비추어 적극적으로 도입함이 타당"하는 의견을 제시하고 있다.

대검찰청이 제안한 기업책임법(가칭)의 주요 내용을 살펴보면 "기업 등 상위경영진에 의해 관리되고, 구성된 활동으로 사람의 사상을 초래하거나 주의의무 위반 등으로 사상의 결과에 대해 기여한 경우, 기업의 구성원의 책임 여부와 관계없이 기업 자체에 대해 처벌 규정을 마련"하고, 이때 "기업 등 상위경영진은 조직의 경영활동을 하며, 총괄적으로 중요부분의 의사결정을 할 수 있는 자를 말하고, 조직경영 및 활동에서 실제적인 총괄을 담당하는 자를 말하며, 주의의무는 근로자 등 기업을 위하여 일하는 사람에 대한 의무, 재화나 서비스의 조직에 의한 공급관계에서 발생하는 의무 등 기업 활동과 관련된 주의의무를 말한다"고 한다. 그리고 기업에 대한 형사제재로 "벌금형의 상한을 1년 매출의 일정액(예를 들어 2.5%~10%)으로 설정함으로써 기업의 활동으로 발생한 대형안전사고에 대한 책임을 강화할 필요"가 있다고 한다.[175]

(2) 문제점

대검찰청의 기업책임법(가칭) 도입 계획은 기본적으로 그 동안 형법학계의

174) 시사포커스 2014년 11월 3일자 기사 참조
(http://www.sisafocus.co.kr/news/articleView.html?idxno=109961 2014.11.21. 최종검색).

175) 대검찰청, 기업책임법 도입 제안서, 55면.

일부에서 기업범죄에 대한 효율적 대응방안으로 하나로 기업의 형사책임을 전면적으로 인정하는 견해를 지속적으로 제시하였음을 고려할 때 긍정적으로 평가할 수 있다. 하지만 아직까지 도입하고자 하는 기업책임범(가칭)의 구체적인 내용이 확정되지 않은 상황에서 이에 대한 문제점을 지적하는 것은 무의미하겠으나, 전체적인 입법형식에 대해서는 재검토할 여지가 있다고 본다. 즉 기업책임법(가칭)은 특별법의 형식으로 기업의 형사책임을 인정하려고 하나, 이는 기본법인 형법에서 대륙법계의 오랜 전통인 '단체는 죄를 범하지 못한다(societas dilinquere non potest)'라는 법언에 따라 기업, 정확히는 법인의 범죄능력을 전면 부정하고 다만 양벌규정에 의해 수형능력만을 인정하고 있는 현재의 입장과 정면으로 배치된다. 영국이 2007년 기업과실치사법을 제정한 것은 이미 영국에서는 19세기부터 법인의 형사책임을 판례상으로 대위책임과 동일성 원리에 따른 법인 고유의 자기책임이라는 이원적 구조를 통해 인정해 오고 있던 전통에 바탕을 둔 것으로,[176] 법인의 범죄능력을 인정하지 않고 개인책임형법을 고수하고 있는 우리나라와 다르다. 따라서 형법에서 법인의 범죄능력을 전면적으로 인정하지 않은 채 기업책임법(가칭)이란 특별법을 통해 기업 활동으로 사람의 사상의 초래하거나 주의의무 위반으로 사상의 결과에 기여한 경우에 한하여 기업(법인)의 범죄능력을 인정할 경우 기업(법인)에 의한 환경범죄, 경제범죄, 조직범죄 등의 기업범죄에 대해서는 기업(법인)의 범죄능력이 인정되지 않는 것인가라는 근본적인 의문이 제기되지 않을 수 없다.

3. 소 결

생각건대 정부는 세월호 참사 이후 향후 다수의 인명피해를 발생시키는 대형재난을 적극적으로 예방하고 그 관련 책임자를 강력하게 처벌하고자 다중인명피해범죄 특례법안과 기업책임법(가칭) 도입을 추진하고 있으나, 이러한 입법적 노력은 대형재난이 도대체 누구에 의해 발생한 것이고 이를 예방하기 위한 근본적 대책은 무엇인지에 대한 진지하고 깊이 있는 성찰과 형법이론 및 외국

176) 이에 대해 상세히는 김재윤, 현대형법의 위기와 과제, 전남대학교출판부, 2009, 250-251면; 김호기, 앞의 보고서, 78면 이하; 송기동, "영미 기업범죄 형사책임의 전개", 형사정책 제20권 제2호, 2008, 50면 이하 참조.

법제에 대한 충실한 이해에 바탕을 둔 것이 아니라 국민들에게 단지 정부가 무엇인가를 하고 있음을 보여주기 위한 것은 아닌가라는 의구심을 지울 수 없다. 무엇보다 전자의 특례법안에 의해서는 기업에게 재난예방에 필수적인 위험관리체계의 개선을 기대할 수 없다. 왜냐하면 대형재난의 대부분은 그 원인이 직접행위자에게만 있는 것이 아니라 이윤추구에 매몰된 기업의 여러 탈법적인 행태가 누적되고 안전과 관련된 위험관리체계의 실패, 관리시스템의 미비, 조직구조상 결함 등에 기인한 것임에도 불구하고 그 책임을 오로지 직접행위자 개인에게만 강력하게 묻고 또 다른 진정한 범죄자인 기업에 대해서는 아무런 형사책임을 묻지 않기 때문이다. 나아가 후자의 기업책임법(가칭) 도입 계획은 영국과 달리 법인의 범죄능력을 전면 부인하는 형법이론과 정면으로 상충되어 형법상 법인의 범죄능력 인정에 대한 논의가 선행 내지 동시에 진행되지 않고서는 성안될 수 없는 법안이다.[177)]

따라서 향후 세월호 참사와 같은 대형재난을 예방하기 위해서는 다중인명피해범죄 특례법안과 같이 그 책임을 특정행위자에게만 묻는 방식이 아닌 영국의 2007년 기업과실사법과 유사하게 또 다른 진정한 범죄자인 기업에 대해 형사책임을 강력하게 물을 수 있는 방안이 마련되어야 한다고 본다. 그리고 그 입법형식은 대검찰청이 발표한 특별법 형식으로서 기업책임법(가칭)이 아니라 형법이론상 법인의 범죄능력을 전면적으로 인정하고 형법전에 법인처벌의 규정을 마련하는 입법방식이 타당하다고 본다.[178)] 왜냐하면 이러한 방식은 특별법이 아닌 일반법으로서 형법전에 범인의 범죄능력을 인정하고 기업형벌로서 벌금, 보안처분, 구제명령, 공표명령 등 기업에게 적합한 다양한 형사제재를 규정할 수 있다는 점에서 논리적 일관성과 통일성을 가질 수 있으며, 대형재난과 산업

---

177) 이와 달리 김종구 교수는 “비록 국내의 다수설과 판례가 법인의 범죄능력을 부정하고 있으나, 입법자의 결단으로 자연인과 연계하지 않고 법인만을 독자적으로 처벌하는 법률을 제정하는 것은 가능한 일이다”라는 견해를 제시하고 있다(김종구, “기업살인법과 규제 개혁” 법학연구 제55집, 2014, 85면). 그러나 앞서 언급한 바와 같이 입법자의 결단도 기본법인 형법이론의 토대에 바탕을 두어야 하는 것은 아닌지, 이러한 특별법은 법인의 범죄능력을 일반적으로 부인하는 것과 어떻게 조화할 수 있을지 등의 여러 문제를 야기한 다는 점에서 다소 설득력이 약하다고 본다.

178) 이미 프랑스, 스위스 등에서는 형법전에 법인처벌의 규정을 명문으로 규정하고 있다. 이에 대해 자세한 설명은 본서 제3장 § 10 참조.

재해뿐만 아니라 환경범조, 경제범죄, 조직범죄 등 전형적인 기업범죄 전체에 대한 효율적인 대처방안일 수 있기 때문이다.[179)]

물론 형법전에 기업(법인)의 범죄능력을 전면적으로 긍정하는 형사입법적 개혁이 이루어진다고 하여도 영국의 2007년 기업과실치사죄의 실제 적용사례에서 보듯이 대기업이나 중견기업은 기소되지 않고 영세한 소규모 기업만이 기소되어 처벌됨으로써 기업의 과실이 개입된 대형재난이나 경제범죄 등 기업범죄가 실효적으로 예방될 수 없을 것이란 비판도 가능하다. 그러나 이러한 형사사법의 실제 운영의 문제가 기업(법인)의 범죄능력이 인정되지 않음으로써 기업이 진정한 범죄자로 여겨지는 대형재난이나 기업범죄 사례가 빈번히 발생하여도 기업에 의해 고용되어 기업을 위해 행동한 자연인에게 모든 형사책임을 전가시키고 기업은 무소불위의 기업권력을 행사하면서 그에 따른 책임을 전적으로 회피하는 문제를 해결하지 말라고 할 만큼 크지 않다고 본다.

Ⅴ. 맺음말

전 국민을 슬픔과 충격에 빠뜨린 세월호 참사가 발생한지 어느 덧 7달이 흘러가고 있다. 많은 이들이 "잊지 않겠다"고 외쳤지만 어느 새 세월호 참사는 국민들의 기억 속에서 잊혀지고 있다. 그러나 분명 잊지 말아야 할 것이 있다. 과연 세월호 참사의 발생원인은 누구에게 있고, 관련 책임자들이 자신의 불법행위에 비례하여 적정한 형사처벌을 받은 것이지, 향후 이러한 대형재난을 예방하기 위해 적절한 안전법제를 강구하였는지가 그것이다. 특히 세월호 참사 관련 책임자들의 형사처벌과 관련하여 우리나라 검찰과 법원은 중대한 한계를 노출하고 말았다. 검찰은 세월호 참사에 중대한 원인을 제공한 청해진해운이란 기업에 대해 304명의 승객 사망에 대한 책임을 묻기 위한 어떠한 수사 활동도 펼치지 않았으며, 단지 기름유출의 과실책임만을 물어 해양환경관리법 위반으로 기소하였을 뿐이고, 제1심 법원도 불고불리의 원칙에 따라 청해진해운에게 1천만원의 벌금을 선고하였기 때문이다. 이는 기업의 과실에 의해 대형재난이

179) 법인처벌규정의 형법전에의 도입에 대한 구체적인 사항에 대해서는 김재윤, 앞의 책, 280－287면 참조.

발생하였음에도 진정한 범죄자로서 기업이 법의 심판을 제대로 받지 않은 것으로 법에 대한 국민의 신뢰를 붕괴시키는 결과를 초래하고 있다.

이에 이상에서는 세월호 참사와 같은 대형재난의 진정한 범죄자는 다름 아닌 청해진해운과 같은 기업이라는 인식 아래 이러한 대형재난을 야기한 기업에게 영국의 2007년 기업과실치법과 같은 기업살인법을 도입하여 엄정한 형사책임을 묻는 방안이 타당한지 여부를 검토하였다. 이를 위해 미국의 기업살인과 아울러 대형재난과 산업재해 등 기업 활동으로 인해 발생한 사상의 결과에 대해 기업 자체의 형사책임을 인정하고 상한 없는 벌금형을 선고할 수 있는 영국의 2007년 기업과실치사법의 주요내용과 그에 대한 평가를 살펴보았다. 나아가 최근 정부에서 대형재난에 대한 형사처벌 강화를 위한 노력으로 다중인명피해범죄를 야기한 행위자에게 100년까지 유기징역의 선고가 가능하도록 하는 다중인명피해범죄 특례법안과 영국의 2007년 기업과실치사법과 내용적으로 유사한 기업책임법(가칭)을 제안하였다. 그러나 전자의 특례법안은 다중인명피해범죄 개념이 지나치게 광범위하다는 점, 고의범과 과실범을 동일선상에 묶어 다루고 있다는 점, 대형재난은 특정 개인에 대한 형벌강화 방식만으로는 결코 예방될 수 없다는 점, 대형재난에 대한 진정한 범죄자로서 기업에게 어떠한 형사책임도 묻지 않고 있다는 점 등의 문제점을 보이고 있다. 그리고 후자의 기업책임법(가칭)은 특별법의 형식으로, 그것도 기업의 과실에 의한 사상의 결과에 국한하여 기업(법인)의 범죄능력을 인정하고자 하나, 이는 일반법인 형법에서 법인의 범죄능력을 부정하는 입장과 정면으로 충돌한다.

결론적으로, 기업의 과실에 기인한 대형재난, 특히 개인에게 환원시킬 수 없는 기업의 위험관리체계의 실패, 관리시스템의 미비, 조직구조상 결함 등이 직접적인 원인이 되어 발생한 대형재난을 예방하기 위해서는 특정개인이 아닌 기업에 대한 형사처벌을 강화하여야 한다. 이를 위해 기업책임법(가칭)과 같은 특별법의 형식이 아니라 일반법으로서 형법전에 기업(법인)의 범죄능력을 전면적으로 인정하고 기업형벌로서 벌금, 보안처분, 구제명령, 공표명령 등 기업에게 적합한 다양한 형사제재를 규정하는 형사입법상 개혁이 필요하다.

§ 13 기업의 형사처벌의 입법론적 방안

Ⅰ. 머리말

우리나라 형법은 대륙법계, 특히 독일형법의 영향을 받아 현재까지 기업(법인)의 범죄능력을 부정하고, 오직 자연인의 행위능력, 책임능력 및 수형능력만을 인정하고 있다. 다만, 이러한 법인의 범죄능력 인정여부와 무관하게 약 400여개에 달하는 다수의 부수형법(예컨대 행정형법, 경제형법 및 조세형법 등)에서 “법인의 대표자, 법인이나 개인의 대리인·사용인 기타 종업원이 그 법인 또는 개인의 업무에 관하여 제○조의 위반행위를 한 때에는 행위자를 벌하는 외에 그 법인 또는 개인에 대해서도 각 해당 조의 벌금형을 과한다.”는 양벌규정의 입법형식에 의해 벌금이라는 형벌의 수형능력만을 인정하고 있다.

그러나 이처럼 형법에서 법인의 범죄능력을 부정하면서 부수형법에서 양벌규정에 의해 법인에 대해 벌금이라는 형벌을 부과하는 방식은 법인의 범죄능력은 부정하고 수형능력만을 인정하는 것으로 이론적 모순을 나타내는 것이다. 더욱이 양벌규정은 그 낙후성에 대한 언급은 별개의 논의로 하더라도,[1] 법인형벌로 단지 벌금만을 규정하고 있는데, 법인의 구조에 적합한 형벌의 마련 없이 벌금만으로 법인에 의한 또는 법인을 통한 법인범죄에 대해 억지효과를 달성할 수 있을지 의문이다. 실제로 최근 두산그룹 비자금조성 사건, 쌍용건설 분식회계 사건, 현대자동차그룹회장의 회사자금 횡령 및 배임 사건,[2] 삼성에버랜드 전환사채 저가발행 및 조세포탈 사건[3] 등 대기업에 의한 법인범죄가 끊이질 않는 것을 보면 양벌규정에 의한 벌금이 얼마만큼 범죄억지의 실효성이 없는가를 극명하게 보여주는 사례라 하겠다.[4] 더욱이 현행 양벌규정은 법인이나 개인 사

---

1) 이에 대한 상세한 분석으로는 박기석, “양벌규정의 문제점과 법인범죄의 새로운 구성”, 형사정책 제10호, 1998, 101면 이하 참조.

2) 이들 사건에 대한 소개와 분석으로는 한상훈, “경제범죄의 개념과 형사법적 대책”, 형사정책 제19권 제2호, 2007, 214－217면 참조.

3) 이에 대한 비판적 분석으로는 곽노현, “배임특권의 법과 정치 －삼성에버랜드사안의 공소사실과 1, 2심 판결을 중심으로－”, 민주법학 제35호, 2007, 309면 이하 참조.

업주와 직접위반행위자만을 처벌하기 위한 근거 규정일 뿐 법인의 대표이사, 이사, 사실상 이사 등 법인의 실질적 활동방침과 의사결정을 하는 법인의 상급 관리자로서 경영진이 탈·불법경영과 관련된 위반행위를 직접행위자로서 하지 않은 경우 이들을 처벌하기 위한 근거 규정은 아니므로 이들에 대한 처벌의 공백이 발생한다는 문제점이 있다.

따라서 이하에서 한편으로는, 현행 양벌규정과 관련하여 기업(법인)의 대표이사를 포함한 기업 경영진이 탈·불법경영과 관련된 위반행위를 직접행위자로서가 아니라 종업원을 통해 행하였을 경우에 이들을 처벌할 수 없는 처벌 공백의 문제를 해결하고 이들에 대해서도 형사책임을 묻기 위한 이론적 근거와 입법론적 방안은 무엇인가의 문제를 산업안전보건 영역을 중심으로 살펴보고자 한다(Ⅱ). 그리고 다른 한편으로는, 기업의 형사처벌에 관한 외국의 입법례를 참고하여 우리나라에서 기업의 형사처벌의 입법화를 시도함에 그 방식은 어떠해야 하고, 어떠한 점들을 면밀히 검토해야 하는지를 검토하고자 한다(Ⅲ). 나아가 이를 바탕으로 기업(법인)의 형사처벌을 위한 입법안을 결론으로 제시하고자 한다(Ⅳ).

Ⅱ. 현행 양벌규정의 개정방안[5]

1. 양벌규정 개정의 기본 방향

견해에 따라서는 양벌규정에 따라 직접행위자와 법인인 사업주만을 처벌하면 충분하지 사고현장에 대한 관리상황을 철저하게 감독하지 아니한 일반적, 추상적인 관리·감독상의 과실을 근거로 기업(법인)의 대표이사를 포함한 경영진까지 처벌하는 것은 결과책임의 잔재일 뿐만 아니라 경영자의 경영활동을 심각히 제한하는 자유주의 시장질서에 적합하지 않는 반기업적 정서에서 비롯된 것이라는 비판이 제기될 수 있다. 하지만 ① 사업주인 법인에 대한 벌금이 산업

4) 김재윤, "법인의 형사처벌에 관한 유럽국가의 입법동향", 법제연구 통권 제36호, 2009, 272-273면.

5) 이하의 논의는 김재윤, "기업 경영진의 형사책임에 관한 연구 -산업안전보건법상 양벌규정의 문제점과 개정안을 중심으로-" 법제연구 통권 제40호, 2011, 410-419면.

안전보건법을 포함한 대부분의 양벌규정에 의할 때 1억원 이하인 점에 비추어 보아 일반예방효과와 특별예방효과라는 형벌목적을 실질적으로 달성하기에 미흡하다는 점, ② 대기업 대표이사는 현장소장 등을 선임·감독하여 이들과 법인 자체에 책임을 전가시킬 수 있지만 개인 사업주의 경우 별도로 현장소장 등을 선임하여 종업원의 위반행위에 대한 관리감독을 철저히 하여 면책규정에서 요구하는 상당한 주의와 관리감독 의무를 이행한 경우에는 면책이 되겠지만 현실적으로 소규모 영세업체가 대부분이어서 거의 예외 없이 양벌규정에 의해 처벌되는 불평등의 문제가 발생한다는 점, ③ 현행 해석론상 법인의 범죄능력이 명문으로 인정되지 않는 상황에서 입법론적 차원에서 법인의 범죄능력을 전면적으로 인정하여 문제해결을 시도하기보다 개인책임원칙에 따라 기업(법인)의 대표이사를 포함한 고위경영진의 형사책임을 묻을 수 있는 해석이나 입법론이 현실적으로 보다 타당한 것이 아닌가 하는 점 등을 고려할 때 현행 양벌규정에 대해 역적용사례의 문제를 해결하는 동시에 기업 경영진에 대한 형사책임을 인정할 수 있는 방향으로 개선이 필요하다고 본다.

2. 기업 고위경영진의 형사책임 인정을 위한 입법론적 방안

(1) 삼벌규정의 도입

기업 경영진의 책임을 인정하기 위한 입법론적 대안으로 한편으로, 삼벌규정의 도입이 필요하다는 견해가 제시되고 있다.[6] 이 견해에 따르면 기업범죄와 관련하여 기업범죄를 행하도록 명령하거나 일정한 권한을 위임한 관리감독자(간접행위자)의 감독 하에서 발생하는 범죄행위에 대해서 관리감독자의 책임을 포착함으로써 범죄의 명령·지시나 묵인을 억제시키고 주의 깊은 감독을 하게 함과 동시에 그들에게 범죄행위의 방지를 위한 관행과 절차를 개발·실행하게 하는 강한 자극이 필요하므로 기업 자체를 포함하여 직접행위자인 종업원뿐만 아니라 기업의 실질적 의사결정권자인 관리감독자를 처벌하는 것이 대단히 중요하다고 한다.[7] 다만, 관리감독자에 대한 과잉처벌을 방지하고 기업 활동을 보호함과 동시에 기업범죄에 대해 효과적으로 대응하기 위해 관리감독자의 범

6) 김종덕, "기업범죄에 있어서 개인의 형사책임", 법학연구 제18집, 2005, 327면 이하.
7) 김종덕, 앞의 논문, 333면.

위를 대표자, 이사 그 외의 임원 혹은 그 업무에 관하여 책임 있는 직원 등으로 한정하고, 책임기준으로 특수고의로 인정되는 경우 즉 불법행위를 명령·묵인·허용 또는 의도적인 무지의 경우뿐만 아니라 극단적인 부주의감독에 해당하는 경우, 즉 위험에 대한 의식적인 무시, 위험에 관해 실질적으로 알 수 있었던 경우, 불법행위의 실질적 발생가능성이 있음을 안 때, 범죄를 범하기 쉬운 잠재적 위험상태에 있음을 안 때에만 형사책임을 부과하고, 단순한 과실감독의 경우에는 비형벌적인 수단으로 대응하는 것이 타당하다고 한다.[8] 이러한 견해를 바탕으로 "기업체 또는 대표자가 정해진 단체의 업무에 관하여 그 관리감독자가 직무상 필요한 상당한 주의를 하였다면 기업체 또는 단체의 피사용인 그 외의 종업원의 범죄계획 또는 범죄행위를 방지할 수 있었을 때에는 행위자를 벌하는 외에 그 기업체 또는 단체와 관리감독자는 감독책임을 진다. 단 기업체 또는 단체의 관리감독자가 당해 위반행위를 방지 또는 시정하기 위해 필요한 상당한 주의를 태만하지 아니하였다는 증명이 있는 때에는 그러하지 아니한다."는 일반규정으로서 삼벌규정을 형법전에 도입할 필요가 있다는 입법안을 제시하고 있다.[9][10]

(2) 신 명의원의 산업안전보건법 일부개정법률안

다른 한편으로, 2007년 한국타이어 노동자 사망사건 언론보도를 계기로 17대 국회에서는 타이어회사 제조사업장의 작업환경개선과 산업안전보건법상의 의무주체인 사업주가 법인인 경우 산업안전보건법 위반에 대한 처벌대상에 법인의 대표자를 명시적으로 규정함을 주요 내용으로 하는 신 명의원 대표발의 산업안전보건법 일부개정법률안(이하 '신 명의원안'이라 한다)이 2008년 4월 4일 제출되었으나 임기만료폐기된 바 있다. 구체적으로 신 명의원안에 따르면 산업안전보건법은 의무주체인 법인이나 개인의 사업주에게 안전조치의무를 부과하고 그 위반행위에 대해 책임을 묻고 있으나, 의무위반에 대한 책임 있는 권한을 가진 자는 법인의 대표자이므로 산업안전보건법 위반에 대한 책임을 법인의 대

8) 김종덕, 앞의 논문, 344면.

9) 김종덕, 앞의 논문, 349면.

10) 이러한 삼벌규정의 대표적 입법례로는 일본의 노동기준법 제121조과 선원법 제135조, 영국의 산업안전보건법 Section37을 언급할 수 있다. 이들 입법례에 대한 상세한 소개와 분석으로는 김종덕, 앞의 논문, 342－343면; 전형배, 앞의 논문, 379－382면 참조.

표자도 함께 부담하도록 해야 하는 것이 당연하지만 현실적으로 중소기업의 경우에는 법인의 대표자가 사법적 책임을 지지만 대기업의 경우 주로 안전·보건관리책임자인 공장장이나 현장소장 등이 형사처벌을 받고 법인의 대표자는 제외되는 경우가 대부분이므로 그러한 차별적 결과를 예방하고 기업규모에 관계없이 법인의 대표자가 어떤 식으로든 의무위반에 대한 책임을 지고 실질적으로 처벌될 수 있도록 법인의 대표자를 양벌규정에서 명시적으로 규정하려는 취지임을 밝히고 있다. 이에 따라 신 명의원안은 산업안전보건법상의 양벌규정인 제71조 제1항에 대해 "법인의 대표자, 대리인, 사용인, 그 밖의 종업원이 그 법인의 업무에 관하여 제66조의2부터 제70조까지에 따른 위반행위를 하면 그 행위자를 벌할 뿐만 아니라 그 법인에도 해당 조문의 벌금형을 과하는 외에 그 법인의 대표자나 그 밖에 업무를 집행하는 책임자에 대하여도 각 해당 조문의 형을 과한다."는 개정안을 제시하고 있다.[11)]

하지만 전형배 교수는 이러한 신 명의원안에 대해 자연인에게 무조건의 결과책임을 부담시키기 때문에 형법의 책임원리와 충돌하는 문제가 있음을 지적하면서 기업 경영진에 대한 처벌이 이루어지려면 '기업의 법령위반사실을 알았거나 알 수 있었던 때 혹은 법령위반을 회피하기 위하여 상당한 조치를 취하지 못 하였을 때'라는 경영상의 의무가 구체적으로 제시되어야 할 필요가 있다고 한다. 이에 따라 "법인에게 벌금을 과하는 경우, 그 법인의 대표자나 그 밖에 업무를 집행하는 책임자가 법인의 제66조의2부터 제70조까지에 따른 위반행위사실을 알거나 알 수 있었던 때 혹은 위반행위를 회피하기 위하여 상당한 조치를 취하지 못 하였을 때는 각 해당 조문의 형을 과한다."는 내용을 산업안전보건법 제71조 제2항에 신설하는 개정안을 제시하고 있다.[12)]

3. 검토 및 소결

(1) 기업 고위경영진의 책임근거: 부작위감독책임

기업(법인)의 종업원에 의한 위반행위에 대한 기업 경영진의 책임근거는

11) 신 명의원 대표발의, 의안원문, 2008.4.4., 1면 이하
(국회의안정보시스템: http://likms.assembly.go.kr 2011.4.10.검색).

12) 전형배, "산업안전보건법의 양벌규정 개정에 관한 연구 -기업 경영진의 형사책임을 중심으로-", 안암법학 제27권, 2008, 389-390면.

앞서 언급한 바와 같이 진정과실책임이 아니라 부작위감독책임으로서 부진정부작위범에 있어서의 제3자에 대한 감독의무로부터 발생하는 보증인지위에서 도출하는 것이 타당하다고 본다. 산업안전보건법의 예에서 보듯이 법인 사업주와 아울러 기업(법인)의 대표이사를 포함하여 기업경영의 실질적 의사결정권을 갖는 자는 업무상의 명령·지시권에 기초하여 업무와 관련된 종업원의 위반행위를 방지할 의무와 아울러 사업체 내에 존재하는 기계, 시설물, 설비 또는 동물 등의 물적 위험원을 감독할 보증의무로부터 발생하는 보증인지위를 인정할 수 있기 때문이다.

(2) 객관적 구성요건표지: 행위주체, 부작위의무, 부작위의무위반 결과, 인과관계

우선, 행위주체로서 기업 경영진의 범위를 어떻게 설정할지가 문제된다. 이와 관련하여 김종덕 교수는 관리감독자의 범위를 대표자, 이사 그 외의 임원 혹은 그 업무에 관하여 책임 있는 직원 등으로 한정하고 있으며, 신 명의원안과 전형배 교수는 그 법인의 대표자나 그밖에 업무를 집행하는 책임자로 설정하고 있으나, 업무에 관하여 책임 있는 직원 내지 업무를 집행하는 책임자의 범위가 어디까지인지가 불명확하다는 문제가 있다. 한편으로, 경영활동의 자유를 보장하고 기업 경영진의 과잉처벌을 방지하기 위해서는 행위주체는 가능한 명확하고 제한된 범위에서 설정될 필요가 있다. 다른 한편으로, 종업원의 위반행위를 방지하고 물적 위험원에 대한 안전조치를 위한 총체적인 위반행위 방지와 안전조치 시스템을 마련할 책임은 사실상 경영전반에 관하여 실질적 의사결정을 하는 소수의 상급관리자에게 있으므로 이들에게 형사책임을 묻는 것이 효과적이라고 본다. 따라서 기업 경영진의 형사책임의 행위주체는 기업(법인)의 상급관리자로서 실질적 활동방침과 의사결정을 담당하는 상법상의 대표이사, 이사, 사실상 이사, 집행임원 및 대표집행임원[13]으로 한정하는 것이 타당하다고 본다.

다음으로, 기업(법인)의 대표이사를 포함한 고위경영진의 작위의무의 내용은 종업원의 위반행위를 방지하거나 억제하기 위하여 자신의 권한 내의 상당한 조치, 즉 모든 필요하고 합리적인 조치를 취할 의무이다. 이때 어떠한 조치가

---

13) 집행임원과 대표집행임원은 2011.4.14. 개정 상법(2012.4.15. 시행) 제408조의2, 제408조의5로 신설되었다. 이에 대한 상세한 설명으로는 최기원, 신회사법론(제13대정판), 박영사, 2009, 714면 이하 참조.

필요하고 그 조치가 합리적인지가 문제될 수 있으나, 이는 일반적으로 확정할 것이 아니라 객관적·사전적 관점에서 개별적으로 판단되어야 한다고 본다. 이러한 상당한 조치 여부의 판단에 있어 기업 경영진이 종업원에 대해 실질적으로 행사할 수 있는 감독 내지 통제가능성이 결정적인 요인으로 작용할 것이다. 다만, 기업 고위경영진이 종업원의 위반행위를 방지 또는 시정에 필요한 상당한 주의와 감독을 게을리 하지 아니한 경우에는 그러하지 아니하다는 면책규정을 두어 책임원칙을 분명히 하여야 한다. 이러한 면책규정과 관련하여 김종덕 교수는 "관리감독자가 당해 위반행위를 방지 또는 시정하기 위해 필요한 상당한 주의를 태만하지 아니하였다는 증명이 있는 때에는 그러하지 아니한다."고 하여 면책사유에 대한 거증책임을 검사가 아닌 관리감독자에게 전환하고 있으나, 이는 관리감독자인 피고인에게 사실상 무과실책임을 인정하는 결과를 초래하여 부당하게 불이익을 줄 우려기 있다. 따라서 면책사유에 대한 거증책임은 검사가 지는 것으로 보아야 한다.

마지막으로, 종업원의 위반행위는 기업 경영진이 적절하게 감독 내지 통제하지 못한 결과에 의한 것이어야 하고, 기업 경영진의 부작위와 종업원의 위반행위 사이에 인관관계가 있어야 한다. 이와 달리 기업 경영진의 부작위와 종업원의 위반행위간의 인과관계를 요구하지 않을 경우에 책임형법의 관점에서 볼 때 기업 경영진에 대한 책임인정의 범위가 무제한으로 확대되어 불합리한 결과가 발생할 문제가 있기 때문이다.

(3) 주관적 구성요건: 고의와 중과실

주관적 구성요건과 관련하여 김종덕 교수는 영미의 특수고의 책임(specific intent)을 언급하여 관리감독자의 명령·묵인·허용 또는 의도적인 무지의 경우뿐만 아니라 극단적인 부주의감독에 해당하는 경우에만 형사책임을 부과해야 한다는 견해를 제시하고 있으며,[14] 전형배 교수 역시 종업원의 위반행위사실을 알거나 알 수 있었던 때라는 고의를 요구하고 있다.[15] 하지만 고의 또는 과실과 관련하여 우리 형법은 영미 보통법과 달리 명령·묵인·허용 또는 의도적인 무지라는 특수고의뿐만 아니라 일반적으로 고의(intent)와 과실(negligence) 사이의

14) 이에 대해 상세히는 김종덕, 앞의 논문, 336-342면.
15) 전형배, 앞의 논문, 390면.

중간에 위치하고 있는 것으로 이해되는 무모함(recklessness)[16]을 인정하지 않고 있으며, 고의는 다시 고의(독일형법은 이를 다시 의도적 고의와 지정고의로 분류함)[17]와 미필적 고의로, 과실은 보통과실과 중과실로 분류될 뿐이어서 이러한 특수고의 내지 무모함을 인정하는 것은 우리 형법체계와 조화되지 않는 문제가 있다. 따라서 기업 경영진의 과잉처벌을 방지하고 우리 형법의 고의 또는 과실의 분류 체계와 조화하기 위해서는 기업 경영진이 종업원의 위반행위를 알았거나 또는 중대한 과실로 이를 명백히 보여주는 정보를 알지 못한 때로 한정하고 미필적 고의나 보통과실에 의할 때에는 비형벌적 제재로 대응하는 것이 타당하다고 본다.

(4) 양벌규정의 역적용사례에 있어 직접행위자 처벌의 근거 마련

양벌규정의 일반사례와 달리 산업안전보건법과 같은 역적용사례에 있어서는 양벌규정이 판례와 학설에 의해 기업(법인)을 위하여 행위 한 직접행위자를 처벌하는 창설적 효력을 갖는 것으로 이해되고 있다. 하지만 해석에 의해 가벌성의 확장을 허용하는 것은 유추해석금지라는 죄형법정주의에 반한다는 비판이 제기될 수 있으므로 법률에 의해 이를 명확히 할 필요가 있다. 이와 관련하여 기관책임 내지 대리인책임으로서 법인의 기관에 해당하는 자연인이 기관으로서 행위를 하거나 타인의 위임을 받은 자가 그 위임에 기초한 행위를 한 경우에 인적 요소를 근거로 형벌을 과하는 법률은 그 인적 요소가 직접행위자에게 존재하지 않고 법인 또는 위임자에게만 존재하는 경우에도 직접행위자에게 적용된다는 독일형법 제14조(타인을 위한 행위)와 같은 규정을 도입할 필요가 있다는 견해가 제시되고 있다.[18] 하지만 독일형법 제14조는 본래 직접행위를 하지 않은 법인 내지 개인 사업주가 처벌되면서 실제로 그 법인을 위하여 타인에게 범

16) 영미에서 무모함 개념의 일반적인 소개로는 서철원, 미국형법, 법원사, 2005, 19−20면 참조. 대륙법계에서 영미 보통법상의 무모함과 미필적 고의와의 공통점과 차이점에 관해 상세한 설명으로는 Weigend, "Zwischen Vorsatz und Fahrlässigkeit", ZStW 93(1981), 688면 이하.

17) 이러한 고의의 분류에 대해 상세히는 손동권/김재윤, 새로운 형법총론, 율곡출판사, 2011, 153면 이하 참조.

18) 박기석, "양벌규정의 문제점과 법인범죄의 새로운 구성", 형사정책 제10호, 1998, 110면; 손동권, "양벌규정에 의한 법인처벌의 특수문제", 정온 이영란교수 화갑기념논문집, 2008, 218면.

죄를 저지른 자가 처벌되지 않는 가벌성의 흠결을 치유하기 위하여 법인의 대표기관 또는 그 기관의 구성원, 권리능력 있는 인적 회사의 대표권이 있는 사원, 타인의 법정대리인, 또는 타인의 위임을 받은 자, 즉 법인의 고위관리자에 한정하여 신분범의 주체를 확대하는 처벌확장사유로서 규정된 것이지 양벌규정의 역적용사례와 같이 말단 종업원에게까지 신분범의 주체를 확대하기 위한 규정은 아니다. 따라서 양벌규정의 역적용사례에서 발생하는 창설적 효력의 문제는 직접위반행위를 한 법인의 대표자나 법인 또는 개인의 대리인, 사용인, 그 밖의 종업원은 이 법률의 의무주체로 본다는 규정만으로 충분히 해결할 수 있다고 본다.

(5) 소결: 현행 양벌규정의 개정안

이상의 논의를 바탕으로, 양벌규정의 일반사례로서 보건범죄단속에 관한 특별조치법과 양벌규정의 역적용사례로서 산업안전보건법의 개정안을 제시하면 다음과 같다.

양벌규정의 일반사례 개정안

보건범죄단속에 관한 특별조치법 제6조(양벌규정) ① 법인의 대표자나 법인 또는 개인의 대리인, 사용인, 그 밖의 종업원이 그 법인 또는 개인의 업무에 관하여 제2조, 제3조, 제4조 및 제5조의 어느 하나에 해당하는 위반행위를 하면 그 행위자를 벌하는 외에 그 법인 또는 개인을 1억원 이하의 벌금에 처한다. 다만, 법인 또는 개인이 그 위반행위를 방지하기 위하여 해당 업무에 관하여 상당한 주의와 감독을 게을리 하지 아니한 경우에는 그러하지 아니하다. ② 법인의 상급관리자(대표이사, 이사, 사실상 이사, 집행임원 및 대표집행임원)는 법인의 대리인, 사용인, 그 밖의 종업원의 제2조, 제3조, 제4조 및 제5조의 어느 하나에 해당하는 위반행위가 자신의 실질적인 감독과 통제 범위 내의 활동과 관련하여 감독권 내지 통제권을 적절하게 행사하지 아니한 결과로 인하여 발생하고 그 위반행위 사실을 알았거나 또는 중대한 과실로 이를 명백히 보여주는 정보를 알지 못한 때에 1억원 이하의 벌금에 처한다. 다만, 법인의 상급관리자는 그 위반행위를 방지 또는 시정에 필요한 상당한 주의와 감독을 게을리 하지 아니한 경우에는 그러하지 아니하다.

양벌규정의 역적용사례 개정안

산업안전보건법 제71조(양벌규정) ① 법인의 대표자나 법인 또는 개인의 대리인, 사용인, 그 밖의 종업원이 그 법인 또는 개인의 업무에 관하여 제66조의2, 제67조, 제67조의2 또는 제68조부터 제70조까지의 어느 하나에 해당하는 위반행위를 하면 그 행위자를 벌하는 외에 그 법인 또는 개인에게도 해당 조문의 벌금형을 과한다. 다만, 법인 또는 개인이 그 위반행위를 방지하기 위하여 해당 업무에 관하여 상당한 주의와 감독을 게을리 하지 아니한 경우에는 그러하지 아니하다.

② 전항의 직접위반행위를 한 법인의 대표자나 법인 또는 개인의 대리인, 사용인, 그 밖의 종업원은 이 법률의 의무주체로 본다.

③ 법인의 상급관리자(대표이사, 이사, 사실상 이사, 집행임원 및 대표집행임원)는 법인의 대리인, 사용인, 그 밖의 종업원의 제66조의2, 제67조, 제67조의2 또는 제68조부터 제70조까지의 어느 하나에 해당하는 위반행위가 자신의 실질적인 감독과 통제 범위 내의 활동과 관련하여 감독권 내지 통제권을 적절하게 행사하지 아니한 결과로 인하여 발생하고 그 위반행위 사실을 알았거나 또는 중대한 과실로 이를 명백히 보여주는 정보를 알지 못한 때에 해당 조문의 벌금형을 과한다. 다만, 법인의 고위관리자는 그 위반행위를 방지 또는 시정에 필요한 상당한 주의와 감독을 게을리 하지 아니한 경우에는 그러하지 아니하다.

Ⅲ. 기업의 형사처벌의 입법론적 방안[19)]

앞서 살펴본 프랑스의 기업의 형사처벌에 대한 입법례에서 보듯이 대륙법계 국가임에도 불구하고 법인의 형사책임을 긍정하는 것이 세계적인 입법경향이라는 점에 비추어 볼 때 영미법계 국가는 물론이고 주요 유럽 국가의 입법례는 우리나라에서 법인처벌의 합리화를 위한 양벌규정의 개정 내지 새로운 방식의 기업의 형사처벌의 입법화의 시도에 있어 시사하는 바가 크다. 그렇다면 보다 구체적으로 기업의 형사처벌의 입법방향은 어떠해야 하는가? 다음과 같이 대략 4가지 방식을 제안할 수 있다.

1. 기업의 형사처벌의 입법방식

(1) 현행 양벌규정의 정비방식

가장 손쉽고 현실적인 방법으로 현행의 양벌규정을 정비하는 것이다. 법무

19) 이하의 논의는 김재윤, 앞의 논문, 2009, 289－301면.

부는 2007년 11월 29일 헌법재판소가 고의·과실 유무에 상관없이 양벌규정을 적용하는 것은 책임주의 원칙에 어긋난다는 이유로 '보건범죄 단속에 관한 특별조치법'상 양벌규정에 대하여 위헌 결정을 내린 것을 계기로, ① 종업원의 범죄행위를 방지하기 위해 관리·감독의무를 다한 경우에는 법인·개인 영업주의 형사책임을 면제하고, ② 관리·감독상의 과실이 있을 뿐인 영업주에게 징역형까지 부과하는 양벌규정을 개선하여 징역형을 폐지하며, ③ 양벌규정의 적용범위를 '업무에 관한' 위반행위로 한정하여 업무와 무관한 종업원의 행위에 대하여는 영업주가 책임지지 않도록 관련 법률 약 400여개를 모두 개정할 예정이라는 양벌규정 개선안을 마련하였다.[20]

그러나 이러한 양벌규정의 개선을 통한 법인처벌의 합리화는 책임주의 원칙에는 일정부분 부합할지 모르지만 법인의 범죄능력을 부인하고 수형능력만을 인정하는 이론상의 모순을 전혀 해결할 수 없다. 뿐만 아니라 벌금이라는 단일한 형벌만을 규정하여 법인의 구조에 적합한 합리적 형벌을 과할 수 없다는 문제점을 안고 있다.[21]

(2) 질서위반행위규제법에 의한 규율방식

다음으로, 양벌규정에서 법인에 대한 제재수단으로 규정하고 있는 벌금형을 과태료로 전환하고 이에 대해서 2008년 6월 22일 시행된 질서위반행위규제법에 의해 규율하는 방식을 고려해 볼 수 있다. 이 때 질서위반행위규제법에 의해 과태료가 부과될 수 있는 기업범죄는 질서위반행위에 속하는 행정의무위반행위와 형법상의 범죄행위보다 불법과 책임의 정도가 경미한 법익침해행위로 국한된다.[22] 이미 질서위반행위규제법 제11조는 "법인의 대표자, 법인 또는 개인의 대리인·사용인 및 그 밖의 종업원이 업무에 관하여 법인 또는 그 개인에

---

20) 법무부, 2008년 7월 24일자 보도자료, 1면 (http://www.moj.go.kr/ 2009.4.6. 검색).

21) 탁희성 박사는 "우리의 입법현실에 있어서 가장 바람직한 방법은 개별 행정특별법에 양벌규정을 두는 방식이라 생각된다. 다만, 지금과 같은 입법방식으로 법인처벌의 근거를 두되 그 내용은 분명하게 개정되어야 한다."고 하여 이 방식을 지지한다(탁희성, "기업범죄에 있어서 양벌규정의 정당성 확보를 위한 소고", 지송이재상교수 정년기념논문집, 박영사, 2008, 75면).

22) 같은 취지로 이주희, "기업에 대한 제재가능성과 제재수단", 한양법학 제23집, 2008.6, 434면 이하; 조병선, "질서위반행위규제법에 관한 연구", 법학논집 제9집, 청주대학교 법학연구소, 2007, 50면 이하.

게 부과된 법률상의 의무를 위반한 때에는 법인 또는 그 개인에게 과태료를 부과한다."고 규정하고 있기 때문에 기업의 형사처벌의 근거는 마련되어 있다. 이는 독일이 기업의 형사처벌에 관한 긴 논쟁 끝에 질서위반법 제30조에 과태료인 질서위반금을 부과하는 방식과 유사한 것이다.

이 방식의 장점으로는 한편으로, 그 동안 끝임 없이 지적되어 왔던 행정형벌로서의 벌금의 정당성 문제를 극복할 수 있다는 점이다. 즉 벌금은 형벌의 일종으로 형법상 형벌은 '구체적 법익'을 침해한 범죄행위에 대해 최후적·보충적으로 부과되어야 함에도 불구하고 행정형벌로서의 벌금은 '행정상 의무이행확보수단'으로 부과되어 형벌의 정당성을 확보하지 못하는 문제점을 보였다. 양벌규정상의 벌금형의 과태료 전환은 형벌의 정당성 문제를 해소하는 동시에 행정상 의무이행확보수단이라는 본래의 목적을 달성할 수 있다. 다른 한편으로, 질서위반행위규제법에 의한 법인에 대한 과태료는 법인에게 직접 부과되지만 위법하고 유책한 행위는 법인 그 자체가 아니라 법인 구성원인 개인에 의해 충족되어야 함을 전제로 하기 때문[23]에 법인의 범죄능력 인정 유무의 문제와 무관하게 부과가 가능하다.

그러나 이러한 방식은 무엇보다 과태료 전환대상인 '범죄행위와 비범죄행위의 구별'이 선결문제로 해결될 때 의미가 있으나, 그 구별이 용이하지 않다는 데 문제가 있다. 예컨대 행정법규상 장부기록의무의 위반행위에 대하여 일반적으로 행정목적을 달성하기 위한 위반행위로서 질서위반행위로 볼 수 있으나, 환경법규상 경우에 따라서는 오염물질배출의 기록은 환경법준수체계의 근간을 이루는 것이므로 환경법익 내지 건강 등 신체·생명에 관한 법익의 침해를 방지하기 위한 사전적인 단계에서 범죄행위로 규정한 '추상적 위험범'으로 보아 범죄행위로 분류할 수 있다고 한다.[24] 하지만 그 구체적인 구별기준이 무엇이며, 그러한 구별기준을 각양각색의 행범법규상의 위반행위를 일률적으로 범죄행위와 비범죄행위로 구별할 수 있는가 하는 점이다. 나아가 양자를 구별했다고 하더라도 중대한 범죄행위로 분류된 행위를 한 법인에 대해 어떠한 형벌을 부과

23) 김성돈, "가칭 질서위반법의 체계와 이른바 질서위반행위의 구조", 법조 통권 제577호 (2004.10), 35면.

24) 조병선, 앞의 논문, 48면 각주 14).

할 것인지의 문제가 또 다시 남는다. 이에 대해 법인의 범죄능력을 부정하면서 형벌이 아닌 보안처분(예컨대, 강제해산, 영업정지, 보호관찰, 벌금형과 구분되는 금전지급명령 등)을 부과하자는 견해가 제시되나,[25] 다른 것은 논외로 하더라도 벌금형과 구분되는 금전지급명령는 책임을 전제로 한 형벌로서의 벌금이 보안처분의 형태로 위장되어 법인에게 부과되는 것은 아닌지 의문이다. 마지막으로 법인에게 질서위반행위의 구성요건의 주체성은 부인하면서 제재의 주체성은 긍정하는 것은 법인의 범죄행위 주체성을 부인하면서 형사제재의 주체성을 긍정하여 벌금을 부과하는 현행 양벌규정과 마찬가지로 모순된 태도이며, 양벌규정상의 벌금형을 과태료로의 전환은 문제가 되는 곳에서 문제를 회피하는 방식으로 문제를 해결하고자 하는 방법으로 찬성하기 어렵다.

(3) 기업의 형사처벌을 위한 특별법 제정방식

세 번째로, 오스트리아의 단체책임법과 같이 기업의 형사처벌의 근거를 명확하게 할 수 있는 별도의 특별법을 제정하는 방식을 생각해 볼 수 있다. 이러한 입법방식은 기업의 형사책임을 형법의 기본원칙으로 수용하는 것이 아니기 때문에 여전히 논쟁의 소지가 있다는 한계점이 있지만 기업의 형사책임에 관한 전반적인 내용을 실체법적 내용과 소송법적 내용으로 나누어 체계적으로 담을 수 있고, 법개정의 필요성이 있을 경우 시의적절하게 개정할 수 있다는 편의성을 제공해 줄 수 있다는 장점이 있다.

그러나 이러한 방식은 특별법이 난립으로 법적용의 왜곡이 심각한 우리 현실에서 또 다시 특별법으로 문제를 극복하려는 점에서 문제가 있으며,[26] 특별법상의 제재를 형벌로 할 것인지, 아니면 현행 질서위반행위규제법과 같이 과태료로 할 것인지의 문제도 여전히 남는다.

(4) 기업의 형사처벌 규정을 형법전에 도입하는 방식

마지막으로, 프랑스 내지 스위스의 입법례와 같이 형법전에 기업의 형사처벌의 규정을 마련하는 입법방식이 있다. 법인의 범죄능력을 전면적으로 긍정하고 형사책임에 관한 명문규정과 법인에 고유한 형벌을 형법총칙에 두는 한편,

---

25) 이주희, 앞의 논문, 2008.6, 443면 이하.

26) 같은 지적으로 탁희성, 앞의 논문, 74−75면.

법인이 범죄주체가 될 수 있는 개별범죄유형에 법인이라는 표현을 삽입하면 된다는 것이다.[27] 이러한 방식은 앞의 세 가지 방식보다 법인의 범죄능력을 인정하고 형벌로서 벌금과 보호관찰 등 다양한 형사제재를 부과할 수 있다는 점에서 논리적 일관성과 통일성을 가질 수 있다는 장점이 있다. 반면에 법인의 범죄주체성에 대한 이론적 합의조차 도출되지 않은 상태이므로 이러한 입법방식의 도입은 시기상조라는 비판이 있지만,[28] 기업의 형사처벌 규정의 형법전의 도입은 입법자의 형사정책적 결단의 문제이므로 법인의 범죄능력 인정유무의 이론적 논의에 구속을 받을 사항은 아니라는 점, 법인의 범죄능력와 책임능력의 유무, 법인을 처벌할 범죄의 종류, 구체적 처벌요건, 형사제재의 내용 등을 어떻게 할 것인가 등의 어려운 문제가 다수 포함하고 있지만 해결할 문제가 많다고 하여 시기상조론으로 언제까지 회피할 수만은 없다는 점에서 타당한 지적으로 평가할 수 없다.

따라서 현실적·이론상의 문제를 고려한다면 기업의 형사처벌의 입법방식은 우선적으로 양벌규정상의 단순한 행정의무위반행위와 경미한 법익침해행위에 대한 벌금형은 과태료로 전환하여 질서위반행위규제법에 의해 규율을 받도록 하고, 중대한 법익침해행위에 대해서는 형법전에 기업의 형사처벌 규정을 명문화하여 해결하는 방식이 타당하다고 본다.[29] 그렇다면 남은 문제는 형법전에 기업의 형사처벌규정을 어떠한 형식과 내용으로 담을 수 있는가이다. 쟁점사항만을 간략히 살펴보면 다음과 같다.

2. 기업의 형사처벌규정의 형법전에의 도입방안 검토

(1) 기업의 형사처벌의 규정형식

형법전에서 기업의 형사처벌을 긍정하는 조문을 신설할 경우에 그 규정형식과 구성요건표지를 어떻게 설정할지가 우선적으로 문제된다. 우선, 조문의 규

---

27) 이천현, "법인의 범죄주체능력과 형사책임", 형사법연구 제22호, 2004, 70-77면; 조국, "법인의 형사책임과 양벌규정의 법적 성격", 서울대 법학 제48권 제3호, 2007, 74면.

28) 탁희성, 앞의 논문, 74면.

29) 이 경우에 개별 특별형법상의 양벌규정 폐지를 전제로 하여 단순한 행정의무위반행위와 경미한 법익침해행위에 대해서는 과태료로의 전환, 범죄의 실질이 인정되는 중대한 법익침해행위에 대해서는 형법전에서의 규율이라는 개정작업이 필요하다.

정형식과 관련하여 다양한 형식이 제안될 수 있겠지만[30] 프랑스와 스위스의 입법례와 같이 형법총칙에 "법인(또는 기업)의 형사책임"이란 표제로 법인의 범죄성립의 일반요건을 규정하고 형법각칙의 개별 범죄규정에서 법인처벌 여부를 결정하여 법인처벌이 가능한 범죄에 대해서는 현행의 "… 자(者)" 대신에 "… 사람 및 법인"으로 내지 프랑스의 입법례와 같이 개별 장의 말미에 법인처벌이 가능한 범죄를 열거하고 형벌을 정하는 방식[31]이 타당하다고 본다. 다른 여타의 방식보다 법인의 범죄성립요건을 명확하게 규정함으로써 명확성의 원칙이나 법적 예측 가능성을 높일 수 있으며, 법인의 구조와 그 불법내용에 적합한 형벌을 부과할 수 있기 때문이다.

(2) 기업의 형사처벌의 구성요건표지

그리고 기업(법인)의 형사책임에 관한 구성요건표지와 관련해서도 행위주체, 객관적 및 주관적 요소, 기업(법인)의 부수적 책임 등 많은 문제가 해결되어야 한다.[32] 이와 관련한 상세한 논의를 생략하더라도 몇 가지 문제만 간략히 언급하면 다음과 같다.

첫째, 법인범죄의 행위주체로 '법인'(또는 '인적 단체'를 포함하여) 또는 '기업'을 상정할 수 있다. 법인이 자연인 내지 개인과 대비되는 정확한 법률용어일 수 있지만 기업이라는 표현이 경제활동의 주체라는 현실감을 적절히 나타내고 경

30) 박기석 교수는 법인처벌의 규정형식과 관련하여 ① 현재 "… 한 자"의 규정에서 "자"의 속에 법인을 포함시켜 해석하는 방식, ② 법인의 범죄성립요건을 형법에 규정하는 방식, ③ 개별 범죄 규정에 법인의 범죄 성립을 규정하는 방식, ④ 두 번째와 세 번째 방식을 모두 취하여 법인이 범할 수 있는 범죄 및 성립요건을 모두 정하는 방식을 생각해 볼 수 있으며, 두 번째 방식이 현재로서는 가장 합리적인 방식이라고 한다(박기석, "판례와 사례분석을 통한 기업범죄 처벌의 개선방안", 한국형사정책학회 2008년도 춘계학술회의 자료집, 2008, 59-60면).

31) 프랑스 신형법 제225-12조 ① 법인에 대하여는 제121-2조에서 정하는 요건에 따라 제225-5조 내지 제225-10조(매춘영업: 필자 주)에서 정하는 범죄에 관한 형사책임이 있음을 선고할 수 있다.
② 전항의 경우 법인에 대하여 다음 각 호의 형을 선고할 수 있다.
1. 제131-38조의 규정된 벌금형
2. 제131-39조의 규정된 형
http://195.83.177.9/upl/pdf/code_33.pdf (2009.3.27. 검색)

32) 법인의 범죄성립요건에 관한 상세한 논의로는 김성규, "법인처벌의 법리와 규정형식", 법조 통권 제578호(2004.11), 132면; 박기석, 앞의 논문, 1998, 112면 이하 참조.

제적 이익추구를 목적으로 하는 여러 형태의 법인과 인적 단체를 포괄하는 상위개념으로 사용되므로 보다 적합한 것이 아닌가 한다. 기업의 외연이 불문명하여 명확성의 원칙에 어긋날 수 있다는 우려는 스위스 형법 제102조 제4항과 같이 기업의 범위를 구체적으로 특정하면 될 것이다. 이 경우에 기업으로는 사법상의 법인, 공법상 법인, 지방자치단체(단, 국가의 기관위임사무가 아닌 지방자치단체 고유의 자치사무에 한함),[33] 법인격 없는 단체,[34] 주식회사, 합명회사, 합자회사, 개인회사 등이 포함 될 수 있다. 그리고 이때 기업의 범위는 객관적 요소로서 기업목적과 관련된 영업업무의 수행에 의해 다시 국한되어야 할 것이다. 다만, 이러한 용어의 정밀성에도 불구하고 현재 우리나라의 입법체계상 '기업'이 아닌 '법인'이 법률용어로 정착되어 사용되고 있다는 점을 고려한다면 '법인'으로 표현하고 그 범위에 질서위반행위규제법 제2조 제3호와 같이 "법인이 아닌 사단 또는 재단으로서 대표자 또는 관리인이 있는 것을 포함한다"고 기술하는 것이 보다 현실적이라고 판단된다.

둘째, 법인 그 자체가 행위를 할 수 없으므로 일정한 범위 내에서의 자연인 행위자의 행위를 법인의 행위로 보아야 할 필요가 있다. 이와 관련하여 어느 범위의 인적 구성원을 법인의 행위로 간주할 것인지가 문제되는데, 프랑스의 입법례와 같이 법인의 기관이나 대표로 국한하거나 반대로 스위스의 입법례와 같이 기업 내의 구성원이면 기업의 행위로 간주함으로써 기업의 말단 종업원까지 포함하여 구성원 전체까지로 확대할 수 있겠다. 그러나 이러한 양자의 방식은 그 범위가 지나치게 좁거나 넓다는 문제가 있으므로 독일의 질서위반법 제30조 제1항과 같이 법인의 대표기관 또는 동기관의 구성원(동조 제1호), 권리능력 없는 사단의 이사 또는 그 이사회의 구성원(동조 제2호), 인적 회사의 대표권 있는 사원(동조 제3호), 법인 또는 제2호나 제3호에 기재된 인적 단체의 포괄대리인 또는 지도적 지위에 있는 지배인이나 행위대리인(동조 제4호) 및 법인 또는 제2

---

33) 대법원 2005.11.10. 선고 2004도2657 판결.

34) 최근 법인격 없는 단체를 포함하여 처벌하는 양벌규정이 양적으로 증가하고 있다. 독점규제및공정거래에관한법률 제70조(1996년 개정), 표시·광고의공정화에관한법률 제19조(1999년), 자본시장과금융투자업에관한법률 제448조(2008년), 통계법 제40조(2007년), 공직선거및선거부정방지법 제260조(2004년), 승강기제조및관리에관한법률 제27조(2004년) 등이 대표적이다.

호나 제3호에 기재된 인적 단체의 영업체나 기업체의 운영에 대해 지도적 지위에서 영업활동의 감독 또는 그 밖의 통제권한을 이행할 책임 있는 그 밖의 자(동조 제5호) 등과 같은 수준에서 자연인 행위자의 범위를 설정하는 것이 타당하다고 본다.

셋째, 구성요건표지의 주관적 요소와 관련하여 법인의 이익을 위하여 내지 전체 법인의 방침에 따른 행위이면 법인의 행위로 보아야 할 것이다.[35]

마지막으로, 법인처벌의 입법화에 있어 대기업의 복잡한 조직구조로 인해 관련자를 확정할 수 없는 경우와 같이 기업의 구성원은 처벌할 수 없지만 기업의 조직상 하자에 근거하여 기업범죄가 발생하였을 경우 기업 자체를 처벌할 수 있는가, 즉 기업의 부수적 책임의 인정여부에 관하여 견해대립이 있다. 이에 대해 반대하는 견해는 책임의 주체가 기업의 내부에서 특정될 수 없는 경우가 실제로는 그다지 많지 않다는 점, 무죄추정의 원칙에 반할 우려가 크다는 점 등을 논거로 제시하고 있다.[36] 그러나 이러한 경우 기업의 고유한 책임능력으로 '조직책임'(Organisationsschuld)을 근거로 하여 기업 그 자체를 처벌해야 한다.[37] 그렇지 않는다면 기업 구성원의 개별적 행위의 상호작용에 의해 형법상 중대한 법익침해가 발생하였음에도 누구도 처벌할 수 없는 처벌의 공백이 발생하고, 기업범죄의 본질적 문제라 할 수 있는 소위 '조직화된 무책임'을 해소할 수 없기 때문이다. 그리고 무죄추정의 원칙에 반할 우려는 기업의 부수적 책임에 있어 그 조직상의 하자를 객관적 요건으로 하고 기업이 위반행위를 방지하기 위해

35) 대법원도 "신용정보의 이용 및 보호에 관한 법률 제34조에 법인을 처벌하기 위한 요건으로서 규정한 '법인의 업무에 관하여' 행한 것으로 보기 위해서는 객관적으로 법인의 업무를 위하여 하는 것으로 인정할 수 있는 행위가 있어야 하고, 주관적으로는 피용자 등이 법인의 업무를 위하여 한다는 의사를 가지고 행위함을 요한다"(대법원 2006.6.15. 선고 2004도1639 판결)고 하여 법인을 처벌하기 위한 요건을 제시한 바 있다.

36) 김성규, 앞의 논문, 134면.

37) 일본에서는 기업조직체책임론이 전개되고 있다. 이에 따르면, 업무관련성이 인정되는 행위에 의하여 범죄의 결과가 발생한 경우에 조직체에 속하는 어느 개인이 행위를 한 것인지를 구체적으로 특정할 수 없더라도 조직체 자체의 처벌은 인정된다고 한다(板倉 宏, "企業組織體責任論と法人處罰", 刑法雜誌, 第23券 第1·2号, 有裴閣, 1979, 111면). 나아가 기업조직체의 준법프로그램이나 (내부)통제시스템의 결함을 들어 위법행위를 한 기업 내부의 자연인을 특정하지 않고서 직접 기업의 책임을 물을 것을 주장하는 견해(川崎知巳, "法人の刑事責任 －法人固有の性質を考慮したアプローチ", 刑法雜誌, 第41券 第1号, 2001, 26면 이하)도 같은 입장이라 보인다.

해당 업무에 관하여 상당한 주의와 감독의무를 이행하는 경우에는 면책되는 단서조항을 마련한다면 문제되지 않을 것으로 판단된다.

기업(법인)의 형사처벌을 위한 입법안

제40조의1 (법인의 형사책임) ① 법인(법인이 아닌 사단 또는 재단으로서 대표자 또는 관리인이 있는 것을 포함한다. 이하 같다)은 다음 각호의 인적 구성원이 업무범위 내에서 법인의 이익을 위하여 행한 범죄에 관하여 형사상 책임이 있다.

1. 법인의 대표기관 또는 동기관의 구성원
2. 권리능력 없는 사단의 이사 또는 그 이사회의 구성원
3. 인적 회사의 대표권 있는 사원
4. 법인 또는 제2호나 제3호에 기재된 인적 단체의 포괄대리인 또는 지도적 지위에 있는 지배인이나 행위대리인
5. 법인 또는 제2호나 제3호에 기재된 인적 단체의 영업체나 기업체의 운영에 대해 지도적 지위에서 영업활동의 감독 또는 그 밖의 통제권한을 이행할 책임 있는 그 밖의 자

② 제1항의 범죄행위가 하자 있는 법인조직으로 인하여 특정한 자연인에게 귀속될 수 없는 경우에도 법인에게 귀속된다. 이 경우 이러한 범죄행위의 억제를 위해 필요하고 기대가능한 모든 사전적 예방조치를 취하지 않았다는 데 대해 법인을 비난할 수 있어야 한다.

③ 자연인 행위자가 처벌되지 않더라도 법인의 형사책임에는 영향을 미치지 않는다.

형법전 제2편 각칙 각 장

각 장의 말미에 다음과 같은 규정을 둔다(예컨대 제2편 각칙 제1장 내란의 죄).

제91조의1 (법인의 형사책임) 법인에 대하여는 제40조의1에서 정하는 요건에 따라 본장에서 정하는 범죄(또는 제OO조의 범죄)에 관한 형사책임이 있음을 선고할 수 있으며, 이 경우 법인에 대하여 제41조의1에 규정된 형을 선고할 수 있다.

Ⅳ. 맺음말

현대 자본주의 사회에서 개인과 더불어 경제주체로서 대단히 중요한 역할을 담당하고 있는 기업은 이윤추구를 최대의 목적으로 하지만 그 이윤추구에 함몰된 나머지 분식회계, 주가조작 등과 같은 기업범죄의 유혹에 쉽게 흔들리며, 그 사회적 폐해의 심각성은 개인범죄를 훨씬 능가한다. 그럼에도 불구하고 영미법계 국가와 달리 대륙법계 국가의 형법은 '단체는 죄를 범하지 못한다'는

원칙에 따라 법인의 범죄능력을 부정하고 양벌규정을 통해 기업범죄를 억지하려고 함으로써 기업범죄에 효율적으로 대처하지 못하는 한계를 보여 왔다. 그러나 영미법계 국가는 물론이고 최근 유럽 대륙법계 국가들은 법인의 범죄능력을 부인하던 전통적 입장에서 벗어나 기업에 대해 이윤창출의 기회를 최대한 보장하기 위한 기업친화적 정책을 펼치면서도 기업에 의해 또는 기업을 통해 발생하는 범죄행위에 대해서는 범죄능력을 긍정하고 기업형벌을 도입하였거나, 도입을 시도하는 방향으로 선회하고 있다.

이에 따라 이상에서는 단기적으로 현행 양벌규정의 문제점, 특히 대표적인 역적용사례로 언급할 수 있는 산업안전보건법상의 양벌규정에 의하면 기업(법인)의 대표이사를 포함한 이사, 사실상 이사, 집행임원 및 대표집행임원은 기업 고위경영진으로서 실질적 활동방침과 의사결정을 하는 상급관리자임에도 불구하고 대리인이나 종업원의 위반행위에 대해 직접 지시하거나 고의적으로 방치하여 직접행위자로서 인정되지 않는 한 처벌될 수 없다는 문제점을 해결하기 위해 이들 기업(법인)의 고위경영자에게 부작위감독책임을 근거로 형벌을 과할 수 있는 양벌규정 개정안을 제시하였고, 장기적으로 우리나라에서도 기업의 형사처벌의 합리화를 위한 새로운 방식으로 기업의 형사처벌의 입법방안을 제시하였다.

물론 현재 우리나라의 경제가 어렵고 경제를 살리기 위해 정부가 다양한 기업친화적 정책을 펼칠 것이 요구되고 있는 시점에서 기업의 형사처벌을 강화하자는 논의는 시대흐름에 맞지 않다거나, 기업범죄에 대해 그 대표나 구성원을 형사처벌하는 것으로도 범죄억지의 효과를 충분히 달성할 수 있다는 반론을 예상할 수 있다. 그러나 현재와 같이 벌금으로 되어 있는 양벌규정만으로 기업범죄를 억지하기 곤란하다는 것은 이미 여러 선행연구와 실증적 사례에서 밝혀진 만큼 양벌규정의 단편적 개정만으로 한국 사회에서 기업범죄의 문제가 해결될 것으로 보이지 않는다. 그렇다면 장기적 관점에서 볼 때 다시 원칙으로 돌아가, 즉 형법의 목적 내지 기능이 법익침해행위를 범죄로 규정하고, 그에 상응하는 형벌을 부과함으로써 평화롭고 물질적으로 안정된 시민의 공동생활을 유지·보장하는 것이라면 개인뿐만 아니라 기업(법인)에 의한 법익침해행위도 범죄로 파악하여 그에 상응하고 적합한 형벌을 부과하지 못할 하등의 이유가 없다.

그렇다면 형법전에 명문의 규정으로 기업(법인)의 형사책임에 대한 구성요건표지를 명확히 설정하는 한편, 그에 대한 형벌체계도 기업(법인)의 구조에 적합하고 응보, 일반예방 및 특별예방이라는 형벌의 목적도 달성할 수 있도록 마련[38]하여 기업범죄에 효율적으로 대처하는 것이 외국의 입법례에 비추어 보더라도 타당하다고 본다.[39]

38) 기업의 형사처벌과 관련된 형의 종류에 관해 자세한 설명은 본서 제5장 § 20 참조.
39) 김재윤, 앞의 논문, 2009, 299－301면; 김재윤, 앞의 논문, 2011, 419－420면.

Corporate Criminal Liability

제 5 장

기업에 대한 형사제재

§ 14 기업에 대한 형사제재의 의의와 기능

Ⅰ. 머리말

기업범죄에 대한 형사법의 적절한 대응이 무엇인가를 검토함에 있어 형사책임과 더불어 형사제재의 관점에서도 일정한 검토가 필요하다. 왜냐하면 현재 우리나라에서 기업(법인)에 대한 유일한 형사제재로 양벌규정에 따른 벌금형이 부과되고 있지만 이에는 다음과 같은 두 가지 문제점이 분명히 나타나고 있어 기업범죄에 대한 억지력을 충분히 발휘하지 못하고 있기 때문이다. 하나는, 기업에 대한 벌금은 자연인에게 적용되는 벌금액수를 그대로 적용하거나 대부분 1억 원 이하의 벌금이 부과되기 때문에 대기업 측면에서는 너무나 소액이라서 기업범죄의 억지력을 발휘하지 못하고 있다. 그나마 기업에게 부과된 벌금을 비용으로 처리하여 기업에게는 거의 부담으로 작용하지 않는다. 또한, 적은 벌금이라도 미납시 자연인과 같이 노역장 유치 등과 같은 담보수단이 없어 벌금 미납에 대해 효율적으로 대처하고 있지 못하고 있다. 다른 하나는, 기업범죄에 대한 형사제재로 부과되는 벌금형은 형벌로서 보충성의 원칙이 엄격히 지켜져야 하기 때문에 그 적용에 있어 신중을 기한 나머지 불법행위를 방치하는 결과를 가져오기도 한다. 형벌의 최후수단성이라는 성격이 기업범죄에 있어 기업에게 최대의 수혜로 다가오는 측면이 있다.[1] 이처럼 기업범죄에 대한 현재의 형사법적 대응으로 부과되는 벌금형에는 본질적인 문제가 존재하기 때문에 벌금형만을 전제로 한 기업의 형사처벌 시스템에 의해서는 아무리 기업에 대한 귀책원리를 변경하여 그 적용범위를 확대하더라도 그 효과에 한계가 있다.

그렇다면 기업에게 형사제재를 부과하는 목적을 어디에서 찾아야 하며, 그 목적을 실현하기 위해 어떠한 종류의 형사제재를 얼마만큼 부과해야 하는지가 무엇보다 중요하고 근본적인 문제라 여겨진다. 따라서 기업의 형사책임의 문제

---

1) 이정민, 기업의 경제활동에 관한 형사법제 연구(Ⅱ): 기업범죄에 대한 새로운 제재 도입방안 연구, 한국형사정책연구원, 2010, 26면.

와 더불어 기업의 형사제재와 관련해서도 체계적이고 깊이 있는 논의의 전개가 요구된다.[2)]

한편, 기업의 형사제재와 관련된 논의는 유럽과 영미에서도 기업(법인)의 형사책임의 유무나 그 실상과 같은 주제에 비하면 그 논의가 활발히 전개된 것은 아니다. 그런데 무엇보다 미국의 연방 차원에서는 1980년대 중반 이후 형벌관의 주류가 범죄자의 개선과 교화를 중요시하여 '사회복귀'(rehabilitation)의 입장으로부터 '적정한 응보'(just desert)를 요구하는 입장으로 변화하여 범죄자 처우모델이 '의료모델'(medical model)에서 '정의모델'(justice model)로 전환됨에 따라 양형상 공정성의 확보를 주요 목적으로 한 양형가이드라인이 도입되었다. 이러한 움직임은 기업에 대한 양형에도 커다란 영향을 미쳐 1991년 11월 기업을 포함한 조직체에 대한 연방 양형가이드라인이 마련되었다. 이 '조직체에 대한 연방 양형가이드라인'(Federal Sentensing Guidelines for Organization)은 단지 기업 등의 조직체에 대한 양형의 통일화를 목표로 하는데 머무르지 않고 지금까지의 논의를 바탕으로 기업에 대한 형사제재의 목적을 명확히 함과 동시에 몇몇 새로운 형사제재를 부과하는 방안을 채택하였다. 또한, 이를 계기로 기업에 대한 형사제재에 관한 논의가 활발히 전개되고 있다.

이러한 미국의 상황은 우리나라에서 향후 기업에 대한 형사제재의 방식을 검토함에 있어 많은 시사점을 찾을 수 있다고 본다. 따라서 이하에서는 기업의 형사제재에 대한 세부적인 고찰에 앞서 기업에 대한 형사제재의 목적이나 기능에 관한 미국의 논의 상황을 살펴보고(Ⅱ, Ⅲ), 이러한 논의를 토대로 우리나라에서 기업에 대한 개개의 형사제재의 방식을 검토함에 있어 그 전제가 되는 기업에 대한 형사제재의 목적이나 기능에 대해 간략히 검토하자 한다(Ⅳ).[3)]

---

2) 이 때문에 우리나라에서도 그 동안 기업의 형사제재와 관련하여 법인에 대한 주식벌금제, 법인의 해산, 원상회복, 보호관찰, 사회봉사명령, 공표, 등 새로운 형사제재 도입방안이 제시되어 왔다(이에 대한 대표적인 논의로는 박기석 법인범죄에 대한 효율적 제재방안에 관한 연구, 한국형사정책연구원, 1996, 57면 이하; 박강우, "기업범죄에 대한 형사제재", 한일형사법의 과제와 전망, 2000, 133면 이하; 박미숙, "법인범죄 제재의 정책적 근거 및 제재 다양화방안", 형사정책연구 제20권 제1호, 2009, 759면 이하; 이승현, "기업범죄에 대한 효율적 형사제재방안", 형사정책연구 제20권 제1호, 2009, 785면 이하 참조).

3) 이하의 논의는 김호기, 기업의 경제활동에 관한 형사법제 연구(Ⅱ): 주요 국가의 기업의 형사처벌 방법에 대한 연구, 한국형사정책연구원, 2010, 30－32면; 川崎友巳, 企業の刑事責任,

Ⅱ. 미국에서 조직체에 대한 연방 양형가이드라인 도입의 배경

1. 조직체에 대한 양형의 개혁

(1) 의료모델에서 정의모델로의 전환

우선, 기업에 대한 형사제재의 역할로 어떤 기능이 요구되는지가 문제된다. 미국에서 이에 대한 하나의 답을 도출해 낸 것이 바로 '1984년 포괄적 범죄규제법'(Comprehencive Crime Control Act of 1984)이다. 동법에서는 연방 형사법제의 대폭적인 개선을 목표로 하여 컴퓨터범죄의 규제, 양형절차의 개정, 가석방(parole) 등 다양한 내용이 포함되었다. 이와 같이 다양한 내용을 포함했던 입법이었지만 여기에는 '의료모델'에서 '정의모델'로의 처우모델의 전환과 그 밑바탕에 흐르는 '사회복귀'에서 '적정한 응보'라는 형사제재의 목적에 관한 기본 사상의 변화가 현저하게 반영된 결과이다.

보다 구체적으로 1960년대까지 미국에서는 범죄자를 일종의 환자로 취급하여 형사제재의 목적도 이러한 환자를 치료하기 위해 필요한 치료와 교육을 제공하는 것이 요구되었다. 그러나 1960년대 이후 범죄의 급격한 증가 현상이 나타나자 이러한 목적에 따라 설계된 부정기형이나 가석방 등의 운용기준이 불명확하여 인권침해의 위험성이 지적되었고, 의료모델에 대한 사회적 비판이 거세졌다. 그 결과 사회복귀 사상에 기초한 의료모델은 그 지지를 잃어 점차 쇠퇴하게 되었다. 그리고 1970년대 중반 이후 이러한 상황이 계속되어 범죄자 처우의 목적을 정의의 실현에서 찾으며, 형사제재의 기능을 무해화나 억제와 더불어 적정한 응보를 요구하는 정의모델[4]이 대두되어 갔다.[5]

(2) 1984년 포괄적 범죄규제법에서의 양형개혁

1984년 포괄적 범죄규제법은 이러한 형사제재를 둘러싼 시대 흐름의 변화를 수용하고, 동법의 일환으로 '양형개혁법'(Sentencing Reform Act of 1984)을 제

成文堂, 2004, 385－395면 참조.

4) 정의모델 출현의 계기가 된 문헌으로 DAVID FOGEL, *WE ARE LIVING PROOF: THE JUSTICE MODEL FOR CORRECTIONS* (1975).

5) 의료모델의 쇠퇴와 정의모델의 출현의 과정에 대해서는 吉岡一男, “アメリカ犯罪学と刑事制度論”, 法学論叢 152巻 5 · 6号(2003), 43면 이하 참조.

정함으로써 연방 형사사법의 양형시스템의 포괄적인 개혁이 이루어지기 시작하였다. 양형개혁법은 주로 다음과 같은 두 가지 개혁을 실시하였다.

하나는, 형사제재의 질이나 양과 관련된 정비가 진행되었다. 종래 사용된 형사제재는 '사회복귀'(rehabilitation) 사상에 근거한 '의료모델'을 전제로 설계되었기 때문에 '적정한 응보' 사상을 토대로 하는 '정의모델'을 전제로 한 형사제재의 질과 양의 재검토가 요구되었고, 이를 바탕으로 새로운 형사제재가 구체화되어 갔다.

다른 하나는, 양형에서 법관의 재량을 제한하여 양형절차의 투명성을 높이는 개혁이 시도되었다. 종래 양형절차에서는 비교적 폭넓은 법정형의 범위 내에서 법관이 개별적이고 구체적인 사정을 고려하여 자유롭게 재량에 따라 선고형을 결정하였다. 그러나 이러한 양형절차가 양형의 불명확성을 초래하여 불공평하다는 비판이 강하게 제기되어 새로운 양형가이드라인을 제정하여 원칙적으로 법관은 이 가이드라인에 따라 양형절차를 밟도록 하였다.

이때 형사제재의 질과 양을 검토함에 있어 기업에 대한 형사제재와 관련하여 다음의 두 가지 사항이 시도되었다. 즉 첫째, 자연인과 기업과의 자산 규모의 차이를 고려하여 벌금형의 상한액에 차이를 둠으로써 고액의 벌금형을 기업에게 부과함이 가능하게 되었다. 둘째, 보호관찰이 기업에 대한 하나의 형사제재로서 명확하게 제도화되었다. 한편, 양형절차의 투명성을 높이기 위한 개혁 방안으로 미국 양형위원회(U.S. Sentencing Commision)를 설치하여 이 위원회에게 법적 구속력을 갖는 양형가이드라인을 공포할 수 있는 권한을 부여하였다.[6] 그리고 이 양형위원회는 기업 등의 조직체에 대한 양형가이드라인을 마련하였다.

2. 미국 양형위원회와 연방 양형가이드라인

(1) 미국 양형위원회와 연방 양형가이드라인

미국 양형위원회는 연방 법원에 적용되는 연방 양형가이드라인의 제정과 도입 후 개정, 양형에 관한 각종 설문조사의 실시를 주된 역할로 담당하고 있으

6) 1984년 양형개혁법 및 연방 양형가이드라인에 대해서는 鈴木義男, "アメリカ連邦刑事法の改正と量刑の適正化", 判例タイムズ 554号(1985), 52면 이하; 鈴木義男/岡上雅美, "アメリカ合衆国量刑委員会制度とその合憲性", ジュリスト 986号(1991), 64면 이하 참조.

며, 연방의회 사법부 소속의 독립된 위원회이다. 양형위원은 3명 이상의 연방 판사를 포함한 7명으로 구성되며, 상원의 승인을 얻은 후에 대통령이 임명한다.

(2) 연방 양형가이드라인

미국 양형위원회는 우선 1985년부터 자연인에 대한 양형가이드라인의 제정에 착수하였다. 이 가이드라인은 약 1년반의 논의를 거쳐 1987년 4월 의회에 제출되어 1984년 양형개혁법에 의해 정해진 6개월의 재검토 기간을 거친 뒤,[7] 1987년 10월부터 발효되었다.[8] 자연인에 대한 연방 양형가이드라인에서는 범죄를 일정 정도 유형화하여 각 범죄유형 마다 적정한 양형범위를 설정하는 방식에 의해 양형의 안정성과 공평성을 높이고자 하였다. 이를 위해 구체적으로 양형에 있어 범죄의 특성(① 범죄의 경중, ② 가중·경감 사유로서 고려해야 할 범죄의 상황, ③ 피해의 성질과 규모, ④ 범죄에 대한 지역 주민의 관심, ⑤ 범죄에 대한 일반사회의 관심, ⑥ 억제효과, 및 ⑦ 해당 범죄의 발생빈도)[9]와 범죄자의 특성(① 연령, ② 교육정도, ③ 직업상의 기능, ④ 정신상태, ⑤ 신체적 상태, ⑥ 직업 경력, ⑦ 가족관계, ⑧ 지역사회와의 관계, ⑨ 범죄행위에 있어 역할, ⑩ 전과, ⑪ 생계에 있어 범죄에의 의존도)[10]을 고려하도록 하였다. 양형가이드라인의 내용은 제1장 서문, 제2장 범죄유형(offence conduct), 제3장 조정(adjustment), 제4장 전과(범죄력), 제5장 형의 결정, 제6장 절차, 제7장 준수사항 위반으로 구성되었다.

이 연방 양형가이드라인에 대해서는 그 기준이 불명확성하다거나, 그 제정 주체인 미국 양형위원회의 합헌성이 문제되는 등 다양한 비판이 제기되었다.[11] 그러나 실제의 운용에 있어 일정한 성과를 거두고 있음을 부인할 수 없다. 예를 들어 연방 법원에게는 연방 양형가이드라인이 정한 범위를 넘어 양형을 할 수 있는 권한이 인정되고 있지만,[12] 연방 양형가이드라인이 도입된 3년째 해인

---

7) 28 U.S.C. § 994(p) (2003).

8) 자연인에 대한 양형가이드라인에 대해 상세히는 Ilene H. Nagel, "Structuring Sentencing Discretion: The New Federal Sentencing Guidelines", 80 J. CRIM. L. & CRIMINOLOGY 883, 883(1990) 참조.

9) 28 U.S.C. § 944(c) (2003).

10) *Ibid.* § 944(d).

11) 鈴木義男/岡上雅美, 앞의 논문, 64면 이하 참조.

12) 18 U.S.C. § 3553(b) (2003).

1989회계년도(1989.10.1.~1990.9.30.)에는 가이드라인이 정한 범위 내서의 양형 적용률은 모든 연방 법원에서 양형의 89%에 이르고 있으며, 그 이후에도 안정된 적용률을 계속 유지하고 있다[13]고 한다.[14]

Ⅲ. 미국의 조직체에 대한 연방 양형가이드라인

1. 조직체에 대한 연방 양형가이드라인의 도입

자연인에 대한 연방 양형가이드라인의 검토를 끝마친 미국 양형위원회는 다음 해인 1988년부터 내용의 복잡함이나 양형개혁법에 의해 나타난 기한의 엄격함으로 인해[15] 잠시 뒤로 접어두었던 조직체에 대한 양형가이드라인의 검토를 시작하였다. 그러나 1984년 양형개혁법이 기업에게 적용되는 구체적인 형사제재의 방법에 대해 명시하지 않았기 때문에 양형위원회에서는 여러 과제를 해결하면서 양형가이드라인을 마련할 것이 요구되었다. 이에 미국 양형위원회는 조직체에 대한 연방 양형가이드라인을 검토함에 있어 우선 1984년부터 1990년까지 연방 법원의 기업에 대한 양형자료를 분석하는 데서부터 시작하였다. 이때 범죄의 성질, 손해의 산정, 기업의 관리체제와의 관계, 기업의 법준수 프로그램의 유무, 기업의 과거 범죄전력 등이 분석되었다.[16] 그리고 이러한 요인이 양형에 미친 영향을 검토하여 이로부터 기업에 대한 효과적인 양형 특성을 도출하고자 하였다. 그 결과 ① 실제로 기업에 대한 양형에서는 사례 마다 큰 격차가 존재한다는 점, ② 기업에 대한 양형을 어떻게 해야 하는가에 대한 학설상 의견의 일치가 존재하지 않는다는 점, ③ 사회 일반인뿐만 아니라 의회의 의원

---

13) Richard S. Gruner, "Towards an Organizational Jurisprudence: Transforming Corporate Criminal Law through Federal Sentencing Reform", 36 ARIZ. L. REV. 407, 411(1994).

14) 川崎友巳, 앞의 책, 386-389면.

15) UNITED STATES SENTENCING COMMISSION, SUPPLEMENTARY REPORT ON SENTENCING GUIDELINES FOR ORGANIZATIONS 1 (1991).

16) 연방 양형위원회에 의한 데이터 분석의 성과를 소개한 문헌으로 Mark A. Cohen, "Corporate Crime and Punishment: A Study of Social Harm and Sentencing Practice in the Federal Courts 1984-1987", 26 AM. CRIM. L. REV. 605, 605-662(1989); Mark A Cohen, "Corporate Crime and Punishment: An Update on Sentencing Practice in the Federal Courts 1988-1990", 71 B. U.L. REV. 247, 247-280(1991).

대부분도 기업에 대한 양형이 지나치게 관대하다고 여기고 있다는 점이 밝혀졌다.[17)]

이러한 검토를 근거로 미국 양형위원회는 1988년 고액의 벌금형을 시작으로 하는 매우 엄격한 형사제재의 방법을 규정한 가이드라인 초안을 제안하였다. 그러나 이 초안은 입법화가 추진되는 사이에 기업 측의 활발한 로비활동 등에 의해 영향을 받아 철회를 피할 수 없게 되었다. 그 후 미국 양형위원회에 의해 1989년과 1990년 두 번에 걸쳐 새로운 가이드라인 초안이 제출되었다. 그러나 이러한 새로운 초안도 기업 측의 로비활동에 의해 부분적인 철회나 수정이 불가피하게 되었다. 이 때문에 세 번째인 1990년 초안에서는 벌금액의 상한을 당초의 제안보다 인하하고 다수의 감경사유를 마련하는 등의 변경이 이루어졌다. 그리고 최종적으로 몇 가지 수정이 추가적으로 이루어진 1990년 초안이 1991년 5월 1일 연방 의회에 제출되었고, 재검토 기간에 변경 없이 같은 해 11월 1일부터 시행되었다.[18)] 연방 양형가이드라인은 매년 개정을 거듭하였고 제8장도 예외는 아니다. 특히 2004년에는 시행 10년을 맞아 2013년 10월 7일 제출된 '특별자문그룹'(Ad hoc advisory group)의 검토 결과보고서를 바탕으로 효과적인 법준수 프로그램의 실천을 촉진하기 위한 대폭적인 개정이 이루어졌다. 더욱이 환경범죄에 대한 조직체에 대한 연방 양형가이드라인 등 현행 가이드라인의 대상 이외의 범죄에 대한 대응도 검토되고 있다.

2. 조직체에 대한 연방 양형가이드라인의 개요와 목적

(1) 조직체에 대한 연방 양형가이드라인의 개요

1991년 11월부터 시행된 조직체에 대한 연방 양형가이드라인은 연방 양형

17) Ilene H. Nagel & Winthrop M. Swenson, "The Federal Sentencing Guidelines for Corporations: Their Development, Theoretical Underpinnings, and Some Thoughts about Their Future", 71 WASH. U. L. Q. 205, 216(1993).

18) 가이드라인 도입까지의 경과에 대해서는 Amitai Etzioni, "The U.S Sentencing Commission on Corporate Crime: A Critique", 1525 ANNALS 147, 147−156(1993); William S. Lofquist, "Legislating Organizational Probation: State Capacity, Business Power, and Corporate Crime Control", 27 LAW & SOCIETY REV. 741, 741−783(1993); Richard S. Gruner, "Just Punishment and Adequate Deterrence for Organizational Misconduct: Scaling Economic Penalties under the New Corporate Sentencing Guidelines", 66 S. CAL. L. REV. 225, 225−288(1992).

가이드 라인 제8장에서 규정되고 있다.[19] 본장은 전문과 A항에서 E항까지 모두 5항으로 구성되어 있다. 구체적인 규정 내용은 A항 '일반원칙', B항 '범죄피해의 구제', C항 '벌금형', D항 '보호관찰', E항 '부칙'으로 구성되어 있다. 또한, 각 조문에는 본문에 추가하여 용어의 정의, 보충설명 및 적용에 해당하는 주석을 상세하게 규정하고 있다.

이러한 연방 양형가이드라인의 적용대상은 중죄 및 A급 경죄를 범한 모든 조직체이다.[20] 이 경우 '조직체'는 개인 이외의 사람을 가리킨다.[21] 구체적으로는 법인, 합명회사, 법인격 없는 사단, 주식합명회사(joint stock company), 노동조합, 사업신탁(business trust), 연금 재단, 권리능력 없는 사단, 정부 및 정부 행정상의 한 기관 및 비영리 단체가 포함된다.[22]

(2) 조직체에 대한 연방 양형가이드라인의 목적

연방 의회는 1984년 양형개혁법을 제정함에 있어 양형가이드라인에 ① 1984년 양형개혁법에 따른 양형 목적의 달성, ② 양형의 확실성과 공평성의 촉진, ③ 형사재판 제도에 있어 인간의 행동에 관한 과학의 진보의 반영이라는 세 개의 목적을 설정하였다.[23] 이때 1984년 양형개혁법에 따른 양형 목적이란 ① 법률 제정자의 의사를 존중하여 적정한 형벌을 부과하기 위해 범죄의 경중을 반영하는 것, ② 범죄에 대해 적절한 억제효과를 거두는 것, ③ 피고인의 장래 범죄로부터 시민을 보호하는 것, ④ 피고인에게 교육적 혹은 직업상 훈련, 의료적 처치 또는 다른 교정처우를 가장 효과적인 방법으로 제공하는 것이라는 네 가지 사항을 말한다.[24] 이에 따라 조직체에 대한 연방 양형가이드라인의 마련에 있어 각각의 규정이 이러한 목적에 부합하는가를 둘러싸고 논의가 전개되어 왔다.

그리고 조직체에 대한 연방 양형가이드라인은 '전문'에서 양형에 있어 일반

---

19) http://www.ussc.gov/sites/default/files/pdf/guidelines-manual/2014/CHAPTER_8.pdf 참조.

20) U.S. SENTENCING COMMISSION, FEDERAL SENTENCING GUIDELINES MANUAL [hereinafter U.S.S.G.] § 8A1.1 (2014).

21) 18 U.S.C. § 18 (2014).

22) U.S.S.G., § 8A1.1 (comment.).

23) Gruner, 앞의 논문, 228면.

24) 18 U.S.C. § 3553(a) (2003).

원칙을 명시하고 있다. 즉 첫째, 법원은 가능한 한 조직체에 대해 범죄에 의해 야기된 위해(危害)의 구제를 선고하여야 한다. 피해자에 대한 구제로서 범죄자들로부터 지출하게 한 재산은 형벌로서가 아니라 오히려 피해자를 범죄가 발생하기 이전 상태로 되돌리기 위한 수단으로 간주해야 한다. 둘째, 조직체가 주로 범죄 목적을 위해 범죄적 수단으로 운영되고 있을 경우 벌금은 조직체로부터 그 자산의 전부를 소멸시킬 정도로 충분한 금액이 설정되어야 한다. 셋째, 그 외의 조직체에 대한 벌금액의 범위는 범죄의 경중과 조직체의 유책성에 근거해야 한다. 넷째, 그 외의 형사제재의 완전한 이행을 확보할 필요가 있을 경우 또는 조직 내에서 장래의 범죄행위의 가능성을 낮추기 위해 강구할 수단을 확보할 필요가 있을 경우 보호관찰을 부과함이 타당하다. 양형 법원에서는 양형가이드라인을 적용함에 있어 이들 네 가지 사항을 고려할 것이 요구된다.

이러한 목적이나 원칙에 부합한 형사제재의 수단으로서 연방 양형가이드라인은 ① 기업 고유의 산정 방법을 채택한 벌금형, ② 원상회복명령, ③ 원상회복명령, 구제명령, 사회봉사명령 및 범죄 피해자에게의 고지의 이행 및 법준수 프로그램의 운용을 준수사항으로 한 보호관찰을 포함시켰다.[25]

Ⅳ. 기업에 대한 형사제재의 의의와 기능

1. 기업에 대한 형사제재의 과제

미국의 조직체에 대한 연방 양형가이드라인 도입까지의 과정을 되돌아보면, 기업에 대해 형사제재를 부과하는 의의나 목적에 대한 논의를 거듭하여 일정한 방향을 설정한 이후 이에 필요한 형사제재의 질과 양이 확정되었음을 알 수 있다. 다만, 그러한 조직체에 대한 연방 양형가이드라인의 도입 과정에서 반드시 필연적이 아닌 결론이 당연한 귀결인 것처럼 도출되거나, 실증되지 않은 형사제재의 효과가 전제되어 있는 등 수용하기 어려운 점들도 있다. 또한, 양형가이드라인을 마련하는 계기가 된 양형의 불균형에 대한 비판 등을 포함하여 미국과 우리나라에서는 형사사법 제도를 둘러싼 환경이나 사회적 상황이 매우

25) 김호기, 앞의 보고서, 30－32면; 川崎友巳, 앞의 책, 389－392면.

다르다. 다만, 우리나라에서도 자연인에 대한 양형 불균형이 점차 심각해짐에 따라 양형기준을 통하여 양형과정에 국민의 건전한 상식을 반영하고 국민이 신뢰할 수 있는 공정하고 객관적인 양형을 실현하기 위해 2007년 4월 대법원 산하에 양형위원회가 설립되어 살인범죄 양형기준, 뇌물범죄 양형기준, 성범죄 양형기준 등 총 27개의 개별 양형기준을 마련하고 있다.[26)]

따라서 우리나라에서 기업범죄에 대한 개별 양형기준의 하나로 미국의 조직체에 대한 연방 양형가이드라인을 그대로 도입함은 양국의 형사사법 제도의 상이점으로 인하여 타당하지 않다고 본다. 다만, 기업의 귀책원리에 대한 논의와 마찬가지로 형사제재와 관련해서도 종래 자연인을 대상으로 설계된 틀을 기업에게도 적용하고 있기 때문에 커다란 왜곡이 발생하고 있음을 인정하고 기업의 고유한 성질을 전제로 한 새로운 형사제재의 틀을 마련함에 있어 미국의 조직체에 대한 연방 양형가이드라인을 적극 참고할 필요는 있다. 이때 기업에게 형사제재를 부과하는 의의나 목적을 명확하게 설정하고, 그 의의나 목적을 달성하기 위해 현행 제도는 어떤 점에서 문제가 있고 그러한 문제점을 어떻게 개선하면 좋을지가 검토되어야 한다. 나아가 자연인과는 다른 기업의 고유한 성질을 어떻게 파악해야 하는지도 검토될 필요가 있다.

2. 우리나라에서 형사제재의 의의와 기능

(1) 종래의 논의

오늘날까지도 범죄인에게 부과하는 형사제재의 의의는 무엇인지, 그리고 어떠한 기능이 기대되고 있는지 의문이 제기되고 있다. 즉 범죄란 정의에 반하는 악행이므로 범죄인에 대해서 그 범죄에 상응하는 해악을 가함으로써 정의가 실현된다는 응보형주의에 따른 응보인가, 아니면 범죄로부터 사회를 방위·보호하려는 목적을 실현하기 위한 수단으로서 형벌을 이해하는 목적형주의를 바탕으로 하여 위하(소극적 일반예방주의), 일반시민의 규범준수 의식의 강화(적극적 일반예방주의), 교육·개선을 통한 범죄인의 재사회화(특별예방주의) 가운데 어느 것이 형벌의 목적인가에 대해 여전히 견해가 나뉘고 있다. 이러한 문제에 대해 독일 형법학의 구파와 신파의 대립의 영향을 받은 우리나라에서도 활발한 논의

26) 양형위원회 홈페이지(http://www.scourt.go.kr) 참조.

가 전개되었고, 현재는 형벌의 본질은 상기한 각 이론의 단점을 배제하고 그 장점을 최대한 수용하는 통합설로 귀결되고 있다고 본다. 즉 응보형주의에서 범죄는 반드시 형벌로서 상쇄되어야 한다는 응보사상 그 자체는 배제되어야 하겠지만 책임에 비례한 형벌만이 정당하다는 책임원칙은 수용되어야 한다. 그리고 특별예방주의에서 범죄자의 재범위험성만에 의해 형벌선고가 결정된다는 사고는 배제되어야 하겠지만 재사회적 형벌집행, 형벌의 개별화 및 형벌완화가 가능한 실현되어야 한다는 점은 수용되어야 한다. 그리고 일반예방주의에서는 일반시민을 위하하려는 가중형벌의 선고와 집행은 배제되어야 하겠지만 일반시민의 규범의식을 강화하고 형벌하한선을 설정해 주려는 그의 기능은 장려되어야 할 것이다.[27)]

물론, 지금까지 살펴본 형사제재의 의의나 기능에 관한 논의는 법인이 아닌 오로지 자연인을 대상으로 한 것이다. 그러나 자연인과 마찬가지로 기업(법인)의 형사책임을 긍정하여 형사제재를 부과할 경우에 자연인과 동일하게 형사제재의 의의나 기능이 요구되어야 한다. 이에 따라 기업에 대한 형사제재에 대해서도 응보, 위하, 규범준수 의식의 강화, 교육·개선을 통한 재사회화라는 복수의 목적을 실현하는데 그 의의를 찾을 수 있다. 다만, 기업(법인)은 본질적으로 자연인과는 다른 존재이기 때문에 기업에 대한 형사제재를 검토함에 있어 자연인의 경우와 다른 사항을 고려할 필요가 있다.

(2) 기업에 대한 형사제재의 특수성

기업에 대한 형사제재의 특수성으로 우선 지적해야 할 점은 기업의 성질상 교도소 등의 시설에 수용할 수 없다는 것이다. 우리나라에서 형사제재의 중심적인 역할을 담당하고 있는 것은 여전히 징역형이다. 그러나 이러한 형사제재는 기업에게 적용할 수 없다. 따라서 현행 형사제재상 징역형에 의해서만 달성 가능한 목적이 존재할 경우 이를 대체하는 새로운 형사제재의 수단을 검토할 필요가 있다.

또한, 기업의 자산이나 조직규모에 있어 커다란 차이가 존재한다는 사정도 중요한 의미를 갖는다. 이후에 상세히 검토하겠지만, 예컨대 삼성전자 주식회사

---

27) 손동권/김재윤, 새로운 형법총론, 율곡출판사, 2011, 19면.

나 LG전자 주식회사와 같이 전세계를 무대로 삼아 활동하는 대기업에게 얼마만큼의 금액을 벌금으로 부과하면 범죄억제의 효과를 거둘 수 있는지 의문이다. 적어도 현재 대부분의 양벌규정에서 규정된 1억 원 이하의 벌금액이 대기업에게 너무나 낮은 벌금액임을 부인하기 어렵다. 그러나 그렇다고 해서 그러한 대기업에게 응보형주의에만 입각하여 형벌을 통한 '고통'을 주기 위해 벌금액을 무제한으로 상향하였을 경우 그 영향은 다시 소비자, 주주, 종업원 등 기업범죄에 직접적 관계가 없는 사람에게 미쳐 이른바 '파급효과'(spill over)의 위험성이 존재함을 부인할 수 없다. 나아가 범죄를 행한 기업의 파산 내지 도산은 어쩔 수 없다는 태도를 취하지 않는 이상 영세기업 내지 중소기업에 대한 벌금액은 법정형의 고액을 큰 폭으로 밑도는 결과를 낳아 이른바 '억제의 덫'(deterrence trap)의 문제도 발생하여 이 경우에도 벌금형의 금액을 고액으로 인상하는 의의는 점차 줄어들 수밖에 없다.[28)]

이와 같이 기업에 대한 형사제재에 관한 논의는 무엇보다 기업의 고유한 성질을 고려하여 전개할 필요가 있다. 따라서 다음 장에서는 이러한 문제의식을 전제로 하여 미국의 연방 양형가이드라인이 채택한 벌금형, 원상회복, 보호관찰이라는 세 개의 형사제재에 대해 도입 배경, 개요, 운용 상황을 살펴보고자 한다(§ 15, § 16, § 17). 아울러 2011년 4월 14일 상법 개정을 통해 기업범죄의 사전예방과 관련하여 준법지원인제도를 도입하였는바, 기업이 이러한 법준수 프로그램을 적정하게 운용하였을 경우 어떠한 형사법적 인센티브를 줄 수 있는지를 검토하고자 한다(§ 18). 나아가 우리나라에서 기업범죄 유형의 하나로 고위경영자의 횡령·배임죄가 빈번히 발생하고 있는데, 이들 범죄에 대해 최대한의 범죄억제효과를 달성하고 그동안 사법부 불신의 원인으로 지목되어 왔던 재벌총수에 대한 봐주기 판결을 극복함으로써 사법부의 신뢰를 회복할 수 있는 형벌과 양형기준의 개혁방안이 무엇인지를 살펴보고자 한다(§ 19). 마지막으로 이러한 논의를 바탕으로 기업의 형사제재에 대한 구체적인 입법론적 방안을 제시하고자 한다(§ 20).

---

28) 기업에 대한 형사제재로서의 벌금형의 한계를 지적한 일본 문헌으로는 原因明夫, "法人の刑事責任(その4)", 判例タイムズ 541号(1985) 44면 이하; 大谷實, "企業犯罪と法人処罰", 刑法解釈論集Ⅱ, 成文堂, 1990, 17면 이하 참조.

§ 15 기업에 대한 벌금형*

Ⅰ. 머리말

기업범죄의 경우 기업(법인)에게 사형이나 자유형을 부과할 할 수 없기 때문에 기업범죄에 대한 형사제재의 수단으로 양벌규정에 따른 벌금형이 유일하다. 이는 일반적으로 법인은 범죄의 주체로 보지 않기 때문에 형사정책적으로 필요한 경우에만 일정한 금전상의 이익을 박탈하는 것으로 충분하다는 대륙법적 사고에서 비롯된 것이다.[1] 그런데 양벌규정에 의해 기업(법인)에게 부과되는 벌금형 상한도 "… 그 행위자를 벌하는 외에 그 법인 또는 개인에게도 해당 조문의 벌금형을 과한다"고 규정하고 있어 본조의 자연인에게 부과할 수 있는 벌금액의 상한과 동일하다. 예를 들어 법인의 종업원이 「독점규제 및 공정거래에 관한 법률」 제66조의 위반행위를 했을 경우 그 행위자인 종업원은 "3년 이하의 징역 또는 2억 원 이하의 벌금"에 처해지고, 양벌규정에 따라 법인도 "2억 원 이하의 벌금"으로 처벌될 수밖에 없다(동법 제70조). 법인에 대한 이러한 자연인과 동일한 액수의 벌금형은 자연인에 비해 자산규모가 큰 기업(법인)에게 큰 타격이 될 수 없어 기업범죄의 억제효과를 기대할 수 없다. 뿐만 아니라 자연인과 기업(법인)의 자산 차이를 고려하지 못한 것으로서 타당하지 않다는 비판이 지속적으로 제기되어 왔다.[2]

그리고 이러한 문제점을 해소하기 위해 자연인과 법인의 벌금형을 분리하여 법인의 벌금형을 상향조정하는 방안이 제시되었고,[3] 실제로 최근 일부 개정법률들은 자연인과 법인의 벌금형을 분리하여 규정하고 있는 추세에 있다. 예

---

* 이 글은 2014년도 제3차 건국대학교 법학연구소 국내학술대회(2015.2.6.)에서 발표한 논문을 수정·보완한 것임.

1) 이기헌/박기석, 법인범죄에 대한 효율적 제재방안, 한국형사정책연구원, 1996, 39면.

2) 대표적으로 박미숙, "법인범죄 제재의 정책적 근거 및 제재 다양화방안", 형사정책연구 제20권 제1호, 2009, 770면; 이천현, "법인의 범죄주체능력과 형사책임", 형사법연구 제22호, 2004, 69면.

3) 박광섭, "기업범죄에 대한 형사적 제재에 관한 연구", 법학연구 제15권 제1호, 충남대학교 법학연구소, 2004, 30면.

컨대 「상표법」 제97조(2001년 개정), 「특허법」 제230조(2001년 개정), 「디자인보호법」 제87조(2001년 개정), 「실용신안법」 제50조(2001년 개정) 등이 개인에 대하여는 각 해당 조의 벌금형을, 법인에 대하여는 따로 정한 벌금형(자연인에 비해 약 3배가량 상향조정)을 과하도록 하고 있다.

그러나 이처럼 자연인과 법인의 벌금형을 분리하고 법인의 벌금형을 상향조정한 일부의 개정 법률을 제외하고 대다수의 양벌규정은 여전히 자연인과 법인의 벌금형이 연계되어 있어 단순히 기업(법인)에 대한 벌금형의 상한을 대폭 상향하는 것으로 문제가 해결될 수 없다. 왜냐하면 기업의 자산규모를 고려하여 벌금액의 상한을 대폭 인상하는 것은 동시에 자연인 사업주나 위반행위자에 대한 법정 최고액도 인상됨을 의미하고, 이는 곧 자연인 사업주나 위반행위자에게 있어 과중한 부담으로 연결될 위험성을 안고 있기 때문이다.

한편, 기업(법인)에 대한 벌금형에 있어 자연인과의 연결이라는 문제점 이외에도 다음과 같이 여러 문제점이 여전히 남아 있다.[4)]

첫째, 벌금액의 산정에 있어 기업의 자산규모를 언제나 고려해야할 것인지가 문제된다. 일부 개정 법률이긴 하지만 양벌규정에 있어 법인에 대한 벌금형이 자연인과 분리됨에 따라 법인의 법정형을 산정함에 있어 기업의 자산규모를 일정 부분 반영시킬 수 있게 되었다. 하지만 개개의 구체적 사안에서 법인에게 부과할 벌금형을 산정함에 있어 기업의 자산규모를 언제나 고려함이 타당한지 의문이다. 왜냐하면 기업에는 전세계를 무대로 삼아 활동하는 대기업에서부터 실질적으로 개인경영과 차이가 없는 영세기업까지 그 자산규모가 천차만별이기 때문이다. 이러한 다종다양한 기업에 대해 동일한 형벌효과를 거두기 위해서는 자산규모의 고려는 불가결하다고 본다. 그러나 자산규모의 차이에 따른 형벌의 영향은 자연인에 대한 벌금형의 경우에도 발생하지만, 아직까지 독일과 같은 일수벌금형제도가 도입되지 않고 있는 우리나라에서는 자연인에 대한 벌금형의 산정에 있어 이러한 사정이 고려된 적이 없다. 그렇기 때문에 법인에 대한 벌금액의 산정에 있어 자산규모를 언제나 그리고 얼마만큼 고려해야 하는지 검토가 필요하다.

둘째, 벌금형을 완납할 수 없는 경우의 조치가 마련되어 있지 않다. 자연인

4) 이하 川崎友巳, 企業の刑事責任, 成文堂, 2004, 399－400면.

의 경우 벌금형을 완납할 수 없는 경우 노역장에 유치되지만, 기업(법인)에 대해서는 이를 그대로 적용할 수 없다. 특히 법인에 대한 벌금액이 상향조정될 경우 이를 완납하지 않을 경우 어떻게 대처할 것인지에 대한 우려가 높아질 수밖에 없다. 반대로 이러한 우려 때문에 법인에 대한 선고형이 벌금 최고액보다 낮아질 경우 법인에 대한 벌금액을 상향조정하는 의의가 사라져 버릴 수도 있다.

셋째, 법인에게 부과된 벌금을 납부함으로써 입는 기업의 손해가 제3자에게 전보되는 것을 방지할 대책이 마련되어 있지 않다. 벌금을 납부했을 경우 기업은 이를 추가적 비용으로 계상하기 때문에 주주에 대한 배당, 종업원의 임금, 납세액 등에 영향을 미친다. 또한, 스포츠나 문화 활동의 지원 등 기업에 의한 사회적 공헌을 중단시킬 요인으로 작용될 수 있다. 더욱이 기업은 이러한 손해를 회복하기 위해 상품의 가격을 인상하여 소비자에게 부담을 전가시킬 수 있다. 이렇게 할 경우 기업이 과연 벌금을 지불했다고 말할 수 있는지 의문이다. 특히 벌금액수가 고액의 경우 이러한 영향은 더욱 커질 것으로 예측된다. 물론, 벌금형의 일신전속성의 결여나 그 파급효과에 대해서는 자연인의 경우에도 마찬가지로 인정된다. 그러나 법인에 대한 벌금의 경우 파급효과가 미치는 범위가 넓고 그 액수도 고액으로 상향됨에 따라 그 문제점도 더 커질 수 있다.[5)]

그렇다면 이러한 다양한 문제점을 극복하기 위한 개선방안은 무엇인지 검토할 필요가 있다. 무엇보다 이때 필요한 것은 양벌규정의 형식을 통해 기업(법인)에 대한 벌금형을 규정한 약 400여개의 법률에 대해 동일하게 적용될 수 있는 포괄적 개선방안일 것이다. 이러한 포괄적인 검토를 진행함에 있어 미국의 조직체에 대한 연방 양형가이드 라인의 벌금형제도에 대해 살펴보는 것이 유익하다고 본다. 왜냐하면 미국에서도 우리나라와 마찬가지로 기업에 대한 형사제재의 중심인 벌금형의 한계가 의식되었고, 이러한 문제점의 극복을 목표로 한 연방 양형가이드라인에는 다양한 새로운 시도가 포함되어 있기 때문이다. 따라서 이하에서는 미국 연방 차원에서 기업에 대한 벌금형의 발전과정, 개요 및 산정과정 등을 검토하고(Ⅱ, Ⅲ), 이를 토대로 우리나라에서 기업(법인)에 대한 벌금형의 개선방안을 구체적으로 제시하고자 한다(Ⅳ).[6)]

---

5) 이러한 문제점에 대해 상세히는 大谷實, 刑事政策講義(第四版), 弘文堂, 1996, 430면.

6) 이하의 논의는 이기헌/박기석, 앞의 보고서, 57-93면; 이정민, 기업의 경제활동에 관한 형

Ⅱ. 미국에 있어 종래 논의와 대응

1. 기업에 대한 벌금형을 둘러싼 종래의 논의

(1) '법경제학'으로부터의 지지

종래 미국에서도 기업에 대한 형사제재의 방법으로 벌금형을 중심으로 한 재산형이 유일하였다. 이 때문에 기업에 대한 형사제재의 효과를 검토할 경우 필연적으로 벌금형의 유효성이 다투어지는 형태로 논의가 전개되었다. 기업에 대한 벌금형의 유효성은 특히 억제의 관점으로부터 많은 지지를 받았다. 그 가운데 '법경제학'의 관점으로부터의 분석[7]이 대표적이다.[8] 법경제학에서는 일반적으로 범죄자들이 범죄를 행할지 여부의 결정을 다음과 같이 분석한다. 즉 예를 들어 절도범이 1,000만 원 가량의 자동차를 훔치려고 한다고 가정할 때 절도범이 자동차를 훔치고 경찰에게 적발될 확률이 0.5%이고 적발되었을 경우 민사상 배상해야 될 액수가 1,000만 원이라면 자동차를 절도함으로써 절도범에게 발생할 것으로 기대되는 배상책임은 0.5×1,000만 원=500만 원이 된다. 이 금액은 당연히 절도범이 자동차를 훔쳐서 얻을 수 있는 이익은 1,000만 원 보다는 적은 것이다. 따라서 절도범은 자동차를 절도하기로 합리적인 결정을 내리게 된다고 한다. 그렇기 때문에 범죄로 인한 피해액만큼 벌금을 과하는 것은 범죄예방이 도움이 되지 못하므로 범죄를 예방하기 위해서는 검거된 범인에게 충분히 큰 부담을 가해서 범행으로 인한 이득보다 범행으로 인해 발생하는 비용이

사법제연구(Ⅱ): 기업범죄에 대한 새로운 제재 도입방안 연구, 한국형사정책연구원, 2010, 103－116면; 川崎友巳, 앞의 책, 401－409면 참조.

7) '법경제학'이란 법률문제를 경제학의 관점에서 분석·검토하는 학문 영역을 말하며, 1960년대에 미국에서 Ronald Coase와 Guido Calabresi 등 법학과 경제학 양쪽 모두에 있어 뛰어난 식견을 갖춘 학자에 의해 개척되어 1970년대 이후 급속히 발전했다(RICHARD A. POSNER, *ECONOMIC ANALYSIS OF LAW* (3rd ed., 1986), 19－26면.

8) '법경제학' 분야의 제일자로 평가받고 있는 R. Posner는 예측되는 형사제재의 비용으로부터 형벌의 효과를 평가한다. 그리고 형사제재는 체포와 유죄선고의 가능성에 의해 그 효과가 낮아질 수 있다고 본다. 예를 들어 예측되는 수익이 100만 달러로 체포될 가능성이 25%일 경우 예측되는 수익과 형사제재에 의한 비용을 동일한 것으로 하기 위해서는 기본적으로 형사제재를 400만 달러로 상향시킬 필요가 있다고 한다(Posner, 앞의 책, 307면.). '법경제학'에 의한 형법의 보다 상세한 검토에 대해서는 Richard A. Posner, "An Economic Theory of the Criminal Law", 85 COLUM. L. REV. 1193, 1193－1231(1985) 참조.

커지도록 만들어 주어야 한다고 한다.[9]

'법경제학'에서는 기업도 자연인과 마찬가지로 이익 추구라는 목적을 위해 비용과 이익을 고려하여 행동하는 합리적인 존재임을 전제로 한다.[10] 그리고 형사제재가 가지는 비용의 측면으로 벌금액과 동시에 체포 및 유죄 선고의 가능성을 고려에 포함시켜 이러한 기업에 있어서의 마이너스 요소가 불법행위에 의한 이익을 넘어설 때 형사제재의 억제효과를 높인다고 한다. 따라서 이러한 관점에서는 벌금액이 상향될수록 위하력이 강해져 억제효과도 높아지게 된다고 한다. 다만, 이러한 분석에 대해 동일한 위하력을 기업에 있어 금전의 지출이라는 측면에서 본다면 동일한 효과를 가진 손해배상이나 세금에 의해도 얻어 낼 수 있다.[11]

(2) 기업에 대한 벌금형의 비판

그러나 이러한 '법경제학'의 견해에 대해 다음과 같이 다양한 관점으로부터 많은 비판이 제기되고 있다.

첫째, 기업을 비용과 이익이라는 두 가지 기준에 의해서만 활동하는 단일의 실체로 파악하는 것은 불가능하다고 한다. 이러한 비판은 주로 자연인만이 형법상의 행위주체가 될 수 있으며, 기업은 실체로서가 아니라 개인의 이익을 최대화하기 위한 수단이라고 파악하는 견해로부터 제기된다. 따라서 이 견해에

---

9) Robert Cooter/Thomas Ulen/한순구(역), 법경제학, 경문사, 2009, 584면.

10) John C. Coffee, Jr., “No Soul to Damn: No Body to Kick: An Unscandalized Inquiry into the Problem of Corporate Punishment”, 79 MICH. L. REV 386, 389(1981).

11) 예를 들어 Ford Pinto 사례에서는 자동차의 구조상의 결함으로 인해 경미한 충돌사고로 자동차가 화염에 쌓여 운전자와 동승자가 사망하였다는 이유로 Ford 회사가 고살죄로 기소되었다. 피고 기업인 Ford 회사는 사고 발생의 이전부터 Pinto 차의 구조상 결함과 화재의 위험을 인식하고 있었다. 더욱이 이를 원인으로 한 사고에 있어 피해자에 대한 손해배상액의 추정치를 계산하고 있었다. 그리고 이 손해배상액을 결함 부분인 연료탱크의 설계변경과 수리에 소요되는 비용과 비교한 것이 소송에서 밝혀졌다. 즉 Ford 회사는 Pinto 차의 사고에 의해 연간 180명의 사망자와 180명의 부상자가 발생했을 경우 Ford 회사의 손해배상 청구액수를 495만 달러라고 예측하고, 이를 회피하기 위해 결함 부분의 수리에 필요한 1억 3,700만 달러(1대당 11달러×판매한 차의 대수 약 1,250만대)를 지출하는 것은 무의미라고 판단했다고 한다[State v. Ford Motor Co., No.5324 (Indiana Super. Ct., filed Sept. 13, 1978)]. 또한 LEE P. STROBEL, *RECKLESS HOMICIDE? FORD PINTO TRIAL* (1980), 90, 286면; FRANCIS T. CULLEN, WILLIAM J. MAAKESTAD & GRAY CAVENDER, *CORPORATE CRIME UNDER ATTACK* (1987), 162-169면 참조]

서는 벌금형뿐만 아니라 기업에게 형사제재를 부과하는 것 자체가 유효성이 부족하여 부적절하고, 개개의 자연인에게 형사책임을 귀속시켜 형사제재를 부과하는 것이 보다 효과적이라고 이해한다.12)

둘째, 기업에게 벌금형이 부과되어도 실제로 큰 타격을 입지 않는다고 한다. 즉 기업에 대해 벌금형을 부과했을 경우 실제로 그것을 부담하는 것은 기업이 아니라 결국 종업원, 주주 또는 소비자 등 책임이 없는 제3자라는 점이 지적된다.13) 이러한 벌금의 제3자에게로의 전가는 '파급효과'(spill over)로 불리며, 특히 고액의 벌금형에 대해 영향이 커지면서 문제로 여겨지고 있다. 이러한 문제점을 해소하기 위해 법원에게 기업이 벌금을 제3자에게 전가하는 것을 금지하는 권한을 부여하는 방안도 제안되고 있다.14) 그러나 실제로 실효성이 부족하다고 여겨 폭넓은 지지를 얻지 못하고 있다.15)

셋째, 가장 큰 문제점으로 기업에 대한 벌금액이 기업의 자산규모에 따라 제한되기 때문에 범죄의 경중(불법수익의 액수)에 비례한 벌금액을 부과하지 못하여 충분한 억제력을 담보할 수 없다는 이른바 '억제의 덫'(deterrence trap)이 주장된다.16) 범죄자가 자연인의 경우 벌금을 완납할 수 없을 경우 노역장 유치를 통해 그 억제력의 담보가 가능하다. 그러나 기업의 경우 노역장 유치를 할 수 없으므로 완납이 불가능한 상황에 대한 보완책이 필요하다. 이 때문에 법원

---

12) John C. Coffee, Jr., "Corporate Crime and Punishment: A Non−Chicago View of the Economics of Criminal Sanctions", 17 AM. CRIM. L. REV. 419, 419−476(1980); Coffee, 앞의 논문, 407면.

13) Coffee, 앞의 논문, 401면; Eliezer Lederman, "Criminal Law, Perpetrator and Corporation; Rethinking a Complex Triangle", 76 J. CRIM. L. & CRIMINOLOGY 285, 312−313(1985). 특히 대기업의 경우 대부분의 주주는 실질적으로 기업의 활동방침을 결정하는 중추적 역할을 담당하지 않고, 억제의 효과와도 무관하다. 또한, 중소기업의 경우는 실권자이며, 주주이기도 한 경영자 개인을 처벌하는 것이 억제의 효과를 기대할 수 있다는 주장이 제기된다(Lederman, 앞의 논문, 316면).

14) John B. McAdams, "The Appropriate Sanctions for Corporate Criminal Liability: An Eclectic Alternative", 46 U. CIN. L. REV. 989, 996(1977).

15) Lederman, 앞의 논문, 316면.

16) Coffee, 앞의 논문, 389−393면; Brent Fisse, "Reconstructing Corporate Criminal Law: Deterrence, Retribution, Fault, and Sanctions", 56 S. CAL. L. REV. 1141, 1217−1218(1983); BRENT FISSE & JOHN BRAITHWAITE, *CORPORATIONS, CRIME AND ACCOUNTABILITY* (1993), 83면.

은 기업의 자산규모에 따라 벌금액의 실질적인 상한선을 설정하여 반드시 억제의 목적을 달성할 수 있는 벌금액을 불법수익에 대응시켜 부과하지는 않는다.[17] 즉 "범죄가 중하면 중할수록 기업으로부터 징수할 수 있는 벌금은 그 적절함을 잃어간다"[18]고 한다.

한편, 기업에 대한 벌금형을 긍정적으로 바라보는 견해에서도 '법경제학'의 관점에 대해 비판을 제기하고 있다. 즉 '법경제학'의 관점에서는 경제적 효과만이 중시되어 형벌의 낙인효과가 경시된다는 점이 자주 언급된다. 다만, 형벌의 낙인효과를 고려할 것을 주장하는 학자 중에는 벌금형의 낙인효과는 낮아 그 유효성에 대해 비판적인 견해를 제시하기도 한다.[19]

2. 1980년대의 개정

(1) 기업에 대한 벌금형의 문제점

기업범죄의 중대성이 점차 밝혀져 그 대책에 대한 관심이 높아지는 가운데 벌금형은 1991년 연방 양형가이드라인의 도입 이전에도 몇 번의 개정이 이루어졌다. 즉 1984년 양형개혁법이 제정될 때까지 기업에 대해 연방 차원에서 선고받는 벌금액은 실제로 지극히 낮아 그 유효성이 없음은 이미 자명한 사실이었다고 한다.[20] 그 원인으로 1984년 이전에는 대부분의 연방형법이 자연인과 기업 양자에 대해 동일한 벌금액을 채택하고 있었던 데 있다. 이 때문에 구금형과

17) 즉 자산규모가 작은 중소기업에 대해서는 완납이 가능한 벌금액을 초과했을 경우 50만 달러나 500만 달러나 모두 동일한 억제력을 발휘할 수밖에 없다고 한다(Coffee, 앞의 논문, 390－391면).

18) FISSE & BRAITHWAITE, 앞의 책, 83면.

19) 이 밖에도 기업에 대한 억제력에 있어서도 기업 내의 개인이 이익을 획득할 수 있는 경우에는 범죄를 억제하는 힘은 없다는 점(Coffee, 앞의 논문, 393－400면; Fisse, 앞의 논문, 1216－1217면) 및 기업이 유죄를 인정함으로써 경영자 개인의 기소를 철회하는 유죄협상이 실제로 많이 이용되고 있어 경영자에게는 억제력이 제대로 기능하지 않으며, 범죄억제의 효과가 발휘되고 있지 않다는 점(Lederman, 앞의 논문, 316면) 등이 지적된다.

20) 1984년부터 1987년까지 연방법원에 의해 선고받은 288개 기업에 대한 벌금형의 평균액수는 4만 9,164 달러였다고 한다(Mark A. Cohen, "Corporate Crime and Punishment: A Study of Social Harm and Sentencing Practice in the Federal Courts, 1984－1987", 26 AM. CRIM. L. REV. 605, 611(1989); Mark A. Cohen, "Corporate Crime and Punishment: An Update on Sentencing Practice in the Federal Courts, 1988－1990", 71 B. U. L. REV. 247, 254－256(1991).

벌금형이 법정화되어 있는 범죄의 경우 자연인이 가혹한 제재를 받을 가능성조차 존재하여 양형의 공평성이라는 관점에서도 많은 문제점이 있는 것으로 인식되었다.

(2) 기업에 대한 벌금형 제도의 개선

연방 차원의 기업에 대한 형사제재의 실질적 개정은 1984년 양형개혁법에 의해 시작되었다. 여기에서는 기업에 대한 벌금형의 액수가 모든 중죄 및 사람의 생명의 상실을 동반하는 경죄에 대해 50만 달러, 그 외의 A급 경죄에 대해 20만 달러, 그리고 생명의 상실을 동반하지 않는 경죄 및 모든 위반행위에 대해 1만 달러로 인상되었다.[21] 이는 기업의 자산규모의 크기와 구금형을 과할 수 없는 성질을 고려하여 동일한 범죄를 자연인이 행했을 경우보다 실질적으로 벌금액을 높게 설정함을 긍정한 결과이다.[22]

그리고 그 후 벌금액의 산정방법의 선택사항으로 범죄에 의한 이익과 피해자의 손해를 고려하는 규정을 마련하여 과도한 복잡화나 양형절차의 지체를 가져오지 않고 산정이 가능할 경우 이익이나 손해의 2배까지를 벌금형으로서 부과할 수 있는 규정이 신설되었다.[23] 이 규정은 대기업의 범죄행위가 가져오는 심각한 불법수익이나 피해자의 손해 이상의 벌금액을 확보함을 목표로 한 것이다.[24]

이러한 개정을 거쳐 미국에 있어 기업에 대한 벌금형은 자연인에 대한 벌금형과 다른 제도로서 자리매김 되어 갔다. 그러나 이러한 개정 작업에 대해 기업범죄의 중대성이 제대로 반영되어 있지 않다는 평가가 일반적이었고, 그에 따라 벌금액의 상한과 산정방법에 대해 근본적인 개혁이 필요하게 되었다.[25]

---

21) 18 U.S.C. § 3571(c) (2003).

22) *Ibid.* § 3571(b).

23) *Ibid.* § 3571(d).

24) Richard S. Gruner, "Just Punishment and Adequate Deterrence for Organizational Misconduct: Scaling Economic Penalties under the New Corporate Sentencing Guidelines", 66 S. CAL. L. REV. 225, 228(1992).

25) 川崎友巳, 앞의 책, 401−404면.

Ⅲ. 연방 양형가이드라인의 기업에 대한 벌금형의 개요와 산정과정

1. 연방 양형가이드라인의 기업에 대한 벌금형의 개요

(1) 연방 양형가이드라인의 기업에 대한 벌금형의 특징

종래부터 개혁의 필요성이 지적되어 온 벌금형은 1991년 시행된 연방 양형가이드라인 제8장에서 기업에게 적정한 형사처벌을 가능하게 하는 방법과 그 내용을 담고 있다.[26)]

첫째, 기업에 대한 벌금형의 법정액을 상향조정하여 고액의 납부를 선고받을 가능성이 명확하게 되었다. 앞서 언급한 바와 같이, 1980년대 미국에서는 기업에 대한 벌금액을 자연인과 분리하여 상향하는 방향으로 개선책이 논의되어 왔다. 조직체에 대한 연방 양형가이드라인은 이러한 방향성을 한층 더 추진하여 범죄의 경중에 따라 기업에게 자연인보다 고액의 벌금형을 선고할 수 있는 양형기준을 마련하였다.

둘째, 벌금형의 산정에 있어 고려해야 할 가중사유와 경감사유를 명확히 하였다. 특히, 법준수 프로그램(compliance program)을 적정하게 실시하여 범죄 발견 후 형사사법 기관 등에 의한 수사에 적극적으로 협력했을 경우 벌금액이 큰 폭으로 경감됨을 미리 명시함으로써 기업에게 양형에 있어 긍정적 요인으로 작용될 수 있음을 분명히 하였다.

셋째, 고액의 벌금을 일괄하여 납부할 수 없는 기업에 대해 분납을 인정하여 그 기간 동안 기업에게 보호관찰을 실시하여 벌금형의 집행강화를 도모할 수 있도록 하였다. 미국에서 벌금형의 정기적인 납부를 준수사항으로 하는 보호관찰(probation)은 1980년대부터 활용되어 왔지만, 이를 법제화하여 법원에 대해 그 적용을 필요적으로 요구함으로써 안정된 운용이 가능하도록 하였다.

(2) 조직체에 대한 연방 양형가이드라인의 적용범위

연방법원이 기업 등의 조직체에 대해 양형을 실시할 경우 원칙으로서 조직체에 대한 연방 양형가이드라인을 적용해야 한다. 다만, 연방법원은 양형가이드라인이 예측할 수 없었던 사유를 근거로 하여 가이드라인에 의해 제시된 양형

26) Gruner, 앞의 논문, 231면.

범위 이외의 양형을 실시할 수 있다. 이 경우 가이드라인의 양형범위를 벗어나는 사유뿐만 아니라 구체적으로 결정한 양형의 이유를 제시해야 한다.[27] 그리고 벌금형 이외에 손해배상의 지불이나 범죄에 의한 수익의 몰수를 아울러 명하는 것도 가능하다.[28]

또한, 일정한 영역의 범죄에 대해서는 양형가이드라인이 정한 벌금형의 산정과정의 적용이 제외된다. 예를 들어 반독점법에 위반한 가격담합 등으로 손실액의 정확한 산출이 곤란한 영역에 대해서는 영향을 받은 거래액수의 20%를 손실액으로 간주한다.[29] 더욱이 식품 및 약품에 관한 범죄 중 소비자의 건강 및 안전에 대한 침해에 대해서는 손실의 금전화가 곤란한 경우 벌금형의 적용은 인정되지 않는다.[30] 다만, 사기죄에 대해서는 이 범죄유형에 대해서도 벌금형의 적용이 인정된다.[31] 나아가 환경법 위반에 대해서도 가이드라인의 산정 절차는 적용되지 않는다. 이 경우에 환경범죄에 의한 이익과 손실의 금전적인 수치의 환산의 곤란함을 근거로 한다.[32]

2. 기업에 대한 벌금형의 산정과정

(1) 벌금액의 산정과정의 4단계

조직체에 대한 연방 양형가이드라인의 벌금형에서는 범죄의 경중과 범죄자의 유책성에 초점을 맞춰 다음과 같은 4단계의 산정과정을 거쳐 벌금액이 결정된다.[33] ① 범죄의 레벨(경중)에 따라 '기초벌금액'(based-fine)을 결정한다. ② 조직체의 유책성의 정도를 '유책성 점수에 관한 기준'(the form of a culpability score)에 따라 결정한다. ③ 기초벌금액에 유책성 점수에 대응한 상한치와 하한치을 곱하여 적용 가능한 벌금액의 범위를 계산한다. ④ 적용 가능한 범위 내에

---

27) 18 U.S.C. § 3553(b) (2003).

28) UNITED STATES SENTENCING COMMISSION, FEDERAL SENTENCING GUIDELINES MANUAL [hereinafter U.S.S.G.] § 8C2.9 (2014).

29) *Ibid.* § 2R1.1(d).

30) *Ibid.* § 8C2.1 (comment. n.2.).

31) *Ibid.* § 8C2.1 (comment. n.1.).

32) *Ibid.* § 8C2.1 (comment. n.2.). 이에 대해 상세히는 Gruner, 앞의 논문, 266, 288면 참조.

33) Lisa Ryan-Boyle, Jason Simon and Julie Uebler, "Sentencing", 29 AM. CRIM. L. REV. 739, 764-767(1992).

서 적정한 벌금액을 결정한다.

〈표 15-1〉 범죄의 경중과 벌금액의 관계

범죄의 레벨	벌금액	범죄의 레벨	벌금액
6이하	5,000	22	1,200,000
7	7,500	23	1,600,000
8	10,000	24	2,100,000
9	15,000	25	2,800,000
10	20,000	26	3,700,000
11	30,000	27	4,800,000
12	40,000	28	6,300,000
13	60,000	29	8,100,000
14	85,000	30	10,500,000
15	125,000	31	13,500,000
16	175,000	32	17,500,000
17	250,000	33	22,000,000
18	350,000	34	28,500,000
19	500,000	35	36,000,000
20	650,000	36	45,500,000
21	910,000	37	57,500,000
		38이상	72,500,000

* 출처: UNITED STATES SENTENCING COMMISSION, FEDERAL SENTENCING GUIDELINES MANUAL §8C2.4(d) (2014).

(2) 구체적인 예에 의한 검토

보다 더 상세한 검토를 위해 '금융사기죄'(financial fraud)에 의해 100만 달러의 부정한 수익을 얻고, 120만 달러의 손해를 피해자에게 준 기업을 예로 하여 구체적인 양형 절차를 살펴보면 다음과 같다.[34] 우선, 법원은 기초벌금액의 산정을 실시한다. 이 기초벌금액의 산정에는 다음의 세 가지 방법을 사용하여 그 가운데 최고 금액이 그 후의 양형 과정에서 채택된다.

첫째, 미국 양형위원회가 정한 자연인에 대한 양형가이드라인을 참고하여 범죄를 43개 레벨의 수치 속에서 평가하여 이를 각 레벨마다의 기초벌금액을

34) Gruner, 앞의 논문, 232−233면.

적은 표에 적용시켜 해당 범죄의 기초벌금액을 결정하는 방법이 이용된다. 앞서 제시한 사례에 적용시켜 보면, 금융사기의 범죄 레벨은 17이며, 표에 나타난 레벨 17의 기초벌금액수 25만 달러가 도출된다(<표 15-1>참조).[35]

둘째, 불법수익으로부터 도출하는 방법이 취해진다.[36] 여기서 말하는 불법수익이란 범죄에 관련된 행위에 의해 초래된 납세 전 이익의 증가분을 의미한다. 이익은 수입 증가 또는 지출 삭감의 모두에 의해도 초래된다.[37] 따라서 여기에서는 앞서 기술했듯이 100만 달러가 기초벌금액으로 된다.

셋째, 피해자의 금전상의 손해로부터 도출된다. 다만, 여기서 고려되는 것은 의도적으로(intentionally), 인식을 가지고(knowingly) 또는 무모하게(recklessly) 초래된 손해에 한정된다.[38] 이 사례에 있어 금전상 손해의 120만 달러 가운데 50만 달러에 대해 인식이 있었다고 가정하면 50만 달러가 기초벌금액이 된다. 따라서 세 개의 방법으로 도출해 낼 수 있었던 기초벌금액 가운데 최고 금액의 100만 달러가 이후의 양형 과정에서 이용된다.

다음으로 기업의 유책성 점수가 설정된다. 이 점수는 기초벌금액수를 곱하여 적용 가능한 벌금액의 범위를 확정하기 위한 상한치와 하한치가 정해져 있다. 점수는 0부터 10까지 11단계로 구성되어 있다. 설정작업은 유책성 점수 5를 기점으로 하여 가중사유가 있으면 점수는 가점되고, 경감사유가 있으면 점수는 감점된다.[39] 가중사유로 다음의 네 가지가 가이드라인에 규정되어 있다. 즉 ① 범죄행위에 관리자의 관여 또는 용인(5점 가점),[40] ② 동종 범죄에 대한 전력(2점 감점),[41] ③ 법원의 명령 또는 금지에 대한 위반행위(3점 가점),[42] ④ 기업경영자에 의한 범죄조사의 방해(3점 가점).[43]

이에 대해 경감사유로는 다음의 다섯 가지가 규정되어 있다. 즉 ① 범죄의

35) U.S.S.G., § 8C2.4(d).
36) *Ibid.* § 8C2.4(a)(2).
37) *Ibid.* § 8A1.2 [comment. n.3(h)].
38) *Ibid.* § 8C2.4(a)(3).
39) *Ibid.* § 8C2.5(a).
40) *Ibid.* § 8C2.5(b).
41) *Ibid.* § 8C2.5(c).
42) *Ibid.* § 8C2.5(d).
43) *Ibid.* § 8C2.5(e).

방지와 발견을 위한 효과적인 법준수 프로그램의 사전 적용(3점 감점),[44] ② 동종 범죄의 발견, ③ 공적 기관에 범죄의 자진신고, ④ 범죄수사에 협력, ⑤ 단순한 유죄의 답변을 넘어 범죄에 대한 책임의 승인 및 긍정적인 수인의 표명(②에서부터 ⑤의 합계로 5점 이내 감점).[45] 점수가 10일 때는 상한치 4.0에서부터 하한치 2.0, 0일 때는 상한치 0.2에서부터 하한치 0.05에 기초벌금액수를 곱하여 적용 가능한 벌금액을 산출한다(<표 15-2> 참조).[46] 앞서 제시한 사례로 가중 내지 경감사유를 고려할 경우 점수 10이 되었다고 가정하면 적용 가능한 벌금액수는 400만 달러에서부터 200만 달러의 범위가 되어 법원은 이 범위 내에서 벌금액을 결정한다.[47]

〈표 15-2〉 유책성 점수 표

유책성 점수	하한치	상한치
10이상	2.00	4.00
9	1.80	3.60
8	1.60	3.20
7	1.40	2.80
6	1.20	2.40
5	1.00	2.00
4	0.80	1.60
3	0.60	1.20
2	0.40	0.80
1	0.20	0.40
0이하	0.05	0.20

주) UNITED STATES SENTENCING COMMISSION FEDERAL SENTENCING GUIDELINES MANU AL §8C2.6. (2014)에 의한다.

44) *Ibid.* § 8C2.5(f).

45) *Ibid.* § 8C2.5(g).

46) *Ibid.* § 8C2.7.

47) 본 규정에 근거한 벌금은 제정법에 의해 정해진 최고액과 최저액에 의해 제한을 받는다 (*Ibid.* § 8C3.1.).

3. 연방 양형가이드라인의 기업에 대한 벌금형의 비판

그러나 조직체에 대한 연방 양형가이드라인이 규정한 벌금형에 대해 다음과 같은 비판이 제기되고 있다.

첫째, 새로운 벌금 제도에 따르면 범죄에 의한 수익과 피해자의 손해가 벌금액 결정의 중요한 요소로 여겨지지만 그 산정은 매우 복잡하고 어렵다는 점이다.[48] 새로운 가이드라인에서도 양자의 계산이 과도하게 복잡해서 소송의 지연을 가져오는 경우에 이를 고려하지 않고 벌금액을 산정함이 인정되고 있다. 이 때문에 많은 사례에 있어 양자의 산정이 포기되어 새로운 벌금 제도의 유효성이 반감된다는 문제점을 나타내고 있다.

둘째, 새로운 벌금 제도는 기업에 대한 형사제재로서 여전히 불충분하여 범죄의 억제를 기대할 수 없다는 점이다.[49] 연방 양형가이드라인에 의해 도입된 새로운 벌금 제도는 미국 양형위원회에 의해 당초 제안되었으나, 기업 등의 격렬한 반대로 폐지된 양형가이드라인 초안인 '최적벌금' 제도보다 벌금액이 상대적으로 더 낮게 설정되어 있다. 이때 '최적벌금'이라 함은 범죄 피해액에 검거율에 상당하는 배수를 곱하여 이를 형집행에 소요되는 비용을 더하는 방식에 의해 산출되는 '최적형'(optimal penalty) 내지 '최적억제'(optimal deterrence)의 이론에 근거하는 벌금형을 말한다.[50] 이 최적벌금은 앞서 언급한 '법경제학'적인 접근방식을 지지하는 견해에 의해 커다란 지지를 받았지만, 기업 측의 로비활동 등에 의해 강한 저항을 받아 최종안에는 포함되지 않았다. 이 때문에 당초의 제도를 지지하는 학자로부터 현행 벌금형은 적정한 형벌이 될 수 없다는 비판을 받고 있다.

셋째, 복잡하고 불명확한 규정으로 인해 기업이 그 내용을 충분히 이해하지 못하고, 범죄억제의 인센티브가 보장되지 않는다는 점이다.[51] 특히 법준수

---

48) Gruner, 앞의 논문, 288면.

49) Michael K. Block and John R. Lott, Jr., "Is Curbing Crime Worth the Cost?", N.Y.TIMES, 5 May, 1991, sec. 3, 13면.

50) Jennifer Moore, "Corporate Culpability under the Federal Sentencing Guidelines", 34 ARIZ. L. REV. 743, 780－781(1992).

51) Gruner, 앞의 논문, 288면.

프로그램의 실시와 책임의 경감의 관계에 대한 설명이 불명확하며, 기업범죄의 예방에 효과를 거두지 못하고 있음이 지적되고 있다.[52)]

Ⅳ. 기업(법인)에 대한 벌금형의 개선방안

1. 법정 벌금액

(1) 자연인과의 벌금형 연결 분리와 기업(법인)에 대한 벌금액의 상향조정

기업(법인)에 대한 형사제재의 중심적인 역할은 기업(법인)에게 사형이나 자유형을 과할 수 없기 때문에 향후에도 벌금형이 담당하게 될 것이다. 그렇다면 현재까지 기업(법인)에 대한 벌금형의 문제점으로 지적되어온 기업범죄의 범죄억제 효과를 보다 실효적으로 거두기 위해서 다음과 같이 단기적 측면과 장기적 측면에서 기업에 대한 벌금형을 개선할 필요가 있다.

우선, 단기적 측면에서 현행 양벌규정을 통해 부과되고 있는 기업(법인)에 대한 벌금형과 관련하여 자연인과의 벌금형 연결을 분리하는 한편, 기업의 자산규모를 고려하여 기업(법인)에 대한 벌금액을 대폭 상향조정할 필요가 있다. 전자의 자연인과의 벌금형 연결 분리는 앞서 언급한 바와 같이 「상표법」 제97조(2001년 개정), 「특허법」 제230조(2001년 개정) 등 일부법률에서 반영되고 있다. 그리고 이러한 자연인과의 벌금형 연결 분리의 움직임은 우리나라와 마찬가지로 양벌규정을 통해 기업범죄에 대처하는 일본에서도 동일하게 일어나고 있다. 즉 일본의 경우 1990년대 이후 증권범죄 등 기업범죄가 증가하면서 이러한 상화에 대처하기 위하여 1991년 법제심의회 형사법 벌금형검토소위원회를 구성하여 양벌규정에서 법인 사업주와 위반행위자의 법정 벌금액의 연결을 분리함이 가능하다는 결론이 내려졌다. 이러한 결론을 바탕으로 위반행위자의 벌금액과 법인의 벌금액을 분리하여 「증권거래법」(1992년), 「독점금지법」(1992년), 「부정경쟁방지법」(1993년), 「폐기물처리 및 청소에 관한 법률」(1997) 등 2003년 말까지 54개의 법률의 신설이나 개정에 있어 양벌규정에서 법인에 대한 벌금액을 1억 엔 내지 5억 엔으로 대폭 상향조정하였다.[53)] 따라서 우리나라도 자연인

52) 川崎友巳, 앞의 책, 404－409면.

53) 山本和昭, “兩罰規定における業務主に對する罰金額と行爲者に對する罰金額の連動の切離

의 형사책임과 독립하여 법인의 형사책임을 인정하고 자연인과 법인의 자산규모에 상당한 차이가 있어 동등한 효과를 거두기 위해서는 양벌규정을 둔 모든 법률에서 자연인과의 벌금형 연결을 분리하고 벌금형의 상한을 대폭 상향조정할 필요가 있다. 이때 고액의 벌금형이 기업(법인)에 부과되어야 하는 이유를 ① 기업의 자산규모와 ② 기업범죄의 피해의 중대성에서 찾을 수 있다. 즉 기업범죄는 개인이 초래할 수 없는 중대한 피해를 가져오기 때문에 그 책임을 완전하게 개인에게 귀속시킬 수 없다. 무리하게 개인에게 귀속시키고자 할 경우 개인이 모두 부담할 수 없을 정도로 과중한 책임을 지게 하거나, 범죄의 중대성에 맞지 않는 제한적인 책임만을 지게 할 수 있다. 어쨌든 이는 타당한 결론이 아니다. 따라서 기업에게는 스스로가 실행한 범죄에 대해 자신의 자산규모나 야기한 범죄의 중대성에 맞은 형사제재가 부과되어야 한다.[54]

다음으로, 기업(법인)에 대한 벌금액의 상향조정과 관련하여 기업(법인)의 벌금형을 자연인에 비해 약 3배까지 상향조정한 입법례가 증가하고 있다. 예컨대 「상표법」 제97조(3억 원 이하의 벌금), 「특허법」 제230조(3억 원 이하의 벌금), 「건설산업기본법」 제98조 제1항(10억 원 이하의 벌금) 등은 개인에 대하여는 각 해당 조의 벌금형을, 법인에 대하여는 자연인에 비해 약 3배가량 상향조정된 벌금형을 과하도록 하고 있다. 그러나 법인의 벌금을 3배까지 상향조정하더라도 대부분 3억 원 이하에 해당하여 자본규모가 수십 조에 달하는 대기업의 입장에서 본다면,[55] 그리고 부과된 벌금도 주주의 이익배당, 근로자의 임금 삭감, 상품가격의 인상 등으로 전가하려는 경향을 보이는 현실을 감안하면 범죄억지력이 의문시되는 것은 마찬가지이다. 따라서 독일과 같은 일수벌금형이나 주식벌금제의 도입이 어렵다면 기업범죄의 억지력을 갖도록 벌금액의 상한을 10억 원 이하[56]로 정하고 벌금액수의 구체적 확정요소로 법인과 개인의 자산규모를 법

しについて", 判例時報, 第1402号(1992/1), 3면 이하; 岩橋義明, "両罰規定における罰金の連動の切離しについて", 判例タイムズ, 第773号(1992/3), 61면 이하.

54) 川崎友巳, 앞의 책, 415면.

55) 예컨대 삼성전자의 경우 2013년 기준으로 매출 228,693십억 원, 영업이익 36,785십억 원, 순이익 30,475십억 원 및 자본 150,016십억 원에 달한다.
http://www.samsung.com/sec/aboutsamsung/file/information/2013_SEC_AR_K_01.pdf(2015.1.12. 검색).

56) 이미 건설산업기본법 제98조 제1항은 10억 원 이하의 벌금을 규정하고 있다. 이는 대

관이 의무적으로 참작하여 결정하는 것이 바람직하다고 본다.[57]

(2) 기업범죄에 의한 손해와 벌금액

기업에 대한 벌금형의 상향조정의 또 다른 근거로 기업범죄가 초래한 피해의 중대성을 언급하였다. 왜냐하면 때때로 개인에 의해서는 실현 불가능한 심각한 피해를 가져오는 기업범죄에 대한 형사책임은 피해의 규모에 부합할 필요가 있기 때문이다. 그러나 기업범죄의 피해가 '월등하게 클' 경우 앞서 제안한 바와 같이 법인에 대한 벌금액의 상한을 10억 원으로 인상해도 이에 대응할 수 없는 경우가 있을 수 있다. 따라서 기업범죄에 의한 이익이나 손해액이 분명한 경우 이 금액을 기초하여 벌금형을 산정하는 이른바 '벌금연동제도'를 고려할 필요가 있다고 본다.[58] 이러한 벌금연동제도는 이미 일본에서 입법화되고 있다. 예컨대 일본「소득세법」에서 포탈죄 형벌을 5년 이하의 징역 내지 500만 엔 이하 벌금 또는 그 병과로 규정한 후(제238조 제1항), 포탈소득세액 또는 환부를 받은 소득세액이 500만 엔을 넘을 경우에는 정상에 따라 벌금은 그 액에 상당하는 금액 이하로 할 수 있다고 규정(동 제2항)하고 있다.[59]

2. 벌금형의 산정과 집행방법

(1) 가중사유와 감경사유의 명확화

개개의 구체적인 사안에 있어 기업(법원)이 기업에게 명하는 벌금형의 산정과 관련하여 검토해야 할 사항은 적지 않다. 무엇보다 미국의 연방 양형가이드라인과 같이 가중사유나 경감사유를 미리 규정해둘 필요가 있는지 검토가 요구된다. 법 앞의 평등과 공평한 재판을 보장하는 관점에서는 법령상 양형기준을 구체적으로 마련해 두는 방법도 적절하다고 본다.

이러한 기업범죄의 양형기준과 관련하여 양형위원회는 기업범죄, 특히 재벌총수와 고위경영자의 횡령·배임죄에 대한 양형이 지나치게 관대하다는 사회적 비판을 고려하여 2009년 4월 24일 횡령·배임범죄 양형기준을 마련하였다

다수 건설업계의 자본규모가 다른 제조업계에 비해 큼을 상당부분 고려한 결과라 보인다.

57) 김재윤, "법인의 형사처벌에 관한 유럽국가의 입법동향", 법제연구 제36호, 2009, 298면.

58) 같은 취지로 이정민, 앞의 보고서, 107면.

59) 이정민, 앞의 보고서, 107면.

(2009.7.1. 시행). 동 양형기준에 따르면 횡령·배임범죄의 유형을 재산이득액 기준으로 1억 원 미만부터 300억 원 이상의 5단계로 구분하고, 이 중 최고 구간에 해당하는 300억 원 이상 범죄의 경우 기본형량을 5~8년으로 정하고, 감경사유가 있는 경우 4~7년, 가중사유가 있는 경우 7~11년으로 각각 조정할 수 있도록 정하고 있다. 여기서 감경요소는 사실상 압력에 의한 소극적 범행가담, 오로지 회사의 이익을 목적으로 한 경우, 임무위반의 정도가 경미한 경우 등이 있고, 가중요소는 대량 피해자(근로자, 주주, 채권자 등 포함) 발생, 동종 누범, 지배권 강화나 기업 내 지위보전의 목적, 횡령 범행, 범행 후 증거은폐 또는 은폐 시도 등이 있다.[60)]

그러나 횡령·배임범죄 양형기준의 양형인자는 종래 재벌총수와 고위경영자의 기업범죄에게 일방적으로 유리하게 적용되는 양형관행을 시정하지 못한 채 이들 기업범죄에게만 유리하게 적용될 수 있는 양형인자를 다수 포함시키는 문제점을 보이고 있다. 즉 특별양형인자의 행위적 감경요소 5개 중 기업범죄에만 적용되는 것이 2개(실질적 1인 회사나 가족회사, 오로지 회사의 이익을 목적으로 한 경우), 기업범죄에 일방적으로 유리한 것이 3개(소극적 범행 가담, 손해발생 위험의 미현실화, 임무위반 정도가 경미한 경우)이다. 그리고 특별양형인자의 행위자적 감경요소 4개 중 기업범죄에 일방적으로 유리하게 적용되는 되는 것이 2개(내부비리고발, 처벌불원 또는 상당부분 피해 회복)이다. 그리고 일반양형인자의 행위적 감경요소 5개 중 기업범죄에만 적용되는 것이 1개(피해기업에 대한 소유지분비율이 높은 경우), 기업범죄에 유리한 것이 2개(소극 가담, 범죄수익의 대부분을 소비하지 못하고 보유하지도 못한 경우)이다.

따라서 횡령·배임범죄 양형기준에서 감경요소 중 합리성 없이 재벌총수와 고위경영자의 기업범죄에게만 유리하게 적용되는 양형인자의 대폭적 삭제가 필요하다고 본다. 즉 특별양형인자의 행위적 감경요소 가운데 손해발생의 위험이 크게 현실화되지 아니한 경우, 실질적 1인 회사나 가족회사, 오로지 회사의 이익을 목적으로 한 경우는 기업범죄에만 일방적으로 유리하게 적용되는 것으로 삭제될 필요가 있다. 그리고 일반양형인자의 행위적 감경요소 중 범죄수익의

60) 김재윤, “고위경영자의 횡령·배임죄에 대한 형사책임 강화를 위한 형벌과 양형기준 개혁 방안”, 형사정책 제25권 제1호, 2013, 76-77면.

보유 등 여부, 피해기업에 대한 소유지분 비율 등은 우연한 사후적 사실이나 기업범죄자의 신분에 대한 특별대우를 의미하기 때문에 삭제됨이 타당하다고 본다.[61] 이러한 감경요소의 대폭적 삭제는 현행 양형인자가 감경요소 17개, 가중요소 10개로 심한 불균형을 이루고 있는데 이를 시정하는 효과도 거둘 수 있다고 본다.[62]

(2) 기업의 자산규모

그리고 개개의 구체적인 사안에서 벌금액을 산정함에 있어 기업의 자산규모를 언제나 고려해야 하는지 의문이다. 벌금형의 법정 상한액을 앞서 제안했듯이 10억 원으로 인상하거나 기업범죄에 의한 이익이나 손해액과 연동하여 인상했을 경우 범죄의 중대성은 인정되지만 이에 합당한 벌금을 납부할 수 있는 자산이 피고기업에게 없는 사례가 있을 수 있다. 이러한 사례의 경우 피고기업의 자산규모에 따라 범죄의 중대성이 반영되지 않을 정도로 벌금액수를 인하함이 인정될 수 있을지 의문이다.

앞서 언급한 바와 같이, 기업(법인)에 대한 벌금형의 상향조정은 자연인과 기업의 자산규모의 차이를 고려한 것이므로 적어도 이 차원에서는 범죄의 중대성뿐만 아니라 자산규모가 형벌의 양에 중대한 영향을 미친다. 이는 벌금형의 효과를 높여 자연인과 동등한 형벌 효과를 부여하기 위한 조치였다. 이에 대해 개개의 구체적인 사안에서 벌금액의 산정이 피고기업의 자산규모에 따라 크게 다를 경우 반대로 자산규모가 적은 기업이 유리한 취급을 받아 형벌로서의 평등한 효과를 기대할 수 없게 될 우려가 발생한다. 따라서 기업의 자산규모는 범죄의 중대성에 알맞은 벌금액의 범위 내에서 최소한도로 고려됨이 바람직하다고 본다.[63]

(3) 분납제도의 도입과 보호관찰에 의한 감시

단기적인 측면에서 기업(법인)에 대한 벌금형을 대폭 상향조정하거나 개개의 구체적인 사안에서 벌금액의 산정에 있어 기업의 자산규모를 일정 정도 밖

---

61) 정미화, "횡령·배임범죄 양형기준안 지정토론문", 횡령·배임범죄 양형기준안에 관한 제2차 공청회 자료집, 2009, 202－203면.

62) 김재윤, 앞의 논문, 2013, 79면.

63) 같은 취지로 川崎友巳, 앞의 책, 416－417면.

에 고려하지 않을 경우 미국에서 지적되고 있는 '파급효과'나 '억제의 함정'의 문제가 발생할 수 있다. 이에 따라 이러한 부정적 영향을 완화시킬 방안이 필요하다.

장기적인 측면에서 이러한 부정적 영향을 완화시킬 수 있는 최선의 방법은 벌금형의 집행단계에서 분납제도의 실시라 여겨진다. 현재 우리나라는 실무규칙에 의해 벌금형의 분납제도와 유사하게 운용하고 있으나, 이를 법제화하여 고액의 벌금형을 일괄하여 지불할 수 없는 기업에게 무리가 없는 지불계획에 의한 분납을 인정함으로써 파급효과를 최소한으로 줄이고 기업 자신의 파산도 회피할 수 있을 것이다. 이 경우 분납을 원활히 실시하기 위해 후술하는 기업(법인)에 대한 보호관찰을 통해 감시함이 바람직하다고 본다.[64]

한편, 기업(법인)에 대한 보호관찰의 경우 그 준수사항으로 벌금형의 지불에 의한 손실을 아무런 관련이 없는 주주, 종업원, 소비자 등에게 전가함을 금지하도록 함으로써 '파급효과'를 회피할 수 있는 역할도 기대할 수 있다. 일신전속성이 약하고, 특별예방 효과를 기대할 수 없다는 문제점은 기업(법인)의 경우뿐만 아니라 자연인에 대한 벌금형에 대해서도 마찬가지로 인정된다. 따라서 이러한 문제점의 극복은 벌금형 그 자체의 개선이나 다른 종류의 형사제재와 병용을 통해 완화되어야 할 것이다.[65]

64) 기업에 대한 보호관찰에 대해 자세한 설명은 본서 제5장 §17 참조.
65) 川崎友巳, 앞의 책, 417면.

§ 16 기업에 대한 원상회복명령

Ⅰ. 머리말

향후 기업의 형사처벌을 적정하게 실시하기 위해서는 앞서 검토한 바와 같이 벌금형과 관련하여 벌금액의 산정방법이나 분납제도 등 집행방법의 개선이 이루어져야 할 것이다. 이와 더불어 종래의 형사사법은 피해자에 대한 배려가 결여되어 있으므로 기업(법인)에 대한 새로운 형사제재로서 피해자에 대한 배려를 중점에 둔 제도를 도입할 필요성이 있다.

이러한 문제의식을 바탕으로 미국에서 운용되고 있는 '원상회복명령'(restitution order)을 우리나라에서도 기업(법인)에 대한 형사제재의 수단으로서 도입할 수 있는지 여부를 검토하고자 한다. 이와 관련하여 미국에서는 기업에 대한 형사제재의 하나로 피고 기업에게 피해자에 대한 피해배상 등을 명하는 제도가 활용되고 있어 일정한 평가를 받고 있다. 이러한 제도를 우리나라에 도입할 경우 형사제재에 있어 피해자에 대한 배려를 촉진함과 동시에 기업(법인)에 대한 형사제재의 다양화[1]를 꾀할 수 있 수 있다. 따라서 이하에서는 미국의 연방 차원에서 원상회복명령의 개요와 최근 운용상황에 대해 간략히 살펴보고(Ⅱ, Ⅲ), 이를 바탕으로 기업(법인)에 대한 원상회복명령의 도입 방향에 대해 검토하고자 한다(Ⅳ).[2]

---

1) 기업(법인)에 대한 형사제재의 다양화라는 관점에서 기업에 대한 보호관찰의 도입에 대해 자세한 설명은 본서 제5장 § 17 참조.

2) 이하의 논의는 이기헌/박기석, 법인범죄에 대한 효율적 제재방안, 한국형사정책연구원, 1996, 165-168면; 이정민, 기업의 경제활동에 관한 형사법제 연구(Ⅱ): 기업범죄에 대한 새로운 제재 도입방안 연구, 형사정책연구원, 2010, 146-148; 川崎友巳, 企業の刑事責任, 成文堂, 2004, 425-437면 참조.

Ⅱ. 기업에 대한 원상회복명령의 생성과 발전

1. 형사제재로서의 원상회복명령

(1) 형사제재로서의 원상회복명령의 개요

원상회복명령이란 형사재판에 있어 기업에 대해 범죄 피해자에게 금전의 지불 또는 도품 등의 반환을 명하는 제도를 말한다. 이 제도의 목적은 범죄에 의해 초래된 손해에 대해 피해자로 하여금 손해가 발생하기 이전 상태로 회복시키는 데 있다고 한다.3) 미국 연방 차원에서는 1982년 피해자 및 증인의 보호에 관한 법률(Victim and Witness Protection Act of 1982)에 의해 피해배상이 형사제재로서 제도화되었다.4) 이때까지도 보호관찰의 준수사항으로 피해배상을 명하는 예는 볼 수 있었지만 동법에 의해 주형으로서 명확히 자리 잡게 되었다.

(2) 형사제재로서 원상회복명령의 장점

미국에서는 이와 같이 형사사법에서 원상회복명령이 이용되는 장점으로 ① 다이버젼,5) ② 피해자의 손해복귀,6) ③ 범죄자의 개선,7) ④ 피해자와 가해자의 화해,8) ⑤ 응보9) 등을 촉진하는 점이 언급되어 왔다.10) 그 가운데서도

---

3) William W. Wilkins, Jr., “Sentencing Guidelines for Organizational Defendants”, 3 FED. SENT. REP. 118, 118(1990).

4) 18 U.S.C. § 3663 and 3664 (2003).

5) HERBERT EDELHERTZ, *RESTITUTIVE JUSTICE: A GENERAL SURVEY AND ANALYSIS* (1975), 1－20면; Burt Galaway, “The Uses of Restitution”, 23 CRIME & DELINQUENCY 57, 64(1977).

6) CHARLES F. ABEL & FRANK H. MARSH, *PUNISHMENT AND RESTITUTION: A RESTITUTIONARY APPROACH TO CRIME AND THE CRIMINAL*(1984), 17－19면.

7) Irving E. Cohen, “The Integration of Restitution in the Probation Services”, J. CRIM. L., CRIMINOLOGY & POLICE SCIENCE, 315－321(1944); Albert Eglash, “Creative Restitution: A Broader Meaning for an Old Term”, in: *CONSIDERING THE VICTIM: READINGS IN RESTITUTION AND VICTIM COMPENSATION* (Joe Hudson & Burt Galaway eds., 1975), 284－290면. 또한 Kelly v. Robinson, 479 U. S. 36, 41 (1986) 참조.

8) ANDREW KARMEN, *CRIME VICTIMS* (3d ed., 1996), 302.

9) Charles R. Tittle, “Restitution and Deterrence: An Evaluation of Compatibility”, in: *OFFENDER RESTITUTION IN THEORY AND ACTION* (Joe Hudson & Burt Galaway eds., 1978), 33－158면.

10) Alan T. Harland, “Monetary Remedies for the Victims of Crime: Assessing the Role of the Criminal Courts”, 30 UCLA L. REV. 52, 75－77(1982).

1980년대부터 미국에서 원상회복명령이 주목을 끌게 된 요인으로 다음의 두 가지 점을 지적할 수 있다.[11] 하나는, '피해자의 권리운동'이 활발해짐에 따라 형사사법에서 피해자에게의 구제를 도모하는 제도 도입의 필요성이 강하게 의식되었다는 점이다. 다른 하나는, 범죄가 계속 증가하여 비용이 커지는 등 행형모델로서 의료모델의 한계가 드러남에 따라 종래 형사사법 시스템에 대한 실망감이 커져 가해자와 피해자 당사자 사이에서 범죄처리를 지향하는 움직임이 강해졌다는 점이다.

2. 1980년대까지의 기업에 대한 원상회복명령

(1) 기업에 대한 원상회복명령의 동향

이러한 원상회복명령이 주로 자연인인 사람을 대상으로 제도화되었음은 말할 필요가 없다. 그러나 양적으로 한정되지만 예로부터 원상회복명령이 기업을 피고인으로 한 사례에서 채용되어 온 것도 사실이다.[12] 다만, 기업이 피고인인 사례에서 원상회복명령이 채용된 경우에도 명령의 구체적인 수신인이 개개의 경영자인 사례[13]나 기업 그 자체가 수신인임이 반드시 분명하지 않은 사례[14]가 대부분을 차지하고 있었다. 그러한 운용이 현실에서 폭넓게 실시되었던 배경에는 양형절차에 이르기 전에 대부분의 피고 기업이 '유죄협상'(Plea Bargaining)의 일환으로 피해배상의 이행에 동의해 왔기 때문에 그 상세한 사항에 대해 공판정에서 다투어질 기회가 거의 없었다.[15]

---

11) 佐伯仁志, "刑罰としての損害賠償", 平野龍一先生古稀祝賀論文集·下巻, 有斐閣, 1990, 112면 이하; 小西由浩, "被害弁償", 藤本哲也編, アメリカ犯罪学事典, 勤草書房, 1991, 264면; 藤本哲也/朴元奎, "アメリカ合衆国における被害者の権利運動と被害者救済政策", 被害者学研究 4号(1994) 47면.

12) 연방 대법원에서 보호관찰의 준수사항으로서 피해배상을 명하였던 대표 케이스로 Bradford v. United States, 228 U.S. 446, 451, 53−54 (1913). 그리고 1925년 연방보호관찰법은 피해배상을 준수사항으로 함을 명확하게 인정해 왔다[18 U.S.C. § 3651 (2003)].

13) United States v. Paccione, 949 F. 2d 1183, 1209−10 (2d Cir. 1991, cert. denied, 112 S. Ct. 3029 (1992); United States v. Ofchinick, 883 F. 2d 1172, 1174−76 (3d Cir. 1989), cert. denied, 493 U.S. 1034 (1990).

14) United States v. Weichert, 836 F. 2d 769, 770 (2d Cir. 1988); United States v. Barnette, 800 F. 2D 1558, 1560 (11th Cir. 1986), cert. denied, 480 U.S. 935 (1987); United States v. Loesche, 688 F. Supp. 649, 650−51 (CT. Int'l Trade 1988).

15) Lionel M. Lavenue, "The Corporation as a Criminal Dependant and Restitution as a

그러나 한편에서는 이러한 종래의 판례의 흐름과 달리 피고 기업에 대한 피해배상의 의의에 대해 명확한 판단을 내린 판결도 존재한다. 대표적으로 1988년의 American Diversified 회사 사례가 있다.[16] 본 사안은 공공사업의 하청업자인 American Diversified 회사와 그 종업원이 모터 핀을 제조·판매함에 있어 사기의 공모를 하였음을 이유로 기소되었다. 앨라버마(Alabama)주 북부 연방법원은 공소사실의 일부에 대해 유죄답변을 한 피고 기업에 대해 양형을 함에 있어 원상회복을 적극적으로 활용할 것을 권고하는 연방 정부의 방침을 근거로 하여 75만 달러의 벌금형과 아울러 피해자 및 증인의 보호에 관한 법률에 근거하여 원상회복으로 15만 달러를 선고하였다.[17] 후술하는 조직체에 대한 연방양형가이드라인 도입 이후에는 이러한 기업 그 자체를 대상으로 한 원상회복명령이 점차 정착되어 갔다.

(2) 기업에 대한 원상회복의 의의

유죄를 선고받은 기업에 대해 민사재판이 아니라 형사재판에서 원상회복을 명하는 의의로 다음과 같은 점이 강조되고 있다.

첫째, 시장경쟁에 있어 공평성의 회복을 도모할 수 있다. 즉 민사재판과 더불어 형사재판에서도 원상회복을 명함으로써 기업범죄에 의한 불법수익을 기업으로부터 박탈할 수 있기 때문에 기업이 시장에서 누리는 부당한 우위성을 상실케 하여 실질적인 시장원리의 유지가 가능하게 된다고 한다.[18]

둘째, 소송의 효율화를 도모할 수 있다. 즉 형사재판에서 형사제재와 원상회복명령의 일괄처리를 통해 같은 사건에서 차후에 민사재판을 실시해야만 하는 경우보다 인적·시간적으로 소송부담을 경감할 수 있다.[19] 특히 현행 조직체에 대한 연방 양형가이드라인 아래에서는 기업에 대한 벌금액을 산정함에 있어 범죄에 의한 손해액이 산정 자료로 이용되므로 배상액을 별개로 산출하는 수고

Criminal Remedy: Application of the Victim and Witness Protection Act by Federal Sentencing Guidelines for Organizations", 18 J CORP. L. 441, 505(1993).

16) United States v. American Diversified Defense, Inc., 702 F. Supp. 1551 (N.D.Ala. 1988).

17) *Ibid.* 1554－1555.

18) Richard S. Gruner, "Beyond Fines: Innovative Corporate Sentences under Federal Sentencing Guidelines", 71 WASH. U.L.Q. 261, 268(1993).

19) *Ibid.* 268－269면.

를 줄일 수 있다.

셋째, 종래와 비교할 때 보다 용이하게 손해회복을 실현할 수 있다. 피해자 개인과 비교할 때 수사기관이나 소추기관인 검찰이 기업의 위법행위를 입증하기 위해 필요한 권한이나 능력을 더 많이 가지고 있다. 따라서 이러한 수사기관이나 소추기관인 검찰의 권한을 활용해 수집된 증거를 기초로 입증할 경우 피해자 보호를 보다 적정하게 달성할 수 있다.[20]

넷째, 원상회복명령을 통해 억제, 응보, 교화·개선이라는 형벌효과를 거둘 수 있다. 즉 기업이 범죄에 의해 야기한 대규모 경제적 손해에 대한 실질적 배상은 기업에게 어려운 요구이므로 위하력을 기대할 수 있으며, 스스로가 발생시킨 손해와 동일한 액수의 배상이 요구되기 때문에 적정한 응보(just desert)를 달성할 수 있고, 배상이 피해자에게 직접적인 사죄의 효과를 거둘 수 있으므로 범죄자의 재사회화에도 기여한다고 본다.[21]

3. 연방 양형 가이드라인의 기업에 대한 원상회복명령

(1) 기업에 대한 두 개의 원상회복명령

1991년 제정된 조직체에 대한 연방 양형가이드라인은 종래의 제도를 답습하여 기업 등 조직체에 대한 원상회복명령으로 두 가지 종류를 규정하고 있다.[22] 즉 하나는, 양형가이드라인에 따르면 미국 법률집(United States Code) 제18편 제2248조, 제2259조, 제2327조, 제3663조 및 제3664조가 인정한 범죄에 대해 주형으로서 피해배상을 명할 수 있다.[23] 다른 하나는, 제18편 제3663조 제a

---

20) *Ibid.* 269면.

21) *Ibid.*

22) 연방 양형가이드라인은 원상회복명령 외에도 피해자의 손해회복을 목적으로 ① 범죄에 의해 야기 된 손해의 회복과 범죄가 가져올 수 있는 장래의 손해의 위험성 배제 또는 경감을 기업에게 명하는 구제명령[UNITED STATES SENTENCING COMMISSION, FEDERAL SENTENCING GUIDELINES MANUAL [hereinafter U.S.S.G.] § 8B1.2 (2014)], ② 범죄에 의해 발생한 사회적 손해를 회복하기 위한 사회봉사활동을 기업에게 명하는 사회봉사명령(U.S.S.G., supra note 22, § 8B1.3.), ③ 피해자의 손해회복 절차를 촉진하기 위한 목적으로 피해자에게 유죄판결의 고지 및 설명을 기업에게 명하는 '피해자에게 고지'(notices to crime victimes)(U.S.S.G., § 8B1.3. and § 5F 1.4.)라는 3개의 제재방법을 채용하고 있다.

23) U.S.S.G., § 8B1.1(a)(1).

항 1호에 근거하여 주형으로서 원상회복명령이 인정되고 있는 그 밖의 범죄에 대해 보호관찰의 준수사항으로서 피해배상을 명할 수 있다.[24)]

두 가지 피해배상에 대해 그 집행방법으로 법원은 일괄납부, 할부, 물품에 의한 배상 또는 할부와 물품에 의한 배상 중 어느 하나를 명할 수 있다.[25)] 그리고 연방 양형가이드라인은 1991년 시행 당초 소비자나 주주 등 범죄와 직접적 관계가 없는 제3자에게 미치는 영향을 막기 위해 기업의 지불능력에 따라 피해배상액을 제한하는 규정을 두었다.[26)] 그러나 1997년 가이드라인의 개정을 통해 제3자에게의 영향은 할부나 이행상황의 보고를 준수사항으로 하는 보호관찰의 채용 등의 집행방법을 마련함으로써 회피가 가능해짐에 따라 피해배상액은 피해자가 입은 손해의 전액으로 함이 명기되었다.[27)] 이러한 개정을 통해 원상회복명령이 특정 가능한 피해자의 손해의 회복을 주된 목적으로 하는 제도임이 더욱더 명확하게 되었다고 말할 수 있다.[28)]

(2) 기업에 대한 원상회복명령의 제한

벌금형과 피해배상의 병과가 기업 자산의 건전화를 해칠 우려가 있을 경우에 피해배상이 우선되어 벌금액이 인하된다.[29)] 보호관찰의 준수사항으로서 피해배상을 부과하는 경우에는 연방 양형가이드라인에서 인정되고 있는 보호관찰 기간의 장기를 초과함이 허용된다.

그리고 법원은 이미 기업이 피해배상을 완전히 이행하였을 경우에 피해배상을 명할 수 없다.[30)] 또한, 동조 A(c)(1)(A)(ii)가 규정하는 재산범에 대해 제18편 제3663조에 근거하여 주형으로 피해배상을 명하는 사례 및 보호관찰의 준수사항으로 피해배상을 명하는 사례에 있어 피해자 수가 너무 많아 피해배상의 이행이 실질적으로 이루어질 수 없다고 법원이 판단했을 경우이거나, 원상회복

---

24) *Ibid.* § 8B1.1(a)(2).

25) *Ibid.* § 8B1.1(d).

26) *Ibid.* § 8C3.3.

27) *Ibid.* § 8B1.1(a)(1) and (2). See Cynthia E. Carrasco & Michael K. Dupee, "Corporate Criminal Liability", 36 AM. CRIM. L. REV. 445, 461(1999).

28) Id. § 8B(intra. comment.).

29) U.S.S.G., § 81.1(c) 그리고 연방 양형가이드라인은 재산형의 우선순위를 ① 피해배상, ② 벌금, ③ 그 외의 재산형의 의무로 하고 있다[*Ibid.* §8D1.4(b)(4)].

30) *Ibid.* § 8B1.1(b)(l).

명령에 요구되는 양형절차의 복잡화나 장기화가 형사소송을 통해 피해자에게 피해배상을 제공할 필요성보다 크다고 법원이 판단했을 경우에 원상회복명령을 적용하지 않음이 인정된다.31) 피해배상의 집행은 벌금형 또는 민사상의 판결과 같은 방법으로 행해진다.32)33)

Ⅲ. 기업에 대한 원상회복명령의 운용상황과 그 평가

1. 기업에 대한 원상회복명령의 운용상황

(1) 양형가이드라인의 운용과 관련된 통계자료

원상회복명령은 같은 재산형임에도 불구하고 피해자의 구제라고 하는 점에서 벌금형과는 다른 역할이 기대되고 있다. 그렇다면 실제의 운용에 있어 원상회복명령이 그러한 기대에 부응하고 있는지 검토가 요구된다. 따라서 이하에서는 연간보고서의 통계자료를 참고하여 조직체에 대한 연방 양형가이드라인에 있어 기업에 대한 원상회복명령의 운용상황을 살펴보고 그 실태의 분석을 시도하고자 한다. 다만, 연간보고서에는 보호관찰의 준수사항으로 명할 수 있는 피해배상에 대해서는 적용건수가 기록되어 있지 않다. 이에 여기에서는 주형으로 선고된 피해배상 가운데 1994회계년도에서 2001회계년도까지 8년간의 통계자료를 분석대상으로 한다.34)

(2) 적용건수와 변상액

주요 범죄유형에 포함되는 범죄에 대해 피해배상이 선고된 사안은 1994회계

31) *Ibid.* § 8B1.1(b)(2).

32) 18 U.S.C. §§ 3661－3665 (2003).

33) 이기헌/박기석, 앞의 보고서, 165－167면; 川崎友巳, 앞의 책, 426－429면.

34) 여기서 사용한 통계자료는 UNITED STATES SENTENCING COMMISSION, 1994 ANNUAl REPORT, 121－33(1996); UNITED STATES SENTENCING COMMISSION, 1995 ANNUAL REPORT, 122－30(1997); UNITED STATES SENTENCING COMMISSION, 1996 ANNUAL REPORT, 37－39(1998); UNITED STATES SENTENCING COMMISSION, 1997 ANNUAL REPORT, 39－43(1999); UNITED STATES SENTENCING COMMISSION, 1998 ANNUAL REPORT, 41－44 (2000); UNITED STATES SENTENCING COMMISSION, 1999 ANNUAL REPORT, 45－46 (2001); UNITED STATES SENTENCING COMMISSION, 2000 ANNUAL REPORT, 45－47 (2002); UNITED STATES SENTENCING COMMISSION, 2001 ANNUAL REPORT, 47－49 (2003)이다.

년도 32건(37.29%), 1995회계년도 35건(32.4%), 1996회계년도 46건(29.7%), 1997회계년도 70건(31.5%), 1998회계년도 72건(33.8%), 1999회계년도 83건(32.5%), 2000회계년도 98건(32.2%), 2001회계년도 79건(33.2%)이다.

한편, 각 회계연도에 명할 수 있던 피해배상의 최고금액을 정리하면, 1996회계년도에는 사기 및 자금세탁에 관한 사안에서 선고된 748만 6,458달러, 1997회계년도에는 사기죄에 관한 사안에서 선고된 2,062만 5,000달러, 1998회계년에는 뇌물죄에 관한 사안에서 선고된 1,230만 6,000달러이다. 하지만 1999회계년도 이후에는 연간보고서에서 관련 통계자료가 없어 이에 대한 분석이 곤란하다.

그리고 주요 범죄유형에 포함되는 범죄에 대해 선고된 피해배상액의 평균은 다음과 같다. 즉 1994회계년도 35만 3,399달러(중앙값 5만 9,500달러), 1995회계년도 23만 2,988 달러(중앙값 2만 7,912달러), 1996회계년도 56만 6,839달러(중앙값 5만 8,151달러), 1997회계년도 87만 3,416달러(중앙값 10만 달러), 1998회계년도 72만 8,887달러(중앙값 6만 3,987달러), 1999회계년도 60만 1,434달러(중앙값 10만 달러), 2000회계년도 77만 5,845달러(중앙값 12만 7,264 달러), 2001회계년도 408만 1,994달러(중앙값 17만 7,072 달러)이다.

(3) 범죄종류에 따른 원상회복명령의 적용률

원상회복명령이 채용된 비율이 높은 범죄종류에 따라 구체적으로 정리하면 다음과 같다.

1994회계년도에는 사기에 대한 양형 35건중 17건(48.6%)이 원상회복명령이 선고되었고, 그 평균액수는 54만 9,567달러(중앙값 7만 3,307달러)였다. 환경법위반(폐기물처리법 위반)에 대해서는 14건중 5건(35.7%)이 원상회복명령으로 채용되었고, 그 평균액수는 24만 4,424달러(중앙값 9만 963달러)였다. 자금세탁에 대해서는 5건중 1건(20.0%)이 원상회복명령으로 채용되었고, 그 평균액수는 34만 달러였다.

1995회계년도에는 사기죄에 대한 양형 42건중 19건(45.2%)이 채용되어 평균액수는 19만 1,245달러(중앙값 1만 1,356달러)였다. 환경법 위반에 대해서는 폐기물처리법 위반 20건중 5건(25.0%)이 원상회복명령으로 채용되었고, 평균수는 13만 2,378 달러(중앙값 3만 달러)였다. 자금세탁에 대해서는 6건중 2건(33.3%)이 채용되어 평균액수는 226만 6,711달러였다.

1996회계년도에는 사기죄에 대한 양형 55건 중 22건(40.0%)이 채용되어 평균액수는 49만 3,565달러(중앙값 7만 4,134달러)였다. 환경법 위반에 대해서는 25건중 6건(24.0%)으로 피해배상이 채용되어 평균액은 폐기물처리법 위반이 7만 6,280달러(중앙값 7만 5,000달러), 야생동물보호법 위반이 2,473달러(중앙값 2,473달러)였다. 자금세탁에 대해서는 17건 중 5건(29.4%)이 채용되어 평균액수는 215만 9,953달러(중앙값 71만 119달러)였다.

1997회계년도에는 사기죄에 대한 양형 91건중 35건(38.5%)이 채용되어 평균액수는 117만 7,878달러(중앙값 15만 2,000달러)였다. 환경법 위반에 대해서는 46건 중 16건(34.8%)이 원상회복명령으로 채용되어 폐기물처리법 위반 45건 중 14건(31.1%)의 평균액수가 50만 8,538달러(중앙값 2만 600달러), 야생동물보호법 위반 4건 중 2건(50.0%)의 평균액수가 2만 2,500달러(중앙값 2만 2,500달러)였다. 자금세탁에 대해서는 9건 중 2건(22.2%)이 채용되어 평균액수는 522만 1,036달러(중앙값 522만 1,036달러)였다.

1998회계년도에는 사기죄에 대한 양형 69건 중 33건(47.8%)이 채용되어 평균액수는 63만 1,131달러(중앙값 9만 4,919달러)였다. 환경법 위반에 대해서는 54건중 15건(27.8%)이 원상회복명령으로 채용되어 폐기물처리법 위반 45건중 13건(28.9%)의 평균액수가 10만 1,650달러(중앙값 3만 2,000달러), 야생동물보호법 위반 9건중 2건(22.2%)의 평균액이 1만 6,236달러(중앙값 1만 6,236달러)였다. 자금세탁에 대해서는 16건 중 4건(25.0%)이 채용되어 평균액수는 47만 6,266달러(중앙값 22만 1,041달러)였다. 그 외에 1998회계년도에는 뇌물에 대해서 616만 9,106달러라는 고액의 배상명령이 선고된 바 있으며, 조세법 위반에 대해서도 24건중 5건(20.8%)이 원상회복명령으로 채용되어 평균액수는 295만 8,606달러(중앙값 309만 9,695달러)였다.

1999회계년도에는 사기죄에 대한 양형 86건 중 40건(46.5%)이 채용되어 평균액수는 93만 2,740달러(중앙값 11만 1,579달러)였다. 환경법 위반에 대해서는 60건중 19건(31.7%)이 원상회복명령으로 채용되어 유독물에 의한 환경오염 37건중 11건(29.7%)의 평균액수가 10만 8,099달러(중앙값 3만 5,000달러), 그밖에 공해 23건중 8건(34.8%)의 평균액수가 54만 976달러(중앙값 6만 7,500달러)였다. 자금세탁에 대해서는 13건 중 4건(30.8%)이 채용되어 평균액수는 6만 1,061달러(중앙값 4만 563달러)였다.

2000회계년도에는 사기죄에 대한 양형 105건중 55건(52.4%)이 채용되어 평균액수는 46만 57달러(중앙값 20만 달러)였다. 환경법 위반에 대해서는 74건 중 22건(29.7%)이 원상회복명령으로 채용되어 유독물에 의한 환경오염 16건 중 5건(31.2%)의 평균액수가 183만 7,272달러(중앙값 1만 656달러), 수질오염 39건 중 13건(33.3%)의 평균액수가 37만 2,320달러(중앙값 7만 4,992달러), 대기오염 15건 중 4건(26.7%)의 평균액수가 1만 4,050달러(중앙값 1만 3,267달러)였다. 자금세탁에 대해서는 11건 중 3건(27.2%)이 채용되어 평균액수는 390만 9,524달러(중앙값 31만 8,336달러)였다.

2001회계년도에는 사기죄에 대한 양형 72건 중 31건(43.1%)이 채용되어 평균액수는 27만 7,190달러(중앙값 18만 480달러)였다. 환경법 위반에 대해서는 61건 중 16건(26.2%)이 원상회복명령으로 채용되어 유독물에 의한 환경오염 14건 중 4건(28.6%)의 평균액수가 3만 5,842달러(중앙값 2만 9,839달러), 수질오염 31건 중 11건(35.5%)의 평균액수가 49만 7,594달러(중앙값 5만 달러), 대기오염 7건 중 1건(04.3%)였다(평균액 및 중앙값 불명). 그밖에 자금세탁에 대해서는 12건 중 6건(50.0 %)이 채용되어 평균액수는 4,206만 8,205달러(중앙값 33만 6,128달러), 반독점법 위반에서는 16건 중 5건(31.3%)이 채용되어 평균액수는 660만 5,158달러(중앙값 419만 9,424달러) 식품, 약품, 농산물 및 소비자 관련 범죄에서는 16건 중 4건(25.0%)이 채용되어 평균액수는 12만 161달러(중앙값 10만 9,846달러)였다.

2. 기업에 대한 원상회복명령의 분석

(1) 적용건수와 배상액의 분석

조직체에 대한 연방 양형가이드라인 도입 이후 원상회복명령의 적용건수는 매년 증가하고 있다. 다만, 연방 양형가이드라인 제8장의 적용건수 그 자체도 증가하고 있기 때문에 결과적으로 적용률은 40% 전후에 머무르고 있다. 그리고 매년 평균 배상액과 중앙값을 대비하면 평균치가 극단적으로 높은 연도가 적지 않다. 이는 일부의 사례이지만 상당히 고액의 원상회복명령이 매년 선고되고 있음을 의미한다. 그리고 연방 양형가이드라인의 개정이 실시된 1997년 이후 피해배상의 평균액뿐만 아니라 중앙값도 상승하는 경향을 보인다. 이를 통해 미국에서 피해자의 구제가 형사제재의 목적으로 커다란 비중을 차지하고 있음을 알 수 있다.

(2) 범죄유형에 따른 원상회복명령의 적용률의 분석

그리고 연간보고서에 게재되고 있는 범죄유형에 따른 원상회복명령의 적용율과 관련된 데이터에 따르면 다음의 세 가지 점이 나타나고 있다.

첫째, 사기나 자금세탁 등 특정 범죄에 대해 원상회복명령이 적극적으로 적용되고 있다. 이는 피해자의 특정이나 손해액의 산정이 비교적 용이하기 때문이라고 보인다.

둘째, 환경법 위반에 대해서는 손해액의 산정이 용이하지 않다고 생각할 수 있지만 피고 기업의 소재지나 활동거점 주변에서 손해를 발생시키는 사례가 많기 때문에 기업활동의 계속을 위해서는 피해자인 주변 주민이나 지역사회와의 화해가 매우 중요하다는 점이 영향을 주고 있다.

셋째, 1997년 연방 양형가이드라인의 개정 이후 각종 사기(fraud)에 대해 선고할 수 있던 피해배상액의 상승이 현저하고, 피고 기업의 형벌부과에 따른 '고통'이 증가하고 있는 것으로 보인다.

이러한 점을 고려할 때 현재 미국 연방 차원의 형사재판에 있어서는 적어도 일정한 범죄유형에 대한 형사제재로서 원상회복명령이 중요한 역할을 담당하고 있다고 한다.[35)]

Ⅳ. 기업에 대한 원상회복명령의 도입 가능성

1. 기업에 대한 원상회복명령의 도입 필요성

앞서 살펴본 바와 같이, 미국에서는 기업에 대한 형사제재의 하나로서 원상회복명령에 큰 기대를 걸고 있다. 그 근거로 ① 부당이득의 박탈, ② 소송의 효율화, ③ 피해자의 보호, ④ 범죄의 억지력, ⑤ 범죄자의 교화·개선 등이 언급되고 있다. 그리고 실제의 운용상황을 검토해 본 결과 기본적으로 이 제도가

35) 川崎友巳, 앞의 책, 429-435면.

안정되어 있다는 평가가 내려지고 있다. 특히, 1997년 손해의 전액배상을 인정할 수 있도록 하는 연방 양형가이드라인의 개정이 실시되면서 그 평균액은 현저히 고액화되고 있어 그 존재 의의는 매우 높아졌다. 그러나 이러한 근거나 운용상황을 미국과 범죄발생 현황이나 형사사법 체계가 상이한 우리나라에 그대로 적용시키는 것은 타당하지 않다. 하지만 기업에게 형사책임을 물어 형사제재를 부과함을 전제로 할 경우 기업에게 구금형을 부과할 수 없는 이상 형사제재의 유효성의 확보에 있어 재산형의 다양화가 불가피하다는 사정은 미국과 사정이 다르지 않다. 특히, 기업범죄 가운데에서도 다수를 차지하는 경제범죄나 재산범죄에서는 손해액의 산정이 비교적 용이한 사례가 적지 않다. 이러한 사례에 있어 피고 기업에게 벌금형과 동일하게 경제적 부담을 주면서 피해자에게 배상을 실현시키는 것은 피해자나 사회의 응보감정의 충족에 있어 유익하다. 그리고 원상회복을 통해 기업범죄로 획득한 불법수익을 박탈할 수 있고, 시장에서 해당 기업의 부당한 우위를 제거하여 실질적 정의를 유지하도록 할 뿐만 아니라 형사제재와 민사상 손해배상일 일괄하여 처리함으로써 소송경제에도 이바지 할 수 있다.[36)]

그러나 기업에 대한 원상회복명령이 효율적인 형사제재로 자리 잡기 위해서는 원상회복명령의 대상이나 그 내용을 명확히 할 필요가 있다. 나아가 원상회복명령의 도입을 검토할 경우 자연인의 경우 "부자는 돈으로 보상하고 가난한 자는 몸으로 때운다."[37)]는 점이 본질적인 문제점으로 제기되나, 기업에 대해서는 구금형을 부과할 수 없기 때문에 이러한 문제는 발생하지 않는다. 그러므로 재산형의 질적·양적 충실화가 요구된다는 관점에서 볼 때에도 기업에 대한 원상회복명령의 도입을 검토할 필요성이 높다.

2. 기업에 대한 원상회복명령의 도입방향

물론, 이러한 기업에 대한 원상회복명령의 도입은 민사재판과 형사재판이 명확하게 분리되어 있어 피해자에 대한 배상은 민사재판 영역의 문제로 파악해

36) 이승현, "기업범죄에 대한 효율적 형사제재방안", 형사정책연구 제20권 제1호, 2009, 796면.

37) 鈴木義男, "被害者補償の諸問題", 植松博士還暦祝賀論集·刑法と科学·法律編, 有斐閣, 1971, 888면.

온 종래의 우리나라 사법체계 아래에서는 쉽게 수용될 수 없으나,[38] 형사사법에 있어 피해자에 대한 배려를 충실히 하고자 하는 최근의 경향을 볼 때 형사제재의 하나로 고려의 대상이 될 수 있다. 하지만 이 경우에도 피해자에 대한 배려가 어디까지 필요한가 하는 점은 원상회복명령 제도의 도입 여부에 커다란 영향을 미침을 부인할 수 없다.

이와 관련하여 기업범죄의 특징의 하나는 손해의 중대성에 있다. 따라서 그러한 손해의 회복이 기업범죄에 의한 사회적 동요를 안정화시키기 위해 유효한 수단의 하나임은 분명하다. 그리고 그러한 손해의 회복을 민사재판을 통해 달성하고자 할 경우 가해자인 기업과 피해자인 개인의 경제적인 차이가 너무나 크다는 것은 주지의 사실이다. 나아가 이러한 상황에서 불법행위의 입증이 피해자인 개인에 의해서가 아니라 검사에 의해 이루어질 경우 피해자 측의 입증책임에 대한 부담의 경감은 헤아릴 수 없을 정도로 축소된다. 이 때문에 형사제재의 하나로서 피고 기업에게 피해배상을 명령하여 피해자의 손해회복을 도모하는 의의는 자연인에 의한 범죄의 경우와 비교할 때 훨씬 크다.

그러나 형사제재의 하나로서 기업에 대한 원상회복명령을 도입할 경우 손해액과 책임주의의 관계를 어떻게 조화시킬 것인지, 벌금형과 원상회복명령의 관계를 어떻게 평가하여 효율적으로 손해액을 산정하는 방법을 강구할 수 있는지, 원상회복명령을 독립된 형사제재로 할지 아니면 원상회복명령을 조건으로 하여 보호관찰이나 사회봉사명령을 독립된 주형으로 부과할지[39] 등 그 도입에 있어 검토해야 할 과제가 적지 않다. 그럼에도 불구하고 자연인에 대한 형사제재에 앞서 기업에 대한 원상회복명령을 도입할 수 없는가라는 문제제기는 충분히 검토하기에 적합한 과제이다.[40]

---

38) 윤동호, 징벌적 민사제재에 관한 연구, 한국형사정책연구, 2004, 137－138면.
39) 이러한 견해로 천진호, "기업범죄와 형사적 제재", 법학논고 제16집, 2000, 86면.
40) 川崎友巳, 앞의 책, 435－437면.

§ 17 기업에 대한 보호관찰

Ⅰ. 머리말

기업에 대한 형사제재의 다양화를 꾀하기 위해서는 벌금형이나 원상회복 명령 등 재산형 이외 방법도 모색할 필요가 있다. 왜냐하면 기업의 자산규모에 따른 형벌효과의 차이, 벌금을 완납할 수 없는 경우의 대처 등 재산형에는 공통된 문제점을 내포하고 있기 때문이다. 이러한 문제점을 극복함에 있어 미국에서 실제로 운용되고 있는 '기업에 대한 보호관찰'(corporate probation)은 많은 시사점을 줄 수 있다. 이때 기업에 대한 보호관찰이란 기업에 대하여 일정한 제재 또는 의무를 부과하고 그 준수여부를 보호관찰관이 감독하여 기업으로 하여금 적법한 활동을 할 수 있도록 체질개선을 도모하는 제재를 말한다.[1) 보호관찰은 미국에서는 형사제재의 일종으로 이용되어 왔으며, 종래부터 그 대상으로 기업이 포함되어 있어 벌금형이나 손해배상의 분납, 사회봉사명령의 실시 등을 준수사항으로 함에 따라 그러한 형사제재의 적정한 이행을 도모할 수 있었다. 이는 기업에 대한 형사제재의 실효성을 확보하는 방법으로 주목을 끌기에 충분하다.

나아가 1991년 시행된 조직체에 대한 연방 양형가이드라인은 기업에 대한 형사제재로서 법준수 프로그램의 적정한 운용을 준수사항으로 하는 새로운 형태의 보호관찰을 채용하여 관심을 모으고 있다. 이러한 새로운 형태의 보호관찰은 위법행위를 방지할 수 없었던 기업의 내부통제 시스템을 시정함으로써 장래에 같은 종류의 기업범죄가 발생할 위험성을 축소함을 목적으로 하기 때문에 '범죄예방형 보호관찰'(preventive probation)이라고 불린다.

이처럼 미국에서 기업에 대한 형사제재로서 보호관찰이 도입된 배경에는 우리나라와 마찬가지로 기업에 대한 형사제재로서의 벌금형의 한계와 이를 극복하기 위한 대책의 필요성이 강하게 인식된 데 있다.[2) 이에 기업에 대한 새로

---

1) 이정민, 기업의 경제활동에 관한 형사법제 연구(Ⅱ): 기업범죄에 대한 새로운 제재 도입방안 연구, 형사정책연구원, 2010, 141면.

2) 미국에서는 실무상 벌금형을 중심으로 한 종래의 기업에 대한 형사제재의 한계가 강하

운 형사제재를 모색하는 일환으로 미국에서 기업에 대한 보호관찰의 최근 동향을 살펴보는 것은 커다란 의의가 있다.

따라서 이하에서는 우선 미국에서 기업에 대한 보호관찰의 생성과 발전과정(Ⅱ) 및 조직체에 대한 연방 양형가이드라인상 기업에 대한 보호관찰의 내용을 살펴보고자 한다(Ⅲ). 나아가 조직체에 대한 연방 양형가이드라인이 도입된 이래 2001년까지의 운용상황과 그에 대한 평가를 검토하고자 한다(Ⅳ). 마지막으로 이러한 논의를 바탕으로 우리나라에서 기업에 대한 보호관찰의 도입가능성에 대해 간략히 검토하고자 한다(Ⅴ).[3]

Ⅱ. 기업에 대한 보호관찰의 생성과 발전

1. 기업에 대한 보호관찰의 생성

(1) 기업에 대한 보호관찰의 태동

미국에서는 비교적 오래전부터 기업범죄에 대한 형사법상 대책이 논의되어 왔다. 그러한 논의 가운데 기업에 대한 형사제재로서의 벌금형의 한계가 속속 드러남에 따라 이를 보완 또는 대체하는 수단으로 보호관찰이 주목을 받게 되었다.

보호관찰을 기업에 대한 형사제재의 수단으로 파악한 단서는 1966년 설치된 미 연방형법의 개정에 관한 국가위원회(National Commission on Reform of Federal Criminal Law)의 논의에서 찾을 수 있다.[4] 여기에서는 유죄판결의 공표

게 의식되었다. 대표적인 예가 Allegheny Bottling 회사 사례로 그러한 한계를 극복하기 위해 피고 기업에 대해 집행유예 구금형이 선고되었다[United States v. Allegheny Bottling Co., 695 F.Supp. 856 (E.D.Va 1998) rev'd in relevant part, 870 F2d 656 (4th Cir. 1989)].

3) 이하의 논의는 김재봉, "기업에 대한 보호관찰의 도입가능성 검토", 비교형사법연구 제8권 제2호, 2006, 805−820면; 이기헌/박기석, 법인범죄에 대한 효율적 제재방안, 한국형사정책연구원, 1996, 131−142면; 이정민, 앞의 보고서, 216−219면; 천진호, "기업범죄와 형사적 규제", 경북대 법학논고 제16집, 2000, 76−79면; 川崎友巳, 企業の刑事責任, 成文堂, 2004, 425−437면 참조.

4) William S. Lofquist, "Organizational Probation and the U.S. Sentencing Commission", 525 ANNALS 157, 159(1993).

(publicity), 범죄피해자에게의 고지 등과 함께 보호관찰이 기업에 대한 새로운 형사제재의 방법으로 검토되어 유효한 제재방법으로서 지지를 받았다. 그러나 동위원회는 그 정의나 적용방법의 상세한 사항에 대하여 언급하지 않았기 때문에 이것이 곧 바로 실용화되지는 못하였다. 그 후 이 문제에 관한 논의는 커다란 진전이 없었고, 그 때문에 기업에 대한 보호관찰은 의회 및 법원에 의해 서서히 잊혀져갔다.[5)]

(2) 기업에 대한 보호관찰의 주요 사례

이와 같이 보호관찰을 기업에 대한 형사제재로서 입법화하려는 움직임이 구체화되지 않는 가운데 1971년 Atlantic Richfield 회사 사례[6)]에서 보호관찰이 최초로 기업에 대해 선고되었다. 여기에서는 기업에 대한 보호관찰을 선고함에 있어 기존의 1925년 연방보호관찰법을 기업에 대해서도 적용하는 방법이 채택되었다. 본 사건의 개요는 다음과 같다. Atlantic Richfield 회사의 공장이 위법하게 오염물질을 유출한 데 대해 제1심인 일리노이(Illinois) 북부지구 연방지방법원이 해당 위반행위에 대한 최고 벌금액인 2,500달러로는 충분히 범죄의 중대성을 반영할 수 없을 뿐더러 장래의 범죄방지에도 부적당하다고 판단하여,[7)] 토양 및 하천에 유출한 기름의 처리를 위한 프로그램의 실행을 준수사항으로 하여 60일간의 보호관찰을 기업에 명하였다.[8)]

이에 대해 제7순회구 연방항소법원은 기업에 대한 보호관찰은 적법하지만 해당 사건의 경우 ① 그 준수사항은 용인할 수 없을 만큼 가혹하고, ② 준수사항의 기준이 기업에 있어 불명확하다고 판단하여 그 준수사항을 무효로 하였다.[9)] 이 판결의 영향을 받아 그 후 기업에 대한 보호관찰은 법적으로 유효하지

---

5) William S. Lofquist, “Legislating Organizational Probation: State Capacity, Business Power, and Corporate Crime Control”, 27 L. & SOC’Y REV. 741, 748(1993).

6) United States v. Atlantic Richfield Co 465 F.2d 58 (7th Cir. 1972).

7) 해당 위반행위에 대한 형사제재는 500달러 이상 2,500달러 이하의 벌금 및 30일 이상 1년 미만의 구금형으로 규정되어 있기 때문에 기업에 대해서는 벌금만이 적용 가능한 것으로 여겨졌다[33 U.S.C. § 411(1975)].

8) 465 F.2d 58, 61, n.l.

9) 다만 본 판결의 근거가 1925년 연방보호관찰법의 규정상의 제한인지 또는 보호관찰의 준수사항에 관한 미국 헌법의 적법절차 조항에 근거하는 제한인지 법원은 분명히 언급하지 않았다[Richard S. Gruner, “Beyond Fines: Innovative Corporate Sentences under Federal

만, 기업의 활동내용을 정하거나 내부통제 시스템의 개선을 요구하는 준수사항을 부과하지 못하고 벌금형의 이행을 감시하는 등의 형태로 제한된 방향에서 실제의 운용이 이루어졌다.

이러한 벌금형 등의 이행을 준수사항으로 하는 보호관찰은 기업의 활동방침이나 내부통제 시스템에 개입을 준수사항으로 하는 보호관찰에 비해 강도가 낮기 때문에 그리 높은 평가를 받지 못하였다. 그러나 종래부터 벌금형을 선고받은 기업의 대부분이 이를 완납하지 않는 점이 지적되었고, 형사사법 시스템의 기반인 법의 공평성의 확보라는 관점에서 그 대책의 필요성이 제기되었다.[10] 이에 따라 벌금형 이행의 실효성 확보를 목적으로 하는 보호관찰도 일정 정도 의의를 가지고 있다.[11]

(3) 사회봉사명령의 동향

이와 같이 기업에 대한 보호관찰은 기존의 1925년 연방보호관찰법의 대상에 자연인뿐만 아니라 기업도 포함된다는 확장해석을 통해 운용되어 왔지만, 1984년 양형개혁법(Sentencing Reform Act, 1984)에 의해 벌금형의 보완 또는 대체형으로서 명확하게 법정화되기에 이르렀다. 다만, 여기에서도 기업의 활동방침이나 내부통제 시스템에 대한 개입을 준수사항으로 하는 보호관찰에는 소극적인 태도가 유지되어 벌금형이나 사회봉사명령의 이행의 감시를 목적으로 채용되는데 머물렀다.[12] 그리고 사회봉사명령의 이행을 준수사항으로 하는 보호관찰은 구체적인 준수사항의 내용을 평가함이 곤란하다는 이유로 인해 그러한 보호관찰을 명한 원심의 판단이 항소심에 의해 자주 부정되는 등 불안정한 운용이 계속되었다.[13]

Sentencing Guidelines", 71 WASH U.L.Q. 261, 303-304(1993)].

10) FRANKE. HAGAN, *INTRODUCTION TO CRIMINOLOGY; THEORIES, METHODS, AND CRIMINAL BEHAVIOR* (2nd ed. 1990), 414-415면.

11) Stephen J. Rackmill, "Understanding and Sanctioning the White Collar Offender", 56 FED. PROBATION 26, 29(1992).

12) Fred L. Rush, Jr., "Corporate Probation: Invasive Techniques for Restructuring Institutional Behavior", 21 SUFFOLK U.L. REV. 33, 59(1986).

13) 종래의 기업에 대한 사회봉사명령의 동향에 대해서는 林幹人, "ホワイトカラー犯罪の対策", 現代の経済犯罪, 弘文堂, 1989, 183면 이하; 原田明夫, "法人と刑事責任(四)", 判例タイムズ 541号(1985), 44면 이하; 丸秀康, "企業犯罪に対する刑事制裁としての社会奉仕命

예를 들어 실제로 선고받은 보호관찰로는 다음과 같은 것이 있다: ① 피고 기업에 대해 음란문서를 배포하지 않는 것을 준수사항으로 한 Nu－Triumph 회사 사례,[14] ② 피고 기업인 빵 제조 회사에 대해 상품을 지정된 자선사업 단체에 기부하도록 명한 Danilow Pastry 회사 사례,[15] ③ 피해배상을 명하지 않고 피고 기업 3개의 회사에 대해 1년간에 걸쳐 자선사업 단체에 상급임원의 노력의 제공과 같은 자선활동에의 재정적 공헌을 명한 Mitsubishi International 회사 사례.[16]

이에 대해 사회봉사를 준수사항으로 하는 보호관찰이 항소심 단계에서 부정된 구체적인 예는 다음과 같다: ① 원심이 군 소재의 알콜중독자협의회에 대한 재정적 공헌을 준수사항의 일부로 보호관찰을 명한데 대해 제10순회구 연방항소법원이 이 보호관찰을 인정하지 않은 Clovis 주류 소매조합 사례,[17] ② 원심이 자선사업 단체에의 기부를 준수사항으로 하는 보호관찰을 명한데 대해 제8순회구 연방항소법원이 이 준수사항을 취소한 Missori Valley 건설회사 사례,[18] ③ 원심이 보호관찰관이 기획한 자선을 위해 기부금을 모으는 프로모션 활동을 준수사항으로 하는 보호관찰을 명한데 대해 제3순회구 연방항소법원이 이를 취소한 John Scher 영화사 사례,[19] ④ 원심이 자선사업에의 공헌을 준수사항으로 하는 보호관찰을 명한데 대해 제4순회구 연방항소법원이 이를 취소한 Wright Contracting 회사 사례.[20]

2. 연방 양형가이드라인상 기업에 대한 보호관찰 도입의 배경

(1) 조직구조 모델 접근의 대두

1980년대 이후 미국에서는 기업범죄의 중대성이 강하게 인식되었다.[21] 그

令", 犯罪社会学研究 17号(1992), 110면 이하 참조.

14) United States v. Nu－Triumph, Inc., 500 F.2D 594 (9th Cir. 1974).

15) United States v. Danilow Pastry Co., 563 F.Supp. 1159 (S.D.N.Y. 1983).

16) United States v. Mitsubishi Int'Corp., 677 F2d 785 (9th Cir. 1982).

17) United States v. Clovis Retail Liquor Dealers Trade Ass'n, 540 F.2d 1389 (10th Cir. 1976).

18) United States v. Missori Valley Constr. Co., 741 F.2d 1542 (8th Cir. 1984).

19) United States v. John Scher Presents, Inc., 746 F.2d 959 (3d Cir. 1984).

20) United Statε s v. Wright Contracting Co., 728 F.2d 648 (4th Cir. 1984).

21) 미국에서 기업범죄의 중대성과 형사법을 포함한 대응의 필요성을 지적하여 그 후 기업범

리고 이러한 중대한 기업범죄의 대책으로 형사법이 담당해야 할 역할에 큰 기대를 걸었다. 그러나 앞서 언급한 바와 같이 기업에 대한 형사제재로 벌금형이 그 중심을 잡고 있는 한 그러한 기대에 충분히 부응할 수 없는 점도 분명히 있었다. 이러한 상황 속에서 준수사항을 벌금형이나 사회봉사명령의 이행으로 한정하는 보호관찰의 운용방식에 대해 의문이 높아졌고, 일정한 기업 활동이나 내부통제 시스템의 개선을 준수사항으로 명하는 범죄예방형 보호관찰을 지지하는 견해가 유력한 견해로 자리 잡게 되었다.22)

이러한 범죄예방형 보호관찰을 지지하는 견해는 '조직구조 모델'(organiza-tional structual model) 접근으로 불려 기업을 비용과 수익을 비교형량하여 행동하는 합리적인 존재로 파악하여 형사제재의 목적을 범죄억제에서 찾는 '경제학 모델'(economic model) 접근과 대비하여 이해할 수 있다.23) 즉 미국에서 종래 유력한 '경제학 모델' 접근은 일반예방 효과를 중시하여 고액의 벌금형이 기업에 대한 최적의 형사제재로 이해한 반면, '조직구조 모델' 접근은 앞서 언급한 파급효과나 억제의 덫 등 고액 벌금형이 내포하는 문제점을 지적하여 장래의 범죄를 방지하기 위해 범죄를 행한 기업의 조직구조에 대한 개선을 준수사항으로 하는 범죄예방형 보호관찰에 큰 기대를 걸었다.24)

죄연구의 발전에 기여한 문헌으로 MARSHALL B. CLINARD, *ILLEGAL CORPORATE BEHAVIOR* (1979); MARSHALL B. CLINARD & PETER C. YEAGER, *CORPORATE CRIME* (1980).

22) Stephen A. Yoder, "Criminal Sanctions for Corporate Illegality", 69 J CRIM. L & CRIMINOLOGY 40, 53(1978); Comment, "Structural Crime and Institutional Rehabilitation: A New Approach to Corporate Sentencing", 89 YALE L.J. 353, 353-375(1979); John C. Coffee, Jr., "No Soul to Damn: No Body to Kick: An Unscandalized Inquiry into the Problem of Corporate Punishment", 79 MICH. L. REV. 386, 448-457(1981); Richard S Gruner, "To Let the Punishment Fit the Organization: Sanctioning Corporate Offenders through Corporate Probation", 16 AM. J. CRIM.L. 1, 1-106(1988).

23) Christopher A. Wray, "Corporate Probation under the New Organizational Sentencing Guidelines", 101 YALE L.J. 2017, 2020(1992).

24) CHRISTOPHER D. STONE, *WHERE THE LAW ENDS: THE SOCIAL CONTROL OF CORPORATE BEHAVIOR*, 134-227(1975); Brent Fisse, "Reconstructing Corporate Criminal Law: Deterrence, retribution, Fault, and Sanction", 56 S. CAL. L. REV. 1141(1983); Gruner, 앞의 논문, 71-105면.

(2) 미국 양형위원회 내부의 대립

더욱이 이러한 '경제학 모델' 접근과 '조직구조 모델' 접근의 대립은 미국 양형위원회의 내부에도 일어났다.[25] 즉 미국 양형위원회는 1988년부터 기업 등의 조직체에 대한 연방 양형가이드라인의 마련에 착수하여 같은 해 '조직체에 대한 제재의 검토 자료'(Discussion Materials on Organizational Sanctions)를 공표함으로써 기업에 대한 형사제재에 대한 동위원회의 기본적인 입장을 분명히 하였다.

이 '조직체에 대한 제재의 검토 자료'에는 기업에 대한 형사제재로서 '조직구조 모델' 접근에 토대를 둔 범죄예방형 보호관찰[26]과 '경제학 모델' 접근에 근거한 '최적 벌금형'이 병기되어 있었다. 앞서 언급한 바와 같이, 최적벌금형이란 범죄에 의한 손해액에 검거율에 상당하는 배수를 곱하고 이에 형의 집행에 걸리는 비용을 더하는 방식에 의해 산정되는 '최적형' 또는 '최적 억제'의 이론에 근거한 벌금형을 말한다.[27] 그러나 이러한 미국 양형위원회의 입장은 기업 측의 로비활동 등 강한 저항을 받아 일단 철회되었다. 특히, '경제학 모델' 접근에 대한 비판이 뿌리 깊었기 때문에 양형위원회는 '경제학 모델' 접근에 토대를 둔 최적 벌금의 도입을 단념하였다.[28] 이러한 미국 양형위원회의 대응에 불복하여 '경제학 모델' 접근을 지지하는 동위원회의 위원이 사임하는 등 미국 양형위원

---

25) 조직체에 대한 연방 양형가이드라인의 도입까지의 과정에 대해서는 Amitai Etioni, "The U.S. Sentencing Commission on Corporate Crime: A Critique", 525 ANNALS 147, 147－156(1993); Lofquist, 앞의 논문, 741－783면; Richard S Gruner, "Just Punishment and Adequate Deterrence for Organizational Misconduct: Scaling Economic Penalties under the New Corporate Sentencing Guidelines", 66 S. CAL. L. REV. 22 5, 225－288 (1992).

26) 1988년의 '조직체에 대한 제재의 검토 자료'에서는 범죄예방형 보호관찰의 적용은 ① 범죄가 중죄인 경우, ② 상급임원이 범죄를 실행 또는 조장한 경우, ③ 조직체 또는 상급임원이 과거 동종범죄를 실행한 경우 ④ 법원은 범죄가 재발할 가능성이 있어 보호관찰이 적절한 비용의 범위 내에서 범죄의 재발을 방지할 가능성이 있는 경우라는 요건을 충족시키는 경우에 한정되어 있었다[DISCUSSION DRAFT OF SENTENCING GUIDELINES AND POLICY STATEMENT FOR ORGANIZATIONS § 8D2.l(c), reprinted in 10 WHITTER L. REV. 7, 65(1988)].

27) Jennifer Moore, "Corporate Culpability under the Federal Sentencing Guidelines", 34 ARIZ. L. REV. 743, 780－781(1992).

28) 이에 대해 '조직구조 모델' 접근에 근거하는 범죄예방형 보호관찰은 법집행기관으로부터의 강한 지지를 받았다고 한다(Lofquist, 앞의 논문, 752면).

회 내부에서 혼란이 일어나자 조직체에 대한 연방 양형가이드라인의 완성은 더욱 멀어지게 되었다. 최종적으로는 '경제학 모델' 접근과 '조직구조 모델' 접근의 양쪽 모두를 배려하는 형태로 조직체에 대한 연방 양형가이드라인 초안이 마련되어 1991년 11월 시행되기에 이르렀다.29) 그리고 이 '조직구조 모델' 접근을 고려한 구체적인 성과로 종래 벌금형이나 사회봉사명령을 준수사항으로 하는 보호관찰에 덧붙여 기업에 의한 법준수 프로그램의 운용을 준수사항으로 하는 보호관찰이 도입되었다.30)31)

Ⅲ. 연방 양형가이드라인의 기업에 대한 보호관찰

1. 두 종류의 기업에 대한 보호관찰

(1) 기업에 대한 보호관찰의 종류

조직체에 대한 연방 양형가이드라인은 일정한 조건 하에서 기업에 대해 ① 벌금, 피해배상, 사회봉사명령, 피해자에게의 고지 등 보호관찰 이외의 형사제재의 실효성을 확보하기 위해 그 이행을 준수사항으로 하는 보호관찰(피해구제적 보호관찰), ② 법준수 프로그램의 실시를 준수사항으로 하여 기업의 내부통제 시스템을 개선하도록 함으로써 장래의 범죄방지를 도모하는 보호관찰(범죄예방형 보호관찰)이라는 두 개의 형태로 보호관찰을 명할 수 있도록 규정하였다.32) 이러한 보호관찰의 실시기간에 대해서는 중죄의 경우 1년 이상 5년 이하, 그 외의 죄의 경우 5년 이하로 규정하였다.33)

---

29) 조직체에 대한 연방 양형가이드라인에서 도입한 벌금형의 자세한 내용에 대해서는 본서 제5장 § 15 참조.

30) 미국 양형위원회는 당초 간섭적인 준수사항을 내용으로 하는 보호관찰을 필요적으로 명하는 등 엄격한 요건을 규정한 보호관찰의 도입을 제안하였지만, 기업 측의 반대에 부딪쳐 수정을 피할 수 없게 되었다(Lofquist, 앞의 논문, 748면).

31) 이기헌/박기석, 앞의 보고서, 132－135면; 川崎友巳, 앞의 책, 442－446면.

32) Gruner, 앞의 논문 (1993), 303－304면.

33) 다만 조직체에 대한 연방 양형가이드라인을 검증하기 위해 2002년 설치된 미국 양형위원회 특별자문 그룹은 그 최종보고서에서 기업에 대한 보호관찰의 목적을 달성하려면 5년이라는 기간은 너무 짧다고 지적하여 그 개선의 필요성을 언급하였다[THE AD HOC ADVISORY GROUP ON THE ORGANIZATIONAL SENTNCING GUIDELINES, REPORT OF THE AD HOC ADVISORY GROUP ON THE ORGANIZATIONAL SENTNCING GUIDELINES

(2) 기업에 대한 보호관찰의 적용요건

기업에 대한 보호관찰은 그 적용을 금지하는 규정이 없는 한 모든 연방범죄에 대해 적용할 수 있다.[34] 특히, ① 피해배상의 확보, 구제명령의 실시 또는 사회봉사명령의 수행을 위해 필요한 경우,[35] ② 기업에 대해 벌금 등의 재산형이 선고되었지만 즉시 완납하지 못하여 분납에 의한 지불을 확보하기 위해 일정한 감시가 요구되는 경우[36] 가운데 어느 하나에 해당할 경우 피해구제적 보호관찰이 필요적으로 선고된다.

반면에 다음의 요건 가운데 어느 하나에 해당할 경우 범죄예방형 보호관찰이 필요적으로 선고된다: ① 50명 이상의 종업원이 종사하는 기업이 법준수 프로그램을 양형시점까지 적용하고 있지 않은 경우,[37] ② 기업의 형사책임이 거론된 양형과 관련하여 과거 5년 이내에 기업의 종업원 또는 대리인에 의해 동종의 위법행위가 이루어진 경우,[38] ③ 기업 내 자연인의 형사책임이 거론된 양형과 관련하여 과거 5년 내에 기업 또는 기업 내 일부 부서의 상급관리자에 의해 동종의 위법행위가 이루어진 경우,[39] ④ 여러 조건을 통해 장래의 범죄의 가능성을 감소시키기 위해 기업 내 변화를 확보하는 보호관찰의 필요성이 나타나고 있는 경우.[40]

나아가 기업에 대한 선고형에 벌금이 포함되지 않은 경우[41]나 1984년 양형개혁법이 설정한 4개의 양형 목적 가운데 어느 것이든 이를 달성하기 위해 필요한 경우[42]에도 두 종류의 보호관찰 중 어느 하나를 명할 수 있다.

---

139 (2003)].

34) 18 U.S.C. § 3561(a) (2003).

35) UNITED STATES SENTENCING COMMISSION, FEDERAL SENTENCING GUIDELINES MANUAL [herein after U.S.S.G.] § 8Dl.l (a)(1) (2014).

36) *Ibid.* § 8Dl.l (a)(2).

37) *Ibid.* § 8Dl.l (a)(3).

38) *Ibid.* § 8Dl.l (a)(4).

39) *Ibid.* § 8Dl.l (a)(5).

40) *Ibid.* § 8Dl.l (a)(6).

41) *Ibid.* § 8Dl.l (a)(7).

42) *Ibid.* § 8Dl.l (a)(8).

(3) 기업에 대한 보호관찰의 준수사항

기업에 대한 보호관찰의 준수사항은 법원이 외부전문가나 보호관찰관에게 명하여 실시된 판결전 조사를 참고로 하여 결정된다.[43] 구체적인 내용을 살펴보면, 연방 양형가이드라인은 일반 준수사항으로 ① 범죄를 행하지 않을 것,[44] ② 벌금 또는 피해배상의 이행 또는 사회봉사의 실행,[45] ③ 그밖에 합리적으로 해당범죄와 관련이 있는 자유 또는 재산의 불필요한 박탈의 부과를 동반하지 않는 준수사항의 실시[46]를 규정하고 있다.

이에 대해 특별 준수사항으로 ① 범죄자의 부담으로 범죄, 유죄판결, 양형 및 채용된 구제조치의 상세한 공표,[47] ② 법원에 경영상태에 관한 정기적 보고,[48] ③ 법원 또는 보호관찰관에 대해 정기 또는 부정기적으로 업무기록 기재사항에 관한 설명,[49] ④ 경영상태의 악화 또는 소송이 예상되는 경우 그 취지의 법원 통지,[50] ⑤ 재산형의 정기적 이행,[51] ⑥ 피고 기업이나 법원에 의해 작성된 법준수 프로그램의 실시,[52] ⑦ 범죄사실 및 법준수 프로그램의 상세한 내용에 대해 종업원이나 주주에게의 공지,[53] ⑧ 법준수 프로그램을 실시하여 범죄의 발생 또는 피고 기업에 관한 조사의 경과에 관한 법원에 정기적 보고,[54] ⑨ 법준수 프로그램의 이행을 감시하기 위해 법원이 설비 및 기록의 정기적인 조사나 종업원에게의 인터뷰의 실시[55]를 규정하고 있다.

기업이 이러한 준수사항에 위반하였을 경우 법원은 보호관찰 기간의 연장과 보다 제한적인 준수사항의 채용 또는 재차의 양형을 실시할 수 있다.[56]

---

43) 18 U.S.C. § 3552(b) (2003).
44) U.S.S.G., § 8D1.3(a).
45) *Ibid.* § 8Dl.3(b).
46) *Ibid.* § 8D1.3(c).
47) *Ibid.* § 8Dl.4(a).
48) *Ibid.* § 8Dl.4(b)(1).
49) *Ibid.* § 8D1.4(b)(2).
50) *Ibid.* § 8Dl.4(b)(3).
51) *Ibid.* § 8Dl.4(b)(4).
52) *Ibid.* § 8Dl.4(c)(1).
53) *Ibid.* § 8Dl.4(c)(2).
54) *Ibid.* § 8Dl.4(c)(3).
55) *Ibid.* § 8Dl.4(c)(4).
56) *Ibid.* § 8Dl.5.

2. 피해구제적 보호관찰

(1) 피해자 구제를 위한 보호관찰

조직체에 대한 연방 양형가이드라인은 피해구제적 보호관찰의 준수사항으로서 벌금형이외에 원상회복명령(restitution order), 구제명령(remedial order), 사회봉사명령(community service order) 및 범죄피해자에게의 고지(notices to crime victims)라는 4개의 제재의 이행을 명할 수 있도록 규정하고 있다. 이러한 제재방법의 공통점은 피해자의 구제를 주요한 목적으로 하고 있다는 데 있다. 형사제재의 목적으로 피해자의 구제가 중요시되고 있는 요인으로 ① 최근 미국에서 피해자의 권리운동의 대두,[57] ② 정의모델이 유력화 됨에 따라 형벌관에 있어 응보사상에로 치우침,[58] ③ 기업범죄에 있어 피해의 중대성에 대한 인식의 확대[59] 등을 언급할 수 있다.

이러한 피해자구제를 목적으로 하는 대책은 보호관찰의 준수사항이라는 형태를 취하고 있지만 기업에 대한 형사제재의 다양화를 모색함에 있어 흥미로운 제도라고 할 수 있다. 따라서 이하에서는 조직체에 대한 연방 양형가이드라인에서 보호관찰의 준수사항으로 규정된 4개의 형사제재 가운데 이미 앞서 검토를 한 원상회복명령[60]을 제외한 구제명령, 사회봉사명령, 범죄피해자에게의 고지라는 3개의 형사제재의 주요 내용과 역할에 대해 살펴보고자 한다.

(2) 구제명령

조직체에 대한 연방 양형가이드라인에서 구제명령은 원상회복명령과 선택적인 수단으로 명할 수 있다.[61] 이러한 구제명령은 기업에 대해 범죄에 의해 야기된 피해회복과 범죄가 가져올 수 있는 장래의 피해의 위험성의 배제 또는 경

---

57) 미국에서의 최근 피해자운동 및 피해자구제 정책의 움직임에 대해 상세히는 河合幹雄, "アメリカにおける被害者の権利運動(一)・(二・完)", 法学論叢 125巻 5号(1989), 62면 이하, 126巻 3号(1989), 면 이하; 藤本哲也/朴元奎, "アメリカ合衆国における被害者の権利運動と被害者救済政策 －最近の動向を中心として－", 被害者学研究 4号(1994), 35면 이하 참조.

58) LARRY J. SIEGEL, *CRIMINOLOGY* (7th ed. 2000), 138면.

59) 기업범죄의 피해의 실체에 대해서는 川崎友巳, "企業犯罪論の現状と展望(二・完)", 同志社法学 47巻 5号(1996) 371면 이하.

60) 이에 대해 자세한 설명은 본서 제5장 § 16 참조.

61) U.S.S.G., § 8D1.2(a).

감을 요구한다.[62] 구제명령에는 피해자에게 배상을 하기 위해 필요한 신탁기금의 창설을 명하는 방법도 포함된다.[63] 연방 양형가이드라인에서는 피해배상이 피해자의 침해를 처리함에 있어 불충분한 경우만 부과되는 대체처분이라고 규정되어 있다.[64] 피해배상이 불충분한 경우라고 인정되는 것은 다음과 같은 경우이다: ① 피해자 및 그 경제적 손해의 범위를 특정하기 곤란한 경우, ② 피해가 다수인에게 소규모로 발생되어 개개인의 손해회복을 도모하기 위한 절차적 유효성이 적다고 판단되는 경우, ③ 정신적 또는 비금전적 피해가 인정되는 경우.[65]

하지만 실제로 조직체에 대한 연방 양형가이드라인에서는 매우 광범위한 구제활동을 법원의 권한으로 명함이 가능하다. 그 중에서도 식품 및 약품 관련 법령 위반의 범죄와 환경범죄에 대해 구제명령이 중요한 역할을 담당하고 있다고 한다. 예를 들어 기업이 위법한 약품을 판매하여 유죄가 선고되었을 경우 구제활동으로 ① 약품의 판매점포로부터 회수, ② 고객에 대한 권고, ③ 약품에 의한 피해의 발생을 확인하기 위한 의료적인 검진의 기회제공을 명할 수 있다. 또한 환경범죄에서는 석유유출 사고에 있어 정화의 명령이 그 전형이라고 할 수 있다.[66] 다만, 같은 구제명령의 권한을 관련 행정기관도 가지고 있기 때문에 법원에서는 양자의 조정을 배려해야 한다.[67]

조직체에 대한 연방 양형가이드라인에서의 구제명령의 문제점으로는 여기서 인정되고 있는 구제명령의 정도에 관한 기준이 불명확다는 점이 지적된다. 이와 관련하여 조직체에 대한 연방 양형가이드라인에서는 명시적인 제한은 규정되어 있지 않으나, 기업의 자산규모와 구제의 효과가 실질적인 제어장치로 법원에 의해 고려되고 있다. 그러나 구제명령의 효과를 높이기 위해서는 대상 기업뿐만 아니라 양형에 관여하는 판사이나 보호관찰관 등 집행 담당자에게도 명확한 기준을 제시하여 적정한 운용을 도모할 필요가 있음이 지적되고 있다.[68]

---

62) *Ibid.*

63) *Ibid.* § 8D1.2(b).

64) *Ibid.* § 8D1.2(a).

65) Gruner, 앞의 논문 (1992), 289면.

66) *Ibid.* 290면.

67) U.S.S.G., § 8B1.2 (comment.).

68) 앞서 언급한 바와 같이, Atlantic Richfield 회사 사례(United States v. Atlantic Richfield Co.)에서도 보호관찰의 준수사항이 막연하기 때문에 언제 준수사항을 충족했는지 여부를 대

(3) 사회봉사명령

조직체에 대한 연방 양형가이드라인에서는 사회봉사명령이 규정되고 있어 피해자의 구제를 목표로 한 형사제재의 한 형태로서 유죄판결을 받은 기업에게 선고된다.[69] 사회봉사명령의 도입을 통해 법원은 범죄에 의해 야기된 피해회복을 목적으로 한 사회봉사를 기업에게 명함이 가능해졌다. 한편, 기업에게 간접적인 재정상의 부담을 부과하기 위해 사회봉사명령을 이용하는 것은 허용되지 않는다. 왜냐하면 그러한 목적은 직접적으로 벌금형을 부과하는 효과를 거두는 것과 마찬가지이기 때문이다. 이와 달리 사회봉사명령은 기업이 범죄에 의해 야기한 피해회복을 이루기 위한 기술, 능력 및 지식의 경우로 한정되어야 한다고 규정되어 있다.[70] 다만, 기업에게 벌금형의 지불능력이 결여되어 있는 경우에 그러한 목적을 포함한 사회봉사명령의 적용이 인정된다. 여기서 분명하게 나타나듯이, 사회봉사명령은 고액의 벌금형이 범죄와 무관한 제3자에게 전가되는 것을 막으면서 동시에 중한 제재를 과하는 것이 가능함을 알 수 있다.[71]

조직체에 대한 연방 양형가이드라인은 사회봉사의 목적을 범죄에 의해 야기된 피해회복에서 찾고 있다. 이와 관련한 문제점으로 연방 양형가이드라인이 사회봉사의 방법의 하나로 피해회복을 꾀하는 데 적절한 다른 단체나 조직에 대한 자금원조를 규정하고 있지 않음이 지적된다.[72] 자금원조는 피해회복이라는 관점에서는 기업 스스로 사회봉사를 하는 것과 동일한 가치를 가지고 있어 연방 양형가이드라인에서도 인정될 필요가 있다는 견해가 제시된다.[73]

또한 다른 문제점으로 구제명령과 차이가 불명확하다는 점이다. 이는 양자 모두가 기업에 대해 범죄에 의해 야기된 피해회복을 요구하는 데서 기인한다.[74] 이 때문에 실제 선고되는 이름 이외에는 양자에 있어 거의 차이가 없다는

상자가 이해할 수 없다고 하여 보호관찰의 준수사항을 무효로 하였다.

69) 종래부터 기업에 대한 형사제재의 방법으로서 사회봉사명령의 도입을 제안하는 움직임을 볼 수 있었다. 예를 들어 B. Fisse는 사회봉사명령이 억제, 응보, 교정을 촉진한다고 한다(Brent Fisse, “Community Service as a Sanction against Corporations”, 5 WIS. L. REV 978−989 and 1001−1008(1981).

70) U.S.S.G., § 8B1.3 (comment.).

71) United States v. Danilow Pastry Co., 563 F. Supp. 1159, 1166−67 (S.D.N.Y. 1983) 참조.

72) Gruner, 앞의 논문 (1992), 293면.

73) *Ibid.*

견해마저 볼 수 있다.[75] 그러나 이 견해는 사회봉사명령의 고유한 목적으로 인정되고 있는 다음과 같은 사항을 경시한 측면이 있으며, 구제명령과는 구별되고 유익하기 때문에 기업에 대한 형사제재 방법으로 큰 기대를 걸 수 있다고 본다: ① 부담이 되는 활동을 기업에게 요구하기 때문에 기업에 큰 '고통'을 주어 기업의 재범방지를 도모할 수 있다. ② 특정 임원에게 사회봉사를 부담시킴으로써 임원에게 '고통'을 주어 기업의 재범방지를 도모할 수 있다. ③ 범죄의 피해와 무관한 자선적인 공헌과 공적인 봉사를 통해 범죄피해를 상쇄할 수 있다.

다른 한편으로, 연방 양형가이드라인은 종래 기업에게 적용된 사회봉사명령의 또 다른 형태인 '사회변상'(community restitution)에 대해서는 소극적인 태도를 취하고 있다. 사회변상이란 자선적인 공헌이나 다른 사회 프로그램에 금전적 원조를 통해 사회 전체에 이익을 가져오는 것을 목적으로 지금까지 법원이 기업에 대해 명한 것을 말한다. 그러나 이 형태의 사회봉사에 대해서는 다음과 같은 6가지의 문제점이 지적되어 왔다. 즉 ① 범죄의 중대성에 합당한 불이익을 부과할 수 없다. ② 단지 벌금형에 상당하는 금액을 다른 제재방법으로 전가하는 데 지나지 않는다. ③ 적절한 공헌의 정도를 나타내는 기준이 존재하지 않는다. ④ 법원이 많은 자선사업중에서 해당 기업에게 가장 적절한 것을 선택하는데 어려움이 있다. ⑤ 법원이 공헌을 선택함에 있어 공평성의 결여에 대한 비판이 제기될 수 있다. ⑥ 자선단체 등이 법원에 공헌을 요구했을 경우 자선단체 사이에 이익의 충돌이 발생할 가능성이 있다.[76]

구체적인 운용방법에 있어 지금까지 사회변상은 보호관찰의 준수사항으로 여겨져왔다. 그러나 지금까지 판례는 앞서 언급한 문제점을 고려하여 그러한 보호관찰의 준수사항의 타당성을 부정해 왔다.[77] 근래에는 기업범죄의 중대성을 고려하여 보호관찰의 준수사항으로 자선적 공헌을 지지하는 방향으로 기울고 있다고 한다.[78] 그러나 연방 양형가이드라인에서는 앞서 언급한 문제점을

---

74) U.S.S.G., § 8B1.2(a) and § 8B1.3.

75) Gruner, 앞의 논문 (1992), 293면.

76) Gruner, 앞의 논문 (1992), 22–23.

77) United States v. Wright Contracting Co., 728 F.2d 648, 653 (4th Cir. 1984); United states v. Prescon Corp., 695 F. 2d 1236, 1238–40,1242–44 (10th Cir. 1982).

78) Gruner, 앞의 논문 (1988), 37–38면.

중시하여 사회변상의 도입을 인정하지 않았다.[79]

(4) 범죄피해자에게의 고지

새로운 양형가이드라인은 보호관찰의 준수사항으로 규정한 다른 세 개의 제재수단과 함께 범죄피해자에게의 고지를 구제적인 형사제재의 하나로 파악하고 있다. 그러나 피해자에게의 고지는 범죄 피해자에게 직접 배상함을 목적으로 한 것이 아니라 피해자의 손해회복 절차를 촉진하기 위함이다.[80] 구체적으로 사기(fraud)와 그밖의 의도적 기망행위(other intentionally deceptive practices)를 동반하는 범죄를 범한 기업에 대해 법원이 피해자에게 '합리적인 유죄판결의 고지와 설명'을 행할 것을 명한다.[81] 이때 어떠한 수단을 사용할지 여부는 법원이 결정한다.[82] 이와 같은 제재는 1987년 제정된 자연인에 대한 연방 양형가이드라인에도 규정되고 있어 기업에게만 특유한 형사제재는 아니다.[83]

고지의 방법으로는 피해자가 특정 가능한 소수 인원인 경우에 우편에 의한 고지가 이용된다. 반면에 대규모로 상당한 기간에 걸쳐 범죄행위가 행해졌을 경우와 같이 피해자를 특정할 수 없을 때는 TV나 신문과 같이 미디어를 통한 광고가 적절한 것으로 여겨진다.[84] 다만, 법원은 고지의 방법으로 각 범죄에 대해 2만 달러 이상을 필요로 하는 형태를 명할 수 없다.[85] 또한 범죄피해자에게의 고지가 범죄에 의한 손해와의 균형을 현저하게 잃을 경우에는 허용되지 않는다.[86]

다수의 행정범의 경우에 그 요건인 의도적 기망행위가 결여되어 있기 때문에 범죄피해자에게의 고지가 적용되는 사례는 드물다. 또한 행정범에서는 범죄피해자에게의 고지의 비용을 정당화할 만한 손해가 필연적으로 따르른 것도 아니다. 그러나 가격담합과 같이 적정한 시장가격을 상회하는 금액을 상품의 구

79) U.S.S.G., § 8B1.3 (comment.).
80) Gruner, 앞의 논문 (1992), 295면.
81) 18 U.S.C. § 3555 (2003).
82) *Ibid.*
83) U.S.S.G., § 5F 1.4.
84) *Ibid.*
85) 18 U.S.C. § 3555 (2003).
86) *Ibid.*

입에 사용한 피해자가 스스로 피해를 입었음을 모르는 범죄유형의 경우에 범죄피해자에게의 고지는 충분히 효과를 발휘한다고 본다. 이 때문에 이러한 관점에서 더 깊이 있는 적용 가능성을 찾아야 함이 지적되고 있다.[87]

범죄피해자에게의 고지는 피해자의 민사상 손해배상청구를 촉구함에 머무르지 않고 범죄를 범한 기업의 사회적 평가의 저하를 가져오기 때문에 그 자체로 충분히 제재로서의 효과를 가지고 있다.[88] 또한 행정기관에 기업범죄의 중요성을 환기시키는 점도 지적되고 있어,[89] 유효한 제재로서 기능함이 기대되고 있다.[90]

3. 범죄예방형 보호관찰

(1) 법준수 프로그램의 내용

앞서 언급한 조직체에 대한 연방 양형가이드라인에서 규정된 준수사항의 내용에서도 분명히 나타나듯이 기업에 대한 형사제재 가운데 법준수 프로그램의 적정한 운용을 요구하는 범죄예방형 보호관찰에 커다란 기대를 걸고 있다. 연방 양형가이드라인에 규정되고 있는 법준수 프로그램은 법원이 보호관찰관이나 외부전문가에게 기업범죄를 둘러싼 환경에 대한 판결전 조사를 지시하여 그 결과에 근거하여 마련된다.

연방 양형가이드라인은 법준수 프로그램의 구체적인 내용에 대해 다음과 같이 규정하고 있다:[91] ① 종업원 및 대리인이 범할 수 있는 범죄의 가능성을 합리적으로 감소시킬 수 있는 기준과 절차, ② 상급임원의 법령준수에 대한 감독책임의 분배, ③ 위법활동을 행하는 성향이 있는 사람에게 관리권한을 부여하지 않기 위한 상당한 주의, ④ 훈련 프로그램의 마련과 공표를 통해 모든 종업원 및 대리인에게의 법령준수 기준 및 절차의 전달노력, ⑤ 법령을 준수하기 위한 감독 및 감사 시스템의 사용, ⑥ 범죄의 실행 및 이를 발견할 수 없었던 과실책임에 대한 종업원의 징계, ⑦ 법준수 프로그램의 수정을 포함한 범죄에

87) Gruner, 앞의 논문 (1992), 297면.
88) *Ibid.*
89) Gruner, 앞의 논문 (1988), 43면.
90) Gruner, 앞의 논문 (1992), 296면.
91) U.S.S.G., § 8A1.2 (comment. (n.3(k)).

의 대응 및 장래의 범죄의 방지를 위한 합리적인 조치. 이들은 벌금형의 감경사유로 규정되어 있는 법준수 프로그램과 동일하다.

(2) 범죄예방형 보호관찰의 절차

법원은 이러한 내용의 보호관찰을 기업에 대해 명하기 전에 우선 경영자가 스스로 새로운 법준수 프로그램과 그 실시 계획을 제안하는 것을 허용하고 있다. 또한 실제로 기업에 대한 형사소송에서는 피고 기업이 검찰측과 사법거래에 따라 유죄협상을 실시하는 대신에 양자 사이에 합의에 도달한 양형을 판사에게 보고하여 승인을 얻는 사례가 압도적 다수에 달한다. 하지만 이러한 사례에서 보호관찰의 준수사항은 법원이 아닌 양자 사이의 교섭을 통해 결정된다. 따라서 법원이 보호관찰의 준수사항으로 법준수 프로그램에 대해 상세한 내용까지 결정할 기회는 실제로 그다지 많지 않으며, 증권거래위원회 등 관련 감독관청이 법준수 프로그램의 모델안을 제시하여 준수사항을 결정할 때 이를 기초로 사용한다고 한다.

보호관찰관은 범죄예방형 보호관찰의 경우에도 자연인에 대한 것과 마찬가지로 중심적인 역할로 감시를 담당한다. 이 때문에 필요에 따라 보호관찰을 받는 기업이나 그 종업원에 대해 법원이나 보호관찰소에 정기적 보고서나 관계서류의 제출을 요구할 수 있다고 한다.[92]

(3) 관리인의 임명

법준수 프로그램을 준수사항으로 한 범죄예방형 보호관찰에서는 활동의 적정화를 꾀하는 것은 어디까지나 기업 자신이며, 보호관찰관은 그 감시 역할에 그친다. 그러한 의미에서 조직체에 대한 연방 양형가이드라인이 규정하는 범죄예방형 보호관찰은 '정적인 감시'라는 평가가 내려진다. 반면에 미국에서는 기업의 경영활동 내용에 직접적으로 개입하여 그 적정화를 도모하는 '동적인 감시'도 실시되고 있음에 주목할 필요가 있다.

즉 미국에서는 유죄협상에 의해 선고형을 언도할 경우에 피고 기업과의 합의사항의 일부로서 법원이 '관리인'(receiver)을 임명하여 재산의 지출과 수입을 관리하게 함으로써 실질적으로 범죄와 관련한 부서에 대해 관리인의 통제 하에

92) U.S.S.G., § 8D1.4(c)(3).

두는 형태로의 기업활동의 실시를 명하는 제도가 실시되고 있다. 이 경우 관리인에게는 상당히 큰 재량권이 부여되고 있어 필요한 경우 기업활동의 변경이나 중지를 명하는 일도 가능하다고 한다. 이러한 관리인에는 판사나 검사 출신 등 사회적으로 신뢰성이 높은 변호사가 선임되는 경우가 많다고 한다. 이러한 제도는 과거 15년부터 실시해 온 결과 현재는 주 차원에서도 활용되고 있다. 그리고 이 제도는 강제적으로 실행되는 것이 아니라 어디까지나 피고 기업의 동의를 전제로 실시되고 있기 때문에 형사제재인 범죄예방형 보호관찰과 같은 유형이라고 보는 데에 의문이 제기되기도 한다. 재범의 방지를 위해 기업 활동을 법원의 감시 하에 두는 점에서는 공통되기 때문에 동적인 범죄예방형 보호관찰로서 평가할 수 있다고 본다.[93]

Ⅳ. 기업에 대한 보호관찰의 운용상황

1. 기업에 대한 보호관찰의 운용상황

(1) 기업에 대한 보호관찰의 적용률

조직체에 대한 연방 양형가이드라인이 도입된 이래 10년이 훨씬 지난 오늘날까지 기업에 대한 보호관찰은 어떻게 운용되고 어떠한 평가가 내려지는지 검토할 필요가 있다. 따라서 이하에서는 미국 양형위원회가 발행하는 '연간보고서'의 통계자료를 기초로 기업에 대한 보호관찰의 운용상황에 대해 간략히 살펴보고자 한다.

조직체에 대한 연방 양형가이드라인의 도입 이후 보호관찰을 선고받은 기업은 1994회계년도 50건(58.1%), 1995회계년도 70건(63.1%), 1996회계년도 93건(60.0%), 1997회계년도 140건(63.0%), 1998회계년도 147건(67.4%), 1999회계년도 155건(60.9%), 2000회계년도 205건(70.0%), 2001회계년도 169건(71.0%)이었다.

1996회계년도의 경우 보호관찰의 기간으로는 전체의 약 37%가 최장 5년을 선고받았다.[94] 평균적인 보호관찰 기간은 37.5개월로 중앙치는 3년이었다.

---

93) 김재봉, 앞의 논문, 813-814면; 川崎友巳, 앞의 책, 446-454면.

94) Gary S. Green, "Organizational Probation under the Federal Sentencing Guidelines", 62 FED. PROBATION 25, 27(1998).

(2) 적용된 보호관찰의 종류

기업의 자산규모로 볼 때 영세기업이 대부분을 차지하고 있었다.[95] 또한 실제로 선고받은 기업에 대한 보호관찰 가운데 법준수 프로그램의 개선이나 적정한 운용을 준수사항으로서 명할 수 있던 경우는 1994회계년도 10.5%, 1995회계년도 13.5%, 1996회계년도 11.6%, 2000회계년도 14.0%, 2001회계년도 16.8%이다. 이에 대해 1994회계년도에는 5.8%, 1995회계년도에는 6.3%, 1996회계년도에는 4.8%가 피해자에게의 고지를 준수사항으로서 명할 수 있었다(그밖에 다른 회계년도의 준수사항의 동향은 '연간보고서'에서는 분명하지 않다).

이러한 수치로부터 분명한 것은 기업에 대한 보호관찰의 내용은 벌금형이나 피해배상의 이행을 주요한 준수사항으로 함으로써 형사제재의 실효성을 담보하는 형태가 대다수여서 법준수 프로그램의 적정한 운용을 준수사항으로 하는 범죄예방형 보호관찰의 비율은 매년 10%에 그치고 있다. 이러한 동향에 대해 벌금형의 경우와 같은 형태인 법준수 프로그램에 대한 평가가 어떻게 반영된 결과인가를 확정하지 않으면 안 된다.

2. 구체적 사례에서 기업에 대한 보호관찰의 준수사항

실제 판결에서 피고 기업에게 선고되고 있는 보호관찰의 준수사항의 실태를 파악하기는 쉽지 않다. 왜냐하면 앞서 언급한 바와 같이 기업에 대한 형사재판에서는 사법거래에 따라 유죄협상을 실시하는 담보로서 형사제재의 종류나 경중에 대해 검사와 피고 기업의 변호인 사이에 협상을 통해 결정하는 예가 다수이기 때문에 이러한 사례에서는 사실심리를 하지 않아 발간된 판례집 등에는 준수사항의 내용이 게재되지 않기 때문이다.

이에 신문이나 인터넷상에서 보도된 뉴스 등 2차적인 자료를 검색하였는데, 이하의 표에서 제시된 사안에 대한 개략적인 정보를 얻을 수 있었다.

---

95) *Ibid.* 26, 29면.

① Palm Beach Cruises 사례

피고 기업: Palm Beach Cruises
판결 년월: 1994년 5월
사건 개요: 플로리다 만에서 자사의 크루즈용 선박으로부터 유성오염물질의 불법투기
죄　　명: 연방 수질오염방지법 위반
기　　간: 5년
준수 사항: ① 50만 달러의 벌금의 납부
② 크루즈선 운항에 따른 환경법 법준수 프로그램의 실시
③ 정부와 공동으로 마련하고 법원의 승인을 얻어 상세한 환경법 준법감시 프로그램을 실시하는 독립된 컨설턴트의 고용
④ 피고 기업의 법준수 프로그램의 실시와 매 분기마다 법원에 제출하는 보고서의 작성에 대해 직접책임을 지는 담당이사의 신설
병과 형벌: 벌금 50만 달러

② Crescent Ship Services 사례

피고 기업: Crescent Ship Services
판결 년월: 1995년 1월
사건 개요: 자사 소유 선박이 미시시피 강에 폐기물의 불법투기
죄　　명: 연방 수질오염방지법 위반
기　　간: 5년
준수 사항: 환경법 법준수 프로그램의 실시
병과 형벌: 벌금(액수는 불분명)
부　　기: 법준수 프로그램의 상세한 내용에 대하여는 불분명

③ Ketchikan Pulp 회사 사례

피고 기업: Ketchikan Pulp 회사
판결 년월: 1995년 5월
사건 개요: 펄프 공장으로부터 폐수 및 배수의 유출
죄　　명: 연방 수질오염방지법 위반
기　　간: 5년
준수 사항: 펄프 제조과정에 있어 환경법 법준수 프로그램의 실시
병과 형벌: 벌금 300만 달러(그중 175만 달러는 집행유예)
부　　기: 법준수 프로그램의 상세한 내용에 대하여는 불분명. 자료에 따르면, Palm Beach Cruises 사례와 거의 동일한 코멘트가 첨부되어 있다.

④ Tyson Foods 회사 사례

피고 기업: Tyson Foods 회사
판결 연간: 1997년 12월
사건 개요: 전 농무성 장관에게 이익공여
죄 명: 증뢰죄
기 간: 4년
준수 사항: ① 연방 정부의 피고용자, 공무원 또는 그 후보자에 대한 모든 지출에 관해 보호관찰관에게 매 분기마다 보고서 제출
② 기업행동규범(corporate code of conduct) 및 준법감시 정책 및 합의한 법준수 프로그램의 이행을 위한 특별 계획
③ 피고 기업에 대해 개시된 모든 형사소추, 민사소송 및 행정소송의 정보 공개
④ 합리적인 회수의 범위 내에서 보호관찰 또는 법원에 의해 선임된 전문가에 의한 정기 또는 부정기의 검사
⑤ 연방법 및 주법의 준수(새로운 연방법, 주법 또는 지역법을 위반하지 않을 것)
병과 형벌: 벌금 400만 달러, 수사 비용 200만 달러 별도 부담
부 기: 피고 기업은 전미 10권내의 정육업자임. 보호관찰 기간 만료전인 2002년에 Tyson Foods社가 자사 공장에 고용하기 위해 외국인 다수를 멕시코로부터 밀입국시켜 각지의 공장에 수송하였던 것 등이 발각됨. 이 사건에 대해 Tyson Foods社가 또 다시 기소됨. 이때 법준수 프로그램의 실시나 연방법 등의 준수라고 하는 준수사항 위반을 이유로 새롭게 양형을 다시 할 필요가 검토됨(이 경우 고액의 벌금, 보호관찰의 기간연장, 정부와 거래의 배제 등을 명할 수 있다). 이 판단은 최종적으로 밀입국 건으로의 소송이 확정된 이후에 내려짐.

⑤ Royal Caribbean 사례

피고 기업: Royal Caribbean
판결 년월: 1999년 9월(일부 1998년 6월)
사건 개요: 미국 내 각지에서 자사 크루즈용 선박에서의 오염물질의 불법투기
죄 명: 폐유의 불법투기에 관한 공모, 사법방해 등
기 간: 5년
준수 사항: 동 회사의 환경대책에 대해 마이애미 연방 지방법원에 매 분기마다 보고서의 제출
병과 형벌: 벌금 2,700만 달러
부 기: 미국의 환경범죄에 대한 벌금액으로는 사상 최고 금액.

물론, 이러한 정보는 단편적인 데 지나지 않는다. 하지만 이를 통해 법준수 프로그램의 실시를 준수사항으로 하는 경우 그 상세한 내용은 준수사항에서 명시되지 않고 어느 정도 보호관찰관의 재량에 위임됨을 알 수 있다.

3. 기업에 대한 보호관찰의 평가

연방 양형가이드라인은 법준수 프로그램의 촉진 등 적극적으로 기업활동이나 내부통제 시스템에 개입하는 준수사항을 내용으로 하는 보호관찰을 도입하였다. 이는 종래의 규정에 비해 법원의 권한을 확대한 것을 의미하여 그 효과에 커다란 기대를 걸 수 있다고 본다. 그러나 다른 한편에서는 도입시작부터 다음과 같은 비판도 제기되고 있다.

첫째, 기업에 대한 과도한 개입은 가능한 억제되어야 한다는 견해가 더욱 강하게 제기되고 있다.[96] 범죄예방형 보호관찰은 많은 기업에 있어 경영방침에 큰 영향을 미칠 가능성을 가지고 있기 때문에 장래의 범죄방지라는 연방 양형가이드라인의 목적에 부합할지라도 기업의 경영활동에 과도한 개입은 용서되지 않는다고 여겨진다. 더욱이 법준수 프로그램의 실행을 준수사항으로 하는 보호관찰은 위법활동뿐만 아니라 기업의 합법적인 경영활동을 규제하여 경쟁력을 저하시키는 결과를 초래하여 과도한 손해를 기업에게 주어 주주 및 종업원 등에게 부정적 영향을 피할 수 없다는 점이 지적된다.[97]

둘째, 그 실효성에 대해 의문이 제기되고 있다.[98] 법준수 프로그램을 준수사항으로 하는 보호관찰은 법원 및 보호관찰관의 능력의 한계를 고려하지 않고 논해지고 있어 현실의 운용에는 기대에 못 미친다고 여겨진다. 특히 기업활동에 관한 식견의 부족이 염려되고 있다.

셋째, 기업은 법준수 프로그램이 새로운 양형가이드라인의 아래에서 적절히 평가되는지에 대해 우려를 감출 수 없다는 점이 주장된다. 즉 이미 범죄발생으로 인해 법준수 프로그램이 효과적으로 기능하고 있지 않음의 증명이라고 평가될 가능성이 지적되고 있다.[99] 이러한 법준수 프로그램의 법적 효과에 대해

96) Lofquist, 앞의 논문, 748−752면; Michael K. Block and John R. Lott Jr., "Is Curbing Crime Worth the Cost?", N.Y. TIMES, 5 May, 1991, Sec.3, 13면.
97) Gruner, 앞의 논문 (1992), 305면.
98) *Ibid.*

비판적인 견해는 기업에 의한 법준수 프로그램의 실행의 노력을 저하시킬지 모른다고 한다. 또한 조직체에 대한 연방 양형가이드라인에서는 법준수 프로그램을 적정하게 운용하고 있었을 경우에도 범죄예방형 보호관찰이 부과될 가능성이 있다는 점도 무제한적인 기업활동에의 간섭이라는 비판을 면할 수 없다고 한다.[100)]

특히, 준수사항이 충분히 명확하지 않은 경우에 보호관찰에 대해 과도한 사법권의 개입이라는 반감이 높아지지 않을 수 없다. 도입 후 10년이 넘게 경과한 오늘날까지 이러한 문제점에 대한 의식은 기업 관계자들에게 뿌리 깊게 남아 있다고 한다. 다만, 이러한 위험성 때문에 기업에 대한 형사제재의 수단으로서의 보호관찰을 완전히 부정하는 것이 아니라 가능한 한 이 위험을 축소하기 위해 운용상의 정형화를 꾀할 수 있어야 한다는 견해도 유력하게 제시되고 있다.[101)] 이러한 견해에 따르면 보호관찰은 벌금형의 대체형이 될 뿐만 아니라 억제를 기초로 한 벌금형에서는 완수할 수 없는 개선효과도 겸비한 제재방법으로서 그 효과에 거는 기대가 크다고 한다.[102)][103)]

Ⅴ. 기업에 대한 보호관찰의 도입 가능성

1. 기업에 대한 보호관찰 도입에의 장벽

우리나라에서 기업의 형사책임의 문제에 대한 근본적인 재검토를 추진할 경우 기업에 대한 적절한 형사제재의 질과 양이 검토될 필요가 있다. 이와 관련하여 미국에서 도입되고 있는 기업에 대한 보호관찰이 시사하는 바는 매우 크

99) DanK. Webb and Steven F. Molo, “Some Practical Considerations in Developing Effective Compliance Programs: A Framework for Meeting the Requirements of the Sentencing Guidelines”, 71 WASH. U.L.Q. 375, 396(1993).

100) Jeffrey S. Parker, “Rules without … Some Critical Reflections on the Federal Corporate Sentencing Guidelines”, 71 WASH. U.L.Q. 397, 417(1993).

101) Gruner, 앞의 논문 (1992), 306면.

102) 보호관찰에 대한 기업의 비판적인 태도에 대해 기업 내의 상호감시 (peer presure)가 법준수를 촉진할 수 있으며, 공표나 준법감사 프로그램을 지지하는 견해로는 Amitai Etzioni, “A Vote for Peer Pressure”, N.Y. TIMES, May 6, 1991, sec. 3, 13면.

103) 川崎友巳, 앞의 책, 455－460면.

다. 그러나 무엇보다 우리나라에서 기업에 대한 보호관찰이 도입되기까지의 과정에서 다음과 같이 이를 가로막는 장벽도 적지 않다. 무엇보다 우선, 종래 형법 제62조의2에서 규정하고 있는 보호관찰과의 위치설정에 있어 양자의 관계가 문제가 된다. 미국에서 보호관찰은 형벌의 하나로서 자리 잡고 있다. 이에 대해 논의가 마무리 된 것은 아니지만 우리나라에서의 보호관찰 그 자체는 형벌이 아니고 '광의의 보안처분', '보호처분' 또는 '독립된 형사제재수단'이라고 이해되고 있다.[104] 따라서 현행법상 자연인에 대해서는 형벌로서 보호관찰이 선고되는 것은 있을 수 없다. 이러한 가운데 과연 기업에 대해서만 보호관찰을 형벌의 일종이라고 평가하는 것이 가능한지 의문이다. 특히 보호관찰에 불이익 처분으로서의 기능(특히 자유의 제한 기능)을 기대할 수 있는가라는 점에 대해서는 의문이 제기될 수밖에 없다.

둘째, 법호관찰시 내려지는 준수사항과의 관계이다. 벌금형의 이행을 준수사항으로 하는 보호관찰은 벌금형을 완납할 수 없는 기업에 대해 벌금형의 불이행과 보호관찰의 위반이라고 하는 이중의 부정적 평가가 내려지게 된다. 이러한 이중의 부정적 평가를 위해 종래의 벌금형의 불이행에 비해 무거운 대체형을 과할 경우 책임주의 관점에서 볼 때 보호관찰의 합리성에 의문이 제기될 것이다. 나아가 미국의 범죄예방형 보호관찰과 같이 준수사항의 내용으로 법준수 프로그램의 실시를 요구할 경우 그러한 준수사항이 우리나라에서도 기업에 대해 준수를 요구할 만큼 구체성, 명확성, 공평성을 확보할 수 있는지가 의문이다. 설사 이를 충분히 확보할 수 있을지라도 미국의 논의에서도 알 수 있듯이 범죄예방형 보호관찰에 대해 기업 활동에 과도한 개입이라는 비판이 제기될 것이다.

셋째, 보호관찰관이라는 인적 자원과의 관계이다. 우리나라의 보호관찰관은 현재에도 과중한 부담을 안고 있다. 또한 기본적으로는 기업의 준법경영을 위한 조직구조의 방식이나 법준수 프로그램의 도입과 그 실시에 대한 전문적인 지식과 경험이 충분하지 않다는 점을 언급할 수 있다. 그렇다면 누가 기업에 대한 보호관찰의 실제의 운용을 담당하여 기업이 준수사항을 지켜 법준수 프로그램을 적정하게 실시하고 있는지를 감시할 것인지 의문이 아닐 수 없다. 이와 관

104) 이에 대해 상세히는 손동권/김재윤, 새로운 형법총론, 율곡출판사, 760면 참조.

련하여 미국에서는 미국 양형위원회가 전국적 규모로 수많은 강습 프로그램을 주최하여 보호관찰관뿐만 아니라 판사, 법집행관, 민간기업의 준법감시 부문의 담당자(준법감시인)에 대한 정보제공을 실시하고 있다. 이러한 강습을 토대로 하여 법관이나 법집행기관이 기업에 대한 보호관찰에 관여하는 사례도 볼 수 있지만 원칙적으로는 종래 자연인에 대해 보호관찰을 담당해 온 보호관찰관이 동일하게 기업의 감시도 담당할 수밖에 없다고 본다. 그렇다면 현재와 같이 보호관찰관의 인력이 부족한 상황에서 이들이 미국의 보호관찰과 마찬가지로 동일한 역할을 담당할 수 있을지 의문이다.

2. 기업에 대한 보호관찰의 기대

(1) 재산형의 보완

종래 양벌규정에 따른 기업에 대한 벌금형에 대해서는 형벌로서의 효과를 기대할 수 없을뿐더러 그 영향이 종업원, 주주, 소비자 등이라는 제3자에게 미치는 위험성이 있음이 지적되어 왔고, 이에 양벌규정을 통해 기업에 대한 형사책임을 묻는 의의 그 자체에 의문이 계속해서 제기되어 왔다. 반면, 미국에서 운용되는 기업에 대한 보호관찰은 이러한 벌금형을 보완 또는 대체하는 수단으로서의 가능성을 찾아낼 수 있다. 특히 법준수 프로그램의 실시를 준수사항으로 한 범죄예방형 보호관찰에 대해서는 재범을 방지하여 기업에게 본래의 적법한 활동에 의한 사회의 기여를 촉진하기 위해 중요한 역할을 담당함을 기대할 수 있다고 본다.

앞서 언급한 바와 같이, 우리나라에서 가까운 시일 내에 기업에 대한 보호관찰의 도입은 그리 쉽지 않다고 본다. 그렇지만 그러한 어려움이 있다고 하여 기업에 대한 보호관찰의 도입가능성이 완전하게 부정되어서는 안 될 것이다. 보호관찰은 벌금형의 대체형이 될 뿐만 아니라 벌금형으로는 달성할 수 없는 범죄자의 개선효과도 갖춘 형사제재의 방법으로서 커다란 가능성을 가지고 있기 때문이다.[105] 더욱이 기업에게 구금형을 부과할 수 없다는 점을 고려한다면

105) W. Lofquist는 기업에 대해 보호관찰의 중요성에 대해 "과거의 실천과의 결별 및 조직범죄의 원인이나 통제에 관한 이론적인 이해의 결합에 깊게 기인하고 있다"고 언급하고 있다(Lofquist, 앞의 논문, 163면).

기업에 대한 형사제재는 '교정 없는 보호'라고 할 수 있다. 따라서 기업에 대한 형사제재의 질과 양을 검토함에 있어 기업에 대한 교정처우의 질과 양을 검토한다는 측면을 잊어서는 안 될 것이다. 그러한 의미에서 기업에 대한 보호관찰의 도입은 향후 기업에 대한 교정처우의 역할에 관한 논의를 전개함에 있어서도 충분한 검토가 요구된다.

미국에서도 연방 양형가이드라인의 시행 직후에는 보호관찰관 사이에 기업에 대한 보호관찰의 위화감이나 망설임이 존재했다고 한다. 그러나 "비록 기업에 대한 보호관찰에 있어서도 보호관찰관이 담당하는 일은 주로 경영자를 비롯한 개인임이 분명하다"라는 보호관찰관들의 인식이 지금까지 10여년이 넘도록 커다란 문제를 일으키지 않았고, 기업에 대한 보호관찰을 기능케 하는 원동력이 되고 있다고 한다. 앞서 언급한 바와 같이, 재범방지 뿐만 아니라 기업의 형사제재의 다양화라는 관점으로부터 향후에 기업에 대한 보호관찰을 도입할 필요성이 높다. 아울러 기업에게 자율성을 부여하거나 기업의 동의라는 제한적인 한도 내에서 기업에 대한 보호관찰을 도입을 고려해볼 수 있다. 이러한 도입을 전제로 할 경우 보호관찰기관의 전문성 확보나 예산·인력의 대폭적 확충을 도모하는 것도 중요하다.[106]

---

106) 김재봉, 앞의 논문, 817-819면; 유병규, 앞의 보고서, 218-219면; 천진호, 앞의 논문, 78-79면; 川崎友巳, 앞의 책, 461-463면.

§ 18 준법지원인제도의 도입에 따른 형사법적 인센티브*

Ⅰ. 머리말

2011년 4월 14일 상법(법률 제10600호)이 대폭 개정·공포되었다. 상법의 주요 개정내용 중 기업범죄(Unternehmenskriminalität)[1)]의 사전예방과 관련하여 기업의 준법경영과 사회적 책임의 강화를 위해 도입한 준법지원인(Compliance Officer)제도가 주목을 끌고 있다. 즉 개정상법 제542조의13에 따르면 2012년 4월부터 일정 규모 이상의 상장회사는 법령을 준수하고 회사경영을 적정하게 하기 위하여 임직원이 그 직무를 수행할 때에 따라야 할 준법통제기준을 마련해야 하고 준법통제기준의 준수에 관한 업무를 담당하는 준법지원인을 1인 이상 선임해야 한다.[2)]

이 제도의 도입과 관련하여 재계, 상법학계, 대한변호사협회 간에 기존의 감사(감사위원회)와 사외이사제도의 '옥상옥'으로 기업의 비용부담을 증가시키고 변호사들의 밥그릇만 챙겨주는 이중규제라는 부정적 입장[3)]과 기업의 준법의식과 경영투명성을 높이고 결과적으로 기업의 수익성도 제고할 수 있으며 변호사

---

* 이 글은 김재윤, "준법지원인제도의 도입에 따른 형사법적 인센티브", 인권과정의 통권 제425호(2012.5), 87－105면에 게재된 것으로 최근의 논의까지를 반영하여 수정·보완한 것임.

1) 기업범죄란 합법적으로 조직된 공식적인 기업체의 구성원으로서 개인이나 그룹이 그 기업체의 목적을 추구하는 과정에서 작위 또는 부작위에 의해 고용인·소비자·일반시민 그리고 다른 기업에 대해서 인적·물적 손해를 가하는 행위로서 민사법적·행정법적이든 혹은 형법적이든 그 형태를 불문하고 국가에 의해서 규제가 가하여지는 행위를 의미한다고 한다(S. Box, Power, *Crime and Mystification*, New York: Tavistock Publication, 1983, 20－23면; 김광준/원범연, "한국의 신종 기업범죄의 유형과 대책", 한국형사정책연구원, 2002, 29면).

2) 개정상법상 준법지원인제도에 대한 상세한 분석으로는 박선종, "개정상법상 준법통제와 준법지원인", 저스티스 통권 124호(2011.6), 233면 이하; 정찬형, "2011년 개정상법에 따른 준법경영제도 발전방향 －집행임원 및 준법지원인을 중심으로－", 선진상사법률연구 통권 제55호(2011.7), 30면 이하 참조.

3) 언론의 보도내용은 대체로 부정적이다. 대표적으로 아시아경제, "준법지원인제도 유감", 2011. 7. 29일자; 연합뉴스, "상사들 '준법지원인제는 옥상옥 규제' 반발", 2011. 3. 29일자; 경향신문, "속보이는 '준법지원인' 제도", 2011. 3. 29일자 등.

의 과잉공급 상황을 해결할 실마리가 될 수 있다는 긍정적 입장[4)]이 서로 팽팽히 맞서고 있다.

개정상법상 준법지원인제도는 사실상 새로운 제도가 아니다. 이미 1997년 외환위기를 계기로 2000년부터 은행, 증권사 등의 금융기관에 처음으로 준법감시인제도가 도입된 이후 종전의 증권거래법, 선물거래법, 간접투자자산운영업법 등 자본시장과 관련된 6개 법률을 통합하여 2007년 8월에 제정된 자본시장과 금융투자업에 관한 법률(법률 제8635호, 이하 '자본시장법'이라 한다) 제28조에 준법감시인제도가 규정됨으로써 금융기관에서 준법감시인제도는 하나의, 그러나 중요한 역할을 하는 내부통제장치로서 자리매김하고 있다.[5)] 이러한 금융기관을 중심으로 한 준법감시인제도는 금융기관의 임직원 모두가 업무수행과 관련하여 제반 법규를 준수하도록 사전적 또는 상시적으로 통제와 감독을 가능케 함으로써 지난 1997년 외환위기와 2008년 미국발 금융위기(서브프라임 사태)를 슬기롭게 극복하는 데 긍정적 역할을 했음에 틀림없고, 이를 바탕으로 상법 개정을 통해 내년 4월부터 일정 규모 이상의 상장회사에까지 준법감시인제도를 확대·적용하고자 한 것으로 평가할 수 있다.

그런데 기존 준법감시인제도가 기업범죄의 사전적 예방수단으로서 얼마만큼 효과적으로 기능했는가에 대해 계속해서 의문이 제기되고 있다. 왜냐하면 최근의 단적인 예로 역대 금융권 비리 중 범죄에 연루된 금액만 4조원으로 금융권 비리 사상 최대를 기록한 부산저축은행 비리사건을 보더라도, 나아가 최근 약 5년간 국내 유가증권시장 중 186개 상장사에서 횡령·배임사건이 발생했

4) 대표적으로 머니투데이, "준법지원인 제도 논란 유감", 2011. 4. 12일자; 최완진, "준법지원인제 잘 활용하면 득이다", 고시계 2011/5, 137－138면.

5) 2011년 8월말 현재 자본시장법 이외에도 금융지주회사법, 농업협동조합법, 보험업법, 부동산투자회사법, 상호저축은행법, 새마을금고법, 신용협동조합법, 여신전문금융업법, 은행법, 한국투자공사법 등 11개 법률에서 1인 이상의 준법감시인을 두도록 하는 준법통제를 시행하고 있다. 준법감시인제도를 분석한 최근의 대표적 문헌으로는 서완석, "내부통제와 준법감시인 제도", 기업법연구 제23권 제4호, 2009, 289면 이하; 손영화, "내부통제의 개시에 관한 고찰 －미국에서의 전개의 검토와 우리나라의 제도개정을 위하여－", 한양법학 제21권 제4집, 2010, 357면 이하; 이진국, "기업범죄의 예방수단으로서 준법감시제도(Compliance)의 형법적 함의", 형사정책연구 제21권 제1호, 2010, 65면 이하; 최수정, "금융기관의 내부통제제도 강화를 위한 법적 개선방안 －은행을 중심으로－", 상사법연구 제29권 제4호, 2011, 45면 이하 참조.

고 횡령·배임 금액은 총 3조 4,000억여 원에 달한다[6]는 통계를 보면 이들 범죄는 기업의 내부통제시스템으로서 준법감시인제도가 제대로 수행되었더라면 사전에 일정부분 예방할 수 있었기 때문이다. 이에 개정상법 제634조의3은 준법지원인제도가 효과적으로 운영되기 위한 하나의 인센티브로서 양벌규정의 단서조항에 "다만, 회사가 제542조의13에 따른 의무를 성실히 이행한 경우 등 회사가 그 위반행위를 방지하기 위하여 해당 업무에 관하여 상당한 주의와 감독을 게을리 하지 아니한 경우에는 그러하지 아니하다."고 규정함으로써 준법지원인제도를 충실하게 실행한 경우에 기업(법인)의 면책사유로 고려될 가능성을 열어두고 있다.

따라서 이하에서는 개정상법상 준법지원인제도가 횡령·배임 등 기업의 임직원이 범하는 부패범죄나 자금세탁 등의 기업범죄를 사전에 예방할 수 있는 제도로서 조기에 정착하기 위해 제시되고 있는 여러 형사법적 유인책의 타당성을 검토하고자 한다. 이를 위해 우선 개정상법상 준법지원인제도를 간략히 개관하고(Ⅱ), 다음으로 기업이 준법지원인제도와 그에 따른 효과적인 법준수 프로그램을 운영한 경우에 형사법의 영역에서 제공할 수 있는 인센티브로서 양벌규정의 단서조항에 의한 면책, 경영판단원칙의 적용에 따른 배임의 고의 부정, 양형단계에서의 형의 감경, 검찰의 기소재량 사유로서 고려 등의 가능성과 타당성을 살펴보고자 한다(Ⅲ). 마지막으로 준법지원인제도가 조기에 정착할 수 있도록 형사법적 영역에서 인센티브를 제공해야 한다는 견해에 대해 신중한 접근이 필요함을 결론으로 도출하고자 한다(Ⅳ).

Ⅱ. 개정상법상 준법지원인제도 개관

1. 준법지원인제도의 의의

(1) 준법지원인제도의 개념

개정상법 제542조의13은 준법통제기준 및 준법지원인이라는 표제아래 자산 규모 등을 고려하여 대통령령으로 정하는 상장회사는 법령을 준수하고 회사

6) 정윤모, "배임·횡령사건을 통해 본 중소상장기업의 지배구조 개선과제", 자본시장 Weekly 2011-15호, 2011, 2면.

경영을 적정하게 하기 위하여 임직원이 그 직무를 수행할 때 따라야 할 준법통제에 관한 기준 및 절차(이하 "준법통제기준"이라 한다)를 마련하여야 하며(제1항), 이를 위해 준법통제기준의 준수에 관한 업무를 담당하는 사람(이하 "준법지원인"이라 한다)을 1명 이상 두어야 한다(제2항)고 규정하고 있다.

이러한 준법지원인제도는 영미법상의 Compliance Officer 제도에서 유래한다.[7] 이때 '컴플라이언스'(Compliance)란 사전적으로 "정해진 법규를 준수한다"는 의미로 관련 법규준수와 이를 위하여 제정된 내부규정의 준수를 목표로 하는 모든 업무를 말하며 통상 Compliance를 담당하는 자를 Compliance Officer라고 한다.[8] 같은 관점에서 Compliance는 "모든 기업과 그 기관 및 임직원이 법률상 명시된 요구와 금지를 준수하도록 보장하기 위한 일체의 조치"[9]라고 이해될 수 있으며, 이러한 Compliance의 목적은 "기업과 그 기관 및 임직원에 의한 법익침해를 방지하거나 적어도 줄일 수 있게 기업 내부 절차를 미래지향적으로 설계함으로써 법익침해에 따른 책임위험(Haftungsrisiken)을 최소화"하는 데 있다.[10]

우리나라는 1997년 외환위기 이후 기업지배구조를 개선하고 기업경영의 투명성을 제고하기 위해 영미법상의 Compliance Officer를 '준법감시인'이라는 이름으로 금융기관에 필요적 상설기구로 도입하였다. 하지만 금융기관 이외의 기

7) 이에 대한 주요 문헌으로는 Michael Goldsmith & Chad W. King, "Policing Corporate Crime: The Dilemma of Internal Compliance Programms", Vanderbilt Law Review Vol.50, Nashville/TN, Vanderbilt University Law School, 1997; Cristie Ford/David Hess, "Can corporate monitorships improve compliance?", 34. J. Corp. L. 679, 2009; Patrick J. Head, "The Development of Compliance Programms: One Company's Experience", 18 J. Intl. L. Bus. 535, 536, 1998; Kevin B. Huff, "The role of corporate compliance programms in determining corporate criminal liability: a suggested approach", Columbia Law Review Vol.96, New York, Columbia Law Review, 1996; Anne M. Marchetti, *Sarbanes－Oxley Ongoing Compliance Guide: Key Processes and Summary Checklists*, Wiley, 2007; Leonard Orland, *Corporate Criminal Liability: Regulation and Compliance*, Aspen publisher, 2004 참조.

8) 최규진/곽노성, "글로벌 환경에 따른 금융사고 예방을 위한 준법감시기능 실효성 결정요인에 관한 연구", 무역연구 제6권 제2호, 2010, 378면.

9) Hauschla, *Corporte Compliance*, 2. Aufl., 2010, § 1 Rn. 2; Schneider, "Compliance als Aufgabe der Unternehmensleistung", ZIP 2003, 645면.

10) Passarge, "Grundzüge eines nachhaltigen Compliance－Programms －Was jeder Steuerberater zum Thema Comliance wissen sollte", DStR 2010, 1675면.

업에서도 분식회계나 내부자거래, 횡령·배임행위로 인하여 회사와 주주 및 이해관계자들의 손해가 빈번히 발생하자 이러한 기업의 위반행위나 법적 분쟁을 사전적·상시적으로 예방하기 위하여 개정상법을 통해 '준법지원인'으로 명칭을 달리하여 일정 규모의 이상의 상장회사에까지 범위를 확대한 것이다.[11)]

(2) 준법지원인제도의 주요 내용

준법지원인은 "임직원이 준법통제기준을 준수하고 있는 여부를 점검하고 그 결과를 이사회에 보고하는 자"라고 볼 수 있는데(상법 제542조의13 제2항, 제3항), 이러한 준법지원인은 (이사회가 제정한) 준법통제기준에 의하여 회사의 내부에서 임직원이 업무를 수행하기 이전에 관련법규 위반 등을 점검한다. 반면에 준법지원인과 달리 감사 또는 감사위원회는 주주를 대리하여 업무집행기관 이외의 제3자로서 업무집행기관이 수행한 업무 및 회계 등의 적법성 여부를 일반적으로 사후에 감사한다.

이러한 준법지원인은 이사회의 결의로 선임·해임되고(상법 제542조의13 제4항), 그의 업무수행의 결과를 이사회에 보고한다(상법 제542조의13 제3항). 이때 이사회의 결의요건에 대하여 특별한 제한이 없으므로 준법지원인의 선임과 해임은 이사 과반수의 출석과 출석이사 과반수로 하여야 하는데, 다만 정관으로 이 비율을 높게 정할 수 있다(상법 제391조).

준법지원인으로 선임될 수 있는 자격은 (i) 변호사 자격을 가진 사람, (ii) 고등교육법 제2조에 따른 학교에서 법률학을 가르치는 조교수 이상의 직에 5년 이상 근무한 사람, (iii) 그 밖에 법률적 지식과 경험이 풍부한 사람으로서 대통령령으로 정하는 사람이다. 따라서 이사회는 이러한 자격을 갖춘 사람 중에서 준법지원인을 선임하여야 한다(상법 제542조의13 제5항).

준법지원인의 임기는 3년으로 하고, 준법지원인은 상근으로 한다(상법 제542조의13 제6항). 준법지원인의 임기에 관하여 다른 법률의 규정이 3년보다 단기로 정하고 있는 경우에는 3년으로 하고 있다(상법 제542조의13 제11항 단서).

---

11) 박선종 교수는 준법감시인제도와 준법지원인제도의 차이점으로 ① 용어의 상이, ② 내부통제기준 내지 준법통제기준의 위반 여부의 점검과 그 결과 보고 대상의 차이, ③ 자격에 관한 규정의 차이, ④ 양벌규정의 탄력성의 차이 등을 언급하고 있다. 이에 대해 상세히는 박선종, 앞의 논문, 242-243면 참조.

상법상 준법지원인은 보고의무, 선관주의의무, 영업비밀준수의무를 부담한다. 즉 준법지원인은 준법통제기준의 준수여부를 점검하고 그 결과를 이사회에 보고하여야 하고(상법 제542조의13 제3항), 선량한 관리자의 주의로 그 직무를 수행하여야 하며(상법 제542조의13 제7항), 재임 중뿐만 아니라 퇴임 후에도 직무상 알게 된 회사의 영업상 비밀을 누설하여서는 안 된다(상법 제542조의13 제8항). 그러나 개정상법은 준법지원인의 책임에 대해서는 전혀 규정하고 있지 않다.[12)]

개정상법은 준법지원인의 독립성과 업무의 효율성을 확보하기 위하여 준법지원인을 둔 상장회사는 준법지원인이 그 직무를 독립적으로 수행할 수 있도록 하여야 하고, 준법지원인을 둔 상장회사의 임직원은 준법지원인이 그 직무를 수행할 때 자료나 정보의 제출을 요구하는 경우 이에 성실하게 응하여야 하고(상법 제542조의13 제9항), 준법지원인을 둔 상장회사는 준법지원인이었던 사람에 대하여 그 직무수행과 관련된 사유로 부당한 인사상의 불이익을 주어서는 아니 된다(상법 제542조의13 제10항)는 규정을 두고 있다.[13)]

2. 준법지원인제도의 성격: 경영통제장치 vs. 경영지원장치

개정상법상 준법지원인제도는 한편으로 일정 규모의 상장회사에 준법통제기준과 준법지원인을 도입하여 법적 분쟁 내지 기업의 위법행위 여부에 대해 법률전문가의 충분한 법률지원을 받아 준법경영·윤리경영을 실현할 수 있도록 하고, 다른 한편으로 이를 통해 형법적 측면에서 상장회사 및 임직원의 법위반

12) 이와 관련하여 정찬형 교수는 "준법지원인의 지위를 집행임원에 준하여 보는 경우 준법지원인의 회사 및 제3자에 대한 책임에 관하여 규정하여야 할 것"이라는 견해를 제시하고 있다(정찬형, 앞의 논문, 34면). 한편 독일에서는 독일연방대법원의 BGH v. 17.7.2009 – 5 StR 394/04, BGHSt 54, 44 판결을 계기로 준법지원인의 형사책임에 대한 논의가 활발히 전개되고 있다. 이에 대해 상세히는 Dann/Mengel, "Tanz auf einem Pulverfass – oder: Wie gefährlich leben Compliance–Beauftragte?", NJW 2010, 3265면 이하; Dannecker, "Die Verteilung der strafrechtlichen Geschäftsherrenhaftung im Unternehmen", JZ 20/2010, 981면 이하; Ransiek, "Zur strafrechtlcien Verantwortung des Compliance Officers", AG 5/2010, 147면 이하; Rönnau/Schneider, "Der Comliance– Beauftragte als strafrechtlicher Garant", ZIP 2/2010, 53면 이하; Warneke, "Die Garantenstellung von Comliance–Beauftragte", NStZ 2010, 312면 이하 참고.

13) 하지만 이러한 규정의 위반에 따른 제재규정이 없어 그 실효성에 의문을 제기하는 견해로는 정찬형, 앞의 논문, 35면.

행위를 사전에 효과적으로 방지하여 기업범죄를 사전적으로 예방하는 데 적지 않게 기여할 것으로 평가받고 있다.[14] 준법지원인제도가 기업범죄의 사전적 예방수단으로 기능할 수 있다는 평가의 근거로 Sykes와 Matza의 중화기술이론(Techniques of Neutralisation Theory)[15]에 의하면 기업내 법준수 프로그램을 통해 처음부터 범죄자가 자신의 행위를 정당화시키는 중화기술이 나오지 않게 할 수 있다거나, Hirschi의 사회유대이론(Social Bonds Theory)[16]에 의하면 준법지원제도는 개인이 가치와 규범을 내면화하여 내면적 자기통제를 이룰 수 있도록 하는 데 도움을 줄 수 있음을 제시하고 있다.[17]

이처럼 준법지원인제도가 기업범죄를 사전적으로 예방하는 데 기여할 수 있다는 긍정적 평가는 준법지원인제도, 특히 준법통제기준의 핵심 내용으로 자리 잡을 법준수 프로그램(Compliance Program)[18]이 효과적으로 기능하였을 것을 전제로 한 평가라 보인다. 그렇다면 개정상법을 통해 도입된 준법지원인제도가 효과적으로 기능할 수 있도록 하는 장치를 가지고 있는지 여부가 문제될 수밖에 없다.

---

14) 대표적으로 이진국, 앞의 논문, 70면 이하.

15) 중화기술이란 "행위자가 범행을 부인하려고 하고, 불법을 최소화하려 하거나 피해자나 제3자에게 책임을 떠넘기려 함으로써 자신의 내면의 안정을 되찾고자 하는 과정으로 이해"된다고 한다. Sykes/Matza, "Techniques of Neutralisation. A Theorien of Delinquency", in American Sociological Review 22(1957), 664－670면(이진국, 앞의 논문, 72면에서 재인용).

16) 사회유대이론은 "비행은 개인의 사회유대가 약하거나 깨졌을 때 발생한다"는 것을 기본 전제로 하여 "가치와 규범이 내면화되어 있으면 있을수록 법을 위반할 가능성이 적어지게 된다"고 한다. Hirschi, Causes of Delinquency, 1969, 16면(이진국, 앞의 논문, 73면에서 재인용).

17) 이진국, 앞의 논문, 72－73면.

18) 국내에서 '법준수 프로그램', '자율준수 프로그램' 또는 '법준수 프로그램' 등의 용어로 번역되고 있는 법준수 프로그램이란 일반적으로 회사 및 회사의 내부구성원들의 법준수를 강구하기 위한 모든 프로그램을 말하는 것으로, 내부윤리강령의 제정, 법준수와 관련한 상세한 업무절차 규정의 제정, 위법행위 예방을 위한 구체적 감시·통제활동 및 정기·비정기 교육실시 등 회사 및 임직원이 업무를 행함에 있어 규범과 법규의 준수를 보장하기 위하여 필요한 모든 활동을 포함한다고 한다. 이에 대해 상세히는 김성규, 양벌규정의 문제점과 법인처벌의 개선방안, 국회입법조사처, 2010, 60면 이하; 양천수, 기업의 경제활동에 관한 형사법제 연구(Ⅱ): 기업사회적 책임(CSR)과 법준수프로그램(CP)에 관한 연구, 한국형사정책연구원, 2010, 85면 이하; 이정숙, "효과적인 법준수 프로그램의 구축 －미국 증권회사의 예를 기초로－", BFL 제4호, 2004, 25면 이하 참조.

이와 관련하여 개정상법은 기존 금융관련 법률상 좁은 의미의 준법감시뿐만 아니라 자산운영의 건전성 확보를 위한 리스크관리까지 포함하는 내부통제제도 전반에 관한 통제업무를 수행하고, 그 결과를 감사위원회 또는 감사에게 보고하는 준법'감시'인이 아니라(자본시장법 제28조 제2항, 은행법 제23조의3 제2항 등), 그리고 준법통제기준의 준수여부를 점검하고 그 결과를 이사회에 보고하도록 함으로써 (최고)경영진의 준법경영을 '통제'하는 기관으로서가 아니라 어디까지나 '지원'하는 기관으로서의 성격을 강조하여 준법'지원'인을 두고 있다. 이는 준법지원인의 기본성격을 (최고)경영진에 대한 감독 내지 통제기관이 아니라 종업원의 업무수행에 있어서 법규준수에 대한 감시기구로 보는 시각을 바탕으로 한 것이다.

그러나 한국 사회에서 기업범죄는 기업의 종업원의 법규위반행위의 문제가 아니라 대표이사, 이사, 사실상 이사 등 기업의 실질적 활동방침과 의사결정을 하는 기업의 고위관리자[19]로서 (최고)경영진의 탈·불법경영과 관련된 위반행위가 실질적으로 문제되고 있다. 두산그룹 비자금조성 사건, 쌍용건설 분식회계 사건, 현대자동차그룹회장의 회사자금 횡령 및 배임 사건,[20] 삼성에버랜드 전환사채 저가발행 및 조세포탈 사건[21], 분식회계, 대출사기, 횡령, 배임 등 1조원대 경제범죄를 저지른 C&그룹사건[22] 등은 대기업 및 그 (최고)경영진에 의한 기업범죄의 대표적인 예라 할 수 있다. 더욱이 이러한 기업범죄는 한국 기업이 안고 있는 독특한 기업구조인 재벌체제, 즉 일정 지분을 차지하고 있는 소수의

19) 조병선 교수는 고위관리자를 "법인의 기관(이사회 등)을 넘어서 실질적으로 법인의 활동방침을 형성하거나 관리자라는 자격을 가지고 하급직원을 감독하는 데 있어서 비교적 중요한 권한을 가지고 있는 법인의 종업원 또는 그 외의 직원"으로 파악하고 있다(조병선, "환경형사판례에 관한 비판적 검토 –특히 형벌규정과 감독책임에 관하여–", 형사판례연구 제1권, 1993, 307면).

20) 이들 사건에 대한 소개와 분석으로는 한상훈, "경제범죄의 개념과 형사법적 대책", 형사정책 제19권 제2호, 2007, 214–217면 참조.

21) 이에 대한 비판적 분석으로는 곽노현, "배임특권의 법과 정치 –삼성에버랜드사안의 공소사실과 1, 2심 판결을 중심으로–", 민주법학 제35호, 2007, 309면 이하 참조.

22) 서울중앙지법 형사합의 24부(염기창 부장판사)는 27일 분식회계를 통해 금융권으로부터 수천억원의 사기대출을 받고 부실 계열사를 부당지원하는 등 모두 1조2천499억 원의 경제범죄를 저지른 혐의(특정경제범죄 가중처벌 등에 관한 법률 위반)로 구속기소된 임병석(50) C&그룹 회장에게 징역 10년을 선고했다(연합뉴스, "임병석 C&그룹 회장 징역 10년 선고", 2011. 6. 27일자).

소유경영자(owner manager)가 주주총회와 이사회를 모두 지배하는 형태를 취하고 있는 기업지배구조 체제에 기인하고 있음을 부인할 수 없다. 이러한 상황에서 준법지원인을 이사회에서 선임하여 준법통제기준의 준수 여부를 점검하고 그 결과를 이사회에 보고하게 한들 최고경영진 내지 소수 경영진이 이사회를 사실상 지배하고 있는 기업지배구조 아래에서 얼마만큼 준법지원인의 활동에 대한 독립성과 실효성을 확보할 수 있을지, 나아가 이를 통해 한국 사회에서 문제되고 있는 기업 및 (최고)경영진에 의한 기업범죄를 사전적으로 예방할 수 있을지 의문이 아닐 수 없다.[23)]

따라서 개정상법상 준법지원인제도가 기업과 (최고)경영진의 탈·불법 경영활동에 대한 '통제'기관으로서가 아니라 준법경영의 '지원'기관으로서 종업원의 업무수행에 있어 법규준수에 대한 감시기관에 중점을 두도록 설계되어 있는 점을 고려할 때 준법지원인제도를 통해 기업범죄를 사전적으로 예방할 수 있다는 가설은 준법지원인제도의 본질적 성격을 간과한 것으로 일정부분 한계를 내포할 수밖에 없다고 본다. 요컨대 "준법지원인제도는 기업의 종업원에 의한 기업범죄를 사전적으로 예방하는 데 기여할 수 있을 뿐이다"라고 본다.

Ⅲ. 준법지원인제도의 도입에 따른 형사법적 인센티브 제공 방안 검토

준법지원인제도가 형사법의 영역에서 주목을 받은 이유는 준법지원인제도를 도입한 상장회사가 기업 및 임직원의 업무활동에 있어 법령을 준수하기 위한 법준수 프로그램을 효과적으로 운영했을 경우에 기업(법인)의 형사책임과 관련하여 사업주(법인 또는 개인 사업주) 내지 이사 개인의 형사책임의 면제 또는 감경, 소추면제 등과 같은 형사법적 인센티브를 제공할 수 있을지 여부가 논란이 되기 때문이다. 상장회사의 입장에서 보면 추가적 규제와 비용으로 인식되

23) 독일 형법학계에서 법준수 프로그램이 기업범죄의 예방수단으로서 효과적이지 않다는 회의적 입장으로는 Hefendel, "Corporate Governance und Business Ethics: Scheinberuhigung oder Alternativen bei der Bekämpfung der Wirtschaftskriminalität?", JZ 2006, 123면 이하; Theile, "Unternehmensrichtlinie: Ein Beitrag zur Prävention von Wirtschaftskriminalität?", ZIS 2008, 406면 이하.

는 준법지원인제도가 기업의 직접적인 이익과 연결되지 않는 한 이 제도의 조기정착과 그에 따른 기업범죄의 사전적 예방이라는 효과를 기대하기 어렵다는 이유에서 형사법적 인센티브의 제공을 적극적으로 고려해야 한다는 견해가 설득력 있게 제시되고 있는 바,[24] 이에 대한 검토가 필요하다.

1. 양벌규정상 사업주의 면책사유로서 준법지원인제도

(1) 양벌규정의 의의

양벌규정은 행정법상 벌칙에 채용되는 제도로서 법인의 대표자나 법인 또는 개인의 대리인·사용인 및 기타의 종업원이 위반행위를 한 때에 행위자를 처벌하는 외에 그 업무의 주체인 법인 또는 개인 사업주도 함께 처벌하는 제도이다. 그런데 2007년 11월 29일 헌법재판소는 보건범죄단속에 관한 특별조치법(1990.12.3 법률 제4293호로 개정된 것) 제6조와 관련하여 형법의 기본원리인 책임주의에 반한다는 이유로 위헌결정을 내린 바 있다.[25] 법무부는 이를 계기로 양벌규정의 개정을 추진하였고, 그 결과 2010년 1월말 기준으로 약 110여개의 법률의 양벌규정에 대해 "다만, 법인 또는 개인이 그 위반행위를 방지하기 위하여 해당 업무에 관하여 상당한 주의와 감독을 게을리하지 아니한 경우에는 그러하지 아니하다."는 면책규정을 추가하는 방식으로 개정이 이루어졌다. 개정상법도 예외는 아니어서 "다만, 회사가 제542조의13에 따른 의무를 성실히 이행한 경우 등 회사가 그 위반행위를 방지하기 위하여 해당 업무에 관하여 상당한 주의와 감독을 게을리 하지 아니한 경우에는 그러하지 아니하다."(상법 제634조의3)라고 면책규정을 명시하고 있다.

(2) 준법지원인제도가 사업주의 면책사유로서 고려될 가능성

그런데 개정상법의 양벌규정은 다른 양벌규정의 단서조항과 달리 회사가 그 종업원의 위반행위를 방지하기 위하여 해당 업무에 관하여 상당한 주의와 감독을 게을리 하지 아니한 경우의 한 예시로서 "제542조의13에 따른 의무를

---

24) 대표적으로 김성규, 앞의 보고서, 67면 이하; 양천수, 앞의 보고서, 143면 이하; 이진국, 앞의 논문, 81면 이하 참조.

25) 헌법재판소 2007.11.29. 선고 2005헌가10 결정. 이에 결정에 대한 대표적인 평석으로는 오경식, "양벌규정에 대한 판례분석", 영남법학 제27호, 2008, 55면 이하 참조.

성실히 이행한 경우 등", 즉 준법통제기준과 준법지원인제도를 구축하고 법준수 프로그램을 효과적으로 운영했을 경우에 이를 사업주의 면책사유로서 고려할 수 있는 가능성을 열어두고 있다. 이에 따라 사업주인 상장회사(법인 내지 개인 사업주)가 이미 법준수 프로그램을 효과적으로 운영하고 있는 상태에서 어느 종업원이 범죄행위를 저지른 경우 사업주가 이 종업원에 대해 적절하게 감독의무를 이행했다고 판단하여 사업주에 대해 양벌규정의 면책조항을 적용하여 형벌을 면제할 수 있게 되었다. 이는 사업주에게 형벌이라는 제재수단이 갖는 의미를 고려할 때 상당한 형법적 인센티브가 제공되는 것으로 볼 수 있다.

사실 법준수 프로그램의 효과적 운영이 사업주의 면책사유로서 고려될 수 있다는 견해는 개정상법의 양벌규정 도입 이전부터 제기되어 왔다. 대표적으로 이주희 교수는 양벌규정상 사업주의 감독의무의 내용으로 종업원에 대한 선임·감독의무 이외에 종업원의 위반행위방지를 위한 조직구성의무(Organisationspflicht)도 사업주의 감독의무로 파악하고 이러한 사업주의 조직구성의무의 구체적 기준으로 법준수 프로그램의 도입을 제안하면서, 사업주가 합목적적이고 적절하게 (준법지원) 조직을 구성할 의무를 게을리 한 경우, 이러한 조직구성의무의 해태와 종업원의 위반행위 사이에 인과관계가 인정될 경우에 사업주는 양벌규정에 따라 처벌되는 반면, 양자 간의 인과관계가 부정되거나 사업주가 조직구성의무를 다한 경우에 종업원의 위반행위가 있더라도 사업주는 면책될 수 있다고 한다.[26)]

그러나 준법지원인제도의 도입과 그에 따른 법준수 프로그램의 효과적 운영 여부를 개정상법상 양벌규정의 사업주 면책사유로서 고려하는 것은 다음과 같은 두 가지 이유에서 신중을 기할 필요가 있다고 본다.

하나는, 개정상법상의 양벌규정을 근거로 법준수 프로그램을 연계하여 사업주의 형사책임을 면책시킬 수 있다는 사고는 미국 연방양형지침매뉴얼(Federal Sentencing Guidelines Manual)이 양형단계에서 기업에 대한 벌금형의 액수를 산정하는 데 있어서 기업내 법준수 프로그램의 효과적인 운영 여부를 그 감경사

26) 이주희, "양벌규정의 개선입법에 관한 고찰", 한양법학 제20권 제4집, 2009, 108-109면. 같은 입장으로는 박선종, 앞의 논문, 248면; 양천수, 앞의 보고서, 143면; 이진국, 앞의 논문, 83-84면.

유로서 고려한다는 데 토대를 두고 있다. 하지만 미국 연방양형지침매뉴얼이 요구하는 기업내 법준수 프로그램의 효과적 운영 여부는 사업주의 감독의무의 해태 여부를 판단하여 면책사유로서 고려하기 위한 것이 아니라 양형단계에서 형감경을 위한 판단자료에 불과하다는 것을 간과할 측면이 있다.[27] 더욱이 법준수 프로그램을 탄생시킨 미국에서 조차 그 실시 여부를 기업이 부담하는 주의의무의 내용으로 파악할 것인지 여부에 대해 이를 긍정하는 일부 판례[28]와 견해[29]도 있지만 기업이 법준수 프로그램을 실시한 것이 상당한 주의를 다한 것으로 인정되어 기업의 형사책임이 면제되지 않는다는 것이 미국 연방 법원의 태도[30]로 이해되고 있다[31]는 점을 상기할 필요가 있다.

다른 하나는, 재벌체재라는 한국의 기업지배구조 현실을 고려할 때 법준수 프로그램의 운영에 따른 사업주의 면책사유의 고려는 자칫 기업 내지 (최고)경영진에 의한 기업범죄를 방지하지 못한 채 사업주인 기업과 개인 사업주의 탈·불법 경영활동에 대한 면책수단으로 기능할 우려의 소지가 있다. 앞서 언급한 바와 같이 개정상법을 통해 도입되는 준법지원인제도는 기업과 (최고)경영진이 법적 분쟁 내지 법적 위험을 회피하기 위한 것으로 기업과 (최고)경영진을 감독하고 통제하기 위한 통제기관이라기보다 이들의 준법경영을 보좌하는 지원기관으로서의 성격을 가지고 있다. 따라서 준법지원인제도의 도입과 그에 따른 법준수 프로그램의 효과적 운영이라는 명분 아래 사업주에 대한 형사책임의 면

27) 반면에 이러한 미국의 방식을 우리나라 양벌규정에서 사업주의 감독의무와 그에 따른 면책기준으로 원용할 수 있다는 견해로는 이진국, 앞의 논문, 83-84면.

28) Holland Furnace Co. v. United States, 158 F. 2d(6th Cir. 1946). 김성규, 앞의 보고서, 68면, 각주 161)에서 재인용.

29) Pitt & Croskaufmanis, “Minimizing Corporate Civil and Criminal Liability: A Second Look at Corporate Codes of Conduct”, Georgetown Law Journal Vol.78, 1990, 1647면(김성규, 앞의 보고서, 69면, 각주 162)에서 재인용).

30) United States v. Hilton Hotels Corp., 467 F. 2d 1000(9th Cir. 1972), dert. denied, 409 U.S. 1125(1973); United States v. Twentieth Century Fox Film Corp., 882 F. 2d 656(2d Cir. 1989), dert. denied, 493 U.S. 1021(1990) 등(김성규, 앞의 보고서, 68면, 각주 160)에서 재인용).

31) 김성규 교수는 미국 연방 법원이 법인의 형사책임 유무에 관해서 법준수 프로그램을 고려하는 데 매우 소극적인 이유로 ① 법준수 프로그램이 법인의 면책을 위한 상당한 주의의 내용으로 충분하는 않다는 점, ② 상당한 주의의 항변을 인정하는 것이 법인의 무과실책임을 인정하는 종래의 판례의 입장에 반하는 점을 지적하고 있다(김성규, 앞의 보고서, 70면).

책을 폭넓게 인정하려는 시도는 준법지원인제도가 우리 사회에서 문제되는 (최고)경영진의 기업 지배권 내지 경영권의 남용에 의한 탈·불법 경영활동을 통제하지 못한 채 (최고)경영진의 경영권행사의 일환으로서 기업의 종업원의 업무수행에 필요한 업무방침에 지나지 않는 것으로 변모할 수 있음에도 불구하고, 나아가 기업의 종업원의 위반행위는 법준수 프로그램을 효과적으로 운영했지만, 즉 기업이 종업원의 위반행위를 방지하기 위해 상당한 주의와 감독을 게을리하지 아니하였음에도 불구하고 종업원의 개인책임에서 비롯된 것으로 보아 사업주에게 면죄부만을 제공하는 부정적 결과를 초래할 수 있다.

(3) 소 결

생각건대 개정상법의 양벌규정 단서조항이 준법지원인제도에 따른 의무의 성실한 이행 여부를 사업주의 감독의무 내지 면책기준으로 규정하고 있으므로 기업의 법준수 프로그램의 효과적 운영 여부를 사업주의 면책사유로서 고려하지 않을 수 없다고 본다. 하지만 이러한 사업주의 면책기준으로서 준법지원인제도의 도입과 그에 따른 법준수 프로그램의 고려는 사업주가 종업원의 위반행위를 방지하기 위한 상당한 주의의무와 감독의무를 판단하는 데 있어 전부가 아닌 하나의 기준으로 작용할 뿐이고, 이때에도 법준수 프로그램의 형식적인 실시 여부가 아니라 실질적이고 효과적인 운영을 전제로 한 것이므로 그 판단에 있어서 제한적 역할을 할뿐임을 유의해야 한다.

2. 배임의 고의를 부정하는 경영판단원칙의 적용요건으로서 준법지원인제도

(1) 경영판단원칙의 의의, 요건 및 효과

19세기 미국 판례법을 통하여 확립된 경영판단원칙(business judgement rule)이란 이사가 권한 내의 경영판단의 대상에 관하여 적절하다고 합리적으로 믿을 정도로 충분한 정보에 근거하여 이해관계 없이, 그리고 성실하게 회사에 최선의 이익이라고 생각되는 방법으로 판단하고 수행한 행위는 결과적으로 회사에 손해를 입히더라도 사기, 불법행위, 이익충돌이 없는 한 법원은 그 이사의 경영판단과 행위에 간섭하지 않는다는 원칙을 의미한다.[32] 즉 이 원칙은 합리적 경

32) 조국, “기업범죄 통제에 있어서 형법의 역할과 한계 ―업무상 배임죄 배제론에 대한 응답―”, 형사법연구 제19권 제3호, 2007, 167면; 조기영, “배임죄의 제한해석과 경영판단

영행위를 존중하고 설사 이로 인해 회사 본인에게 손해를 초래하더라도 사법심사의 대상에서 제외된다는 것을 의미한다.

이 원칙을 인정하는 주요한 근거로 기업 경영진의 경영상 판단은 그 속성상 법관의 사법심사 대상으로 삼기에 부적절하고, 사법심사를 무리하게 확대하면 유능한 경영인에 의한 적극적 경영활동을 위축시켜 기업의 혁신과 이를 통한 경제발전에 저해가 된다는 점을 제시하고 있다.[33)]

그리고 경영판단원칙을 적용하기 위해서는 적극적 요건으로 ① 경영상의 결정(business decision)의 존재, ② 무이해관계와 독립성(disinterestedness & in-dependence), ③ 적정한 주의(due care), ④ 선의의 요건(good faith)이 갖추어져야 하고, 소극적 요건으로 ① 재량권의 남용이 없을 것, ② 사기, 불법행위 또는 회사자산의 낭비에 해당하지 않을 것 등이 언급되고 있다.[34)]

이러한 경영판단원칙이 적용되면 첫째, 회사가 입은 손해에 대하여 이사가 배상책임을 지지 않고 면책시키는 효과, 둘째, 이사의 경영판단은 충분한 정보의 기초 위에서 선의로, 그 행위가 회사의 최상의 이익에 합치하는 것이라고 하는 정직한 신뢰 하에서 행동하였다는 추정의 혜택을 부여하는 효과, 셋째, 경영판단에 대해서는 사법적 개입을 억제하는 효과 등이 있다고 한다.[35)]

(2) 경영판단원칙의 형법상 도입 여부

경영판단원칙은 상법학계[36)]뿐만 아니라 형법학계에서도 기업 경영진의 경영행위로 인하여 회사나 주주에 대하여 손해가 발생한 경우에 배임죄가 성립하는가와 관련하여 그 도입 여부에 관한 논의가 활발히 전개되고 있다.

원칙", 형사법연구 제19권 제1호, 2007, 91면.

33) 한석훈, "형사책임에 대한 경영판단원칙의 적용", 성균관법학 제22권 제2호(2010.8), 350면.

34) 조기영, 앞의 논문, 92면.

35) 조국, 앞의 논문, 167면.

36) 최근의 대표적인 논의로는 고재종, "회사법상 이사 등의 특별배임죄 성립 여부", 한양법학 제21권 제4집, 2010, 79면 이하; 권상로, "미국·독일법상의 경영판단원칙의 도입여부에 관한 연구", 법학연구 제33집, 2009, 255면 이하; 전우정, "삼성전자 판례에 나타난 법원의 경영판단원칙에 대한 태도와 이사의 책임 제한 —대법원 2005.10.28. 선고 2003다69638 판결 평석—", 고려법학 제57호, 2010, 315면 이하; 한석훈, "경영진의 손해배상책임과 경영판단원칙", 상사법연구 제27권 4호, 2009, 138면 이하 참고.

기업 경영진의 배임죄 성립여부를 판단함에 있어 경영판단원칙의 도입을 긍정하는 견해는 경영판단원칙을 적용할 경우 배임죄의 처벌억제 효과를 전제로, 위험과 불확실성이 상존하는 경영판단의 영역에 대한 국가 형벌권의 과도한 개입을 막아 적극적이고 창조적인 경영활동을 보장하기 위한 형사정책적 입장을 강조하거나,[37] 위험감수원칙이 지배하는 사전적 목적합리적 경영판단과 위험회피원칙이 지배하는 사후적 가치합리적 법적판단의 본질적 차이를 근거로 그 간극을 메우기 위하여 이 원칙의 도입이 필요하다[38]는 논거를 제시한다.

반면에 이를 도입할 필요가 없다는 견해는 경영판단원칙은 이사의 경영상 과실이 있느냐의 여부가 문제될 때 위력을 발휘하는 것인데, 배임죄는 고의가 있을 때에만 성립하므로 양자는 관계가 없으며 실제로 형법에서 경영판단원칙을 수용할 실익도 없다거나,[39] 소유와 경영의 분리가 엄격히 이루어져 전문경영인에 의한 경영판단이 행하여지는 미국과 달리 (소수)지배주주에 의한 폐쇄기업이 대부분인 우리나라에서 이를 도입하여 경영인의 형사책임을 완화할 경우에 경영실패로부터 소액주주나 회사 채권자를 보호하기 어렵고,[40] 배임죄의 구성요건인 '임무위배행위'나 '재산상 이익', '고의' 등을 합리적으로 해석하면 배임죄의 불명확성으로 인한 적용확대를 해소할 수 있으므로 이 원칙의 도입이 불필요하다[41]는 점을 논거로 제시한다. 나아가 위 두 번째와 세 번째 논거를 모두 제시하는 견해도 있다.[42]

대법원은 경영인의 배임죄 성립여부가 문제된 형사판례에서 민사판결과 같이 경영판단원칙이라는 용어를 직접적으로 사용하지 않고 있으나, 대법원 2004. 7. 22. 선고 2002도4229 판결[43]에서 '경영상 판단'에 관한 법리를 처음으

---

37) 이규훈, "업무상 배임죄와 경영판단", 형사판례연구 제13권, 2005, 328면; 이경렬, "경영판단의 과오와 업무상배임죄의 성부", 법조 통권 제603호, 2006, 156면; 이종상, "이사의 책임과 배임죄에 대한 비판적 고찰", BFL 제19호, 2006, 50－52면.

38) 이상돈, "경영실패와 경영진의 형사책임", 법조 통권 560호, 2003, 88－98면.

39) 강동범, "이사의 경영판단과 업무상 배임", 법학논집 제14권 3호, 이화여자대학교, 2010, 49－50면.

40) 김기섭, "법인대표의 경영상의 판단과 업무상배임죄", 판례연구 18집, 2005, 10면.

41) 조기영, 앞의 논문, 106－107면.

42) 조국, 앞의 논문, 184면.

43) 대법원 2004.7.22. 선고 2002도4229 판결: "기업의 경영에는 원천적으로 위험이 내재하여 있어서 경영자가 아무런 개인적 이익을 취할 의도 없이 선의에 기하여 가능한 범위 내에

로 밝힌 이래 계속하여 같은 취지의 판시를 하고 있다.[44]

생각건대 경영판단원칙은 경영진의 배임죄 성립여부와 관련하여 배임 고의에 대한 피고인 측의 항변에 대한 사법기관의 판단기준의 하나로서 검토될 뿐이라고 본다.[45] 먼저, 경영판단원칙을 적극적으로 수용하여 경영진의 실패한 경영행위에 대해 배임죄의 성립을 강하게 부정하자는 견해는 경영판단원칙의 내용을 본질적으로 오해 내지 오도하는 것으로 우선적으로 지지할 수 없다. 왜냐하면 실패한 경영행위라 할지라도 경영판단원칙이 적용되기 위한 요건, 즉 이사가 경영판단의 대상과 이해관계를 가지지 않고 독립적인 입장에서 적정한 주의를 다하여 선의로 경영상 결정을 하였으며(적극적 요건), 이때 재량권의 남용이 없고 이러한 결정이 사기, 불법행위 또는 회사자산의 낭비에 해당하지 않는 경우(소극적 요건)에는 이미 적법한 경영판단으로 임무위배행위에 해당하지 않는 경우가 대부분이어서 배임죄가 적용될 여지가 없어 당연한 주장에 지나지 않으며,[46] 이러한 경영판단원칙의 적용요건 중 어느 하나라도 결여되어 경영판단원칙이 적용될 수 없음에도 불구하고, 즉 실패한 경영행위를 넘어 부당내부거래, 분식회계, 불법대출 등의 탈·불법 경영행위 내지 악의적 부실경영에 대해서까지 경영판단원칙을 내세워 고의범인 배임죄를 부정하자는 것은 경영판단원칙을 은연 중 오도하고 기업범죄에 대한 형법적 사후통제를 포기하자는 주장에 지나지 않기 때문이다. 다음으로, 경영판단원칙이 배임죄의 성립여부와 관계가

서 수집된 정보를 바탕으로 기업의 이익에 합치된다는 믿음을 가지고 신중하게 결정을 내렸다 하더라도 그 예측이 빗나가 기업에 손해가 발생하는 경우가 있을 수 있는 바, … 문제된 경영상 판단에 이르게 된 경위와 동기, 판단대상인 사업의 내용, 기업이 처한 경제적 상황, 손실발생의 개연성과 이익획득의 개연성 등 제반 사정에 비추어, 자기 또는 제3자가 재산상 이익을 취득한다는 인식과 회사에게 손해를 가한다는 인식(미필적 인식을 포함) 하의 의도적 행위임이 인정되는 경우에 한하여 배임죄의 고의를 인정하는 엄격한 해석기준은 유지되어야 할 것이고, 그러한 인식이 없는데 단순히 본인에게 손해가 발생하였다는 결과만으로 책임을 묻거나 주의의무를 소홀히 한 과실이 있다는 이유로 책임을 물을 수는 없다."

44) 대법원 2009.6.11. 선고 2008도4910 판결; 대법원 2007.11.15. 선고 2007도6075 판결; 대법원 2007.9.7. 선고 2007도3373 판결; 대법원 2007.3.15. 선고 2004도5742 판결; 대법원 2007.1.26. 선고 2004도1632 판결; 대법원 2005.4.29. 선고 2005도856 판결; 대법원 2004.10.28. 선고 2002도3131 판결; 대법원 2004.7.22. 선고 2002도4229 판결 등.

45) 같은 입장으로 최승재, "경영판단의 항변과 기업경영진의 배임죄의 성부", 법률신문 제3308호(2004.10), 15면.

46) 조기영, 앞의 논문, 97면.

없다는 견해는 이사가 경영행위를 하는 경우에 회사나 주주의 이익을 위하여 과감하게 모험적 투자나 거래를 할 수 밖에 없는 특수성에 대한 고려가 전혀 없으며, 경영판단원칙이 이사의 경영행위에 대한 배임죄 성립여부를 판단하기 위한 기준은 아니더라도 그 기초자료로서 기능할 수 있다는 점을 간과하고 있다는 비판이 제기된다.[47] 따라서 경영판단원칙은 기업 경영진의 경영행위에 대한 배임죄 성립여부의 판단에 있어 전부 또는 전무(all or nothing)의 기준으로서가 아니라 경영진이 본인이나 제3자의 이익이 아니라 회사나 주주의 이익을 위한 모험적 투자나 거래를 함에 있어 그 위험성과 불가측성이라는 속성으로 최종적으로 손해가 발생하였다고 하더라도 그 손해가 경영진의 배임의 고의에 기한 것이 아니라 여러 경영사정을 고려할 때 당시로서는 합리적인 의사결정에 따른 것이라는 배임 고의의 항변에 대한 사법기관의 판단기준의 하나로서 고려될 수 있다고 봄이 타당하다고 본다. 판례도 경영판단의 이유만으로 곧바로 배임죄의 성립이 부정되는 것이 아니라 고의와 관련된 간접사실의 하나로서 경영판단적 요소가 고려되는 것에 지나지 않음을 분명히 하고 있다.[48]

(3) 준법지원인제도가 배임 고의를 부정하는 경영판단원칙의 하나의 적용요건으로 고려될 가능성

경영판단원칙은 경영진의 배임죄 성립여부와 관련하여 배임 고의를 부정하는 피고인 측의 항변에 대한 사법기관의 판단기준의 하나로서 검토될 뿐이라는 필자의 견해에 따르면 사법기관이 경영판단원칙을 내세워 배임 고의를 부정하는 피고인 측의 항변에 대해 배임 고의 유무를 판단함에 있어 준법지원인제도의 실질적 활용 여부가 중요한 역할을 할 수 있다고 본다. 왜냐하면 경영진이

---

47) 강동욱, "이사의 경영판단행위와 배임죄의 성부", 한양법학 제21권 제4집, 2010, 119면.

48) 대법원 2009.6.11. 선고 2008도4910 판결: "경영상의 판단과 관련하여 기업의 경영자에게 배임의 고의가 있었는지 여부를 판단함에 있어서도 일반적인 업무상배임죄에 있어서 고의의 입증방법과 마찬가지의 법리가 적용되어야 함은 물론이지만, 기업 경영에 내재된 속성을 고려하여, 문제된 경영상의 판단에 이르게 된 경위와 동기, 판단대상인 사업의 내용, 기업이 처한 경제적 상황, 손실발생의 개연성과 이익획득의 개연성 등 제반 사정에 비추어 자기 또는 제3자가 재산상 이익을 취득한다는 인식과 본인에게 손해를 가한다는 인식(미필적 인식을 포함)하의 의도적 행위임이 인정되는 경우에 한하여 배임죄의 고의를 인정하는 엄격한 해석기준은 유지되어야 할 것이고, 그러한 인식이 없는데 단순히 본인에게 손해가 발생하였다는 결과만으로 책임을 묻거나 주의의무를 소홀히 한 과실이 있다는 이유로 책임을 물을 수는 없다."

경영판단의 대상이 되는 법적 위험과 관련하여 준법지원인의 실질적 활용을 통해 적절하다고 합리적으로 믿을 정도로 충분한 정보를 수집하고 이를 토대로 이해관계 없이, 그리고 성실하게 회사에 최선의 이익이라고 생각되는 방법으로 판단하였다면 이는 선의에 의한 것으로 배임 고의를 부정할 수 있는 하나의 판단기준으로 작용하기 때문이다.[49] 이에 따라 경영판단원칙의 하나의 적용요건인 적절하다고 합리적으로 믿을 정도로 충분한 정보의 수집은 준법지원인의 적극적이고 실질적인 활용을 통해서 가능한데 경영진의 배임 고의를 간접사실로 입증해야 하는 검찰로서는 준법지원인제도와 효과적인 법준수 프로그램을 운영해야 함에도 이를 운영하지 않았거나 운영하더라도 형식적인 운영에 그쳐 경영판단의 대상이 되는 법적 위험에 관한 정보를 수집하지 않았거나 불충분하게 수집하였음을 합리적 의심이 없을 정도로 증명하면(형사소송법 제307조 제2항) 법관으로 하여금 배임 고의를 부정하는데 결정적으로 작용할 수 있다.

마찬가지로 대법원은 대기업 또는 대기업의 회장 등 개인이 정치적으로 난처한 상황에서 벗어나기 위하여 자회사 및 협력회사 등으로 6개 회사로 하여금 특정 회사의 주식 20만 주를 1주당 적정가액이 20,000원임에도 불구하고 35,000원에 매수하게 하여 그 차액인 30억 원 상당의 손해를 입게 하였다는 사안에 대해 "기업의 경영에는 원천적으로 위험이 내재하여 있어서 경영자가 아무런 개인적인 이익을 취할 의도 없이 선의에 기하여 가능한 범위 내에서 수집된 정보를 바탕으로 기업의 이익에 합치된다는 믿음을 가지고 신중하게 결정을 내렸다 하더라도 그 예측이 빗나가 기업에 손해가 발생하는 경우가 있을 수 있는바, 이러한 경우에까지 고의에 관한 해석기준을 완화하여 업무상배임죄의 형사책임을 물을 수는 없으나, 기업의 경영자가 문제된 행위를 함에 있어 합리적으로 가능한 범위 내에서 수집한 정보를 근거로 하여 당해 기업이 처한 경제적 상황이나 그 행위로 인한 손실발생과 이익획득의 개연성 등의 제반 사정을 신중하게 검토하지 아니한 채, 당해 기업이나 경영자 개인이 정치적인 이유 등으로 곤란함을 겪고 있는 상황에서 벗어나기 위해서는 비록 경제적인 관점에서 기업에 재산상 손해를 가하는 결과가 초래되더라도 이를 용인할 수밖에 없다는 인식하에

49) 김성규 교수도 법준수 프로그램을 제대로 실행하는 것 자체가 경영판단원칙의 한 적용요건이 될 수 있다고 본다(김성규, 앞의 보고서, 144면).

의도적으로 그와 같은 행위를 하였다면 업무상배임죄의 고의는 있었다고 봄이 상당하다."[50]고 판단함으로써 배임의 고의가 있었는지 여부를 판단함에 있어 경영상 판단을 하나의 기준으로 고려하고, 이러한 경영상 판단을 함에 있어 합리적으로 가능한 범위 내에서 수집한 정보를 근거로 하여 당해 기업이 처한 경제적 상황이나 그 행위로 인한 손실발생과 이익획득의 개연성 등의 제반 사정을 신중하게 검토할 것을 요구하고 있다. 대법원은 이 판결에서 경영판단의 대상과 관련된 정보 수집의 주체에 대해 명백히 밝히고 있지 않으나 이 판결을 통해 향후 일정 규모의 상장회사가 준법지원인제도를 도입할 경우 준법지원인제도의 실효적 운용을 통해 경영판단의 대상이 되는 법적 위험에 대해 합리적으로 가능한 범위 내에서 정보를 수집하여야 하고 이를 토대로 당해 기업이 처한 경제적 상황이나 그 행위로 인한 손실발생과 이익획득의 개연성 등의 제반 사정을 신중하게 검토한 경우에 한하여 배임의 고의가 부정될 수 있음을 추론할 수 있다.

(4) 소 결

생각건대 향후 시행될 준법지원인제도는 경영진의 측면에서 본다면 경영판단원칙의 형법상 도입 여부에 관한 학계의 논의를 떠나 문제되는 경영판단의 대상에 대해 준법지원인제도의 실효적 운용을 통해 합리적으로 가능한 범위 내에서 정보를 수집하고 이를 토대로 한 경영행위에 대해서는 비록 회사 본인이나 제3자인 주주에게 손해가 발생하더라도 배임의 고의가 부정될 수 있는 가능성을 제공하는 인센티브로 활용될 수 있다고 본다.

3. 양형단계에서 감형사유로서 준법지원인제도

(1) 미국 연방양형지침매뉴얼에 따른 벌금액의 감경

미국에서는 연방양형위원회(United States Sentencing Commission)의 연방양형지침매뉴얼(Federal Sentencing Guidelines Manual)에 따라 기업 내지 조직체(Organization)가 효과적인 법준수 및 윤리 프로그램(Effective Compliance and Ethics Program)을 운영한 경우에 기업범죄에 대하여 벌금액을 감경할 수 있게 함으로

50) 대법원 2007.3.15. 선고 2004도5742 판결.

써 기업이 스스로 법준수 및 윤리 프로그램을 도입하여 자율적으로 이행할 인센티브를 제공하고 있다. 즉 연방양형지침매뉴얼은 징벌적 손해배상(penalty damage) 제도와 맞물려 기업과 같은 조직체의 범죄행위에 대해서는 종래와는 비교가 안 될 정도로 고액의 벌금형을 부과할 수 있도록 하는 한편, 양형의 결정 시에 기업에 의해서 구축·실시되고 있는 효과적인 법준수 및 윤리 프로그램을 벌금액의 감경사유로 고려할 것을 규정하고 있다.[51)]

구체적으로 동 매뉴얼 제8조 B2.1. (a)에 따르면 조직체가 벌금감경 규정의 적용을 받기 위해서는 ① 범죄행위의 예방과 적발에 상당한 주의(due diligence)를 다할 것, ② 윤리적인 행동과 법령준수를 장려하는 조직내의 문화를 촉진할 것을 요건으로 하는 효과적인 법준수 및 윤리 프로그램을 운영하지 않으면 안 된다. 그와 같은 법준수 및 윤리 프로그램은 효과적으로 범죄행위를 예방·적발하도록 '합리적으로 설계, 실행, 집행'(reasonably designed, implemented and enforced)되어야 하는 프로그램이며, 일회적인 위반행위의 예방 또는 적발에 실패했다고 하여 프로그램이 범죄행위를 예방·적발함에 있어 일반적으로 효과적이지 않다는 것을 반드시 의미하지는 않는다.[52)] 그리고 효과적인 법준수 및 윤리 프로그램이라고 인정되기 위해서는 범죄행위의 예방과 적발에 조직체가 상당한 주의를 기울였다고 인정되는 것이 필요하다. 조직체가 상당한 주의를 기울였다고 인정되기 위한 7가지의 최소한의 요건으로는 ① 범죄행위를 예방하고 적발하는 기준과 절차를 마련해야 할 것, ② 기업의 최고경영자는 법준수 및 윤리 프로그램의 내용과 운영에 대하여 정통해야 하고, 프로그램의 실행과 실효성과 관련하여 효과적인 감독을 수행해야 할 것, 그리고 고위 임원들은 효과적인 법준수 및 윤리 프로그램을 보장하여야 하고, 그에 대한 책임을 져야 할 것, 이러한 책임을 지기 위해서 개인에게 적절한 권한 등이 주어져야 할 것, ③ 기업은 불법적인 행동을 할 개연성이 높은 개인이 실질적인 임원진에 포함되지

51) United States Sentencing Commission, Federal Sentencing Guidelines Manual(2010), Chapter 8, Part B, C.
<http://www.ussc.gov/Guidelines/2010_guidelines/Manual_HTML/Chapter_8.htm 2015.3.12. 검색>

52) United States Sentencing Commission, Federal Sentencing Guidelines Manual(2010), §8B2.1.(a).

않도록 합리적인 노력을 기울여야 할 것, ④ 법준수 및 윤리 프로그램은 종업원과 임원이 함께 논의하는 합리적인 절차를 거쳐 구성되어야 할 것, ⑤ 감시, 감사, 평가, 프로그램의 홍보도 합리적 절차를 거쳐야 할 것, ⑥ 조직 전체를 통해 프로그램을 발전·강화시켜 나아가야 할 것, ⑦ 범죄행위가 적발 된 후 합리적 절차를 거쳐 유사한 범죄행위를 예방할 수 있는 장치를 마련해야 할 것 등이다.[53)]

그리고 법원은 기업의 범죄행위로 인한 벌금 부과시 위반등급에 따라 기준벌금액(base fine)을 산정하는데, 기준벌금액은 위반등급별로 달리 나타난다. 예컨대 최저 위반등급인 '6점 이하'인 경우에는 기준벌금액이 5,000달러이고, 위반등급이 '20점'인 경우에 650,000달러, '30점'인 경우에 10,500,000달러, 최고의 위반등급인 '38점 이상'에 달하는 경우에는 72,500,000달러로 책정되어 있다.[54)] 그리고 법원은 연방양형지침매뉴얼에 따라 기업에 대한 '유책성 지수'(culpability score)를 고려하는데, 이 유책성 지수는 기본점수 5점을 기준으로 가중·감경 요소에 따라 최저 0점에서 최고 10점까지 주어진다. 만일 기업이 효과적인 법준수 및 윤리 프로그램을 가지고 있다고 결정되면 유책성 지수에서 3점을 차감하도록 되어 있다.[55)] 이때 법원은 기업내 범죄행위가 있을 경우 법준수 및 윤리 프로그램이 없다면, 즉 법준수 및 윤리 프로그램을 무시하였다면 엄벌에 처하고, 법준수 및 윤리 프로그램이 구축되어 있고, 앞서 언급한 효과적인 법준수 및 윤리 프로그램의 7가지 최소요건을 갖추어 운영되고 있다면 벌금액의 최고 95%까지 감면해 준다고 한다.[56)]

(2) 준법지원인제도가 양형위원회의 양형기준으로서 고려될 가능성

국내에서도 기업이 추가적 비용과 규제로 인식하는 준법지원인제도를 자

53) United States Sentencing Commission, Federal Sentencing Guidelines Manual(2010), §8B2.1.(b). 이와 같은 7가지 최소기준에 관한 상세한 내용은 사법제도개혁추진위원회, 사법제도개혁추진위원회 자료집 제15권, 사법선진화를 위한 개혁 연구보고서 참고자료 Ⅵ－Ⅱ, 2006, 340면 참조.

54) United States Sentencing Commission, Federal Sentencing Guidelines Manual(2010), §8C2.4.

55) United States Sentencing Commission, Federal Sentencing Guidelines Manual(2010), §8C2.5.(f).

56) 성희활, 앞의 논문, 203면.

발적으로 도입하고 효과적으로 운영되도록 하기 위하여 기업 (최고)경영진의 범죄행위에 대해 미국의 연방양형지침매뉴얼과 같은 방식으로 양형단계에서 형사책임을 감경하는 인센티브를 제공하는 것이 필요하고 "현재 양형기준의 정립에 관한 논의가 심도 있게 진행 중인 우리나라에 당장 도입해도 큰 무리가 없을 것"이라는 견해가 제시되고 있다.57)

그런데 필자는 미국의 연방양형지침매뉴얼의 효과적인 법준수 및 윤리 프로그램은 기업 내지 조직체에 대한 형 감경 사유로 고려되는 것과 달리 우리나라에서 준법지원인제도의 도입과 그 실효적 운용은 개정상법상 양벌규정에 의해 일차적으로 사업주(법인 또는 개인사업주)의 면책사유의 하나로 고려되어야 하므로 이러한 사업주 면책사유로서 인정될 정도의 실효적 운용이 인정되지 않을 경우에 한하여 양형단계에서 사업주 내지 실제 위반행위를 한 (최고)경영진에게 그 실효적 운용의 정도에 따라 형 감경 사유로 고려될 수 있을 뿐이라고 본다. 이때 무엇보다 사업주에 대한 형사책임의 면책 또는 면책되지 않는 사업주 또는 실제 위반행위를 한 (최고)경영진에 대해 미국의 연방양형지침매뉴얼과 같은 방식의 형 감경은 미국의 기업범죄의 처벌의 한 축인 징벌적 손해배상제도의 도입, 준법지원인제도의 실질적 활용과 그에 따른 효과적인 법준수 프로그램의 운영, 기업범죄에 대한 엄격한 법집행 등의 전제 조건을 충족했을 때 한하여 고려가 가능하다고 본다. 우선, 미국 연방양형지침매뉴얼이 효과적인 법준수 및 윤리 프로그램을 운영했을 경우에 벌금형을 감경할 수 있도록 한 첫 번째 이유는 기업범죄에 대하여 고액의 배상금을 부과할 수 있는 징벌적 손해배상제도를 도입하고 있기 때문이다. 주지하듯이 징벌적 손해배상이란 민사법의 일반원칙에 따라 통상 인정되는 전보적 손해배상 이외에 추가적으로 징벌적 의미를 덧붙여 별도의 손해배상을 고액으로 부과하는 것을 의미한다.58) 이러한 징벌적 손해배상제도는 미국에서 무엇보다 기업범죄를 억지하는 데 효과적인 수단으로 인식되고 있으나, 최근 과다한 징벌적 손해배상액으로 인해 파산하는 기업이 증가하게 되고, 보험료의 급등 및 인수거부 사태 등을 초래하는 문제를 보이고

---

57) 성희활, 앞의 논문, 203면; 손영화, 앞의 논문, 397면; 이진국, 앞의 논문, 81면.

58) 김재중, "대체 형벌로서의 징벌적 손해배상 제도", 형사법연구 제26호 특집호, 2006, 678면; 최정학, "기업범죄와 징벌적 손해배상", 민주법학 제42호, 2010, 275면.

있다고 한다.[59] 이러한 기업범죄에 대한 징벌적 고액 배상금이 부과되고 있는 점을 고려하여 연방양형지침매뉴얼은 기업이 효과적인 법준수 및 윤리 프로그램을 운영한 경우 벌금액을 감경할 수 있는 여지를 만들어 놓은 것이다. 하지만 이러한 제도를 도입하지 않은 상태[60]에서 개정상법상 양벌규정에 따른 사업주의 면책 또는 우리나라 양형기준에 같은 방식의 형 감경 사유를 인정하는 것은 기업범죄의 억지를 위해 마치 채찍은 외면하고 당근만을 취하겠다는 것은 아닌지 의문이다.

다음으로, 연방양형지침매뉴얼의 기업범죄에 대한 형 감경의 전제 조건은 효과적인 법준수 및 윤리 프로그램의 운영인데 시행될 준법지원인제도와 그에 따른 법준수 프로그램은 앞서 언급한 바와 같이 (최고)경영진의 탈·불법 경영활동에 대한 '통제'기관으로서가 아니라 준법경영의 '지원'기관으로서의 성격을 갖고 있어 얼마만큼 (최고)경영진의 탈·불법 경영활동을 통제하는 데 효율적으로 기능할지 의문이다. 더욱이 이미 10년전부터 시행되어온 금융기관을 대상으로 하는 준법감시인제도가 있음에도 금융기관 임직원의 횡령·배임 사건이 계속해서 발생되고 있는 사실을 볼 때 이러한 의문은 쉽사리 해소되기 어렵다고 본다. 하지만 준법지원인제도가 갖는 이러한 제도적 성격의 한계에도 불구하고 이를 도입한 상장회사에서 준법지원인과 그에 따른 법준수 프로그램을 효과적으로 운영했음이 인정될 경우 개정상법상의 양벌규정에 의한 사업주의 면책 또는 사업주가 면책되지 않을 경우 양형단계에 있어 형 감경요소로서 고려될 수 있다고 본다.

마지막으로, 미국과 달리 법원이 준법지원인과 법준수 프로그램을 효과적

59) 이에 따라 연방법이나 주법은 2배 내지 3배의 배상을 인정하고, 최저배상액을 법정화하고 있다고 한다(김상찬/이충은, "징벌적 손해배상제도의 도입을 위한 비교법적 고찰", 법학연구 제35집, 제주대학교 법학연구소, 2009, 172면).

60) 징벌적 손해배상제도 도입의 반대 논거로는 ① 징벌적 손해배상은 주로 미국과 같은 영미법 계열의 국가에서 인정되는 독특한 손해배상제도로서 이와 법체계를 달리하는 우리와 잘 맞지 않는 다는 점, ② 그럼에도 징벌적 성격을 갖는 손해배상을 인정하게 되면 이것은 형벌과의 관계에 비추어 '이중처벌'이 될 수 있다는 점, ③ 지나치게 높은 배상액의 부과가 헌법이 규정하는 '과잉(제재)금지의 원칙'에 반할 수 있다는 점, ④ 높은 손해배상액의 부과는 결국 기업의 활동을 위축시켜 전체 국가경제에 해가 되는 방향으로 작용하게 된다는 점 등이 제시되고 있다. 이에 대해 자세한 설명은 최정학, 앞의 논문, 276−279면 참조.

으로 운영했다고 하여 기업범죄를 저지른 (최고)경영진에 대해 형벌을 감경하는 온정주의적 태도를 취하는 것이 기업범죄의 억지와 예방이라는 형사정책적 관점에서 필요한지도 의문이다. 사실 대법원 산하 양형위원회는 2009년 횡령·배임범죄 양형기준을 마련하여 시행하고 있으나,[61] 법원이 대주주의 횡령 및 배임, 분식회계 등의 기업범죄에 대해 엄벌하여 기업범죄를 억지하고 예방하는 형사정책적 목표를 달성하지 못한 채 "솜방망이 처벌"을 하고 있다는 비판이 계속해서 제기되고 있는 실정이다.[62] 따라서 미국 연방양형지침매뉴얼상의 기업범죄에 대한 형 감경사유를 양형기준에 도입하기에 앞서 (최고)경영진의 기업범죄에 대한 기존의 관행을 바로잡고 엄격한 법집행을 하는 것이 우선시되어야 할 것이다.

(3) 소 결

생각건대 준법지원인제도의 도입과 그 실효적 운용에 따른 사업주의 면책 또는 면책되지 않을 경우 사업주 내지 (최고)경영진에 대한 양형단계에서 형 감경의 인센티브를 제공하는 것은 그 전제 조건으로 기업범죄에 대한 징벌적 손해배상제도 도입, 효과적인 법준수 프로그램의 운영, 현 시점에서 (최고)경영진의 기업범죄에 대한 엄격한 형사책임의 부과 등이 충족되지 않는 한 신중을 기할 필요가 있다고 본다. 다만 징벌적 손해배상제도가 이른 시일 내에 도입되기 어렵다는 현실을 고려할 때 기존 횡령·배임 양형기준에 있어 일반 횡령·배임과 기업 횡령·배임을 구별하고 기업 횡령·배임의 양형기준을 현행 5가지 유형보다 더 구체적인 유형으로 구분하는 동시에 집행유예의 기준을 일반 횡령·배

61) 양형위원회의 횡령·배임 양형기준은 일반 횡령·배임과 기업 횡령·배임을 구분하지 않고 횡령·배임범죄에 대해 통일적으로 적용되는 양형기준 설정을 통해 양형편차 시비의 해소를 도모하고자 하였으나, 양자를 구별하지 않음으로써 화이트칼라 범죄에 대한 적정한 양형의 실질적 구현을 어렵게 하고 있다고 본다. 횡령·배임 양형기준에 대해 자세한 설명은 양형위원회, 2011년 양형기준, 2011, 77면 이하 참조.

62) 파이낸셜 뉴스 신문이 2011년 8월 25일 대법원 판결정보시스템을 통해 특경가법상 횡령·배임 관련 판결 841건(피의자 1242명, 1995년 1월 1일～2011년 6월 30일)을 전수 조사하여 1심 판결 553건(피의자 수 785명)을 분석한 결과, 1심 대상자 가운데 집행유예 선고를 받은 경우가 423명으로 53.8%에 달했고, 무죄선고를 받은 피의자도 47명으로 5.9%였으며, 실형선고를 면한 피의자가 470명으로 59.8%에 달하여 권력·금력에 솜방망이 처벌을 하고 있다고 지적한 바 있다(파이낸셜 뉴스, "자본주의 독버섯 '화이트칼라 범죄' 대해부", 2011.8.25일자).

임 보다 엄격히 규정할 필요가 있으며, 이러한 전제 아래 준법지원인제도와 그에 따른 효과적인 법준수 프로그램의 운영을 감경요소로 추가하여 고려할 수 있다고 본다.

4. 검찰의 사업주에 대한 기소재량 사유로서 준법지원인제도

미국 연방법무부는 기업의 임직원에 의한 위법행위가 기업의 이익을 위한 직무의 범위 내에서 행해진 것인 경우에 원칙적으로 기업의 형사책임이 인정된다고 하더라도 기업의 기소 여부를 결정하는 데에 있어 기업의 법준수 프로그램이 고려되는 점을 분명히 하고 있다고 한다.[63] 즉 미국 검찰은 연방법무부의 '기업기소지침'(Principles of Federal Prosecution of Business Organizations) 9−28.300에 따라 (4) 기업이 위반행위를 신속하고 자발적으로 공개하고 검찰의 조사에 기꺼이 협조하는지 여부, (5) 기업의 법준수 프로그램의 존재와 그 효과, (6) 효과적인 법준수 프로그램의 실행, 기존 프로그램의 개선, 책임 있는 경영진의 교체, 위반행위자에 대한 제재 등을 위한 노력이 포함된 기업의 개선조치 등을 우호적 고려사항으로 하여 기업의 기소 여부를 결정하고 있다.[64]

이러한 미국 연방법무부의 기업기소지침과 마찬가지로 우리나라 검찰이 양벌규정에 따라 법인 사업주에 대해 기소 여부를 결정함에 있어 준법지원인제도와 그에 따른 효과적인 법준수 프로그램의 운영 여부를 고려하여 기소재량권을 행사하는 인센티브를 제공할 수 있다는 견해가 제시될 수 있다.

생각건대 기업의 준법지원인제도와 그에 따른 효과적인 법준수 프로그램 운영 여부를 검찰의 사업주(법인 또는 개인 사업주)에 대한 기소재량 사유로 고려하는 것은 바람직하지 않다고 본다. 왜냐하면 현재 우리나라 검찰은 "공소에 관한 한 검찰의 왕국"[65]이라는 비판을 받을 정도로 기소독점권과 기소재량권에 대한 민주적 통제방안이 미흡한 실정인데, 공소제기 단계에서부터 검찰의 독자

63) 김성규, 앞의 보고서, 69면; 성희활, 앞의 논문, 204면.

64) Principles of Federal Prosecution of Business Organizations 9−28.300(Factors to Be Considered)
<http://www.justice.gov/opa/documents/corp−charging−guidelines.pdf 2015.3.12. 검색>

65) 문채규, "검사의 부당한 불기소처분에 대한 법적 통제와 기소편의주의의 미래", 안암법학 제6호, 1997, 86면.

적인 판단만으로 기업의 준법지원인제도와 그에 따른 효과적인 법준수 프로그램 운영을 인정하여 법인의 업무와 관련하여 위반행위를 한 법인의 하급종업원만을 기소하고 사업주에 대해서는 기소유예 내지 불기소처분의 결정을 할 경우 공소제기권을 부여한 국민으로부터 '자본권력의 시녀'라는 비판에서 자유로울 수 있을지 의문이기 때문이다. 더욱이 필자는 이미 다른 논문에서 기소편의주의를 규정한 형사소송법 제247조를 "기소법정 원칙, 기소편의 예외"가 분명히 인식될 수 있도록 개정할 필요가 있다는 견해를 제시한 바 있는데,[66] 기업범죄의 대부분은 자본권력과 연결된 부정부패사건으로 특정경제범죄가중처벌 등에 관한 법률상 3년 이상의 징역형에 해당하는 중범죄에 해당하기 때문에 이들 사건에 대해서는 기업의 준법지원인제도와 그에 따른 효과적인 법준수 프로그램 운영 여부와 무관하게 기소법정주의 원칙에 따라 예외 없이 공소제기를 함이 바람직하다고 본다. 다만 검찰은 사업주에 대한 공소제기 후 공익의 대표자로서 양벌규정의 면책조항에 따라 사업주가 준법지원인과 효과적인 법준수 프로그램을 통해 종업원의 위반행위를 방지하기 위하여 상당한 주의와 감독을 게을리 하지 아니하였음을 증명하면 족하다고 본다.

Ⅳ. 맺음말

2011년 여름 한국사회는 역대 금융권 비리 중 범죄에 연루된 금액만 4조원으로 금융권 비리 사상 최대를 기록한 부산저축은행 비리사건으로 뜨거웠다. 이미 2000년부터 금융기관에 도입된 준법감시인제도가 이러한 기업범죄를 사전에 예방하는 데 어떠한 역할을 한 것인지 의문이 아닐 수 없다. 이러한 준법감시인제도의 실효성에도 불구하고 금융기관뿐만 아니라 일정 규모 이상의 상장회사까지도 준법경영을 위하여 임직원이 그 직무를 수행할 때에 따라야 할 준법통제기준을 마련해야 하고 준법통제기준의 준수에 관한 업무를 담당하는 준법지원인을 두도록 하는 준법지원인제도가 상법 제542조의13 신설을 통해 도입되었다.

66) 김재윤, "검사의 소추재량권에 대한 민주적 통제방안", 형사법연구 제21권 제4호, 2009, 118면 이하 참조.

이와 관련하여 무엇보다 형법학계에서는 기존 준법감시인제도나 개정상법에 의한 준법지원인제도가 보다 실효적으로 운용되고 조기에 정착하도록 하기 위해, 그리고 이를 통해 기업범죄의 사전적 예방이라는 형사정책적 목표를 달성하기 위해 준법지원(감시)제도와 그에 따른 법준수 프로그램을 효과적으로 운영했을 경우에 개정상법 제634조의3 양벌규정의 단서조항에 의한 사업주의 면책, 경영판단원칙의 적용에 따른 배임의 고의 부정, 양형단계에서의 형의 감경, 검찰의 사업주에 대한 기소재량 사유로서 고려 등의 형사법적 인센티브를 제공할 필요가 있다는 견해가 제시되고 있으며, 이 글은 이러한 준법지원인제도의 도입에 따른 형사법적 인센티브에 대해 그 가능성과 타당성을 검토하였다.

이에 대한 지금까지의 논의 결과를 간략히 요약하면 다음과 같다. 우선, 개정상법 제634조의3 양벌규정 단서조항이 준법지원인제도에 따른 의무의 성실한 이행 여부를 사업주의 감독의무 내지 면책기준으로 규정하고 있으므로 이를 사업주의 면책사유로서 고려해야 하지만 전부가 아닌 하나의 판단기준으로 고려해야 한다. 준법지원인제도는 종업원의 위반행위를 방지하기 위한 하나의 수단에 지나지 않기 때문이다. 다음으로, 경영판단원칙은 기업 (최고)경영진의 배임죄 성립여부와 관련하여 배임 고의를 부정하는 피고인 측의 항변에 대한 사법기관의 판단기준의 하나로서 검토될 뿐이지만 (최고)경영진이 준법지원인의 실질적 활용을 통해 경영판단원칙의 하나의 적용요건인 적절하다고 합리적으로 믿을 정도로 충분한 정보를 수집하여 경영판단을 했다면 배임 고의가 부정될 수 있으므로 이러한 한도 내에서 준법지원인의 실질적 활용이 인센티브로 작용할 수 있을 것이다. 셋째, 준법지원제도를 실효적으로 운용하였다고 하여 기업범죄를 저지른 (최고)경영진에 대해 양형단계에서 형사책임을 감경하는 인센티브를 제공하기 보다는 미국과 같은 징벌적 손해배상제도가 도입되어 있지 않다는 점, 여전히 기업범죄에 대한 솜방망이 처벌이라는 비판이 제기되고 있다는 점 등을 고려할 때 (최고)경영진의 기업범죄에 대한 엄격한 법집행이 우선시될 필요가 있다. 마지막으로, 준법지원인제도의 실효적 운용 여부를 검찰의 사업주에 대한 기소재량 사유로 고려하는 것은 검찰의 기소독점권과 기소재량권에 대한 민주적 통제방안이 미흡하고 '자본권력의 시녀'라는 비판에서 자유로울 수 없으므로 바람직하지 않다고 본다.

따라서 개정상법상 준법지원인제도가 조기에 정착할 수 있도록 형사법적 영역에서 다양한 인센티브를 제공하는 것이 바람직해 보이지만 재벌체제라는 우리나라의 독특한 기업지배구조, 기업범죄에 대한 관대한 처벌, 준법지원인제도가 (최고)경영진에 대한 통제기관이 아닌 준법경영을 위한 지원기관이라는 태생적 한계 등을 고려할 때 신중한 접근이 필요하다고 본다. 그렇지 않고 기업이 준법지원인제도를 실효적으로 운용했다고 하여 과도한 형사법적 인센티브를 제공할 경우 자칫 기업범죄를 저지른 (최고)경영진 내지 기업에게 특혜 내지 부당한 면죄부를 주는 것과 다름없기 때문이다.

§ 19 고위경영자의 횡령·배임죄에 대한 형사책임 강화를 위한 형벌과 양형기준 개혁방안*

Ⅰ. 머리말

미국에서 고위경영자에 의한 기업범죄는 그 어느 범죄보다 강한 형사처벌이 이루어지고 있다. 2001년 Enron 회계부정 사건에 대해 Jeffrey Skilling 회장에 대해 징역 24년 4월과 벌금 45백만 달러를 선고한 사례나 2009년 6월 180억 달러(19조원) 손실을 끼친 폰지형 금융사기를 일으킨 전 나스닥거래소 회장 Bernard Madoff에 대해 연방 중범죄로 징역 150년, 재산몰수 172억 달러를 선고한 사례가 그 대표적 예이다. 그러나 미국과 달리 우리나라에서 재벌총수의 기업범죄는 신의 범죄라고 한다. 생활고에 시달린 나머지 빈집에 들어가 1천만 원 상당의 재물을 절취한 절도범은 실형을 사는 반면 회삿돈 300억 원 이상을 빼돌린 거액 횡령·배임범은 '징역 3년, 집행유예 5년'이라는 판결공식에 의해 다들 집행유예로 풀려난 일이 비일비재하기 때문이다.[1] 설혹 실형이 선고되더라고 그 형량은 미국에 비해 지극히 낮은 게 현실이다.[2] 이는 우리 사회에서 '경제적 양극화'와 더불어 '법적 처벌의 양극화'라는 또 다른 양극화를 초래하였고

---

* 이 글은 김재윤, "고위경영자의 횡령·배임죄에 대한 형사책임 강화를 위한 형벌과 양형기준 개혁방안", 형사정책 제25권 제1호(2013.4), 61−88면에 게재된 것으로 최근의 논의까지를 반영하여 수정·보완한 것임.

1) 2000년 1월부터 2007년 6월말까지 특정경제범죄 가중처벌 등에 관한 법률상 횡령·배임사건 137건을 분석한 경제개혁연대의 연구자료에 의하면 통상 기업의 지배주주나 경영진에 의해 저질러진 특경가법상 횡령·배임의 집행유예 선고율이 71.1%이나, 길거리 범죄인 절도·강도죄는 47.6%로 23.5%나 높다고 한다(법률신문, 2008년 10월 6일자 기사). 그리고 정미화 변호사는 2004년부터 한화 김승연 회장, SK 최태원 회장 등 기업총수와 관련된 15개의 범죄 사안을 분석한 결과 제1심에서 실형을 선고한 사건은 9건, 집행유예를 선고한 사건은 5건, 기타 1건으로 제1심의 실형율은 60%이나 제2심에서 모두 집행유예가 선고되고 항소한 피고인은 전부 실형을 면하는 놀라는 성과를 거두었다고 한다. 이에 대해 상세히는 정미화, "기업범죄 양형의 문제점과 대안", 기업범죄 양형의 문제점과 대안에 대한 토론회 자료집(민주사회를 위한 변호사모임), 2007, 6−29면 참조.

2) 대표적인 예로 2012년 2월 21일 서울중앙지법은 불법대출과 분식회계 등 9조원대 금융비리를 저지른 혐의로 기소된 부산저축은행 임직원에 대한 1심 선고공판에서 박연호 회장과 김양 부회장에게 각각 징역 7년과 14년을 선고한 바 있다.

사법부에 대한 뿌리 깊은 불신으로 이어지고 있다. 이러한 재벌총수를 비롯한 고위경영자[3]의 솜방망이 처벌 내지 고무줄 양형에 대해 어느 정치인은 냉소적인 어투로 "법 앞의 평등은 만인이 아니라 '만 명'에게만 해당한다"고 비판을 가고 있다.

그러나 이러한 법적 처벌의 양극화 문제를 해소하기 위한 노력이 없었던 건 아니다. 우선 대법원 양형위원회는 그동안 유전무죄·무전유죄로 대변되는 기업범죄나 재벌총수의 대규모 횡령·배임죄에 대한 법원의 관대한 처벌경향을 극복하고자 2009년 4월 24일 횡령·배임범죄 양형기준을 마련하여 횡령·배임 이득액이 300억 원 이상이고 가중인자가 적용될 경우 7년－11년 징역형의 선고를 권고하고 있으며, 2012년 6월 18일에는 증권·금융범죄 양형기준을 마련하여 부산저축은행사태에서 보듯이 다수의 일반투자자에게 막대한 재산상의 손실을 초래하고 자본주의 경제질서를 저해하는 증권·금융범죄에 대해서 국민의 여론을 반영하여 종래 법원의 양형관행보다 형량범위를 대폭 상향하였다. 특히 '자본시장의 공정성 침해범죄'(미공개 중요정보 이용, 시세조종, 부정거래)에 대해서는 사기범죄에 준하여 더욱 엄정한 형량범위를 설정(이득액 또는 회피 손실액이 300억 이상이고 가중인자가 적용될 경우 9년－15년 징역형)하였다. 그리고 새누리당 민현주의원은 2012년 7월 16일 특정경제범죄 가중처벌 등에 관한 법률(이하 '특경가법'이라 한다) 일부개정안을 대표발의하여 재산 이득액이 5억 원 이상 50억 원 미만일 때에는 현행 법률상 "3년 이상의 유기징역"에서 "7년 이상의 유기징역"으로 대폭 상향(안 제3조 제1항 제3호)하여 사실상 법원이 형기의 2분의 1까지 작량감경하여 집행유예를 선고하지 못하게 함으로써 재벌 보호, 유전무죄라는 사회적 비난을 해소하고자 하였다. 특히 새롭게 마련된 횡령·배임범죄 양형기준에 따라 서울서부지방법원 제12형사부는 2012년 8월 회사에 수천억 원의 손실을 떠넘겨 조세범처벌법위반죄, 업무상 배임죄 등으로 기소된 한화그룹 김승연 회장에 대해 징역 4년의 실형에 벌금 51억 원을 선고하고 김승연 회장을

3) 조병선 교수는 고위경영자를 "법인의 기관(이사회 등)을 넘어서 실질적으로 법인의 활동방침을 형성하거나 관리자라는 자격을 가지고 하급직원을 감독하는 데 있어서 비교적 중요한 권한을 가지고 있는 법인의 종업원 또는 그 외의 직원"으로 파악하고 있다(조병선, "환경형사판례에 관한 비판적 검토 －특히 형벌규정과 감독책임에 관하여－", 형사판례연구 제1권, 1993, 307면).

법정 구속하였으며, 서울중앙지법 형사합의21부는 2013년 2월 2008년 10월 말 SK텔레콤, SK C&C 등 2개 계열사에서 선지급 명목으로 497억 원을 빼돌린 혐의로 기소된 SK 최태원 회장에 대해 유죄를 인정하여 징역 4년을 선고하고 법정구속을 집행한 바 있다. 그런데 김승연 회장과 최태원 회장에 대한 제1심 판결에 대해 한편에서는 양형기준에 따른 정상적인 판결이라고 해석하는가 하면 다른 한편에서는 사법부가 경제민주화 바람을 타고 시류에 휩쓸린 판결로 대기업 총수들이 역차별을 받고 있다는 지적이 있다.[4] 이러한 판결에 대한 평가를 뒤로하더라도 두 재벌총수에게 선고된 징역 4년은 횡령·배임범죄 양형기준상 이득액 300억 원 이상 유형의 최하한형으로 앞서 언급한 Skilling 회장이나 Madoff 회장에게 선고된 형과 단순 비교할 때 지나치게 낮은 형은 아닌지, 나아가 종래의 관행처럼 제2심에서 모두 집행유예로 석방되는 것은 아닌지(이미 김승연 회장은 2013년 1월 건강악화의 이유로 구속집행이 정지되어 서울대병원 특실에 입원중이고 서울고법 형사7부는 3월 6일 김승연 회장의 구속집행을 5월 7일 오후 2시까지 연장하였다) 의심을 거둘 수 없어 국민들로부터 재벌총수 봐주기 판결이 계속되고 있다는 비판이 제기되고 있다.

따라서 이하에서는 재벌총수를 비롯한 고위경영자의 횡령·배임죄를 중심으로 이들 범죄에 대해 최대한의 범죄억제효과를 달성하고 그동안 사법부 불신의 원인으로 지목되어 왔던 재벌총수에 대한 봐주기 판결을 극복함으로써 사법부의 신뢰를 회복할 수 있는 형벌과 양형기준의 개혁방안이 무엇인지를 살펴보고자 한다. 이를 위해 우선 특경가법상 고위경영자의 횡령·배임죄라는 기업범죄의 특성과 이러한 고위경영자의 횡령·배임죄에 대한 형사책임 강화와 관련된 찬반논거를 검토하고자 한다(Ⅱ). 나아가 고위경영자의 횡령·배임죄에 대한 형사책임 강화를 위한 형벌 개혁방안으로 특경가법 제3조 제1항의 형벌상향, 집행유예의 제한 등을 살펴보고(Ⅲ), 양형기준 개혁방안으로 현행 횡령·배임범죄 양형기준의 문제점과 개선방안을 검토하고자 한다(Ⅳ). 마지막으로 이러한 논의를 바탕으로 재벌총수를 비롯한 고위경영자의 횡령·배임죄와 관련하여 범죄의 심각성에 비례한 형벌이 부과되도록 형벌과 양형기준이 개혁되지 않는다면 형사사법의 정당성의 위기를 초래할 수 있음을 결론으로 도출하고자 한다(Ⅴ).

---

4) 파이낸셜뉴스 2013년 2월 13일자 기사. <http://www.fnnews.com/ 2013.2.27. 검색>.

Ⅱ. 고위경영자의 횡령·배임죄의 특징과 그 형사책임 강화에 대한 찬반론

1. 고위경영자의 횡령·배임죄의 특징

한화 김승연 회장이나 SK 최태원 회장의 사례와 같은 고위경영자의 횡령·배임죄는 대표적인 기업범죄로 볼 수 있다. 기업범죄를 "합법적으로 조직된 기업 또는 그 구성원이 기업체의 목적을 추구하는 과정에서 기업을 위하여 작위 또는 부작위에 의해 고용인, 소비자, 고객, 일반대중, 기업 그 자체, 그리고 타기업에 대해 인적·물적 손해를 가하는 각종 위법행위로서 국가에 의하여 형사제재가 부과되는 행위"[5]로 정의할 경우 두 회장이 기업경영과 관련하여 기업을 위하여 적극적인 횡령·배임 행위를 통해 해당 기업에게 커다란 재산상 손해를 가하였기 때문이다.

무엇보다 고위경영자의 횡령·배임죄라는 기업범죄는 여타의 기업범죄와 마찬가지로 다음과 같은 특징을 갖는다. 첫째, 이러한 기업범죄는 기업의 경제활동을 하는 과정에서 기업의 이윤추구 목적으로 행해지는 것이 대부분으로 조직적이고, 계속적이며, 영리추구 목적으로 이루어진다. 즉 이러한 기업범죄는 기업체 조직을 기반으로 하여 발생하기 때문에 한 번에 그치는 것이 아니라 반복적, 계속적으로 발생한다는 특징이 있다. 또한 기업은 이윤추구를 목적으로 하여 설립되고 활동하므로 이윤추구를 목적으로 하는 과정에서 발생하는 경우가 많다. 예를 들어 분식회계, 조세포탈, 횡령·배임을 통한 비자금조성과 조성된 비자금으로 공무원에 대한 뇌물 공여 등의 기업범죄는 기업의 생존 또는 이윤추구 과정에서 발생하기 때문에 어쩔 수 없다는 인식이 팽배하여 범죄행위라

5) 이천현/임정호/박기석은 이와 유사하게 기업범죄를 "기업 또는 그 구성원이 이윤극대화를 위한 기업 활동을 하면서 저지르는 각종 위법행위로서 인적·물적 피해를 야기함으로써 처벌의 대상이 되는 행위"로 정의하고 있다(이천현/임정호/박기석, 기업의 경제활동에 관한 형사법제 연구(Ⅱ), 한국형사정책연구원, 2009, 33면). 기업범죄의 정의에 대해 상세히는 박기석, "판례와 사례분석을 통한 기업범죄 처벌의 개선방안", 형사정책 제20권 제2호, 2008, 72면; 정용기, "기업범죄의 문제점과 개선방안", 산업경영논총 제14호, 2007, 77면; 김광준/원범연, 한국의 신종 기업범죄의 유형과 대책, 한국형사정책연원, 2002, 28면 참조.

는 인식이 매우 낮다.

둘째, 고위경영자의 횡령·배임죄라는 기업범죄는 대부분 업무와 관련하여 직무수행과정에서 발생하기 때문에 그 범죄수법이 지능적이고 전문적이다. 여기서 지능적이라 함은 범죄행위가 외부에 마치 범죄행위가 아닌 것처럼 보이게 하거나, 범죄행위가 외부에 발견되지 않도록 은폐하는 것을 뜻한다. 즉 범죄행위가 마치 정상적인 업무수행과정에서 행해지는 합법적인 행위로 위장하는 경우가 많다. 또한 전문적이라 함은 기업의 이윤추구와 관련하여 특수한 전문지식을 갖고 그 지식에 기초하여 범죄를 범한다는 것을 말한다. 이러한 기업범죄는 지능적이고 전문적으로 이루어지기 때문에 범죄수사도 어렵고, 형사제재의 부과에도 한계를 드러내고 있다.

셋째, 고위경영자의 횡령·배임죄라는 기업범죄는 기업의 최고경영자 내지 고위경영자에 의하여 이루어지기 때문에 일반 개인에 의한 범죄와 달리 신분계층적 특성을 갖는다. 재벌총수, 대표이사를 포함한 고위경영자는 가정환경, 소득수준, 교육수준, 문화향유를 위한 시·공간적 활용 등에서 상류계층에 속하는 사람들이 대부분이다. 나아가 이러한 고위경영자는 정치권력이나 행정관료 등과의 유착관계를 갖는 것이 특징이다. 즉 고위경영자는 품질관리와 경영기법의 혁신 등에 의해 이윤을 창출하기보다 관련 부처 공무원을 매수하거나 정치권력과의 연계 하에 아무런 장애 없이 자신의 목적을 달성할 수 있는 보다 쉬운 방법이 있고, 반대로 정치권 내지 관련 부처는 기업과 고위경영자의 뒤를 비호하여 줌으로써 정치자금 등 재산적 이익을 취득할 수 있다. 이 때문에 특정 기업과 고위경영자가 정치권력과 결탁되어 기업범죄를 행한 경우에 기업(법인) 자체나 관련 고위경영자를 기소할 확률은 낮아지고, 처벌받을 확률은 더욱 낮아진다.

넷째, 고위경영자의 횡령·배임죄라는 기업범죄는 절도, 강도와 같은 개인범죄에 비하여 그 피해의 정도도 심각하고 피해의 규모도 광범위한 특징이 있다. 즉 이러한 기업범죄에 의한 직접적·물적 피해는 기존의 재산범죄에 비하여 대단히 클 뿐만 아니라 간접적인 피해와 무형적인 피해까지 고려하면 그 피해는 상상할 수 없을 정도로 크다. 예를 들어 분식회계와 사기대출, 조세포탈, 횡령·배임을 통한 비자금조성과 조성된 비자금으로 공무원에 대한 뇌물 공여 등의 기업범죄에 의한 피해는 해당 기업 자체는 물론이고 은행과 투자자의 범위를 넘어서 국민경제 전체에까지 악영향을 미친다. 이는 기업범죄에 대한 효율적 대처의 필요성이 제기되는 가장 큰 이유이기도 하다.

결론적으로 고위경영자의 횡령·배임죄라는 기업범죄는 조직성, 계속성, 영리성, 지능성, 전문성, 신분성과 권력유착성으로 인해 그 피해에 있어 대규모성과 심각성을 나타낸다는 특징을 갖는다. 따라서 이러한 기업범죄의 특징으로 인해 고위경영자의 횡령·배임죄라는 기업범죄에 대해 범죄억제효과를 달성하기 위한 효율적 대처의 필요성이 더욱 요구되고 있다.[6)]

2. 고위경영자의 횡령·배임죄에 대한 형사책임 강화 반대론

한화 김승연 회장과 SK 최태원 회장의 제1심 선고결과에서 보듯이 재벌총수의 횡령·배임을 통해 해당 기업과 투자자들에게 수백, 수천억 원의 손해를 가하였음에도 불구하고 이들은 절도·강도 등의 개인범죄에 비해 매우 낮은 수준의 형사처벌을 받음으로써 고위경영자의 불법경영행위에 대한 형사책임이 형평성을 잃고 있으며, 기업범죄의 억제효과를 달성하지 못하고 있는 것이 현실이다. 이러한 문제를 극복하기 위해 한편에서는 이에 필자는 고위경영자의 특경가법상 횡령·배임행위에 대해 형벌을 대폭강화하고 현행 횡령·배임죄의 양형기준을 강화하여 엄격히 적용함으로써 고위경영자의 형사책임을 강화할 필요성이 있다고 본다.

그러나 이러한 견해와 달리 재계를 중심으로 업무상 횡령·배임죄 내지 특경가법상 횡령·배임죄에 대한 형량을 강화한다든지 횡령·배임죄의 양형기준을 강화하는 등 고위경영자의 형사책임을 강화할 경우 이는 결국 기업 활동을 위축시켜 전체 국가경제에 막대한 손해를 끼치는 방향으로 작용하게 될 것이라는 반론을 지속적으로 전개하고 있다. 즉 고위경영자의 형사책임 강화는 다수 소비자들이 형사소송과 아울러 민사상 손해배상을 구하는 집단소송과 상호 결합할 경우 그 배상액이 엄청난 규모가 되어 해당 기업의 부도로 이어질 수 있을뿐

---

6) 권수진, 기업의 경제활동에 관한 형사법제 연구(Ⅱ): 기업처벌론, 한국형사정책연구원, 2010, 20-22면; 김광준/원범연, 앞의 보고서, 41-45면; 이천현/임정호/박기석, 앞의 보고서, 61-64면.

더러 기업들은 이런 상황에서 고위경영자의 구속, 높은 벌금액과 손해배상액의 위험을 피하기 위해 모험적인 투자를 꺼리게 되고, 이는 전반적인 기업 활동의 위축으로 이어질 수 있다는 것이다.[7] 이러한 이유로 재계를 중심으로 배임죄의 폐지 내지 경영판단의 원칙의 도입을 통한 면책을 주장하고 있다.

한편, 상법학계와 형법학계의 일부에서도 기업의 이사들에 대한 상법상 특별배임규정의 예외를 인정해야 한다거나 아예 형법상의 배임죄에 대해 "경영판단 보호의 원칙"과 같은 면책조항을 둘 필요가 있다고 하여 고위경영자에 대한 배임죄의 처벌강화에 대해 반대하는 견해가 곳곳에서 발견된다.[8] 우선 실패한 경영행위에 대한 범죄화를 반대하는 입장에서 경영실패에 대해 민사불법을 넘어 형사처벌이 필요한 범죄로 규정하는 것은 경영자에게 경영실패의 결과책임을 묻는 것으로 형법상 책임원칙에 반하며, 또한 형법의 보충성의 원칙을 저버리고 형법을 경영과 시장의 윤리화를 위한 최우선수단으로 만든다고 비판한다.[9] 이러한 관점에서 경영자가 선의와 적정한 주의로 경영행위를 한 경우 회사에 손해가 발생하였더라도 그에 대한 책임을 경영자에게 귀속시키지 않는다는 미국 판례법상의 '경영판단의 원칙'(business judgement rule)[10]을 형법에도 도입할 것을 주장한다.[11]

---

7) 이러한 고위경영자의 형사책임 강화의 문제를 분석한 기사로는 이코노믹 리뷰, 2013년 2월 5일자 기사. <http://www.econovill.com/archives/65826 2013.3.7. 검색>

8) 최준선, "상법상 특별배임규정의 개정방향", 경제법연구 제11권 제2호, 2012. 그 외에도 김형성 교수, 이경렬 교수, 박민영 교수 등이 "배임죄 적용 논란과 개선 논의 확대 – 글로벌 경영시스템 상황에서의 법적 한계"라는 세미나에서 이러한 주장을 하고 있다고 한다(한국일보, 2012년 12월 27일자 기사).
<http://news.hankooki.com/lpage/economy/201212/h2012122721074521500.htm 2013.3.8. 검색>

9) 이상돈, 윤리경영과 형법, 신영사, 2005, 64–65면.

10) 19세기 미국 판례법을 통하여 확립된 '경영판단의 원칙'(business judgement rule)이란 이사가 권한 내의 경영판단의 대상에 관하여 적절하다고 합리적으로 믿을 정도로 충분한 정보에 근거하여 이해관계 없이, 그리고 성실하게 회사에 최선의 이익이라고 생각되는 방법으로 판단하고 수행한 행위는 결과적으로 회사에 손해를 입히더라도 사기, 불법행위, 이익충돌이 없는 한 법원은 그 이사의 경영판단과 행위에 간섭하지 않는다는 원칙을 의미한다(조국, "기업범죄 통제에 있어서 형법의 역할과 한계 –업무상 배임죄 배제론에 대한 응답–", 형사법연구 제19권 제3호, 2007, 167면; 조기영, "배임죄의 제한해석과 경영판단원칙", 형사법연구 제19권 제1호, 2007, 91면).

11) 이상돈, 앞의 책, 68–71면.

그리고 배임죄를 회사경영과 관련된 사업 활동에 적용할 경우 일반 배임죄와 관련하여 문제되는 사적 자치의 제한 문제를 뛰어넘어 경제활동 전반에 사법기관의 규율이 확대됨으로써 경제활동을 위축시킬 우려가 있다는 점에서 기업의 경영활동에 대해서는 업무상 배임죄의 성립을 부정하여야 한다는 견해가 있다.[12)]

나아가 이사에 대하여 업무상 배임죄를 적용할 경우 ① 국가의 직접적 개입은 민사적 개입 보다 많은 비효율을 야기할 수 있으므로 국가는 형사처벌보다는 민사적 구제방법의 개선에 나서야 한다는 점, ② 형사법이 요구하는 엄격한 입증의 요구 때문에 재벌총수 또는 실질적 업무집행지시자는 책임을 지지 않을 수 있다는 점, ③ 계속되는 형사처벌은 민사사건의 형사화를 초래한다는 점에서 적절하지 않다고 한다.[13)]

결국 이러한 견해는 고위경영자에 대한 업무상 배임죄의 적용은 형법의 보충성원칙에 반하는 것으로 기업가 정신을 위축시켜 전체 국가경제에 막대해 손해를 끼치는 방향으로 작용할 수 있으므로 기업 내·외부의 감시제도 강화 등 자율적 규제로 만족해야 한다고 한다.

3. 고위경영자의 횡령·배임죄에 대한 형사책임 강화 반대론에 대한 반론

그러나 이러한 고위경영자의 횡령·배임죄에 대한 형사책임 강화, 특히 고위경영자에 대한 배임죄 적용에 대한 반대론은 다음과 같은 이유에서 찬성하기 어렵다고 본다. 우선 반대론은 은연중에 고위경영자의 분식회계, 부당내부거래, 조세포탈, 업무상 횡령·배임 등의 불법경영행위를 기업가 정신에 기초하여 주주의 이익을 위하여 과감하게 위험을 무릅쓰고 사업 시행을 하는 과정에서 불가피하게 수반되는 혹은 관행상 이루어지는 경영행위로 오도시킴으로써 합법적 경영행위는 아닐지라도 적어도 형사책임이 면책되는 경영행위로 위장하려는 의도가 숨겨져 있다고 본다. 예컨대 한화 김승연 회장의 부평판지(피고인 김승연의 어머니가 지분 100%를 실명·차명으로 소유한 회사임) 인수와 관련하여 제1심은 업무상 배임죄에 대해 유죄를 인정하였는데, 문제가 된 부평판지는 2003. 12. 31.

12) 이종상, "이사의 책임과 배임죄에 대한 비판적 고찰", BFL 제19호, 2006, 46면.
13) 송옥렬, "이사의 민사책임과 형사책임의 판단기준", 상사판례연구 제6권, 2006, 92-96면.

기준으로 자산총계 169억 5,033만원, 부채총계 351억 7,716만원, 자본총계 (−)182억 2,683만원으로서 이미 자본 잠식상태이고 계속 기업으로서의 존속능력이 의문인 상황에 있었다고 한다. 그러나 김 회장과 경영기획실의 지시에 따라 한화기계가 부평판지를 인수함으로써 한화기계에 8,297,225,000원(=부평판지 유상증자 대금 240억 원+한국강구공업 인수대금 1,881,225,000원−한국강구공업의 순자산가치 175억 8,400만원) 상당의 손해를 가하고, 부평판지에 같은 액수 상당의 이익을 취득하게 하였다. 이에 대해 김승연 회장은 한화기계에 한국강구공업(순자산가치 175억 8,400만원)을 함께 인수하도록 하여 손실을 보전케 했기 때문에 손해가 발생하지 않아 업무상 배임죄가 성립하지 않는다고 주장하였다.[14] 반대론의 입장에서 본다면 김 회장의 부평판지 인수 지시는 주주의 이익을 위하여 과감하게 위험을 무릅쓴 고도의 경영행위로 형사처벌의 대상이 아니라고 볼 수 있다. 그러나 객관적 시각에서 본다면 부평판지는 이미 182억 원 상당의 자본 잠식상태에 있으므로 이를 인수하였을 당시 한화기계에 어떠한 경제적 이익 있을지에 대한 경영판단이 합리적이고 객관적인 자료에 의해 충분히 증명되지 않는 한 임무에 위배하여 한화기계에 83억 상당의 재산상 손해를 입힌 업무상 배임죄가 성립함에 의문이 없다. 결국 김 회장의 부평판지 인수 지시는 주주의 이익을 위하여 과감히 위험을 무릅쓴 실패한 경영행위가 아닌 업무상 배임죄에 해당하는 불법경영행위에 지나지 않는다.[15]

다음으로 반대론은 형법상 배임죄 내지 상법상 특별배임죄에 '경영판단의 원칙'을 도입하여 위험과 불확실성이 상존하는 경영판단의 영역에 대한 국가 형벌권의 과도한 개입을 막아 적극적이고 창조적인 경영활동을 보장하고자 하나,[16] 이는 경영판단의 원칙의 내용을 본질적으로 오해 내지 오도하는 것에 지

---

14) 이에 대해 상세히는 김선웅, "한화그룹 김승연 회장의 업무상 배임 등에 대한 1심 판결분석 I", 좋은기업지배구조연구소, 2012, 138면.

15) 그러나 이와 관련하여 제2심인 서울고법 형사7부는 제1심의 판단과 달리 무죄를 인정하고 법정형도 1년을 감형하여 징역 3년에 벌금 51억 원을 선고하였다(경향신문 2013년 4월 15일 기사).
<http://news.khan.co.kr/kh_news/art_print.html?artid=201304152155365 2013.4.15. 검색>.

16) 이규훈, "업무상 배임죄와 경영판단", 형사판례연구 제13권, 2005, 328면; 이경렬, "경영판단의 과오와 업무상배임죄의 성부", 법조 통권 제603호, 2006, 156면; 이종상, 앞의 논문, 50−52면.

나지 않는다고 본다. 왜냐하면 실패한 경영행위라 할지라도 경영판단원칙이 적용되기 위한 요건, 즉 이사가 경영판단의 대상과 이해관계를 가지지 않고 독립적인 입장에서 적정한 주의를 다하여 선의로 경영상 결정을 하였으며(적극적 요건), 이때 재량권의 남용이 없고 이러한 결정이 사기, 횡령과 같은 불법행위 또는 회사자산의 낭비에 해당하지 않는 경우(소극적 요건)에는 이미 적법한 경영판단으로 임무위배행위에 해당하지 않는 경우가 대부분이어서 배임죄가 적용될 여지가 없어 당연한 주장에 지나지 않기 때문이다.[17] 나아가 반대론이 이러한 경영판단의 원칙의 적용요건 중 어느 하나라도 결여되어 경영판단의 원칙이 적용될 수 없음에도 불구하고, 즉 실패한 경영행위를 넘어 부당내부거래, 분식회계, 불법대출 등의 탈·불법 경영행위 내지 악의적 부실경영에 대해서까지 경영판단의 원칙을 내세워 고의범인 배임죄를 부정하자는 것이라면 이는 경영판단의 원칙의 본질적 내용을 오도하고 기업범죄에 대한 형법적 사후통제를 포기하자는 주장에 지나지 않다고 본다.[18]

마지막으로 반대론은 우리나라에서 재벌이라는 독특한 기업형태와 그에 따른 기업지배구조의 문제점,[19] 즉 일부 재벌기업에서 재벌총수로서 지배주주가 그의 소유지분을 통해 주주총회를 장악하고 이사회를 통해 대표이사로 선출되어 경영업무를 직접 담당하는 최고경영자이기 때문에 주주의 대리인인 이사가 이사회를 통해서 재벌총수를 통제할 수 없음에서 나오는 수많은 병폐를 애써 뒤로 감춘 채 재벌총수의 업무상 횡령·배임에 따른 구속은 곧 해당 기업의 위기이자 국가경제를 파탄에 빠뜨릴 위기를 초래한다는 것은 과장되고 검증되지 않은 주장에 불과하다고 본다. 특히 미국과 같이 기업범죄에 대한 엄격한 형벌부과와 형집행, 징벌적 손해배상제도 등이 도입되지 않은 상황에서 고위경영자에 대한 배임죄 내지 특별배임죄의 폐지와 경영판단의 원칙의 도입 주장은 기업의 사회적 책임과 이들 행위로 인해 주주나 기업 자체에 미치는 영향과 그 사회적 파장을 고려할 때 부당하다고 본다. 예컨대 SK 글로벌은 2001년 총 1조

17) 조기영, 앞의 논문, 97면.

18) 김재윤, “준법지원인제도의 도입에 따른 형사법적 인센티브”, 인권과 정의 통권 제425호, 2012, 98면.

19) 이에 대한 상세한 분석으로는 유병규, 기업지배구조와 기업범죄, 한국형사정책연구원, 2004 참조.

5,587억 원 규모의 분식회계를 하여 2003년 최태원 회장과 그룹 구조조정본부장이 특경가법상 배임죄로 기소되었고 최태원 회장은 '징역 3년, 집행유예 5년'이란 재벌총수에 대한 양형 관행에 따라 3년의 실형을 선고받았으나 집행유예로 풀려났다.[20] 이를 계기로 기업의 회계투명성을 국제적 기준(global standard)에 접근시키고자 2003년 3월 '회계제도 선진화 방안'이 마련되었고, 같은 해 12월 관련 법령이 개정되었다. 그런데 2003년 최태원 회장에 대한 솜방망이 처벌은 10년이 지난 2013년 2월 최태원 회장이 또 다시 497억 원의 횡령혐의로 구속됨으로써 고위경영자의 기업범죄에 대한 범죄억제효과를 전혀 거두지 못했음을 여실히 증명하고 있다. 따라서 반대론의 주장과 달리 고위경영자에 의한 불법경영행위를 엄벌함으로써 기업범죄의 범죄억제효과를 제고하고 기업의 경영활동이 보다 국제적 기준에 부합하도록 투명하게 이루어지게 하는 데 기여할 수 있다고 본다.

Ⅲ. 고위경영자의 횡령·배임죄에 대한 형사책임 강화를 위한 형벌 개혁방안

1. 특경가법 제3조 제1항의 형벌상향

(1) 현황과 문제점

특경가법 제3조 제1항은 특정재산범죄의 이득액이 5억 원 이상일 때 가중처벌하는 규정을 두면서 이득액이 5억 원 이상 50억 원 미만일 때 3년 이상의 징역형, 이득액이 50억 원 이상일 때 무기 또는 5년 이상의 징역형을 정하고 있다. 그러나 이득액이 50억 원 이상일 때 형의 하한으로 5년 이상의 유기징역을 규정하고 있어 재벌총수 등의 고위경영자의 기업범죄에서 이득액이 수백억 원에서 수천억 원에 이르는 경우라 하더라도 법원이 법률상 감경과 작량감경을 통하여 집행유예를 선고하는 경우가 많았으며, 이로 인해 국민들로부터 솜방망이 처벌 내지 유전무죄라는 비판이 계속해서 제기되고 있다. 결국 이득액이 50억 원 이상인 고위경영자의 기업범죄에서 법원의 재량권이 지나치게 광범위하

20) 이에 대해 자세한 설명은 유병규, 앞의 보고서, 236−238면.

게 인정되어 법원이 사실상 작량감경 등을 자의적으로 행사하여 집행유예 선고가 남용되고 있고, 그 결과 이러한 기업범죄의 범죄억제에 아무런 효과를 거두지 못하고 있는 것이 현실이다.[21]

(2) 개혁방안

이러한 고위경영자의 기업범죄에 대한 솜방망이 처벌에 대한 비판이 고조되자 정치권은 이러한 문제점을 해소하기 위하여 특경가법 제3조 개정안을 제출한 바 있다. 구체적으로 여당인 새누리당 민현주의원 등 23명의 의원(의안번호 686, 발의일 2012.7.16.)은 이득액이 300억 원 이상인 경우 무기 또는 15년 이상 유기징역, 50억 원 이상 300억 원 미만인 경우 10년 이상 유기징역, 5억 원 이상 50억 원 미만인 경우 7년 이상 유기징역으로 형을 상향하는 개정안을, 정희수의원 등 11명의 의원(의안번호 3014, 발의일 2012.12.7.)은 이득액이 50억 원 이상인 경우 무기 또는 7년 이상의 형으로, 5억 원 이상 50억 원 미만인 경우 5년 이상의 형으로, 1억 원 이상 5억 원 미만일 경우 구간을 신설하여 3년 이상의 유기징역에 처하는 특경가법 제3조 개정안을 제출하였다. 또한 야당인 민주통합당 오제세의원 등 10명의 의원(의안번호 44, 발의일 2012.5.30.)은 이득액이 50억 원 이상인 경우 5년 이상의 형을 7년 이상의 형으로 상향하는 개정안을, 원혜영의원 등 12명의 의원(의안번호 39, 발의일 2012.5.30.)은 이득액이 300억 원 이상인 경우 무기 또는 10년 이상의 유기징역, 300억 원 미만 50억 원 이상인 경우 7년 이상의 유기징역으로 형을 상향하는 특경가법 제3조 개정안을 제출하였다(아래 표 참조).

21) 김명수/김선웅, "불법경영자에 대한 책임추궁 및 사후구제 강화를 위한 사법제도 개선방안", 경제개혁리포트(ERRI 경제개혁연구소), 2012, 24－25면.

〈표 19-1〉 국회의회 특경가법 제3조 개정안 요약

<table>
<tr><th rowspan="2">이득액</th><th colspan="5">특정재산범죄 법정형</th></tr>
<tr><th>현 행</th><th>오제세의원안</th><th>원혜영의원안</th><th>민현주의원안</th><th>정희수의원안</th></tr>
<tr><td>1억 ~ 5억</td><td>–</td><td>–</td><td>–</td><td>–</td><td>징역 3년 이상</td></tr>
<tr><td>5억 ~ 50억</td><td>징역 3년 이상</td><td>현행과 같음</td><td>현행과 같음</td><td>징역 7년 이상</td><td>징역 5년 이상</td></tr>
<tr><td>50억 ~ 300억</td><td rowspan="2">무기 또는 징역 5년 이상</td><td rowspan="2">무기 또는 징역 7년 이상</td><td>징역 7년 이상</td><td>징역 10년 이상</td><td rowspan="2">무기 또는 징역 7년 이상</td></tr>
<tr><td>300억 이상</td><td>무기 또는 징역 10년 이상</td><td>무기 또는 징역 15년 이상</td></tr>
</table>

이상 4개의 특경가법 제3조 개정안은 이득액이 다액인 사기, 횡령·배임 등 특정재산범죄의 법정형을 이득액에 따라 구간을 세분화하여 법정형을 대폭 상향조정하고 있다는 점에서 공통점이 있으나, 이득액의 구간과 각 구간 간의 법정형에서는 다소간의 차이를 보이고 있다. 이러한 4개의 개정안을 중심으로 특경가법 제3조 개정안을 검토하면 다음과 같다.

우선 이득액 구간과 관련[22]하여 정희수의원안은 1억~5억 원의 구간을 신설을 제안하고 있으나, 특경가법 제3조는 본래 특정재산범죄를 가중처벌하는 규정으로 1억~5억 원의 이득액은 우리나라 경제규모를 고려할 때 가중처벌할 정도로 피해액이 크다고 보기 어려워 찬성하기 어렵다. 그리고 원혜영의원안과

22) 이득액의 구간에 따라 법정형을 가중하는 방식에 대해 이득액이 49억 원인 경우 이득액 50억 원과 별반 차이가 없음에도 불구하고 가중하는 피해액을 중심으로 사소한 차이가 커다란 선고형의 차이를 만들 수 있어 불합리하고, 수많은 양형인자 가운데 범죄의 액수만으로 법정형의 범위를 한정하기 때문에 구체적 사정에 대응한 법관의 양형재량권을 지나치게 제약하여 책임주의에 반할 소지가 있어 반대하는 견해가 있다. 그러나 재산범죄에서 피해액은 법익침해라는 결과불법의 핵심적인 요소이므로 행위불법적 요소와 함께 이를 가중처벌의 근거로 삼는 것은 책임주의에 반하지 않고, 피해액에 따른 가중처벌을 단계적 합리적으로 조정함으로써 양형상의 불합리를 조정할 수 있으므로 반대견해는 설득력이 약하다고 본다. 이에 대해 상세히는 한상훈, "형법 및 형사특별법상 재산범죄 가중처벌규정의 문제점과 개선방안", 형사법연구 제26호, 2006, 54면 참조.

민현주의원안은 현행 50억 이상의 구간을 50~300억, 300억 이상으로 세분하고 있는데, 이는 현행 횡령·배임죄 양형기준의 제4형과 제5유형을 고려한 제안으로 판단된다. 그런데 법무부는 이러한 이득액 구간의 세분화에 대해 이득액 외에 다양한 양형인자(범행동기, 수법, 피해자의 수, 피해 변제, 합의 등)를 고려하지 않고 일률적으로 집행유예를 선고하지 못하도록 법정형을 가중하면 책임주의 원칙에 저촉되고 다른 형벌규정과 죄형 간 불균형을 초래할 우려가 있다는 논거로 반대견해를 제시하고 있다.[23] 그러나 이는 변화된 경제적 현실을 반영하여 재산 이득액의 가액 범위를 넓히고 그에 따른 형량을 가중하여 법원의 집행유예 선고를 제한함으로써 법집행의 공정성과 이득액에 따른 적절한 양형을 도모하기 위한 것으로 죄질과 책임 사이의 비례관계 준수라는 책임형벌원칙을 감안할 때 타당하다고 본다.[24]

다음으로 각 이득액 구간별 법정형의 적정성과 관련하여 첫째, 정희수의원안은 1억~5억 원의 구간을 신설하여 법정형 3년 이상을 제안하고 있으나, 현행 50억보다 10배나 낮은 5억 원 미만에 대해 현행과 같은 징역 3년 이상은 과도한 형벌가중이라고 보여진다. 둘째, 민현주의원안은 5억~50억 원의 구간에 대해 징역 7년 이상으로 가중처벌하여 법원이 형기의 1/2까지 작량 감경하더라도 집행유예를 선고할 수 없도록 하고 있으나, 법정형이 현행법에 비해 두 배 이상 높아 구체적 사안, 예컨대 재벌총수의 횡령·배임과 중소기업 경영자의 부득이한 자금난에 의한 횡령·배임은 그 죄질과 사회적 비난 정도에 있어 커다란 차이가 있음에도 불구하고 동일하게 집행유예를 선고할 수 없어 형평성을 기하기 어렵다고 본다. 따라서 이 구간의 법정형은 경제규모의 확대, 유기징역의 법정형이 30년으로 상향된 점, 죄질에 따른 집행유예 선고의 필요성 등을 고려할 때 현행 3년 이상 유기징역에서 5년 이상 유기징역으로 상향조정이 적정할 것으로 판단된다. 셋째, 50억 원 이상의 구간에 대해서는 4개의 법률안 모두 징역 7년 이상으로 공통점을 보이고 있다. 그러나 50억 이상의 이득액 구간을 50~300억 원, 300억 원 이상으로 세분할 경우 이득액의 차이, 죄형간 균형 등을 고려할 때

23) 임중호, "특정경제범죄 가중처벌 등에 관한 법률 일부개정법률안 검토보고" 법제사법위원회, 2013, 11면.

24) 같은 취지로 임중호, 앞의 보고서, 9면.

전자에 대해서는 징역 7년 이상, 후자에 대해서는 무기 또는 징역 10년 이상으로 형벌을 상향조정[25]함으로써 적어도 50억 원 이상 대규모의 경제적 피해를 입힌 특정재산범죄자에 대해서는 법원의 집행유예가 불가능하도록 하여 솜방망이 처벌, 유전무죄의 문제점을 극복할 필요가 있다고 본다.

요컨대 현행 특경가법 제3조 제1항의 이득액 구간은 경제규모의 확대, 횡령·배임죄의 양형기준을 고려할 때 5~50억 원, 50~300억 원, 300억 원 이상으로 세분할 필요가 있으며, 각 구간별 법정형은 그간 재벌 보호, 유전무죄라는 양형문제를 극복하고 형집행의 공정성을 확보하기 위해 이득액이 5~50억 원인 경우 징역 5년 이상, 이득액이 50~300억 원인 경우 7년 이상, 이득액이 300억 원 이상인 경우 무기 또는 징역 10년 이상으로 상향조정함이 타당하다고 본다(아래 표 참조).

〈표 19-2〉 국회의원 특경가법 제3조 개정안 수정제안안

이득액	특정재산범죄 법정형	
	현 행	수정제안안
5억 ~ 50억	징역 3년 이상	징역 5년 이상
50억 ~ 300억	무기 또는 징역 5년 이상	징역 7년 이상
300억 이상		무기 또는 징역 10년 이상

2. 고위경영자의 횡령·배임죄에 대한 집행유예의 제한

(1) 현황과 문제점

집행유예는 단기자유형의 집행폐해를 방지하고 피고인으로 하여금 자발적이고 능동적으로 사회에 복귀할 수 있도록 하기 위하여 특별예방의 형사정책적 사고를 특별히 고려하여 만들어진 제도이다.[26] 형법 제62조 제1항에 따른 집행

---

25) 민현주의원안은 300억 이상의 이득액 구간에 대해 징역 15년 이상으로 가중하도록 하고 있으나, 이는 현행법보다 두 배 이상 높아지는 것으로 책임주의 원칙에 저촉되고 죄형간 불균형을 초래할 우려가 있어 타당하지 않다고 본다.

26) 손동권/김재윤, 새로운 형법총론, 율곡출판사, 2011, 725면.

유예의 요건은 3년 이하의 징역 또는 금고의 형을 선고할 경우일 것과 정상에 참작할 사유가 있을 것이다. 즉 집행유예는 3년 이하의 징역 또는 금고의 비교적 경미한 범죄자에 대해 정상참작 사유가 있을 경우 단기자유형의 집행폐해를 시정하고 범죄인의 개선·교화의 효과를 거두기 위한 제도이다.

그런데 특경가법상 고위경영자의 횡령·배임죄가 과연 이러한 집행유예의 제도취지와 요건에 해당되는지 다음과 같은 이유에서 의문이다. 한편으로, 집행유예의 제도취지와 관련하여 집행유예는 단기자유형의 집행폐해를 시정하고 범죄인의 개선·교화를 거두기 위한 제도이다. 그러나 고위경영자의 횡령·배임죄에 관한한 단기자유형의 의미는 크게 달라진다. 횡령·배임죄를 저지른 고위경영자는 다른 범죄자로부터 영향을 받아 일반형사범으로 전락할 가능성도 거의 없고 형기종료 후 사회복귀에 어려움이 없으며, 충분한 지식을 가진 자들이므로 개선·교화를 위한 교육 자체가 불필요하므로 단기자유형의 폐해는 적다.[27] 이 때문에 횡령·배임죄를 저지른 고위경영자에 대해서는 집행유예가 아닌 단기자유형일지라도 실형의 선고가 보다 형벌효과를 거둘 수 있다. 고위경영자는 사회·경제적으로 상류계급에 속하기 때문에 비록 단기간이라도 실형을 살 경우 본인의 변화에 커다란 영향을 미친다. 또한 단기일지라도 반드시 실형에 처해진다는 인식이 심어질 경우 다른 고위경영자에 대해서도 횡령·배임죄를 억제하는 데 커다란 효과를 거둘 수 있다고 본다.

다른 한편으로, 집행유예의 요건과 관련하여 집행유예는 정상이 가볍고 비교적 경미범죄자를 대상으로 하나, 특경가법 제3조가 적용되는 범죄는 죄질이 중한 중대범죄이다. 왜냐하면 특경가법 제3조가 적용되는 범죄는 일반재산범죄에 비해 죄질이 중하고 피해액수도 커 사회적 비판이 높은 중대범죄로 인식하여 3년 이상의 징역형(이득액 5억 원 이상 50억 원 미만), 무기 또는 5년 이상 징역형(이득액 50억 원 이상)으로 가중처벌하도록 한 범죄이기 때문이다. 그럼에도 불구하고 종래 사법부는 제51조의 양형조건과 정상참작 사유를 과도하게 인정하여 이들 중대범죄에 대해 집행유예를 남발하는 문제를 보였다. 대표적인 예로 2007년 경제개혁연대의 법원의 화이트칼러 범죄 양형 분석 보고서에 따르면, 특경가법상 횡령·배임죄로 기소된 149명의 피고인을 대상으로 할 때 1심과 2심

27) 지영환, 공무원범죄학, 형설출판사, 2010, 480면.

의 종합적 집행유예 선고 비율이 83.9%(125명)에 달했다고 하니 사법부가 얼마만큼 특경가법상 횡령·배임죄에 대해 집해유예를 남발했는지 잘 보여준다.[28)]

(2) 개혁방안

따라서 고위경영자의 횡령·배임죄에 대한 집행유예의 남발을 막기 위해서는 앞서 언급한 바와 같이 특경가법 제3조상 이득액이 50억 이상인 경우 법정형을 7년 이상으로 상향조정함으로써 사법부의 자의적 작량 감경에 따른 집행유예 가능성을 원천적으로 제한하고, 이득액이 5~50억 원인 경우 징역 5년 이상의 개정안에 있어서도 횡령·배임죄의 양형기준에서 집행유예 기준을 엄격하게 적용[29)]함으로써 집행유예를 가능한 제한할 필요가 있다고 본다.

Ⅳ. 고위경영자의 횡령·배임죄에 대한 형사책임 강화를 위한 양형기준 개혁방안

1. 횡령·배임범죄 양형기준의 주요 내용

양형위원회는 재벌총수와 고위경영자의 횡령·배임죄에 대한 양형이 지나치게 관대하다는 사회적 비판을 고려하여 2009년 4월 24일 횡령·배임범죄 양형기준을 마련하였다(2009.7.1. 시행). 동 양형기준에 따르면 횡령·배임범죄의 유형을 재산이득액 기준으로 1억 원 미만부터 300억 원 이상의 5단계로 구분하고, 이 중 최고 구간에 해당하는 300억 원 이상 범죄의 경우 기본형량을 5~8년으로 정하고, 감경사유가 있는 경우 4~7년, 가중사유가 있는 경우 7~11년으로 각각 조정할 수 있도록 정하고 있다. 여기서 감경요소는 사실상 압력에 의한 소극적 범행가담, 오로지 회사의 이익을 목적으로 한 경우, 임무위반의 정도가 경미한 경우 등이 있고, 가중요소는 대량 피해자(근로자, 주주, 채권자 등 포함) 발생, 동종 누범, 지배권 강화나 기업 내 지위보전의 목적, 횡령 범행, 범행 후 증거은폐 또는 은폐 시도 등이 있다. 그리고 집행유예의 기준 가운데 동종 전과(5년 이내의 집행유예 이상 또는 3회 이상 벌금), 범죄수익을 의도적으로 은닉한 경

28) 김명수/김선웅, 앞의 보고서, 25면.

29) 이에 대해 자세한 설명은 아래 Ⅳ. 1. 참조.

우, 미합의, 피해자에게 심각한 피해를 야기한 경우, 진지한 반성 없음 등은 부정적 참작사유로, 임무위반 정도가 경미한 경우, 상당부분 피해 회복이 된 경우, 처벌불원, 피고인이 고령, 피고인의 건강상태가 매우 좋지 않음 등은 긍정적 참작사유로 고려하도록 되어있다.

그런데 횡령·배임범죄의 양형기준을 포함하여 현행 양형기준제도는 양형기준 방식의 구조적 문제, 형량범위 설정의 적정성 문제, 양형인자 평가의 문제, 집행유예 기준의 문제 등 전체적으로 문제가 있다는 비판이 제기되고 있다.[30) 따라서 이하에서는 그러한 양형기준제도 전반에 대한 문제점과 맞물려 횡령·배임범죄의 양형기준의 구체적 문제점을 살펴보고, 그 개혁방안을 제안하고자 한다.

2. 횡령·배임범죄 양형기준의 문제점과 개혁방안

(1) 유형분류에 따른 형량범위의 상향조정

우선 횡령·배임범죄 양형기준의 형량범위는 제1심의 선고형의 분포를 통계적으로 조사하여 반영한 것이다.[31) 그러나 이러한 형량범위는 법원이 과거에 선고한 횡령·배임죄의 형량분포와 양형관행을 과도하게 고려함으로써 종래 재벌총수나 고위경영자 등이 천문학적 규모의 횡령·배임죄를 저질러도 높은 실형을 선고받는 경우가 드물고, 실형을 받더라도 적은 형 내지 집행유예를 선고함으로써 불거진 솜방망이 처벌의 문제를 극복하지 못하는 한계를 보이고 있다. 예컨대 제5유형(이득액 300억 원 이상)의 감경형량의 최하한형은 4년으로 이는 특경가법 제3조 제1항 제1호의 법정형인 무기 또는 5년 이상 징역 보다 낮아 입법자가 정한 법정형을 무력화시키고 있으며,[32) 재벌총수에 대한 '징역 3년, 집행유예 5년'이라는 양형관행을 그대로 답습할 길을 활짝 열어두고 있다. 나아가 횡령·배임범죄 양형기준의 형량범위는 2012년 6월 18일에 마련된 증권·금융범

30) 이에 대해 자세한 설명은 서보학, "양형기준의 시행에 대한 평가와 개선방향", 형사법연구 제23권 제4호, 2011, 69면 이하; 이호중, "우리나라의 양형기준에 대한 비판적 분석", 형사법연구 제22권 제1호, 2010, 248면 이하 참조.

31) 이에 대해 자세한 설명은 양형위원회, 횡령·배임범죄 양형기준안에 관한 제2차 공청회 자료집, 2009, 106면 이하 참조.

32) 이현정/임웅, "양형위원회의 양형기준안에 대한 비판적 고찰", 성균관법학 제21권 제1호, 2009, 371-372면.

죄 양형기준의 형량범위와 비교할 때 두 범죄의 범죄적 특성을 고려하더라도 커다란 차이를 보이고 있다. 즉 횡령·배임범죄 양형기준의 제5유형의 가중형량은 7년～11년(법정형 무기 또는 5년 이상의 징역)인데 비해 증권·금융범죄 양형기준의 증권범죄(자본시장의 공정성 침해 범죄: 미공개 중요정보 이용, 시세조종, 부정거래) 제5유형(이득액 300억 원 이상)의 가중형량은 9～15년(법정형 무기 또는 5년 이상의 징역), 금융범죄 중 금융기관 임직원의 수재·알선수재의 제5유형(수수액 5억 원 이상)의 가중형량은 11년 이상, 무기(법정형 무기 또는 10년 이상의 징역)이다. 수천억 원을 횡령·배임한 재벌총수와 고위경영자에 대해서는 최고 11년의 징역형이 권고됨에 반해, 5억 원 이상을 수수한 은행원에게는 11년 이상, 경우에 따라서는 무기징역까지 권고할 수 있는 양형기준으로 어떻게 법 앞에 평등한 양형권고가 이루어질 수 있을지 의문이다.

〈표 19-3〉 횡령·배임범죄 양형기준과 증권·금융범죄 양형기준의 제5유형 형량비교

	유 형	구 분	감 경	기 본	가 중
횡령·배임범죄 양형기준	5	300억 원 이상	4년 – 7년	5년 – 8년	7년 – 11년
증권범죄 양형기준	5	300억 원 이상	5년 – 9년	7년 – 11년	9년 – 15년
금융범죄(금융기관 임직원의 수재·알선수재) 양형기준	5	5억 원 이상	7년 – 10년	9년 – 12년	11년 이상, 무기

따라서 횡령·배임범죄 양형기준의 형량범위는 기존 횡령·배임죄에 대한 관대한 양형관행을 시정하고 타 양형기준의 형량범위를 적절히 고려하는 한편, 앞서 제시한 특경가법 제3조 제1항의 법정형을 고려하여 상향조정될 필요가 있다고 본다.

(2) 감경양형인자의 대폭적 축소

횡령·배임범죄 양형기준의 양형인자는 종래 재벌총수와 고위경영자의 기업범죄에게 일방적으로 유리하게 적용되는 양형관행을 시정하지 못한 채 이들

기업범죄에게만 유리하게 적용될 수 있는 양형인자를 다수 포함시키고 있다. 즉 특별양형인자의 행위적 감경요소 5개 중 기업범죄에만 적용되는 것이 2개(실질적 1인 회사나 가족회사, 오로지 회사의 이익을 목적으로 한 경우), 기업범죄에 일방적으로 유리한 것이 3개(소극적 범행 가담, 손해발생 위험의 미현실화, 임무위반 정도가 경미한 경우)이다. 그리고 특별양형인자의 행위자적 감경요소 4개 중 기업범죄에 일방적으로 유리하게 적용되는 되는 것이 2개(내부비리고발, 처벌불원 또는 상당부분 피해 회복)이다. 그리고 일반양형인자의 행위적 감경요소 5개 중 기업범죄에만 적용되는 것이 1개(피해기업에 대한 소유지분비율이 높은 경우), 기업범죄에 유리한 것이 2개(소극 가담, 범죄수익의 대부분을 소비하지 못하고 보유하지도 못한 경우)이다.

따라서 횡령·배임범죄 양형기준에서 감경요소 중 합리성 없이 재벌총수와 고위경영자의 기업범죄에게만 유리하게 적용되는 양형인자의 대폭적 삭제가 필요하다고 본다. 즉 특별양형인자의 행위적 감경요소 가운데 손해발생의 위험이 크게 현실화되지 아니한 경우, 실질적 1인 회사나 가족회사, 오로지 회사의 이익을 목적으로 한 경우는 기업범죄에만 일방적으로 유리하게 적용되는 것으로 삭제될 필요가 있다. 그리고 일반양형인자의 행위적 감경요소 중 범죄수익의 보유 등 여부, 피해기업에 대한 소유지분 비율 등은 우연한 사후적 사실이나 기업범죄자의 신분에 대한 특별대우를 의미하기 때문에 삭제됨이 타당하다고 본다.[33] 이러한 감경요소의 대폭적 삭제는 현행 양형인자가 감경요소 17개, 가중요소 10개로 심한 불균형을 이루고 있는데 이를 시정하는 효과도 거둘 수 있다.

(3) 집행유예 기준상 긍정적 참작사유의 대폭적 축소

기업범죄에 있어 피고인의 실형가능성 유무는 범죄의 억제효과에 있어 매우 중요한 영향을 미친다고 한다. 그러나 횡령·배임범죄 양형기준의 집행유예 기준에 따르면 부정적 사유 17개, 긍정적 사유 21개로 긍정적 사유가 더 많아 구조적으로 집행유예가 손쉽게 선고될 수 있는 문제점을 가지고 있다. 따라서 재벌총수와 고위경영자의 횡령·배임죄에 대해 유달리 많은 집행유예가 허용된 과거의 잘못된 양형관행을 타파하기 위해서는 다음과 같이 집행유예 기준상 긍

33) 정미화, “횡령·배임범죄 양형기준안 지정토론문”, 횡령·배임범죄 양형기준안에 관한 제2차 공청회 자료집, 2009, 202-203면.

정적 참작사유를 대폭적으로 축소할 필요가 있다고 본다. 우선 재범의 위험성과 관련된 소극적 범행 가담과 임무위반 정도의 경미성은 재범의 위험성과 아무런 관련이 없을뿐더러 일반참작사유의 공범으로서 소극 가담과 중복된 것으로 모두 삭제할 필요가 있다. 동종 전과, 범죄수익을 의도적으로 은닉한 경우, 범행수법이 매우 불량한 경우의 피고인에 대해 이들 사유를 들어 그 부정적 참작사유를 무력화시킨다면 피고인에 대한 집행유예의 가능성이 크게 높아지는 문제까지 있다. 다음으로 실질적 1인 회사나 가족회사의 경우와 상당부분 피해가 회복된 경우, 처벌불원은 거의 자동적으로 따라 오기 때문에 단일한 하나의 사유로 통합할 필요가 있다. 셋째, 일반참작사유의 재범의 위험성과 관련하여 사회적 유대관계 분명, 진지한 반성, 피고인의 고령은 구체적인 재범의 위험성과 관련이 없으므로 하나의 사유로 통합하여 기타사유로 그 배치를 변경함이 타당하다. 넷째, 일반참작사유의 기타사유 가운데 범죄수익의 보유나 소유여부, 손해발생의 위험성의 실현여부는 범행 후의 우연한 사유에 불과한 것이기 때문에 삭제해야 하며, 오로지 회사 이익을 목적으로 한 경우, 피해기업에 대한 소유지분 비율이 높은 경우도 재벌총수와 고위경영자의 기업범죄에게 일방적으로 유리하게 적용되므로 삭제함이 바람직하다. 그리고 피고인의 고령과 같은 내용인 건강상태가 매우 좋지 않음은 그동안 재벌총수 등에 의한 빈번하게 남용되었기 때문에 이를 삭제하거나 피고인의 고령에 포함시킬 필요가 있다.[34)]

(4) 준법감시제도의 효율적 운영에 따른 감경양형인자 도입

2011년 4월 14일 상법(법률 제10600호)의 개정을 통해 기업의 준법경영과 사회적 책임의 강화를 위해서 준법지원인(Compliance Officer)제도가 도입되었다. 즉 개정상법 제542의13에 따르면 2012년 4월부터 일정 규모 이상의 상장회사는 법령을 준수하고 회사경영을 적정하게 하기 위하여 임직원이 그 직무를 수행할 때에 따라야 할 준법통제기준을 마련해야 하고 준법통제기준의 준수에 관한 업무를 담당하는 준법지원인을 1인 이상 선임해야 한다.[35)]

---

34) 정미화, 앞의 지정토론문, 206－207면.

35) 개정상법상 준법지원인제도에 대한 상세한 분석으로는 박선종, "개정상법상 준법통제와 준법지원인", 저스티스 통권 제124호(2011.6), 233면 이하; 정찬형, "2011년 개정상법에 따른 준법경영제도 발전방향 －집행임원 및 준법지원인을 중심으로－", 선진상사법률연구 통권 제55호(2011.7), 30면 이하 참조.

그런데 미국에서는 연방양형위원회의 연방양형지침매뉴얼에 따라 기업 내지 조직체(Organization)가 효과적인 법준수 및 윤리 프로그램(Effective Compliance and Ethics Program)을 운영한 경우에 기업범죄에 대하여 벌금액을 감경할 수 있게 함으로써 기업이 스스로 법준수 및 윤리 프로그램을 도입하여 자율적으로 이행할 인센티브를 제공하고 있다. 즉 연방양형지침매뉴얼은 징벌적 손해배상(penalty damage)제도와 맞물려 기업과 같은 조직체의 범죄행위에 대해서는 종래와는 비교가 안 될 정도로 고액의 벌금형을 부과할 수 있도록 하는 한편, 양형의 결정 시에 기업에 의해서 구축·실시되고 있는 효과적인 법준수 및 윤리 프로그램을 벌금액의 감경사유로 고려할 것을 규정하고 있다.[36] 이와 관련하여 국내에서도 기업이 준법지원인제도를 자발적으로 도입하고 효과적으로 운영되도록 하기 위하여 고위경영자의 경영진의 범죄행위에 대해 미국의 연방양형지침매뉴얼과 같은 방식으로 양형단계에서 형사책임을 감경하는 인센티브를 제공하는 것이 필요하고 "현재 양형기준의 정립에 관한 논의가 심도 있게 진행 중인 우리나라에 당장 도입해도 큰 무리가 없을 것"이라는 견해가 제시되고 있다.[37]

생각건대 미국의 연방양형지침매뉴얼의 효과적인 법준수 및 윤리 프로그램은 기업 내지 조직체에 대한 형 감경 사유로 고려되는 것과 달리 우리나라에서 준법지원인제도의 도입과 그 실효적 운영은 개정상법 양벌규정(제634조의3)에 의해 일차적으로 사업주(법인 또는 개인사업주)의 면책사유의 하나로 고려되어야 하므로 이러한 사업주 면책사유로서 인정될 정도의 실효적 운용이 인정되지 않을 경우에 한하여 사업주 내지 실제 위반행위를 한 고위경영자에게 그 실효적 운용의 정도에 따라 횡령·배임범죄 양형기준상 특별양형인자의 행위 감경요소로 고려될 필요가 있다고 본다.[38] 다만 준법지원인제도의 실질적 활용과 효과적인 법준수 프로그램의 운영에 따른 감경요소의 고려는 앞서 제안한 특경가법 제3조 제1항의 법정형의 상향조정, 횡령·배임범죄 양형기준에서 형량범위

36) United States Sentencing Commission, Federal Sentencing Guidelines Manual(2010), Chapter 8, Part B, C.

37) 손영화, "내부통제의 개시에 관한 고찰 －미국에서의 전개의 검토와 우리나라의 제도 개정을 위하여－", 한양법학 제21권 제4집, 2010, 397면; 이진국, "기업범죄의 예방수단으로서 준법감시제도(Compliance)의 형법적 함의", 형사정책연구 제21권 제1호, 2010, 81면.

38) 김재윤, 앞의 논문, 101－102면.

의 상향조정, 감경인자와 집행유예 기준상 긍정적 참작사유의 대폭적인 축소 등을 통해 재벌총수와 고위경영자의 횡령·배임죄에 대한 엄격한 형집행이라는 전제 조건을 충족했을 경우에 한하여 고려가 가능하다고 본다. 그렇지 않고 현행 횡령·배임범죄 양형기준에 또 다른 감경요소로의 추가는 기업범죄를 효과적으로 억제하고 예방하는 형사정책적 목표를 달성하지 못한 채 솜방망이 처벌을 확대하는 추가적 사유를 하나 더 제공하는 데에 지나지 않기 때문이다.

Ⅴ. 맺음말

우리나라에서 재벌이라 불리는 대기업과 재벌총수가 시장경제에 미치는 영향력은 막강하다. 재벌과 재벌총수가 누리는 경제권력은 어느덧 정치권력과 사법권력을 넘어서고 있다. 사정이 이렇다 보니 수사기관은 재벌총수와 고위경영자에게 천문학적인 액수의 횡령·배임 혐의가 적용된 특경가법 위반죄 사건에 대해 정치권의 눈치를 보며 수사에 임하고, 검찰에 의해 기소가 되어 법정에 서더라도 막대한 재력을 이용 전관변호사 등 유능한 변호사들의 선임을 통해 법정 안팎에서 효과적인 변론활동을 하고, 이에 화답하듯 법관은 양형재량을 이유로 횡령·배임범죄 양형기준상 최하한의 형을 선고하거나 집행유예를 선고하며, 설혹 실형이 선고되어 형이 집행되더라도 정치권은 국위선양과 사회적 공헌, 국민경제에의 악영향 등을 이유로 특별사면을 통해 재벌총수와 고위경영자를 자유의 몸으로 돌려보내는 악순환이 현재까지 계속되고 있다. 이러한 재벌총수와 고위경영자의 횡령·배임죄라는 기업범죄에 대한 사법부의 솜방망이 처벌은 사법부에 대한 불신의 커다란 원인이 되고 있다. 그렇다면 현재 문제되고 있는 법적 처벌의 양극화를 극복함으로써 사법부에 대한 국민의 신뢰를 회복할 수 있는 방안은 무엇일까?

여러 방안이 제시될 수 있겠지만 본 글에서는 재벌총수와 고위경영자의 횡령·배임죄에 대한 형사책임을 강화하기 위해 특경가법 제3조 제1항의 법정형의 상향조정, 횡령·배임범죄 양형기준의 형량범위 상향조정과 감경양형인자 및 집행유예 기준상 긍정적 참작사유의 대폭적 축소를, 그리고 기업이 개정상법을 통해 새롭게 도입된 준법지원인제도를 실질적으로 활용하여 효과적인 법준수 프로그램을 운영할 경우 그 인센티브로서 감경양형인자로의 고려 등을 제안하였다. 물론 이러한 고위경영자의 횡령·배임죄와 관련된 형벌과 양형기준의 개혁방안에 대해 재벌총수와 고위경영자에 대한 엄격한 형사처벌은 전체적으로 기업 활동을 위축시켜 국가경제에 악영향을 미칠 우려가 있음을 이유로 반대할 수 있다. 그러나 재벌총수와 고위경영자 몇몇이 구속되었다하여 일시적 어려움은 있겠으나 그 기업이 정상적으로 경영활동을 전혀 못해 부도가 날 정도면 그 기업은 이미 시장에서 퇴출될 부실기업임을 자임하는 것은 아닌지, 더 크게 보면 언제까지 우리나라 경제질서가 몇몇 재벌총수에 의해 좌지우지되어야 하는 것인지, 기업 자체는 물론이고 재벌총수와 고위경영자의 불법경영에 대한 엄정한 형사처벌이 기업범죄의 억제효과를 달성하고 기업의 투명성과 준법의식을 제고하여 경쟁력을 높임으로써 세계적 기업으로 도약할 수 있는 계기를 마련해 주는 것은 아닌지 의문이다.

결론적으로 우리나라의 확대된 경제규모나 사회발전 정도 등을 고려한다면 대기업, 특히 재벌총수와 고위경영자에 대해 그 경제적·사회적 지위에 상응한 법적 의무의 준수를 요구할 필요가 있으며, 그 출발은 재벌총수와 고위경영자의 횡령·배임죄라는 기업범죄와 관련하여 범죄의 심각성(죄질)에 비례한 형벌이 부과되도록 특경가법 제3조의 형벌과 횡령·배임범죄 양형기준을 개혁하는 데서 시작하여야 한다고 본다. 그렇지 않을 경우 법적 처벌의 양극화가 더욱 심화되어 형사사법의 정당성에 커다란 위기가 초래될 것이다.

§ 20 기업에 대한 형사제재의 입법론적 방안

Ⅰ. 머리말

기업의 형사책임에 대한 종합적이고 체계적인 논의 틀을 구축하기 위해서는 기업에 대한 형사제재에 대한 상세한 검토가 필요하다. 아무리 기업에 대한 형사책임을 묻기 위한 형법이론적 근거를 밝히고 그 귀책원리와 적용범위를 개선하더라도 최종적으로 부과되는 형사제재에 의해 기업범죄의 억제효과가 충분히 달성될 수 없을 경우 기업(법인) 처벌의 의의 자체가 사라져 버릴 수 있기 때문이다. 이에 따라 기업에 대한 형사제재도 자연인에 대한 경우와 마찬가지로 그 목적이나 기능을 고려하여 그 실현을 기대할 수 있도록 본질적인 재검토가 필요하다. 또한 기업에 대한 형사제재의 적정화를 위해 이를 자연인에 대해 설계된 형사제재로부터 분리함과 동시에 기업(법인) 고유의 성질을 고려할 필요가 있다.

기업범죄의 억제효과를 실질적으로 거두기 위한 기업에 대한 형사제재의 과제는 앞서 살펴본 바와 같이 현행 기업(법인)에 대한 유일한 형사제재로서 벌금형 제도를 양형과 집행이라는 두 측면에 걸쳐 개선함과 동시에 형사제재의 종류를 다양화하는 데서 찾을 수 있다. 이에 본 저술서 § 14 ~ § 17에서는 미국의 조직체에 대한 연방 양형가이드라인을 참고로 기업(법인)에 대한 벌금형의 개선방안, 새로운 형사제재로서 원상회복명령 및 보호관찰의 도입 가능성에 대해 검토하였다. 물론 이 밖에도 2011년 개정상법상 도입된 준법지원인제도가 기업범죄의 사전예방 제도로서 조기에 정착하기 위해 제시되고 있는 여러 형사법적 유인책의 타당성을 검토하였고(§ 18), 재벌총수를 비롯한 고위경영자의 횡령·배임죄를 중심으로 이들 범죄에 대해 최대한의 범죄억제 효과를 달성하고 그동안 사법부 불신의 원인으로 지목되어 왔던 재벌총수에 대한 봐주기 판결을 극복함으로써 사법부의 신뢰를 회복할 수 있는 형벌과 양형기준의 개혁방안은 무엇인지를 검토하였다(§ 19).

이러한 기업에 대한 형사제와 관련하여 유의할 점은 기업에 대한 형사제재의 목적이나 기능은 자연인의 경우와 기본적으로 동일해야 한다는 점이다. 따라서 이러한 목적이나 기능을 충분히 달성할 수 없는 경우나, 여기에서 벗어나는 경우 기업에 대한 형사제재로서의 정당성이 부정될 것이다.

따라서 이하에서는 지금까지 기업에 대한 형사제재로서 중점적으로 논의가 진행된 기업(법인)에 대한 벌금형 제도의 개선을 간략히 언급하고(Ⅱ), 기업에 대한 형사제재의 다양화의 시도로 기업에 대한 활동제한형 형사제재(법인의 해산, 영업정지, 보호관찰, 사회봉사명령), 피해자 구제를 도모하는 형사제재로서 원상회복 및 기업에 대한 명예형 형사제재로서 공표를 살펴보고(Ⅲ), 이러한 논의를 바탕으로 구체적인 기업(법인)에 대한 형사제재의 입법방안을 제시하고자 한다(Ⅳ).

Ⅱ. 기업에 대한 재산형으로서 벌금형의 제도 개선[1)]

1. 단기적 측면에서 벌금형 제도 개선방안

기업(법인)에 대한 형사제재의 중심적인 역할은 기업(법인)에게 기업(법인)의 고유한 성질상 사형이나 자유형을 과할 수 없기 때문에 향후에도 재산형으로서 벌금형이 담당하게 될 것임을 부인할 수 없다. 그렇다면 기업범죄의 범죄억제 효과를 보다 실효적으로 거두기 위해서 앞서 살펴본 바와 같이 단기적 측면에서 현행 양벌규정상의 자연인과의 벌금형 연결을 분리하는 한편, 기업의 자산규모를 고려하여 기업(법인)에 대한 벌금액의 상한을 10억 원 이하로 상향조정할 필요가 있다. 다만 기업범죄의 피해가 '월등하게 클' 경우 기업(법인)에 대한 벌금액의 상한을 10억 원으로 상향해도 이에 대응할 수 없는 경우가 있을 수 있다. 따라서 기업범죄에 의한 이익이나 손해액이 분명한 경우 이 금액을 기초하여 벌금형을 산정하는 이른바 '벌금연동제도'를 고려할 필요가 있다.

그리고 기업(법인)에게 부과하는 벌금형의 산정과 관련하여 미국의 연방양형가이드라인과 같이 가중사유나 감경사유를 명확히 규정된 기업(법인)에 대

1) 이에 대해 자세한 설명은 본서 제5장 § 15 Ⅳ. 참조.

한 벌금형 양형기준이 구체적으로 마련되어야 한다. 이때 2009년 양형위원회가 마련한 횡령·배임범죄 양형기준의 양형인자는 종래 재벌총수와 고위경영자의 기업범죄에게 일방적으로 유리하게 적용되는 양형관행을 시정하지 못한 채 이들 기업범죄에게만 유리하게 적용될 수 있는 양형인자를 다수 포함시키는 문제점을 보이고 있다는 비판이 제기되므로, 이러한 비판을 고려하여 기업(법인)에 대한 벌금형의 합리적이고 구체적인 양형기준을 마련할 필요가 있다.

2. 장기적 측면에서 벌금형 제도 개선방안

단기적인 측면에서 기업(법인)에 대한 벌금형을 대폭 상향조정하거나 벌금액의 산정에 있어 구체적인 양형기준을 마련할 경우 미국에서 지적되고 있는 '파급효과'나 '억제의 함정'의 문제가 발생할 수 있다. 장기적인 측면에서 이러한 부정적 영향을 완화시킬 수 있는 최선의 방법은 벌금형의 집행단계에서 분납제도를 도입하고 벌금형 분납을 원활히 실시하기 위해 벌금형의 납부를 준수사항으로 한 기업(법인)에 대한 보호관찰을 도입하여야 한다. 즉 현재 우리나라는 실무규칙에 의해 벌금형의 분납제도와 유사하게 운용하고 있는데, 이를 법제화하여 고액의 벌금형을 일괄하여 지불할 수 없는 기업에게 무리가 없는 지불계획에 의한 분납을 인정할 경우 파급효과를 최소한으로 줄이고 기업 자신의 파산도 회피할 수 있을 것이다. 이 경우 분납을 원활히 실시하기 위해 기업(법인)에 대한 보호관찰을 통해 감시함이 바람직하다.

Ⅲ. 기업에 대한 형사제재의 다양화 시도

1. 기업에 대한 활동제한형 형사제재의 신설

(1) 기업(법인)의 해산

기업(법인)의 해산은 자연인의 사형에 준하는 형사제재[2]로서 중대한 기업범죄를 범한 기업(법인)의 존재 의의를 부정하여 그 운용·활동을 영구적으로 중단시키는 제재를 말한다.[3]

2) 福田平/大塚仁, 刑法総論I, 有斐閣, 1979, 129면.

3) 이는 법인의 범죄능력을 부인하는 입장에 바탕을 둔 것이나, 규범적 책임개념을 바탕으로

기업(법인)의 해산은 이미 행정법상 의무위반 또는 인·허가 요건의 결여에 대한 효과로서 인·허가 취소, 등록취소, 폐쇄명령 등의 행정처분으로써 인정되고 있다.[4] 그리고 상법 제176조(회사의 해산명령)에서 법원은 ① 회사의 설립목적이 불법한 것인 때, ② 회사가 정당한 사유 없이 설립 후 1년 내에 영업을 개시하지 아니하거나 1년 이상 영업을 휴지하는 때, ③ 이사 또는 회사의 업무를 집행하는 사원이 법령 또는 정관에 위반하여 회사의 존속을 허용할 수 없는 행위를 한 때에는 이해관계인이나 검사의 청구에 의하여 또는 직권으로 회사의 해산을 명할 수 있다고 규정하고 있다. 이외에도 민법 제38조(법인의 설립허가의 취소)에서는 법인이 목적이외의 사업을 하거나 설립허가의 조건에 위반하거나 기타 공익을 해하는 행위를 한 때에는 주무관청은 그 허가를 취소할 수 있다고 하여 법인의 설립허가 취소를 규정하고 있다.

그러나 기업(법인)에 대한 형사제재로 부과되는 해산명령은 상법이나 민법상의 해산명령이나 설립허가 취소, 그리고 행정처분으로서의 인·허가 취소 등과 그 법적 성질을 달리할 뿐만 아니라 부과의 주체, 요건, 절차가 다르다는 점에서 구별된다. 이에 따라 기업(법인)의 해산이라는 형사제재와 기업(법인)의 인·허가 취소, 등록취소, 폐쇄명령 등의 행정처분은 공존할 수 있다고 보는 것이 타당하다고 본다.[5]

미국의 모범형법전은 검사가 형사소송 중 주법에 따라 조직된 법인의 허가를 박탈할 것을 법원에 청구할 수 있고, 법원은 법인이나 그 기관이 범죄행위를 범했고, 더 이상 방치할 경우 공공의 이익이 훼손된다고 판단되면 허가의 취소를 명할 수 있도록 규정하고 있다.[6] 미국에서 법인해산은 권한개시영장(writ of quo warranto)하에 행할 수 있는 법인에 대한 대체형벌의 하나로서 주장되었고, 실제로 Standard Oil v. Missuouri, 224 U.S.270(1921)사건에서는 법인의 해산이 행해진 경우도 있다.

기업의 책임능력을 부인하는 입장에서는 형벌이 아닌 보안처분으로 파악하고 있다. 이러한 견해로는 이주희, "기업에 대한 제재가능성과 제재수단", 한양법학 제23집, 2008, 446면.

4) 대표적으로 식품위생법 제75조(허가취소등), 수질 및 수생태계 보전에 관한 법률 제42조(허가취소등),제64조(등록의취소등), 의료법 제64조(개설 허가 취소 등) 등이 있다.

5) 이기헌/박기석, 법인범죄에 대한 효율적 제재방안, 한국형사정책연구원, 1996, 95면.

6) Model Penal Code 6.04(2) (a).

1994년 개정된 프랑스 형법에서도 법인에게 적용되는 특별형벌로서 법인 해산의 요건이 상당히 한정적으로 규정되었다(프랑스 형법 제131－39조 제1호).[7]

일본의 경우 공익의 확보를 이유로 한 회사의 해산명령(상법 제58조)이나 사업단체의 해산명령(독점금지법 제95조의4) 등이 제도화되고 있어 범죄 목적으로 설립된 기업에 대해서는 사법처분으로서 해산을 명할 수 있다. 나아가 파괴활동방지법도 "폭력적 파괴활동을 행할 명백한 우려가 있다고 인정하기에 충분한 이유가 있는" 단체에 대해 일정한 조건 아래 공안심사위원회에 의한 해산의 지정을 인정하고 있다(동법 제7조).[8]

기업범죄에 대한 새로운 형사제재로서 기업(법인)의 해산의 도입과 관련하여 기업(법인)이 당초부터 범죄 목적으로 설립된 경우 그 존재 의의를 완전하게 부정해야 함은 당연하나, 문제는 대부분의 기업범죄에서 나타나듯이 적법한 목적으로 설립된 기업이 행한 중대한 범죄행위에 대해 해산을 명하는 것이 과연 타당한가에 있다. 기업(법인)에 대한 해산명령은 결과적으로 기업범죄와 아무런 관련이 없는 선의의 종업원 등을 실업에 몰아넣고 채권자, 채무자 등 관련자들에게 치명적인 손해를 가할 수 있기 때문에 경우에 따라서는 벌금형 이상으로 가혹한 파급효과를 낳을 수 있다.[9] 또한 회사나 사업단체의 해산명령이 있은 후 그와 유사한 형태의 또 다른 기업(법인)을 창설할 경우 그 유효성에 의문이 제기될 수 있는 점도 유의해야 한다.[10] 이러한 문제점을 고려할 경우 기업(법인)에 대한 새로운 형사제재로서 해산명령을 도입할 필요가 있는지, 그 효과를 포함하여 커다란 의문이 제기될 수 있다.

그러나 이러한 의문에도 불구하고 기업(법인)의 해산은 장래에 있어 범죄행위를 근원적으로 차단함으로써 사회방위적 차원에서는 가장 효과적인 형사제재로 기능할 수 있음을 부인할 수 없다. 다만 이러한 문제점을 고려하고 미국과 프랑스의 입법례를 참고할 때 범죄행위의 중대함과 아울러 기업(법인)의 존속이

---

7) 범죄를 범할 목적으로 하여 법인이 설립되었거나 또는 중죄나 자연인이 범한 경우 5년 이상의 구금형에 처하는 경죄에 대하여는 범죄를 범할 목적으로 그 설립취지를 일탈한 때에는 법인의 해산.

8) 川崎友巳, 企業の刑事責任, 成文堂, 2004, 473면.

9) 宇津呂英雄, "法人処罰のあり方", 石原一彦ほか編, 現代刑罰法大系1 －現代社会における刑罰の理論, 日本評論社, 1984, 227면.

10) 龍田節, 会社法(第9版), 有斐閣, 2003, 388면.

사회적으로 해가 큰 경우로 제한하여 예외적인 경우에만 기업(법인)의 해산이 선고되어야 할 것이다.

(2) 영업정지

영업정지(또는 조업정지)는 기업이나 사업장의 활동 자체를 일시적으로 중단시키는 제재로, 자연인의 징역형에 비유된다. 위법행위는 기업의 활동에서 비롯되었으므로 기업의 활동 자체를 중단시킨다는 점에서 이는 직접적이고 강력한 제재라고 할 수 있다.[11] 실무상 기업의 규모가 클수록 시정조치 등 완화된 행정처분이 내려지는 반면, 규모가 작은 기업일수록 영업정지가 내려지는 것은 제재의 타격이 워낙 크기 때문이다. 그러나 기업범죄에 대한 형사제재로서 영업정지는 기업범죄의 억제효과뿐만 아니라 기업 활동을 통해 사회·경제 전체에 영향을 미치기 때문에 사회에 미치는 간접적 효과도 충분히 고려하여 그 도입 여부를 판단하여야 한다.

미국의 경우 금융기관 제재 중 증권회사와 관련하여 중지명령(Cease and Desist Order), 등록 취소·정지 또는 영업제한, 등록거부 등의 규정이 있다. 이들 규정은 ① 금융회사의 위험 추구적·불건전 영업 지속 또는 재무상황의 현저한 악화의 경우, ② 경영내용의 중대한 결함 등의 경우, ③ 관련 법률과 규정, 감독당국의 승인조건, 합의서(WA)상의 조건 등을 위반하거나 변칙적 영업행위를 하는 경우, ④ 자금세탁방지법에서 규정된 절차를 수립하지 못하거나 지적된 결함들을 시정하지 못하는 경우에 적용된다. 특히 중지명령에 따른 주요 조치내용으로는 위반행위의 중지 또는 업무집행의 중지를 명할 수 있다. 예를 들어 과다 부실대출, 불건전 영업행위에 대한 중지명령과 부채비율 등의 일정수준 유지명령 등을 내릴 수 있다. 그리고 금융회사의 차입, 배당, 투자의 제한, 감독당국이 승인한 적격 임직원의 고용, 부당이득 반환 및 부주의로 인한 손실 보상 등 시정조치를 할 수도 있다고 한다.[12]

프랑스의 경우 1994년 신형법에서 영업소의 폐쇄를 규정하고 있다(프랑스 형법 제131-39조 제4호). 법인에 대해 적용되는 영업소의 폐쇄는 법인이 범죄를

---

11) 이기헌/박기석, 앞의 보고서, 100면.

12) 이정민, 기업의 경제활동에 관한 형사법제 연구(Ⅱ): 기업범죄에 대한 새로운 제재 도입방안 연구, 한국형사정책연구원, 2010, 126-127면.

실행하기 위해 사용된 하나, 수개 또는 전부의 영업소에 대해 영구적 또는 5년 이하의 폐쇄가 부과될 수 있다. 자연인의 자유형에 해당하는 조치라고 볼 수 있다.

일본에서도 기업에 대한 새로운 형사제재로서 영업정지의 도입방안이 논의되었고,[13] 현재 면허·인허가의 취소나 영업정지는 일종의 행정처분으로 넓게 이용되고 있다. 대표적인 예로 1982년 약품판매규칙 위반사건으로 일본 Chemiphar사를 80일 동안 공장과 창고 등을 봉쇄하는 영업정지를 내린 바 있다. 이 제재 이전에 해당 회사는 연간 약 1억불의 수익을 올렸는데, 이 제재로 말미암아 심각한 영업 손실을 입었다고 한다.[14]

기업(법인)에 대한 형사제재로서 영업정지도 벌금형만큼이나 기업에게 일정 정도 '고통'을 수반하게 함은 충분히 알 수 있다. 또한 그러한 '고통'을 수반하는 이상 처분을 내림에 있어 적정한 절차를 엄격하게 보장할 필요가 있으므로, 그러한 의미에서 단순히 행정소송이 아닌 형사소송을 거쳐 부과되는 새로운 형사제재로 도입할 의의는 크다고 본다.

그러나 주의를 요하는 것은 이러한 형사제재로서의 영업정지 부과의 목적이 불이익 처분을 내림으로써 행정의 실효성 확보에 필요한 위하력을 유지함과 동시에 인·허가권을 행사하여 업무의 전제가 되는 요건이 갖추어질 때까지 일정기간 영업을 정지시켜 실질적으로 잠정적 폐업에 처하게 함으로써 장래의 위반행위에 의한 피해를 방지하는 데에 있다는 점이다. 즉 비록 위반행위가 경미할지라도 그 개선이 이루어지지 않을 경우 위반기업에 대해 장기간의 영업정지를 명할 수 있는 여지가 남아 있다. "반드시 과거의 범죄의 경중에 비례한 처분은 되지 않는다"는 의미에서 영업정지는 형벌이라기보다 보안처분에 더 가까운 제도로 이해될 수 있다.[15] 다만 영업정지도 벌금형의 부과에 따른 간접피해, 즉 기업의 종업원의 잠정적 실업, 주주나 채권자가 피해자가 될 수 있다는 점을 고려하여 영업정지의 방법, 범위, 기간 등의 신중함 검토를 전제로 하여 도입되어야 할 것이다.[16]

13) 福田平/大塚仁, 앞의 책, 129면.

14) 이기헌/박기석, 앞의 보고서, 101면.

15) 飯田英男, "法人処罰に関する立法上の問題点", ジュリスト 672号(1978), 87면. 이와 달리 형벌로 도입해야 한다는 주장으로 福田平/大塚仁, 앞의 책, 129면.

16) 이정민, 앞의 보고서, 133면.

(3) 보호관찰

기업에 대한 형사제재로서 재산형 이외 방법도 도입하여 다양화를 도모하는 것이 바람직한데, 이때 주목받는 것이 미국에서 도입되고 있는 기업에 대한 보호관찰이다. 특히 법준수 프로그램의 적정한 운용을 준수사항으로 하는 예방형 보호관찰에는 재산형에서는 발휘할 수 없는 높은 특별예방효과를 기대할 수 있다. 또한 벌금형, 원상회복명령, 사회봉사명령 등의 이행을 준수사항으로 하는 종래형 보호관찰에 대해서도 벌금의 분납이나 연속적인 사회봉사활동의 실시 등 형사제재의 집행이 장기간에 걸쳐 이루어지는 경우 이를 안정적으로 종료시키기 위해서도 일정한 역할이 기대된다.

물론, 우리나라에서 기업에 대한 새로운 형사제재로서의 보호관찰을 도입할 경우 종래 형법 제62조의2에서 규정하고 있는 보호관찰과의 위치설정에 있어 양자의 관계를 보다 명확히 할 필요가 있으며, 준수사항의 타당성과 유용성을 높이고, 인적 자원의 충실을 도모하는 등의 여러 문제점을 해결해야 한다. 그럼에도 불구하고 구금형을 부과할 수 없는 기업에 대해 보호관찰을 부과하는 의의는 자연인에 대한 형사제재와는 비교가 되지 않을 정도 크다고 본다.[17)]

(4) 사회봉사명령

사회봉사명령이란 법원이 유죄로 인정된 범죄인이나 비행청소년을 교도소 또는 소년원 등에 구금하는 대신 사회 내에서 정상적인 사회생활을 영위하게 하면서 일정한 기간 내에 지정된 시간동안 무보수로 공익적 활동(노동)에 종사도록 명하는 제재를 말한다.[18)] 보호관찰 등에 관한 법률 제59조 제1항에 따르면 법원은 형법 제62조의2에 따른 사회봉사를 명할 때에는 500시간의 범위에서 그 기간을 정하여야 한다.

이러한 사회봉사명령은 자연인이 아닌 기업(법인)에 대해서도 양벌규정에 따른 벌금형의 비효율성을 극복하기 위한 방안으로 도입이 논의되고 있다.[19)]

---

17) 이에 대해 자세한 설명은 본서 제5장 § 17 참조.

18) 김성돈, 형법총론(제2판), 성균관대학교출판부, 2009, 787면; 이경재/최석윤, "한국의 사회봉사명령", 형사정책연구 제8권 제4호, 1997, 182면; 오영근, "사회봉사명령제도와 그 문제점", 형사정책연구 제2권 제3호, 1991, 266−268면.

19) 대표적으로 안경옥, "기업범죄의 내용 및 합리적 제재방안", 비교형사법연구 제14권 제2호, 2014, 404−408면; 이보영, "기업범죄의 형사적 제재", 법학연구 제37집, 2010, 164면;

이때 기업에 대한 사회봉사명령이란 기업이 갖는 인적·물적 인프라를 통해 사회적으로 유익한 사업을 실시하도록 명령하는 제재로서 일정한 사회기금의 납부, 실업자 고용, 지역사회 봉사활동에의 참가, 도시재개발 사업에의 참가, 유출된 오염물질의 제거활동 등 환경보호 프로그램에의 참가, 소비자보호 프로그램에의 참가, 해외원조계획 프로젝트에의 참가 등이 있다. 기업에 대한 사회봉사명령의 내용과 관련하여 기업에게 사회기금의 납부를 허용할 수 있는지가 문제된다. 왜냐하면 대법원은 기업주에 대해 기부를 통한 사회공헌약속은 사회봉사명령으로 허용되지 않는다고 판시한 바 있기 때문이다.[20] 기업에 대한 사회기금의 납부는 현행 법규상 사회봉사명령은 자유형의 집행을 대체하기 위한 것으로 시간단위로 부과될 수 있는 일 또는 근로활동만을 의미하기 때문에 사회봉사명령의 일환으로 인정할 수 없다. 하지만 기업의 경우는 기업주와 같이 시간단위의 강의를 할 수 없으므로 사회기금의 납부가 사회봉사명령의 취지를 가장 잘 살리는 방법일 수 있다.[21]

기업에 대한 사회봉사명령의 유형으로는 보호관찰 조건, 형벌의 감경조건, 또는 불기소의 조건으로서 기업에 대한 사회봉사명령이 있다.[22] 기업에 대한 사회봉사명령은 기업범죄를 저지른 기업에게 위반으로 인한 손해를 회복하기 위해 권한을 줄 수 있을 만큼 지식, 시설, 기술을 가지고 있을 경우 특별히 효과적인 형사제재로 기능할 수 있다.[23]

비교법적 측면에서 기업에 대한 사회봉사명령은 영국과 미국에서 부과되고 있다. 영국은 1973년 형사법원권한법(the Power of Criminal Courts Act) 제1조에서 기업에 대한 사회봉사명령을 규정하고 있다. 이는 하나의 독자적인 형사

이승현, "기업범죄에 대한 효율적 형사제재방안", 형사정책연구 제20권 제1호, 2009, 798-800면; 이정민, 앞의 보고서, 136-141면.

20) 대법원 2008.4.11. 선고 2007도8387 판결. 이는 소위 정몽구 사건으로, 2심인 서울 고등법원은 피고인에 대해 사회공헌약속의 이행 및 준법경영을 주제로 한 강연 및 기고를 내용으로 하는 사회봉사명령을 명하면서 징역 3년에 집행유예 5년을 선고하였다(서울고등법원 제10형사부판결, 2007.9.6. 선고 2007노586 사건). 이 판결에 대한 평석으로는 최준혁, "사회봉사명령으로서의 거액의 기부", 형사정책 제20권 제1호, 2008, 382면 이하 참조.

21) 이정민, 앞의 보고서, 140면.

22) 이에 대한 자세한 설명으로는 이기헌/박기석, 앞의 보고서, 173-179면 참조.

23) 이승현, 앞의 논문, 799면.

제재의 형태로 부과되는 것으로, 보호관찰처럼 일정한 형벌이 규정된 경우를 제외하고 모든 범죄에 대해 부과할 수 있다. 동법상의 사회봉사명령은 형벌로서 부과되는 것이고, 사회봉사명령을 함에 있어 기업의 동의를 요하지 않는다는 특징을 가지고 있다. 다만 기업에게 동의를 얻을 경우 대부분의 기업은 벌금형을 선택하기 위해 동의하지 않을 가능성이 크기 때문에 기업에게 사회봉사명령의 내용을 선택함에 있어서 동의를 요구하지 않고, 법원의 종합적 판단에 의해 결정하도록 하고 있다.[24)]

미국은 양형지침 제8장 B.1.3.에서 피해자의 피해회복을 위한 형사제재로서 유죄판결을 선고받은 기업에게 사회봉사명령을 받도록 하고 있다.[25)] 반면에 기업에 대하여 간접적인 재정상 부담을 과하기 위한 사회봉사명령은 인정되지 않으나, 예외적으로 기업의 벌금의 지불능력이 없는 경우 재정상 부담이 포함된 사회봉사명령의 선고가 인정된다. 미국의 사회봉사명령은 범죄에 의해 야기된 피해복구에 초점을 두고 있기 때문에 고액의 벌금형을 선고함으로써 범죄와 무관한 제3자에게 전가됨을 방지함과 동시에 중한 제재를 부과할 수 있다는 특징을 보인다.[26)]

기업에 대한 사회봉사명령의 최대 장점은 사회봉사의 내용이 기본적으로 피해자에 대한 구제에 중점을 두기 때문에 피해자의 피해회복에 효과적일 뿐만 아니라, 내부인력을 동원하여 지역사회 봉사활동, 도시재개발 사업, 유출된 오염물질의 제거활동, 소비자보호 프로그램 등에 참여함으로써 내부적 교육효과를 거두고 법원의 감독을 통해 기업문화가 준법경영을 지향하게 한다는 데 있다. 그러나 기업에 대한 사회봉사명령의 단점으로 기업에 대한 관대한 처분으로 인식되어 비효율적인 효사제재로 전락할 수 있다는 점, 사회봉사프로젝트의 수행과정에서 소요된 비용이나 인력보충을 위해 생산량을 감축하거나 소극적으로 기업을 운영하는 등 비생산적인 결과를 낳을 수 있다는 점, 성실하게 사회봉사 프로그램에 참여하지 않고 기존사업으로 사회봉사를 대체하다든가 타인에게 떠넘길 위험이 있다는 점이 언급되고 있다.[27)] 따라서 기업에 대한 사회봉사명

24) 이기헌/박기석, 앞의 보고서, 179－183면; 이승현, 앞의 논문, 799면.

25) UNITED STATES SENTENCING COMMISSION, FEDERAL SENTENCING GUIDELINES MANUAL, §8B1.3 (2014).

26) 이기헌/박기석, 앞의 보고서, 183－184면; 이승현, 앞의 논문, 799면.

령의 이러한 단점을 충분히 고려하여 기업에 대한 사회봉사명령의 구체적 내용, 피해회복과 재범방지의 제재효과를 거둘 수 있는 사회봉사명령의 상한의 설정, 사회봉사 프로젝트의 수행방법, 성실한 사회봉사명령의 이행에 따른 인센티브 부여 등에 대한 많은 논의를 전제로 기업에 대한 사회봉사명령을 새로운 형사제재로 도입할 필요가 있다.

2. 피해자 구제를 도모하는 형사제재로서 원상회복의 신설

기업에 대한 형사제재로 구금형을 부과할 수 없으므로 기업에 대한 형사제재의 다양화가 중요한 과제로 여겨질 수밖에 없다. 이 때문에 재산형의 질적·양적 충실화가 필요하고 그 일환으로 원상회복명령의 도입이 적극적으로 검토될 필요가 있다

최근 형사소송에 있어 피해자의 법적 지위의 향상이 중요한 과제로 여겨지고 있으며, 그 일환으로 형사제재로서의 원상회복명령의 도입은 커다란 의의가 있다. 기업범죄의 특징의 하나가 피해의 중대성이며, 그러한 피해회복을 도모하는 것은 피해자의 법적 지위를 재검토하고 있는 최근의 형사법제의 방향과도 일치한다. 무엇보다 기업범죄의 경우 그러한 피해회복을 민사소송을 통해 달성하려면 가해자인 기업과 피해자인 개개인의 경제적인 격차가 너무 클 뿐만 아니라 불법행위의 입증을 검사가 담당하여 피해자 측의 소송상 입증책임의 부담을 경감하는 의의도 클 것으로 판단된다. 이러한 점을 고려할 경우 실제의 제도화까지 달성해야 할 과제는 적지 않지만 기업에 대한 형사제재로서 원상회복명령을 도입할 가치는 충분히 인정된다.[28]

3. 기업에 대한 명예형으로서 공표 신설

기업(법인)은 자연인과 달리 인격적인 치욕이나 불명예라는 감정적인 부분은 가지고 있지 않으므로 기업(법인)의 사회적 명예를 박탈하는 형벌로 기업에 대한 공표를 고려해 볼 수 있다. 기업이 일정범위를 넘어서는 중대한 기업범죄(일정액 이상의 탈세, 일정 피해 이상의 환경오염행위, 일정액 이상의 사기·횡령·배

27) 이기헌/박기석, 앞의 보고서, 187−188면; 이승현, 앞의 논문, 800면.

28) 이에 대해 자세한 설명은 본서 제5장 § 16 참조.

임, 불법 정치자금 제공 행위, 근로기준법이나 노동법 위반행위 등)를 범한 경우 기업명, 범죄내용, 처벌내용 등을 인터넷, 신문, 방송 등의 매체에 공표하여 일반인들로 하여금 당해 기업의 범죄내용을 알게 하는 것이다.[29] 기업의 신용이나 이미지는 기업의 존재가치를 결정짓는 중요한 요소로 작용하므로 이러한 범죄사실의 공표를 통해 기업의 명예와 신용을 실추시켜 제재 및 예방효과를 기대할 수 있고, 소비자에 대한 경고 기능도 달성할 수 있다.[30]

기업에 대한 제재로서 공표는 이미 다수의 행정법상 '공표명령'의 형식으로 시행되고 있다.[31] 이때 공표명령이란 의무위반 사실이 있는 경우 특정 단체, 기업 또는 개인 등에 대하여 당해 위반사실 등을 일반인에게 공표하도록 하여 명예 또는 신용의 침해를 위협함으로써 행정법상의 의무이행을 강제하는 수단을 말한다.[32] 이러한 공표명령은 형사소송 절차와 달리 복잡한 절차 없이 신속하게 발동이 가능하고 경비가 저렴하며 물리력을 행사지 않고 효과적으로 목적달성이 가능하다는 측면에서 행정법상의 의무이행확보의 수단의 하나로 활용되고 있다. 이 때문에 일부에서는 행정제재인 공표를 굳이 형벌로 편입시킬 합리적인 이유를 찾기 힘들다는 견해가 제시되고 있다.[33] 그러나 범죄행위와 단순한 행정법적 의무위반행위의 구분이 필요하며,[34] 기업범죄와 관련하여 기업(법인)에 대한 독자적인 형벌체계를 구축할 형사정책 필요성이 있다는 입장에서 볼 때 공표를 기업에 대한 새로운 형벌로 인정할 이유는 충분하다고 본다.

비교법적으로 볼 때 공표를 기업(법인)에 대한 독자적인 형벌로 도입한 대표적인 입법례로 프랑스 형법전을 언급할 수 있다. 프랑스의 경우는 1994년 신형법 제131－35조에 판결의 공표를 법인범죄의 제재수단으로 도입하고 있다. 공표의 범위, 판결의 주문이나 요지만을 공표할 것인가, 전문을 공표할 것인가

---

29) 박기석, "법정형의 문제점과 정비방안", 형사정책연구 제18권 제3호, 2007, 391－392면.
30) 이천현, "법인의 범죄주체능력과 형사책임", 형사법연구 제22호, 2004, 81면.
31) 대표적으로 독점규제 및 공정거래에 관한 법률 제21조, 제24조, 제31조, 소비자기본법 제80조 제2항, 하도급거래 공정화에 관한 법률 제25조 제3항 등.
32) 이천현, 기업의 경제활동에 관한 형사법제 연구(Ⅱ): 기업범죄에 대한 제재체계의 현황과 개선방안, 한국형사정책연구원, 2010, 32면.
33) 이정민, 앞의 보고서, 123면.
34) 이에 대해 자세한 설명으로는 이건종/박기석, 행정형법상의 제재수단에 관한 연구, 한국형사정책연구원, 1995, 31－54면 참조.

는 법관의 재량에 위임되어 있다. 또한 공표의 비용은 유죄판결을 받은 자가 부담이지만 그 비용은 법인에게 선고될 수 있는 벌금의 상한을 초과할 수는 없다. 공표에 피해자의 신원을 알 수 있는 사항이 포함될 때에는 피해자, 그 법정대리인 또는 그 권리승계인의 의 승낙이 필요하다. 공표하는 장소 및 기간도 법원이 결정한다. 법률에 특단의 규정이 없는 한 공표기간은 2개월을 초과할 수 없다. 공표하는 매체가 제거, 은닉 또는 손괴된 경우에는 동 행위로 유죄판결이 확정된 자의 부담으로 재차 공표한다. 공표의 매체는 관보, 하나 또는 수개의 언론출판물, 또는 하나 또는 수개의 전기적 방식에 의한 대중매체에 의한다(프랑스 형법 제131-35조).[35)]

미국의 경우 양형지침서에서 공표를 프랑스와 같이 독자적인 형사제재가 아니라 기업(법인)에 대한 보호관찰의 내용으로 확정하여 규정하고 있다. 즉 법원은 기업에 대해 그의 비용으로 법원이 선정한 형식과 매체를 통해 범한 범죄의 내용, 유죄선고의 내용, 부과된 처벌의 내용 및 유사한 범죄행위의 재발방지를 보장할 방법 등을 공표하도록 명령할 수 있다고 규정하고 있다. 이로써 미국에서는 기업범죄의 공표제도가 정착되었다고 할 수 있다. 이처럼 미국 양형지침상 부과되는 공표는 기업의 명예나 신용의 실추를 통해 기업의 운영방침을 개선하여 재범을 방지하고 범죄피해자에게 일정한 사실을 알리자는데 주된 목적이 있다고 한다.[36)]

기업에 대한 새로운 형사제재로서 공표는 법경제학적 측면과 재범의 억제라는 측면에서 효과적인 제재임을 부인할 수 없다. 즉 공표수단으로 인터넷 등을 이용할 경우 집행비용이 적게 소요된다는 점에서 매력적일 뿐만 아니라 사회적인 평판과 브랜드 가치를 매우 중요한 요소로 인식하는 기업에 있어 공표가 가지는 충격효과는 결코 작지 않기 때문이다. 그러나 공표제도를 기업에 대한 새로운 형벌로 도입할 경우 형사제재의 효과가 사회의 반응에 좌우된다는 불확정 요소를 내포하고 있는데, 형사제재의 효과는 책임의 경중에 비례해야 한다면 이러한 불확정 요소를 결코 간과할 수 없으며, 기업이나 해당 기업에 종사하는 자연인의 명예나 프라이버시, 기업비밀 등의 지나친 침해의 위험이 상

35) 이기헌/박기석, 앞의 보고서, 115-116면; 이정민, 앞의 보고서, 119면.
36) 박기석, 앞의 논문, 84면.

존하는 만큼 공표의 방식·내용·절차 등에 관한 구체적인 내용이 마련되어야 할 것이다.[37]

Ⅳ. 맺음말

기업에게 형사책임을 묻는 가장 커다란 의의는 기업범죄의 행위주체로서의 책임을 귀속한다는 데 머물지 않고, 이를 근거로 기업에 대한 적정한 형사제재를 부과할 수 있다는 데서도 찾을 수 있어야 한다. 이러한 형사제재의 적정한 부과가 실현될 경우 기업범죄에 대한 엄격한 형사정책적 대응을 요구하는 사회적 요청에 부응할 수 있다. "범죄를 행한 사람은 처벌되어야 한다"라는 범죄와 형벌의 소박한 관념[38]은 범죄자가 자연인의 경우뿐만 아니라 기업의 경우에도 마찬가지로 적용되어야 한다. 다만 기업은 자연인과 다른 고유한 성질을 가지고 있음을 간과해서는 안 된다. 따라서 기업의 고유한 성질을 고려하여 기업에 대해 유효하고 적정한 형사제재의 체계를 구축하지 않을 경우 자연인에게 형사제재를 부과하는 것과 동일한 형벌의 목적을 달성할 수 없을 것이다. 형사제재의 다양화라는 과제는 범죄자가 자연인의 경우에도 형사정책에 있어 중요하지만 기업에 대해서는 이와 별도로 다양화의 가능성을 여러 각도에서 찾을 필요가 있다. 이 때문에 기업에 대한 형사제재의 다양화의 실현이 기업의 형사책임의 종합적 설계를 함에 있어 빼놓을 수 없는 요소라고 할 수 있다.[39]

기업에 대한 형사제재를 체계적으로 구축함에 있어 현재 양벌규정의 형식을 통해 기업(법인)에게 부과되는 벌금형의 개선이 시급하다. 이와 관련하여 현행 양벌규정을 그대로 둔 채 법인에 대한 벌금형을 자연인과 분리하고 그 벌금액을 대폭 상향조정하는 방안은 법인의 형사책임에 대한 본질론은 미해결 상태로 놓아둔 일시방편적인 해결책에 불과할 뿐더러 기업의 형사처벌에 소극적인 현실을 고려할 때 이러한 방안이 얼마나 효과가 있을지 의문이다.[40] 따라서 장

37) 이천현, 앞의 논문, 81면.

38) 大谷實, 刑法講義総論(新版), 成文堂, 2000, 43면.

39) 川崎友巳, 앞의 책, 476면.

40) 같은 지적으로 이천현, 앞의 논문, 70면.

업범죄에 효율적으로 대처하지 못한 데서 근본적 원인을 찾을 수 있다. 그러나 영미법계는 오래전부터 동일성 원리 또는 대위책임의 법리를 통해 법인의 범죄능력을 인정해 왔으며, 최근 프랑스, 스위스를 포함한 일부 대륙법계 국가는 기업(법인)의 범죄능력을 부인하는 전통적 입장에서 벗어나 기업(법인)에 대해 이윤창출의 기회를 최대한 보장하기 위한 기업친화적 정책을 펼치면서도 기업(법인)에 의해 또는 기업(법인)을 통해 발생하는 기업범죄 행위에 대해서는 범죄능력을 긍정하고 다양한 기업형벌을 도입하였거나, 도입을 시도하는 방향으로 선회하고 있다.

이에 이 책에서는 이러한 문제의식을 바탕으로 기업범죄에 대한 현행 기업(법인)처벌 시스템이 나타내고 있는 문제점은 무엇인지, 이를 극복하기 위해 기업범죄를 처벌할 수 있는 형법이론적 근거는 무엇이고, 기업범죄에 대한 효과적인 제재방안은 무엇인가 등 새로운 기업범죄 처벌 시스템의 종합적 설계를 구축함을 목표로 하여 다각적인 측면에서 고찰을 시도하였다. 이를 요약하면 다음과 같다.

1. 법인의 본질론(법인의제설, 법인실제설, 법인부인설 등)과 법인의 범죄능력 상호간에 논리필연적 관계는 없으며, 법인의 범죄능력을 인정할 것인가의 여부는 어떤 형사정책의 노선과 방향을 선택할 것인가 하는 입법자의 형사정책적 결단과 결부되어 있을 뿐이다. 왜냐하면 법인의제설에 입각하고 있는 영미법계에서는 실용주의적 입장에서 법인처벌의 사회적 필요성을 중시하여 법인의 범죄능력을 인정하고 있는 반면, 법인의 실재설을 취하고 있는 독일법계에서는 도의적 책임론을 바탕으로 책임의 본질을 윤리적으로 파악하여 윤리적 인격자로 볼 수 없는 법인에 대해 범죄능력을 부정하는 입장이 지배적이기 때문이다(§2). 그리고 기존의 형법 도그마틱 관점에서 법인의 범죄능력을 부정하는 견해는 ① 법인의 기관을 통하여 결정한 의사는 구성원인 개인의 의사와는 별개의 법인 고유의 의사이며, 법인의 인격은 개인의 인격과는 달리 법인독자의 인격이므로 법인도 기관을 통한 의사능력과 행위능력이 존재한다는 점, ② 민법상으로 인정되는 법인의 불법행위능력이 형법상으로 부정되어야 할 이유는 없고, 또 법인의 설립목적이 적법해야 한다고 해서 성립된 법인의 불법행위능력까지

부정하는 것은 타당하지 않다는 점, ③ 형벌의 본질을 목적형, 교육형에 두고 법인의 의사형성인 단체적 의결에 대해 책임을 추궁한다면 법인에게 책임능력이 없다고만 할 수는 없다는 점 등을 고려할 때 타당하지 않다(§ 3). 나아가 개인형벌의 불충분한 범죄억지력, 개인형벌의 불충분한 응보효과, 기업의 사회·경제적 중요성에 상응한 응보기대 및 조직화된 무책임의 문제해결 등을 고려할 때 기업의 가벌성을 긍정하고 이에 대한 새로운 기업형벌을 도입할 형사정책적 필요성이 인정된다(§ 4). 한편, 기업범죄 처벌의 유일한 수단인 현행 양벌규정은 ① 법인 또는 사업주 처벌의 근거를 "상당한 주의와 감독을 게을리 한 경우"로 하는 진정과실책임으로 파악함으로써 고의에 의한 경우에도 과실범의 책임을 묻게 되어 책임주의원칙에 충실하지 못하다는 점, ② 적용대상, 부과되는 형벌 규정방식, 종업원의 위반행위의 범위 그리고 면책규정의 존재여부 등에 따른 유형화가 가능할 정도로 다양하게 규정되었던 종래의 양벌규정과 달리 현행 양벌규정은 이를 일률적으로 동일한 형식으로 통합시키고 면책조항을 추가함으로써 개별 행정법규의 특수성을 전혀 반영하지 않고 있다는 점, ③ 이른바 양벌규정의 역적용사례(대표적으로 개정 산업안전보건법 제71조의 양벌규정)에서 나타나는 문제점을 해결하지 않고 있다는 점, ④ 개인 사업주와 달리 대기업의 대표이사를 포함한 경영진은 예컨대 산업안전보건법에서 규정된 안전상의 위험이 있는 작업을 하도록 직접 지시하거나 그 안전조치를 하지 않은 상태에서 작업이 이루어지고 있다는 사실을 알면서도 이를 고의적으로 방치하여 직접행위자로 인정되지 않는 한 사업주로서 법인도 아니고 직접행위자도 아니므로 처벌할 수 없는 공백이 발생한다는 점, ⑤ 법인의 형사책임의 본질과 특수성에 관한 고려 없이 법인 또는 개인 사업주에 대한 형벌로 벌금형만을 인정하고 있어 특히 법인 사업주에 의한 기업범죄의 실효적 예방효과를 거두고 있지 못하고 있다는 점 등의 여러 문제점을 나타내고 있다(§ 5).

2. 기업의 형사책임과 관련하여 비교법적 시각에서 보면 영국은 동일성 원리를 이론적 근거로 하여 엄격책임의 범죄나 준범죄에 한정하지 않고 모든 범죄에 대해 기업의 형사책임을 묻고 있으며(§ 6), 미국은 영국과 마찬가지로 광범위한 범죄유형에 대해 법인의 형사책임을 인정하여 왔는데, 특히 연방 차원에

서 자연인 행위자가 대리인 또는 종업원일 것, 위법행위가 직무 또는 권한의 범위 내일 것, 범죄행위가 법인의 이익을 가져오기 위해 행해졌을 것이라는 요건이 충족될 경우 법인의 형사책임을 인정하는 대위책임의 법리를 적용하여 기업의 형사책임을 광범위하게 인정하고 있다(§ 7). 독일에서 법인의 범죄능력을 인정하여 형사책임을 부과하는 것은 "루비콘 강을 건너는 것"[2]으로 여겨지고 있으나, 경제범죄나 환경범죄가 심각해짐에 따라 기업 등의 법인처벌과 효과적인 대책의 필요성이 높아졌다는 점, 유럽의 통합이 진행되어 법인에게 제재의 강화를 요구하는 유럽평의회의 권고가 제시된 점 등을 계기로 법인처벌에 대한 긍정설의 입장이 계속해서 늘어나고 있다(§ 8). 일본의 판례와 학설은 우리나라와 마찬가지로 법인의 범죄능력을 부정하면서도 법인처벌 규정인 양벌규정의 존재를 인정하여 기업의 형사처벌을 실시하고 있다. 이러한 양벌규정은 법인의 형사책임의 근거를 과실책임설로 파악하고 있지만 과실책임설의 경우 법인의 주의의무의 내용이 명확하지 않고, 또한 실질적으로 책임주의에 따른 양벌규정의 운용이 이루어지고 있지 않다는 문제점을 보이고 있다. 이에 최근에는 위반행위자가 특정되지 않더라도 각 담당자의 객관적인 행위의 전체를 법인의 행위로서 파악하여 전체를 법인의 행위로 파악하며, 법인의 행위로 귀속되는 자연인 행위자의 범위가 대표기관이나 상층부의 관리직원에 한정되지 않는 이른바 '기업조직체책임론'이라는 독자적인 법인의 형사책임을 인정하려는 이론적 구성이 시도되고 있다(§ 9). 프랑스, 스위스, 및 오스트리아는 대륙법계 국가임에도 불구하고 법인의 형사책임을 부인하는 오랜 전통에서 벗어나 법인의 사회적 책임을 강조하여 법인의 형사책임을 긍정하여 기업형벌을 도입하는 방향으로 선회하고 있다. 다만 이들 유럽 각국이 법인처벌을 긍정한다고 할지라도 입법유형, 행위주체 등의 구성요건표지, 기업형벌의 종류 등은 각국의 법률문화의 차이로 인해 상당한 상이점을 보이고 있다(§ 10).

3. 기업(법인)의 범죄능력을 인정할 경우 기업의 형사처벌의 이론적 근거는 두 가지 귀책원리인 동일성 원리에 기초한 행위책임과 기업시스템 과실책임에서 찾아야 한다. 즉 한편으로 기업 내부의 일정한 지위에 있는 대표자나 상급관

2) F. v. Freier, *Kritik der Verbandsstrafe*, 1998, 15면.

리자(이사, 사실상 이사, 집행임원 및 대표집행임원 등)의 위법행위를 기업 자신의 위법행위로 동일시 가능한 경우에는 동일성 원리에 기초하여 기업의 형사책임을 인정하고, 기업 자신의 행위로 동일시 가능한 자 이외 종업원에 의한 위법행위에 대하여는 기업의 종업원에 대한 선임·감독상의 과실책임이 아닌 고의 또는 과실에 의한 부작위감독책임을 들어 기업의 형사책임을 인정한다. 다른 한편으로 앞의 두 가지 근거에 의하여서도 기업의 형사책임을 인정할 수 없고, 기업내부의 어느 특정한 구성원에게 귀책시킬 수 없는 기업 내부 시스템의 미비나 조직구조상 결함에 기인한 법익침해가 발생한 경우에 기업이 '시스템으로서의 법령준수 체제의 정비와 그 적정한 운용'이라는 스스로에게 부과된 주의의무를 게을리 했음을 이유로 기업시스템 과실책임을 인정함이 바람직하다(§ 11). 기업의 과실에 기인한 대형재난, 특히 개인에게 환원시킬 수 없는 기업의 위험관리체계의 실패, 관리시스템의 미비, 조직구조상 결함 등이 직접적인 원인이 되어 발생한 대형재난을 예방하기 위해서는 특정개인이 아닌 기업에 대한 형사처벌을 강화하여야 하는데, 이를 위해 영국의 2007년 기업과실치사법이나 2014년 대검찰청이 제안한 기업책임법(가칭)과 같은 특별법의 형식이 아니라 일반법으로서 형법전에 기업(법인)의 범죄능력을 전면적으로 인정할 필요가 있다(§ 12). 기업의 형사처벌의 입법방안과 관련하여 현행 양벌규정(예컨대 대표적인 역적용사례로 언급할 수 있는 산업안전보건법 제71조 제1항)은 법인이나 개인 사업주와 직접위반행위자만을 처벌하기 위한 근거 규정일 뿐 법인의 대표이사, 이사, 사실상 이사, 집행임원 및 대표집행임원 등 법인의 실질적 활동방침과 의사결정을 하는 법인의 상급관리자로서 경영진이 탈·불법경영과 관련된 위반행위를 직접행위자로서 하지 않은 경우 이들을 처벌하기 위한 근거 규정은 아니므로 이들에 대한 처벌의 공백이 발생한다는 문제점을 보이고 있다. 이에 단기적 관점에서 보면 이러한 문제점을 해결하기 위해 다음과 같이 이들 기업(법인)의 고위경영자에게 부작위감독책임을 근거로 형벌을 과할 수 있도록 양벌규정을 개정할 필요가 있다. 나아가 장기적인 관점에서 우리나라에서도 기업의 형사처벌의 합리화를 위해 다음과 같이 법인의 범죄능력을 전면적으로 긍정하고 형사책임에 관한 명문규정과 법인에 고유한 형벌을 형법총칙에 두는 한편, 법인이 범죄주체가 될 수 있는 개별범죄유형에 법인이라는 표현을 삽입하는 등 형법전에 기업의 형사처벌의 규정을 마련할 필요가 있다(§ 12).

양벌규정의 일반사례 개정안

보건범죄단속에 관한 특별조치법 제6조 개정안(양벌규정) ① 법인의 대표자나 법인 또는 개인의 대리인, 사용인, 그 밖의 종업원이 그 법인 또는 개인의 업무에 관하여 제2조, 제3조, 제4조 및 제5조의 어느 하나에 해당하는 위반행위를 하면 그 행위자를 벌하는 외에 그 법인 또는 개인을 1억원 이하의 벌금에 처한다. 다만, 법인 또는 개인이 그 위반행위를 방지하기 위하여 해당 업무에 관하여 상당한 주의와 감독을 게을리 하지 아니한 경우에는 그러하지 아니하다.

② 법인의 상급관리자(대표이사, 이사, 사실상 이사, 집행임원 및 대표집행임원)는 법인의 대리인, 사용인, 그 밖의 종업원의 제2조, 제3조, 제4조 및 제5조의 어느 하나에 해당하는 위반행위가 자신의 실질적인 감독과 통제 범위 내의 활동과 관련하여 감독권 내지 통제권을 적절하게 행사하지 아니한 결과로 인하여 발생하고 그 위반행위 사실을 알았거나 또는 중대한 과실로 이를 명백히 보여주는 정보를 알지 못한 때에 1억원 이하의 벌금에 처한다. 다만, 법인의 상급관리자는 그 위반행위를 방지 또는 시정에 필요한 상당한 주의와 감독을 게을리 하지 아니한 경우에는 그러하지 아니하다.

양벌규정의 역적용사례 개정안

산업안전보건법 제71조 개정안(양벌규정) ① 법인의 대표자나 법인 또는 개인의 대리인, 사용인, 그 밖의 종업원이 그 법인 또는 개인의 업무에 관하여 제66조의2, 제67조, 제67조의 2 또는 제68조부터 제70조까지의 어느 하나에 해당하는 위반행위를 하면 그 행위자를 벌하는 외에 그 법인 또는 개인에게도 해당 조문의 벌금형을 과한다. 다만, 법인 또는 개인이 그 위반행위를 방지하기 위하여 해당 업무에 관하여 상당한 주의와 감독을 게을리 하지 아니한 경우에는 그러하지 아니하다.

② 전항의 직접위반행위를 한 법인의 대표자나 법인 또는 개인의 대리인, 사용인, 그 밖의 종업원은 이 법률의 의무주체로 본다.

③ 법인의 상급관리자(대표이사, 이사, 사실상 이사, 집행임원 및 대표집행임원)는 법인의 대리인, 사용인, 그 밖의 종업원의 제66조의2, 제67조, 제67조의2 또는 제68조부터 제70조까지의 어느 하나에 해당하는 위반행위가 자신의 실질적인 감독과 통제 범위 내의 활동과 관련하여 감독권 내지 통제권을 적절하게 행사하지 아니한 결과로 인하여 발생하고 그 위반행위 사실을 알았거나 또는 중대한 과실로 이를 명백히 보여주는 정보를 알지 못한 때에 해당 조문의 벌금형을 과한다. 다만, 법인의 고위관리자는 그 위반행위를 방지 또는 시정에 필요한 상당한 주의와 감독을 게을리 하지 아니한 경우에는 그러하지 아니하다.

4. 기업범죄의 억제효과를 실질적으로 거두기 위해서는 기업의 형사책임을 독자적으로 인정함과 아울러 기업에 대한 적정한 형사제재를 체계적으로 구축하여야 한다. 이와 관련하여 단기적인 측면에서 현재 양벌규정의 형식을 통해 기업(법인)에게 부과되는 벌금형의 개선이 시급한데, 법인에 대한 벌금형을 자연인과 분리하고 그 벌금액을 대폭 상향조정하는 한편, 장기적인 측면에서 기업의 고유한 성질을 고려하여 기업에 대한 적정하고 효율적인 형사제재로서 법인의 해산, 영업정지, 보호관찰, 사회봉사명령, 원상회복, 공표 등 새롭고 다양한 형사제재를 도입할 필요성이 있다(제4장 § 11~§ 20).

기업(법인)의 형사처벌을 위한 입법안

형법전 제1편 제2장 제6절 법인의 형사책임

제40조의1 (법인의 형사책임) ① 법인(법인이 아닌 사단 또는 재단으로서 대표자 또는 관리인이 있는 것을 포함한다. 이하 같다)은 다음 각호의 인적 구성원이 업무범위 내에서 법인의 이익을 위하여 행한 범죄에 관하여 형사상 책임이 있다.

1. 법인의 대표기관 또는 동기관의 구성원
2. 권리능력 없는 사단의 이사 또는 그 이사회의 구성원
3. 인적 회사의 대표권 있는 사원
4. 법인 또는 제2호나 제3호에 기재된 인적 단체의 포괄대리인 또는 지도적 지위에 있는 지배인이나 행위대리인
5. 법인 또는 제2호나 제3호에 기재된 인적 단체의 영업체나 기업체의 운영에 대해 지도적 지위에서 영업활동의 감독 또는 그 밖의 통제권한을 이행할 책임 있는 그 밖의 자

② 제1항의 범죄행위가 하자 있는 법인조직으로 인하여 특정한 자연인에게 귀속될 수 없는 경우에도 법인에게 귀속된다. 이 경우 이러한 범죄행위의 억제를 위해 필요하고 기대가능한 모든 사전적 예방조치를 취하지 않았다는 데 대해 법인을 비난할 수 있어야 한다.

③ 자연인 행위자가 처벌되지 않더라도 법인의 형사책임에는 영향을 미치지 않는다.

형법전 제1편 제3장 제1절 형의 종류와 경중

제41조의1 (법인에 대한 형의 종류) ① 법인에 대한 형의 종류는 다음과 같다. 각호의 형벌은 병과할 수 있다.

1. 물적 재산 박탈: 벌금, 몰수, 추징
2. 법인의 활동 제한: 법인해산, 영업정지, 보호관찰, 원상회복, 사회봉사명령, 공표

[ㅊ]

[저자 약력]

김 재 윤

건국대학교 법과대학 졸업
건국대학교 대학원 졸업(법학석사)
독일 Trier 대학교 법학석사(LL.M.)
독일 Trier 대학교 법학박사(Dr. jur.)
인제대학교 법학과 조교수
現 전남대학교 법학전문대학원 부교수

주요 저서 및 논문

『Umweltstrafrecht in der Risikogesellschaft －Ein Beitrag zum Umgang mit abstrakten Gefährdungsdelikten－』(Dissertation, Göttingen, 2004)
『현대형법의 위기와 과제』(전남대학교출판부, 2009)
『형법판례 －총론편－』(전남대학교출판부, 3인 공저, 2010)
『새로운 형법총론』(율곡출판사, 2인 공저, 2011)
『새로운 형법각론』(율곡출판사, 2인 공저, 2013)
『로스쿨 의료형법』(전남대학교출판부, 2013)
『생명의 형법적 보호』(전남대학교출판부, 2014)
『의료분쟁과 법(제2판)』(율곡출판사, 2015)

기업의 형사책임

초판인쇄 2015년 7월 25일
초판발행 2015년 7월 30일

지은이 김재윤
펴낸이 김중용

총괄기획 박노일
편 집 심성보·김인숙

펴낸곳 마인드탭 MIND TAP
경기도 파주시 책향기로 441, 1004동 1004호(동패동, 책향기마을)
등록 제406-2014-000093호
전 화 070)7550-3758 팩 스 02)718-8554
홈페이지 www.mindtap.co.kr 이메일 pnc@pncmedia.co.kr
ISBN 979-11-86672-00-6 93360

※ 마인드탭은 피앤씨미디어의 자매 브랜드입니다.

정 가 25,000원